胜券在握系列丛书

市政公用工程管理与实务一书通关

嗨学网考试命题研究委员会　组织编写

肖国祥　主编

李四德　王欢　副主编

中国建筑工业出版社

图书在版编目（CIP）数据

市政公用工程管理与实务一书通关/肖国祥主编；嗨学网考试命题研究委员会组织编写. —北京：中国建筑工业出版社，2017.5

（胜券在握系列丛书）

ISBN 978-7-112-20773-2

I. ①市… II. ①肖… ②嗨… III. ①市政工程－施工管理－资格考试－自学参考资料 IV. ①TU99

中国版本图书馆CIP数据核字（2017）第092667号

责任编辑：牛　松　李　杰　王　磊
责任校对：王宇枢　焦　乐

胜券在握系列丛书
市政公用工程管理与实务一书通关
嗨学网考试命题研究委员会　组织编写
肖国祥　主编
李四德　王欢　副主编

*

中国建筑工业出版社出版、发行（北京海淀三里河路9号）
各地新华书店、建筑书店经销
北京嗨学网教育科技有限公司制版
北京云浩印刷有限责任公司印刷

*

开本：787×1092毫米　1/16　印张：28½　字数：821千字
2017年5月第一版　2017年5月第一次印刷
定价：92.00元

ISBN 978-7-112-20773-2
（30432）

如有印装质量问题，可寄本社退换
（邮政编码　100037）

市政公用工程管理与实务一书通关

主　　编　肖国祥

副 主 编　李四德　王欢

编委成员　陈　印　李佳升　肖国祥　徐　蓉　朱培浩　程庭龙
杜诗乐　郭俊辉　韩　铎　李四德　李冉馨　李珊珊
王　丹　王　欢　王　玮　王晓波　王维雪　徐玉璞
杨　彬　杨　光　杨海军　杨占国

监　　制　王丽媛

执行编辑　王倩倩　李红印

版　　权　北京嗨学网教育科技有限公司

网　　址　www.haixue.com

地　　址　北京市朝阳区红军营南路绿色家园
媒体村天畅园7号楼二层

关注我们
一建公众微信二维码

前 言

2010年，互联网教育行业浪潮迭起，嗨学网（www.haixue.com）顺势而生。七年来，嗨学网深耕学术团队建设、技术能力升级和用户体验提升，不断提高教育产品的质量与效用；时至今日，嗨学网拥有注册用户接近500万人，他们遍布中国大江南北乃至海外各地，正在使用嗨学产品改变着自身职场命运。

为了更好的教学效果和更佳的学习体验，嗨学团队根据多年教研成果倾力打造了此套“胜券在握系列丛书”，丛书以《建设工程经济》《建设工程项目管理》《建设工程法规及相关知识》《建筑工程管理与实务》《机电工程管理与实务》《市政公用工程管理与实务》等六册考试教材为基础，依托嗨学网这一国内先进互联网职业教育平台，研究历年考试真题，结合专家多年实践教学经验，为广大建筑类考生奉上一套专业、高效、精致的辅导书籍。

此套“胜券在握系列丛书”具有以下特点：

（1）内容全面，紧扣考试大纲

图书编写紧扣考试大纲和一级建造师执业资格考试教材，知识点全面，重难点突出，图书逻辑思路在教材的基础上，本着便于复习的原则重新得以优化，是一本源于大纲和教材却又高于教材、复习时可以代替教材的辅导用书。编写内容适用于各层次考生复习备考，全面涵盖常考点、难点和部分偏点。

（2）模块实用，考学用结合

知识点讲解过程中辅之以经典例题和章节练习题，同时扫描二维码还可以获得配套知识点讲解高清视频；“嗨·点评”模块集结口诀、记忆技巧、知识点总结、易混知识点对比、关键点提示等于一体，是相应内容的“点睛之笔”；全书内容在仔细研读历年超纲真题和超纲知识点的基础上，结合工程实践经验，为工程管理的从业人员提供理论上的辅导，并为考生抓住超纲知识点提供帮助和指导。总之，这是一本帮助考生准确理解知识点、把握考点、熟练运用并举一反三的备考全书。

（3）名师主笔，保驾护航

本系列丛书力邀陈印、李佳升、肖国祥、徐蓉、朱培浩等名师组成专家团队，嗨学考试命题研究委员会老师组成教学研究联盟，将多年的教学经验、深厚的科研实力，以及丰富的授课技巧汇聚在一起，作为每一位考生坚实的后盾。行业内权威专家组织图书编写并审稿，一线教学经验丰富的名师组稿，准确把握考试航向，将教学实践与考试复习相结合，严把图书内容质量关。

（4）文字视频搭配，线上线下配合

全书每节开篇附二维码，扫码可直接播放相应知识点配套名师精讲高清视频课程；封面二维码扫描获赠嗨学大礼包，可获得增值课程与高质量经典试题；关注嗨学网一建官方微信公众号可加入我们的嗨学大家庭，获得更多考试信息的同时，名师、“战友”一起陪你轻松过考试。

本书在编写过程中虽斟酌再三，但由于时间仓促，难免存在疏漏之处，望广大读者批评指正。

嗨学网，愿做你学业之路的良师，春风化雨，蜡炬成灰；职业之路的伙伴，携手并肩，攻坚克难；事业之路的朋友，助力前行，至臻至强。

编者

2017年5月

C 目录 ONTENTS

第一篇　前导篇

第二篇　考点精讲篇

❶ 1K410000 市政公用工程技术

第一篇 前导篇

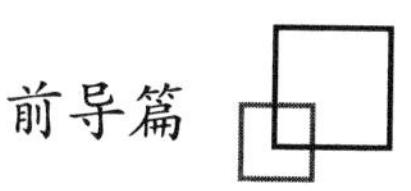

一、考试介绍

（一）一级建造师考试资格与要求

报名条件

1.凡遵守国家法律、法规，具备以下条件之一者，可以申请参加一级建造师执业资格考试：

（1）取得工程类或工程经济类大学专科学历，工作满6年，其中从事建设工程项目施工管理工作满4年。

（2）取得工程类或工程经济类大学本科学历，工作满4年，其中从事建设工程项目施工管理工作满3年。

（3）取得工程类或工程经济类双学士学位或研究生班毕业，工作满3年，其中从事建设工程项目施工管理工作满2年。

（4）取得工程类或工程经济类硕士学位，工作满2年，其中从事建设工程项目施工管理工作满1年。

（5）取得工程类或工程经济类博士学位，从事建设工程项目施工管理工作满1年。

2.符合上述报考条件，于2003年12月31日前，取得建设部颁发的《建筑业企业一级项目经理资质证书》，并符合下列条件之一的人员，可免试《建设工程经济》和《建设工程项目管理》2个科目，只参加《建设工程法规及相关知识》和《专业工程管理与实务》2个科目的考试：

（1）受聘担任工程或工程经济类高级专业技术职务。

（2）具有工程类或工程经济类大学专科以上学历并从事建设项目施工管理工作满20年。

3.已取得一级建造师执业资格证书的人员，也可根据实际工作需要，选择《专业工程管理与实务》科目的相应专业，报名参加考试。考试合格后核发国家统一印制的相应专业合格证明。该证明作为注册时增加执业专业类别的依据。

4.上述报名条件中有关学历或学位的要求是指经国家教育行政部门承认的正规学历或学位。从事建设工程项目施工管理工作年限是指取得规定学历前后从事该项工作的时间总和。全日制学历报考人员，未毕业期间经历不计入相关专业工作年限。

（二）一级建造师考试科目

考试科目	考试时间	题型	题量	满分
建设工程经济	2小时	单选题	60题	100分
		多选题	20题	
建设工程项目管理	3小时	单选题	70题	130分
		多选题	30题	
建设工程法规及相关知识	3小时	单选题	70题	130分
		多选题	30题	
专业工程管理与实务	4小时	单选题	20题	160分（其中案例分析题120分）
		多选题	10题	
		案例分析题	5题	

《专业工程管理与实务》科目共包括10个专业，分别为：建筑工程、公路工程、铁路工程、

民航机场工程、港口与航道工程、水利水电工程、市政公用工程、通信与广电工程、矿业工程和机电工程。

（三）《市政公用工程管理与实务》试卷分析

1.试卷构成

一级建造师执业资格考试《市政公用工程管理与实务》试卷共分3部分：单项选择题、多项选择题、案例分析题。其中单项选择题20道，多项选择题10道，案例分析题5道。全卷总分共计160分，其中，单项选择题20分，多项选择题20分，案例分析题120分。

2.评分规则

（1）单项选择题：共20题，每题1分。每题的备选项中，只有1个最符合题意，选择正确则得分。

（2）多项选择题：共10题，每题2分。每题的备选项中，有2个或2个以上符合题意，至少有1个错项。如果选中错项，则本题不得分；如果少选，所选的每个选项得0.5分。

（3）案例分析题：共5题，第一至三题各20分，第四、五题各30分。

3.答题思路

（1）单项选择题

采用直接确定法、排除法、比较法等方法得出最符合题意的选项。

（2）多项选择题

5个备选项中，有2~4个符合题意。采用直接确定法、排除法、比较法等方法得出正确答案；注意“宁缺毋滥”的原则，对于把握性不是很大的选项不建议冒险选择。

（3）案例分析题

案例分析题分数为120分，占到总分的75%；题目形式包括简答题、补充题、判断题、改错题、分析题、计算题等形式；考生采用书写的方式把答案写在规定的答题位置。判卷时，相应的得分点会得到对应的分数，同时要求字体工整，卷面整洁。

简答题、补充题侧重考核记忆的知识点，难度不大，但需要考生具备一定的知识记忆储备。

判断题、改错题往往要求先判断，然后给出理由或者正确做法；考生首先要写出自己的判断，然后按照题目要求给出判断的依据或理由，或者给出题目要求的正确做法；这两个步骤都会有相应的分数。

分析题需要考生在掌握教材、规范等知识的基础上，进行分析、推理或加工，形成满足题目要求的答案；这类形式考查的不是对知识点的记忆或默写，而是考查考生对知识点的运用。

计算题往往是一些灵活的考法，这类题目源于设计或施工过程中经常遇到的小计算或推导，例如计算荷载、工期、需要投入的设备资源以及结合案例配图计算纵横坡、深度、宽度、高程、距离、下料长度等。计算本身并不复杂，但需要一定的专业素质和理论知识。

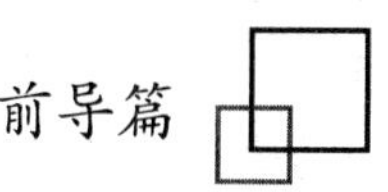

二、复习指导

1.历年考情分析

近三年考试真题分值统计 （单位：分）

章 ＼ 年份	2014年	2015年	2016年
1K410000 市政公用工程技术	103	84	100
1K420000 市政公用工程项目施工管理	57	76	60
1K430000 市政公用工程项目施工相关法规与标准			

由上表可见，对教材内第1章（各专业对应质量知识划归本章）的考核分数约95分左右，可以说市政实务是一个“技术控”。教材内第2章的考核基本在65分左右；教材内第3章近3年无考核。

教材之外考核的知识大部分集中在市政施工及管理过程中常见的应用型知识技能或规范规定，还有一部分在公共科目上，最常出现在《建设工程项目管理》和《建设工程法规及相关知识》上。

2.学习建议

（1）学习的针对性

市政教材上的内容约有130的分数，这部分内容虽然多，但是是固定的，需要大家把这部分知识掌握牢固，尽量多拿分。这里面技术又是大头，比较难，且是市政实务考核之基础，是学习市政首先要啃掉的硬骨头；管理部分相对难度小，且通过案例做题可以快速提高。

对于超纲的约30分（以后可能会更多），一般都在案例题内考核大家；主要考核大家的专业素养和实践积累；考生应适当拓展一些规范常见规定、实践知识、管理技能等知识，补充部分公共科目中的案例高频考点；另外，考生大量进行案例题目练习是扩展这方面知识的一个好方法。

（2）如何记住知识

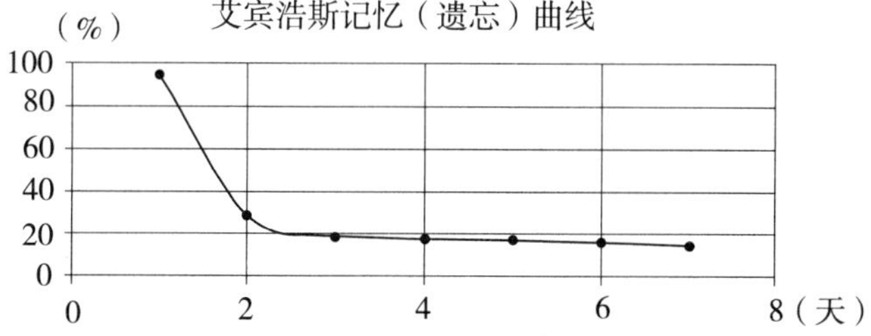

根据国外科学家研究结果，记忆有一定的遗忘规律（艾宾浩斯记忆曲线，参考上图）。因此大部分人进行系统学习某一项专业知识的时候，需要至少学习5遍才能形成牢固的长期记忆，并且这5遍的时间间隔非常有意思，分别是2天、4天、8天、16天；也就是说第2遍与第1遍间隔2天，后面依次是2倍的间隔；学习完第5遍，基本能形成牢固的长期记忆了。参考下图。

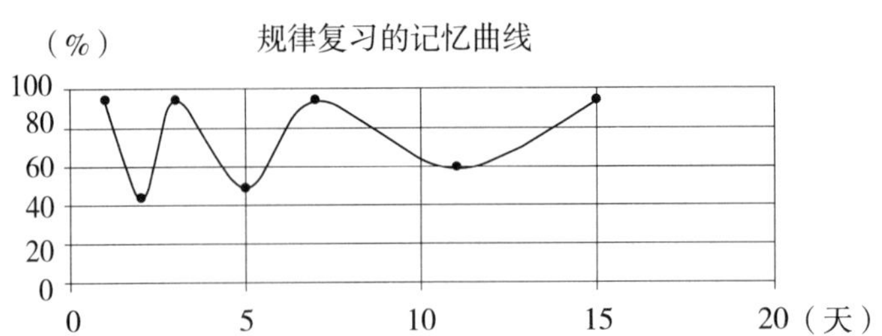

但是由于知识太多，考生的工作生活繁忙，很少有人能控制得如此规律。所以我给大部分普通基础和智力的同学推荐的是“5+1”的学习方法，利用精讲课、串讲课、集训课、面授课（直播/录播均可）等课程，规律地学习5遍。最后一遍是考前的热身，放在考前2~3天左右，自己快速地回顾一遍学过的知识（听之前课程回放或自己看画好的书，书上的标记是自己学习过程中标记好的）。

注意：5+1学习方法，5遍用来形成长期记忆，1遍是考前记忆唤起。5和1之前不要间隔太长。

（3）考生的基础多样性

	非第一年考	第一年考
做过施工，有经验	A	B
没做过施工，无经验	B	C

A类考生可适当酌减1~2遍；

B类考生，也是大部分考生，适合“5+1”学习法；

C类考生需要“非常6+1”的7遍学习法。

思想准备：市政需要大家面临一个打持久战的心理准备，学习是一个循序渐进的过程，不要妄想一口吃个胖子。但也不要怕，只要态度端正，认真学习，通过是水到渠成的事情。

（4）怎么运用知识得到分数

只是记住了，并不一定能得分！学习需要两条腿走路，以上只是学习的一个方面，俗话说“光说不练假把式”。孔子曰：“学而不思则罔，思而不学则殆”，孔子的“思”就是我们强调的“练”。

练习的过程能够贯通大家的筋骨血脉，让碎片的知识融合成一个有机的整体，这样才能经得起案例题的冲击和考验。练习应该安排在我们的“5+1”的学习过程当中，与学习交替进行，这样才能相互促进，形成很好的学习效果。

练习的形式包括随堂做题，课下做散题、做套卷、模拟做题等几种形式。在前3遍学习的时候，可以做散题为主，比如做一些随堂的选择题或案例题；后面的3遍，基本上以做套卷为主，同时留一定的时间专门做案例题。

（5）案例的修炼

因为案例题分数达到了120分，占到总分的75%，并且案例题技巧性大，容易有超纲题。需要专门的训练和做题，可以做近五六年一、二级建造师市政公用工程管理与实务的真题和一些质量好的模拟题。往年很多考生听了很多课，也记住了很多内容，但是做题欠缺，最后的分数都是八十多分，这都是实实在在的前车之辙，大家要引以为鉴！案例课程和做题就像一个大熔炉，把记住的技术、管理、法规这些碎片化的知识，熔解合成，升级成为一个融会贯通的大成知识体系。

推荐一个做案例题的方法：不要看书，也不要看答案，自己把答案要点写一遍（嘴上说说印象浅，且不容易暴露问题）；写出来后，自己对对答案，哪些地方没答出来，琢磨琢磨，是自己没记住，还是思路有问题，然后把答案抄写一遍。

真题值得反复做，一可以掌握考点，二是真题的标准答案可以规范自己不良的答题习惯和答题思路，就像用字帖练字一样，是一种针对案例速成的训练。

以上是一些学习方面的建议，可以供大家参考。

第二篇 考点精讲篇

1K410000 市政公用工程技术

一、本章近三年考情

本章近三年考试真题分值统计　（单位：分）

节＼年份	2014年		2015年		2016年	
	选择题	案例题	选择题	案例题	选择题	案例题
1K411000 城镇道路工程	7		8	5	7	4
1K412000 城市桥梁工程	4	20	6	9	9	45
1K413000 城市轨道交通工程	8	20	7	11	8	5
1K414000 城市给水排水工程	4		5	10	1	
1K415000 城市管道工程	9	16	7	10	7	8
1K416000 生活垃圾填埋处理工程	4	8	3		4	
1K417000 城市绿化与园林附属工程	3		3		2	

二、本章学习提示

《市政公用工程管理与实务》第1章知识体系如下图所示。

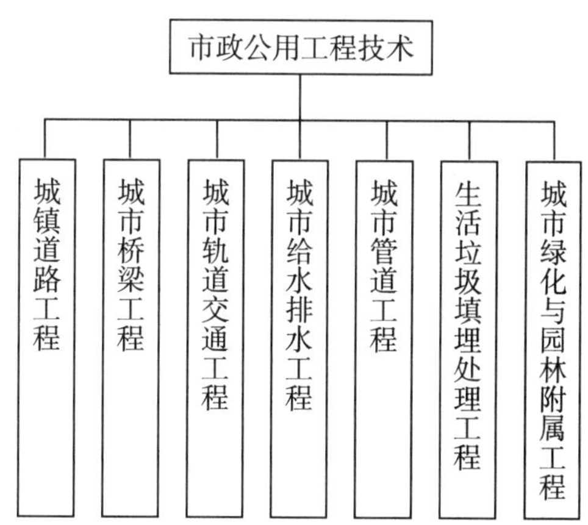

市政公用工程专业技术比较多，而实际工程分工会更加细化，这就造成大部分市政公用工程施工从业人员可能擅长某些专业，但对另外一些专业可能接触甚少。这就存在一个技术门槛，考生首先要突破这个门槛，突破这个门槛则需要了解相关专业施工实践知识，熟悉相关专业施工流程及技术、质量要求，记住里面重要的知识点。

突破技术门槛的方法：①精讲课程，跟着老师的讲解把技术知识拆解、揉碎，弄懂吃透；②章节做题练习，听课只是知识的输入，需要通过做题来暴露问题和解决问题，经过这个过程的吸收消化，形成完整、相互联系的知识体系；③通过相关图片、动画、视频和现场实践应用来积累实践知识，夯实市政技术的基础。

1K411000 城镇道路工程

本节知识体系

城镇道路工程知识体系如下图所示。

- 城镇道路工程
  - 城镇道路工程结构与材料
    - 城镇道路分类与分级
    - 沥青路面结构组成特点
    - 水泥混凝土路面构造特点
    - 沥青混合料组成与材料
    - 沥青路面材料的再生应用
    - 不同形式挡土墙的结构特点
  - 城镇道路路基施工
    - 城镇道路路基施工技术
    - 城镇道路路基压实作业要点
    - 岩土分类与不良土质处理方法
    - 水对城镇道路路基的危害
  - 城镇道路基层施工
    - 不同无机结合料稳定基层特性
    - 城镇道路基层施工技术
    - 无机结合料稳定基层施工质量检查与验收
    - 土工合成材料的应用
  - 城镇道路面层施工
    - 沥青混合料面层施工技术
    - 改性沥青混合料面层施工技术
    - 沥青混合料面层施工质量检查与验收
    - 水泥混凝土路面施工技术
    - 水泥混凝土面层施工质量检查与验收
    - 冬、雨期施工质量保证措施
    - 压实度的检测方法与评定标准
    - 城镇道路大修维护技术要点

本节内容是市政实务第一个技术专业——道路工程。选择题每年考核7分左右，案例题每年会考核10分左右。

由于道路工程的施工普遍性，道路工程项目经常成为案例题题目的出题背景，纵观往年的真题，基本上每年都有一道案例结合道路工程进行考核。但对于道路工程纯技术、质量的知识不容易考出难度，所以近3年关于道路的案例对道路工程纯技术、质量知识的考核分数不多，而更多地结合交通导行、施工顺序安排、合同索赔、变更及造价调整、进度管理等管理或法规方面的知识进行综合考核。

第1目1K411010城镇道路工程结构与材料中，除挡土墙可结合案例题考核，其余主要考核选择题。

第2目1K411020城镇道路路基施工中，路基施工技术、压实要点和不良土质处理易结合案例题考核，其余为选择题考点。

第3目1K411030城镇道路基层施工中，基层施工技术、基层质量检查与验收易结合案例考核，其余为选择题考点。

第4目1K411040城镇道路面层施工中，沥青面层、改性沥青面层和水泥混凝土路面施工技术易结合案例题考核，其余主要为选择题考点。冬雨期施工是案例高频考点，压实度是道路工程基础知识。

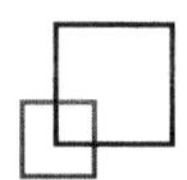

核心内容讲解

1K411010 城镇道路工程结构与材料

一、城镇道路分类与分级

（一）城镇道路分类

城镇道路分类有多种形式，例如根据地位、作用、运输性质、所处环境等，考生需要了解一下。这些分类方法，主要是满足道路在交通运输方面的功能。

按照道路系统中地位划分为快速路、主干路、次干路和支路。见表1K411010-1。

城市道路分类、路面等级和面层材料　表1K411010-1

城市道路分类	分类结果	特点	使用年限（年）
快速路、主干路	高级路面	水泥混凝土	30
		沥青混凝土，沥青碎石、天然石材	15
次干路、支路	次高级路面	沥青贯入式碎（砾）石	10
		沥青表面处治	8

嗨·点评 该表格考核选择题，考生应能建立道路分类、路面等级、面层材料及使用年限的对应关系。

（二）城镇道路分级

根据《城市道路工程设计规范》CJJ 37—2012，在考虑道路在城市道路网中的地位、交通功能及对沿线服务功能的基础上，将城镇道路分为快速路、主干路、次干路与支路四个等级。见表1K411010-2。

城市道路分级　表1K411010-2

分类依据	分类结果	特点
系统地位、交通功能，沿线服务功能	快速路	完全交通功能，解决大运量、长距离、快速度；封闭分隔
	主干路	交通功能为主，连接分区的骨架
	次干路	区域集散，兼顾服务功能
	支路	服务为主，局部交通

嗨·点评 该表格是对城市道路分级知识点的总结，考核选择题，考核方向有三个，分别是分类依据、分类结果、特点与分类结果的对应关系。

（三）城镇道路路面分类

路面的分类包含两类分类方式，详见图1K411010-1。

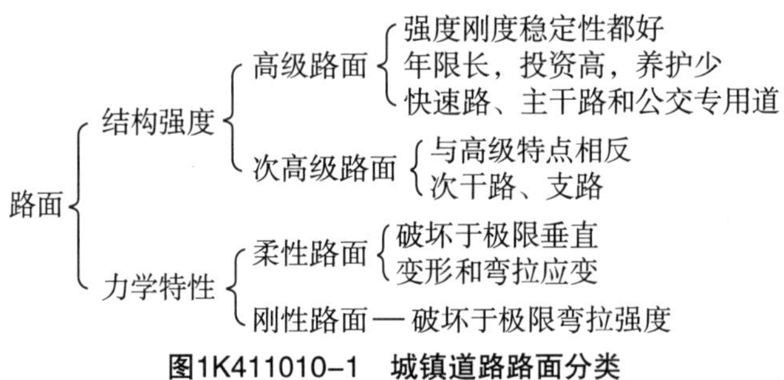

图1K411010-1　城镇道路路面分类

嗨·点评　该知识点主要考核选择题，考核点包括分类结果、代表路面、破坏特点等，需要考生侧重于理解记忆。

【经典例题】1.城镇道路的划分以道路在城市道路网中的地位、交通功能为基础，同时也考虑对沿线的服务功能，以下说法正确的是（　　）。

A.快速路主要为交通功能服务

B.主干路以交通功能为主

C.次干路是城市区域性的交通干道，具有服务功能

D.支路为区域交通集散服务

E.支路以服务功能为主

【答案】BCE

【嗨·解析】建议大家要记住关键词和规律性，建立一种直接的对应关系，例如“完全交通”对应“快速路”；规律性指从快速路到支路，等级越来越低，交通功能越来越弱，服务功能越来越多；这样能够快速的排除错误选项，确定正确选项。这也是针对分类性、概念性知识的通用学习方法。

二、沥青路面结构组成特点

（一）结构组成

1. 基本原则

（1）城镇沥青路面结构由面层、基层和路基组成，层间结合必须紧密稳定。

（2）行车荷载和自然因素对路面的影响随深度增减而减弱，因而对路面材料的强度、刚度和稳定性的要求随深度增加而降低，各结构层材料回弹模量自上而下递减。

（3）面层、基层的结构类型及厚度应与交通量相适应。

（4）基层分为柔性基层、半刚性基层；在半刚性基层上应采取加厚面层、设置应力消减层或铺设抗拉强度较高的土工织物等措施减轻反射裂缝。

嗨·点评　减轻反射裂缝措施需要记忆，可考案例简答题，其余属理解性知识。

2.路基与填料

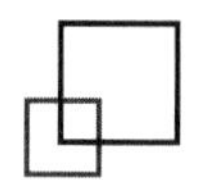

（1）路基分类（图1K411010-2）

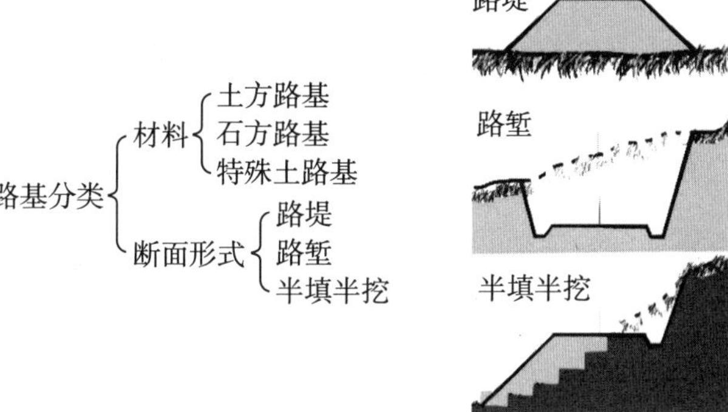

图1K411010-2　路基分类

（2）路基填料

高液限黏土、高液限粉土及含有机质细粒土不适用，必须采用时，掺石灰或水泥等结合料改善。

地下水位高时，宜提高路基顶面标高；标高受限时，应选用粗粒土或低剂量石灰或水泥稳定细粒土做路基填料，同时采取在边沟下设置排水渗沟等降水措施。

岩石或填石路基顶面铺设整平层（采用未筛分碎石和石屑或低剂量水泥稳定粒料），厚100~150mm。

嗨·点评 高液限黏土、高液限粉土和有机质细粒土的改善措施，地下水位高处理措施可结合案例考核，需要记忆；其余为选择题考点，熟悉即可。

3.基层与材料

基层是路面结构中的承重层，主要承受车辆荷载的竖向力并向下扩散；基层包括基层和底基层。

湿润和多雨地区，宜采用排水基层。未设垫层且路基填料为细粒土、黏土质砂或级配不良砂（承受特重或重交通），或者为细粒土（承受中等交通）时，应设置底基层。底基层可采用级配粒料、水泥稳定粒料或石灰粉煤灰稳定粒料等。

基层材料的选择级要求见图1K411010-3。

基层材料
- 材料选择依据——交通等级和路基抗冲刷能力
- 无机结合料稳定粒料（半刚性基层）
  - 强度高、整体性好
  - 用于快速路、主干路的基层
- 嵌锁型和级配型（柔性基层）——级配砂砾（砾石）——次干路及以下的基层
  - 基层最大粒径37.5mm
  - 底基层最大粒径53mm

图1K411010-3　基层材料

嗨·点评 考核方向：基层选择依据，两类基层材料、特点（粒径）及应用范围，考核形式：选择题。

4.面层与材料

高级沥青路面面层可划分为磨耗层、面层上层、面层下层，或称为上（表）面层、中面层、下（底）面层。

沥青路面面层类型包括：热拌、冷拌、温拌沥青混合料面层、沥青贯入式和沥青表面处治面层。见图1K411010-4。

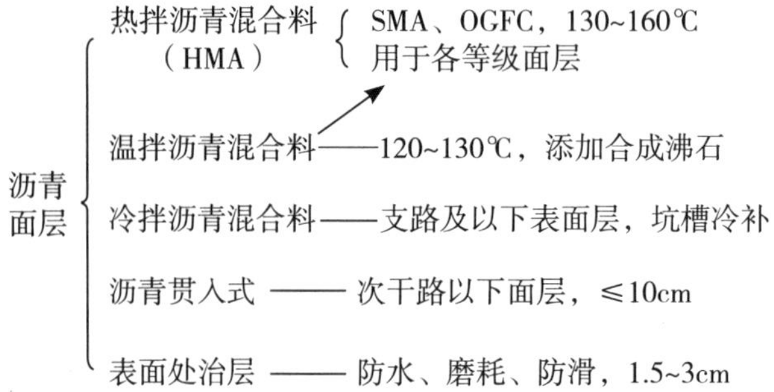

沥青面层
- 热拌沥青混合料（HMA）
  - SMA、OGFC，130~160℃
  - 用于各等级面层
- 温拌沥青混合料——120~130℃，添加合成沸石
- 冷拌沥青混合料——支路及以下表面层，坑槽冷补
- 沥青贯入式——次干路以下面层，≤10cm
- 表面处治层——防水、磨耗、防滑，1.5~3cm

图1K411010–4　沥青面层类型

嗨·点评　理解沥青面层结构层次，熟悉沥青面层类型分类及特点，考核选择题。

（二）结构层与性能要求

1.路基

（1）在环境和荷载作用下不产生不均匀变形。

（2）性能主要指标：①整体稳定性；②变形量控制。

嗨·点评　该知识点主要考核选择题，（定、变二字为记忆锚）关键词记忆。

2.基层

（1）基层的作用一是承受车辆荷载的竖向力，并把应力扩散到路基，二是防止路基不均匀冻胀或沉降的不利影响，保护面层。

（2）性能主要指标：①结构强度、扩散荷载的能力、水稳性和抗冻性；②不透水性好。

底基层顶面宜铺设沥青封层或防水土工织物，排水基层下应设置不透水底基层，保证整个基层结构不透水性。

嗨·点评　记忆保证基层不透水的措施，可考核案例简答；基层性能指标主要是关于"水"的要求。

3.面层的性能要求

①承载能力（强度和刚度）；②平整度；③温度稳定性（高温稳定性、低温抗裂性）；④抗滑能力；⑤不透水性；⑥噪声量。

降噪排水路面上面层采用OGFC（开级配大孔隙沥青混合料），达到排水效果；中面层、下面层等采用密级配沥青混合料，保证整个面层的不透水性。这种组合路面既满足沥青路面强度高、高低温性能好和平整密实等路用功能，又实现了城市道路排水降噪功能。

嗨·点评　面层性能考核选择题，记忆口诀：承平温滑水声；降噪排水路面设置要求掌握。

【经典例题】2.某施工单位承建一条城市主干路，由于该地区广泛分布高液限黏土，路基填筑施工时施工单位直接采用高液限黏土做路基填料，导致路基压实度达不到要求掌握。

【问题】施工单位做法有何不妥，应如何改善？

【答案】高液限黏土不适于做路基填料，可采用适宜的路基填料进行填筑；因条件限制必须采用时，应掺石灰或水泥等结合料改善。

【经典例题】3.（2015年真题）城市主干道沥青路面不宜采用（　　）。

A.SMA

B.温拌沥青混合料

C.冷拌沥青混合料

D.抗车辙沥青混合料

【答案】C

【嗨·解析】冷拌沥青混合料适用于支路及其以下道路的面层、支路的表面层以及各级沥青、连接层或整平层，冷拌改性沥青混合料可用于沥青路面的坑槽冷补。

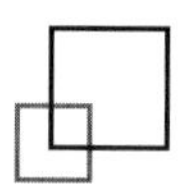

三、水泥混凝土路面构造特点

水泥混凝土路面结构的组成包括路基、垫层、基层以及面层。见图1K411010-5。

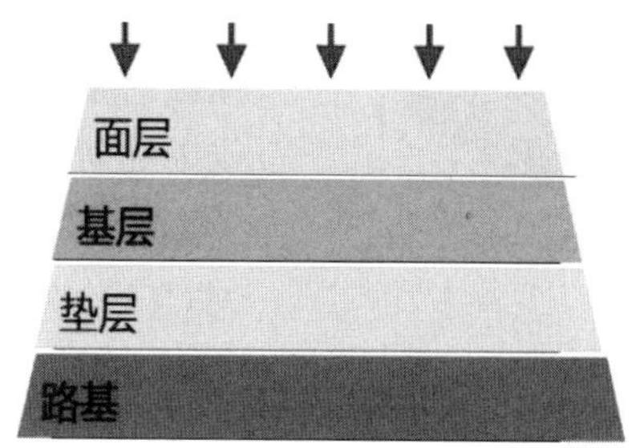

图1K411010-5　水泥混凝路面结构组成示意图

（一）垫层

在湿度和温度不良的环境下设置垫层，改善路面的适用性能。垫层设置见图1K411010-6。

垫层：
- 温湿度不良时设置
- 季节性冰冻——防冻垫层/砂、砂砾
- 排水不良——排水垫层/砂、砂砾
- 路基可能产生不均匀沉降或变形时：半刚性垫层；无机结合稳定粒料
- 路基同宽，厚度≥15cm

图1K411010-6　垫层的设置

嗨·点评　要求学员记住三种情况、三种垫层和两种材料的对应关系，其他理解即可。

（二）基层

1.作用：防止或减轻由于唧泥产生板底脱空和错台等病害；和垫层共同作用减少因路基变形对面层的不利影响；支撑面层，改善接缝传荷能力。

2.基层材料选用原则：根据交通等级和路基抗冲刷能力选择。基层材料选择见图1K411010-7。

基层材料选用：
- 特重交通：贫混凝土；碾压混凝土/沥青混凝土
- 重交通——水泥稳定粒料/沥青稳定碎石
- 中、轻交通：水泥/石灰粉煤灰稳定粒料；级配粒料
- 湿润多雨——排水基层

图1K411010-7　基层材料的选择

3.基层宽度

比面层每侧至少宽出300mm（小型机具施工时）或500mm（轨模式摊铺机施工时）或650mm（滑模式摊铺机施工时），大型机械需要更大的作业宽度。

嗨·点评　理解水泥混凝土路面基层的作用；建立材料和交通等级的对应，选择题中能正确选择。

（三）面层

1. 面层混凝土通常分为普通（素）混凝土、钢筋混凝土、连续配筋混凝土、预应力混凝土等。我国多采用普通（素）混凝土面层。

2.为防止混凝土面层热胀冷缩产生翘曲

或裂缝，混凝土面层设置纵缝和横缝。见图1K411010-8、图1K411010-9。

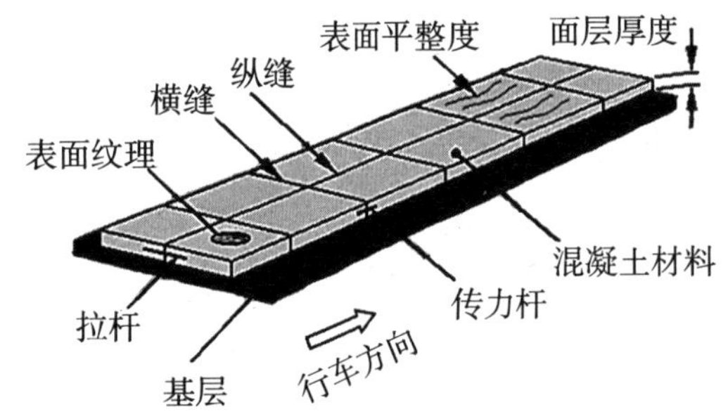

图1K411010-8　水泥混凝土路面接缝设置示意图

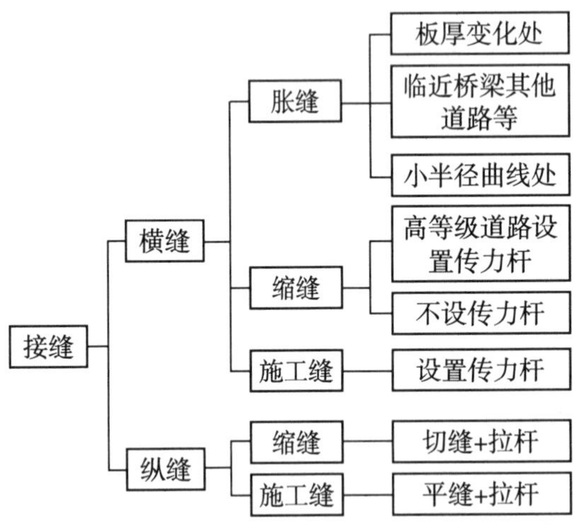

图1K411010-9　水泥混凝土路面接缝分类

（1）纵向接缝是根据路面宽度和施工铺筑宽度设置。一次铺筑宽度小于路面宽度时，应设置带拉杆的平缝形式的纵向施工缝。一次铺筑宽度大于4.5m时，应设置带拉杆的假缝形式的纵向缩缝，纵缝应与线路中线平行。

（2）横向施工缝尽可能选在缩缝或胀缝处。快速路、主干路的横向缩缝应设置传力杆。

（3）配筋补强部位：承受繁重交通的胀缝、施工缝，小于90°的面层角隅，下穿市政管线路段，以及雨水口和地下设施的检查井周围。

（4）抗滑构造：刻槽、压槽、拉槽或拉毛等方法形成一定的构造深度。

概念解释：胀缝处设置能吸收应力的胀缝板，避免面板受热膨胀产生翘曲；缩缝处预设一条规则的上下不贯通的缝，面板温缩或干缩时允许在缩缝处裂开一定宽度，从而释放掉收缩应力，避免产生不规则、不可控裂缝。

平缝是上下贯通断开的缝，分幅施工时，设置在两幅之间；假缝上部断开，下部连接，一次铺筑较宽时，采用切缝或压缝设置假缝形式的纵缝。

拉杆采用螺纹钢筋，一般在纵缝中设置，主要作用是拉结两幅车道路面；传力杆采用光圆钢筋，一般在横缝中设置，一端设置金属套筒（内设沥青油脂材料缓冲应力），有车辆荷载作用在某块混凝土板时，传力杆会把力传递到相邻的水泥混凝土板上进行荷载的分担，从而共同受力，避免荷载应力集中在一块板上发生破坏。拉杆和传力杆都能防止错台。见图1K411010-10。

图1K411010-10　传力杆和拉杆材料

嗨·点评　水泥混凝土路面裂缝是一个容易混淆的知识点，大家要清楚概念，明白区别。

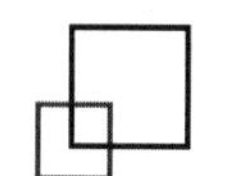

（四）主要原材料

水泥混凝土路面主要原材料要求见表1K411010-3。

水泥混凝土路面主要原材料要求一览表　表1K411010-3

原材料	材料要求		
水泥	重交通以上等级、快速路、主干路	42.5级以上道路硅酸盐水泥或硅酸盐水泥、普通硅酸盐水泥	出厂合格证+进场复验；出厂超过3个月或受潮重新试验
	其他道路	32.5级以上矿渣水泥	
外加剂	无氯盐类的防冻剂、引气剂、减水剂等		出厂合格证，使用前应经掺配试验
粗骨料	碎石≤31.5mm，碎砾石≤26.5mm，砾石≤19mm；钢纤维混凝土粗骨料粒径≤19mm		
细骨料	细度模数在2.5以上的洁净中粗砂，海砂不得直接用于混凝土面层，淡化海砂仅可用于支路混凝土面层		
钢筋	具有生产厂的牌号、炉号，检验报告和合格证，并经复试（含见证取样）合格		
胀缝板	厚20mm、水稳定性好的柔性板材制作，且经防腐处理		
填缝料	树脂类、橡胶类、聚氯乙烯胶泥类、改性沥青类等材料，并加入耐老化剂		

嗨·点评 水泥品种规格选择及进场验收、骨料粒径、钢筋验收、胀缝板可考核案例改错题，重点掌握；胀缝填缝料记忆口诀：橡胶树改沥。

【经典例题】4.下列（　　）部位应设置胀缝。

A.路面宽度变化处　B.临近桥梁处

C.大半径曲线处　D.板厚变化处

E.小半径曲线处

【答案】BDE

【嗨·解析】胀缝设置位置：板厚变化、临近桥梁、小半径曲线等处设置。

【经典例题】5.某施工单位承建某沿海城市主干路施工，设计为水泥混凝土路面，施工单位做配合比时选择P.O42.5级矿渣硅酸盐水泥，细骨料就近选取海砂淡化后用于混凝土面层；胀缝处采用沥青油浸的水稳定性好的柔性板材制作，并在上部灌入防水砂浆密封。

【问题】施工单位做法有何不妥，请改正。

【答案】①选择矿渣硅酸盐水泥不妥；应选择P.O42.5级以上的道路硅酸盐水泥或硅酸盐水泥、普通硅酸盐水泥。②细骨料选择淡化海砂不妥，应选择合格的洁净中粗砂。③胀缝填缝料选择防水砂浆不妥，应选树脂类、橡胶类、聚氯乙烯胶泥类、改性沥青类等材料，并加入耐老化剂。

四、沥青混合料组成与材料

（一）结构组成与分类

1.材料组成

沥青混合料是一种复合材料，主要由沥青、粗集料、细集料、矿粉组成，有的还有聚合物和木纤维素。沥青混合料结构包括沥青结构、矿物骨架结构及沥青—矿粉分散系统结构等。

2.基本分类

沥青混合料分类有多种形式，见图1K411010-11。

沥青混合料
- 材料组成及结构——连续级配、间断级配
- 级配及孔隙大小——密级配、半开级配、开级配
- 公称最大粒径——特粗、粗、中、细、砂
- 生产工艺——热拌、冷拌、再生

图1K411010-11 沥青混合料基本分类

3.结构类型

沥青混合料结构类型可分为按嵌挤原则构成和按密实级配原则构成的两大结构类型，分成3类结构形式：悬浮密实结构、骨架空隙结构和骨架密实结构。

（1）悬浮密实结构：由次级骨料填充前级骨料（较次级骨料粒径稍大）空隙的沥青混凝土，具有很大的密度，但由于前级骨料不能直接互相嵌锁形成骨架，因此该结构具有较大的黏聚力c，但内摩擦角φ较小，高温稳定性较差。通常按最佳级配原理进行设计。AC型沥青混合料是这种结构典型代表。

（2）骨架空隙结构：粗集料所占比例大，细集料很少甚至没有。粗骨料可互相嵌锁形成骨架，嵌挤能力强；但细骨料过少不易填充粗集料之间形成的较大的空隙。该结构内摩擦角φ较高，但黏聚力c较低。沥青碎石混合料（AM）和OGFC（大空隙开级配排水式沥青混合料）是这种结构的典型代表。

（3）骨架密实结构综合了骨架空隙和悬浮密实两种结构形式的优点，该结构不仅内摩擦角较高，黏聚力也较高，沥青玛瑞脂混合料（简称SMA）是这种结构典型代表。

三种结构形式由于密度、孔隙率、矿料间隙率不同，使他们在稳定性和路用性能上差别显著。见图1K411010-12。

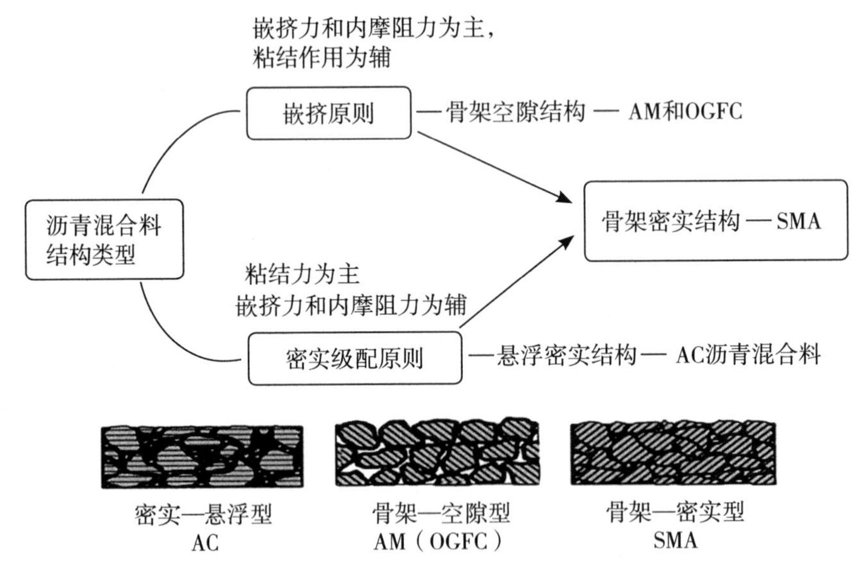

图1K411010-12 沥青混合料三种结构形式

嗨·点评 沥青混合料结构可采用联想记忆法，悬浮密实想象为胖子，身上油多，粘结力大，因为爱吃（AC）所以胖；骨架空隙为瘦子，骨骼之间的摩阻及嵌挤力大，没有肥肉的粘结力，因为爱美（AM）所以瘦。一个胖子和一个瘦子生下一个骨骼健壮、肌肉结实的儿子，骨架密实结构，英文名字SMA。

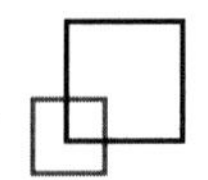

（二）主要材料与性能

1.沥青

城镇道路面层宜优先采用A级沥青（即能适用于各种等级、任何场合和层次），不宜使用煤沥青。多层面层选用沥青时，一般上层宜用较稠的沥青，下层或连接层宜用较稀的沥青（上稠下稀）。沥青主要技术性能（结温塑耐安）见图1K411010-13。

沥青
- 粘结性 黏/稠度
  - 抗变形，针入度
  - 高级、高温、重荷载、慢车速选稠度大
- 感温性—— 软化点
- 耐久性
  - 抗老化性—— 薄膜烘箱加热试验
  - 抗水损性—— 水煮法试验
- 塑性—— 延度，抗开裂 —— 10℃或15℃延度
- 安全性—— 闪点 —— 越软（标号高），闪点越小

图1K411010-13　沥青主要技术性能

2.粗集料

粗集料应有较大的表观密度，与沥青有较大的粘附性，较小的压碎值、洛杉矶磨耗损失、吸水率、针片状颗粒含量以及水洗法小于0.075mm颗粒含量和软石含量。如城市快速路、主干路表面层粗集料压碎值≤26%，吸水率≤2.0%，沥青粘附性≥4级。

3.细集料

热拌密级配沥青混合料天然砂用量不宜超过集料总量的20%，SMA、OGFC不宜使用天然砂。

4.矿粉

应采用石灰岩等憎水性石料磨成；快速路、主干路不宜采用粉煤灰。

5.纤维稳定剂

不宜使用石棉纤维；250℃不变质。

嗨·点评 沥青5个技术性能的概念及对应指标易考核选择题，5个性能可采取口诀记忆：结温塑耐安（接吻施耐庵）；了解沥青技术性能的关联性：黏度↑、针入度↓、软化点↑、闪点↑、标号↓。

另外记住细集料、矿粉和纤维稳定剂的3个不宜和一个250℃。

（三）热拌沥青混合料主要类型

热拌沥青混合料主要类型见表1K411010-4。

热拌沥青混合料主要类型　表1K411010-4

类型	原理	性能	适用
普通沥青混合料（AC）			用于城市次干路、辅路或人行道
改性沥青混合料	掺加橡胶、树脂、高分子聚合物、磨细的橡胶粉等改性剂对沥青改性	高温抗车辙、低温抗开裂、耐磨耗、长寿命	快速路、主干路
沥青玛琋脂碎石混合料（SMA）	沥青、矿粉及纤维稳定剂组成的沥青玛琋脂结合料，填充于间断级配的矿料骨架中，所形成的混合料	抗变形能力强、耐久性好	快速路、主干路
改性SMA	改性沥青+SMA结构形式	各方面性能均有较大提高	流量增长、轴重增加，严格分车道单向形式的快速路、主干路

嗨·点评 从普通沥青混合料到改性SMA，性能越好，应用道路等级越高。

【经典例题】6.沥青混合料按结构可分为（　　）等类。

A.悬浮-密实结构　　B.悬浮-空隙结构

C.骨架-空隙结构　　D.骨架-密实结构

E.骨架–悬浮结构

【答案】ACD

【经典例题】7.（2014年真题）与悬浮–密实结构的沥青混合料相比，关于骨架–空隙结构的黏聚力和内摩擦角的说法，正确的是（　　）。

A.黏聚力大，内摩擦角大

B.黏聚力大，内摩擦角小

C.黏聚力小，内摩擦角大

D.黏聚力小，内摩擦角小

【答案】C

【经典例题】8.下列（　　）指标反映沥青抵抗开裂的能力。

A.黏结性　　B.感温性

C.耐久性　　D.塑性

【答案】D

五、沥青路面材料的再生应用

（一）再生目的与意义

1.再生机理

沥青路面材料的再生，关键在于沥青的再生，是沥青老化的逆过程。

2.再生技术

旧沥青混凝土路面，经过翻挖、回收、破碎、筛分，再添加适量的新骨料、新沥青，重新拌合。

（二）再生剂技术要求与选择

1.再生剂作用

再生剂调节过高的黏度并使脆硬的旧沥青混合料软化，便于充分分散和新料均匀混合。再生剂渗入旧沥青中，使其已凝聚的沥青质重新溶解分散，调节沥青的胶体结构，改善沥青流变性质。

再生剂主要采用低黏度石油系的矿物油。

2.技术要求

（1）具有软化与渗透能力，即适当的黏度。

（2）具有良好的流变性质，复合流动度接近1，显现牛顿液体性质。

（3）具有溶解分散沥青质的能力，即应富含芳香酚。

（4）具有较高的表面张力。

（5）必须具有良好的耐热化和耐候性。

（三）再生材料生产与应用

1.再生混合料配合比

再生剂选择与用量的确定应考虑旧沥青的黏度、再生沥青的黏度、再生剂的黏度等因素。

2.生产工艺

（1）再生方式：热拌、冷拌再生技术；再生场地：现场再生、场拌再生；使用机械设备：人工、机械拌合。

（2）再生沥青混合料最佳沥青用量的确定方法采用马歇尔试验方法。

（3）再生沥青混合料性能试验指标有：空隙率、矿料间隙率、饱和度、马歇尔稳定度、流值等。

（4）再生沥青混合料的检测项目有车辙试验动稳定度、残留马歇尔稳定度、冻融劈裂抗拉强度比等。

嗨·点评　本条知识考选择题，考试概率不高，重点注意一下再生剂技术要求（口诀记忆：张耐耐分流粘）、马歇尔试验方法、试验指标（口诀语境记忆：空矿饱马流）和检测项目这几个考核点。

【经典例题】9.将现场沥青路面耙松，添加再生剂并重新拌合后，直接碾压成型的施工工艺为（　　）。

A.现场冷再生　　B.现场热再生

C.厂拌冷再生　　D.厂拌热再生

【答案】A

【经典例题】10.再生沥青混合料性能试验指标有（　　）、马歇尔稳定度、流值等。

A.空隙率

B.矿料间隙率

C.残留马歇尔稳定度

D.饱和度

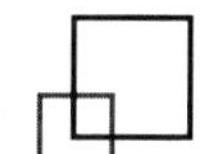

E.耐热性和耐候性

【答案】ABD

【嗨·解析】可以利用“空矿饱马流”去对照选择，注意和检测项目的相互干扰。

六、不同形式挡土墙的结构特点

（一）常见挡土墙的结构形式及特点

常见挡土墙种类较多，详见表1K411010–5。

挡土墙结构形式及分类　表1K411010–5

类型	结构示意图	结构特点
重力式	路中心线	①依靠墙体自重抵挡土压力作用； ②一般用浆砌片（块）石砌筑，缺乏石料地区可用混凝土砌块或现场浇筑混凝土； ③形式简单，就地取材，施工简便
重力式	墙趾 钢筋 凸榫	①依靠墙体自重抵挡土压力作用； ②在墙背设少量钢筋，并将墙趾展宽（必要时设少量钢筋）或基地设凸榫抵抗滑动； ③可减薄墙体厚度，节省混凝土用量
衡重式	上墙 衡重台 下墙	①上墙利用衡重台上填土的下压作用和全墙重心的后移增加墙体稳定； ②墙胸坡陡，下墙倾斜，可降低墙高，减少基础开挖
钢筋混凝土悬臂式	立壁 钢筋 墙趾板 墙踵板	①采用钢筋混凝土材料，由立壁、墙趾板、墙踵板三部分组成； ②墙高时，立壁下部弯矩大，配筋多，不经济
钢筋混凝土扶壁式	墙面板 扶壁 墙趾板 墙踵板	①沿墙长，隔一定距离加筑肋板（扶壁），使墙面与墙踵板连接； ②比悬臂式受力条件好，在高墙时较悬臂式经济
带卸荷板的柱板式	立杆 挡板 拉杆 卸荷板底梁 牛腿 基座	①由立柱、底梁、拉杆、挡板和基座组成，借卸荷板上的土重平衡全墙； ②基础开挖较悬臂式少； ③可预制拼装，快速施工
锚杆式	肋柱 岩层分界线 锚杆 岩石 预制挡板	①由肋柱、挡板和锚杆组成，靠锚杆固定在岩体内拉住肋柱； ②锚头为楔缝式或砂浆锚杆
自立式（尾杆式）	立柱 预制挡板 拉杆（尾杆） 锚锭块	①由拉杆、挡板、立柱、锚锭块组成，靠填土本身和拉杆、锚定块形成整体稳定； ②结构轻便、工程量节省，可以预制、拼装，施工快速、便捷； ③基础处理简单，有利于地基软弱处进行填土施工，但分层碾压需慎重，土也要有一定选择

续表

类型	结构示意图	结构特点
加筋土	面板 拉筋 填土 基础	①加筋土挡墙是填土、拉筋和面板三者的结合体。拉筋与土之间的摩擦力及面板对填土的约束，使拉筋与填土结合成一个整体的柔性结构，能适应较大变形，可用于软弱地基，耐震性能好于刚性结构； ②可解决很高（国内有3.6~12m的实例）的垂直填土，减少占地面积； ③挡土面板、加筋条定型预制，现场拼装，土体分层填筑，施工简便、快速、工期短； ④造价较低，为普通挡墙（结构）造价的40%~60%； ⑤立面美观，造型轻巧，与周围环境协调； ⑥高瘦快柔便宜美（高度高，占地小，速度快，柔性结构，成本低，美观）

挡土墙基础地基承载力必须符合设计要求，并经检测验收合格后方可进行后续工序施工。施工中按设计施作排水系统、泄水孔、反滤层和结构变形缝。挡土墙投入使用时，应进行墙体变形观测，确认合格。

嗨·点评 不同挡土墙结构示意图和结构特点，要求学员能够对应清楚，经常考核选择题且案例也可能考核。记忆技巧：关键词记忆、口诀记忆等。

（二）挡土墙结构受力

挡土墙结构承受的土压力有：静止土压力、主动土压力和被动土压力三种（被大主小）。见表1K411010-6。

挡土墙受到土的三种压力　表1K411010-6

三种土压力	相互作用（参见图1K411010-14）	压力变化	压力大小
静止土压力	墙、土均不动	静止土压力	居中
主动土压力	土推墙退，向下滑裂	静止土压力得到部分释放	最小
被动土压力	墙推土隆，向上滑裂	静止土压力和墙推力叠加	最大（位移也最大）

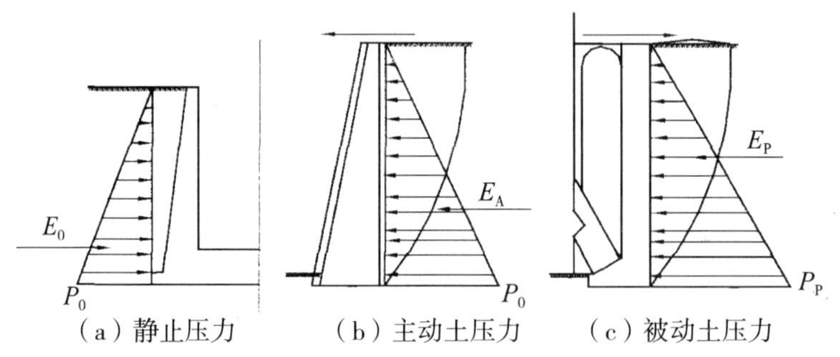

（a）静止压力　（b）主动土压力　（c）被动土压力

图1K411010-14　挡土墙三种土压力

嗨·点评 看懂三种土压力的概念，记住大小排序。

【经典例题】11.（2010年真题）刚性挡土墙与土相互作用的最大土压力是（　　）土压力。

A.静止　B.被动　C.平衡　D.主动

【答案】B

【经典例题】12.（2015年二建真题）某公司承建的市政桥梁工程中，桥梁引道与现有城市次干道呈T形平面交叉，次干道边坡坡

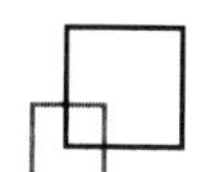

率1：2，采用植草防护：引道位于种植滩地，线位上现存池塘一处（长15m，宽12m，深1.5m）；引道两侧边坡采用挡土墙支护：桥台采用重力式桥台，基础为ϕ 120cm，混凝土钻孔灌注桩。引道纵断面如图1所示，挡土墙横截面如图2所示。

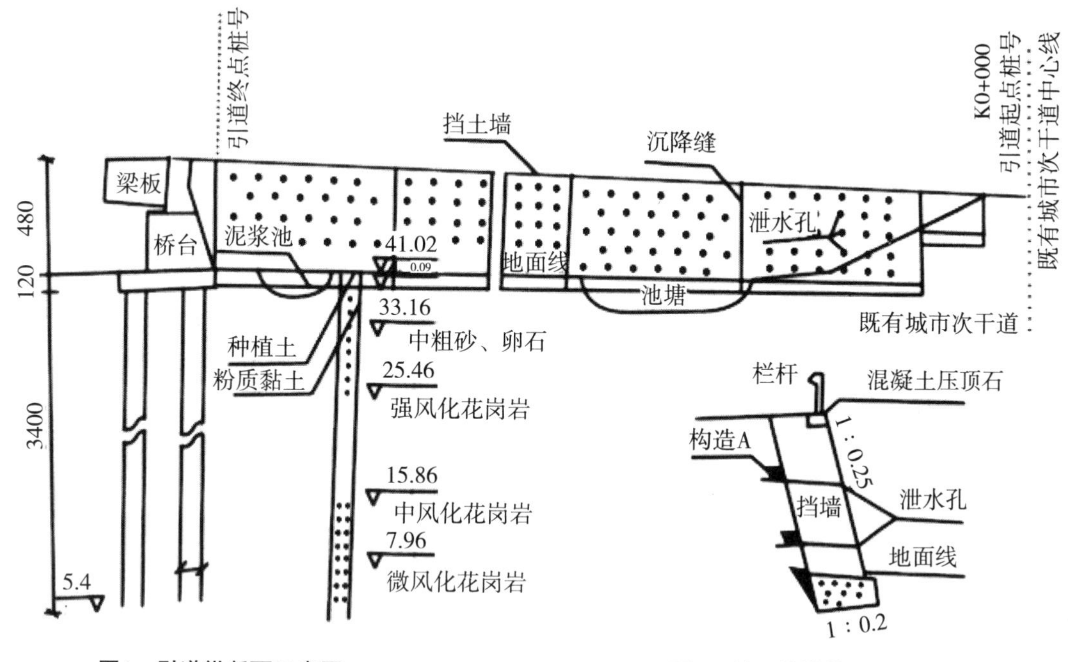

图1　引道纵断面示意图　　图2　挡土墙横截面示意图

（标高单位：m；尺寸单位：cm）

【问题】1.图1所示挡土墙属于哪种结构形式（类型）？

2.写出图2中构造A的名称。

【答案】1.重力式挡土墙。

2.反滤层。

1K411020 城镇道路路基施工

一、城镇道路路基施工技术

（一）路基施工特点与程序

1.施工特点

（1）路基工程施工属露天作业，受自然条件影响大；在工程施工区域内的专业类型多、结构物多、各专业管线纵横交错；专业之间及社会之间配合工作多、干扰多，导致施工变化多。

（2）机械作业为主，人工配合为辅；流水或分段平行作业。

2.施工项目

路基工程包括路基本身及土石方、涵洞、挡土墙、路肩、边坡、排水管线等项目。

3.基本流程

（1）准备工作

①按照交通导行方案设置围挡，导行交通。

②开工前，施工项目技术负责人应依据获准的施工方案向施工人员进行技术安全交底，强调工程难点、技术要点、安全措施。使作业人员掌握要点，明确责任。

③施工控制桩放线测量，建立测量控制网，恢复中线，补钉转角桩、路两侧外边桩等。

④根据工程地质勘查报告，对路基土进行天然含水量、液塑限、标准击实、CBR等试验。

（2）附属构筑物

地下管线、涵洞等构筑物与路基（土方）同时进行，新建管线必须遵循“先地下，后地上”、“先深后浅”的原则。结合图1K411020–1理解。

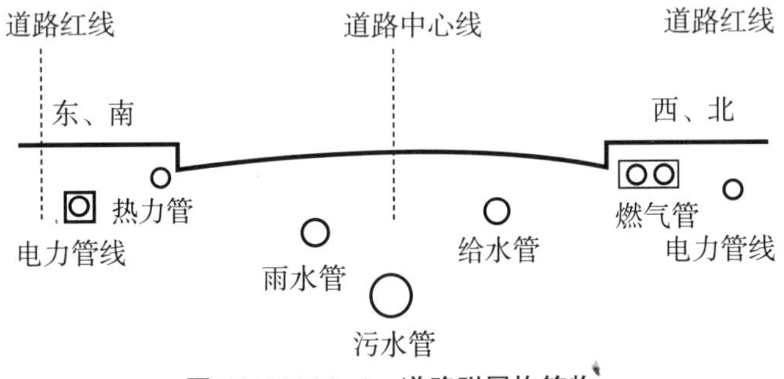

图1K411020–1 道路附属构筑物

（3）路基（土、石方）施工

开挖路堑、填筑路堤，整平路基、压实路基、修整路床，修建防护工程等。

嗨·点评 路基施工的特点和准备工作中大部分内容在市政工程中是具有通用性的，重点掌握准备工作中的导行、交底和附属构筑物施工原则，这几点容易结合案例考核。

（二）路基施工要点

1.填土路基

施工流程：放线→清表（含粪坑、井穴处理）→找平→分层填筑、压实、检验→整形→路段验收。

（1）排除积水，清除树根、杂草、淤泥等（图1K411020–2），妥善处理坟坑、井穴，并分层填实至原基面高。

（2）填方段事先找平，当地面坡度陡于1∶5时，需修台阶，台阶高度不宜大于300mm，宽度不应小于1.0m。见图1K411020-3。另外填挖交界、涵侧回填、台背回填和路基结合处也要修筑台阶。

图1K411020-2　清表

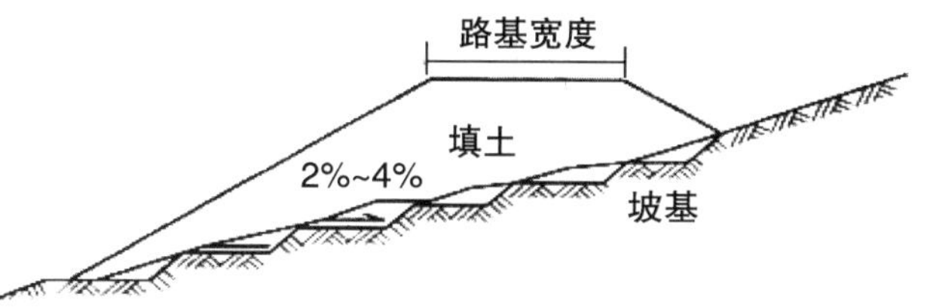

图1K411020-3　坡面路基台阶处理

（3）根据中心线和下坡脚桩，分层填土、压实。

（4）先检查再碾压，“先轻后重”，最后碾压≥12t。

（5）管涵顶面填土500mm以上才能用压路机碾压。

（6）路基填方高度按设计标高增加预沉量值，按设计断面、高程控制最后一层。

2.挖土路基

（1）积水排除、疏干，树坑、粪坑处理。

（2）根据中线和边桩开挖。

（3）自上而下分层开挖，严禁掏洞开挖。机械开挖时，在距管道边1m和直埋缆线2m范围内应采用人工开挖（记忆口诀：一米管道两米线）。挖方段不得超挖，留有余量。

（4）压路机不得小于12t级，碾压自路两边向路中心进行。

（5）碾压时，视土的干湿程度采取洒水或换土、晾晒、掺石灰处理等措施。

（6）过街雨水支管沟槽及检查井周围应用石灰土或石灰粉煤灰砂砾填实。

3.石方路基

（1）先码边，然后逐层水平填筑石料。

（2）先修筑试验段，确定松铺厚度、压实机具组合、压实遍数及沉降差等施工参数。

（3）填石路堤宜选用12t以上的振动压路机、25t以上轮胎压路机或2.5t的夯锤压（夯）实。

（4）路基范围内管线、构筑物四周的沟槽宜回填土料。

嗨·点评　填方路基和挖方路基易结合案例考核，重点注意粪坑井穴如何处理、台阶设置、分层厚度（一般松铺厚度在300mm以内）、管顶500mm压实、挖方段管线保护、土的干湿状况处理、雨水支管及检查井回填这些考点。石方路基主要考核选择题，选择正误说法。

（三）质量检查与验收

主控项目为压实度和弯沉值（0.01mm）；一般项目有路基允许偏差和路床、路堤边坡等要求。

嗨·点评　主控项目需要记忆；一般项目了解。

【经典例题】1.①路基清表时，井穴如何处理？

②路基填筑过干土和过湿土如何处理？

③路基内管涵顶面500mm内如何压实？

④施工单位采用挖掘机进行挖方路基，应如何保护路基范围内管线。

【答案】①挖除井穴范围不良土质，采用合格土料分层回填至基面高。

②过干土可均匀洒水，过湿土可换土、翻开晾晒或掺加石灰处理；保证压实含水量在最佳含水量的±2%范围内。

③路基内管涵顶面500mm可采用人工分层压实或轻型压实机具分层压实，不得采用压路机压实。

④挖方路基机械开挖时，在距管道边1m和距直埋缆线2m范围内应采用人工开挖。

二、城镇道路路基压实作业要点

（一）路基材料与填筑

1.材料要求

（1）强度（CBR——加州承载比，反映材料的强度大小）值符合要求。

（2）不应使用淤泥、沼泽土、泥炭土、冻土、盐渍土、有机土及含生活垃圾的土做路基填料。不得有草、树根等杂物。粒径超过100mm的土块应打碎。

2.填筑

（1）填土应分层进行。路基填土宽度应比设计宽度每侧宽500mm。

（2）对过湿土翻松、晾干或掺加石灰处理，或对过干土均匀加水，使其含水量接近最佳含水量±2%之内。

嗨·点评 记住100mm、500mm和过湿（干）土处理措施，可考核案例改错题。

（二）路基压实施工要点

1.试验段

有条件应做试验段，试验段目的：

（1）确定路基预沉量值；（2）合理选用压实机具（道路等级、工程量大小、施工条件、工期等）；（3）确定压实遍数；（4）确定虚铺厚度；（5）选择压实方式。

2.路基下管道回填与压实

（1）管顶以上500mm范围内不得使用压路机。

（2）管顶至路床小于500mm时，应对管道结构进行加固。

（3）管顶至路床500～800mm时，应对管道结构采取保护或加固措施。

3.路基压实

（1）压实方法：重力压实（静压）和振动压实。

（2）土质路基压实原则：“先轻后重、先静后振、先低后高、先慢后快，轮迹重叠”，压路机最快速度不宜超过4km/h。

（3）碾压应从边缘向中央进行，外边缘距路基边保持安全距离。

（4）碾压不到部位采用小型夯实机夯实，夯击重叠1/4～1/3，防止漏夯。

（三）土质路基压实质量检查

1.主要检查各层的压实度；

2.路基顶面应进行压实度和弯沉值检测，并符合相关标准要求。

嗨·点评 路基试验段目的考核案例简答或补充题，记忆口诀：预沉虚铺三压实；路基压实经常考核案例补充或改错题。

【经典例题】2.（2012年真题）下列原则中，不属于土质路基压实原则的是（ ）。

A.先低后高　　B.先快后慢

C.先轻后重　　D.先静后振

【答案】B

【经典例题】3.某公司承建一城市道路工程，道路全长3000m，穿过部分农田和水塘，需要借土回填和抛石挤淤。项目部在路基正式压实前选取了200m作为试验段，通过试验确定了合适吨位的压路机和压实方式。

工程施工中发生如下事件：

项目技术负责人现场检查时发现压路机碾压时先高后低，先快后慢，先静后振，由路基中心向边缘碾压。技术负责人当即要求操作人员停止作业，并指出其错误要求改正。

【问题】（1）除确定合适吨位的压路机和压实方式外，试验段还应确定哪些技术参数。

（2）请指出事件中压实作业的错误之处并写出正确做法。

【答案】（1）还应确定的试验参数有：路

基预沉量值；压实遍数；路基宽度内每层虚铺厚度。

（2）错误之处：先高后低，先快后慢，由路基中心向边缘碾压。

正确做法：压实应遵循“先轻后重、先慢后快、由路基两边向中间进行”的原则。

三、岩土分类与不良土质处理方法

（一）工程用土分类

1.按土的工程分类标准分类（略）

2.按土的坚实系数分类见表1K411020。

土的坚实系数分类　表1K411020

分类	坚实系数	名称	代表
一类土	0.5~0.6	松软土	砂土、粉土、淤泥等
二类土	0.6~0.8	普通土	粉质黏土、潮湿黄土、种植土、填土等
三类土	0.8~1.0	坚土	重粉质黏土、砾石土、压实填土、含碎石的黄土/粉质黏土
四类土	1.0~1.5	砂砾坚土	坚硬密实的黏性土/黄土、卵石、天然级配砂石
五类土	1.5~4.0	软石	硬质黏土、中密页岩

（二）土的性能参数

1.土的工程性质（略）

2.路用工程（土）主要性能参数

含水量ω：水质量/干土质量；

孔隙比e：孔隙体积/土粒体积；

孔隙率n：孔隙体积/土的体积（固、液、气三相之和）；

塑限ω_p：土由可塑状态→半固体状态时的界限含水量，为塑性下限；

液限ω_L：土由流动状态→可塑状态的界限含水量，即塑性上限，见图1K411020-4。

塑性指数$I_p=\omega_L-\omega_p$，即土处于塑性状态的含水量变化范围，表征土的塑性大小；

液性指数$I_L=(\omega-\omega_p)/I_p$，判别土的软硬程度，见图1K411020-5。

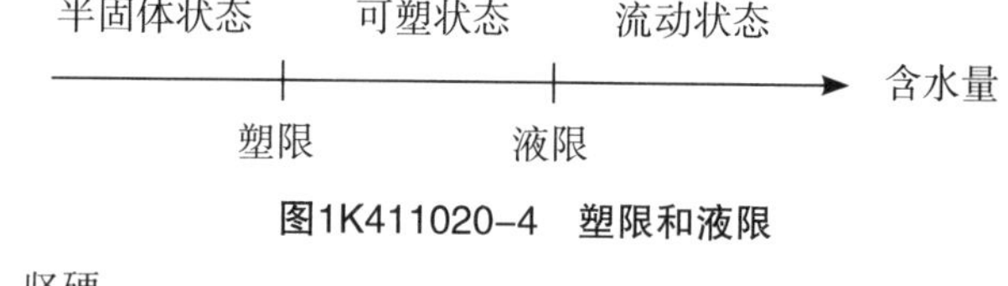

图1K411020-4　塑限和液限

图1K411020-5　液性指数

3.土体的抗剪强度

土的强度性质通常是指土体的抗剪强度，即土体抵抗剪切破坏的能力。

道路工程中不良土质路基需解决的主要问题是提高地基承载力、土坡稳定性等。

嗨·点评　路基用土的性能参数，考核选择题。

（三）不良土质路基的处理方法

1.软土

天然含水量高、孔隙比大、透水性差、压缩性高及强度低等特点，见图1K411020-6。

图1K411020-6　软土在荷载作用下的剪切变形

常用处理方法有表层处理法、换填法、

重压法、垂直排水固结法等；具体包括置换土、抛石挤淤、砂垫层置换、反压护道、砂桩、粉喷桩、塑料排水板及土工织物等处理措施，见图1K411020-7~1K411020-12。

图1K411020-7　湖泊中路基采用抛石挤淤处理图

图1K411020-8　路基中土工织物加筋处理

图1K411020-9　路基中袋装砂井

图1K411020-10　砂垫层置换处理

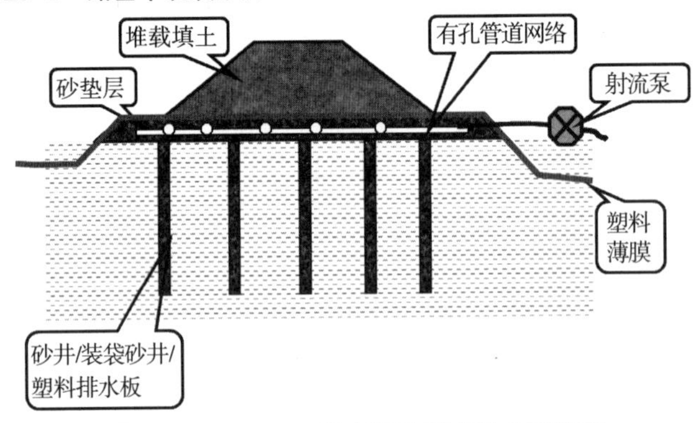

图1K411020-11　真空辅助垂直排水固结法

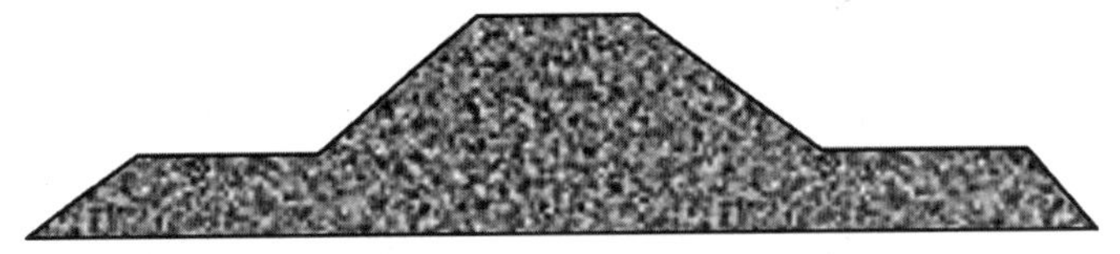
图1K411020-12　反压护道示意图

嗨·点评　我国南方道路施工普遍存在软土处理，在理解的基础上记住常用的处理方法，关键词记忆口诀（表换抛压桩排织），可考核选择或案例简答题。

2.湿陷性黄土

湿陷性黄土特点：土质较均匀、结构疏松、孔隙发育，一定压力下受水浸湿，迅速破坏。

除采用防止地表水下渗措施外，可具体采取换土法、强夯法、挤密法、预浸法、化学加固法等方法因地制宜进行处理，并采取措施做好路基的防冲、截排、防渗。见图1K411020-13、图1K411020-14。

加筋土挡土墙是湿陷性黄土地区得到迅速推广的有效防护措施。

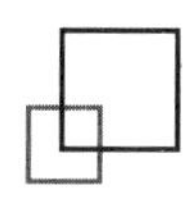

图1K411020-13 强夯法

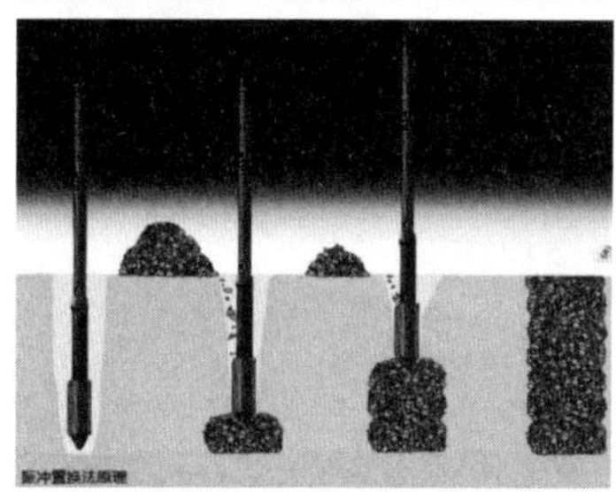

图1K411020-14 挤密法

强夯法：用重锤自一定高度下落夯击土层使地基迅速固结的方法。

挤密法：利用沉管、冲击或爆扩等方法在地基中挤土成孔，然后填入素土、粒料土或灰土成桩，桩间土被横向挤压密实的处理方法。

预浸法：预先对湿陷性黄土场地大面积浸水，使土体在饱和自重应力作用下，发生湿陷产生压密，以消除全部黄土层的自重湿陷性和深部土层的外荷湿陷性的处理方法。

化学加固法：采用某些化学溶液（例如：水玻璃）注入地基土中，通过化学反应胶结固化，以增强土颗粒间的粘结，提高土体的力学强度的方法。

嗨·点评 湿陷性黄土存在于我国西北和华北平原，其处理需要两方面的考虑：一方面防冲、截排、防渗；一方面改良土质。

3.膨胀土

吸水膨胀或失水收缩的高液限黏土称为膨胀土，该类土具有较大的塑性指数。

处理措施：灰土桩、水泥桩或其他无机结合料对膨胀土路基加固和改良；也可用开挖换填、堆载预压对路基进行加固。同时做好路基的防水和保湿，如设置排水沟，采用不透水的面层结构，在路基中设不透水层，在路基裸露的边坡等部位植草、植树等措施。

嗨·点评 膨胀土改良方法（关键词记忆：换桩压水保湿）。

4.冻土

冻土包括季节性和多年性冻土两大类；对于季节性冻土，为防止路面因路基冻胀和融沉发生变形而破坏，应注意以下几点：

（1）减少和防止地表水或地下水渗入到路基顶部，增加路基总高度，满足最小填土高度要求。

（2）选用不发生冻胀的路面结构层材料。

（3）采用多孔矿渣等隔温材料。

（4）调整结构层厚度，防冻层厚度（包括路面结构层）应不低于标准规定。

【经典例题】4.（2010年真题）深厚的湿陷性黄土路基，可采用（　　）处理。

A.堆载预压法　　B.灰土垫层法

C.强夯法　　D.排水固结法

E.灰土挤密法

【答案】BCE

【经典例题】5.（2013年真题）下列膨胀

土路基的处理方法中，错误的是（　　）。

A.采用灰土桩对路基进行加固

B.用堆载预压对路基进行加固

C.在路基中设透水层

D.采用不透水的面层结构

【答案】C

四、水对城镇道路路基的危害

（一）地下水分类

地下液态水包括吸着水、薄膜水、毛细水和重力水。毛细水可在毛细作用下逆重力方向上升，在0℃以下仍能移动、积聚，发生冻胀。

根据埋藏条件分为上层滞水、潜水、承压水（图1K411020-15）。

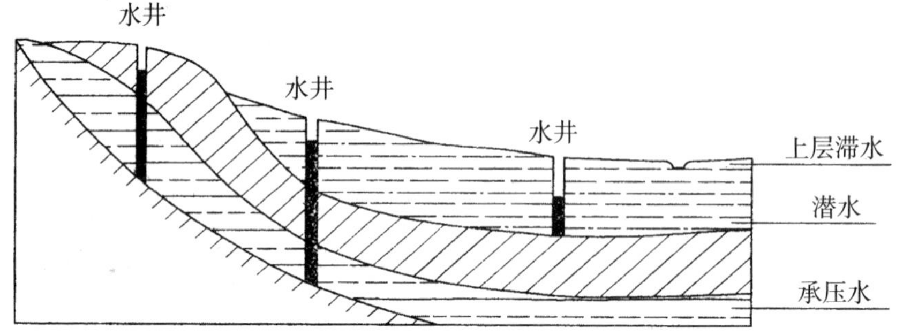

图1K411020-15 地下水埋藏条件与分类示意图

（二）水土作用

工程实践表明：在对道路路基施工、运行与维护造成危害的诸多因素中，影响最大、最持久的是地下水。

（三）地下水和地表水的控制

1.路基排水

路基排水分为地面和地下两类。一般情况下可以通过设置各种管渠、地下排水构筑物等办法达到迅速排水的目的。在有地下水或地表水水流危害路基边坡稳定时，可设置渗沟或截水沟。边坡较陡或可能受到流水冲刷时，可设置各种类型的护坡、护墙等。

2.路基隔（截）水

（1）地下水位接近或高于路床标高时，应设置暗沟、渗沟或其他设施，以排除或截断地下水流，降低地下水位。

（2）地下水位或地面积水水位较高。路基处于过湿状态或强度与稳定性不符合要求的潮湿状态时，可设置隔离层或采取疏干等措施。可采用土工织物、塑料板等材料疏干或超载预压提高承载能力与稳定性。

嗨·点评 本知识点侧重理解，考核概率不高，考核选择题。

【经典例题】6.从工程地质的角度，根据地下水的埋藏条件可将地下水分为上层滞水、（　　）、承压水。

A.毛细水　　B.重力水

C.潜水　　D.吸着水

【答案】C

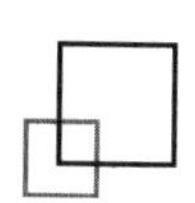

1K411030 城镇道路基层施工

一、不同无机结合料稳定基层特性

基层的材料与施工质量是影响路面使用性能和使用寿命的最关键因素。

（一）无机结合料稳定基层

结构较密实、孔隙率小、透水性小、水稳性较好、适宜机械化施工、技术经济较合理的水泥、石灰及工业废渣材料施工的基层称为无机结合料稳定基层。

（二）常用的无机结合料基层材料

常用的基层材料包括石灰稳定土、水泥稳定土、石灰工业废渣稳定土等基层。

1.各类稳定土基层性能对比

抗冻性和抗收缩排名：二灰土基层>水泥土基层>石灰土基层；

早期强度排名：水泥土基层>石灰土基层>二灰土基层；

水稳性和早期强度排名：水泥土基层>石灰土基层。

2.各类稳定土基层适用性

石灰土、水泥土和二灰土不能做高等级道路的基层，只能做底基层；水泥或二灰稳定碎石（碎砾石）可做高等级道路的基层。

石灰稳定土早期强度较低，温度低于5℃时强度几乎不增长；二灰稳定土早期强度低，温度低于4℃时强度几乎不增长，粉煤灰用量越多，早期强度越低。

嗨·点评 常用基层材料性能对比经常考核选择题，记忆诀窍：水泥总是好于石灰，二灰抗冻抗收缩最好，早期强度最低；各类稳定土基层适用性考核改错题。

【经典例题】1.下列无机结合料中可用作高级路面基层的是（　　）。

A.水泥稳定土　　B.石灰稳定土
C.二灰稳定土　　D.二灰稳定粒料

【答案】D

【解析】二灰稳定粒料可用于高等级路面的基层与底基层。

二、城镇道路基层施工技术

（一）石灰稳定土基层与水泥稳定土基层

1.材料与拌合

（1）原材料进场检验，进行配合比设计。

（2）城区宜厂拌，禁路拌，宜采用强制式拌合机。

（3）应严格按照配合比拌合，并根据原材料的含水量变化及时调整拌合用水量。

2.运输与摊铺

（1）应及时运送到铺筑现场，水泥稳定土材料拌合至摊铺完成不应超过3h。

（2）运输中覆盖（帆布、篷布、塑料布等）防蒸发、防扬尘、防遗撒。

（3）宜在春末和气温较高季节施工，施工最低气温为5℃。

（4）摊铺时路床应湿润。

（5）雨期应防止原材料和混合料淋雨；降雨时应停止施工，已摊铺的应尽快碾压密实。

3.压实与养护

（1）压实系数试验确定。

（2）摊铺好的稳定土应当天碾压成活，碾压时的含水量宜在最佳含水量的±2%范围内。水泥稳定土初凝前碾压成活。

（3）直线和不设超高的平曲线段，应由两侧向中心碾压；设超高的平曲线段，应由内侧向外侧碾压。

（4）纵向接缝宜设在路中线处，横向接缝尽量减少。

（5）压实成活后应立即洒水（或覆盖）养护，保持湿润，直至上部结构施工为止。

（6）养护期间封闭交通。

（二）石灰粉煤灰稳定砂砾（碎石）基层

1.材料与拌合

（1）原材进场检验。

（2）按规范设计配合比。

（3）城区应厂拌禁路拌，宜采用强制式拌合机拌合。

（4）拌合时应先拌匀石灰、粉煤灰，再加骨料、水拌合。

（5）混合料含水量宜略大于最佳含水量。使运到施工现场的混合料含水量接近最佳含水量。

2.运输与摊铺

（1）运输中应覆盖防蒸发、防扬尘、防遗撒。

（2）应在春末和夏季组织施工，施工期的日最低气温应在5℃以上。

（3）根据试验确定的松铺系数控制虚铺厚度。

3.压实与养护

（1）压实厚度100~200mm。

（2）先轻型、后重型压路机碾压。

（3）严禁薄层贴补找平。

（4）采用湿养，也可采用沥青乳液和沥青下封层进行养护，常温下养护不宜小于7d。

（三）级配砂砾（碎石）、级配砾石（碎砾石）基层

1.材料与拌合

（1）原材料的压碎值、含泥量及细长扁平颗粒含量等技术指标应符合规范要求，大、中、小颗粒范围也应符合有关规范规定。

（2）采用厂拌方式，强制式拌合机拌制，级配符合要求。

2.运输与摊铺

（1）防遗撒和防扬尘措施。

（2）宜采用机械摊铺，摊铺应均匀一致，发生粗、细骨料离析（“梅花”、“砂窝”）现象时，应及时翻拌均匀。

（3）压实系数试验段确定，按虚铺厚度一次铺齐，不得多次找补。

3.压实与养护

（1）碾压前和碾压中应先适量洒水。级配碎石及级配碎砾石视压实碎石的缝隙情况撒布嵌缝料。

（2）碾压至轮迹不大于5mm，表面平整、坚实。

（3）可用沥青乳液和沥青下封层养护7~14d。

（4）未铺装面层前不得开放交通。

嗨·点评 无机结合类稳定基层环节包括拌合、运输、摊铺、压实、养护，大部分技术要求是相同的；可以参考表1K411030对比记忆。

【经典例题】2.下列关于级配砂砾（碎石）、级配砾石（碎砾石）基层压实与养护说法错误的是（　　）。

A.碾压前和碾压中应先适量洒水

B.碾压至轮迹不大于5mm，表面平整密实

C.可采用沥青乳液和沥青下封层进行养护，养护期为7~14d

D.必要时，未铺装面层前可开放交通

【答案】D

三、无机结合料稳定基层施工质量检查与验收

无机结合料稳定基层施工技术及质量知识汇总后，详见表1K411030。

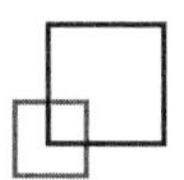

基层施工技术与质量考点　表1K411030

	石灰、水泥、二灰等无机结合料稳定基层	级配砂砾
材料	1.石灰稳定基层：宜用1~3级的新石灰；磨细生石灰可不经消解直接使用，块灰应在使用前2~3d完成消解，消解石灰的粒径不得大于10mm。 2.水泥稳定基层：（1）应采用初凝时间大于3h，终凝时间不小于6h的42.5级及以上普通硅酸盐水泥，32.5级及以上矿渣硅酸盐水泥、火山灰硅酸盐水泥。（2）宜选用粗粒土、中粒土。（3）用作基层时，粒料最大粒径不宜超过37.5mm；用作底基层粒料最大粒径：城市快速路、主干路不得超过37.5mm；次干路及以下道路不得超过53mm。 3.二灰稳定基层：（1）粉煤灰中SiO_2、$A1_2O_3$和Fe_2O_3总量宜大于70%；在温度为700℃的烧失量宜小于或等于10%。（2）砂砾应经破碎、筛分，级配符合规范要求，破碎砂砾中最大粒径不得大于37.5mm。 4.宜使用饮用水或不含油类等杂质的清洁中性水（pH为6~8）	
拌合	1.宜厂拌，严禁路拌，宜强制式拌合机拌合； 2.严控配合比	
运输摊铺	1.及时运输（水泥稳定类3h，二灰类做延迟试验）； 2.覆盖（帆布、篷布、塑料布等）运输防蒸发、防扬尘、防遗撒； 3.春末和气温较高季节（5℃）施工（级配型基层可边洒防冻液边施工）； 4.雨期原材料和混合料防雨淋；降雨不施工，已摊铺快碾压	
压实养生	1.试验确定压实系数；2.最佳含水量（±2%）压实； 3.压实厚度10~20cm，严禁薄层贴补； 4.压实方向：两侧向中间，超高段内侧向外侧，纵坡低向高； 5.保湿养生7d以上或封层养生7~14d，期间封闭交通；石灰类养生到上层结构施工；水泥类养生7d后做下层； 6.养护期封闭交通	1.碾压前和碾压中适量洒水； 2.乳液或封层养生7~14d； 3.铺装面层后开放交通
主控项目	原材料及级配、压实度、7d无侧限抗压	集料及级配、压实度、弯沉值

【经典例题】3.某项目部承建一城市主干路工程。该道路总长2.6km，其中K0+550~K1+220穿过农田，地表存在0.5m的种植土。道路宽度为30m，路面结构为：20cm石灰稳定土底基层，40cm石灰粉煤灰稳定砂砾基层，15cm热拌沥青混凝土面层；路基为0.5~1.0m的填土。

在农田路段路基填土施工时，项目部排除了农田积水，在原状地表土上填方0.2m，并按≥93%的压实度标准（重型击实）压实后达到设计路基标高。

底基层施工过程中，为了节约成本，项目部就地取土（包括农田地表土）作为石灰稳定土用土。

基层施工时，因工期紧，石灰粉煤灰稳定砂砾基层按一层摊铺，并用18t重型压路机一次性碾压成型。

沥青混凝土面层施工时正值雨期，项目部制订了雨期施工质量控制措施：①加强与气象部门、沥青拌合厂的联系，并根据雨天天气变化，及时调整产品供应计划；②沥青混合料运输车辆采取防雨措施。

【问题】（1）指出农田路段路基填土施工措施中的错误，请改正。

（2）是否允许采用农田地表土作为石灰稳定土用土？说明理由。

（3）该道路基层施工方法是否合理？说明理由。

（4）沥青混凝土面层雨期施工质量控制措施不全，请补充。

【答案】（1）错误之处①：没有清除地表的种植土，直接在农田原状土上填土；正确做法：应清除地表的种植土；清除地表种植土后回填路基应分层填土，分层压实。

错误之处②：压实度控制标准按≥93%控制。正确做法：该道路为城市主干路，路床顶面下0～80cm时，土路基压实度标准（重型击实）≥95%。

（2）不允许。农田地表土是腐殖土（含有植物根系），有机物含量过高（或超过10%）。

（3）不合理。理由：石灰粉煤灰砂砾基层每层最大压实厚度为20cm，40cm石灰粉煤灰稳定砂砾基层应分成二或三层分层摊铺、分层压实、分层检验合格。

（4）集中力量分段施工；坚持拌多少、铺多少、压实多少、完成多少；采取措施防止原材料淋雨或过分潮湿；下雨时应停止施工，已摊铺应尽快碾压密实，防止雨水渗透；排除下承层积水，防止集料过湿。

四、土工合成材料的应用

（一）土工合成材料

1.分类

（1）土工合成材料以人工合成的聚合物为原料。

（2）土工合成材料可分为土工织物、土工膜、特种土工合成材料和复合型土工合成材料等类型。见图1K411030-1。

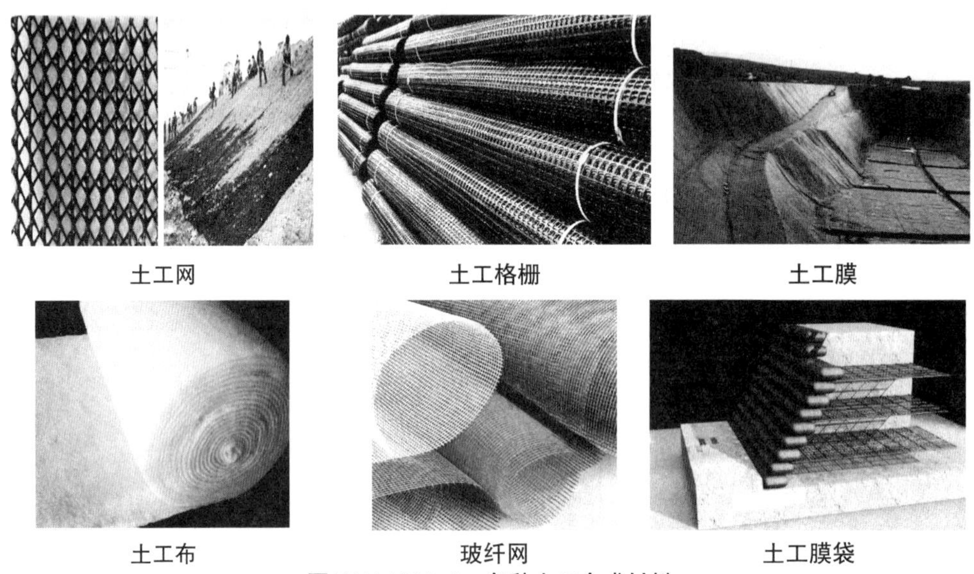

图1K411030-1 各种土工合成材料

2.功能与作用

土工合成材料具有加筋、防护、过滤、排水、隔离等功能。

（二）工程应用

1.路堤加筋

路堤加筋的主要目的是提高路堤的稳定性。见图1K411030-2。

图1K411030-2 路堤加筋

（1）土工格栅、土工织物、土工网均可用于路堤加筋。应具有足够的抗拉强度、较高的撕破强度、顶破强度和握持强度等性能（记忆口诀：顶撕握拉）。

（2）合成材料叠合长度≮300mm，连接时搭接≮150mm。土层表面应平整，严禁有碎、块石等坚硬凸出物。

（3）土工格栅摊铺后48h以内填筑填料。填料不应直接卸在土工格栅上面，必须卸在已摊铺完毕的土面上。卸土高度不宜大于1m。卸土后立即摊铺，以免局部下陷。

（4）第一层填料宜采用轻型压路机压实，当填筑层厚度超过600mm后，才允许采用重型压路机。

2.台背路基填土加筋

台背路基填土加筋的目的是为了减少路基与构造物之间的不均匀沉降，见图1K411030-3。

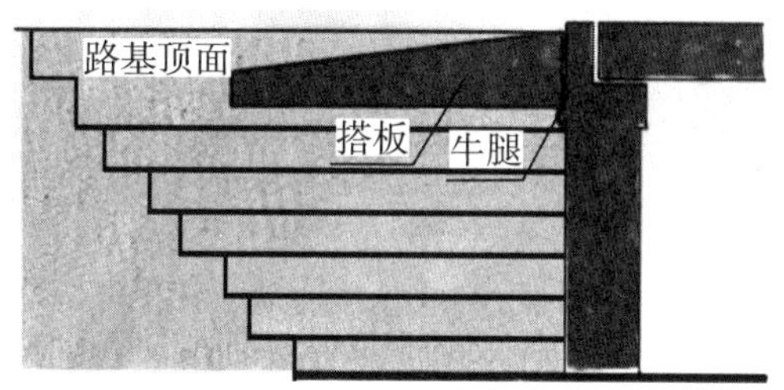

图1K411030-3　台背填土加筋布置示意图

（1）加筋材料宜选用土工网或土工格栅，台背填料以碎石土、砾石土为宜，土工合成材料与填料之间应有足够的摩阻力。

（2）土工合成材料与构造物应相互连接，水平分层铺设。路基顶面以下5m内间距不宜>1m。上长下短，不陡于1:1的坡度。最下一层的铺设长度不应小于计算的最小纵向铺设长度。

（3）施工程序：清地表→地基压实→锚固土工合成材料、摊铺、张紧并定位→分层摊铺、压实填料至下一层土工合成材料的铺设标高→下一层土工合成材料锚固、摊铺、张紧与定位。

（4）相邻两幅加筋材料应相互搭接，宽度宜≮200mm。连接强度不得低于材料强度的60%。

（5）台背填料应在最佳含水量时分层压实，每层压实厚度宜不大于300mm，边角处厚度不得大于150mm。

（6）施工时应设法避免任何机械、外物对土工合成材料造成推移或损伤，并做好排水，避免地表水渗入滞留。

3.路面裂缝防治

采用玻纤网、土工织物等铺设于旧沥青路面、旧水泥混凝土路面的沥青加铺层底部或新建道路沥青面层底部，可减少或延缓由旧路面对沥青加铺层的反射裂缝，或半刚性基层对沥青面层的反射裂缝。土工织物应能耐170℃以上的高温。

旧沥青路面加铺沥青面层施工时，首先要对旧路进行外观评定和弯沉值测定确定方案。施工要点：旧路面清洁与整平→土工合成材料张拉、搭接和固定→洒布粘层油→按设计或规范要求铺筑新沥青面层。

4.路基防护

路基防护主要包括坡面防护、冲刷防护。

土质边坡坡面可通过种草防护，岩石边坡坡面防护可采用土工网或土工格栅。沿河路基可采用土工织物软体沉排、土工模袋等进行防冲刷保护。

土工织物软体沉排防护，应验算排体抗浮、排体压块抗滑、排体整体抗滑三力；土工模袋护坡的坡度不得陡于1:1，确定土工模袋的厚度应考虑抵抗弯曲应力、抵抗浮动力两方面因素。

5.过滤与排水

土工合成材料可单独或与其他材料配合，作为过滤体和排水体用于暗沟、渗沟、坡面防护，支挡结构壁墙后排水，软基路堤地基表面排水垫层，处治翻浆冒泥和季节性冻土的导流沟等道路工程结构中。

（三）施工质量检验

1.基本要求

（1）土工合成材料质量合格。

（2）锚固端施工应符合设计要求。

（3）上、下层土工合成材料搭接缝应交替错开。

2.施工质量资料

（1）包括材料的验收、铺筑试验段、施工过程中的质量管理和检查验收。

（2）由于土工合成材料大多用于隐蔽工程，应加强旁站监理和施工日志记录。

嗨·点评 土工合成材料多在选择题中考核，台背路基填土产生的桥台跳车现象和旧路加铺改造中的路面裂缝防治在实践当中是普遍存在的，会有一些概率在案例中考核。

【经典例题】4.路堤加筋施工中，土工合成材料摊铺后上面的填筑层厚度超过（　　）mm后，才允许采用重型压路机。

A.300　　B.500

C.600　　D.1000

【答案】C

【经典例题】5.（2015年真题）桥台后背0.8~1.0m范围内回填，不应采用的材料是（　　）。

A.黏质粉土

B.级配砂砾

C.石灰粉煤灰稳定砂砾

D.水泥稳定砂砾

【答案】A

【嗨·解析】台背回填要求采用透水性材料（砂砾、碎石、矿渣等），A黏质粉土不属于透水性材料。

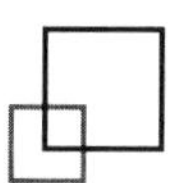

1K411040 城镇道路面层施工

一、沥青混合料面层施工技术

（一）施工准备

1.透层、粘层、封层

（1）透层油

为使沥青混合料面层与非沥青材料基层结合良好，应在基层表面喷洒透层油，在透层油完全渗入基层后方可铺筑面层。

（2）粘层油

为加强路面沥青层之间，沥青层与水泥混凝土路面之间的粘结而洒布的沥青材料薄层。

（3）封层

在面层、基层表面铺设的沥青集料薄层，分别称为上封层和下封层，起封闭防水、固表增强的作用；透层、粘层一般喷洒施工，封层采用层铺法表面处治或稀浆封层法施工。见图1K411040-1、图1K411040-2。

图1K411040-1　透层、粘层喷洒施工

图1K411040-2　封层施工

2.运输与布料

（1）装料前应喷洒一薄层隔离剂或防粘结剂。运输中宜用篷布覆盖保温、防雨和防污染。

（2）不符合施工温度要求或结团成块、已遭雨淋的沥青混合料不得使用。

（3）摊铺机前应有足够的运料车等候；高等级路面开始摊铺前等候的运料车宜在5辆以上。

（4）运料车应在摊铺机前100～300mm外空档等候，被摊铺机缓缓顶推前进并逐步卸料，避免撞击摊铺机。每次卸料必须倒净，如有余料应及时清除，防止硬结。

嗨·点评　区分透层、粘层和封层，运输与布料过程记住5辆和100~300mm的要求。

（二）摊铺作业

1.机械施工

图1K411040-3　联合摊铺

（1）采用机械摊铺；受料斗涂薄层隔离剂。

（2）城市快速路、主干路宜采用两台以上摊铺机联合摊铺（见图1K411040-3），其表面层宜采用多机全幅摊铺，以减少施工接缝。每台摊铺机的摊铺宽度宜小于6m。通常采用2台或多台摊铺机前后错开10~20m呈梯队方式同步摊铺，两幅搭接30~60mm，并应避开车道轮迹带，上下层搭接位置宜错开200mm以上。

（3）提前0.5~1h预热熨平板至不低于100℃。调整熨平板夯锤或振动器频率和振幅，提高路面初始压实度。

（4）缓慢、均匀、连续不间断地摊铺，不得随意变换速度或中途停顿，以提高平整度，减少离析。摊铺速度控制在2~6m/min的范围内。

（5）摊铺机自动找平

下面层（钢丝绳或铝合金导轨高程控制方式），上面层（平衡梁或滑靴并辅以厚度控制方式），见图1K411040-4。

图1K411040-4　铝合金导轨高程控制和平衡梁自动找平高程控制

（6）最低摊铺温度根据铺筑层厚度、气温、风速及下卧层表面温度并按规范执行。

（7）松铺系数应根据试铺试压确定。

2.人工施工

（1）不具备机械摊铺情况下（如路面狭窄，平曲线半径过小的匝道或加宽部分以及小规模工程），可采用。

（2）半幅施工时，路中一侧宜预先设置挡板；摊铺时应扣锹布料，不得扬锹远甩。

嗨·点评 重点注意机械摊铺中联合摊铺的一些参数型的要求，例如6m、10~20m、30~60mm、100℃、2~6m/min、高程控制方式等，可以在选择或案例改错题中考核。

（三）压实成型与接缝

1.压实成型

（1）压实阶段包括初压、复压和终压三个阶段，应严格控制初压、复压、终压时机，保证3个阶段紧跟进行，碾压段应小于80m，避免温降过大，最大压实厚度≯100mm。

（2）碾压温度应根据沥青和沥青混合料种类、压路机、气温、层厚等因素经试压确定。正常施工120~135℃，低温施工130~150℃。

（3）压实过程见图1K411040-5，3个压实阶段对比，见表1K411040-1。

沥青混合料压实阶段　表1K411040-1

	初压	复压	终压
主要作用	稳压	压实度	平整度
压实方式	静压	静压+振压	静压
压路机选择	钢轮压路机 驱动轮向摊铺机	25t重型轮胎——密级配； 振动压路机——粗骨料为主，层厚较大采用高频大振幅，层厚较薄采用低振幅； 12t三轮钢筒——重叠1/2后轮宽	双轮钢筒式
压实遍数	1~2遍	4~6遍	2遍，至无明显轮迹
压实方向	从外侧向中心碾压，在超高路段和坡道上则由低处向高处碾压		

（4）压路机钢轮刷隔离剂或防粘结剂防粘轮，严禁刷柴油。未碾压成型路段严禁转向、掉头、加水或停留。

（5）压路机不得在未碾压成型路段上转向、掉头、加水或停留。在当天成型的路面上，不得停放各种机械设备或车辆，不得散落矿料、油料及杂物。

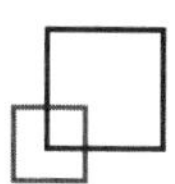

开始摊铺

紧跟初压

复压阶段

终压阶段

图1K411040-5　沥青混合料压实阶段

2.接缝

（1）上、下层的纵缝应错开150mm（热接缝）或300~400mm（冷接缝）以上。相邻两幅及上、下层的横向接缝均应错位1m以上。应采用3m直尺检查，确保平整度达到要求。

（2）采用梯队作业方式摊铺时应选用热接缝，将已铺部分留下100～200mm宽暂不碾压，作为后续部分的基准面，然后跨缝压实。如半幅施工采用冷接缝时，宜加设挡板或将先铺的沥青混合料刨出毛槎。涂刷粘层油后再铺新料。新料跨缝摊铺与已铺层重叠50~100mm，软化下层后铲走重叠部分，再跨缝压密挤紧。

（3）高等级道路的表面层横向接缝应采用垂直的平接缝。以下各层和其他等级的道路的各层可采用斜接缝。

（四）开放交通

自然降温至低于50℃后，方可开放交通。

嗨·点评　沥青混合料的压实是案例考试的重点考核内容；对比掌握三个阶段的压路机选择、压实遍数、压实厚度以及压路机禁忌要求。接缝需重点注意联合摊铺的热接缝和分幅施工的冷接缝处理。记住50℃。

【经典例题】1.（2013年真题）《城镇道路工程施工与质量验收规范》中规定，热拌沥青混合料路面应待摊铺层自然降温至表面温度低于（　　）后，方可开放交通。

A.70℃　　B.60℃

C.50℃　　D.65℃

【答案】C

【经典例题】2.甲公司中标承包某市主干道道路工程施工，其路面结构为20mm细粒式沥青混凝土表面层，40mm中粒式沥青混凝土中面层，60mm粗粒式沥青混凝土底面层，300mm石灰粉煤灰稳定碎石基层和200mm石灰土底基层。路面下设有给水排水、燃气、电力、通信管线，由建设方直接委托专业公司承建。

该工程年初签了承包施工合同，合同约定当年年底竣工。受原有管线迁移影响，建设方要求甲公司调整施工部署，主要道路施工安排在9月中旬开始，并保持总工期和竣工日期不变。为此甲公司下属项目部决定如下：

（1）为满足进度要求，项目部负责人下达了提前开工令，见缝插针，抢先施工能施工部位。

（2）项目部安排9月中旬完成管道回填压实、做挡墙等工程，于10月底进入路面基层结构施工。施工期日最低温度为-1℃；石灰粉煤灰稳定碎石基层采用沥青乳液和沥青下封层进行养护3d后进入下一道工序施工。

（3）开始路面面层施工时，日最低气温为-3℃，最高温度为+3℃，但天气晴好，项目部组织突击施工面层，没有采取特殊措施。

（4）为避免对路下管道和周围民宅的损坏，振动压路机作业时取消了振动压实。工程于12月底如期竣工。开放交通。次年4月，该道路路面出现成片龟裂，6月中旬沥青面层开始出现车辙。

【问题】（1）项目部下达提前开工令的做法对吗？为什么？

（2）指出路面各层结构施工不妥之处。

（3）分析道路面层出现龟裂、车辙的主要原因。

【答案】（1）项目负责人下达开工令是错误的。因为工程施工承包合同中对开工日期都有约定。项目部应根据合同安排进度，并且在开工前先应向监理工程师提交开工申请报告，由监理工程师审查后下达开工令，项目部应按监理的指令执行。

（2）不妥之处主要是：

①沥青混凝土面层不符合规范关于施工期的日最高气温应在5℃以上的规定；石灰及石灰、粉煤灰稳定土类基层宜在冬期开始前30～45d停止施工。

②不符合规范关于基层采用沥青乳液和沥青下封层养护7d的规定。

（3）道路路面出现龟裂和车辙主要成因：

①路面基层采用的是石灰稳定类材料。属于半刚性材料。其强度增长与温度有密切关系。温度低时强度增长迟缓。为使这类基层施工后能尽快增长其强度，以适应开放交通后的承载条件，规范规定这类基层应在5℃以上的气温条件下施工，且应在出现第一次冰冻之前1~1.5个月以上完工。

开放交通后，在交通荷载作用下，基层强度不足，使整个路面结构强度不足，出现成片龟裂的质量事故。

②沥青路面必须在冬期施工时，应采取提高沥青混合料的施工温度，并应采取快卸、快铺、快平、快压等措施，以保证沥青面层有足够的碾压温度和密实度。

③次年6月以后出现车辙，主要原因是振动压路机作业时取消了振动压实，致使沥青混合料的压实密度不够，在次年气温较高时，经车轮碾压压实，形成车辙。

二、改性沥青混合料面层施工技术

（一）生产和运输

（1）生产温度应根据改性沥青品种、黏度、气候条件、铺装层的厚度确定，可根据实践经验并参照规范选择，通常宜较普通沥青混合料的生产温度提高10~20℃，废弃温度为195℃。

（2）宜用间歇式拌合设备生产，除尘系统完整，料仓多利于控制配合比，具有添加纤维等外掺料的装置。

（3）改性沥青混合料拌合时间经试拌确定，以沥青均匀包裹骨料为度。

（4）改性沥青混合料贮存过程中温降不得大于10℃，拌合机成品储料仓应具有沥青滴漏功能，贮存时间不宜超过24h；改性SMA当天使用，OGFC随拌随用。

嗨·点评 记忆几个参数要求，例如：生产、废弃温度，贮存温降、时间等要求，考核选择或改错题。

（二）施工

1.摊铺

改性沥青混合料的摊铺除满足普通沥青混合料摊铺要求外，还应做到：

（1）在喷粘层油的路面上铺筑改性沥青混合料，宜用履带式摊铺机。改性SMA混合料施工温度应经试验确定，摊铺温度不低于160℃。

（2）速度宜放慢至1~3m/min。摊铺系数试验确定。

（3）摊铺机自动找平，中、下面层宜用钢丝绳/铝合金导轨高程控制方式，上面层采用非接触式平衡梁。

2.压实与成型

除执行普通沥青混合料要求外，还应做到：

（1）初压开始温度不低于150℃，碾压终了表面温度应不低于90~120℃。

（2）摊铺后紧跟碾压，保证碾压温度。

（3）宜采用振动压路机或钢筒压路机，不得用轮胎压路机。OGFC混合料宜采用12t以上钢筒式压路机。

（4）振动压实应遵循“紧跟、慢压、高频、低幅”的原则。也是保证平整度和密实度的关键。

（5）防止过度碾压。

3.接缝

改性沥青混合料路面冷却后很坚硬，冷接缝处理很困难，因此应尽量避免出现冷接缝。横缝处理：当天冷却前垂直切割并冲净干燥，第二天，涂刷粘层油，再铺新料捂热后，铲除多余，跨缝碾压。

（三）开放交通及其他

自然冷却至50℃，需要提早开放交通时，可洒水冷却降低混合料温度。

嗨·点评 改性沥青混合料施工要求大部分与普通沥青混合料是相同的，重点记忆不同的施工要求，例如：温度、对摊铺机及压路机的选择、碾压速度、接缝处理等要求。记住可洒水冷却至50℃。

【经典例题】3.（2009年真题）SMA沥青混合料面层施工时，不得使用（　　）。

A.小型压路机　　B.平板夯

C.振动压路机　　D.轮胎压路机

【答案】D

【经典例题】4.（2011年真题）改性沥青路面的摊铺和碾压温度为（　　）。

A.摊铺温度不低于150℃，碾压开始温度不低于140℃

B.摊铺温度不低于160℃，碾压终了温度不低于90℃~120℃

C.碾压温度不低于150℃，碾压终了温度不低于80℃

D.碾压温度不低于140℃，碾压终了温度不低于90℃~120℃

【答案】B

【经典例题】5.（2010年真题）某沿海城市道路改建工程4标段，道路正东西走向，全长973.5m，车行道宽度15m，两边人行道各3m。与道路中心线平行且向北，需新建*DN*800mm雨水管道973m。新建路面结构为150mm厚砾石砂垫层，350mm厚二灰混合料基层，80mm厚中粒式沥青混凝土，40mm厚SMA改性沥青混凝土面层。

施工组织设计中对二灰混合料基层雨季施工作了如下规定：混合料含水量根据气候适当调整，使运到施工现场的混合料含水量接近最佳含水量；关注天气预报，以预防为主。

为保证SMA改性沥青面层施工质量，施工组织设计中规定摊铺温度不低于160℃，初压开始温度不低于150℃，碾压终了的表面温度不低于90℃；采用振动压路机，由低处向高处碾压，不得用轮胎压路机碾压。

【问题】（1）补全本工程基层雨季施工的措施。

（2）补全本工程SMA改性沥青面层碾压施工要求。

【答案】（1）全本工程基层雨季施工措施还包括：

①集中力量分段施工，应坚持拌多少、

铺多少、压多少、完成多少。

②与气象站密切联系，安排在不下雨时施工。

③下雨来不及完成时，要尽快碾压，防止雨水渗透。

④排除下承层积水，防止集料过湿。

（2）本工程SMA改性沥青面层碾压施工还应满足的要求：

①摊铺后应紧跟碾压，保持较短初压区段，使混合料碾压温度不致降得过快；

②振动压实应遵循“紧跟、慢压、高频、低幅”原则，即紧跟摊铺机，采取高频、低振幅方式慢速碾压。

③碾压方向：直线段和不设超高平曲线段，两侧向中间；设超高的平曲线段，内侧向外侧。

④终压宜选用双轮钢筒式压路机，碾压不少于2遍，至无明显轮迹为止。

⑤压路机钢轮上刷隔离剂防粘轮。

⑥密切注意压实度变化，防止过度碾压。

⑦压路机不得在未碾压成型路段转向、掉头、加水或停留。当天成型路段，做好保护，不得停放车辆或堆放杂物。

三、沥青混合料面层施工质量检查与验收

（一）市政行业标准——《城镇道路工程施工与质量验收规范》CJJ 1——2008

1.施工质量检测与验收项目：压实度、厚度、弯沉值、平整度、宽度、横坡、井框与路面的高差、抗滑、纵断高程、中线偏位等10项。

2.沥青混合料面层施工质量验收主控项目：原材料、压实度、面层厚度、弯沉值。

沥青混合料面层质量验收要求　表1K411040-2

检验项目	要求		检验频率	检验方法
压实度	快速路、主干路	96%	1点/1000m^2	马歇尔试验
	次干路及以下	95%		
厚度	-5~+10mm			钻孔/刨挖，钢尺量
弯沉值	≯设计规定		1点/每车道、每20m	弯沉仪

嗨·点评 沥青混合料面层检验项目记忆口诀（压厚弯平宽，坡差滑纵偏）；记忆主控项目及检验要求，见表1K411040-2。

（二）国家标准——《沥青路面施工及验收规范》GB 50092—96（略）

（三）公路行业标准——《公路工程质量检验评定标准 第一层 土建工程》JTG F80/1—2004

平整度也是关键实测项目，其余略。

（四）质量控制要点

压实度=（马歇尔击实试件密度/标准密度）×100%。

检查验收时，应注意压实度测定中标准密度的确定。如对城市主干路、快速路的沥青混合料面层，交工检查验收阶段的压实度代表值应达到试验室马歇尔试验密度的96%或试验路钻孔芯样密度的98%。

工程实践表明：对面层厚度准确度的控制能力直接反映出施工项目部和企业的施工技术质量管理水平。

【经典例题】6.（2015年真题）热拌沥青混合料面层质量检查与验收的主控项目有（　　）。

A.平整度　　B.压实度

C.厚度　　D.宽度

E.纵断高程

【答案】BC

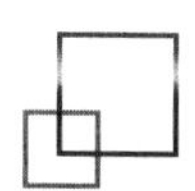

四、水泥混凝土路面施工技术

（一）混凝土配合比设计、搅拌和运输

1.混凝土配合比设计

配合比设计兼顾技术经济性的同时应满足抗弯拉强度、工作性、耐久性三项指标要求。

严寒地区路面混凝土抗冻等级不宜小于F250，寒冷地区不宜小于F200。

外加剂的使用应符合：高温施工时，混凝土拌合物的初凝时间≥3h；低温施工时，终凝时间≤10h；外加剂的掺量由试配试验确定；当不同外加剂复配在同一水溶液中时，不得絮凝。

混凝土配合比参数的计算要求（略），水灰比是指混凝土中水的用量与水泥用量的质量比值。一般情况下，水灰比大，则水泥相对少，会降低混凝土强度；水灰比小，水相对少一些，可避免水分蒸发后的裂缝。所以，满足设计和规范要求的情况下，水灰比、用水量都要取小值，水泥取大值。此处在选择题中考核说法的正误。

按照以上方法确定的普通混凝土配合比、钢纤维混凝土配合比应在试验室内经试配检验弯拉强度、坍落度、含气量等各项指标，从而依据结果进行调整，并经试验段的验证。

2.搅拌

搅拌设备应优先选用间歇式拌合设备，并在投入生产前进行标定和试拌，搅拌机配料计量偏差应符合规范规定。根据拌合物的黏聚性、均质性及强度稳定性经试拌确定最佳拌合时间。

3.运输

不同摊铺工艺的混凝土拌合物从搅拌机出料到铺筑完成的允许最长时间应符合规定。如施工气温10～19℃时，滑模、轨道机械施工2.0h，三辊轴机组、小型机具施工1.5h；20～29℃时，前者1.5h，后者1.25h；30～35℃时，前者1.25h，后者1.0h。缓凝剂可延长0.25~0.5h。

嗨·点评 混凝土配合比设计、搅拌和运输部分知识主要考核选择题。

（二）混凝土面板施工

1.模板

（1）宜用钢模板，每米设置1处支撑。木模应坚实变形小，用前浸泡。

（2）严禁在基层上挖槽嵌入模板。模板表面应涂脱模剂或隔离剂，接头应粘贴胶带或塑料薄膜密封。

2.摊铺与振捣

（1）三辊轴机组铺筑混凝土面层时，滚轴直径应与摊铺厚度匹配，且必须同时配备一台安装插入式振捣器组的排式振捣机，见图1K411040-6；当面层厚度小于150mm时，可采用振捣梁；当一次摊铺双车道面层时应配备纵缝拉杆插入机。

图1K411040-6 水泥混凝土面层三辊轴铺筑方法

一个作业单元长度（宜为20~30m）内，振捣机振实与三辊轴整平工序之间不宜超过15min；应采用前进振动、后退静滚方式作业，最佳滚压遍数应经过试铺段确定。

（2）采用轨道摊铺机铺筑时，最小摊铺宽度不宜小于3.75m，坍落度宜20~40cm。应配备振捣器组，当面板厚度超过150mm，坍落度小于30mm时，必须插入振捣；还应配备振动梁或振动板对混凝土表面进行振捣和修整。用抹平板完成表面整修。

（3）采用滑模摊铺机摊铺时应布设基准线，清扫湿润基层，在拟设置胀缝处牢固安装胀缝支架，支撑点间距为40~60cm。混凝土坍落度小，应用高频振动。低速度摊铺；混凝土坍落度大，应用低频振动，高速度摊铺。摊铺时应起步缓慢、运行平稳、速度为1~3m/min。见图1K411040-7。

图1K411040-7 滑模式摊铺机

（4）分层摊铺时，上层混凝土应在下层混凝土初凝前进行，且下层厚度宜为总厚度的3/5。一块混凝土板一次连续浇筑完毕。

3.接缝

（1）胀缝应设胀缝补强钢筋支架，缝壁垂直，缝宽一致，上部灌填缝料，下部胀缝板和安装传力杆。胀缝板宜用厚20mm、水稳定性好的柔性板材制作，且经防腐处理。填缝宜用树脂类、橡胶类、聚氯乙烯胶泥类、改性沥青类等材料，并加入耐老化剂。见图1K411040-8。

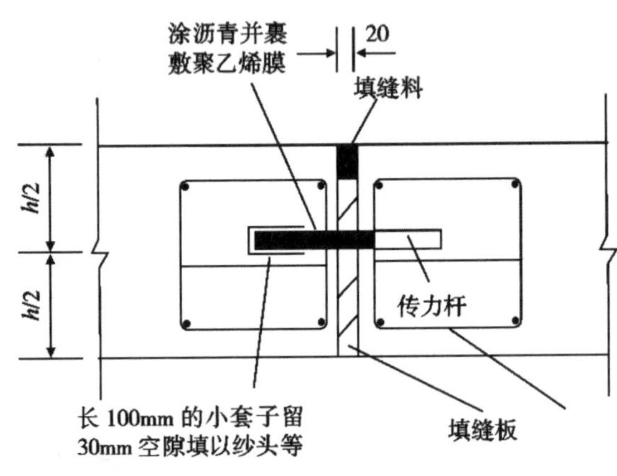

图1K411040-8 胀缝示意图

（2）端头木模固定传力杆安装方法，宜用于混凝土板不连续浇筑时设置的胀缝。支架固定传力杆安装方法，宜用于混凝土板连续浇筑时设置的胀缝。见图1K411040-9。

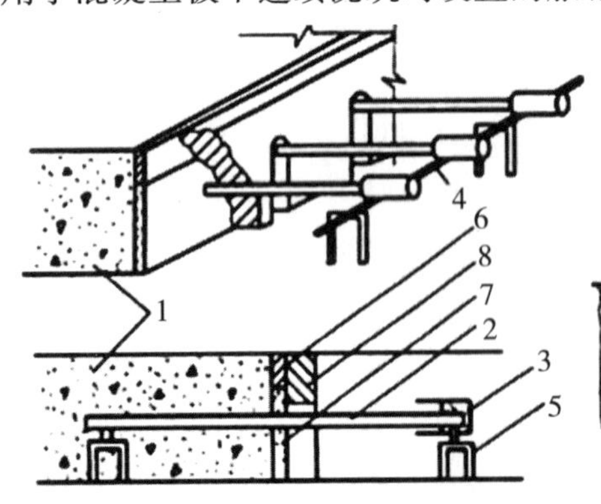

(a)胀缝传力杆的架设（钢筋支架法）

1—先浇的混凝土；2—传力杆；3—金属套管；4—钢筋；5—支架；6—压缝板条；7嵌缝板；8—胀缝模板

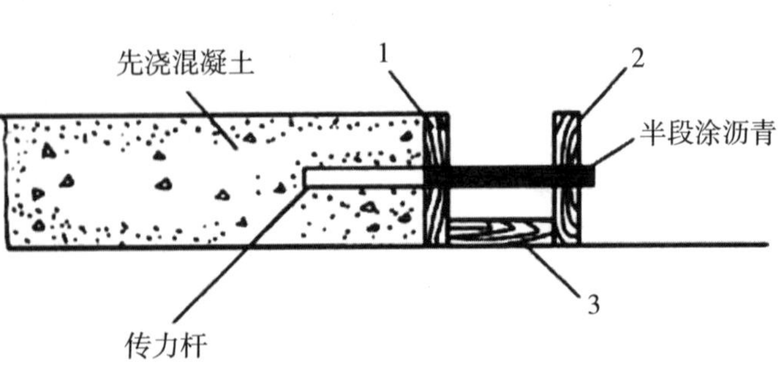

(b)胀缝传力杆的架设（顶头模固定法）

1—端头挡板；2—外侧定位模板；3—固定模板

图1K411040-9 胀缝传力杆布置示意图

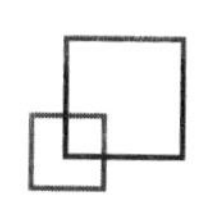

（3）横向缩缝采用切缝机施工，切缝方式有全部硬切缝、软硬结合切缝和全部软切缝三种。由施工期间混凝土面板摊铺完毕到切缝时的昼夜温差确定切缝方式。

《城镇道路施工与质量验收规范》规定：机切缝宜在水泥混凝土强度达到设计强度25%~30%时进行；设传力杆时，切缝深1/3板厚且不小于70mm，不设传力杆时，切缝深宜1/4板厚且不小于60mm。

（4）养护期满及时灌缝。缝壁干燥清洁，填缝料灌注深度15~20mm，冬凹夏平。填缝料养护期间封闭交通。

4.养护

混凝土可采取喷洒养护剂或保湿覆盖等方式，不宜使用围水养护；昼夜温差大于10℃地区或日均温度低于5℃施工的混凝土板应采用保温养护措施。

养护到设计弯拉强度80%以上。一般宜为14~21d，应特别注意前7d的保湿（温）养护。

5.开放交通

设计弯拉强度40%以后允许行人通过。完全达到设计弯拉强度且填缝完成，方可开放交通。

嗨·点评 水泥混凝土路面就是通常说的“白色路面”，考核频率相对沥青混合料面层“黑色路面”要低一些；重点注意摊铺、分层、振动、切缝的要求，以及混凝土的养护和开放交通要求。

【经典例题】7.水泥混凝土路面施工分两次摊铺时，上层混凝土的摊铺宜在下层混凝土初凝前完成，若混凝土面层总厚度为50cm，则上层厚度宜为（　　）cm。

A.20　　B.25　　C.30　　D.35

【答案】A

【经典例题】8.（2012年真题）水泥混凝土路面在混凝土达到（　　）以后可允许行人通行。

A.设计抗压强度的30%

B.设计抗压强度的40%

C.设计弯拉强度的30%

D.设计弯拉强度的40%

【答案】D

【嗨·解析】在混凝土达到设计弯拉强度40%以后，可允许行人通过。混凝土完全达到设计弯拉强度后，方可开放交通。

五、水泥混凝土面层施工质量检查与验收

（一）材料与配合比（略）

（二）拌合与运输

1.拌合

（1）提前标定混凝土搅拌设备，保证计量准确。

（2）每盘的搅拌时间应根据搅拌机的性能和拌合物的和易性、均质性、强度稳定性确定。

（3）严格控制总拌合时间和纯拌合时间，最长总拌合时间不应超过最高限值的两倍。

2.运输

（1）配备足够的运输车辆，总运力应比总拌合能力略有富余。

（2）城市道路施工中，一般采用混凝土罐车运送。

（3）运输车辆要防止漏浆、漏料和离析，夏季烈日、大风、雨天和低温天气远距离运输时，应遮盖混凝土，冬季应保温。

（三）常规施工

1.摊铺

（1）摊铺前应全面检查模板的间隔、高度、润滑、支撑稳定情况和基层的平整、润湿情况及钢筋位置、传力杆装置等。

（2）摊铺厚度应根据松铺系数确定。

2.振实（略）

3.做面与养护

（1）做面时宜分两次进行。严禁在面板上洒水、撒水泥粉。

（2）抹平后沿横坡向拉毛或压槽。拉毛和压槽深度应为1~2mm。

嗨·点评 主要考核选择题。

【经典例题】 9.当水泥贮存期超过（　　）或受潮，应进行性能试验，合格后方可使用。

A.2个月　B.3个月　C.4个月　D.半年

【答案】 B

六、冬、雨期施工质量保证措施

（一）雨期施工质量控制

1.雨期施工基本要求

（1）加强与气象台站联系，掌握天气预报，安排在不下雨时施工。

（2）调整施工步序，集中力量分段施工。

（3）做好防雨准备，在料场和搅拌站搭雨棚，或施工现场搭可移动的罩棚。

（4）建立完善排水系统，防排结合；并加强巡视，发现积水、挡水处，及时疏通。

（5）道路工程如有损坏，及时修复。

2.路基施工（图1K411040-10）

雨期路基施工
- 分 — 集中力量分段开挖，切忌挖段过长
- 快 — 有计划地组织快速施工；挖方当天挖完、填完、压完，不留后患
- 避 — 掌握天气预报，避开降雨
- 雨 — 因雨翻浆，换料重做
- 水 — 设置横坡和截水沟，测量土体含水量

图1K411040-10　雨期路基施工措施

3.基层施工（图1K411040-11）

雨期基层施工
- 分 — 集中力量分段施工
- 快 — 拌铺压完成（四个多少）；尽快碾压，防雨渗透
- 避 — 掌握天气预报，避开降雨
- 雨 — 防雨淋（原材混合料）
- 水 — 排除下承层表面水，防止集料过湿

图1K411040-11　基层雨期施工措施

4.面层施工（图1K411040-12）

雨期面层施工
- 分 — 集中力量分段施工
- 快 — 快速施工，工序衔接；及时运铺压（沥青）；及时浇振抹养（水泥）
- 避 — 掌握天气预报，避开降雨
- 雨 — 防雨淋（原材混合料）
- 水 — 勤测含水率，保证配合比

图1K411040-12　面层雨期施工措施

嗨·点评 道路雨期施工是实践中经常出现的情况，也是考试中高频考核的案例考点，不同部位的雨期施工措施有相同的要求，例如：分段、避开降雨等；也有各自独特的要求，例如路基“快”中的“当天挖完、填完、压完，不留后患”；基层“快”中的“四个多少”，沥青面层快中的“及时运输、摊铺、压实”，水路面快中的“及时浇筑、振捣、抹面养生”。大家可以通过关键词口诀扩散记忆的方式掌握。

（二）冬期施工质量控制

1.冬期施工基本要求（图1K411040-13）

（1）应尽量将土方、土基施工项目安排在上冻前完成。

（2）日平均气温连续5d低于5℃时，或最低环境气温低于-3℃时，即为冬期。

（3）冬期施工，既要防冻，又要快速，保证质量。

（4）准备好防冻覆盖和挡风、加热、保温等物资。

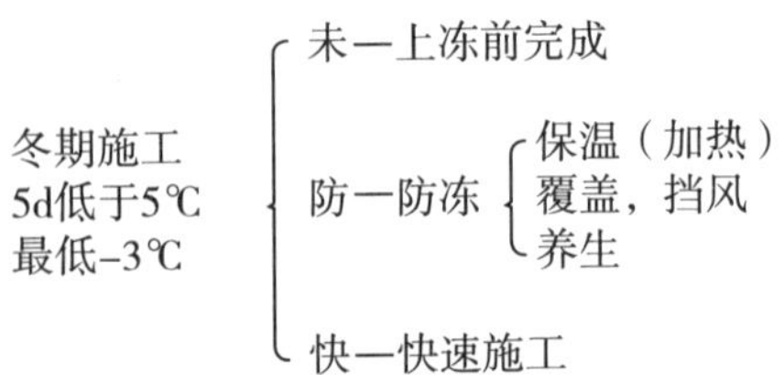

图1K411040-13　冬期施工基本要求

2.路基施工（图1K411040-14）

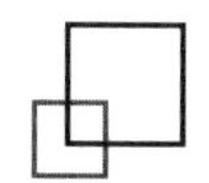

冬期路基施工
- 未 —上冻前完成
- 防 —当天挖不到标高，刨松覆盖；高级不用冻土块，次高冻土10cm；填土高度随气温下降而减少
- 快 —挖到标高，立即碾压

图1K411040-14　冬期路基施工措施

3.基层施工（图1K411040-15）

冬期基层施工
- 未 —上冻前完成（石灰二灰30~45d；水泥15~30d）
- 防 —覆盖挡风，保温养生；掺加洒防冻剂
- 快 —快速施工

图1K411040-15　基层冬期施工措施

4.沥青混凝土面层（图1K411040-16）

冬期沥青面层施工
- 低于5℃不施工，粘透封层禁施工
- 提高拌合、出厂及施工温度
- 下承层干燥洁净无冰霜雪
- 快卸、快铺、快平和及时碾压、及时成型

图1K411040-16　沥青混凝土面层冬期施工措施

5.水泥混凝土面层（图1K411040-17）

砼面层冬施
- 未—上冻前完成
- 防
  - 防冻：保温棚，挡风设备；防冻、早强剂；骨料、下承层无冰雪
  - 温度：拌合温度≯35℃，出料≮10℃，摊铺混凝土和气温≮5℃；5d连低于-5℃，最低低于-15℃，停止施工
  - 强度：0℃前达到设计强度；弯拉1MPa或抗压5MPa以下不得受冻
  - 养生 —保温养生28d;
- 快—工序衔接，快速施工

图1K411040-17　混凝土面层冬期施工措施

嗨·点评 道路冬期施工是我国北方经常出现的情况，也是仅次于雨期施工的案例考点，不同部位的冬期施工措施原理类似，表述侧重不同。建议大家可以通过关键词口诀扩散记忆的方式掌握。

（三）高温期施工

水泥混凝土面层高温期施工总结见图1K411040-18。

高温期混凝土面层施工
- 避 —气＞30℃，混凝土30~35℃，空气湿度＜80%；临时罩棚；晚间施工
- 配 —严控配合比，保证和易性；缓凝剂，降温材料
- 快 —工序衔接，快速施工
- 养 —及时覆盖，洒水养生

图1K411040-18　水泥混凝土高温期施工措施

嗨·点评 高温期施工是针对水泥混凝土面层施工的措施要求。

【经典例题】10.（2011年真题）雨期面层施工说法正确的是（　　）。

A.应该坚持拌多少、铺多少、压多少、完成多少

B.下雨来不及完成时，要尽快碾压，防止雨水渗透

C.坚持当天挖完、填完、压完，不留后患

D.水泥混凝土路面应快振、磨平、成型

【答案】D

【经典例题】11.某市政道路排水管道工程长2.24km，道路宽度30m，其中，路面宽18m，两侧人行道各宽6m；雨、污水管道位于道路中线两边各7m，路面为厚220mm的C30水泥混凝土；基层为厚200mm的石灰粉煤灰碎石；底基层为厚300mm、剂量为10%的石灰土。

施工组织设计中，明确石灰土雨期施工措施为：①石灰土集中拌和，拌和料遇雨加盖苫布；②按日进度进行摊铺，进入现场石灰土，随到随铺；③未碾压的料层受雨淋后，应进行测试分析，决定处理方案。

水泥混凝土面层冬期施工措施为：①连续五天平均气温低于-5℃或最低气温低于-15℃时停止施工；②使用的水泥掺入10%粉煤灰；③对搅拌物中掺加优选确定的早强剂、防冻剂；④养护期内加强保温、保湿覆盖。

【问题】（1）补充底基层石灰土雨期施工措施。

（2）水泥混凝土面层冬期施工所采取措施中有不妥之处并且不全面，请改正错误并补充完善。

【答案】（1）补充底基层石灰土雨期施工措施：与气象站保持密切联系，安排在不下雨时集中快速施工；防止原材料、拌合料被雨淋湿；摊铺段不宜过长，坚持拌多少，铺多少，压多少，完成多少，当日碾压成活；下雨来不及完成时，尽快碾压，防止雨水渗透；及时开挖排水沟或排水坑，以便尽快排除积水。

（2）错误之处：使用的水泥掺入10%粉煤灰。改正：应选用水化热总量大的水泥或单位水泥用量较多的水泥。

补充：搅拌站搭设工棚，混凝土拌合物的摊铺和浇筑温度不应低于5℃，且不得高于35℃。

当昼夜平均气温在0~5℃时，应将水加热至60℃后搅拌，必要时还可以加热砂、石，但不宜高于50℃，且不得加热水泥。

混凝土板浇筑前，基层应无冰冻、不积冰雪。

尽量缩短各工序时间，快速施工。成型后，及时覆盖保温层，减缓热量损失，使混凝土的强度在其温度降到0℃前达到设计强度。

混凝土板的弯拉强度低于1MPa或抗压强度低于5MPa时，严禁遭受冰冻。

冬期养护时间不少于28d。

七、压实度的检测方法与评定标准

（一）压实度的测定，见表1K411040-3。

压实度测定方法　表1K411040-3

部位	方法	适用性	原理
路基基层	环刀法	细粒土及无机结合料稳定细粒土	
	灌砂法	土路基，不宜用于填石路堤；基层；砂石路面、沥青路面表面处置及沥青贯入式路面	挖坑灌砂测定体积，计算密度
	灌水法	路基；基层；亦可用于沥青路面表面处置及沥青贯入式路面	挖坑，套薄塑料袋灌水测体积
沥青路面	钻芯法		现场钻芯取样，试验室做马歇尔试验，计算出芯样密度和试验室标准密度相比
	核子密度仪法	路基的密实度和含水量，用投射法；路面和路基材料的密度和含水量，散射法	现场快速评定，不宜仲裁试验或评定验收试验

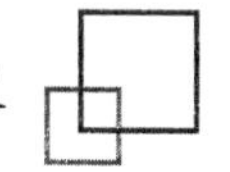

（二）压实质量标准

1.土基与路基

路基压实要求详见表1K411040-4。

路基压实度标准　表1K411040-4

填挖类型	路床顶面以下深度（cm）	道路类型	压实度（%）	检验频率		检验方法
				范围	点数	
挖方	0~30	快速路、主干路	≥95	每1000m²	每层一组（3点）	细粒土用环刀法，粗粒土用灌水法或灌砂法
		次干路	≥93			
		支路	≥90			
填方	0~80	快速路、主干路	≥95			
		次干路	≥93			
		支路	≥90			
	>80~150	快速路、主干路	≥93			
		次干路	≥90			
		支路	≥90			
	>150	快速路、主干路	≥90			
		次干路	≥90			
		支路	≥87			

注：表中数字为重型击实际准压实度，以相应的标准击试验法求得最大干密度为100%。

2.沥青路面

沥青路面压实要求详见表1K411040-5。

沥青路面压实度标准　表1K411040-5

路面类型	道路类型	压实度（%）	检验频率		检验方法
			范围	点数	
热拌沥青混合料	快速路、主干路	≥96	每1000m²	1	查实验记录
	次干路	≥95			
	支路	≥95			
冷拌沥青混合料		≥95			查配合比、复测
沥青贯入式		≥90			灌水法、灌砂法、蜡封法

（三）压实质量的评定

压实度=（现场干密度/室内最大干密度）×100%。

1.通过重型或轻型标准击实试验，求得现场干密度和室内最大干密度。

2.土基、路基、沥青路面工程施工质量检验项目中，压实度均为主控项目，必须达到100%合格；检验结果达不到要求值时，应采取措施加强碾压。

【经典例题】12.（2012年真题）道路路基压实度的检测方法有（　　）。

A.灌水法　　B.蜡封法

C.环刀法　　D.灌砂法

E.钻芯法

【答案】ACD

【经典例题】13.（2011年真题）沥青面层压实度检测的方法有（　　）。

A.环刀法　　B.灌砂法

C.灌水法　　D.钻芯法

【答案】D

八、城镇道路大修维护技术要点

（一）微表处工艺

1.工艺适用条件

（1）原有路面结构应能满足使用要求，原路面的强度满足设计要求、路面基本无损坏，经微表处大修后可恢复面层的使用功能。见图1K411040-19。

图1K411040-19 微表处处理效果

（2）微表处大修工程施工基本要求如下：

①对原有路面病害进行处理、刨平或补缝。

②宽度>5mm的裂缝进行灌浆处理。

③路面局部破损处进行挖补处理。

④深度15~40mm的车辙、壅包应进行铣刨处理。

2.施工流程与要求

（1）清理。

（2）可半幅施工，不中断交通。

（3）摊铺速度1.5~3.0km/h。

（4）橡胶耙人工找平，清除超大颗粒。

（5）不需碾压成型，摊铺找平后必须立即进行初期养护，禁止一切车辆和行人通行。

（6）气温25～30℃时养护30min满足设计要求后，即可开放交通。

（7）施工前安排≮200m的试验段。

概念解释：微表处是将一定级配的石屑或砂、填料（水泥、石粉等）与聚合物改性乳化沥青、外掺剂和水，按一定比例拌制成流动型混合料，再均匀洒布于路面上的封层。是一种预防性养护方法，起防水、耐磨、防滑、固表增强和增加路面寿命的作用，但同时会增加噪声量。作为一种预防性养护措施，微表处在我国高速公路、城市干线和机场跑道应用比较广泛。

嗨·点评 类似面膜或手机贴膜效果；主要考核选择题。

（二）旧路加铺沥青混合料面层工艺

1.旧沥青路面作为基层加铺沥青混合料

（1）旧沥青路面作为基层加铺沥青混合料面层时，应对原有路面进行处理、整平或补强。

（2）施工要点：

①旧沥青路面符合设计强度、基本无损坏，整平后做基层使用；

②有明显损坏，损坏部分进行处理；

③凹坑分层摊铺，每层≯10cm。

2.旧水泥路面作基层加铺沥青混合料面层

（1）对原有路面进行处理、整平或补强。

（2）施工要点

①对旧水泥混凝土路作综合调查，符合基本要求，经处理后可作为基层使用；

②对旧水泥混凝土路面层与基层间的空隙，应作填充处理；

③对局部破损的原水泥混凝土路面层应剔除，并修补完好；

④对旧水泥混凝土路面层的胀缝、缩缝、裂缝应清理干净，并应采取防反射裂缝措施。

（三）加铺沥青面层技术要点

1.面层水平变形反射裂缝预防措施

在沥青加铺层与旧水泥路面之间设置应力消减层或铺设土工织物，延缓和抑制反射裂缝。见图1K411040-20。

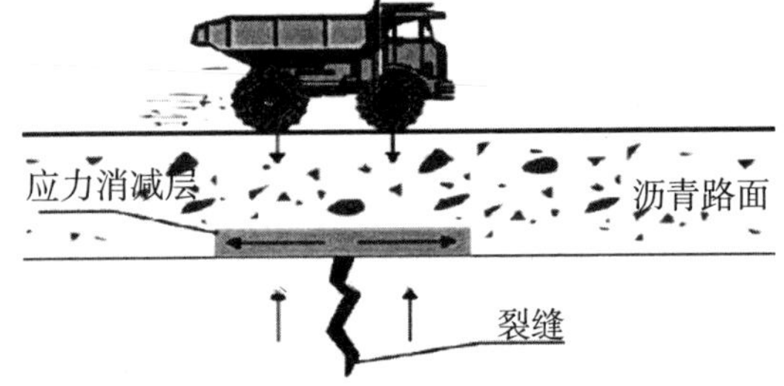

图1K411040-20 反射裂缝预防示意

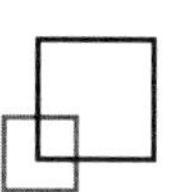

2.面层垂直变形破坏预防措施

局部挖除修补，不需要整块凿除重新浇筑。

使用沥青密封膏处理旧水泥混凝土板缝。

切缝机或人工剔除→高压空气清灰→M7.5水泥砂浆灌注板体裂缝或防腐麻绳填实板缝下半部，上部预留7~10cm空间，初凝后，涂抹接缝结合剂→填充密封膏（厚度不小于40mm）。

3.基底处理要求

（1）基底处理

基底处理 { 开挖式（换填基底材料）；非开挖式（注浆填充）

（2）开挖式基底处理

凿除破坏部位，换填基底材料，工艺简单，修复彻底，但对交通影响较大。

（3）非开挖式基底处理

探地雷达探查，地面钻孔注浆（1.5~2MPa）填充脱空部位的空洞，使用比较广泛和成功。

嗨·点评 旧路加铺沥青面层重点注意反射裂缝预防措施、旧水泥路面密封膏填缝和非开挖基底处理措施，主要考核选择题，较低的案例考核概率。

【经典例题】14.（2011年真题）不属于大修微表处工艺的是（　　）。

A.沥青密封膏处理水泥混凝土板缝

B.对旧水泥道路做弯沉实验

C.加铺沥青面层碾压

D.清除泥土杂物

E.剔除局部破损的混凝土面层

【答案】ABCE

【解析】对旧水泥道路做弯沉实验和剔除局部破损的混凝土面层是旧路加铺沥青混合料面层工艺。沥青密封膏处理水泥混凝土板缝是加铺沥青面层工艺，微表处大修工程不需要碾压成型。

章节练习题

一、单项选择题

1.下列哪种道路（　　）以交通功能为主，连接城市各主要分区，是城市道路网的主要骨架。

A.快速路　B.主干路
C.次干路　D.支路

2.路面结构中的承重层是（　　）。

A.基层　B.上面层
C.下面层　D.垫层

3.路基应稳定、密实、均质，对路面结构提供均匀的支承，即路基在环境和荷载作用下不产生（　　）。

A.整体沉降　B.均匀变形
C.非弹性变形　D.不均匀变形

4.沥青混合料结构组成中，密实-悬浮结构的特点是（　　）。

A.黏聚力较高，内摩擦角较小，高温稳定性较差
B.黏聚力较高，内摩擦角较大，高温稳定性较差
C.黏聚力较低，内摩擦角较小，高温稳定性较好
D.黏聚力较低，内摩擦角较低，高温稳定性较好

5.摊铺无机结合料的压实系数应通过（　　）确定。

A.设计　B.试验
C.计算　D.经验

6.下列对级配砂砾（碎石）、级配砾石（碎砾石）基层运输与摊铺说法错误的是（　　）。

A.运输中应采取防止遗撒和防扬尘措施
B.宜采用机械摊铺，摊铺应均匀一致，发生粗、细骨料离析（“梅花”、“砂窝”）现象时，应及时翻拌均匀
C.压实系数均应通过试验段确定
D.为保证铺筑厚度和平衡度，每层摊铺的时候可多次进行找补，颗粒分布应均匀，厚度一致

7.沥青混凝土路面施工过程中，关于运输和布料的说法中错误的是（　　）。

A.施工时发现沥青混合料不符合施工温度要求或结团成块、已遭雨淋则不得使用
B.装料前应喷洒一薄层隔离剂或防粘结剂
C.摊铺机前应有足够的运料车等候；对高等级道路，等候的运料车宜在3辆以上
D.运料车在摊铺机前100～300mm外空挡等候，摊铺时被摊铺机缓缓顶推前进

8.水泥混凝土路面的养护时间一般宜为（　　）天。

A.3～7　B.7～10
C.10～14　D.14～21

9.石灰稳定性基层施工错误的是（　　）。

A.宜采用塑性指数10~15的粉质黏土、黏土，宜采用1~3级的新石灰
B.磨细石灰可不经消解直接使用
C.块灰应在使用前2~3d完成消解
D.消解石灰的粒径不得大于20mm

10.土基、路基、沥青路面工程施工质量检验项目中，（　　）均为主控项目，必须达到100%合格。

A.压实度　B.宽度
C.厚度　D.7d无侧限抗压强度

二、多项选择题

1.城镇道路路基工程包括路基本身及有关的土（石）方、（　　）等项目。

A.挡土墙　B.路肩
C.排水管　D.涵洞
E.沥青透层

2.以下关于石灰稳定土基层运输与摊铺施工技术要点正确的是（　　）。

A.雨期施工应防止混合料淋雨
B.应在第一次重冰冻到来之前一到一个半月完成施工
C.降雨时应停止施工，已摊铺的应尽快碾压密实湿养

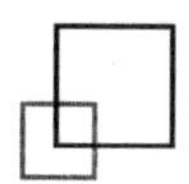

D.运输中应采取防止水分蒸发措施

E.拌成的稳定土应及时运送到铺筑现场

3.路堤加筋施工中，采用的土工合成材料应具有一定的（　　）等性能。

A.抗拉强度　　B.撕破强度

C.顶破强度　　D.握持强度

E.摩擦强度

4.热拌沥青混合料的最低摊铺温度根据（　　）按现行规范要求执行。

A.气温　　B.铺筑层厚度

C.风速　　D.沥青混合料种类

E.下卧层表面温度

5.关于水泥混凝土路面施工中混凝土的摊铺与振捣的说法正确的有（　　）。

A.三辊轴机组铺筑混凝土面层时，辊轴直径应与摊铺层厚度匹配，且必须同时配备一台安装插入式振捣器组的排式振捣机；当面层铺装厚度小于150mm时，可采用振捣梁

B.三辊轴机组铺筑混凝土面层时，在一个作业单元长度内，应采用前进静滚、后退振动方式作业，最佳滚压遍数应经过试验段确定

C.采用轨道摊铺机铺筑时，最小摊铺宽度不宜小于3.75m

D.轨道摊铺机应配备振捣器组，当面板厚度超过150mm，坍落度小于30mm时，必须插入振捣

E.采用滑模摊铺机摊铺时，混凝土坍落度小，应用高频振动，低速度摊铺；混凝土坍落度大，应用低频振动，高速度摊铺

6.采用振动压路机进行改性沥青混合料路面压实作业应遵循（　　）的原则。

A.紧跟　　B.慢压

C.高频　　D.低频

E.低幅

7.水泥混凝土路面在（　　）条件下方可开放交通。

A.达到75%的设计弯拉强度

B.达到100%的设计弯拉强度

C.达到75%的设计抗压强度

D.达到100%的设计抗压强度

E.填缝完成

8.石灰稳定土、水泥稳定土、石灰粉煤灰稳定砂砾等无机结合料稳定基层质量检验主控项目包括（　　）。

A.基层厚度　　B.原材料

C.弯沉值　　D.基层压实度

E.7d无侧限抗压强度

9.关于水泥混凝土面层常规施工的说法，错误的有（　　）。

A.模板选择应与摊铺施工方式相匹配

B.控制混凝土振捣时间，防止过振

C.做面时宜一次进行

D.做面时如果面板浮浆太多可在面板上撒水泥粉

E.抹平后沿横坡向拉毛或压槽

参考答案及解析

一、单项选择题

1.【答案】B

【解析】主干路以交通功能为主，为连接城市各主要分区的干路，是城市道路网的主要骨架。

2.【答案】A

【解析】基层是路面结构中的承重层，主要承受车辆荷载的竖向力，并把面层下传的应力扩散到土基。基层可分为上基层和底基层，各类基层结构性能、施工或排水要求不同，厚度也不同。

3.【答案】D

【解析】路基应稳定、密实、均质，对路面结构提供均匀的支承，即路基在环境和荷载作用下不产生不均匀变形。

4.【答案】A

【解析】密实-悬浮结构具有较大的黏聚力，但内摩擦角较小，高温稳定性较差。

5.【答案】B

【解析】压实系数应经试验确定。

6.【答案】D

【解析】运输与摊铺

（1）运输中应采取防止遗撒和防扬尘措施。

（2）宜采用机械摊铺。摊铺应均匀一致，发生粗、细骨料离析（"梅花"、"砂窝"）现象时，应及时翻拌均匀。

（3）压实系数均应通过试验段确定，每层应按虚铺厚度一次铺齐，颗粒分布应均匀，厚度一致，不得多次找补。

7.【答案】C

【解析】摊铺机前应有足够的运料车等候；对高等级道路，等候的运料车宜在5辆以上。

8.【答案】D

【解析】混凝土浇筑完成后应及时进行养护，养护时间应根据混凝土弯拉强度增长情况而定，不宜小于设计弯拉强度的80%，一般宜为14~21d。应特别注重前7d的保湿（温）养护。

9.【答案】D

【解析】消解石灰的粒径不得大于10mm。

10.【答案】A

【解析】土基、路基、沥青路面工程施工质量检验项目中，压实度均为主控项目，必须达到100%合格；检验结果达不到要求值时，应采取措施加强碾压。

二、多项选择题

1.【答案】ABCD

【解析】城市道路路基工程包括路基（路床）本身及有关的土石方、沿线的涵洞、挡土墙、路肩、边坡、排水管线等项目。

2.【答案】ACDE

【解析】拌成的稳定土应及时运送到铺筑现场；运输中应采取防止水分蒸发和防扬尘措施；宜在春末和气温较高季节施工，施工最低气温为5℃；厂拌石灰土摊铺时路床应湿润；雨期施工应防止石灰、水泥和混合料淋雨；降雨时应停止施工，已摊铺的应尽快碾压密实。

3.【答案】ABCD

【解析】路堤加筋施工中，采用的土工合成材料应具有足够的抗拉强度、较高的撕破强度、顶破强度和握持强度等性能。

4.【答案】ABCE

【解析】热拌沥青混合料的最低摊铺温度根据铺筑层厚度、气温、风速及下卧层表面温度，并按现行规范要求执行。

5.【答案】ACDE

【解析】B错误，三辊轴机组铺筑混凝土面层时，在一个作业单元长度内，应采用前进振动、后退静滚方式作业，最佳滚压遍数应经过试验段确定。

6.【答案】ABCE

【解析】振动压路机应遵循"紧跟、慢压、高频、低幅"的原则，即紧跟在摊铺机后面，采取高频率、低振幅的方式慢速碾压。这也是保证平整度和密实度的关键。

7.【答案】BE

【解析】在混凝土达到设计弯拉强度40%以后，可允许行人通过。混凝土完全达到设计弯拉强度且填缝完成后，方可开放交通。

8.【答案】BDE

【解析】石灰稳定土、水泥稳定土、石灰粉煤灰稳定砂砾等无机结合料稳定基层质量检验主控项目是原材料、基层压实度、7d无侧限抗压强度。

9.【答案】CD

【解析】做面时宜分两次进行，严禁在面板上洒水、撒水泥粉，故C、D错误。

1K412000 城市桥梁工程

本节知识体系

- 城市桥梁工程
  - 城市桥梁结构形式及通用施工技术
    - 城市桥梁结构组成与类型
    - 模板、支架的设计、制作、安装与拆除
    - 钢筋施工技术
    - 混凝土施工技术
    - 预应力混凝土施工技术
    - 预应力张拉施工质量事故预防措施
    - 桥面防水系统施工技术
  - 城市桥梁下部结构施工
    - 各类围堰施工要求
    - 桩基础施工方法与设备选择
    - 钻孔灌注桩施工质量事故预防措施
    - 墩台、盖梁施工技术
    - 大体积混凝土浇筑施工质量检查与验收
  - 城市桥梁上部结构施工
    - 装配式梁（板）施工技术
    - 现浇预应力（钢筋）混凝土连续梁施工技术
    - 钢梁制作与安装要求
    - 钢-混凝土结合梁施工技术
    - 钢筋（管）混凝土拱桥施工技术
    - 钢管混凝土浇筑施工质量检查与验收
    - 斜拉桥施工技术
  - 管涵和箱涵施工
    - 管涵施工技术
    - 箱涵顶进施工技术

本节内容是市政实务第二个技术专业——桥梁工程。每年考核选择题6分左右，案例题20分左右。

桥梁工程是市政公用工程实务考核的主角，每年至少考核一道桥梁案例，多则两道；桥梁案例考核主要是三个方向：第一个方向是桥梁工程中的通用技术及质量要求，例如模板支架、钢筋施工、混凝土施工、预应力施工、沉入桩或钻孔桩中的很多技术要求具有通用性，同样适用于其他构筑物，例如给排水构筑物、混凝土路面、隧道二衬、基坑围护结构等；第二个考核方向是结合桥梁工程中的专用技术及质量知识考核，例如悬臂浇筑、梁板预制安装、现浇梁施工、钢桥、箱涵顶进等；第三个考核方向是结合安全考核，切入点常见的为模板支架、起重吊装、现场临电、桥梁基坑、交通导行等方面。

第1目1K412010 城市桥梁结构形式及通用施工技术中的模板支架、钢筋、混凝土、预应力等通用施工技术可以在多技术专业中结合案例考核，例如结合给排水构筑物等，其余知识属选择题考点。

第2目1K412020 城市桥梁下部结构施工中围堰施工、桩基础施工、大体积混凝土施工可结合案例题目考核，其余主要考核选择题。

第3目1K412030 城市桥梁上部结构施工中的装配式梁板施工、现浇预应力连续梁施工可结合案例题目考核，其余主要考核选择题。

第4目1K412040 管涵和箱涵施工中的箱涵顶进施工是一个比较好的案例题目考核的出题面可以同时结合基坑开挖、支护、降水、监测和管线、铁路路基及轨道加固考核，管涵可以结合路基施工顺带考核。

核心内容讲解

1K412010 城市桥梁结构形式及通用施工技术

一、城市桥梁结构组成与类型

（一）桥梁基本组成与常用术语

1.桥梁的基本组成（图1K412010-1）

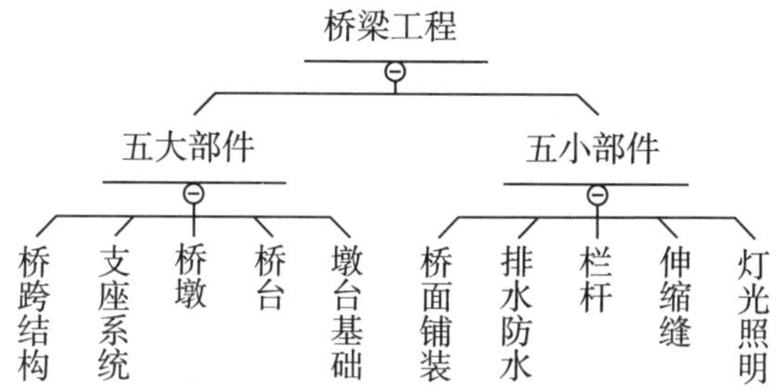

图1K412010-1　桥梁的基本组成

2.相关常用术语（图1K412010-2~图1K412010-7）

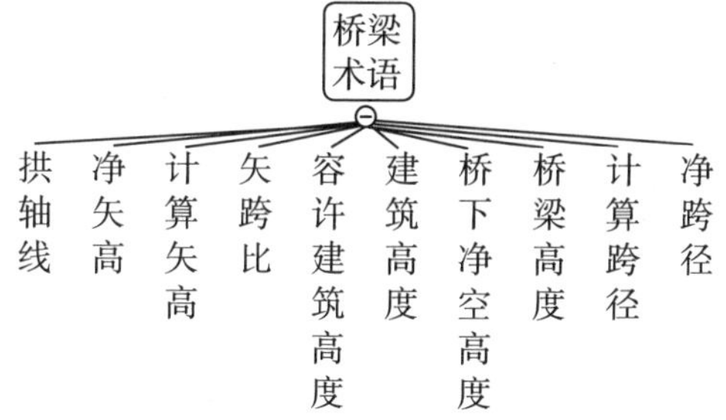

图1K412010-2　桥梁工程常用术语

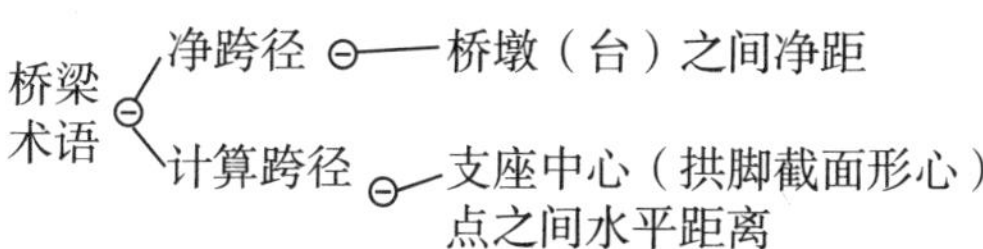

图1K412010-3　桥梁跨径术语

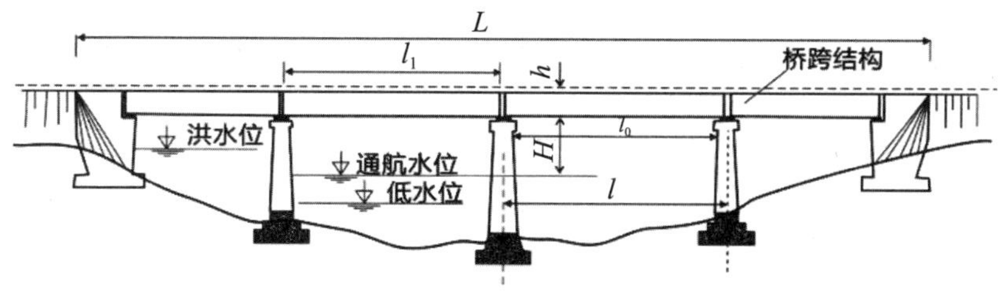

图1K412010-4　桥梁术语示意图（l_0—净跨径，l_1—计算跨径，l—标准跨径，L—桥梁全长）

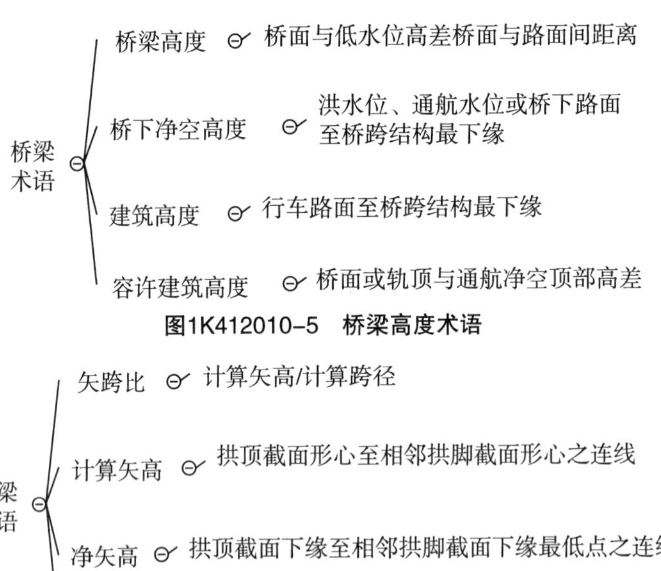

图1K412010-5 桥梁高度术语

图1K412010-6 拱桥术语

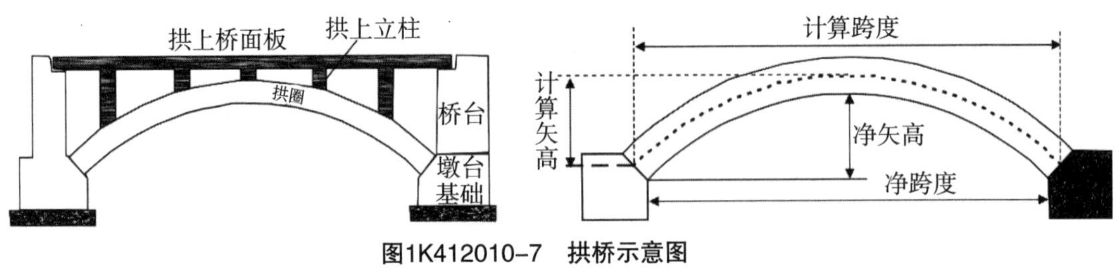

图1K412010-7 拱桥示意图

涵洞：路堤下用来宣泄水流的构筑物，多孔跨径全长不到8m和单孔跨径不到5m的称为涵洞。

（二）桥梁的主要类型

1.桥梁的分类方法很多，通常从受力特点、建桥材料、适用跨度、施工条件等方面来划分。见图1K412010-8。

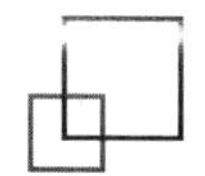

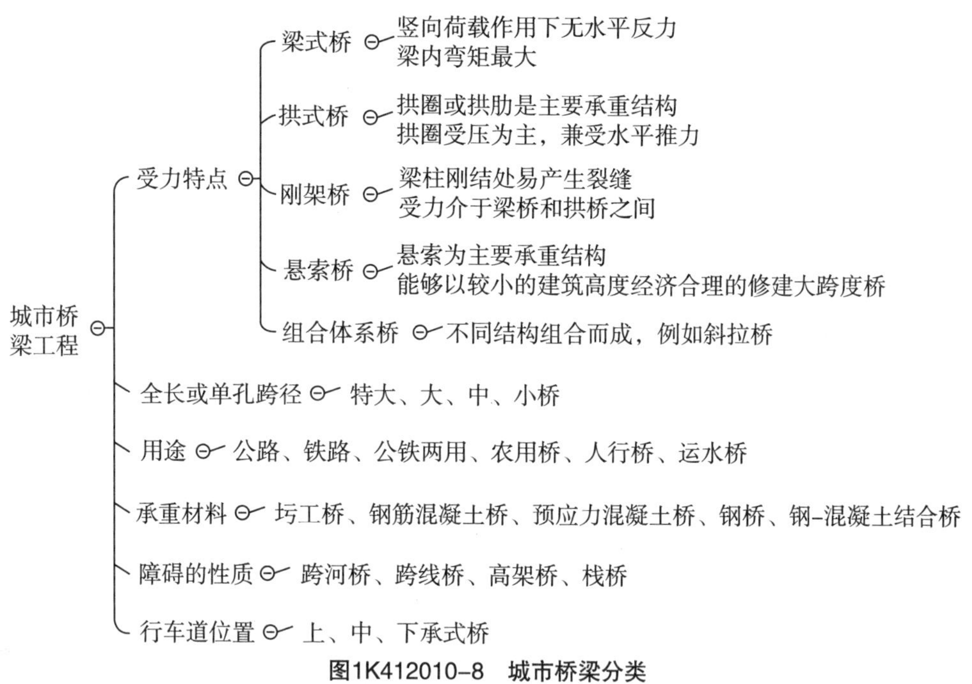

图1K412010-8　城市桥梁分类

2.按总长或单孔跨径分类，详见表1K412010-1。

桥梁按多孔跨径总长或单孔跨径分类　表1K412010-1

桥梁分类	多孔跨径总长L（m）	单孔跨径L_0（m）
特大桥	$L>1000$	$L_0>150$
大桥	$1000\geqslant L\geqslant 100$	$150\geqslant L_0\geqslant 40$
中桥	$100>L>30$	$40>L_0\geqslant 20$
小桥	$30\geqslant L\geqslant 8$	$20>L_0\geqslant 5$

嗨·点评 五大部件、五小部件术语基础性分类知识，考核选择题；常用术语容易混淆，是深入学习桥梁知识的基础，需要区分清楚；桥梁的分类方式主要考核选择题，重点注意其中受力特点、跨径、行车道位置的分类方式。

【经典例题】1.桥梁由“五大部件”与“五小部件”组成。其中五大部件包括（　　）。

A.墩台基础　　B.桥墩

C.桥台　　D.桥面铺装

E.支座系统

【答案】ABCE

【嗨·解析】五大部件记忆口诀：跨座墩台基；五小部件。记忆口诀：铺水栏缝灯。

【经典例题】2.（2011年真题）桥面行车面标高到桥跨结构最下缘之间的距离为（　　）。

A.建筑高度　　B.桥梁高度

C.净矢高　　D.计算矢高

【答案】A

【嗨·解析】桥梁建筑高度是桥上行车路面（或轨顶）标高至桥跨结构最下缘之间的距离。

二、模板、支架的设计、制作、安装与拆除

（一）模板、支架和拱架的设计与验算

1.模板、支架和拱架施工设计内容。（记

忆口诀：三图一书两说明，安全质量材料表）

（1）工程概况和工程结构简图；

（2）结构设计的依据和设计计算书；

（3）总装图和细部构造图；

（4）制作、安装的质量及精度要求；

（5）安装、拆除的安全技术措施及注意事项；

（6）材料的性能要求及材料数量表；

（7）设计说明书和使用说明书。

2.模板、支架和拱架应具有足够的承载能力、刚度和稳定性。

3.验算模板、支架和拱架的抗倾覆稳定时，各施工阶段的稳定系数均不得小于1.3。

4.设计模板、支架和拱架应按表1K412010-2荷载组合。

①模板、拱架和支架自重；

②新浇筑混凝土自重；

③施工人员材料机具等行走运输或堆放的荷载；

④振捣荷载；

⑤新浇混凝土对侧模板的压力；

⑥倾倒混凝土的水平冲击荷载；

⑦水中支架承受的水流压力、波浪力、流冰压力、船只漂浮物撞击力；

⑧其他可能荷载：风雪、冬期施工保温设施荷载等。

设计模板、支架和拱架的荷载组合　表1K412010-2

模板构件名称	荷载组合	
	计算强度用	验算刚度用
梁板拱的底模及支架	①②③④⑦⑧	①②⑦⑧
缘石、人行道、栏杆、柱、梁板、拱等侧模板	④⑤	⑤
基础、墩台等厚大结构物的侧模板	⑤⑥	⑤

5.验算模板、支架和拱架的刚度时，其变形值不得超过下列规定：

（1）结构表面外露的模板挠度为模板构件跨度的1/400；

（2）结构表面隐蔽的模板挠度为模板构件跨度的1/250；

（3）拱架和支架受载后挠曲的杆件，其弹性挠度为相应结构跨度的1/400；

（4）钢模板的面板变形值为1.5mm。

6.模板、支架和拱架的设计中应设施工预拱度。施工预拱度应考虑下列因素：

（1）设计文件规定的结构预拱度；

（2）支架和拱架承受全部施工荷载引起的弹性变形；

（3）受载后由于杆件接头处的挤压和卸落设备压缩而产生的非弹性变形；

（4）支架、拱架基础受载后的沉降。

7.支架立柱在排架平面内应设水平横撑，立柱高度在5m以内时，水平撑不得少于两道；立柱高于5m时，水平撑间距不得大于2m，并应在两道横撑之间加双向剪刀撑，在排架平面外应设斜撑。

8.支架组成（补充知识）

以现浇连续梁支架为例说明支架组成，支架包括垫板（垫块）、底托、扫地杆、横杆、竖杆、纵横向剪力撑、顶托、护栏、挡脚板、梁底分配梁（底模下面纵横向设置，采用型钢或方木）、底模（竹胶板或钢模）、安全网、脚手架及安全梯等组成。见图1K412010-9。

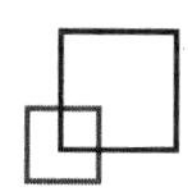

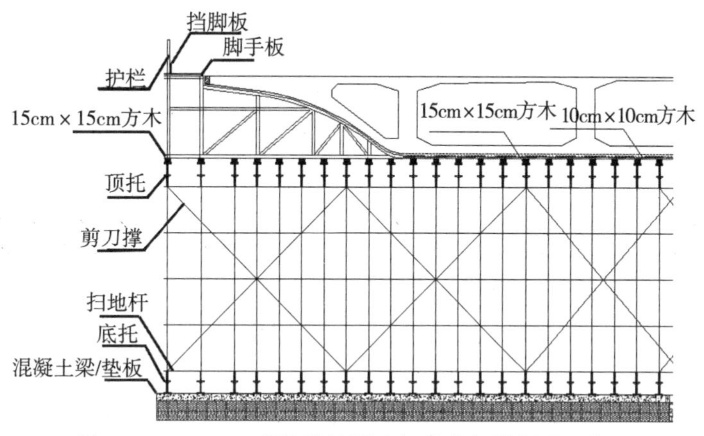

图1K412010-9 现浇连续梁碗扣式支架横断面示意图

嗨·点评 模板支架、拱架在桥梁、给排水构筑物等施工中是非常普遍的，也是市政考核的高频考点。模板支架、拱架的设计与验算是施工单位技术主管的必备技能，其设计内容可考核简答或补充题，可结合口诀记忆；设计荷载组合近3年每年都会考核选择题；预拱度考虑因素考核简答；模板支架易结合图考核。

【经典例题】3.（2015年真题）现浇钢筋混凝土预应力箱梁模板支架刚度验算时，在冬期施工的荷载组合包括（ ）。

A.模板、支架自重

B.现浇箱梁自重

C.施工人员、堆放施工材料荷载

D.风雪荷载

E.倾倒混凝土时产生的水平冲击荷载

【答案】ABD

【嗨·解析】参见设计模板、支架和拱架的荷载组合表1K412010-2。

（二）模板、支架和拱架的制作与安装

1.支架和拱架搭设之前，应按规范要求，预压地基合格并形成记录。

2.支架立柱必须落在有足够承载力的地基上，立柱底端必须放置钢垫板或混凝土垫块。地基严禁被水浸泡，冬期施工必须采取防止冻胀的措施。

3.支架通行孔两边应加护桩，设置安全防坠网、限高限宽限速架、安全警示标志；夜间设警示灯。

4.支架或拱架不得与施工脚手架、便桥相连。

5.钢管满堂支架搭设完毕后，应按规范要求，预压支架合格并形成记录。

6.支架、拱架安装完毕检验合格才能安装模板。

7.当采用充气胶囊作空心构件芯模时，其安装应符合下列规定（见图1K412010-10）：

（1）使用前应经检查确认无漏气。

（2）从浇筑混凝土到胶囊放气止，应保持气压稳定。

（3）使用胶囊内模时，应采用定位箍筋与模板连接固定，防止上浮和偏移。

（4）胶囊放气时间应经试验确定，以混凝土强度达到能保持构件不变形为度。

图1K412010-10 胶囊芯模

8.浇筑混凝土和砌筑前，应对模板、支架和拱架进行检查和验收，合格后方可施工。

9.模板工程及支撑体系施工属于危险性较大的分部分项工程，施工前应编制专项方案；超过一定规模的还应对专项施工方案进行专家论证。

嗨·点评 模板支架、拱架制作与安装过程中重点记忆对地基、垫板、通行孔，验收、预压、脚手架的要求。

【经典例题】4.（2014年真题）关于桥梁模板及承重支架的设计与施工的说法，错误的是（　　）。

A.模板及支架应具有足够的承载力、刚度和稳定性

B.支架立柱高于5m时应在两横撑之间加剪刀撑

C.支架通行孔两边应加护桩，夜间设警示灯

D.施工脚手架应与支架相连，以提高整体稳定性

【答案】D

【嗨·解析】考核模板支架设计与施工，支架或拱架不得与施工脚手架、便桥相连。

（三）模板、支架和拱架的拆除

1.模板、支架和拱架拆除应符合下列规定：

（1）非承重侧模应在混凝土强度能保证结构棱角不损坏时拆除，混凝土强度宜为2.5MPa以上。

（2）钢筋混凝土结构的承重模板、支架，应在混凝土强度能承受其自重荷载及其他可能的叠加荷载时，方可拆除。

2.浆砌石、混凝土砌块拱桥拱架卸落规定：

（1）浆砌石、混凝土砌块拱桥应在砂浆强度达到设计要求强度后卸落拱架，设计未规定时，砂浆强度应达到设计标准值的80%以上。

（2）跨径小于10m的拱桥宜在拱上结构全部完成后卸落拱架；中等跨径实腹式拱桥宜在护拱完成后卸落拱架；大跨径空腹式拱桥宜在腹拱横墙完成（未砌腹拱圈）后卸落拱架。

（3）裸拱状态卸落拱架时，应对主拱进行强度及稳定性验算并采取必要的稳定措施。

3.模板、支架和拱架拆除应遵循先支后拆、后支先拆的原则。支架和拱架应按几个循环卸落，卸落量宜由小渐大。每一循环要求横向同时、纵向对称均衡卸落。

简支梁、连续梁结构的模板应从跨中向支座方向依次卸落；悬臂结构模板从悬臂端卸落。

4.预应力混凝土结构的侧模应在张拉前拆除；底模应在结构建立预应力后拆除。

嗨·点评 模板支架、拱架拆除过程相对制作、安装过程要更加危险，尤其是拆除的原则及预应力混凝土结构拆模顺序要重点掌握，容易考核案例简答或改错题。

【经典例题】5.关于模板支架和拱架拆除的规定，错误的有（　　）。

A.非承重侧模应在混凝土强度能保证结构棱角不损坏时方可拆除，混凝土强度宜为2.5MPa及以上

B.模板、支架和拱架拆除应遵循先支后拆、后支先拆的原则

C.每一循环中，在横向应对称均衡卸落、在纵向应同时卸落

D.简支梁、连续梁结构的模板应从支座向跨中方向依次循环卸落

E.预应力混凝土结构的侧模和底模应在结构建立预应力后拆除

【答案】CDE

三、钢筋施工技术

（一）一般规定

1.钢筋应按不同钢种、等级、牌号、规

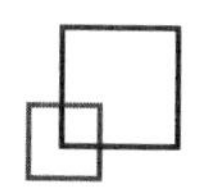

格及生产厂家分批验收，确认合格后方可使用。

2.钢筋在室外存放时做到下垫上盖，防雨防潮，防污染和变形。

3.钢筋的级别、种类和直径需要代换时，应由原设计单位作变更设计。

4.预制构件的吊环必须采用未经冷拉的HPB300级热轧光圆钢筋制作，且使用时的计算拉应力不大于50MPa。

5.在浇筑混凝土之前应对钢筋进行隐蔽工程验收，确认符合设计要求。

嗨·点评 钢筋是现在建筑中的主要材料，钢筋混凝土构筑物广泛应用于市政工程的各个专业，不仅限于桥梁工程。

【经典例题】6.（2015年真题）桥墩钢模板组装后，用于整体吊装的吊环应采用（　　）。

A.热轧光圆钢筋　　B.热轧带肋钢筋

C.冷轧带肋钢筋　　D.高强钢丝

【答案】A

【经典例题】7.钢筋的级别、种类和直径应按设计要求采用，当需要代换时，应经（　　）同意，并履行相关程序。

A.设计　　B.监理

C.业主　　D.代甲方

【答案】A

（二）钢筋加工

1.弯制前应先选用机械方法调直。

2.下料前根据设计要求和钢筋长度配料；下料后应按种类和使用部位分别挂牌标明。

3.箍筋末端弯钩平直部分的长度，一般结构为箍筋直径的5倍，抗震结构为箍筋直径的10倍。

4.钢筋宜在常温状态下弯制，不宜加热。宜从中部开始逐步向两端弯制，弯钩应一次弯成。

【经典例题】8.钢筋宜在（　　）状态下弯制。

A.低温　　B.常温

C.高温　　D.加热

【答案】B

（三）钢筋连接

1.热轧钢筋接头

（1）宜采用焊接接头或机械连接接头。

（2）焊接接头应优先选择闪光对焊。

（3）机械连接接头适用于HRB335和HRB400带肋钢筋的连接。

（4）连接方式见图1K412010-11和图1K412010-12。

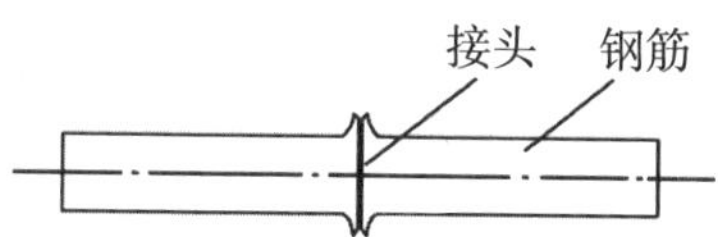
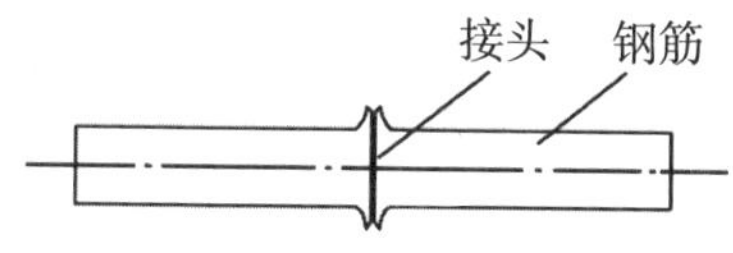

图1K412010-11　闪光对焊和直螺纹套筒连接（机械连接）

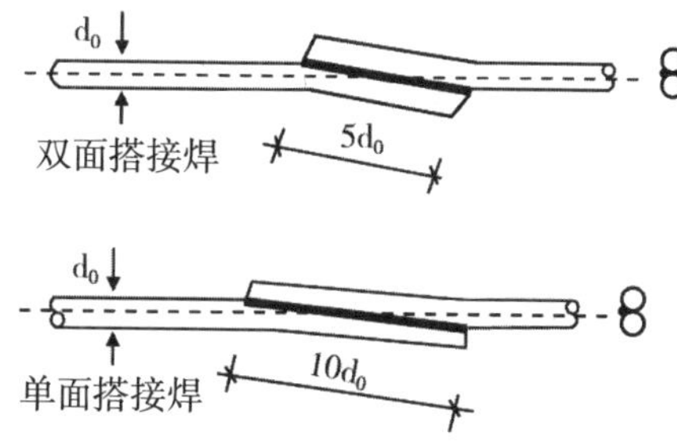

图1K412010-12　搭接焊接（双面、单面）和绑扎连接

（5）钢筋直径≤22mm无焊接条件时，可绑扎连接，但受拉构件中的主钢筋不得绑扎连接。

（6）钢筋骨架和钢筋网片的交叉点焊接宜采用电阻点焊。

2.钢筋接头设置

（1）宜少设接头，接头应设在受力较小区段，不宜位于构件的最大弯矩处。

（2）在任一焊接或绑扎接头长度区段内，同一根钢筋不得有两个接头。

焊接长度区段为35倍钢筋直径；绑扎接头长度区段为1.3×35倍钢筋直径。

（3）接头末端至钢筋弯起点的距离不得小于钢筋直径的10倍。

（4）施工中钢筋受力分不清受拉、受压的，按受拉办理。

（5）钢筋接头部位横向净距不得小于钢筋直径，且不得小于25mm。

嗨·点评 钢筋加工和钢筋连接多考核选择题，多选题中选择说法正误是最常见考法。

【经典例题】9.钢筋混凝土桥梁的钢筋接头说法，正确的有（ ）。

A.同一根钢筋宜少设接头

B.钢筋接头宜设在受力较小区段

C.钢筋接头部位横向净距为20mm

D.同一根钢筋在接头区段内不能有两个接头

E.受力不明确时，可认为是受压钢筋

【答案】ABD

【嗨·解析】C错误，横向净间距不得小于钢筋直径且不得小于25mm。E错误，受力不明确按受拉办理。

（四）钢筋骨架和钢筋网的组成与安装

1.钢筋骨架制作和组装

（1）钢筋骨架焊接应在坚固的工作台上进行（例如钻孔桩的钢筋笼，墩柱、盖梁的钢筋骨架等）。

（2）组装时应按设计图纸放大样，放样时应考虑骨架预拱度。

（3）组装时应采取控制焊接局部变形措施。

（4）骨架接长焊接时，不同直径钢筋的中心线应在同一平面上。

2.钢筋网片电阻点焊

当焊接网片的受力钢筋为HPB300钢筋时，如网片一个方向受力，受力主筋与两端的两根横向钢筋全部交叉点必须焊接；如焊接网片为两个方向受力，则四周边缘的两根钢筋的全部交叉点必须焊接，其余交叉点可间隔焊接或绑、焊相间（即：单向双边焊、双向四边焊）。见图1K412010-13。

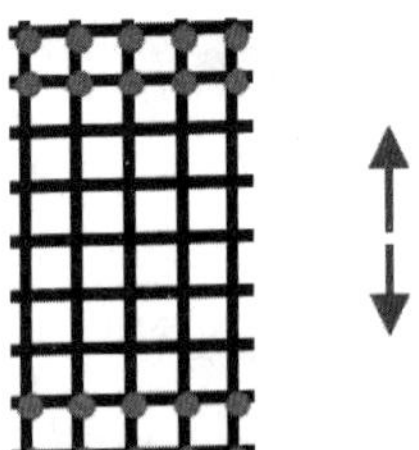

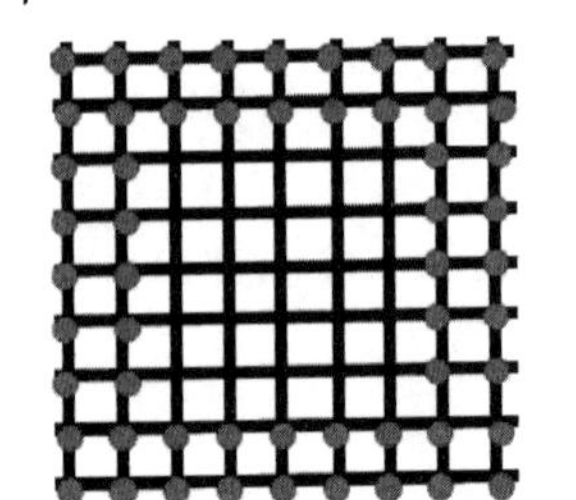

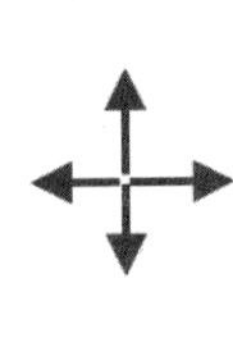

图1K412010-13 单向双边焊和双向四边焊（圆点表示焊接点）

3.钢筋现场绑扎

（1）钢筋的交叉点应采用绑丝绑牢，必要时可辅以点焊。

（2）钢筋网的外围两行钢筋交叉点应全部扎牢，中间部分交叉点可间隔交错扎牢，但双向受力的钢筋网，钢筋交叉点必须全部扎牢。

（3）矩形柱角部竖向钢筋的弯钩平面与

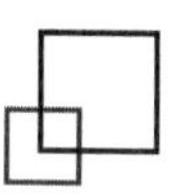

模板面的夹角应为45°。

（4）绑扎接头搭接长度范围内箍筋间距：钢筋受拉时应＜5*d*且≯100mm；钢筋受压时应＜10*d*且≯200mm。

（5）钢筋骨架的多层钢筋之间，应用短钢筋支垫，确保位置准确。

4.钢筋的混凝土保护层厚度

设计无要求时应符合下列规定：

（1）普通钢筋和预应力直线筋的最小混凝土保护层厚度≮钢筋公称直径，后张法构件预应力直线筋≮其管道直径的1/2。

（2）当受拉区主筋的混凝土保护层厚度大于50mm时，应在保护层内设置直径不小于6mm、间距不大于100mm的钢筋网。

（3）钢筋机械连接件的最小保护层厚度≮20mm。

（4）应在钢筋与模板之间设置垫块，确保钢筋的混凝土保护层厚度，垫块应与钢筋绑扎牢固、错开布置。

嗨·点评 钢筋骨架部分考核概率很低，注意一下单向双边焊和双向四边焊，还有保护层过厚的抗裂措施，其他看懂理解即可。

【经典例题】10.关于钢筋的混凝土保护层厚度的说法，正确的有（　　）。

A.钢筋机械连接件的最小保护层厚度不得小于连接件直径的1/2

B.当受拉区主筋的混凝土保护层厚度大于50mm时，应按规定在保护层内设置钢筋网

C.应在钢筋与模板之间设置垫块，垫块应与钢筋绑扎牢固、错开布置

D.普通钢筋和预应力直线形钢筋的最小混凝土保护层厚度不得小于钢筋公称直径

E.后张法构件预应力直线形钢筋保护层不得小于20mm

【答案】BCD

【嗨·解析】钢筋机械连接件的最小保护层厚度不得小于20mm，A错误；普通钢筋和预应力直线形钢筋的最小混凝土保护层厚度不得小于钢筋公称直径，后张法构件预应力直线形钢筋不得小于其管道直径的1/2，E错误。B、C、D都是正确说法。

四、混凝土施工技术

（一）混凝土的抗压强度

1.抗压强度应以边长150mm立方体标准试件28d的抗压强度测定。试件以同龄期者3块为一组，并以同等条件制作和养护；试件上面标注部位、混凝土标号、制作时间等，见图1K412010-14。

图1K412010-14　混凝土标准试件

2.评定混凝土强度的方法，包括标准差已知统计法、标准差未知统计法以及非统计法三种。应优先选用统计方法。

3.C60及以上高强度混凝土，当方量较少时，宜留取不少于10组的试件，采用标准差未知的统计方法评定混凝土强度。

嗨·点评 注意混凝土试块的细节要求，例如：28d、150mm、同等条件养护、3块1组、标注内容等，评定方法可考核选择题。

【经典例题】11.现行国家标准《混凝土强度检验评定标准》GB/T 50107—2010中规定了评定混凝土强度的方法，工程中可根据具体条件选用，但应优选（　　）。

A.统计方法　　B.非统计方法

C.试验方法　　D.理论计算方法

【答案】A

（二）混凝土原材料

1.混凝土原材料包括水泥、粗细骨料、矿物掺合料、外加剂和水。

2.配制高强度混凝土的矿物掺合料可选用优质粉煤灰、磨细矿渣粉、硅粉和磨细天然沸石粉。

3.常用的外加剂有减水剂、早强剂、缓凝剂、引气剂、防冻剂、膨胀剂、防水剂、混凝土泵送剂、喷射混凝土用的速凝剂等。

嗨·点评 注意外加剂的各自用途，能够对应选择，见表1K412010-3。

各种外加剂作用及应用　表1K412010-3

外加剂	作用	应用
减水剂	维持坍落度不变的前提下减少拌合用水量，改善流动性	普遍采用，如压浆灌浆
早强剂	提高混凝土早期强度	冬季、紧急抢修（基坑堵漏的双快水泥）
引气剂	引入空气，形成大量微小、封闭、稳定气泡，抗冻	大坝、机场路面等
防冻剂	能使混凝土在负温下硬化	冬季施工
膨胀剂	补偿收缩，防治开裂	钢管混凝土、后浇带、合龙段等
防水剂	防水堵漏	地下室、蓄水池等防水工程
泵送剂	改善泵送性能	混凝土泵送施工
速凝剂	使混凝土迅速凝结硬化	基坑护坡、喷锚暗挖、预制水池保护层等喷射混凝土

【经典例题】12.（2013年真题）用于基坑边坡支护的喷射混凝土的主要外加剂是（　　）。

A.膨胀剂　　B.引气剂

C.防水剂　　D.速凝剂

【答案】D

【嗨·解析】喷射混凝土要求速凝早强，故应掺加速凝剂。

（三）混凝土配合比设计步骤

1.初步配合比设计阶段

通过计算、查表确定。

2.试验室配合比设计阶段

3.基准配合比设计阶段

根据强度验证原理和密度修正方法，确定每立方米混凝土的材料用量。

4.施工配合比设计阶段

根据实测砂石含水率进行配合比调整，提出施工配合比。首次使用的混凝土配合比应进行开盘鉴定。

嗨·点评 注意配合比设计步骤的顺序，初步→试验→基准→施工。

（四）混凝土施工

1.原材料计量

计量器具应定期检定，保持计量准确。每班至少测定一次骨料含水率，雨天增加测定次数。

2.混凝土搅拌、运输和浇筑

（1）混凝土搅拌

拌合物应均匀，颜色一致，不得离析和泌水。

坍落度应在搅拌地点和浇筑地点分别随机取样检测，评定时应以浇筑地点的测值为准。

坍落度表示混凝土的流动性和和易性，具体来说就是保证施工的正常进行，单位为mm。例：钻孔桩灌注混凝土的坍落度为180~220mm，大体积混凝土要求坍落度为120±20mm，坍落度试验参见图1K412010-15。

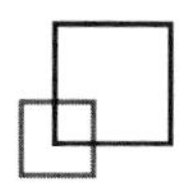

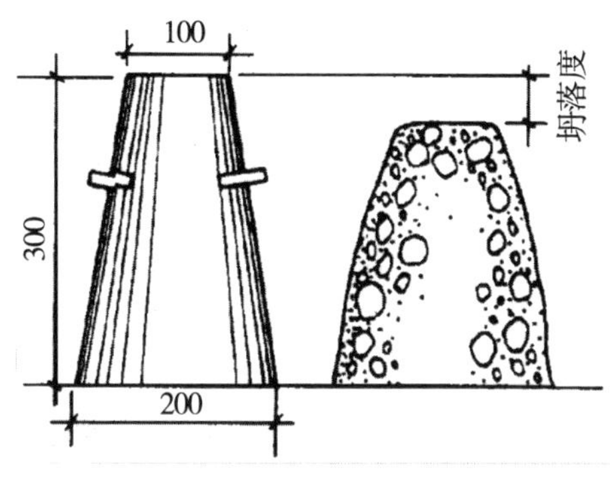

图1K412010-15　混凝土坍落度试验

（2）混凝土运输

①混凝土运输应使浇筑工作连续不间断。

②在运输过程中，不产生分层、离析等现象，如出现分层、离析现象，则进行二次快速搅拌。

③拌合物运输到浇筑地点后，坍落度损失过大时，可加入减水剂后快速搅拌，搅拌时间试验确定。

④严禁在运输过程中向混凝土中加水。

⑤采用泵送混凝土时，应连续工作，泵送间歇时间不宜超过15min。

（3）混凝土浇筑

①浇筑前应检查模板、支架的承载力、刚度、稳定性，钢筋及预埋件位置、规格。

②大方量混凝土浇筑，应事先制定浇筑方案。

③混凝土运输、浇筑及间歇的全部时间不应超过混凝土的初凝时间。同一施工段的混凝土应连续浇筑，并应在底层混凝土初凝之前将上一层混凝土浇筑完毕。

④采用振捣器振捣混凝土时，应以使混凝土表面呈现浮浆、不出现气泡和不再沉落为准。

3.混凝土养护

（1）混凝土浇筑完成，收浆后尽快覆盖和洒水养护。

（2）洒水养护时间，采用硅酸盐水泥、普通硅酸盐水泥或矿渣硅酸盐水泥的混凝土，≮7d。掺用缓凝型外加剂或有抗渗等要求以及高强度混凝土，≮14d。

（3）当气温低于5℃时，应采取保温措施，不得对混凝土洒水养护。

嗨·点评　本节中混凝土施工技术要求是市政工程中一个通用的要求，重点记忆关于坍落度、初凝时间、混凝土的养护方式和养护时间，可在案例中考核；其余知识理解。

【经典例题】13.洒水养护的时间，掺加缓凝型外加剂或有抗渗等要求以及高强度混凝土，不得少于（　　）d。

A.28　　B.21　　C.14　　D.7

【答案】C

五、预应力混凝土施工技术

（一）预应力筋及管道

1.预应力筋

（1）预应力材料进场应逐批验收，每批钢丝、钢绞线、钢筋应由同一牌号、同一规格、同一生产工艺的产品组成。

（2）预应力筋进场时，应对其质量证明文件、包装、标志和规格进行检验，并应符合表1K412010-4规定。

预应力材料进场验收要求　表1K412010-4

<table>
<tr><th>类型</th><th>分批</th><th>取样</th><th>检验</th><th>不合格</th></tr>
<tr><td>钢丝、钢绞线</td><td>60t</td><td>逐盘
合格中3盘</td><td>外形、尺寸、表面
力学性能</td><td>盘报废，双倍取样
逐盘检验</td></tr>
<tr><td>精轧螺纹钢</td><td>60t</td><td>逐根
2根</td><td>外观检查
拉伸试验</td><td>双倍取样
批不合格</td></tr>
<tr><td>锚夹具</td><td>1000套</td><td rowspan="2">10%且10套
5%且5套
6套3组件</td><td rowspan="2">外观尺寸
硬度检验
静载锚固性能</td><td rowspan="2">双倍，逐套
双倍，逐套
双倍，批不合格</td></tr>
<tr><td>连接器</td><td>500套</td></tr>
</table>

备注：锚夹具及连接器验收时，大桥、特大桥等重要工程、质量证明资料不全或有疑点时，做静载锚固性能试验；对于中小型桥梁，静载锚固性能由厂家提供报告。

（3）预应力材料存放的仓库应干燥、防潮、通风良好、无腐蚀气体和介质。存放在室外时不得直接堆放在地面上，必须垫高、覆盖、防腐蚀、防雨露，时间不宜超过6个月。

（4）预应力筋的制作

①下料长度计算确定，考虑孔道（台座）长度、锚夹具长度、千斤顶长度、焊接接头或墩头预留量，冷拉伸长值、弹性回缩值、张拉伸长值和外露长度等因素。

②预应力筋宜使用砂轮锯或切断机切断，不得采用电弧切割。

③预应力筋采用镦头锚固时，高强钢丝宜采用液压冷镦；冷拔低碳钢丝可采用冷冲镦粗；钢筋宜采用电热镦粗，但HRB500级钢筋镦粗后应进行电热处理。

2.管道与孔道

（1）一般可由钢管抽芯、胶管抽芯或金属伸缩套管抽芯预留孔道。管道要求应具有足够的强度和刚度，不漏浆，能传递粘结力。见图1K412010-16。

图1K412010-16 箱梁中胶管抽芯预留孔道

（2）常用管道为金属螺旋管或塑料（化学建材）波纹管。见图1K412010-17。

图1K412010-17 金属螺旋管和塑料波纹管

（3）金属螺旋管的检验

①管道进场时，应检查出厂合格证和质量保证书，核对其类别、型号、规格及数量，应对外观、尺寸、集中荷载下的径向刚度、荷载作用后的抗渗及抗弯曲渗漏等进行检验。

②金属螺旋管按批进行检验。每批由同一生产厂家，同一批钢带所制作的金属螺旋管组成，累计半年产量或50000m生产量为一批。塑料管每批由同配方、同工艺、同设备稳定连续生产的产品组成，每批数量不应超过10000m。

（4）管道的其他要求

①在桥梁的某些特殊部位，可采用符合要求的平滑钢管或高密度聚乙烯管，其管壁厚不得小于2mm。

②管道的内横截面积至少应是预应力筋净截面积的2.0倍。

嗨·点评 预应力筋进场验收及存放可考核选择题、案例简答或改错题；管道进场验收适合考核选择题。

【经典例题】14.（2009年真题）下列对钢绞线进场的检验要求，正确的有（　　）。

A.检查质量证明书和包装

B.分批检验，每批重量不大于65t

C.每批大于3盘则任取3盘

D.每批少于3盘应全数检验

E.检验有一项不合格则该批钢绞线报废

【答案】ACD

（二）锚具和连接器

基本要求

（1）后张预应力锚具和连接器分为夹片式（单孔和多孔夹片）、支承式（墩头锚具、螺母锚具）、锥塞式（钢制锥形锚具）和握裹式（挤压锚具、压花锚具）。（口诀：夹支握组）见图1K412010-18。

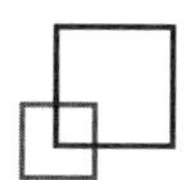

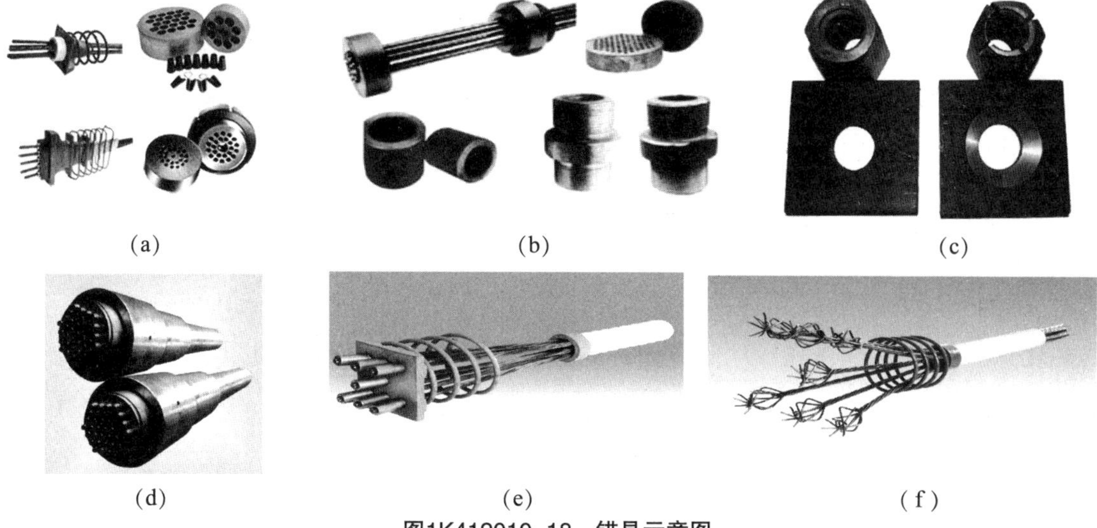

(a) (b) (c)

(d) (e) (f)

图1K412010-18 锚具示意图

(a)多孔夹片锚;(b)墩头锚;(c)螺母锚具;(d)组合式锚具;(e)挤压锚具;(f)压花锚具

(2)用于高强度预应力筋的锚具(或连接器),也可以用于较低强度的预应力筋。低强度预应力筋的锚具(或连接器),不得用于高强度预应力筋。

(3)锚具应满足分级张拉、补张拉和放松预应力的要求。多孔锚具也能单根张拉。

(4)用于后张法的连接器,必须符合锚具的性能要求。

(5)锚垫板与预应力筋(或孔道)在锚固区及其附近应相互垂直。后张构件锚垫板上宜设灌浆孔。见图1K412010-19。

图1K412010-19 锚垫板布置示意图

(6)锚具和连接器进场检查验收见表1K412010-4。

嗨·点评 锚具和连接器分类及进场验收适合考核选择题。

【经典例题】15.后张预应力锚具和连接器按照锚固方式不同可分为( )。

A.夹片式 B.镦头锚式

C.组合式 D.握裹式

E.支承式

【答案】ACDE

(三)预应力混凝土配制与浇筑

1.配制

(1)预应力混凝土应优选硅酸盐水泥、普通硅酸盐水泥,不宜使用矿渣硅酸盐水泥,不得使用火山灰质硅酸盐水泥及粉煤灰硅酸盐水泥(渣不宜灰不得)。

(2)混凝土中的水泥用量不宜大于550kg/m^3。

(3)混凝土中严禁使用含氯化物的外加剂及引气剂或引气型减水剂。

(4)氯离子超过水泥用量的0.06%时,宜采取掺加阻锈剂、增加保护层厚度、提高混凝土密实度等防锈措施。

2.浇筑

(1)浇筑混凝土时,对预应力筋锚固区

及钢筋密集部位，应加强振捣。

（2）对先张构件应避免振动器碰撞预应力筋，对后张构件应避免振动器碰撞预应力筋的管道。

嗨·点评 口诀记忆预应力混凝土对水泥的选择要求，理解记忆防锈措施。

【经典例题】16.从各种材料引入混凝土中的氯离子含量超过水泥用量的0.06%时，宜采取（　　）等防锈措施。

A.掺加阻锈剂

B.减少混凝土用水量

C.增加钢筋用量

D.增加保护层厚度

E.提高混凝土密实度

【答案】ADE

（四）预应力张拉施工

1.基本规定

（1）预应力筋采用应力控制方法张拉时，应以伸长值进行校核。设计无要求控制在±6%以内。

（2）预应力张拉时，应先调整到初应力，该初应力宜为张拉控制应力的10%~15%，伸长值应从初应力时开始量测。

2.先张法（先张拉后浇筑）预应力施工

（1）先张法是在浇筑混凝土前张拉预应力筋，并将张拉的预应力筋临时锚固在台座或钢模上，然后浇筑混凝土，待混凝土强度达到不低于混凝土设计强度值的75%，保证预应力筋与混凝土有足够的粘结时，放松预应力筋，借助于混凝土与预应力筋的粘结，对混凝土施加预应力的施工工艺，见图1K412010-20。

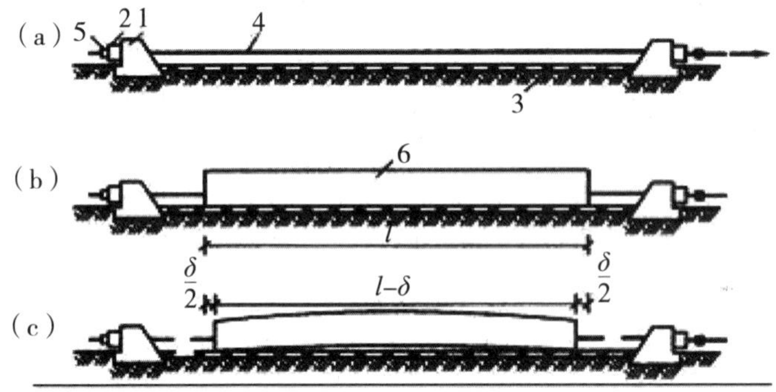

图1K412010-20　先张法施工示意图

1—台座承力结构；2—横梁；3—台面；4—预应力筋；5—锚固夹具；6—混凝土构件

（2）张拉台座应具有足够的强度和刚度，张拉横梁应有足够的刚度，锚板受力中心应与预应力筋合力中心一致。见图1K412010-21。

抗倾覆安全系数≥1.5；抗滑移安全系数≥1.3；张拉横梁受载后最大挠度≤2mm。

（3）张拉过程中应使活动横梁与固定横梁始终保持平行，见图1K412010-21。

图1K412010-21　先张法台座与横梁设置

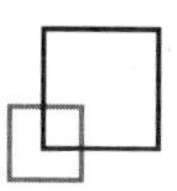

（4）预应力筋连同隔离套管（作用是在梁端部设置应力失效段，消除端部应力集中，使应力能集中布置在跨中最大弯矩处）应在钢筋骨架完成后一并穿入就位。见图1K412010-22。

图1K412010-22　隔离套管设置

（5）张拉程序（表1K412010-5）

先张法预应力张拉程序　表1K412010-5

种类	张拉程序
钢筋	0→初应力→1.05σ con→0.9σ con→σ con（锚固）
钢丝、钢绞线	0→初应力→1.05σ con（2min）→0→σ con（锚固）
	对于夹片式等具有自锚性能的锚具： 普通松弛力筋0→初应力→1.03σ con（锚固） 低松弛力筋0→初应力→σ con（持荷2min锚固）

张拉钢筋时，为保证施工安全，应在超张拉放张至0.9σcon时安装模板、普通钢筋及预埋件等。

（6）放张预应力筋时混凝土强度不得低于强度设计值的75%，应分阶段、对称、交错地放张。

3.后张法（先浇筑后张拉）预应力施工

（1）后张法，指的是先浇筑混凝土，待混凝土强度达到设计要求或达到设计强度的75%以上后，再张拉预应力钢筋并压浆以形成预应力混凝土构件的施工方法。见图1K412010-23。

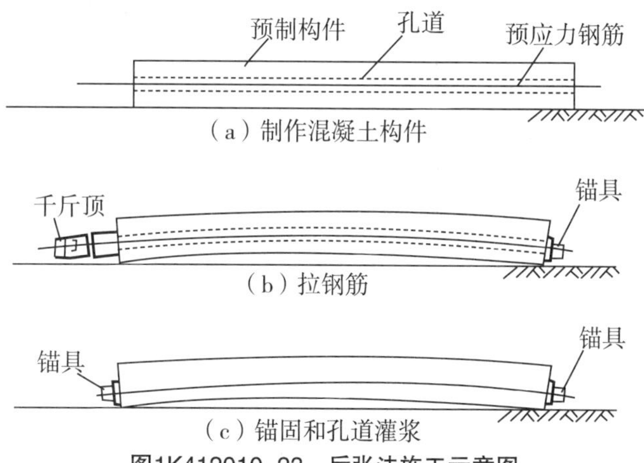

图1K412010-23　后张法施工示意图

后张法施工顺序：底模制作→钢筋制作安装→预应力孔道设置→安装模板→浇筑混凝土→养护→预应力安装（也可在浇筑前）→张拉→压浆→封锚。

（2）预应力管道安装应符合下列要求：

①管道应采用定位钢筋牢固地定位于设计位置。

②金属管道接头应采用套管连接，套管采

用大一个直径型号的同类管道，且封裹严密。

③管道应留压浆孔与溢浆孔，曲线孔道的波峰部位应留排气孔，在最低部位宜留排水孔。见图1K412010-24。

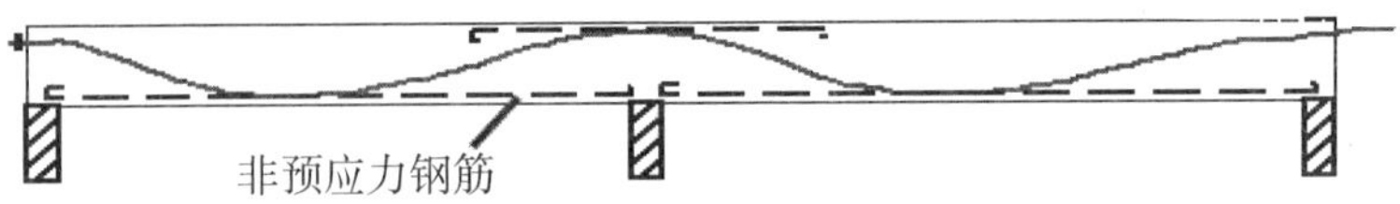

图1K412010-24　曲线孔道预应力筋示意图

（3）预应力筋安装应符合下列要求：

①先穿束后浇混凝土时，应定时抽动、转动预应力筋。

②先浇混凝土后穿束时，浇筑后应立即疏通管道。

③混凝土采用蒸汽养护时，养护期内不得装入预应力筋。

④穿束后至孔道灌浆完成应控制在下列时间以内，否则应对预应力筋采取防锈措施：空气湿度大于70%或盐分过大时7d；空气湿度40%~70%时15d；空气湿度小于40%时20d。

⑤在预应力筋附近焊接作业时，应对预应力筋采取保护措施。

（4）预应力筋张拉应符合下列要求：

①混凝土的强度达到设计要求或不得低于强度设计值的75%才能张拉。

②曲线筋或长度≥25m直线筋两端张拉；长度<25m直线筋可一端张拉。当同一截面中有多束一端张拉的预应力筋时，张拉端宜均匀交错的设置在结构的两端。

③张拉前应对孔道的摩阻损失进行实测，以便确定张拉控制应力值和预应力筋的理论伸长值。

④预应力筋可采取分批、分阶段对称张拉。宜先中间，后上、下或两侧。

⑤张拉程序，见表1K412010-6。

后张法预应力筋张拉程序　表1K412010-6

钢绞线束	对于夹片式等有自锚性能的锚具	普通松弛力筋0→初应力→1.03σcon（锚固） 低松弛力筋0→初应力→σcon（持荷2min锚固）
	其他锚具	0→初应力→1.05σcon（持荷2min）→σcon（锚固）
钢丝束	对于夹片式等有自锚性能的锚具	普通松弛力筋0→初应力→1.03σcon（锚固） 低松弛力筋0→初应力→σcon（持荷2min锚固）
	其他锚具	0→初应力→1.05σcon（持荷2min）→0→σcon（锚固）
精轧螺纹钢筋	直线配筋时	0→初应力→σcon（持荷2min锚固）
	曲线配筋时	0→σcon（持荷2min锚固）→0（上述程序可反复几次）→初应力→σcon（持荷2min锚固）

注：梁的竖向预应力筋可一次张拉到控制应力，持荷5min锚固。

⑥断丝、滑丝、断筋要求见表1K412010-7。

后张法预应力筋断丝、滑丝、断筋控制值　表1K412010-7

预应力筋种类	项目	控制值
钢丝束、钢绞线束	每束钢丝断丝、滑丝	1丝
	每束钢绞线断丝、滑丝	1丝
	每个断面断丝之和不超过该断面钢丝总数的	1%
钢筋	断筋	不允许

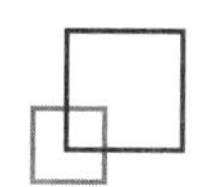

（5）张拉控制应力达到稳定后方可锚固，并封端保护。

4.孔道压浆

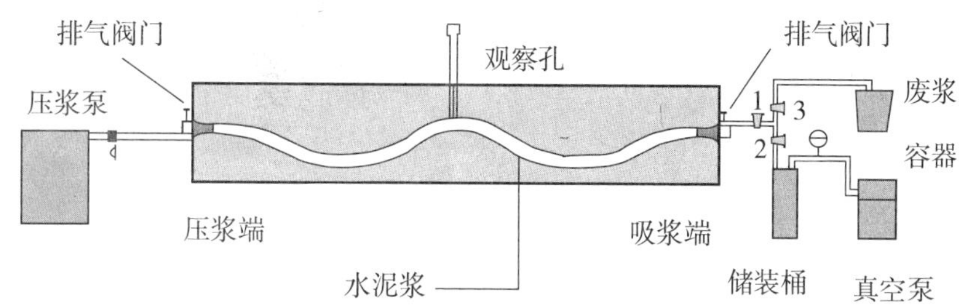

图1K412010-25　真空辅助压浆示意图

（1）张拉后及时进行孔道压浆（有连接器张拉一段灌注一段），宜采用真空辅助法压浆；采用水泥浆，水泥浆的强度不得低于30MPa。见图1K412010-25。

（2）压浆时排气孔、排水孔应有水泥浓浆溢出。压浆应密实，每一工作班应留取不少于3组砂浆试块，标养28d。

（3）压浆过程中及压浆后48h内，结构混凝土的温度不得低于5℃，否则应采取保温措施。当白天气温高于35℃时，压浆宜在夜间进行。

（4）封锚混凝土的强度不宜低于结构混凝土强度的80%，且不低于30MPa。

（5）孔道内的水泥浆强度不低于砂浆设计强度的75%后方可吊移预制构件。

嗨·点评 先张法预应力施工、后张法预应力施工以及后张法压浆属于桥梁工程中专业性比较强的知识，首先要理解区分，其次重点记忆基本规定、混凝土强度75%、张拉顺序、压浆要求、相应张拉安全知识等内容。

【经典例题】17.（2014年真题）关于预应力施工的说法，错误的是（　　）。

A.预应力筋实际伸长值与理论伸长值之差应控制在±6%以内

B.预应力超张拉的目的是减少孔道摩阻损失的影响

C.后张法曲线孔道的波峰部位应留排气孔

D.曲线预应力筋宜在两端张拉

【答案】B

【嗨·解析】考核预应力施工相关技术要求，超张拉是减轻或避免预应力张拉后松弛的影响。

六、预应力张拉施工质量事故预防措施

（一）基本规定

1.人员控制

（1）单位有资质。

（2）预应力张拉施工由项目技术负责人主持。

（3）作业人员培训考核。

2.设备控制

（1）张拉设备的校准期限不得超过半年，且不得超过200次张拉作业。

（2）张拉设备应配套校准，配套使用。

（二）准备阶段质量控制

1.预应力施工

需编制专项施工方案和作业指导书，安全专项方案由企业技术负责人和总监理工程师审签后实施；作业指导书由项目技术负责人或企业技术负责人审签后实施。

2.预应力筋进场检验（略）

3.预应力用锚具、夹具和连接器进场检验（略）

4.管道进厂检验（略）

（三）施工过程控制要点

1.下料与安装（略）

2.张拉与锚固

（1）张拉施工质量控制应做到"六不张拉"（证规套交强安），即：没有预应力筋出厂材料合格证、预应力筋规格不符合设计要求、配套件不符合设计要求、张拉前交底不清、准备工作不充分安全设施未做好、混凝土强度达不到设计要求，不张拉。

（2）张拉控制应力达到稳定后方可锚固，锚固后预应力筋的外露长度不宜小于30mm。

锚固完毕经检验合格后，方可切割端头多余的预应力筋，严禁使用电弧焊切割。

3.压浆与封锚（略）

嗨·点评　预应力张拉施工质量事故预防措施与技术部分相同部分略去，重点记忆张拉施工谁主持、张拉设备如何校准和"六不张拉"这几个知识点。

【经典例题】18.对桥梁后张法预应力施工，下列叙述正确的有（　　）。

A.承担预应力施工的单位应具有相应的施工资质

B.张拉设备的校准期限不得超过1年，且不得超过300次张拉作业

C.预应力用锚具、夹具和连接器张拉前应进行检验

D.锚固完毕经检验合格后，可方使用电弧焊切割端头多余的预应力筋

E.封锚混凝土的强度应符合设计要求，设计无要求，不宜低于结构混凝土强度的80%，且不低于30MPa

【答案】ACE

七、桥面防水系统施工技术

桥面防水系统施工技术要求，包括基层要求及处理、防水卷材施工、防水涂料施工、其他相关要求和桥面防水质量验收。见图1K412010-26。

图1K412010-26　桥面铺装系示意图

（一）基层施工

1.基层混凝土强度应达到设计强度的80%以上，方可进行防水层施工。

2.基层混凝土表面的粗糙度，采用防水卷材时应为1.5~2.0mm；采用防水涂料时应为0.5~1.0mm。粗糙度处理宜采用抛丸打磨（以钢丸或砂粒高速抛射在基层表面，形成糙面）。

3.混凝土的基层平整度应≤1.67 mm/m。

4.防水层施工时，需在防水层表面另加设保护层及处理剂时，应进行粘结强度模拟试验。

（二）基层处理

1.基层处理剂可采用喷涂法或刷涂法施工，待其干燥后应及时进行防水层施工。

2.应采用毛刷先对桥面排水口、转角等处先行涂刷，然后再进行大面积基层面的喷涂。

3.基层处理剂涂刷完毕后应进行保护，且应保持清洁。涂刷范围内，严禁车辆行驶和人员踩踏。见图1K412010-27。

图1K412010-27　基层处理

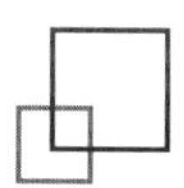

(三)防水卷材施工

1.应先做好节点、转角、排水口等部位的局部处理再进行大面积铺设。见图1K412010-28。

图1K412010-28 防水卷材铺设

2.环境气温和卷材的温度应高于5℃，基面层的温度必须高于0℃；当下雨、下雪和风力≥5级时，严禁进行桥面防水层体系的施工。

3.铺设防水卷材时，任何区域的卷材不得多于3层，搭接接头应错开500mm以上，严禁沿道路宽度方向搭接形成通缝。

4.卷材的展开向应与车辆的运行方向一致，卷材应采用沿桥梁纵、横坡从低处向高处的铺设方法，高处卷材应压在低处卷材之上。

5.热熔法铺设防水卷材时，应满足下列要求：

(1)应均匀加热卷材的下涂盖层，且应压实防水层。多头火焰加热器喷嘴与卷材的距离应适中并以卷材表面熔融至接近流淌为度，防止烧熔胎体。见图1K412010-29。

图1K412010-29 热熔法铺设防水卷材

(2)搭接缝部位应将热熔的改性沥青挤压溢出，溢出的改性沥青宽度应在20mm左右，并应均匀顺直封闭卷材的端面。

6.搭接部位的接缝应涂满热熔胶，且应辊压粘贴牢固。搭接缝口应采用热熔胶封严。

(四)防水涂料施工

1.防水涂料严禁在雨天、雪天、风力≥5级时施工。

2.防水涂料宜多遍涂布。应保障固化时间，前遍涂料干燥成膜后，方可涂布后一遍涂料。

3.涂层间设置胎体增强材料的施工，宜边涂布边铺胎体；应顺桥面行车方向铺贴，铺贴顺序应自最低处开始，并顺桥宽方向搭接。

(五)其他相关要求

1.防水层铺设完毕后，在铺设桥面沥青混凝土之前严禁车辆在其上行驶和人员踩踏，并应对防水层进行保护，防止潮湿和污染。

2.防水层上沥青混凝土的摊铺温度应与防水层材料的耐热度相匹配。

卷材防水层上沥青混凝土的摊铺温度应高于防水卷材的耐热度，但同时应小于170℃；涂料防水层上沥青混凝土的摊铺温度应低于防水涂料的耐热度。

(六)桥面防水质量验收

1.一般规定

(1)应符合设计文件的要求。

(2)从事防水施工验收检验工作的人员应具备规定的资格。

(3)防水施工验收应在施工单位自行检查评定的基础上进行。

(4)施工验收应按施工顺序分阶段验收。

(5)检测单元应符合下列要求：10000m^2为一个检测单元。

2.混凝土基层

(1)混凝土基层检测主控项目是含水率、粗糙度、平整度。

(2)混凝土基层检测一般项目是外观质量。

3.防水层

（1）防水层检测应包括材料到场后的抽样检测和施工现场检测。

（2）防水层施工现场检测主控项目为粘结强度和涂料厚度。

（3）防水层施工现场检测一般项目为外观质量。

卷材搭接缝部位应有宽为20mm左右溢出热熔的改性沥青痕迹，且相互搭接卷材压薄后的总厚度不得超过单片卷材初始厚度的1.5倍。

特大桥、桥梁坡度大于3%等对防水层有特殊要求的桥梁可选择进行防水层与沥青混凝土层粘结强度、抗剪强度检测。

4.沥青混凝土面层

在沥青混凝土摊铺之前，应对到场的沥青混凝土温度进行检测。

摊铺温度应高于卷材防水层的耐热度10~20℃，低于170℃；应低于防水涂料的耐热度10~20℃。

嗨·点评 桥面防水材料施工是2015年新增内容，容易结合选择题考核。

1K412020 城市桥梁下部结构施工

一、各类围堰施工要求

（一）围堰施工的一般规定

1.高出施工间可能出现最高水位（含浪高）0.5～0.7m。

2.围堰外形要考虑堰体结构的承载力、稳定性、水深以及压缩水流的影响。

3.堰体外坡面有受冲刷危险时，应在外坡面设置防冲刷设施。

（二）各类围堰适用范围

各类围堰适用范围见表1K412020-1。

围堰类型及适用条件　表1K412020-1

围堰类型		适用条件
土石围堰	土围堰	水深≤1.5m，流速≤0.5m/s，河边浅滩，河床渗水性较小
	土袋围堰	水深≤3.0m，流速≤1.5m/s，河床渗水性较小，或淤泥较浅
	木桩竹条土围堰	水深1.5~7m，流速≤2.0m/s，河床渗水性较小，能打桩，盛产竹木地区
	竹篱土围堰	水深1.5~7m，流速≤2.0m/s，河床渗水性较小，能打桩，盛产竹木地区
	竹、铁丝笼围堰	水深4m以内，河床难以打桩，流速较大
	堆石土围堰	河床渗水性很小，流速3.0m/s，石块就能就地取材
板桩围堰	钢板桩围堰	深水或深基坑，流速较大的砂类土、黏性土、碎石土及风化岩等坚硬河床。防水性能好，整体刚度较强
	钢筋混凝土板桩围堰	深水或深基坑，流速较大砂类土、黏性土、碎石土河床。除用于挡水防水外还可作为基础结构的一部分，亦可采取拔出周转使用，能节约大量木材
钢套筒围堰		流速≤2.0m/s，覆盖层较薄，平坦的岩石河床，埋置于不深的水中基础，也可用于修建桩基承台
双壁围堰		大型河流的深水基础，覆盖层较薄、平坦的岩石河床

（三）土围堰施工要求（见图1K412020-1）

图1K412020-1　土围堰

1.筑堰材料宜用黏性土、粉质黏土或砂质黏土。填土应自上游开始至下游合龙。

2.筑堰前，必须将堰底下河床上杂物清理干净。

3.堰顶宽度可为1~2m，机械挖基时不宜小于3m。内坡脚与基坑的距离不得小于1m。堰外边坡迎水一侧坡度宜为1:2~1:3，背水一侧可在1:2内。堰内边坡坡度宜为1:1~1:1.5。见图1K412020-2。

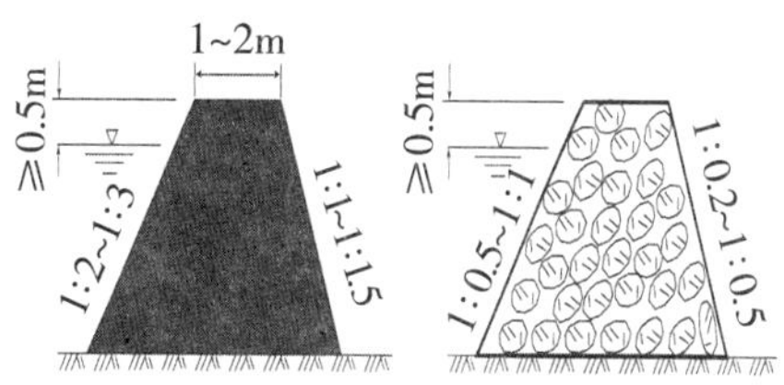

图1K412020-2　土（袋）围堰截面示意图

（四）土袋堰施工要求

1.袋中宜装不渗水的黏性土，装土量为土袋容量的1/2～2/3。

2.上游开始，下游合龙。上下层和内外层的土袋均应相互错缝，尽量堆码密实、平稳。见图1K412020-2。

（五）钢板桩围堰施工要求（图1K412020-3）

1.有大漂石及坚硬岩石河床不宜钢板桩围堰。

2.施打前设观测点量测定位。施打时，必须备有导向设备（导向架）。

3.施打前对锁口用止水材料捻缝，以防漏水。见图1K412020-3。

图1K412020-3 钢板桩围堰及打桩施工

4.钢板桩可用锤击、振动、射水等方法下沉，但在黏土中不宜使用射水下沉办法。

5.经过整修或焊接后的钢板桩应用同类型钢板桩进行锁口试验、检查。接长的钢板桩相邻接头位置应上下错开。

6.上游开始，下游合龙。

（六）钢筋混凝土板桩围堰施工要求

1.板桩桩尖角度视土质坚硬程度而定。

2.如用中心射水下沉，预制时应留射水通道。

3.目前钢筋混凝土板桩中，空心板桩较多。

板桩的榫口一般圆形的较好。桩尖一般斜度为1∶2.5~1∶1.5。

（七）套箱围堰施工要求

1.无底套箱用木板、钢板或钢丝网水泥制作，内设木、钢支撑。套箱可制成整体式或装配式。

2.下沉前应清理河床，整平岩面。岩面有坡度时，套箱底的倾斜度应与岩面相同。见图1K412020-4。

图1K412020-4 钢套箱围堰

（八）双壁钢围堰施工要求

1.双壁钢围堰在工厂制作，其分节分块的大小应按工地吊装、移运能力确定。见图1K412020-5。

图1K412020-5 双壁钢围堰

2.双壁钢围堰各节、块对称拼焊，并进行焊接质量检验及水密性试验。

3.验算钢围堰浮运、就位和灌水着床时的稳定性。浮运、下沉过程中，围堰高出水面1m以上。

4.准确定位后，应向堰体壁腔内迅速、对称、均衡的灌水，使围堰落床。

5.落床后必要时可在河流冲刷段用卵石、碎石垫填整平。

6.浇筑水下封底混凝土之前，应进行清基，并由潜水员逐片检查合格。

嗨·点评 围堰是一种辅助施工措施，并非工程主体本身，2015年考核过案例，再考概率不大，按选择题备考。

【经典例题】1.（2009年真题）有大漂石及坚硬岩石的河床不宜使用（ ）。

A.土袋围堰　　B.堆石土围堰

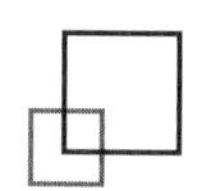

C.钢板桩围堰　　　　D.双壁围堰

【答案】C

二、桩基础施工方法与设备选择（见图1K412020-6）

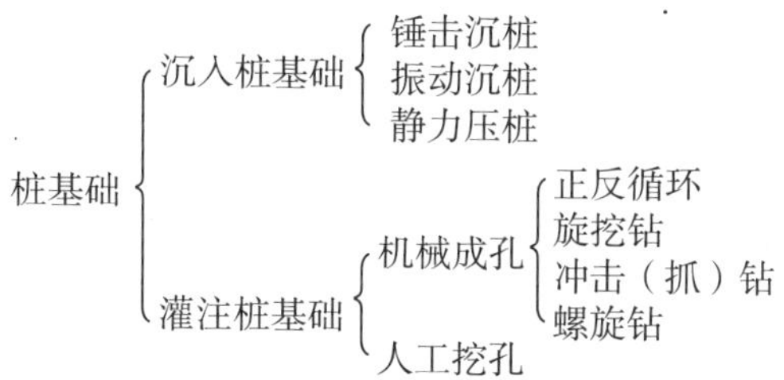

图1K412020-6　桩基础施工方法分类

（一）沉入桩基础

沉入桩包括：钢筋混凝土桩、预应力混凝土管桩和钢管桩。

1.沉桩方式及设备选择（表1K412020-2）

沉桩方式及设备选择　表1K412020-2

静力压桩	软黏土、淤泥质土（标准贯入度＜20）
锤击沉桩	砂类土、黏性土
振动沉桩	密实的黏性土、砾石、风化岩
射水沉桩	锤击和振动沉桩困难时（建筑物附近及黏性土慎用）
钻孔埋桩	黏土、砂土、碎石土且河床覆土较厚的情况

2.准备工作

（1）掌握地质水文和打桩资料，处理地上（下）障碍物，平整场地。

（2）采取降噪措施等，城区、居民区等人员密集的场所不得进行沉桩施工。

（3）对地质复杂的大桥、特大桥，为检验桩的承载能力和确定沉桩工艺应进行试桩。

（4）贯入度应通过试桩或做沉桩试验后会同监理及设计单位研究确定。

（5）用于地下水有侵蚀性的地区或腐蚀性土层的钢桩应按照设计要求做好防腐处理。

3.施工技术要点

（1）预制桩的接桩可采用焊接、法兰连接或机械连接。

（2）桩锤、桩帽或送桩帽应和桩身在同一中心线上；桩身垂直度偏差不得超过0.5%。

（3）沉桩顺序：自中间向两个方向或四周对称施打，宜先深后浅、先大后小、先长后短、先高后低。见图1K412020-7。

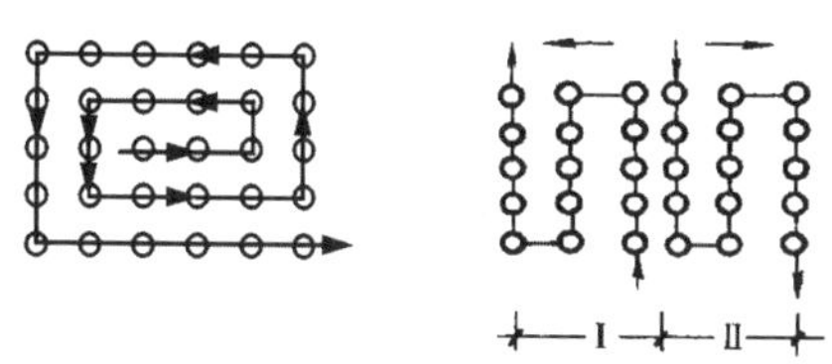

图1K412020-7　密集桩群沉桩顺序

（4）施工中若锤击有困难时，可在管内助沉。

（5）终止锤击的控制应以控制桩端设计高程为主，贯入度为辅。

（6）沉桩过程中应加强邻近观测、监护。

（7）在沉桩过程中发现以下情况应暂停并处理：（隆浮变破斜）

①贯入度剧变；

②桩身突然倾斜、位移或有严重回弹；

③桩头或桩身破坏；

④地面隆起；

⑤桩身上浮。

嗨·点评　沉入桩施工是一种预制安装的施工方式，重点注意沉桩方式与设备选择、贯入度确定、终沉措施、沉桩顺序等内容，可结合选择或案例考核。

【经典例题】2.某市迎宾大桥工程采用沉入桩基础，承台平面尺寸为5m×30m，布置145根桩，为群桩形式：顺桥方向5行桩，桩中心距为0.8m，横桥方向29排，桩中心距1m；设计桩长15m，分两节预制，采用法兰盘等强度接头。由施工项目部经招标程序选择专业队伍分包沉桩作业，在施工组织设计编制和审批中出现了下列事项：

①鉴于现场条件，预制桩节长度分为4种，其中72根上节长7m，下节长8m（带桩

靴），其中73根上节长8m，下节长7m。

②为了挤密桩间土，增加桩与土体的摩擦力，沉桩顺序定为四周向中心施打。

③为防止桩顶或桩身出现裂缝、破碎，决定以贯入度为主控制。

【问题】（1）分述上述方案和做法是否符合规范的规定，若不符合，请说明。

（2）在沉桩过程中，遇到哪些情况应暂停沉桩？并分析原因，采取有效措施。

（3）在沉桩过程中，如何妥善掌握控制桩端标高与贯入度的关系？

【答案】（1）①预制桩节符合《城市桥梁工程施工与质量验收规范》CJJ2—2008规定。

②沉桩顺序不符合规范规定，沉桩顺序应从中心向四周进行。

③以贯入度为主控制不符合规范规定，沉桩时，一般情况下应以控制桩端设计标高为主。

（2）在沉桩过程中，若遇到贯入度剧变，桩身突然发生倾斜、位移或有严重回弹，桩顶或桩身出现严重裂缝、破碎等情况时，应暂停沉桩，分析原因，采取措施。

（3）首先明确沉桩时应视桩端土质而定，本工程应以控制桩端设计标高为主；当桩端标高等于设计标高，而贯入度较大时，应继续锤击，使贯入度接近控制贯入度；当贯入度已达到控制贯入度，而桩端标高未达到设计标高时，应在满足冲刷线下最小嵌固深度后继续锤击100mm左右（或30~50击），如无异常变化，即可停止；若桩端标高与设计值相差超过规定值，应与设计和监理单位研究决定。

【经典例题】3.（2009年真题）下列关于沉入桩施工的说法中错误的是（　　）。

A.当桩埋置有深浅之别时，宜先沉深的，后沉浅的桩

B.在斜坡地带沉桩时，应先沉坡脚，后沉坡顶的桩

C.当桩数较多时，沉桩顺序宜由中间向两端或向四周施工

D.在砂土地基中沉桩困难时，可采用水冲锤击法沉桩

【答案】B

【嗨·解析】A、C、D都是正确的；B错误的原因是与规定相反。所谓“斜坡地带”斜坡并不是很大，先沉坡顶后沉坡脚有利于沉桩施工效率，因为被动土压力大于主动土压力。

（二）钻孔灌注桩基础

钻孔灌注桩主要工序见图1K412020-8。

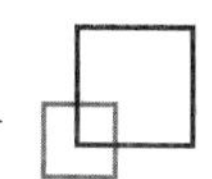

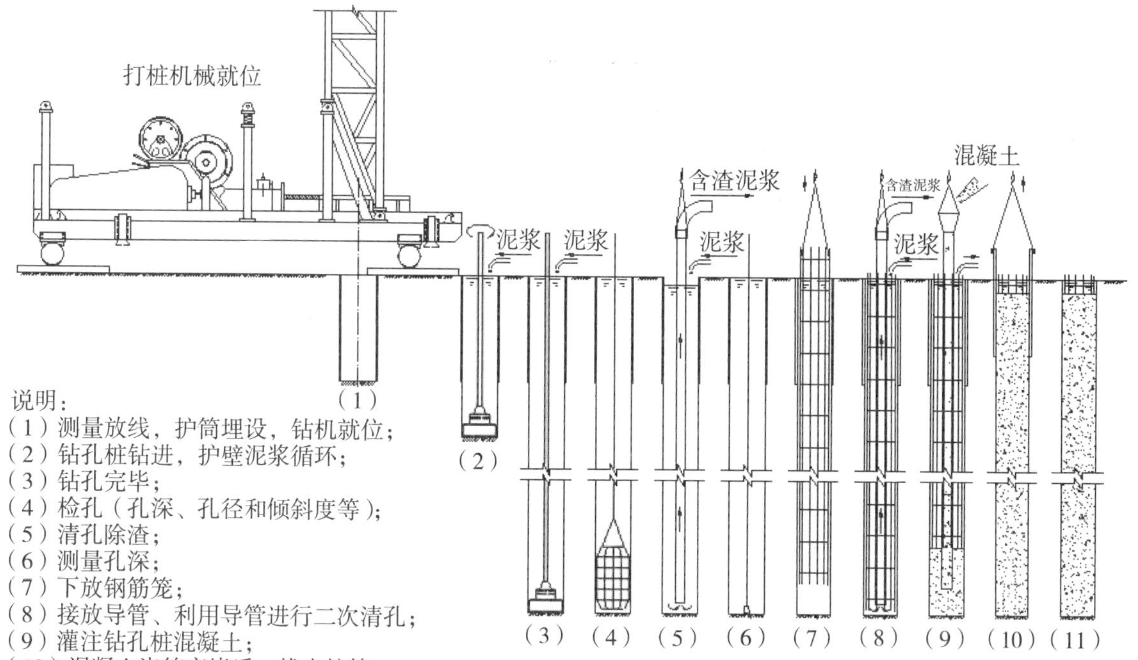

图1K412020-8　钻孔灌注桩流程图

1.准备工作（略）

2.成孔方式与设备选择

按成桩方式可分为泥浆护壁成孔、干作业成孔、沉管成孔灌注桩及爆破成孔。见表1K412020-3。

成桩方式与运用条件　表1K412020-3

成桩方式与设备		土质适用条件
泥浆护壁成孔	正循环	黏性土、粉土、细砂、中砂、粗砂、含少量砾石、卵石（含量少于20%）的土、软岩
	反循环	黏性土、砂类土、含少量砾石、卵石（含量少于20%，粒径小于钻杆内径2/3）的土
	冲击（抓）钻	黏性土、粉土、砂土、填土、碎石土及风化岩层
	旋挖钻	
	潜水钻	黏性土、淤泥、淤泥质土及砂土
干作业成孔	长螺旋	地下水位以上的黏性土、砂土及人工填土非密实的碎石类土、强风化岩
	钻孔扩底	地下水位以上的坚硬、硬塑的黏性土及中密以上的砂土风化岩层
	人工挖孔	地下水位以上的黏性土、黄土及人工填土
沉管成孔桩	夯扩	桩端持力层为埋深不超过20m的中、低压缩性黏性土、粉土、砂土和碎石类土
	振动	黏性土、粉土和砂土
爆破成孔		地下水位以上的黏性土、黄土碎石土及风化岩

嗨·点评 钻孔灌注桩成桩方式和设备选择，可考核选择题或者案例题。掌握口诀：先看地下水，再看土或岩。

3.泥浆护壁成孔

（1）泥浆制备与护筒埋设

①泥浆宜选用高塑性黏土或膨润土。

②护筒顶面宜高出施工水位或地下水位2m，并宜高出施工地面0.3m。还应满足孔内泥浆面高度的要求。

③灌注混凝土前，清孔后的泥浆相对密度应小于1.10；含砂率不得大于2%；黏度不得大于20Pa·s。

④现场应设置泥浆池和和泥浆收集处理设施，废弃泥浆应处理或者外弃，严禁直接排入河流或市政排水管道。见图1K412020-9。

图1K412020-9 护筒泥浆池围护

（2）正、反循环钻孔

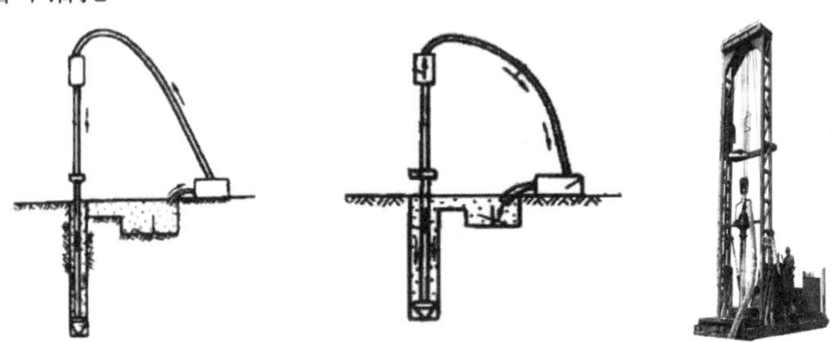

图1K412020-10 正反循环施工示意图和正反循环钻机

灌注混凝土前清除孔底沉渣：端承型桩的沉渣厚度小于100mm，摩擦型桩的沉渣厚度小于300mm。见图1K412020-11。

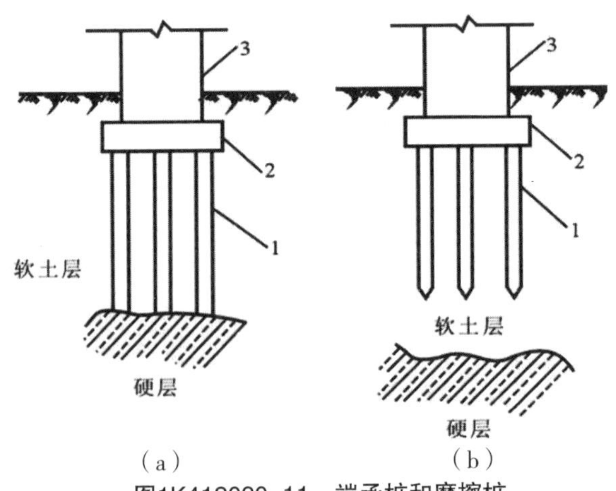

图1K412020-11 端承桩和摩擦桩

（a）端承桩；（b）摩擦桩

1—桩；2—承台；3—下部结构

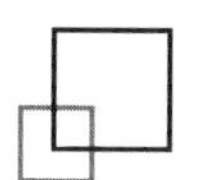

（3）冲击钻成孔（图1K412020-12）

图1K412020-12　冲击钻机、旋挖钻机和长螺旋钻机

①冲击钻开孔时，应低锤密击，反复冲击造壁，保持孔内泥浆面稳定。

②每钻进4～5m应验孔一次，在更换钻头前或容易缩孔处，均应验孔并应做记录。

③排渣过程中应及时补给泥浆。

④冲孔中遇到斜孔、梅花孔、塌孔等情况，应采取措施后方可继续施工。

⑤稳定性差的孔壁采用泥浆循环或抽渣筒排渣。

（4）旋挖成孔

①成孔前和每次提出钻斗时，应检查连接销子及钢丝绳的状况，并应清除钻斗上的渣土。

②泥浆制备的能力应大于钻孔时的泥浆需求量，每台套钻机的泥浆储备量不少于单桩体积。

③旋挖钻机成孔应采用跳挖方式，并根据钻进速度同步补充泥浆，保持所需泥浆面高度不变。

④孔底沉渣厚度控制指标符合要求。

4.干作业成孔

（1）长螺旋钻孔

①桩位偏差不得大于20mm，开孔时下钻速度应缓慢，钻进过程中，不宜反转或提升钻杆。

②终孔后，应先泵入混凝土并停顿10~20s，再缓慢提升钻杆，并保证管内有一定高度的混凝土。

③混凝土压灌结束后，立即将钢筋笼插至设计深度，并及时清除钻杆及泵管内残留混凝土。见图1K412020-13。

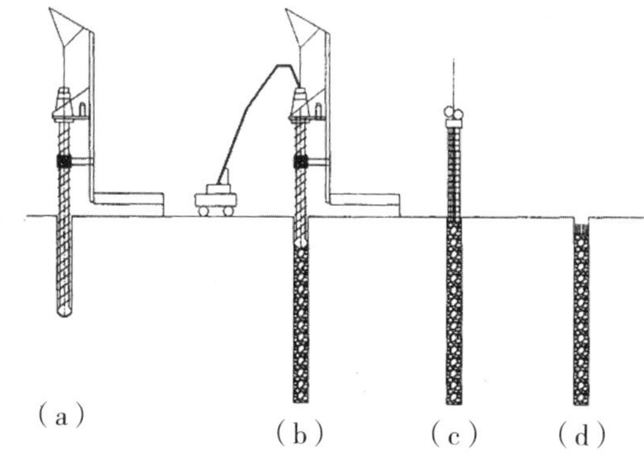

图1K412020-13　长螺旋钻孔泵送混凝土后插钢筋笼工艺流程图

（a）长螺旋钻孔到设计深度；（b）边灌混凝土边提钻至地面；（c）用振动锤将钢筋笼振入桩体；（d）成桩

（2）钻孔扩底

灌注混凝土时，第一次应灌到扩底部位的顶面，随即振捣密实；灌注桩顶以下5m范围内混凝土时，应随灌注随振动，每次灌注

高度不大于1.5m。

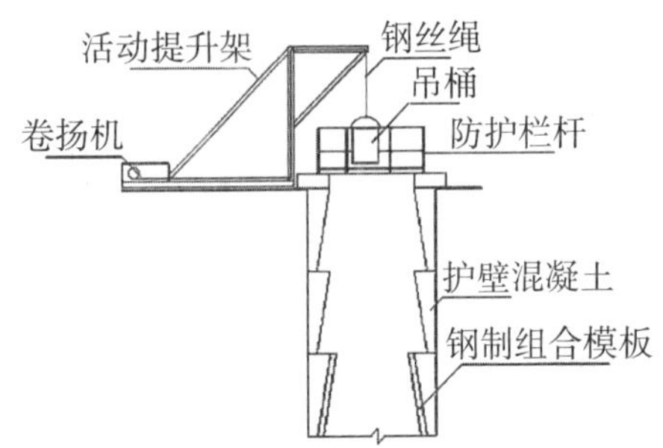

（3）人工挖孔（图1K412020-14）

图1K412020-14 人工挖孔桩施工

①人工挖孔桩必须在保证安全前提下选用。为保证安全采用混凝土或钢筋混凝土护壁技术，轴线偏差≤2cm；上下节护壁搭接≥5cm；模板拆除在混凝土>2.5MPa后进行。

②一般为圆形孔，孔径1.2~2m，最大可达3.5m；挖孔深度不宜超过25m，16m以上要进行专家论证。

5.钢筋笼与灌注混凝土施工要点

（1）钢筋笼制作、运输和吊装过程中防止变形。

（2）吊放入孔时，不得碰撞孔壁，就位后应采取加固措施固定钢筋笼的位置。见图1K412020-15。

图1K412020-15 钢筋笼安装

（3）钢筋笼内径应比导管连接处的外径大100mm以上。

（4）宜采用预拌混凝土，其骨料粒径不宜大40mm。

（5）钢筋笼放入泥浆后4h内必须浇筑混凝土。

（6）桩顶混凝土浇筑应高出设计标高0.5~1m（超灌），确保桩头浮浆层凿除后桩基面混凝土达到设计强度。见图1K412020-16。

图1K412020-16 超灌桩头破除

（7）浇筑时混凝土温度不得低于5℃。高于30℃时，对混凝土采取缓凝措施。

（8）灌注桩实际灌注混凝土量不得小于计算体积。套管成孔的灌注桩任何一段平均直径与设计直径的比值不得小于1.0 。

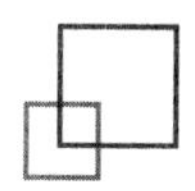

6.水下混凝土灌注（图1K412020–17）

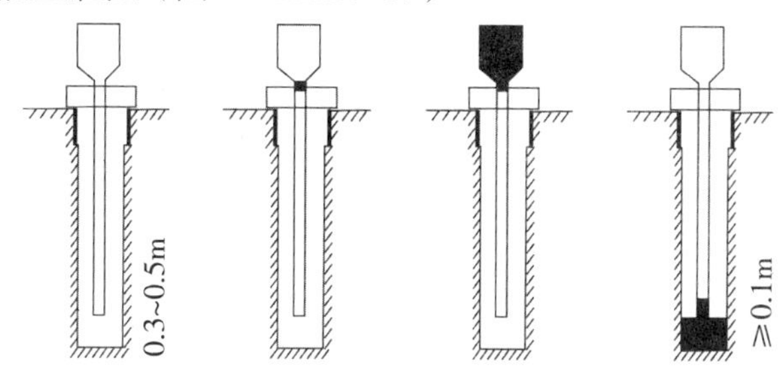

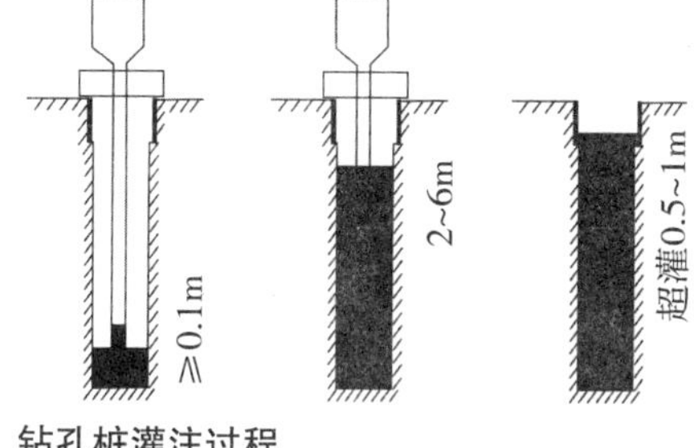

图1K412020–17　钻孔桩灌注过程

（1）混凝土须具备良好的和易性，坍落度宜为180～220mm。

（2）导管应符合下列要求（图1K412020–18）。

图1K412020–18　导管

①导管内壁应光滑圆顺，直径宜为20～30cm，节长宜为2m。

②导管不得漏水，使用前应试拼、试压，试压的压力宜为孔底静水压力的1.5倍。

③导管轴线偏差不宜超过孔深的0.5%，且不宜大于10cm。

④导管采用法兰盘接头宜加锥形活套；采用螺旋丝扣型接头时必须有防止松脱装置。

（3）隔水球应有良好的隔水性能，并应保证顺利排出。

（4）开始灌注混凝土时，导管底部至孔底的距离宜为300～500mm，导管埋入混凝土灌注面以下不应少于1m；导管埋入混凝土深度宜为2～6m。

（5）灌注水下混凝土必须连续施工，并应控制提拔导管速度，严禁将导管提出混凝土灌注面。

嗨·点评　钻孔灌注桩施工桩基础在市政工程中是非常普遍的，但工序复杂，成孔方式和设备多样，没有亲身经历的同学理解起来会比较困难。

【经典例题】4.（2015年真题）地下水位以下土层的桥梁桩基础施工，不适宜采用成桩设备是（　　）。

A.正循环回旋钻机　B.旋挖钻机

C.长螺旋钻机　D.冲孔钻机

【答案】C

【嗨·解析】长螺旋钻孔适用于地下水位以上的坚硬、硬塑的黏性土及中密以上的砂土风化岩层。

【经典例题】5.（2011年真题）某城市桥梁工程，上部结构为预应力混凝土连续梁，基础为直径1200mm钻孔灌注桩，桩基地质结构为中风化岩，设计要求入中风化岩层3m。公司有回旋钻机、冲击钻机、长螺杆钻机各若干台提供本工程选用。

施工过程发生以下事件：

事件：施工准备工作完成，经验收同意开钻，钻机成孔时，直接钻进至桩底。钻进完成后请监理验收终孔。

【问题】（1）分析回旋钻，冲击钻，长螺旋的适用性，项目部应该选用何种机械。

（2）直接钻到桩底不对，应该怎么做。

【答案】（1）回旋钻包括：正循环和反循环钻机。

冲击钻一般适用黏性土、粉土、砂土、填土、碎石土及风化岩层，可以采用；

回旋钻一般适用黏土、粉土、砂土、淤

泥质土、人工回填土及含有部分卵石、碎石的地层，不能用于中风化岩；

长螺旋钻一般适用地下水位以上的黏性土、砂土及人工填土非密实的碎石类土、强风化岩，不能用于中风化岩。

因此，在中风化岩层宜选用冲击钻。

（2）使用冲击钻成孔每钻进4~5m应验孔一次，在更换钻头或容易塌孔处、均应验孔并做记录。

三、钻孔灌注桩施工质量事故预防措施

（一）地质勘探资料和设计文件可能问题及措施（表1K412020-4）

地质勘探资料和设计文件可能问题及措施 表1K412020-4

问题		对策
勘探资料	地质勘探孔距过大、孔深太浅	加密勘探、补充勘探
设计文件	地面标高不清，桩型不当，持力层选择不当，桩周负摩擦，承载力计算不准	认真设计

（二）孔口高程误差及钻孔深度误差

1.孔口高程误差

原因主要有两个：一是地质勘探完成后场地再次回填，二是在施工过程中废渣不断堆积。

对策是认真校核原始水准点和地质探孔孔口绝对高程，每根桩开孔前准确测定桩孔孔口绝对高程。

2.钻孔深度的误差

（1）根据桩孔孔口绝对高程和设计桩长，计算出钻孔深度。

（2）宜用丈量钻杆测孔深，不用测绳测孔深。

（3）对于端承桩，终孔标高应以桩端进入持力层的深度为准，不以固定孔深的方式终孔。

（三）孔径误差

1.原因：错用其他规格的钻头，或因钻头陈旧，磨损。

2.每根桩孔开孔前应检查钻头，实行签证手续。对于直径800~1200mm的桩，钻头直径比设计桩径小30~50mm是合理的。

（四）钻孔垂直度不符合规范要求（表1K412020-5）

钻孔垂直度不符合要求原因及对策 表1K412020-5

原因	对策
场地平整度和密实度差	压实平整，钻机平整度和钻杆竖直度
钻杆弯曲、钻杆钻头间隙大	钻杆检查维修，连接紧密
钻头翼板磨损不一，受力不均	定期检查钻头，及时维修或更换
遇软弱土层交接或倾斜岩面，钻压过高使钻头受力不均	低速低钻压钻进，复杂地层加扶正器，回填黏土冲平后低速低钻压重钻

（五）塌孔与缩径（表1K412020-6）

塌孔与缩径原因及对策 表1K412020-6

原因	对策
地层复杂，护壁泥浆性能差	添加黏土粉、烧碱、木质素，泥浆除砂
钻进速度过快	较厚砂层、砾石层，成孔速度控制在2m/h内
成孔后放置时间过长	钢筋笼安放后立即灌注混凝土（4h）

（六）桩端持力层判别错误

灌注桩按受力情况分端承桩和摩擦桩。

持力层判别是端承桩成败的关键。见表1K412020-7。

持力层判别 表1K412020-7

持力层地层	判定基础	结合判断依据
非岩石类	地质资料	现场取样
强（中）风化岩	地质资料	钻机受力、钻杆抖动、孔口捞样、必要时原位取芯

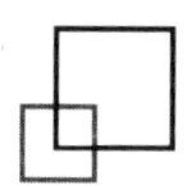

（七）孔底沉渣过厚或灌注前泥浆含砂量过大（表1K412020-8）

孔底沉渣过厚或灌注前泥浆含砂量原因及对策　表1K412020-8

原因	对策
泥浆质量差，清孔方法不当	粗砂、砾砂和卵石的地层，反循环清孔
	正循环清孔时，前期高黏度浓浆，大流量浮渣，沉渣厚度合格后，1.1~1.2g/cm³
	清孔过程专人负责孔口捞渣和测量孔底沉渣厚度
测量方法不当	钻杆长度+钻头长度（至钻尖2/3）

（八）水下混凝土灌注和桩身混凝土质量问题

1.初灌时埋管深度达不到规范要求

规范规定，导管底至孔底距离应为0.3~0.5m，初灌时导管首次埋深应不小于1.0m。见图1K412020-19。

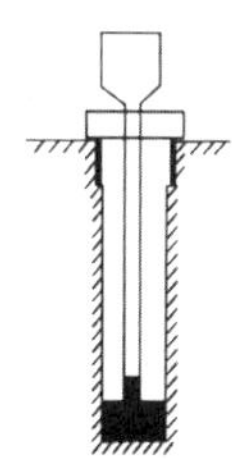

图1K412020-19　水下混凝土初灌

应准确计算出混凝土的初灌量。在计算混凝土的初灌量时，除计算桩长所需的混凝土量外，还应计算导管内积存的混凝土量。

$$V \geqslant \frac{h_1 \pi d^2}{4} + \pi D^2 (H_1 + H_2)/4$$

式中 V——灌注首批混凝土所需数量（m^3）；

D——桩径直径（m）；

H_1——桩孔底至导管底端间距，一般为0.4m；

H_2——导管初次埋入混凝土的深度，不小于1.0m；

d——导管内径；

h_1——桩孔内混凝土达到的埋管深度H_2时，导管内混凝土柱平衡导管外（或泥浆）压力所需的高度（m）；

$$h_1 = H_W r_W / r_c$$

式中 H_W——桩孔内水或泥浆的深度（m）；

r_W——桩孔内水或泥浆的重度（kN/m^3）；

r_c——混凝土拌合物的重度（kN/m^3）。

2.灌注混凝土时堵管（表1K412020-9）

灌注混凝土时堵管原因及对策　表1K412020-9

原因	对策
导管破漏，导管距孔底太小 灌注中埋深过大	导管检查（洞缝、接头密封、厚度），水密承压（1.5）和接头抗拉，30~50cm，2~6m
混凝土质量差	严控混凝土质量，不得分层离析
准备时间过长	二清后立即灌注，若推迟重新清孔
隔水栓不规范	隔水栓质量（直径、椭圆度），长度≯20cm

3.灌注混凝土过程中钢筋骨架上浮（表1K412020-10）

灌注混凝土过程中钢筋骨架上浮原因及对策　表1K412020-10

原因	对策
凝结太快，结块托起	缓凝剂
泥浆砂粒过多，回沉砂层托起	泥浆质量，泥浆除砂
灌注速度过快，上冲力大	正常的灌注速度
埋管过深，浮力较大	合理的提拔导管速度，2~6m埋深

混凝土灌注面距钢筋骨架底部1m左右时，降低灌注速度。混凝土面上升到骨架底口4m以上时，提升导管，使导管底口高于骨架底部2m以上，恢复正常速度，保证导管埋深2~6m。见图1K412020-20。

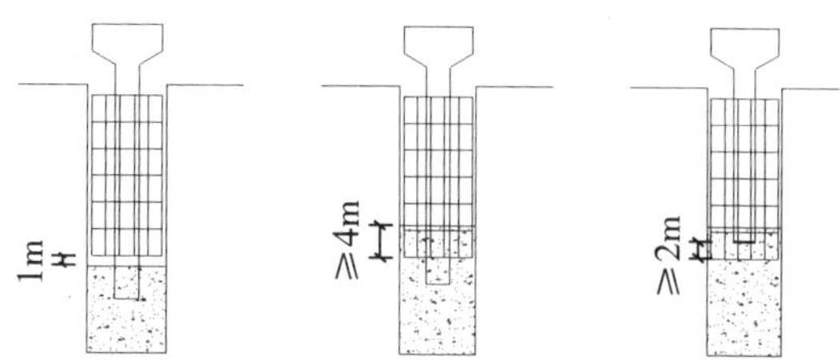

图1K412020-20　钢筋笼底部灌注技巧

4.桩身混凝土强度低或混凝土离析（表1K412020-11）

桩身混凝土强度低或混凝土离析原因及对策
表1K412020-11

原因	对策
配合比控制不严	严格控制配合比
搅拌时间不够	掌握好交班时间和混凝土和易性
水泥质量差	严格控制水泥质量

5.桩身混凝土夹渣或断桩（表1K412020-12）

桩身混凝土夹渣或断桩原因及对策　表1K412020-12

原因	对策
凝结时间太短/灌注间隔时间长，上部结块夹渣	缓凝剂，灌注时间宜控制在1.5倍初凝时间内，连续灌注
初灌量不够，单管埋深小	初灌量足够，严控初灌质量
灌注过程导管拔出	导管埋深2~6m
泥浆悬浮砂粒太多，回沉形成夹砂层	二次清孔，清除悬浮砂粒

6.桩顶混凝土不密实或强度达不到设计要求（表1K412020-13）

桩顶混凝土不密实或强度达不到设计要求原因及对策
表1K412020-13

原因	对策
超灌高度不够	桩头超灌0.5~1m
混凝土浮浆太多	对于大体积桩，桩顶10m调整配合比，加骨料，减浮浆
孔内混凝土面测定不准	灌注最后阶段，采用硬杆筒式取样法测定灌注面

（九）混凝土灌注过程因故中断

1.若刚开灌不久，拔起导管和钢筋笼，重新成孔、清孔、安笼、安管和灌注。（从头再来）

2.拔管再灌。

此法处理过程必须在混凝土的初凝时间内完成。见图1K412020-21。

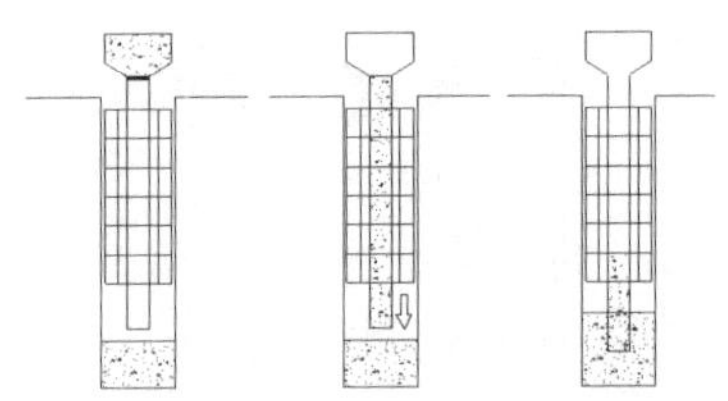

图1K412020-21　初凝时间内拔管再灌

3.超过初凝时间，接口处理，重新灌注。

已灌混凝土强度达到C15后，先用同级钻头重新钻孔。见图1K412020-22。

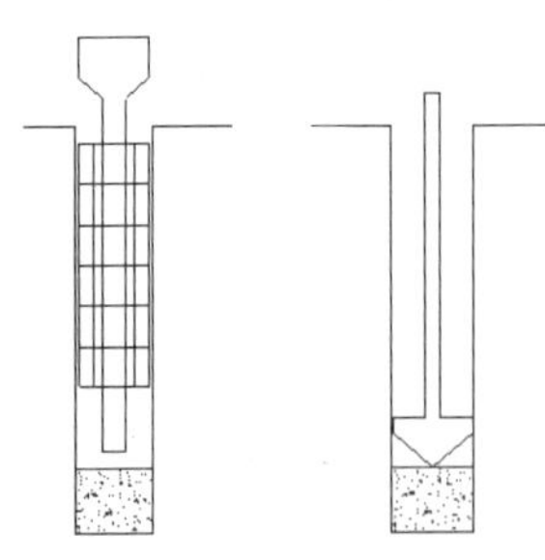

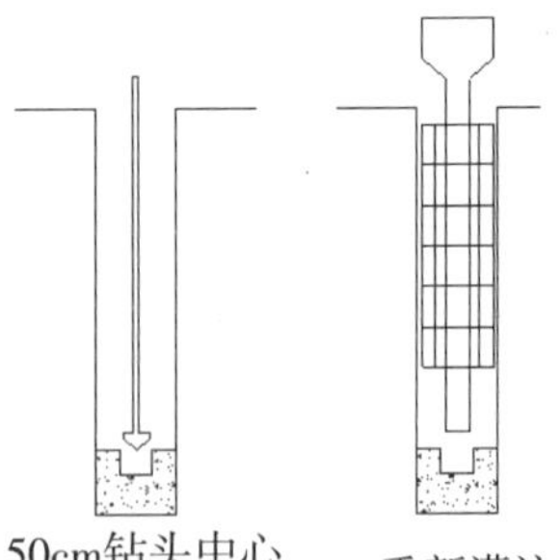

图1K412020-22　超过初凝处理措施

嗨·点评 钻孔灌注桩出现问题很难确定是哪种原因，往往是多种原因都有可能；可以考核选择题。案例考核时，会要求分析可能原因以及对策；这种开放性问题，回答时多多益善。在理解的基础上记忆相关知识。

【经典例题】6.（2010年真题）造成钻孔灌注桩塌孔的主要原因有（　　）。

A.地层自立性差

B.钻孔时进尺过快

C.护壁泥浆性能差

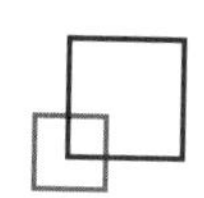

D.成孔后没有及时灌注

E.孔底沉渣过厚

【答案】ABCD

【嗨·解析】塌孔与缩径产生的原因基本相同，主要是地层复杂、钻进速度过快、护壁泥浆性能差、成孔后放置时间过长没有灌注混凝土等原因所造成。

四、墩台、盖梁施工技术

（一）现浇混凝土墩台、盖梁

1.重力式墩台施工（图1K412020-23）

图1K412020-23　承台和墩柱

（1）承台施工前应检查基桩位置，如偏差超标，应会同设计、监理工程师制定处理措施。

（2）墩台浇筑前，对基础顶面凿毛处理，清理锚筋污锈。

（3）宜水平分层浇筑，每层高度宜为1.5~2m。

（4）分块浇筑时，接缝应与墩台截面小边平行，邻层分块接缝应错开，接缝宜做成企口形。200m^{2}不超两块，300m^{2}不超3块。且每块≮50m^2。

（5）灌筑墩台第一层混凝土时，要防止水分被基础吸收或基顶水分渗入混凝土而降低强度。（凿毛清理同配比）

2.柱式墩台施工（图1K412020-24）

图1K412020-24　柱式桥墩

（1）模板、支架稳定计算中应考虑风力影响。

（2）浇筑前，基础顶凿毛清理，清理污迹，铺同配合比水泥砂浆一层。墩台柱的混凝土宜一次连续浇筑完成。

（3）系梁应与柱同步浇筑。V型墩柱混凝土应对称浇筑。

（4）采用预制混凝土管做柱身外模时，预制管安装应符合下列要求：

①基础面宜采用凹槽接头，凹槽深度不得小于50mm。

②上下管节安装就位后，应采用四根竖方木对称设置在管柱四周并绑扎牢固，防止撞击错位。

③混凝土管柱外模应设斜撑，保证稳定。

④管节接缝应采用水泥砂浆等材料密封。

（5）钢管混凝土墩柱应采用补偿收缩混凝土，一次连续浇筑完成。

3.盖梁施工（图1K412020-25）

图1K412020-25　盖梁施工

（1）在繁华路段施工盖梁时，宜采用整体组装模板、快装组合支架。减少占路时间。

（2）盖梁为悬臂梁时，混凝土浇筑应从悬臂端开始。预应力钢筋混凝土盖梁应在孔道压浆强度达到设计强度后拆除模板。

（二）预制混凝土柱和盖梁安装

1.预制柱安装（图1K412020-26）

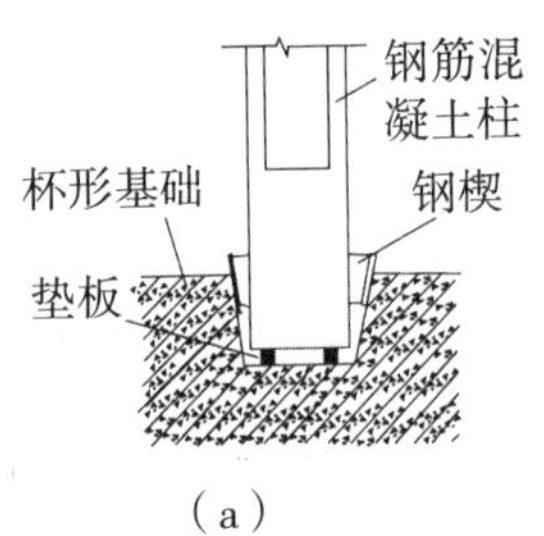

（a）

（b）

图1K412020-26　预制柱、预制盖梁安装

（1）安装前校核基础杯口长、宽、高，确认合格。

（2）预制柱安装就位采用硬木楔或钢楔固定，并加斜撑保持柱体稳定，在确保稳定后方可摘去吊钩。

（3）及时浇筑杯口混凝土，待混凝土硬化后拆除硬楔，浇筑二次混凝土，待杯口混凝土达到设计强度75%后方可拆除斜撑。

2.预制钢筋混凝土盖梁安装

（1）在墩台柱上安装预制盖梁时，应对墩台柱进行固定和支撑，确保稳定。

（2）盖梁就位时，应检查轴线和各部尺寸合格后方可固定，并浇筑接头混凝土。接头混凝土达到设计强度后，方可卸除临时固定设施。

（三）重力式砌体墩台

1.基础清理、放线。

2.墩台砌体应采用坐浆法分层砌筑，竖缝均应错开，不得贯通。

3.砌筑墩台镶面石应从曲线部分或角部开始。

4.桥墩分水体镶面石的抗压强度不得低于设计要求。

5.砌筑的石料和预制块干净、湿润。

嗨·点评 墩台、盖梁属于桥梁工程下部结构，考试概率较高的是基础和墩台接缝处理、大体积混凝土相关知识，可结合选择或案例考核。

【经典例题】7.重力式墩台施工混凝土宜水平分层浇筑，每层高度宜为（　　）m。

A.2～3　B.1.5～2　C.1～1.5　D.0.5～1

【答案】B

【嗨·解析】混凝土宜水平分层浇筑，每层高度宜为1.5~2m。

【经典例题】8.（2015年真题）水中圆形双墩柱桥梁的盖梁模板支架宜采用（　　）。

A.扣件式钢管支架

B.门式钢管支架

C.钢抱箍桁架

D.碗扣式钢管支架

【答案】C

【嗨·解析】A、B、D三种都属于支架法，水中施工无系梁桥墩时，支架法很难施工，而抱箍法在高墩施工或水中墩柱施工过程中更能显示出其优越性。见下图。

五、大体积混凝土浇筑施工质量检查与验收

（一）控制混凝土裂缝

1.裂缝分类（表1K412020-14）

裂缝分类　表1K412020-14

名称	大小	后果
表面裂缝	温度裂缝	危害较小
深层裂缝	部分切断结构断面	一定危害
贯穿裂缝	完全切断结构断面	较严重危害

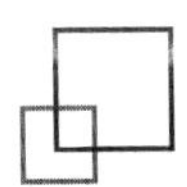

2.裂缝发生原因

（1）水泥水化热影响；

（2）内外约束条件的影响；

（3）外界气温变化的影响；

（4）混凝土的收缩变形；

可在混凝土表层布设抗裂钢筋网片有效防止干裂。

（5）支架、支撑变形下沉，或过早拆除模板支架。

（二）质量控制要点

1.施工方案的编制应做到科学合理，内容应主要包括（口诀：材料配比模板撑，混凝土温控和养生）：

（1）材料要求和配合比设计；

（2）支架模板及支撑搭设与拆除的稳定性、安全性措施；

（3）混凝土的搅拌、运输和浇筑方案，分层分块浇捣措施；

（4）温度控制，包括混凝土测温和降温措施；

（5）养护措施。

2.防止混凝土非沉陷裂缝的关键是混凝土浇筑过程中温度和混凝土内外部温差控制。

3.质量控制主要措施

（1）优化配合比

①选用水化热较低的水泥，尽可能降低水泥用量。

②严格控制集料级配，降低集料含泥量。

③掺加缓凝剂、减水剂，改善混凝土性能。

④控制好坍落度，不宜过大，一般在120±20mm即可。

⑤湿润养护时间

（2）浇筑与振捣措施

采取分层浇筑混凝土，利用浇筑面散热，以大大减少施工中出现裂缝的可能性。

（3）养护措施

大体积混凝土养护的关键是保持适宜的温度和湿度，以便控制混凝土内外温差，在促进混凝土强度正常发展的同时防止混凝土裂缝的产生和发展。

①混凝土表内温差、表外温差均应小于20℃。

②内部预埋冷却管。

③覆盖保温材料（如草袋、锯末等），延长拆模时间，拆模后立即回填或再覆盖保温。

④冬期施工时，严格控制入模温度以及拆模时的内外温差。

（4）养护时间（表1K412020-15）

大体积混凝土养护时间　表1K412020-15

水泥品种	养护时间（d）
硅酸盐、普通硅酸盐水泥	14
火山灰、矿渣硅酸盐水泥、低热微膨胀、大坝水泥	21
现场掺粉煤灰的水泥	
高温期湿润养护	28

嗨·点评 大体积混凝土裂缝防治是案例考核的重点，也可以考核选择题。考生可以根据图1K412020-27的思维模式进行掌握记忆。

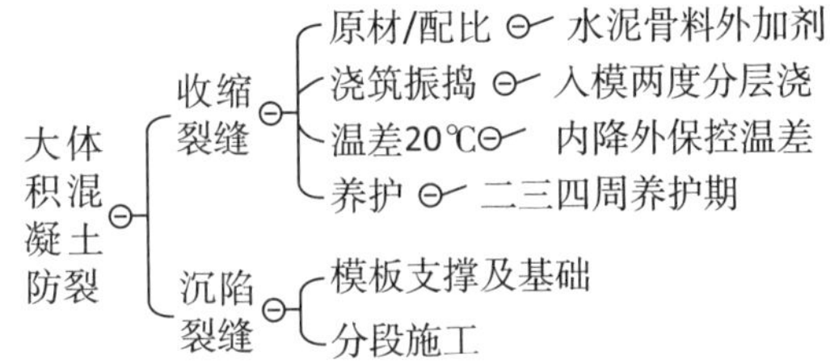

图1K412020-26　大体积混凝土防裂措施

【经典例题】9.混凝土拆模时，混凝土的表面温度与中心温度之间、表面温度与外界气温之间的温差不超过（　　）。

A.10℃　B.20℃　C.25℃　D.30℃

【答案】B

【经典例题】10.（2014年真题）A公司承建城市道路改扩建工程，其中新建一座单跨简支桥梁。桥台施工完成后在台身上发现较多裂缝，裂缝宽度为0.1~0.4mm，深度为3~5mm，经检测鉴定这些裂缝危害性较小，仅影响外观质量，项目部按程序对裂缝进行了处理。

【问题】（1）按裂缝深度分类背材料中裂缝属哪种类型？试分析裂缝形成的能原因。

（2）给出背景材料中裂缝的处理方法。

【答案】（1）表面裂缝。主要是温度裂缝，由于水泥水化热、内外约束条件、外界气温变化、混凝土收缩变形引起，施工过程中的振捣不充分、未分层浇筑、养护方式不当、养护时间不足等施工问题也会导致裂缝。

（2）清理裂缝位置，湿润，采用强度水泥（砂）浆或环氧砂浆抹面封闭，或清理后注浆填充防止裂缝发展。

1K412030 城市桥梁上部结构施工

一、装配式梁（板）施工技术

（一）装配式梁（板）施工方案

1.编制前，应对施工现场条件和拟定运输路线社会交通进行充分调研和评估。

2.预制和吊装方案

（1）应按照设计要求，并结合现场条件

确定梁板预制和吊运方案。

（2）应依据施工组织进度和现场条件，选择构件厂（或基地）预制和施工现场预制。

（3）依照吊装机具不同，梁板架设方法分为起重机架梁法、跨墩龙门吊架梁法和穿巷式架桥机架梁法。见图1K412030-1。

图1K412030-1　起重机架梁、龙门吊架梁、架桥机架梁法

（二）技术要求

1.预制构件与支承结构

（1）安装前检查构件及其预埋件的形状、尺寸和位置。

（2）在脱底模、移运、堆放和吊装就位时，混凝土的强度不应低于设计强度的75%。预应力混凝土构件吊装时，其孔道水泥浆的强度不低于30MPa。

（3）安装前，支承结构（墩台、盖梁等）的强度应符合要求，支承结构和预埋件的尺寸、标高及位置，支座安装质量、规格、位置及标高应准确无误。见图1K412030-2。

图1K412030-2　预制空心板梁安装

2.吊运方案

（1）吊运（吊装、运输）应编制专项方案，并按有关规定进行论证、批准。

（2）吊运方案应对各受力部分的设备、杆件应经过验算，特别是吊车等机具安全性验算。梁长25m以上的预应力简支梁应验算裸梁稳定性。

（3）按照起重吊装规定选择吊运工具、设备，确定吊车站位、运输路线与交通导行等具体措施。

3.技术准备

（1）安全技术交底。

（2）操作人员培训和考核。

（3）测量放线，给出高程线、结构中心线、边线，并进行清晰的标识。

（三）安装就位的技术要求

1.吊运要求

（1）构件移运、吊装时的吊点位置应按设计规定或根据计算决定。

（2）吊绳与起吊构件的交角小于60° 时，应设置吊架或吊装扁担。见图1K412030-3。

图1K412030-3 吊架示意图

（3）移运、停放的支承位置应与吊点位置一致，并应支承稳固。在顶起构件时应随时置好保险垛。

（4）吊移板式构件时，不得吊错板梁上、下面。

2.就位要求

（1）大梁就位后及时用保险垛或支撑固定，并用钢板与已安装好的大梁预埋横向钢板焊接，防倾倒。见图1K412030-4。

图1K412030-4 保险垛固定示意图

（2）构件安装就位并符合要求后，方可允许焊接连接钢筋或浇筑混凝土固定构件。

（3）待全孔（跨）大梁安装完毕后，再使全孔（跨）大梁整体化。

（4）梁板就位后应按设计要求及时浇筑接缝混凝土。见图1K412030-5。

图1K412030-5 全跨就位准备浇筑接缝混凝土

嗨·点评 预制梁安装施工是上部结构施工的一种常用施工技术，案例考试中出现的频率相对现浇施工要小一些，但考试方式很灵活。

【经典例题】1.某公司承建一座市政桥梁工程，桥梁上部结构为9孔30m后张法预应力混凝土T梁，桥宽横断面布置T梁12片，T梁支座中心线距梁端600mm，T梁横截面如图1所示。

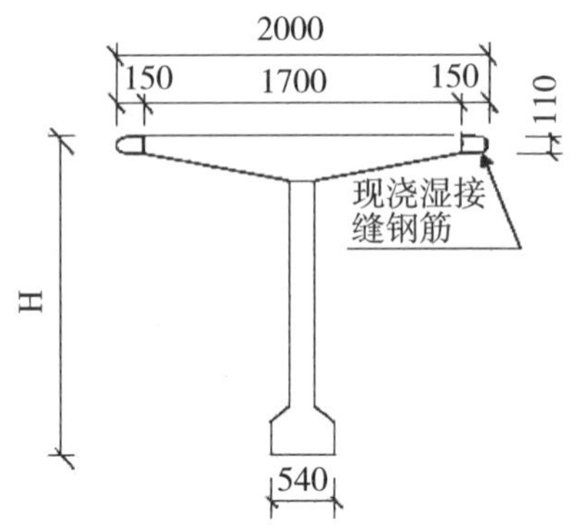

图1 T梁横截面

项目部进场后，拟在桥位线路上现有城市次于干道旁租地建设T梁预制场，平面布置如图2所示，同时编制了预制场的建设方案：（1）混凝土采用商品混凝土；（2）预测台座数量按预制工期120天、每片梁预制占用台座时间为10天配置；（3）在T梁预制施工时，现浇湿接缝钢筋不弯折，两个相邻预制台座间要求具有宽度2m的支模及作业空间；（4）露天钢材堆场经整平碾压后表面铺砂厚50mm；（5）由于该次干道位于城市郊区，预制场用地范围采用高1.5m的松木桩挂网围护。

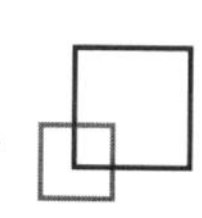

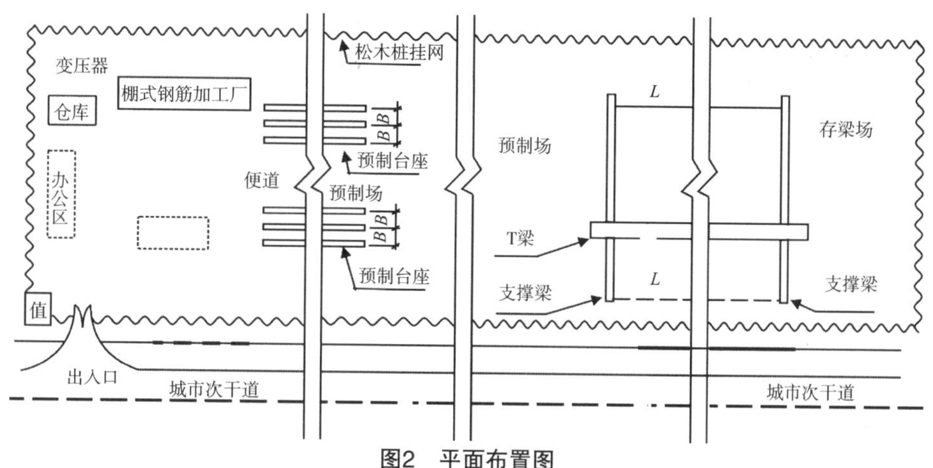

图2 平面布置图

监理审批预制场建设方案时，指出预制场围护不符合规定，在施工过程中发生了如下事件：

事件一：雨季导致现场堆放的钢绞线外包装腐烂破损，钢绞线堆放场处于潮湿状态；

事件二：T梁钢筋绑扎、钢绞线安装、支模等工作完成并检验合格后，项目部开始浇筑T梁混凝土，混凝土浇筑采用从一端向另一端全断面一次性浇筑完成。

【问题】（1）全桥共有T梁多少片？为完成T梁预制任务最少应设置多少个预制台座？均需列式计算。

（2）列式计算上图中预制台座的间距B和支撑梁的间距L。（单位以m表示）

（3）给出预制场围护的正确做法。

（4）事件一中的钢绞线应如何存放？

（5）事件二中，T梁混凝土应如何正确浇筑？

【答案】（1）全桥共有T梁9×12=108片；预制台座数：108×10/120=9个。

（2）预制台座的间距B=1+2+1=4m；支撑梁的间距L=（30−0.6×2）=28.8m。

（3）围护高度不应低于1.8m；应采用砌体、金属板材等硬质材料形成连续封闭围挡。

（4）钢绞线存放：不得直接堆放在地面上，必须垫高、覆盖。

（5）可采用斜层或纵向分段、水平分层浇筑。

二、现浇预应力（钢筋）混凝土连续梁施工技术

（一）支架法现浇预应力混凝土连续梁

1.地基承载力符合要求。

2.有简便可行的落架拆模措施。

3.安装支架时根据梁体和支架的弹性、非弹性变形，设置预拱度。

4.各种支架和模板安装后，宜采取预压方法消除拼装间隙和地基沉降等非弹性变形。见图1K412030-6。

图1K412030-6 现浇梁预压

5.支架底部应有良好的排水措施，不得水泡。

6.浇筑混凝土时应采取防止支架不均匀下沉的措施。

（二）移动模架上浇筑预应力混凝土连续梁（见图1K412030-7）

图1K412030-7 移动模架法

1.支架长度必须满足施工要求。

2.支架应利用专用设备组装，确保质量和安全。

3.浇筑分段工作缝，必须设在弯矩零点附近。

4.箱梁内、外模板在滑动就位时，模板平面尺寸、高程、预拱度的误差必须控制在容许范围内。

（三）悬臂浇筑法（见图1K412030-8）

悬臂浇筑法主要设备是一对能行走（滚动或滑动）的挂篮。挂篮在已经张拉锚固并与墩身连成整体的梁段上移动。

图1K412030-8 悬臂浇筑法

1.挂篮设计与组装

（1）挂篮结构主要设计参数应符合下列规定：

①挂篮质量/梁段混凝土质量=0.3～0.5，特殊情况下≯0.7。

②允许最大变形（包括吊带变形）为20mm。

③施工、行走时的抗倾覆安全系数≮2。

④自锚固系统的安全系数≮2。

⑤斜拉水平限位系统和上水平限位安全系数≮2。

（2）挂篮组装后，应全面检查安装质量，并应按设计荷载做载重试验，以消除非弹性变形。

2.浇筑段落

悬浇梁体一般应分四大部分浇筑：

（1）墩顶梁段（0号块）；

（2）墩顶梁段（0号块）两侧对称悬浇梁段；

（3）边孔支架现浇段；

（4）主梁跨中合龙段。

3.悬浇顺序及要求（见图1K412030-9）

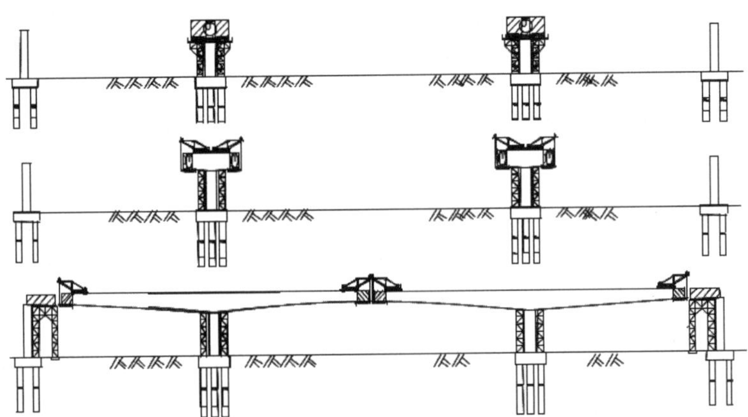

图1K412030-9 悬臂浇筑施工顺序

（1）托架、膺架应经过设计，计算其弹性及非弹性变形。

（2）浇筑前检查：挂篮、模板、预应力管道、钢筋、预埋件、混凝土材料、配合比、机械设备、混凝土接缝处理等，有关方签认后浇筑。

（3）悬臂浇筑混凝土时，宜从悬臂前端开始，最后与前段混凝土连接。

（4）桥墩两侧梁段悬臂施工应对称、平衡，平衡偏差不得大于设计要求。

4.张拉及合龙

（1）顶板、腹板纵向预应力筋的张拉顺序为上下、左右对称张拉。

（2）预应力混凝土连续梁合龙顺序一般是先边跨、后次跨、再中跨。

（3）连续梁合龙、体系转换和支座反力调整规定：

①合龙段的长度宜为2m。

②合龙前应观测气温变化与梁端高程及悬臂端间距的关系。

③合龙前将两悬臂端合龙口予以临时连接，并将合龙跨一侧墩的临时锚固放松或改成活动支座，以防止合龙段施工出现裂缝。见图1K412030-10和图1K412030-11。

图1K412030-10　合龙口临时连接

图1K412030-11　放松临时锚固

④合龙前，在两端悬臂预加压重，浇筑过程中逐步撤除，以使悬臂端挠度保持稳定。见图1K412030-12。

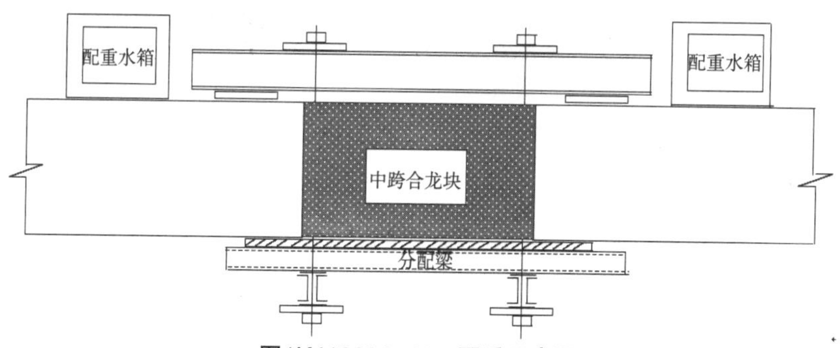

图1K412030-12　配重示意图

5.高程控制

悬臂浇筑段前端底板和桥面标高的确定是连续梁施工的关键问题之一，确定时应考虑：

（1）挂篮前端的垂直变形值；

（2）预拱度设置；

（3）已浇段实际标高；

（4）温度影响。

因此，施工过程中的监测项目为前三项；必要时结构物的变形值、应力也应进行监测。

嗨·点评 支架法和悬臂浇筑法考核案例概率较大，移动模架主要考核选择题。

【经典例题】2.（2013年真题）桥梁施工时合龙段说法错误的是（　　）。

A.合龙前应观测气温变化与梁端高程及悬臂端间距的关系

B.合龙段的混凝土强度宜提高一级

C.合龙段长度宜为2m

D.气温最高时浇筑

【答案】D

【嗨·解析】合龙宜在一天气温最低时进行。

【经典例题】3.（2010年真题）某公司承接一座城市跨河桥A标，为上、下行分立的两幅桥，上部结构为现浇预应力混凝土连续箱梁结构，跨径为70m+120m+70m。建设中的轻轨交通工程B标高架桥在A标两幅桥梁中间修建，结构形式为现浇截面预应力混凝土连续箱梁，跨径为87.5m+145m+87.5m。三幅桥间距较近，B标高架桥上部结构底高于A标桥面3.5m以上。为方便施工协调，经议标，B标高架桥也由该公司承建。

A标两幅桥的上部结构采用碗扣式支架施工，由于所跨越河道流量较小，水面窄，项目部施工设计采用双孔管涵导流，回填河道并压实处理后作为支架基础，待上部结构施工完毕以后挖除，恢复原状。支架施工前，采用1.1倍的施工荷载对支架基础进行预压。支架搭设时，预留拱度考虑承受施工荷载后支架产生的弹性变形。

B标晚于A标开工，由于河道疏浚贯通节点工期较早，导致B标上部结构不具备采用支架法施工条件。

【问题】（1）该公司项目部设计导流管涵时，必须考虑哪些要求？

（2）支架预留拱度还应考虑哪些变形？

（3）支架施工前对支架基础预压的主要目的是什么？

（4）B标连续梁施工采用何种方法最适合？说明这种施工方法的正确浇筑顺序。

【答案】（1）河道管涵的断面必须满足施工期间河水最大流量要求；

管涵强度必须满足上部荷载要求；

管涵长度必须满足支架地基宽度要求。

（2）还应考虑支架受力产生的非弹性变形、支架基础沉陷和结构物本身受力后各种变形。

（3）消除地基在施工荷载下的非弹性变形；

检验地基承载力是否满足施工荷载要求；

防止由于地基沉降产生梁体混凝土裂缝。

（4）B标连续梁采用悬臂浇筑法（悬浇法或挂篮法）最合适。

浇筑顺序主要为：墩顶梁段（0号块）→墩顶梁段（0号块）两侧对称悬浇梁段→边孔支架现浇梁段→主梁跨中合龙段。

三、钢梁制作与安装要求

（一）钢梁制造

1.钢梁应由具有相应资质的企业制造。

2.钢梁制作基本要求

（1）钢梁制作工艺流程：钢材矫正，放样画线，加工切割，再矫正、制孔，边缘加工、组装、焊接，构件变形矫正，摩擦面加工，试拼装、工厂涂装、发送出厂等。

（2）钢梁制造焊接环境相对湿度不宜高于80%。

（3）焊接环境温度：低合金高强度结构钢不得低于5℃，普通碳素结构钢不得低于0℃。

（4）主要杆件应在组装后24h内焊接。

（5）钢梁出厂前必须进行试拼装，并应按有关要求验收。

3.钢梁制造企业应向安装企业提供的文件：

（1）产品合格证；

（2）钢材和其他材料质量证明书和检验报告；

（3）施工图，拼装简图；

（4）工厂高强度螺栓摩擦面抗滑移系数试验报告；

（5）焊缝无损检验报告和焊缝重大修补记录；

（6）产品试板的试验报告；

（7）工厂试拼装记录；

（8）杆件发运和包装清单。

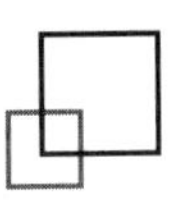

🔊 **嗨·点评** 基本要求中记住几个参数，例80%、0℃、24h；钢梁制造企业向安装企业提供文件可考核选择或案例补充题（记忆口诀：两证一图一滑移，焊缝两试一发包）。

（二）钢梁安装

1.安装方法选择

（1）城区内常用安装方法：自行式吊机整孔架设法、门架吊机整孔架设法、支架架设法、拖拉架设法、缆索吊机拼装架设法、悬臂拼装架设法等。

（2）根据跨径大小、河流情况、交通情况和起吊能力等条件选择安装方法。

2.安装前检查

（1）钢梁安装前应对临时支架、支承、吊机等临时结构和钢梁结构本身在不同受力状态下的强度、刚度及稳定性进行验算。

（2）应对桥台、墩顶顶面高程、中线及各孔跨径进行复测。

（3）核对零构件的出厂合格证及钢材的质量证明书。

（4）对杆件进行全面质量检查，对装运过程中产生缺陷和变形的杆件，应进行矫正。

3.安装要点

（1）安装中应采取措施防止杆件变形。

（2）在满布支架上安装钢梁时，冲钉和粗制螺栓总数不得少于孔眼总数的1/3，其中冲钉不得多于2/3。孔眼较少的部位，冲钉和粗制螺栓不得少于6个或将全部孔眼插入冲钉和粗制螺栓。

（3）用悬臂和半悬臂法安装钢梁时，连接处所需冲钉数量应按所承受荷载计算确定，且不得少于孔眼总数的1/2，其余孔眼布置精制螺栓。

（4）冲钉直径宜小于设计孔径0.3mm，冲钉圆柱部分的长度应大于板束厚度；精制螺栓直径宜小于设计孔径0.4mm；安装用的粗制螺栓直径宜小于设计孔径1.0mm。冲钉和螺栓宜选用Q345碳素结构钢制造。

（5）吊装杆件必须等杆件完全固定方可摘除吊钩。

（6）钢梁安装过程中，每完成一节段应测量其位置、标高和预拱度，不符合要求应及时校正。

（7）钢梁杆件工地焊缝连接，应按设计顺序进行。无设计顺序时，宜纵向跨中向两端，横向中线向两侧对称进行。

（8）钢梁采用高强螺栓连接前，应复验摩擦面的抗滑移系数。每批抽检8套扭矩系数。高强螺栓穿入孔内应顺畅，不得强行敲入。穿入方向应全桥一致。施拧顺序为从板束刚度大、缝隙大处开始，由中央向外拧紧，并应在当天终拧完毕。施拧时，不得采用冲击拧紧和间断拧紧。

（9）高强度螺栓终拧完毕必须当班检查，抽查合格率不得小于80%。对螺栓拧紧度不足者应补拧，对超拧者应更换、重新施拧并检查。

4.落梁就位要点

（1）钢梁就位前应清理支座垫石，其标高及平面位置应符合设计要求。

（2）固定支座与活动支座的精确位置应按设计图并考虑安装温度、施工误差等确定。

（3）建筑拱度和平面尺寸、校正支座位置。

（4）落梁步骤应符合设计要求。

5.现场涂装施工规定

（1）防腐涂料应有良好的附着性、耐蚀性，其底漆应具有良好的封孔性能。钢梁表面处理的最低等级应为P Sa2.5。

（2）涂装前应先进行除锈处理。首层底漆于除锈后4h内开始，8h内完成。

（3）涂料、涂装层数和层厚度应符合设计要求。

（4）涂装应在晴天、4级（不含）以下风力时进行，夏季应避免阳光直射。涂装时构件表面不应结露，涂装后4 h内应采取防护措施。

🔊 **嗨·点评** 重点注意钢梁安装前验算内容、安装要点中第5~9条、除锈等级、涂装天气等知识点，其余了解即可。

（三）支座安装质量验收主控项目

1.钢材、焊接材料、涂装材料。

2.高强度螺栓连接副等紧固件及其连接。

3.高强螺栓的栓接板面（摩擦面）除锈处理后的抗滑移系数。

4.焊缝探伤检验。

5.涂装检验。

🔊 **嗨·点评** 利用口诀：三材螺接抗滑移，焊缝探伤和涂装，记忆主控项目内容。可考核选择题或案例简答题。

【经典例题】4.钢梁制造企业应向安装企业提供的文件包括（ ）。

A. 涂刷材料质量证明书和检验报告

B. 粗制螺栓摩擦面抗滑移系数试验报告

C.焊缝所有修补记录

D. 产品试板的试验报告

E. 工厂试拼装记录

【答案】ADE

【经典例题】5.（2009年真题）钢梁采用高强螺栓连接时，施拧顺序从板束（ ）处开始。

A.刚度小、缝隙小

B.刚度小、缝隙大

C.刚度大、缝隙小

D.刚度大、缝隙大

【答案】D

四、钢–混凝土结合梁施工技术

（一）钢–混凝土结合梁的构成与适用条件

钢–混凝土结合梁一般由钢梁+钢筋混凝土桥面板两部分组成，适用于大跨径桥梁工程。

（1）钢梁由工字形截面或槽形截面构成，钢梁之间设横梁（横隔梁），有时还在横梁之间设小纵梁。见图1K412030–13。

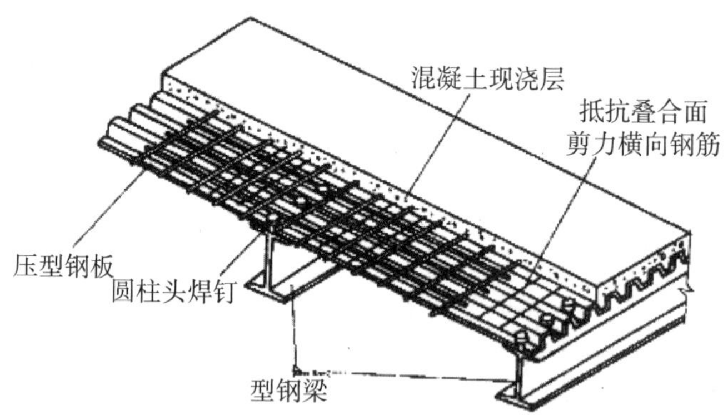

图1K412030–13 钢–混凝土结合梁示意图

（2）在钢梁与钢筋混凝土板之间设传剪器，二者共同工作。对于连续梁，可在负弯矩区施加预应力或通过“强迫位移法”调整负弯矩区内力。

（二）钢–混凝土结合梁施工

1.基本工艺流程

钢梁预制并焊接传剪器→架设钢梁→安装横梁（横隔梁）及小纵梁（有时不设小纵梁）→安装预制混凝土板并浇筑接缝混凝土或支搭现浇混凝土桥面板的模板并铺设钢筋→现浇混凝土→养护→张拉预应力束→拆除临时支架或设施。

2.施工技术要点

（1）钢主梁架设和混凝土浇筑前，应按

设计要求或施工方案设置施工支架。施工支架设计验算应考虑钢梁拼接荷载、混凝土结构和施工荷载。

（2）浇筑前，应对钢主梁安装位置、高程、纵横向连接及施工支架进行检查验收。钢梁顶面传剪器焊接经检验合格后，方可浇筑混凝土。

（3）现浇混凝土结构宜采用缓凝、早强、补偿收缩性混凝土。

（4）混凝土浇筑顺序：应全断面连续浇筑，顺桥向自跨中向支点处交汇，或由一端开始浇筑；横桥向由中间向两侧扩展。

（5）桥面混凝土表面应采用原浆抹面成活，并在其上直接做防水层。不宜在桥面板上另做砂浆找平层。

（6）施工中，应随时监测主梁和施工支架的变形及稳定，确认符合设计要求；当发现异常应立即停止施工并启动应急预案。

（7）设有施工支架时，必须待混凝土强度达到设计要求且预应力张拉完成后，方可卸落施工支架。

嗨·点评 钢–混凝土结合梁具体技术知识相关内容了解即可。

五、钢筋（管）混凝土拱桥施工技术

（一）拱桥的类型与施工方法

1.主要类型

（1）上承式、中承式和下承式。见图1K412030–14。

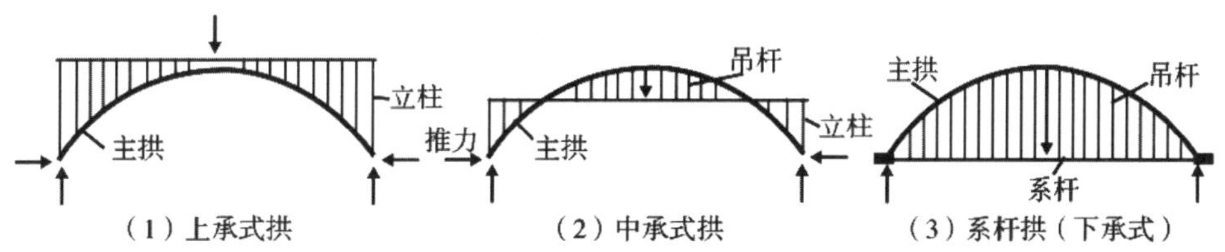

图1K412030–14　拱桥承载方式

（2）按拱圈混凝土浇筑的方式分为现浇混凝土拱和预制混凝土拱再拼装。

2.主要施工方法

按拱圈施工的拱架（支撑方式）可分为支架法、少支架法和无支架法；其中无支架施工包括缆索吊装、转体安装、劲性骨架、悬臂浇筑和悬臂安装以及由以上一种或几种施工组合的方法。见图1K412030–15。

缆索吊装

转体安装

劲性骨架

悬臂浇筑

图1K412030–15　拱圈无支架施工方法

3.拱架种类与形式

结构形式：排架式、撑架式、扇架式、组合式、叠桁式、斜拉式。

嗨·点评 注意拱桥分类、施工方法分类和拱架结构形式分类，考核选择题。

（二）现浇拱桥施工

1.一般规定

（1）装配式拱桥构件在吊装时，混凝土的强度不得低于设计要求；设计无要求时，不得低于设计强度值的75%。

（2）拱圈（拱肋）放样时应按设计要求预加拱度。

（3）拱圈（拱肋）封拱合龙温度应符合设计要求，设计无要求时，宜在当地年平均温度或5~10℃时进行。

2.在拱架上浇筑混凝土拱圈（图1K412030-16）。

图1K412030-16 在拱架上浇筑混凝土拱圈

（1）跨径＜16m的拱圈或拱肋混凝土，应按拱圈全宽从两端拱脚向拱顶对称、连续浇筑，并在拱脚混凝土初凝前全部完成。不能完成时，则应在拱脚预留一个隔缝，最后浇筑隔缝混凝土。

（2）跨径≥16m的拱圈或拱肋，宜分段浇筑。分段位置，拱式拱架宜设置在拱架受力反弯点；满布拱架宜设置在拱顶、1/4跨径、拱脚及拱架节点处。各分段点应预留间隔槽（0.5~1m）。

（3）间隔槽浇筑应由拱脚向拱顶对称进行；应待拱圈混凝土分段浇筑完成且强度达到75%设计强度且接合面按施工缝处理后再进行。

（4）分段浇筑时，纵向不得采用通长钢筋，钢筋接头应安设在后浇的几个间隔槽内。

（5）封拱合龙时混凝土强度应达到设计强度的75%。

（6）大跨径、大截面拱圈（拱肋），宜采用分环（层）分段方法浇筑，也可纵向分幅浇筑。

（三）装配式桁架拱和刚构拱安装（图1K412030-17）

图1K412030-17 江界河大桥（装配式桁架拱）

1.安装程序

在墩台上安装预制的桁架（刚架）拱片，同时安装横向联系构件，在组合的桁架拱（刚构拱）上铺装预制的桥面板。

2.安装技术要点

（1）装配式桁架拱、刚构拱采用卧式预制拱片时，起吊时必须将全片水平吊起后，再悬空翻身竖立。

（2）大跨径桁式组合拱，拱顶湿接头混凝土，宜采用较构件混凝土强度高一级的早强混凝土。

（3）安装中应采用全站仪，对拱肋、拱圈挠度和横向位移、裂缝、墩台变位、安装设施的变形和变位等项目观测。

（4）拱肋吊装定位合龙时，应进行接头高程和轴线位置观测。拱肋松索成拱以后，从拱上施工加载起，一直到拱上建筑完成，应随时对1/4跨、1/8跨及拱顶各点进行挠度和横向位移的观测。

（5）大跨度拱桥施工观测和控制宜在每

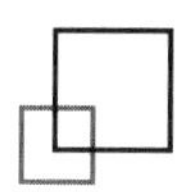

天气温、日照变化不大的时候进行，尽量减少温度变化的不利因素的影响。

（四）钢管混凝土拱（图1K412030-18）

图1K412030-18 钢管拱桥施工

1.钢管拱肋制作应符合下列规定：

（1）拱肋钢管工厂加工，合理确定分段长度。

（2）弯管宜采用加热顶压方式，加热温度不得超过800℃。

（3）拱肋节段焊接强度不应低于母材强度。所有焊缝外观检查，对接焊缝100%超声波探伤。

（4）在钢管拱肋上应设置混凝土压注孔、倒流截止阀、排气孔及扣点、吊点节点板。

（5）钢管拱肋外露面应做长效防护处理。

2.钢管拱肋安装应符合下列规定：

（1）成拱过程中，同时安装横向连系。

（2）节段间环焊缝的施焊应对称进行，并应采用定位板控制焊缝间隙，不得采用堆焊。

（3）合龙口的焊接或栓接作业应选择在环境温度相对稳定的时段内快速完成。

嗨·点评 拱桥是一种传统且具有美感的桥梁形式，在高山深谷、跨越江河的桥梁中比较普遍，城市中往往作为景观桥。拱架现浇施工可能结合案例考核，但概率不高；其他考核选择。

【经典例题】6.（2011年真题）跨度15m拱桥说法正确的是（　　）。

A.视桥梁宽度采用分块浇筑的方法

B.宜采用分段浇筑的方法

C.宜在拱脚混凝土初凝前完成浇筑

D.拱桥的支架

【答案】C

【嗨·解析】跨径小于16m的拱圈或拱肋混凝土，应按拱圈全宽从两端拱脚向拱顶对称、连续浇筑，并在拱脚混凝土初凝前全部完成。

六、钢管混凝土浇筑施工质量检查与验收

（一）钢管混凝土施工质量控制

1.质量标准

（1）钢管（钢管柱和钢管拱）混凝土浇筑质量是验收主控项目。

（2）钢管内混凝土应饱满，与管壁紧密结合，强度符合要求。

（3）检验方法：观察出浆孔混凝土溢出情况，检查超声波检测报告，检查混凝土试件试验报告。

2.基本规定

（1）钢管上应设置混凝土压注孔、倒流截止阀、排气孔等。

（2）钢管混凝土应具有低泡、大流动性、缓凝、早强和补偿收缩的性能。

（3）混凝土浇筑泵送顺序应按设计要求进行，宜先钢管后腹箱。见图1K412030-19。

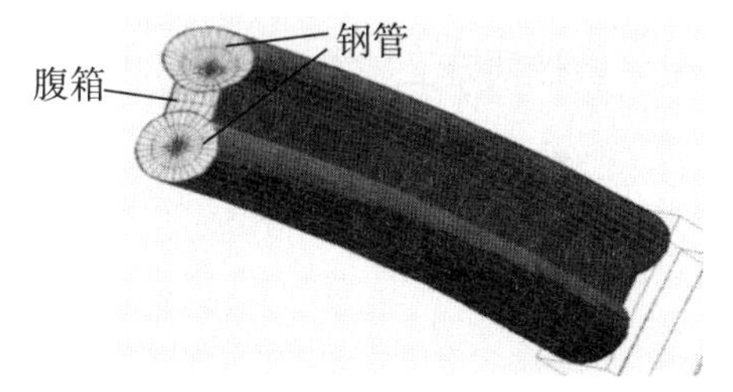

图1K412030-19 钢管及腹箱示意图

（4）钢管混凝土的质量检测应以超声波检测为主，人工敲击为辅。

（二）钢管柱混凝土浇筑

1.钢管柱在城市桥梁工程和轻轨交通工程中被广泛用作钢管墩柱。

2.钢管柱内混凝土应一层一浇筑，施工时钢管上的端口既作为混凝土入口又作为振

捣口。

3.混凝土宜连续浇筑，一次完成。

4.终凝后应清除钢管柱内上部混凝土浮浆，然后焊接临时端口。

（三）钢管拱混凝土浇筑

1.应采用泵送顶升压注施工，由两拱脚至拱顶对称均衡地连续压注一次完成。

2.应先泵入适量水泥浆再压注混凝土，直至钢管顶端排气孔排出合格的混凝土停止。

3.大跨径拱肋钢管混凝土应根据设计加载程序，分环、分段并隔仓由拱脚向拱顶对称均衡压注。

4.钢管混凝土的泵送顺序宜先钢管后腹箱。

5.应按照施工方案进行钢管混凝土养护。

嗨·点评 记忆主控项目、混凝土性能、主辅检测方法、泵送顶升方向及顺序，其余理解。

【经典例题】7.钢管混凝土应具有（　　）特征。

A.低泡　　　　B.低流动

C.收缩补偿　　D.延迟初凝

E.早强

【答案】ACDE

七、斜拉桥施工技术

（一）斜拉桥类型与组成

1.斜拉桥类型（略）

2.斜拉桥组成：索塔、钢索和主梁组成。（图1K412030-20）

图1K412030-20　斜拉桥

（二）施工技术要点

1.索塔施工的技术要求和注意事项

（1）裸塔施工宜用爬模法，横梁较多的高塔，宜采用劲性骨架挂模提升法。

（2）应避免塔梁交叉施工干扰，必须交叉施工时应采取保证塔梁质量和施工安全的措施。

（3）倾斜式索塔施工时，必须对各施工阶段索塔的强度和变形进行计算，应分高度设置横撑。

（4）索塔混凝土现浇，应选用输送泵施工，超过一台泵的工作高度时，允许接力泵送。

2.主梁施工技术要求和注意事项

（1）斜拉桥主梁施工方法

①施工方法分为顶推法、平转法、支架法和悬臂法，悬臂法最为常用。

②悬臂浇筑法，在塔柱两侧用挂篮对称逐段浇筑主梁混凝土。

③悬臂拼装法，先在塔柱区浇筑（对采用钢梁的斜拉桥为安装）一段放置起吊设备的起始梁段，然后用适宜的起吊设备从塔柱两侧依次对称拼装梁体节段。

（2）混凝土主梁施工方法

①斜拉桥的零号段是梁的起始段，一般都在支架和托架上浇筑。

②当设计采用非塔、梁固结形式时，施工时必须采用塔、梁临时固结措施。

③采用挂篮悬浇主梁时，挂篮设计和主梁浇筑应考虑抗风振的刚度要求。

④主梁采用悬拼法施工时，预制梁段宜选用长线台座或多段联线台座。

⑤大跨径主梁施工时，应尽快使一端固定，以减少风振时不利影响，必要时采取临时抗风措施。

（三）斜拉桥施工监测

1.施工监测目的与监测对象

对主梁各个施工阶段的拉索索力、塔梁内力、主梁标高以及索塔位移量等进行监测。

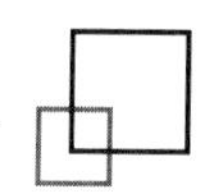

监测数据反馈给设计单位，分析确定下一施工阶段的张拉量值和主梁线形、高程及索塔位移控制量值等，直至合龙。

2. 施工监测主要内容：

（1）变形：主梁线形、高程、轴线偏差、索塔的水平位移；

（2）应力：拉索索力、支座反力以及梁、塔应力在施工过程中的变化；

（3）温度：温度场及指定测量时间塔、梁、索的变化。

嗨·点评 斜拉桥往往应用在跨越大江、大河或深谷等情况，难度大，但近些年来应用得越来越多。

1K412040 管涵和箱涵施工

一、管涵施工技术

涵洞有管涵、拱形涵、盖板涵、箱涵。见图1K412040-1。

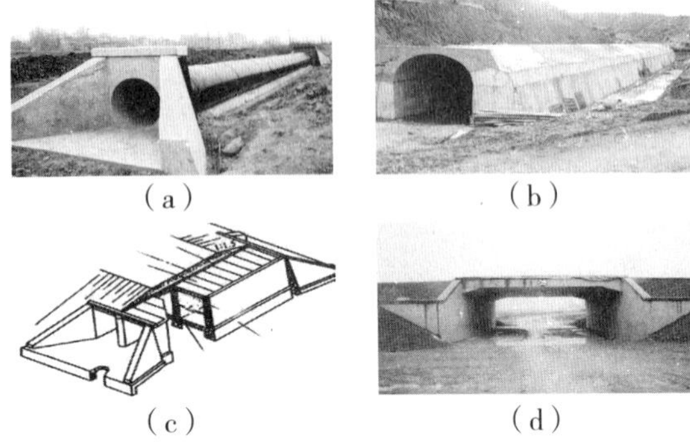

图1K412040-1　涵洞分类
（a）管涵；（b）拱形涵；（c）盖板涵；（d）箱涵

（一）管涵施工技术要点

1.管涵是工厂预制钢筋混凝土成品管做成的涵洞的统称，分为圆形、椭圆形、卵形、矩形等。

2.采用混凝土或砌体基础时，基础上面应设混凝土管座，其顶部弧形面应与管身紧密贴合。

3.采用天然地基土时，应将管底土层夯压密实，并做成与管身弧度密贴的弧形管座。

4.管涵的沉降缝应设在管节接缝处。

（二）拱形涵、盖板涵施工技术要点

1.可采取整幅施工或分幅施工。分幅施工时，临时道路宽度应满足现况交通要求，且边坡稳定。

2.应先将地下水降至基底以下500mm，且连续降水至工程完成到地下水位500mm以上且具有抗浮及防渗漏能力方可停止。

3.地基承载力满足要求。

4.拱圈和拱上端墙应由两侧向中间同时、对称施工。

5.涵洞两侧回填土，应在主结构防水层的保护层完成，且保护层砌筑砂浆达到3MPa后方可进行。见图1K412040-2。

6.涵洞两侧回填土应分段、分层、对称、等高进行，高差不宜超过300mm。

图1K412040-2　盖板涵回填

嗨·点评　管涵记忆管座弧形面设置、沉降缝设置；拱形涵、盖板涵记忆降水要求、回填要求。其余理解即可。

【经典例题】1.涵洞是城镇道路路基工程重要组成部分，涵洞分类包括（　　）。

A.拱形涵　　B.管涵

C.盖板涵　　D.矩形涵

E.箱涵

【答案】ABCE

二、箱涵顶进施工技术

（一）准备工作

1.作业条件

（1）三通一平（水通、电通、路通和场地平整）。

（2）完成线路加固和既有线监测的测点布置。

（3）完成障碍物调查，并进行改移或保护。

（4）工程降水（如需要）。

2.机械设备、材料

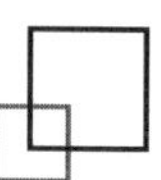

按计划进场并验收。

3.技术准备

（1）施工组织设计已获批准。

（2）全体施工人员进行培训、安全技术交底。

（3）完成施工测量放线。

嗨·点评 箱涵顶进首先需开挖基坑预制箱涵，施工准备工作跟基坑施工准备工作一样，可以统一掌握。基坑属于案例高频考点，可以结合箱涵顶进考核。

（二）工艺流程与施工技术要点

1.工艺流程

现场调查→工程降水→工作坑开挖→后背制作→滑板制作→铺设润滑隔离层（见图1K412040-3）→箱涵制作→顶进设备安装→既有线加固→箱涵试顶进→吃土顶进→监控量测→箱体就位→拆除加固设施→拆除后背及顶进设备→工作坑恢复。

图1K412040-3　箱涵预制之前

2.箱涵顶进前检查工作

（1）箱涵主体结构混凝土强度达到设计强度，防水层及保护层完成。

（2）地下水位已降至基底下500mm以下，并宜避开雨期施工，雨期施工必须做好防洪及防雨排水工作。

（3）后背施工、线路加固达到施工方案要求。见图1K412040-4。

图1K412040-4　低高度施工便梁加固铁路线路

（4）工作坑内与顶进无关人员、材料、物品及设施撤出现场。

3.箱涵顶进启动（五停五观察：空转→0.1倍自重→启动→每5~10MPa→0.8倍自重）见图1K412040-5。

图1K412040-5　箱涵顶进启动

（1）启动时，现场必须有主管施工技术人员专人统一指挥。

（2）液压泵站应空转一段时间，检查系统、电源、仪表无异常情况后试顶。

（3）液压千斤顶顶紧后（顶力在0.1倍结构自重），应暂停加压，检查顶进设备、后背和各部位，无异常时可分级加压试顶。

（4）每当油压升高5~10MPa时，需停泵观察，如有异常，采取措施解决后方可重新加压顶进。

（5）当顶力达到0.8倍结构自重箱涵未启动时，应立即停止顶进，采取措施解决后方可重新加压顶进。

（6）箱涵启动后，应立即检查后背、工作坑周围土体稳定情况，无异常后方可继续顶进。

4.顶进挖土（图1K412040-6）

图1K412040-6 箱涵顶进挖土

（1）可采取人工挖土或机械挖土。一般宜选用小型反铲按设计坡度开挖，每次开挖进尺0.4～0.8m。

（2）两侧应欠挖50mm，钢刃脚切土顶进。

（3）列车通过时严禁继续挖土，人员应撤离。

（4）随时根据桥涵顶进轴线和高程偏差纠偏。

5.顶进作业

（1）每次顶进应检查液压系统、顶柱安装和后背变化情况等。

（2）挖运土方与顶进作业循环交替进行。

（3）桥涵身每前进一顶程，应观测轴线和高程，发现偏差及时纠正。

（4）箱涵吃土顶进前，应及时调整好箱涵的轴线和高程。在铁路路基下吃土顶进，不宜对箱涵作较大调整。

6.监控与检查

（1）桥涵自启动起，对顶进全过程的每一个顶程都应详细记录千斤顶开动数量、位置，油泵压力表读数、总顶力及着力点。

（2）每天定时观测箱涵底板上设置观测标钉的高程。

（3）定期观测箱涵裂缝及开展情况，重点监测底板、顶板、中边墙，中继牛腿或剪力铰和顶板前、后悬臂板。

（三）季节性施工技术措施

1.尽可能避开雨期。需雨期施工时，应在汛期之前对拟穿越的路基、工作坑边坡采取防护措施。

2.雨期施工时应做好地面排水。

3.雨期施工开挖工作坑（槽）时，应注意保持边坡稳定，发现问题要及时处理。

4.冬雨期现浇箱涵场地上空宜搭设固定或活动的作业棚，以免受天气影响。

5.冬雨期施工应确保混凝土入模温度满足规范规定或设计要求。

嗨·点评 箱涵顶进施工包括基坑降水、支护、开挖、监测，地下障碍物调查保护，穿越铁路线路履行程序及加固措施，箱涵顶进技术及安全雨期，雨期施工等工序或内容，具有案例考核的宽阔基准面和切入可能。

【经典例题】2.（2012年真题）关于箱涵顶进施工的说法，正确的是（　　）。

A.箱涵主体结构混凝土强度必须达到设计强度的75%

B.当顶力达到0.9倍结构自重时箱涵未启动，应立即停止顶进

C.箱涵顶进必须避开雨期

D.顶进过程中，每天应定时观测箱涵底板上设置观测标钉的高程

【答案】D

【解析】本题考核的是箱涵顶进施工。桥涵顶进过程中，每天应定时观测箱涵底板上设置观测标钉的高程。A项箱涵主体结构混凝土强度必须达到设计强度，而不是75%。B项当顶力达到0.8倍结构自重时箱涵未启动，应立即停止顶进。C项箱涵顶进宜避开雨期，若雨期施工必须做好防洪及防雨排水工作。

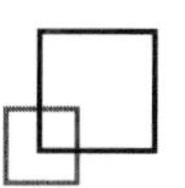

章节练习题

一、单项选择题

1.桥面与桥下线路路面之间的距离称为（　　）。

A.桥下净空高度　　B.建筑高度

C.桥梁高度　　D.容许建筑高度

2.验算模板、支架和拱架的刚度时，关于其变形值的规定错误的是（　　）。

A.结构表面外露的模板挠度不得超过模板构件跨度的1/400

B.结构表面隐蔽的模板挠度不得超过模板构件跨度的1/250

C.拱架和支架受载后挠曲的杆件，其弹性挠度不得超过相应结构跨度的1/400

D.钢模板的面板变形值不得超过2mm

3.浆砌石、混凝土砌块拱桥拱架的卸落应遵守的规定说法错误的是（　　）。

A.跨径小于10m的拱桥宜在拱上结构全部完成后卸落拱架

B.在裸拱状态卸落拱架时，应对主拱进行强度及稳定性验算并采取必要的稳定措施

C.设计未规定时，砂浆强度应达到设计标准值的80%以上

D.中等跨径空腹式拱桥宜在腹拱横墙完成（未砌腹拱圈）后卸落拱架

4.围堰的施工顺序为（　　）合龙。

A.左岸至右岸　　B.下游开始至上游

C.右岸至左岸　　D.上游开始至下游

5.预应力混凝土不得使用（　　）。

A.硅酸盐水泥

B.粉煤灰硅酸盐水泥

C.矿渣硅酸盐水泥

D.普通硅酸盐水泥

6.关于支架法现浇预应力混凝土连续梁施工技术，说法错误的有（　　）。

A.支架的地基承载力应符合要求

B.支架底部应有良好的排水措施，不得被水浸泡

C.安装支架时，应根据支架拼装间隙和地基沉降等，设置预拱度

D.各种支架和模板安装后，宜采取预压方法消除拼装间隙和地基沉降等非弹性变形

7.悬浇连续梁梁体一般分四大部分浇筑，不包括（　　）。

A.墩顶0号块

B.墩顶梁段两侧对称悬浇梁段

C.边孔悬浇段

D.主梁跨中合龙段

8.跨径小于（　　）m的拱圈或拱肋混凝土，应按拱圈全宽从两端拱脚向拱顶对称、连续浇筑，并在拱脚混凝土初凝前全部完成。

A.20　　B.16　　C.15　　D.12

9.桩顶混凝土灌注完成后应高出设计标高（　　）m。

A.0.3～5　　B.0.5～0.8

C.0.5～1　　D.0.8～1.2

10.钢管混凝土施工质量检测方法为（　　）。

A.超声波法　　B.钻芯法

C.红外线法　　D.回弹法

二、多项选择题

1.配制高强混凝土的矿物掺合料可选用（　　）。

A.优质粉煤灰　　B.磨细矿渣粉

C.石粉　　D.磨细天然沸石粉

E.磨细橡胶粉

2.施工中经常采用的土袋围堰的施工要求是（　　）。

A.土袋中宜装不渗水的黏性土

B.堰外边坡为1∶0.5~1∶1，内边坡为1∶0.2~1∶0.5

C.围堰中心部分可填筑黏土及黏性土芯墙

D.堆袋应自上游开始至下游合龙

E.要分层夯实

3.关于灌注桩水下混凝土灌注用导管要求的说法，正确的有（　　）。

A.导管直径宜为20～30cm，节长宜为3m

B.导管不得漏水，试压的压力宜为孔底静水压力的1.2倍

C.导管采用法兰盘接头宜加锥形活套

D.导管轴线偏差不宜超过孔深的0.5%，且不宜大于10cm

E.采用螺旋丝扣型接头时必须有防止松脱装置

4.在移动模架上浇筑预应力混凝土连续梁的注意事项有（　　）。

A.支架长度必须满足施工要求

B.支架应利用专用设备组装，在施工时能确保质量和安全

C.浇筑分段工作缝，必须设在弯矩零点附近

D.应有简便可行的落架拆模措施

E.混凝土内预应力筋管道、钢筋、预埋件设置应符合规定

5.用悬臂浇筑法施工的预应力混凝土连续梁，确定悬臂浇筑端前段标高时，应考虑的因素有（　　）。

A.挂篮前端的垂直变形值

B.预留拱度

C.桥梁纵坡度

D.施工中已浇段的实际标高

E.温度影响

6.安装钢梁过程中，每安装完成一节应进行测量，不符合要求应及时调整。下列选项中属于应测项目的是（　　）。

A.标高　　B.扭曲

C.位置　　D.预拱度

E.错台

7.关于箱涵顶进启动的说法，正确的有（　　）。

A.启动时，现场必须有项目技术负责人统一指挥

B.液压泵站应空转一段时间，检查系统、电源、仪表无异常情况后试顶

C.液压千斤顶顶紧后（顶力在0.2倍结构自重），应暂停加压，检查顶进设备、后背和各部位，无异常时可分级加压试顶

D.每当油压升高5~10MPa时，需停泵观察

E.当顶力达到0.8倍结构自重时箱涵未启动，应立即停止顶进

8.箱涵顶进前，应对箱涵原始（预制）位置的（　　）测定原始数据并记录。顶进过程中，每一顶程要观测。观测结果要及时报告现场指挥人员，用于控制和校正。

A.里程　　B.轴线

C.相对位置　　D.高程

E.偏差角度

9.钻孔灌注桩施工时，当孔内泥浆不能满足规范要求时，为避免造成钻孔塌孔或缩径，可采用加（　　）的方法，改善泥浆的性能。

A.石灰粉　　B.细砂

C.黏土粉　　D.烧碱

E.木质素

10.桩身混凝土强度低或混凝土离析主要原因是（　　）。

A.配合比控制不严　　B.泥浆比重过低

C.拔管速度过快　　D.搅拌时间不够

E.水泥质量差

参考答案及解析

一、单项选择题

1.【答案】C

【解析】桥梁高度：指桥面与低水位之间的高差，或指桥面与桥下线路路面之间的距离，简称桥高。

2.【答案】D

【解析】验算模板、支架和拱架的刚度时，钢模板的面板变形值不得超过1.5mm。

3.【答案】D

【解析】浆砌石、混凝土砌块拱桥拱架的卸落应遵守下列规定：

（1）浆砌石、混凝土砌块拱桥应在砂浆强度达到设计要求强度后卸落拱架，设计未规定时，砂浆强度应达到设计标准值的80%以上。

（2）跨径小于10m的拱桥宜在拱上结构全部完成后卸落拱架；中等跨径实腹式拱桥宜在护拱完成后卸落拱架；大跨径空腹式拱桥宜在腹拱横墙完成（未砌腹拱圈）后卸落拱架。

（3）在裸拱状态卸落拱架时，应对主拱进行强度及稳定性验算并采取必要的稳定措施。

4.【答案】D

【解析】施打顺序一般从上游向下游合龙。

5.【答案】B

【解析】预应力混凝土应优先采用硅酸盐水泥、普通硅酸盐水泥，不宜使用矿渣硅酸盐水泥，不得使用火山灰质硅酸盐水泥及粉煤灰硅酸盐水泥。

6.【答案】C

【解析】支架法现浇预应力混凝土连续梁：

（1）支架的地基承载力应符合要求，必要时，应采取加强处理或其他措施。

（2）应有简便可行的落架拆模措施。

（3）各种支架和模板安装后，宜采取预压方法消除拼装间隙和地基沉降等非弹性变形。

（4）安装支架时，应根据梁体和支架的弹性、非弹性变形，设置预拱度。

（5）支架底部应有良好的排水措施，不得被水浸泡。

7.【答案】C

【解析】悬浇梁体一般应分四大部分浇筑，包括墩顶0号块、墩顶梁段两侧对称悬浇梁段、边孔支架现浇梁段、主梁跨中合龙段。

8.【答案】B

【解析】跨径小于16m的拱圈或拱肋混凝土，应按拱圈全宽从两端拱脚向拱顶对称、连续浇筑，并在拱脚混凝土初凝前全部完成。

9.【答案】C

【解析】根据《城市桥梁工程施工与质量验收规范》CJJ 2—2008中相关规定，桩顶混凝土灌注完成后应高出设计标高0.5~1m。

10.【答案】A

【解析】检验方法：观察出浆孔混凝土溢出情况，检查超声波检测报告，检查混凝土试件试验报告。

二、多项选择题

1.【答案】ABD

【解析】配制高强混凝土的矿物掺合料可选用优质粉煤灰、磨细矿渣粉、硅粉和磨细天然沸石粉。

2.【答案】ABCD

【解析】土袋围堰施工要求：

（1）围堰两侧用草袋、麻袋、玻璃纤维袋或无纺布袋装土堆码。袋中宜装不渗水的黏性土，装土量为土袋容量的1/2~2/3。袋口应缝合。堰外边坡为1∶0.5~1∶1，堰内边坡为1∶0.2~1∶0.5。围堰中心部分可填筑黏土及黏性土芯墙。

（2）堆码土袋，应自上游开始至下游合龙。上下层和内外层的土袋均应相互错缝，尽量堆码密实、平稳。

（3）筑堰前，堰底河床的处理、内坡脚与基坑的距离、堰顶宽度与土围堰要求相同。

3.【答案】CDE

【解析】导管应符合下列要求：

（1）导管内壁应光滑圆顺，直径宜为20~30cm，节长宜为2m。

（2）导管不得漏水，使用前应试拼、试压。

（3）导管轴线偏差不宜超过孔深的0.5%，且不宜大于10cm。

（4）导管采用法兰盘接头宜加锥形活套；采用螺旋丝扣型接头时必须有防止松脱装置。

4.【答案】ABCE

【解析】移动模架上浇筑预应力混凝土连续梁：

（1）模架长度必须满足施工要求。

（2）模架应利用专用设备组装，在施工时能确保质量和安全。

（3）浇筑分段工作缝，必须设在弯矩零点附近。

（4）箱梁内、外模板在滑动就位时，模板平面尺寸、高程、预拱度的误差必须控制在容许范围内。

（5）混凝土内预应力筋管道、钢筋、预埋件设置应符合规范规定和设计要求。

5.【答案】ABDE

【解析】确定悬臂浇筑段前端标高时应考虑：

（1）挂篮前端的垂直变形值；

（2）预拱度设置；

（3）施工中已浇段的实际标高；

（4）温度影响。

6.【答案】ACD

【解析】钢梁安装过程中，每完成一节段应测量其位置、标高和预拱度，不符合要求应及时校正。

7.【答案】BDE

【解析】A错误，启动时，现场必须有主管施工技术人员专人统一指挥。C错误，液压千斤顶顶紧后（顶力在0.1倍结构自重），应暂停加压，检查顶进设备、后背和各部位，无异常时可分级加压试顶。

8.【答案】ABD

9.【答案】CDE

【解析】钻孔灌注桩施工时，当孔内泥浆不能满足规范要求时，为避免造成钻孔塌孔或缩径，可采用加黏土粉、烧碱、木质素的方法，改善泥浆的性能。

10.【答案】ADE

【解析】桩身混凝土强度低或混凝土离析主要原因是施工现场混凝土配合比控制不严、搅拌时间不够和水泥质量差。

1K413000 城市轨道交通工程

本节知识体系

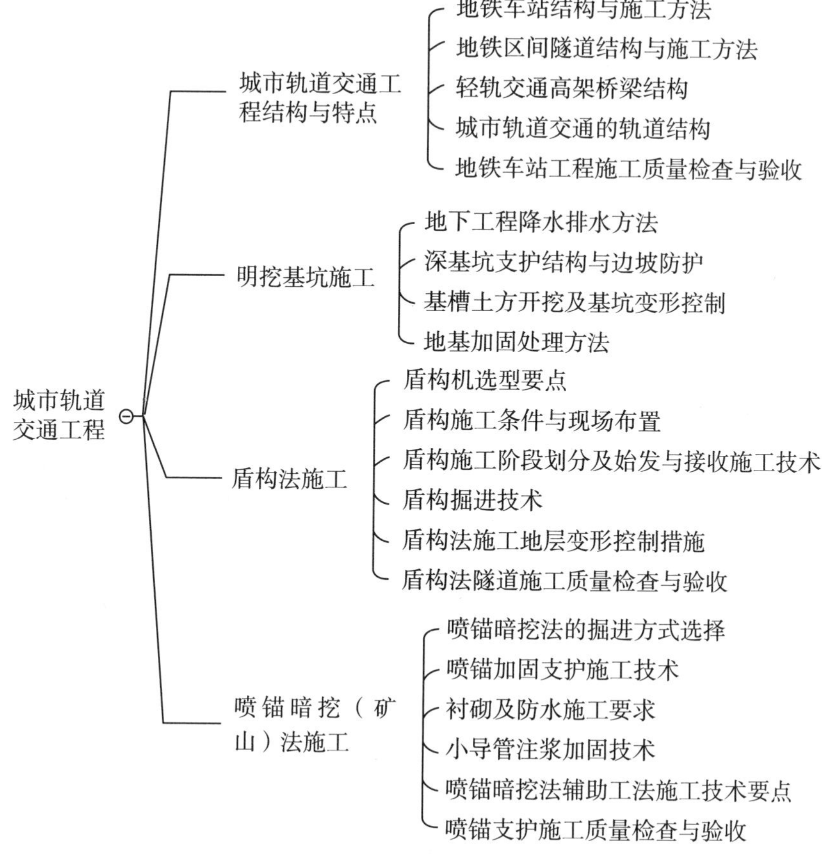

本节内容是市政实务第三个技术专业——轨道交通工程。每年会考核选择题8分左右，考核案例题10~20分。

第1目1K413010 城市轨道交通工程结构与特点中，除了1K420111 地铁车站工程质量检查与验收中关于车站基坑（开挖、支护、回填）施工、主体结构防水施工和接缝防水处理容易考核案例之外，其余内容主要考核选择题。

第2目1K413020 明挖基坑施工是案例考核的高频考点，教材编写的时候将明挖基坑施工内容安排在此，但考生应意识到明挖基坑施工是一个通用的施工技术，除了可以在轨道交通工程中考核，还可以结合桥梁、涵洞、给排水构筑物以及管道工程进行考核，是案例复习必备知识。

第3目1K413030 盾构法施工，盾构施工作为一种专业性很强的隧道施工技术，在近年来应用越来越多，学员要意识到大城市发展地下空间技术是市政公用工程的一个明显的趋势。很多学员感到盾构法技术比较难，是因为接触甚少，这是行业的局限性，重分考核会产生不公平之嫌。所以，命题老师会考虑到盾构施工目前尚未像道路、桥梁等专业一样普及，所以即便在案例中出现，必然不会考得很难。

第4目1K413040 喷锚暗挖（矿山）法施工，是隧道施工的传统技术，在矿山工程、公路工程和市政公用工程中都有应用，市政公用工程由于环境复杂、对沉降控制要求高，主要使用浅埋暗挖法，当然也是主要考核方向。

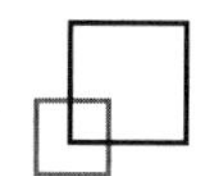

核心内容讲解

1K413010 城市轨道交通工程结构与特点

一、地铁车站结构与施工方法

（一）地铁车站形式与结构组成

1.地铁车站形式分类

车站形式分类见图1K413010-1和表1K413010-1。

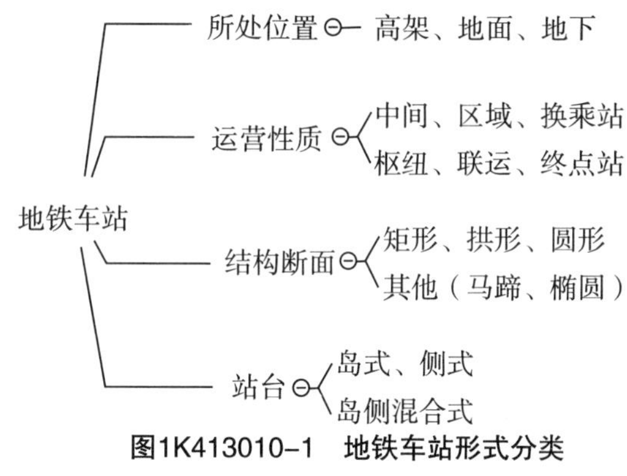

图1K413010-1 地铁车站形式分类

地铁车站形式分类介绍 表1K413010-1

分类方式	分类情况	备注
运营性质	中间站	仅供乘客上、下乘降用，是最常用、数量最多的车站形式
	区域站	在一条轨道交通线中，由于各区段客流的不均匀性，行车组织往往采取长、短交路（亦称大、小交路）的运营模式。设于两种不同行车密度交界处的车站，称之为区域站（即中间折返站，短交路列车在此折返）
	换乘站	位于两条及两条以上线路交叉点上的车站。具有中间站的功能外，还可让乘客在不同线上换乘
	枢纽站	枢纽站是由此站分出另一条线路的车站。该站可接、送两条线路上的列车
	联运站	指车站内设有两种不同性质的列车线路进行联运及客流换乘。联运站具有中间站及换乘站的双重功能
	终点站	设在线路两端的车站。就列车上、下行而言，终点站也是起点站（或称始发站）。终点站设有可供列车全部折返的折返线和设备，也可供列车临时停留检修

续表

<table>
<tr><th>分类方式</th><th>分类情况</th><th>备注</th></tr>
<tr><td rowspan="3">站台形式</td><td>岛式站台</td><td>站台位于上、下行线路之间。具有站台面积利用率高、提升设施共用，能灵活调剂客流、使用方便、管理较集中等优点。常用于较大客流量的车站。其派生形式有曲线式、双鱼腹式、单鱼腹式、梯形式和双岛式等</td></tr>
<tr><td>侧式站台</td><td>站台位于上、下行线路的两侧。侧式站台的高架车站能使高架区间断面更趋合理。常见于客流不大的地下站和高架的中间站。其派生形式有曲线式，单端喇叭式，双端喇叭式，平行错开式和上、下错开式等形式</td></tr>
<tr><td>岛、侧混合站台</td><td>将岛式站台及侧式站台同设在一个车站内。常见的有一岛一侧，或一岛两侧形式。此种车站可同时在两侧的站台上、下车。共线车站往往会出现此种形式</td></tr>
</table>

2.构造组成

地铁车站通常由车站主体（站台、站厅、设备用房、生活用房），出入口及通道，通风道及地面通风亭等三大部分组成。

【经典例题】1.最常用、数量最多的地铁车站形式是（　　）。

A.区域站　　B.中间站

C.换乘站　　D.枢纽站

【答案】B

（二）施工方法（工艺）与选择条件

1.明挖法施工

施工作业面多、速度快、工期短、易保证工程质量、工程造价低。（口诀：多快好省）

明挖法基坑支护结构选择时，应首先确定基坑安全等级，然后根据等级选用基坑支护结构。根据《建筑基坑支护技术规程》基坑支护安全等级分类见表1K413010-2。支护结构适用条件见表1K413010-3。

基坑支护结构的安全等级　表1K413010-2

安全等级	破坏后果
一级	支护失效、土体变形过大影响很严重
二级	支护失效、土体变形过大影响严重
三级	支护失效、土体变形过大影响不严重

基坑支护结构的适用条件　表1K413010-3

<table>
<tr><th colspan="2">结构类型安全等级</th><th colspan="3">适用条件（基坑深度、环境条件、土类和地下水的条件）</th></tr>
<tr><td rowspan="4">支挡式结构</td><td>拉锚式结构</td><td rowspan="4">一级
二级
三级</td><td>适用较深基坑</td><td rowspan="4">①排桩适用于可采用降水或水帷幕的基坑；
②地下连续墙可同时用于截水；
③锚杆不宜用在软土层和高水位的碎石土、砂土中；
④当邻近基坑有建筑物地下室、地下构筑物等，锚杆的有效长度不足时，不应采用锚杆；
⑤当锚杆施工会造成基坑周边建（构）筑物的损害或违反城市地下空间规划等规定时，不应采用锚杆</td></tr>
<tr><td>支撑式结构</td><td>适用较深基坑</td></tr>
<tr><td>悬臂式结构</td><td>适用较浅基坑</td></tr>
<tr><td>双排桩</td><td>当拉锚式，支撑式和悬臂式结构不适用时，可考虑采用双排桩</td></tr>
</table>

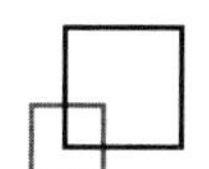

续表

结构类型安全等级			适用条件（基坑深度、环境条件、土类和地下水的条件）	
土钉墙	单一土钉墙	二级 三级	适用于地下水位以上或降水的非软土基坑，且基坑深度不宜大于12m	当基坑潜在滑动面内有建筑物，重要地下管线时，不宜采用土钉墙
	预应力锚杆复合土钉墙		适用于地下水位以上或降水的非软土基坑，且基坑深度不宜大于15m	
	水泥土桩复合土钉墙		适用于非软土基坑，且基坑深度不宜大于12m；用于淤泥质土基坑时，基坑深度不宜大于6m；不宜用在高水位的碎石土、砂土层中	
	微型桩复合土钉墙		适用于地下水位以上或降水的基坑，用于非软土基坑时，基坑深度不宜大于6m	
重力式水泥土墙		二级 三级	适用于淤泥质土、淤泥基坑，且基坑深度不宜大于7m	
放坡		三级	施工场地满足放坡条件 放坡与上述支护结构形式结合	

2.盖挖法施工

（1）盖挖法是先盖后挖，即先以临时路面或结构顶板维持地面畅通，再向下施工。见图1K413010-2。

图1K413010-2　盖挖法施工示意图

（2）盖挖法优点：围护结构变形小，能够有效控制周围土体的变形和地表沉降，有利于保护邻近建筑物和构筑物；基坑底部土体稳定，隆起小，施工安全；盖挖逆作法用于城市街区施工时，可尽快恢复路面，对道路交通影响较小。

（3）盖挖法缺点：混凝土结构的水平施工缝的处理较为困难；盖挖逆作法施工时，暗挖施工难度大、费用高。

（4）三种盖挖法介绍见表1K413010-4。

三种盖挖法特点及区别　表1K413010-4

盖挖分类	施工顺序简述	主要区别
盖挖顺作法	墙桩覆盖板，挖撑到坑底； 向上做结构，最后复路面	恢复路面 支撑设置 结构施作方向（接缝处理）
盖挖逆作法（最常用）	墙柱和顶板，回填复路面； 向下逐层挖，逐层做结构	
盖挖半逆作法	顶板分段做，分段复路面； 挖撑到坑底，向上做结构	

盖挖顺作法的具体施工流程见图1K413010-3。

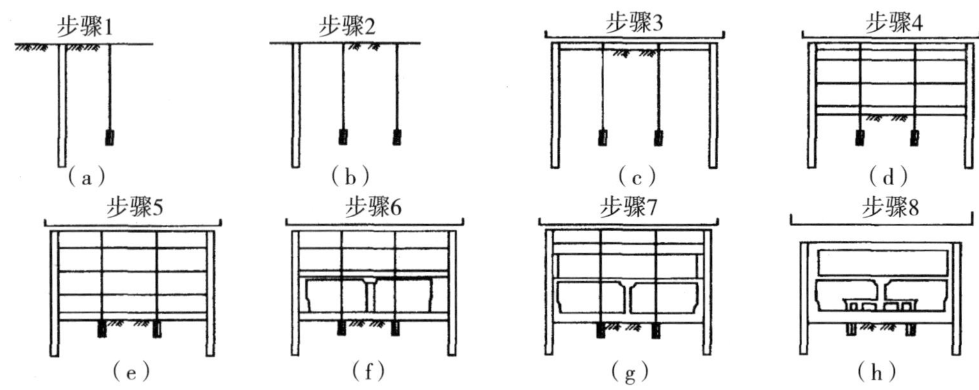

图1K413010-3 盖挖顺作法施工流程

（a）构筑连续墙；（b）构筑中间支承桩；（c）构筑连续墙及覆盖板；（d）开挖及支撑安装；（e）开挖及构筑底板；（f）构筑侧墙、柱；（g）构筑侧墙及顶板；（h）构筑内部结构及路面复旧

盖挖逆作法的具体施工流程见图1K413010-4。

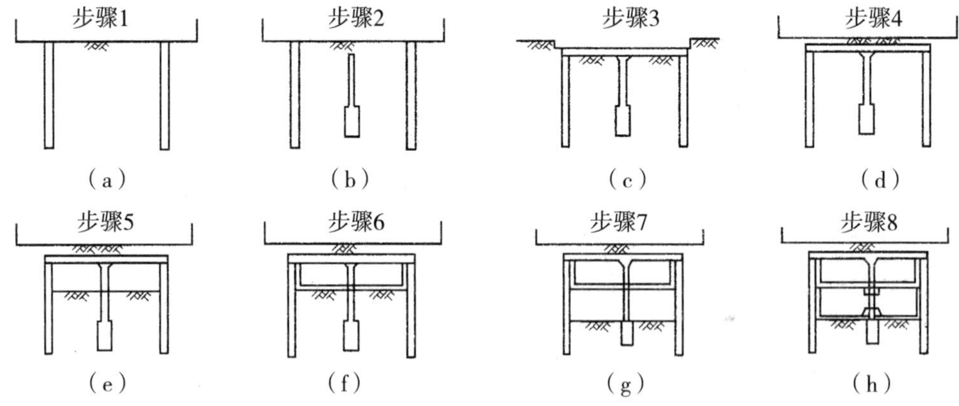

图1K413010-4 盖挖逆作法施工流程

（a）构筑维护结构；（b）构筑主体结构中间立柱；（c）构筑顶板；（d）回填土、恢复路面；（e）开挖中层土；（f）构筑上层主体结构；（g）开挖下层土；（h）构筑下层主体结构

盖挖半逆作法的具体施工流程见图1K413010-5。

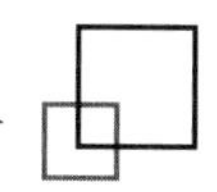

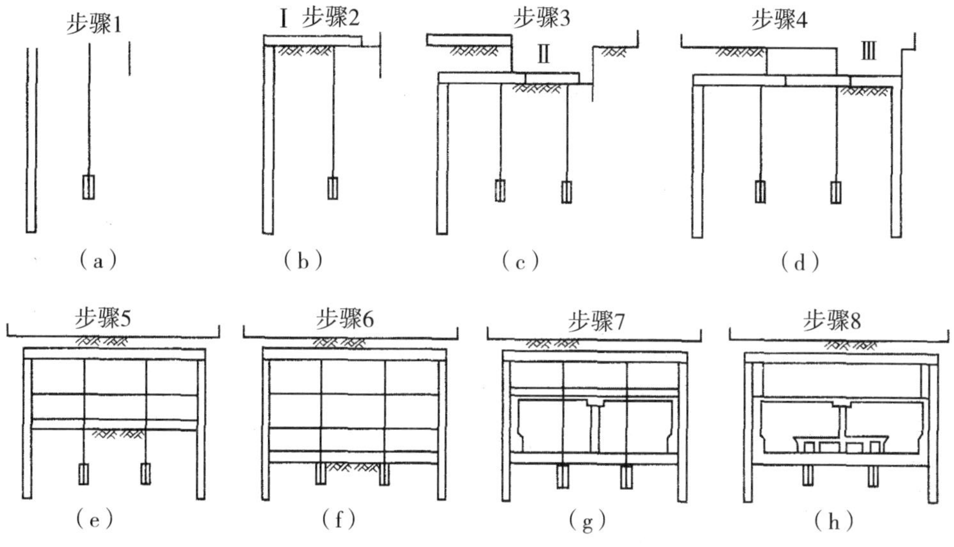

图1K413010-5 盖挖半逆作法施工流程

(a)构筑连续墙中间支承桩及临时性挡土设备;(b)构筑顶板(Ⅰ);(c)打设中间桩、临时性挡土及构筑顶板(Ⅱ);(d)构筑连续墙及顶板(Ⅲ);(e)依序向下开挖逐层安装水平支撑;(f)向下开挖、构筑底板;(g)构筑侧墙、柱及楼板;(h)构筑侧墙及内部之其余结构物

3.喷锚暗挖法

喷锚暗挖法(又称矿山法)对地层的适应性较广,适用于结构埋置较浅、地面建筑物密集、交通运输繁忙、地下管线密布,及对地面沉降要求严格的城镇地区地下构筑物施工。

(1)新奥法

“新奥法”是以维护和利用围岩的自承能力为基点。要求初期支护有一定柔度,以利用和充分发挥围岩的自承能力。设计时并没有充分考虑利用围岩的自承能力,这是浅埋暗挖法与“新奥法”的主要区别。

(2)浅埋暗挖法

①在城镇软弱围岩地层中,在浅埋条件下修建地下工程,以改造地质条件为前提,以控制地表沉降为重点,以格栅(或其他钢结构)和锚喷作为初期支护手段,遵循“新奥法”大部分原理,按照“十八字”方针(即管超前、严注浆、短开挖、强支护、快封闭、勤量测)进行隧道的设计和施工,称之为浅埋暗挖技术。

②浅埋暗挖法适用条件:

a.不允许带水作业。大范围淤泥质软土、粉细砂地层,降水有困难或经济上选择此工法不合算的地层,不宜采用。

b.浅埋暗挖法要求开挖面具有一定的自立性和稳定性。

c.对开挖面前方地层的预加固和预处理,视为浅埋暗挖法的必要前提,目的就在于加强开挖面的稳定性,增加施工的安全性。

③常用的单跨隧道浅埋暗挖方法选择(根据开挖断面大小)见图1K413010-6。

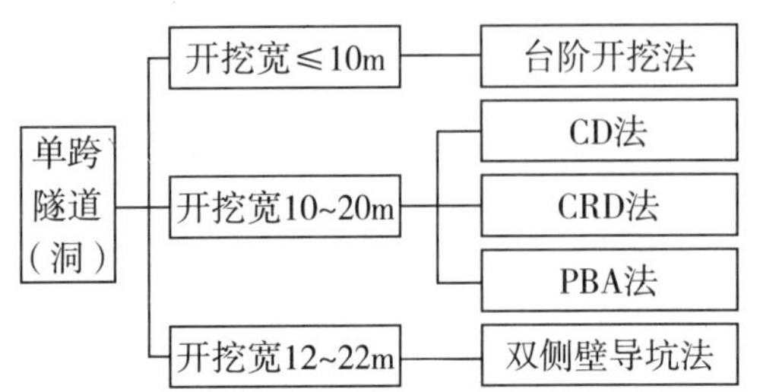

图1K413010-6 常用的单跨隧道浅埋暗挖方法选择

嗨·点评 基坑安全等级理解记忆，明挖、盖挖和喷锚暗挖三种方法要在理解的基础上记住优缺点、特点，能区分不同支护结构使用条件、盖挖三种方法异同点、常用单跨隧道方法选择等知识点。

【经典例题】2.（2012年真题）在软土地层修建地铁车站，需要尽快恢复上部路面交通时，车站基坑施工方法宜选择（　　）。

A.明挖法　　B.盖挖法

C.盾构法　　D.浅埋暗挖法

【答案】B

【经典例题】3. 明挖法是修建地铁车站的常用施工方法，具有（　　）等优点。

A.施工作业面多

B.工程造价低

C.速度快

D.围护结构变形小

E.基坑底部土体稳定

【答案】ABC

【经典例题】4.（2015年真题）沿海软土地区深度小于7m的二、三级基坑，不设内支撑时，常用的支护结构（　　）。

A.拉锚式结构　　B.钢板桩支护

C.重力式水泥土墙　　D.地下连续墙

【答案】C

（三）不同方法施工的地铁车站结构

1.明挖法施工车站结构

明挖法施工的车站主要采用矩形框架结构或拱形结构。其中，矩形框架结构是明挖车站中采用最多的一种形式。

明挖地铁车站结构由底板、侧墙及顶板等围护结构和楼板、梁、柱及内墙等内部构件组合而成。

2.盖挖法施工车站结构

在城镇交通要道区域采用盖挖法施工的地铁车站多采用矩形框架结构。

软土地区地铁车站一般采用地下墙或钻孔灌注桩作为施工阶段的围护结构。地下墙可作侧墙结构的一部分，与内部现浇钢筋混凝土组成双层衬砌结构；也可将单层地下墙作为主体结构侧墙结构。见图1K413010-7。

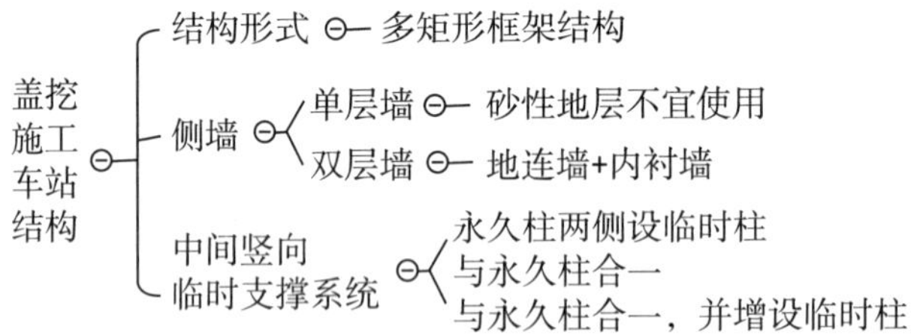

图1K413010-7 盖挖法施工车站结构

单层侧墙即地下墙在施工阶段作为基坑围护结构，建成后使用阶段又是主体结构的侧墙，内部结构的板直接与单层墙相接。

3.喷锚暗挖（矿山）法施工车站结构

可采用单拱式、双拱式（包括塔柱式和立柱式）和三拱式（包括塔柱式和立柱式）车站，开挖断面一般为150~250m^2。

二、地铁区间隧道结构与施工方法

（一）不同方法施工地铁区间隧道的结构形式

1.明挖法

场地开阔、建筑物少、交通及环境允许条件下，应优先采用施工速度快、造价较低

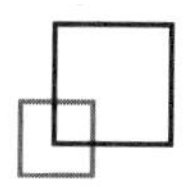

的明挖法（多快好省）施工。

（1）整体式衬砌结构特点：防水好，工序多，速度慢。

（2）预制装配式衬砌特点：整体性差，不抗震。

2.喷锚暗挖法施工隧道

适用于城市区域、交通要道及地上地下构筑物复杂地区。一般为拱式结构。

（1）复合式衬砌结构

复合式衬砌组成：初期支护+防水层+二次衬砌。

初期支护，最适宜采用喷锚支护，根据具体情况，选用锚杆、喷混凝土、钢筋网和钢支撑等单一或并用而成。

（2）变化方案

干燥无水的坚硬围岩可采用单层喷锚支护；防水要求不高，围岩能自稳，可采用单层模筑衬砌。

3.盾构法施工隧道

在松软含水地层、不允许拆迁，施工条件困难地段，盾构法有优越性；振动小、噪声低、速度快、安全可靠，影响小。

盾构法修建的区间隧道衬砌有预制装配式衬砌、预制装配式衬砌和模筑钢筋混凝土整体式衬砌相结合的双层衬砌以及挤压混凝土整体式衬砌三大类。见图1K413010-8。

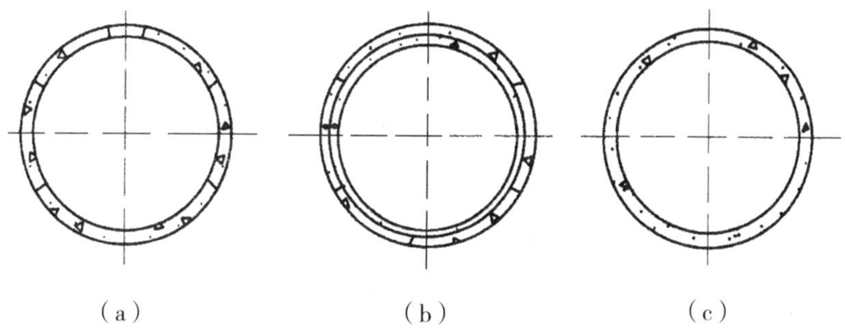

图1K413010-8 盾构法隧道衬砌横断面示意图

（a）单层装配式衬砌；（b）双层复合式衬砌；（c）挤压混凝土整体式衬砌

（1）预制装配式衬砌

预制装配式衬砌是用工厂预制的构件，称为管片，在盾构尾部拼装而成的。

按管片螺栓手孔大小可分为箱型和平板型两类。现在的钢筋混凝土管片多采用平板型结构。见图1K413010-9。

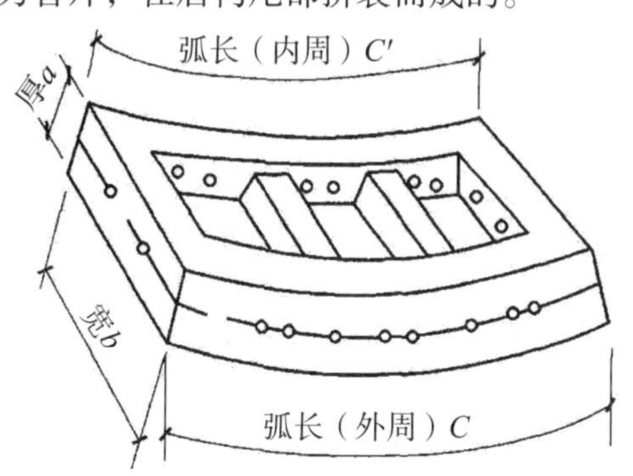

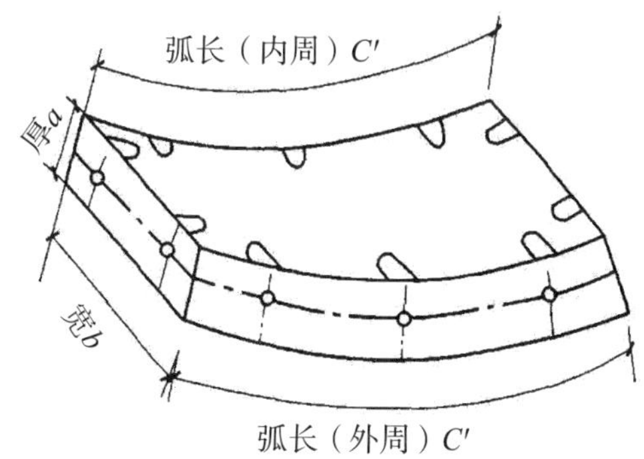

图1K413010-9 箱型和平板型管片

衬砌环内管片之间以及各衬砌环之间的连接方式，从其力学特性来看，可分为柔性连接和刚性连接。刚性连接通过增加连接螺栓的排数，力图在构造上使接缝处的刚度与管片本身相同。实践证明，刚性连接不仅拼装麻烦、造价高，而且会在衬砌环中产生较大的次应力，带来不良后果，因此，目前较为通用的是柔性连接，常用的有：单排螺栓连接、销钉连接及无连接件等。

（2）双层衬砌

装配式衬砌内部再做一层整体式混凝土或钢筋混凝土内衬，双层衬砌主要用在输水隧洞工程和含有腐蚀性地下水的地层中。

（3）挤压混凝土整体式衬砌

挤压混凝土衬砌就是随着盾构向前掘进，用一套衬砌施工设备在盾尾同步灌注的混凝土或钢筋混凝土整体式衬砌，因其灌注后即承受盾构千斤顶推力的挤压作用，故有此称谓。

挤压混凝土衬砌应用最多的是钢纤维混凝土，衬砌背后无空隙，故无须注浆。工艺复杂，应用尚不广泛。

（二）施工方法比较与选择

1.喷锚暗挖（矿山）法

（1）施工基本流程见图1K413010-10。

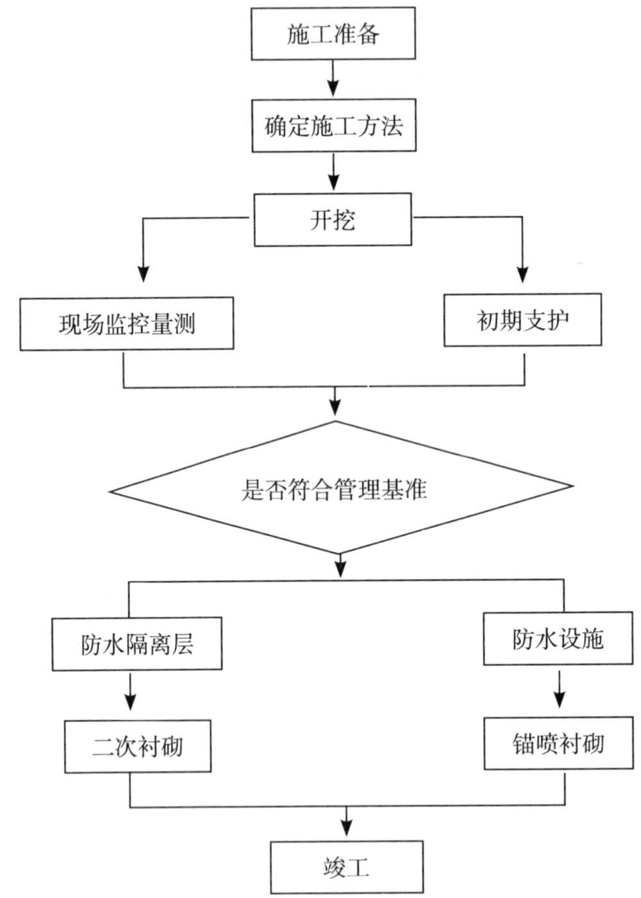

图1K413010-10　喷锚暗挖法施工流程

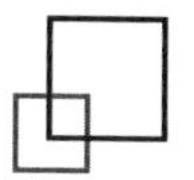

（2）喷锚暗挖法分类（见图1K413010-11）

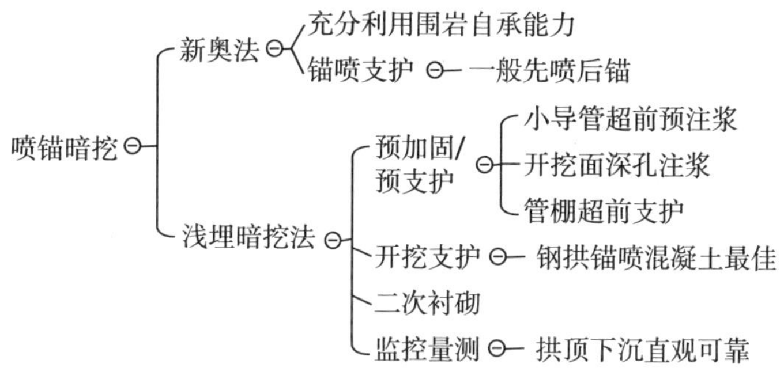

图1K413010-11　喷锚暗挖法分类

（3）浅埋暗挖施工要点

①初期支护

在软弱破碎及松散、不稳定的地层中采用浅埋暗挖法施工时，除需对地层进行预加固和预支护外，隧道初期支护施作的及时性及支护的强度和刚度，对保证开挖后隧道的稳定性、减少地层扰动和地表沉降，都具有决定性的影响。

②二次衬砌

通过监控量测，掌握隧道动态，提供信息，指导二次衬砌施作时机。这是浅埋暗挖法中二次衬砌施工与一般隧道衬砌施工的主要区别。

③监控量测

施工单位要有专门机构执行和管理，并由项目技术负责人统一掌握、统一领导。

经验证明拱顶下沉是控制稳定较直观的和可靠的判断依据，水平收敛和地表下沉有时也是重要的判断依据。对于地铁隧道来讲，地表下沉测量显得尤为重要。

④浅埋暗挖总原则

预支护、预加固一段，开挖一段；开挖一段，支护一段；支护一段，封闭成环一段。

2.盾构法（图1K413010-12）

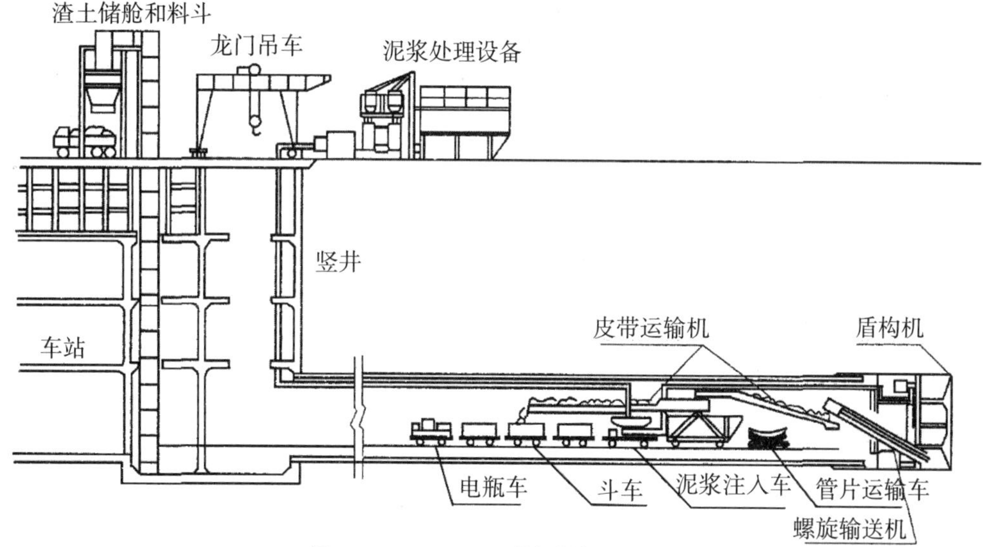

图1K413010-12　盾构法施工示意图

（1）盾构施工程序：建井→井内组装盾构机→推出→掘进出土、盾尾安装管片→管片背后注浆→到达接收井→盾构拆除。

（2）盾构法施工隧道具有以下优点（影

响小，工序少）：

①除竖井施工外，施工作业均在地下进行，既不影响地面交通，又可减少对附近居民的噪声和振动影响；

②盾构推进、出土、拼装衬砌等主要工序循环进行，施工易于管理，施工人员也较少；

③隧道的施工费用不受覆土量多少影响，适宜于建造覆土较深的隧道；

④施工不受风雨等气候条件影响；

⑤当隧道穿过河底或其他建筑物时，不影响施工；

⑥只要设法使盾构的开挖面稳定，则隧道越深，地基越差，土中影响施工的埋设物等越多，与明挖法相比，经济上、施工进度上越有利。

（3）盾构法施工存在的问题：

①曲线半径过小时，施工困难；

②覆土太浅，困难很大；

③盾构施工中采用全气压方法以疏干和稳定地层时，对劳动保护要求较高，施工条件差；

④隧道上方一定范围内的地表沉陷难完全防止；

⑤在饱和含水地层中，盾构法施工所用的拼装衬砌，对达到整体结构防水的技术要求较高。

嗨·点评 多考核选择题，浅埋暗挖监控量测部分可结合案例考核，例如谁统一领导等。

【经典例题】5.（2012年真题）在松软含水地层，施工条件困难地段，修建隧道，且地面构筑物不允许拆迁，先考虑（　　）。

A.明挖法　　B.盾构法

C.潜埋挖法　　D.新奥法

【答案】B

【经典例题】6.关于隧道浅埋暗挖法施工的说法，错误的是（　　）。

A.施工时不允许带水作业

B.要求开挖面具有一定的自立性和稳定性

C.常采用预制装配式衬砌

D.与新奥法相比，初期支护允许变形量较小

【答案】C

三、轻轨交通高架桥梁结构

（一）高架桥结构与运行特点

1.速度快，频率高，维修时间短。

2.多采用无缝线路（钢轨很长，接缝很少）、无砟轨道（轨枕下用轨道板代替道砟）（图1K413010-13）。

图1K413010-13　无缝线路、无砟轨道铁路

3.应考虑防止列车倾覆的安全措施及在必要地段设置防噪屏障，还应设有防水、排水措施。

4.墩位布置应符合城镇规划，上部结构优先采用预应力混凝土结构。其次才是钢结构，须有足够的竖向和横向刚度。

5.应设有降噪减振（设置声屏障）、消除楼房遮光和防止电磁波干扰等系统。

6.景观要求。

（二）高架桥的基本结构

1.高架桥基础和墩台

地质情况良好优选扩大基础；软土地基条件下，高架桥基础宜用桩基础。

高架桥桥墩包括：

（1）倒梯形桥墩；（2）双柱式桥墩；（3）T形桥墩（最常用）；（4）Y形桥墩。见图1K413010-14。

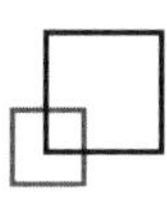

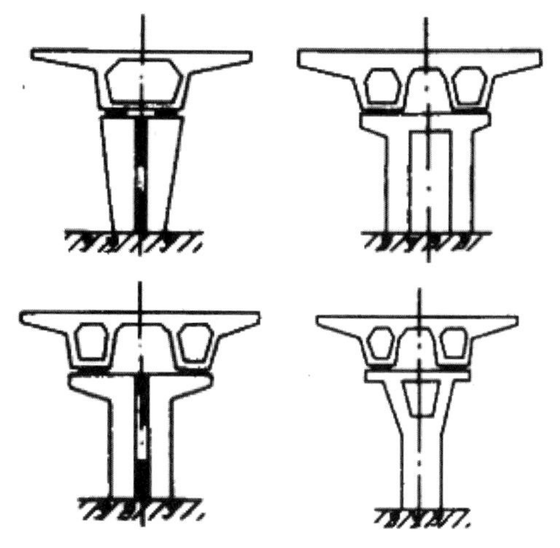

图1K413010-14 高架桥桥墩形式

2.高架桥的上部结构

跨越主要道路、河流及其他市内交通设施的主要工程节点可以采用任何一种适用于城市桥梁的大跨度桥梁结构体系。采用最多的是连续梁、连续刚构、系杆拱。

从城市景观和道路交通功能考虑，宜选用较大的桥梁跨径从而给人以通透的舒适感；按桥梁经济跨径的要求，当桥跨结构的造价和下部结构（墩台、基础）造价接近相等时最为经济；从加快施工进度着眼，宜大量采用预制预应力混凝土梁。所以，要因地制宜综合考虑。

【经典例题】7.城镇轻轨高架桥最常用的桥墩形式是（　　）。

A.倒梯形桥墩　　B.T形桥墩

C.双柱式桥墩　　D.Y形桥墩

【答案】B

【经典例题】8.轻轨交通站间高架桥在跨越主要道路、河流的主要工程节点部位的桥梁上部结构采用最多的是（　　）形式。

A.钢结构　　B.连续梁

C.连续刚构　　D.简支梁

E.系杆拱

【答案】BCE

四、城市轨道交通的轨道结构

轨道结构是由钢轨、轨枕、连接件、道床、道岔和其他附属设备等组成的构筑物。

（一）轨道组成

1.轨道结构

要求具有一定强度、稳定性、耐久性和适量弹性，应保证运行平稳、安全，并应满足减振、降噪要求。

2.轨道结构特点

（1）控噪方法：车辆结构采取减振，修筑声屏障，减振轨道结构。

（2）行车密度大，运营时间长，维修作业时间短，一般采用较强的轨道部件和无砟道床等少维修轨道结构。

（3）电力牵引，走行轨作为供电回路。要求钢轨与轨下基础有较高的绝缘性能。

（4）城市内曲线半径不大，正线半径小于400m的曲线地段，应采用全长淬火钢轨或耐磨钢轨。钢轨铺设前应预弯，运营时钢轨涂油。

（二）轨道形式与选择

1.轨道形式及扣件、轨枕

正线及辅线：60kg/m钢轨，50kg/m钢轨也可。车场线：50kg/m钢轨。

标准轨距应采用1435mm。钢轮-钢轨系统正线曲线应根据列车运行速度设置超高。

轨道尽端应设置车挡。应能承受15km/h速度撞击时的冲击荷载。

2.道床与轨枕

隧道内、桥梁及地面车站地段用整体道床；地面线采用碎石道床。

3.减振结构（表1K413010-5）

减振结构三种等级 表1K413010-5

一般减振轨道结构		无缝线路、弹性分开式扣件和整体（碎石）道床
较高减振轨道结构	住宅、宾馆、机关20m内	轨道减振器扣件/弹性短枕式整体道床
特殊减振轨道结构	医院、学校、音乐厅、精密仪器厂、高级宾馆20m内	浮置板整体道床（图1K413010-15）

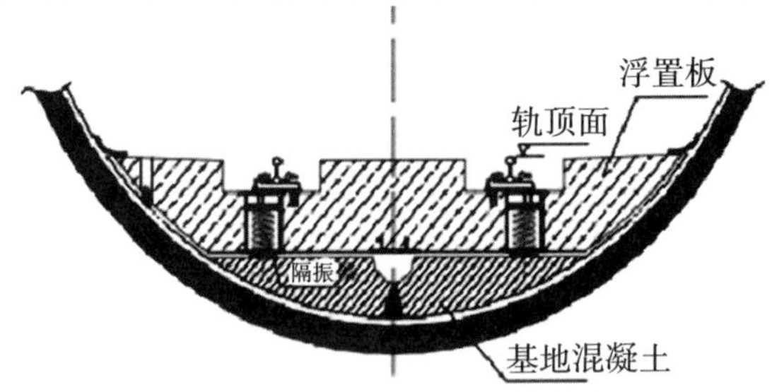

图1K413010-15 浮置板道床

嗨·点评 选择题考点。

【经典例题】9.地铁轨道不同道床形式的扣件选择是不同的，对于混凝土枕碎石道床，应选用（ ）扣件。

A.刚性不分开式 B.弹性不分开式

C.刚性分开式 D.弹性分开式

【答案】B

【嗨·解析】分开式指铁轨和轨枕用衬垫隔开，不直接接触；不分开式指铁轨和道床直接接触。只有混凝土枕碎石道床是弹性不分开式扣件。

【经典例题】10.（2013年真题）城市轨道交通地面正线宜采用（ ）。

A.长枕式整体道床 B.短枕式整体道床

C.木枕碎石道床 D.混凝土枕碎石道床

【答案】D

五、地铁车站工程施工质量检查与验收

（一）质量控制原则（通用，略）

（二）明挖法施工地铁车站施工质量控制与验收

1.基坑开挖施工

（1）基坑开挖前应做的准备工作有：确定支护结构的施工顺序和管理指标；划分土方分层、分步开挖流水段，拟定土方调配计划；落实弃、存土场地并勘察好运输路线；清除基坑范围内障碍物、修筑好运输路线、处理好需要悬吊的地下管线。

（2）存土点不得选在建筑物、地下管线和架空线附近，基坑两侧10m范围内不得存土。

（3）土方必须自上而下分层、分段依次开挖，并及时施加支撑或锚杆。挖至邻近基底200mm时，应配合人工清底，不得超挖或扰动基底土。

（4）基坑开挖应对下列项目进行中间验收：

①基坑平面位置、宽度及基坑高程、平整度、地质描述；

②基坑降水；

③基坑放坡开挖的坡度和支护桩及连续墙支护的稳定情况；

④地下管线的悬吊和基坑便桥稳固情况。

2.结构施工

（1）混凝土灌注前应对模板、钢筋、预埋件、端头止水带等检查，隐蔽验收合格后，方可灌注混凝土。

（2）底板混凝土应沿线路方向分层留台阶灌注，灌注至高程初凝前，应用表面振捣器振捣一遍后抹面；墙体混凝土左右对称、水平、分层连续灌注，至顶板交界处间歇1~1.5h，然后再灌注顶板混凝土；顶板混凝土连续水平、分

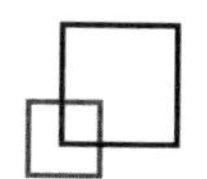

台阶由边墙、中墙分别向结构中间方向灌注。

（3）混凝土终凝后及时养护，垫层混凝土养护期不得少于7d，结构混凝土养护期不得少于14d。

（4）结构施工应对下列项目进行中间验收：

①原材料、配合比和混凝土搅拌及灌注；

②防水层基面、每层防水层铺贴和保护层施工以及结构混凝土灌注前的模板、钢筋施工质量和隐蔽前的查验；

③各种材料和试件试验的质量。

3.基坑回填

（1）不可回填纯黏土、淤泥、粉砂、杂土，有机质含量大于8%的腐殖质土、过湿土、冻土和大于150mm粒径的石块。

（2）基坑回填应对下列项目进行中间验收：

①回填前基底清理；

②回填料种类、取样、最大干密度和最佳含水量的测试；

③每层回填土密实度测试。

4.工程竣工

（1）工程竣工后，混凝土抗压强度和抗渗压力必须符合设计要求，结构允许偏差满足规范要求。

（2）工程竣工验收应提供下列资料：

①原材料、成品和半成品质量合格证；

②各种试验报告和质量评定记录；

③图纸会审记录、变更设计或洽商记录；

④工程定位测量记录；

⑤隐蔽工程验收记录；

⑥基础、结构工程验收记录；

⑦开竣工报告；

⑧竣工图。

5.主体结构防水施工

（1）地铁车站工程实践表明，车站（主体结构、变形缝）防水施工质量直接影响运行安全，因此必须重点进行控制。

（2）明挖法施工地下车站结构防水措施应符合设计要求或按表1K413010-6中一级防水要求选用。

（3）喷锚暗挖法施工车站防水必须按照设计要求严格控制施工质量，防水措施应符合表1K413010-7中一级防水的要求。

明挖法施工的地下车站结构防水措施　表1K413010-6

	主体				施工缝					后浇带				变形缝						
防水措施	防水混凝土	防水卷材	防水涂料	塑料防水板	遇水膨胀止水条	外贴式止水带	中埋式止水带	金属板	外涂防水涂料	膨胀防水混凝土	外贴式止水带	防水嵌缝材料	遇水膨胀止水条	中埋式止水带	外贴式止水带	可卸式止水带	防水嵌缝材料	外贴防水卷材	外涂防水涂料	遇水膨胀止水条
防水等级一级	应选	应选一至两种			应选两种					应选	应选两种			应选	应选两种					

喷锚暗挖法施工的地下车站结构防水措施　表1K413010-7

工程部位	防水措施		防水等级一级
主体	复合式衬砌	喷锚初期支护	应选一种
		夹层防水层或隔离层	
		整体现浇防水混凝土二衬，抗渗等级S8	
	整体现浇防水混凝土二衬，抗渗等级S8		

续表

工程部位	防水措施	防水等级一级
内衬砌施工缝	遇水膨胀止水条	应选两种
	外贴式止水带	
	中埋式止水带	
	防水嵌缝材料	
内衬砌变形缝	中埋式止水带	应选
	外贴式止水带	应选两种
	可卸式止水带	
	防水嵌缝材料	
	遇水膨胀止水条	

6.变形缝防水处理

（1）留置施工缝时，其位置应符合下列规定：

①柱施工缝留置在与顶、底板或梁交界处；

②墙体施工缝留置位置：水平施工缝在高出底板200~300mm处，如必须留置垂直施工缝时，应加设端头模板，并宜与变形缝相结合；

③顶、底板均不得留置水平施工缝，如留置垂直施工缝时，应按②规定执行；

④墙体施工缝宜留置平缝，并粘贴遇水膨胀胶条进行防水处理。

（2）施工缝处继续灌注混凝土应符合下列规定：

①已灌注混凝土强度：水平施工缝处不应低于1.2MPa，垂直施工缝处不应低于2.5MPa；

②已灌注混凝土表面必须凿毛，清理干净后粘贴遇水膨胀胶条；

③灌注混凝土前，施工缝处应先湿润。水平施工缝先铺20~25mm厚与灌注混凝土灰砂比相同的砂浆。

（3）后浇缝施工应符合下列规定：

①位置应设于受力和变形较小处，宽度宜为0.8~1.0m；

②后浇混凝土施工应在其两侧混凝土龄期达到42d后进行；

③浇混凝土施工前，两侧混凝土应凿毛，清理干净，保持湿润，并刷水泥浆后粘贴遇水膨胀胶条；

④后浇缝应采用补偿收缩混凝土灌注，其配合比经试验确定，并不得低于两侧混凝土强度；

⑤后浇混凝土养护期不应少于28d。

嗨·点评 重点掌握基坑开挖施工要求、中间验收、基坑回填，和车站结构的防水措施、施工缝、后浇缝的要求。这些知识可以结合案例考核；其他知识理解。

【经典例题】11.地下车站基坑开挖时，基坑两侧（　　）m范围内不得存土。

A.10　　B.5　　C.3　　D.1.2

【答案】A

【经典例题】12. 某城镇地铁车站采用明挖法施工，采用挂网喷锚支护方式，基坑开挖时施工单位在基坑两侧5m外临时存土；土方自上向下分层、分段依次开挖，挖掘机司机根据测量员测放的坑底高程和宽度开挖到坑底。基坑开挖过程中，对下列项目进行了

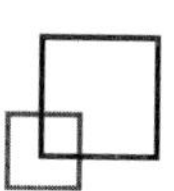

中间验收：

（1）基坑平面位置、宽度及基坑高程、平整度、地质描述；

（2）基坑放坡开挖的坡度和支护桩及连续墙支护的稳定情况。

车站结构浇筑时，在底板和墙体间留置了一道施工缝；主体结构完工后，施工单位采用纯黏土分层回填，并逐层检验压实度。

【问题】（1）基坑开挖及回填有何不妥，请改正。

（2）基坑开工过程中，中间验收是否齐全，请补充。

（3）施工缝留置是否妥当，请准确写出施工缝留置位置。

（4）施工缝处继续浇筑混凝土如何处理，并给出施工缝处防水措施（至少两种）。

【答案】（1）施工单位在基坑两侧5m外临时存土不妥，基坑两侧10m范围内不得存土；

挖掘机直接开挖到坑底不妥，应开挖至临近基底200mm时，配合人工清底，不得超挖或扰动基底土。

采用纯黏土不妥，基坑回填除纯黏土、淤泥、粉砂、杂土，有机质含量大于8%的腐殖质土、过湿土、冻土和大于150mm粒径的石块外，其他均可回填。

（2）不齐全，还应验收地下管线的悬吊和基坑便桥稳固情况；基坑降水。

（3）妥当，应留置在高出底板200~300mm处。

（4）已灌注混凝土不应低于1.2MPa；

已灌注混凝土表面必须凿毛，清洁后粘贴遇水膨胀胶条，灌注混凝土前，施工缝处应先湿润。水平施工缝先铺20~25mm厚的与灌注混凝土灰砂比相同的砂浆。

防水措施：遇水膨胀止水条、中埋式止水带、外贴式止水带、外涂防水涂料等。

1K413020 明挖基坑施工

一、地下工程降水排水方法

（一）降水方法选择

1.基本要求

（1）在软土地区基坑开挖＞3m，一般用井点降水；较浅时，可用集水明排。

（2）当基坑底为隔水层且层底作用有承压水时，应进行坑底突涌验算，必要时可采取水平封底隔渗或钻孔减压措施，保证坑底土层稳定。

（3）当因降水而危及基坑及周边环境安全时，宜用截水方法控制地下水。并宜根据水文地质条件采取坑外回灌措施。

2.工程降水方法的选用

根据土层情况、渗透性、降水深度、周围环境、支护结构种类按表1K413020-1选用。

工程降水方法的选用　表1K413020-1

<table>
<tr><th colspan="2">降水方法</th><th>适用地层</th><th>渗透系数（m/d）</th><th>降水深度（m）</th><th>地下水类型</th></tr>
<tr><td colspan="2">集水明排</td><td>黏性土、砂土</td><td>—</td><td><2</td><td>潜水、地表水</td></tr>
<tr><td>轻型井点</td><td>一级
二级
三级</td><td rowspan="2">砂土，粉土，含薄层粉砂的淤泥质（粉质）黏土</td><td rowspan="2">0.1～20</td><td>3～6
6～9
9～12</td><td>潜水</td></tr>
<tr><td colspan="2">喷射井点</td><td>＜20</td><td>潜水、承压水</td></tr>
<tr><td rowspan="2">管井</td><td>疏干</td><td>砂性土，粉土，含薄层粉砂的淤泥质（粉质）黏土</td><td>0.02～0.1</td><td>不限</td><td>潜水</td></tr>
<tr><td>减压</td><td>砂性土，粉土</td><td>>0.1</td><td>不限</td><td>承压水</td></tr>
</table>

嗨·点评 理解基本要求，记忆表1K413020-1中降水方法、降水深度和地下水类型。

（二）施工方法（工艺）与选择条件

1.集水明排

集水明排采用排水沟、集水井和抽水泵组成。见图1K413020-1。

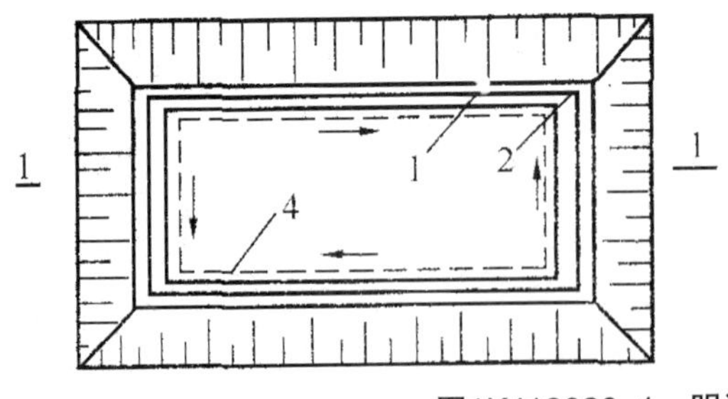

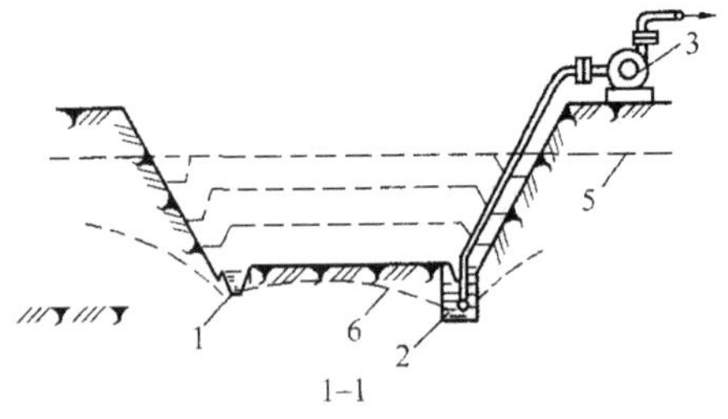

图1K413020-1　明沟、集水井排水方法

1—排水明沟；2—集水井；3—离心式水泵；4—设备基础或建筑基础边线；5—原地下水位线；6—降低后地下水位线

（1）浅基坑涌水量不大时最广泛、最简单和最经济的方法。两侧或四周设排水明沟，

四角或每隔30～50m设集水井。

（2）抽水保持基坑坑壁坑底干燥。

（3）集水井的净截面尺寸应根据排水流量确定。集水井应采取防渗措施。

（4）排水明沟宜布置在拟建建筑基础边0.4m外，沟边缘离开边坡坡脚应不小于0.3m。排水明沟深0.3～0.4m，集水井底面应比沟底面低0.5m以上。明沟的坡度不宜小于0.3%，沟底应采取防渗措施。

嗨·点评 集水明排的布置图可结合案例考核识图题。

2.井点降水

（1）当基坑开挖较深，基坑涌水量大，且有围护结构时，应选择井点降水方法。井点降水包括真空（轻型）井点、喷射井点或管井。

概念解释：真空井点利用抽水泵在总管和井点管内抽真空吸水，达到降水目的；喷射井点利用高速度的水或空气循环，将进入到井管内的水吸带出来，达到降水目的。见图1K413020-2。

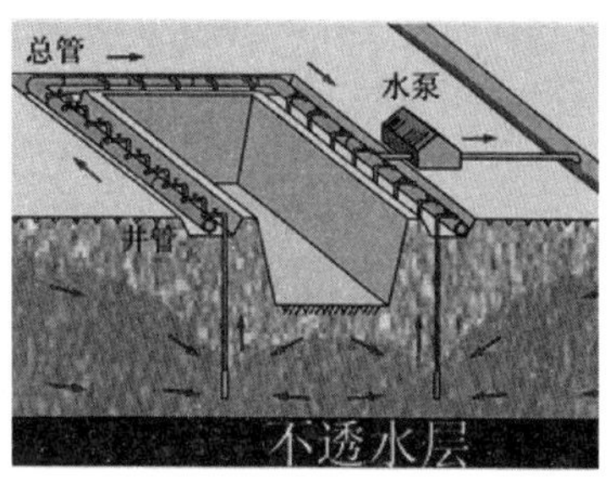

图1K413020-2　井点降水示意图

（2）基坑（槽）宽度＜6m且降水深度≤6m时，单排井点布置在地下水上游一侧；基坑（槽）宽度>6m或土质不良，渗透系数较大时，双排井点布置在基坑（槽）的两侧；基坑面积较大时，宜采用环形井点。挖土运输设备出入道不封闭，留在地下水下游方向，间距4m。见图1K413020-3。

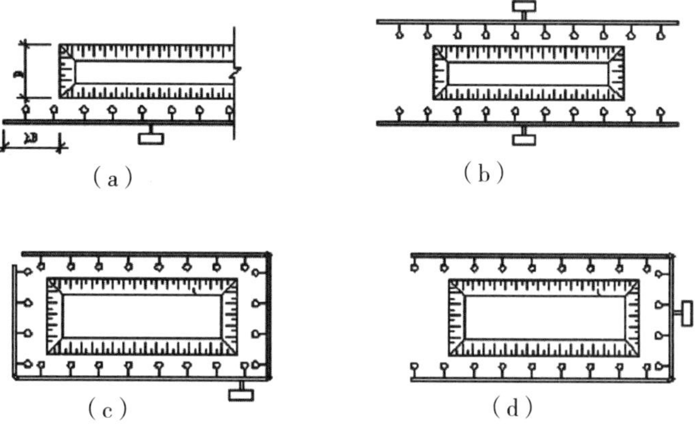

图1K413020-3　轻型井点布置示意图

（a）单排布置；（b）双排布置；（c）环形布置；（d）U型布置

（3）轻型井点宜采用金属管，井点管距坑壁不应小于1.0～1.5m（距离太小易漏气），井点间距一般为0.8～1.6m，滤水管必须埋入含水层，且比挖坑、槽底深0.9~1.2m。井点管的埋置深度应经计算确定。

（4）真空井点和喷射井点可选用清水或泥浆钻进、高压水套管冲击工艺（钻孔法、冲孔法或射水法），不易塌孔、缩颈地层也可长螺旋钻机成孔；成孔深度宜大于设计深度0.5~1.0m。

钻到设计深度后，应注水稀释泥浆；孔壁与井管之间滤料宜采用中粗砂，滤料上方宜使用黏土封堵，封堵至地面的厚度应大于1m。见图1K413020-4。

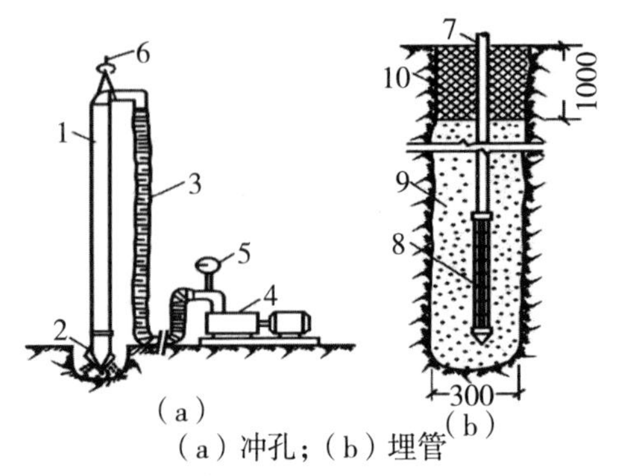

（a）冲孔；（b）埋管

图1K413020-4　井点管的埋设

1—冲管；2—冲嘴；3—胶皮管；4—高压水泵；5—压力表；6—起重机吊钩；
7—井点管；8—滤管；9—填砂；10—黏土封口

（5）管井滤管可采用无砂混凝土滤管、钢筋笼、钢管或铸铁管。良好地层可清水钻进；泥浆护壁钻孔时，成孔后清除沉渣并立即置入井管、注入清水，当泥浆相对密度不大于1.05时，方可投入滤料。滤料宜选用圆砾，不宜采用棱角形石渣料、风化料等。井管底部应设置沉砂段。见图1K413020-5。

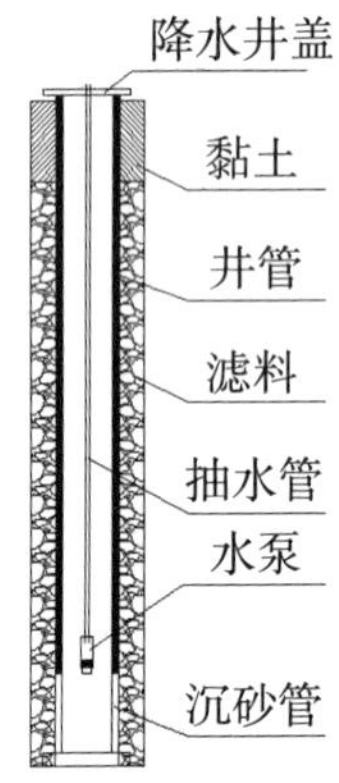

图1K413020-5　管井示意图

嗨·点评　重点注意井点布置三种形状对应情况、井点布置间距、深度、滤料要求，适合考核案例识图题。

（三）基坑的隔（截）水帷幕与坑内外降水

1.隔（截）水帷幕

（1）采用隔（截）水帷幕的目的是切断基坑外的地下水流入基坑内部。

（2）当基坑底存在连续分布、埋深较浅的隔水层时，应采用底端进入下卧隔水层的落底式帷幕；当基坑以下含水层厚度较大时，需采用悬挂式帷幕。见图1K413020-6。

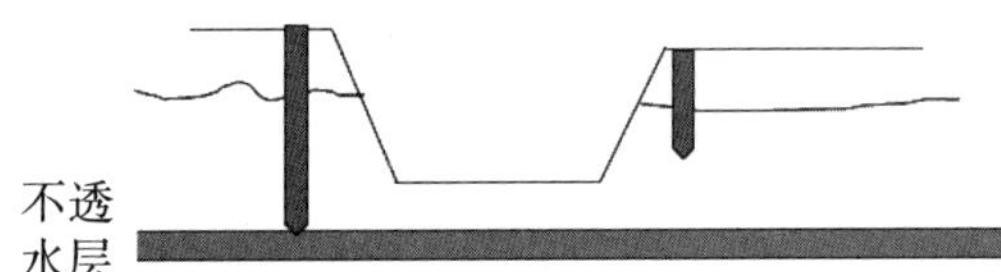

图1K413020-6　落底式和悬挂式帷幕

（3）截水帷幕可选用旋喷法或摆喷注浆帷幕、水泥土搅拌桩帷幕、地下连续墙或咬合式排桩。

2.隔（截）水帷幕与降水井布置（表1K413020-2）

隔水帷幕与降水井布置形式及目的　表1K413020-2

隔水帷幕与降水井布置	降水位置	目的
隔水帷幕隔断含水层	坑内降水	疏干坑内地下水
隔水帷幕位于承压含水层顶板	坑外降水	防底板隆起或突涌
隔水帷幕位于承压含水层中	坑内降水	降低承压水头

（1）隔水帷幕隔断降水含水层

基坑隔水帷幕深入降水含水层的隔水底板中，将坑内外潜水完全分割开来，井点降水以疏干基坑内的地下水为目的，即为前面所述的落底式帷幕。见图1K413020-7。

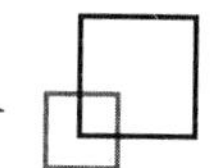

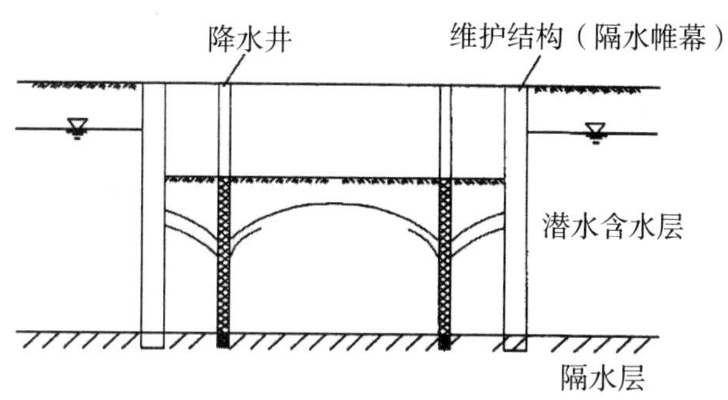

图1K413020-7　隔水帷幕隔断降水含水层

（2）隔水帷幕底位于承压水含水层隔水顶板中

隔水帷幕位于承压水含水层顶板中，通过井点降水降低基坑下部承压含水层的水头，以防止基坑底板隆起或承压水突涌为目的。由于坑内外承压水完全连通，在坑内外设置降水井降水效果差不多，布置在基坑内反而会多出封井问题，所以在坑外设置降水井。见图1K413020-8。

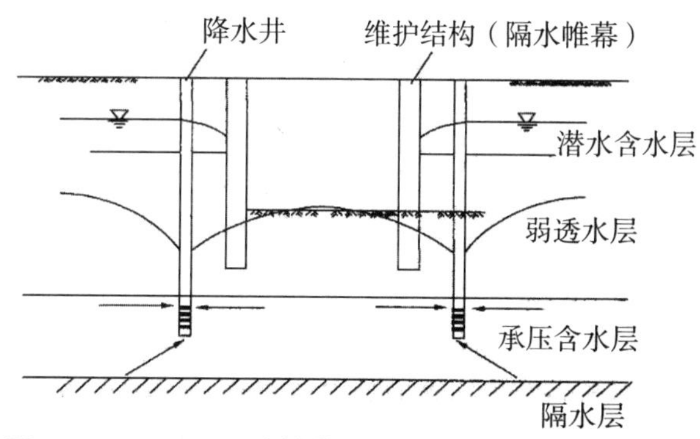

图1K413020-8　隔水帷幕底位于承压水含水层隔水顶板

（3）隔水帷幕底位于承压水含水层中

隔水帷幕底位于承压水含水层中，如果基坑开挖较浅，坑底未进入承压水含水层，井点降水以降低承压水水头为目的；如果基坑开挖较深，坑底已经进入承压水含水层，井点降水前期以降低承压水水头为目的，后期以疏于承压含水层为目的。

因承压水大部分深度被隔水帷幕分隔，地下水呈三维流态。把降水井布置于坑内侧，随着基坑内水位降深的加大，基坑内、外水位相差较大。这样可以明显减少降水对环境的影响。见图1K413020-9。

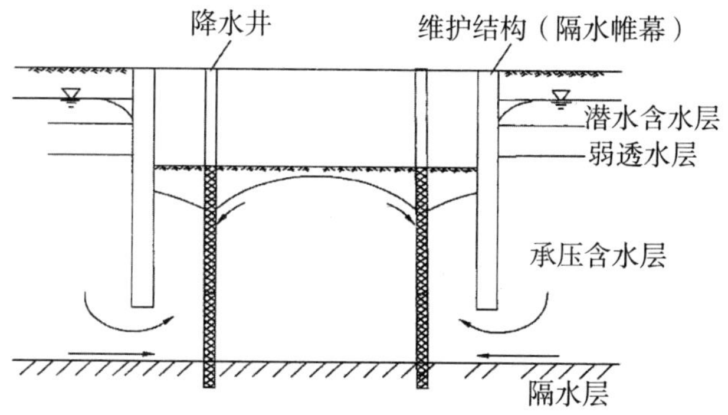

图1K413020-9　隔水帷幕底位于承压水含水层中

🔊 嗨·点评 三种布置情况对应三种目的，要求选择题能正确选择；比较难的考法是在案例背景中给出一定的描述，能根据其判断类型和目的。

【经典例题】1.工程降水有多种技术方法，能用于承压水降水的方法有（ ）。

A.集水明排 B.轻型井点

C.喷射井点 D.减压管井

E.疏干管井

【答案】CD

【经典例题】2.基坑截水帷幕可选用（ ）的施工方式。

A.高压旋喷桩 B.水泥土搅拌桩

C.地下连续墙 D.咬合式排桩

E.钻孔灌注桩

【答案】ABCD

【经典例题】3.某施工单位承接了一项市政排水管道工程，基槽采用明挖法放坡开挖施工，宽度为6.5m，开挖深度为5m，场地内地下水位位于地表下1m，施工单位拟采用单排井点降水，井点的布置方式和降深的示意图如下图所示。

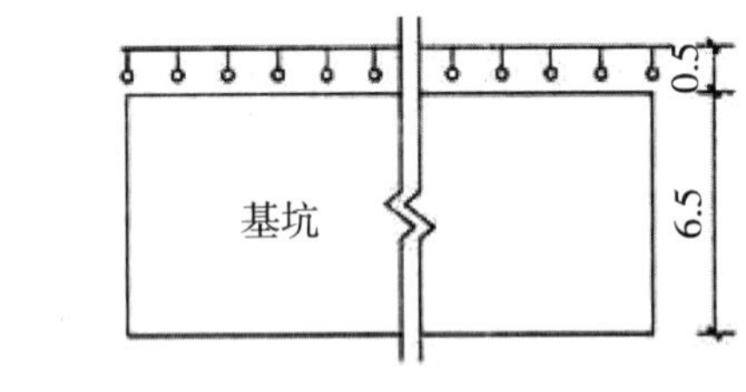

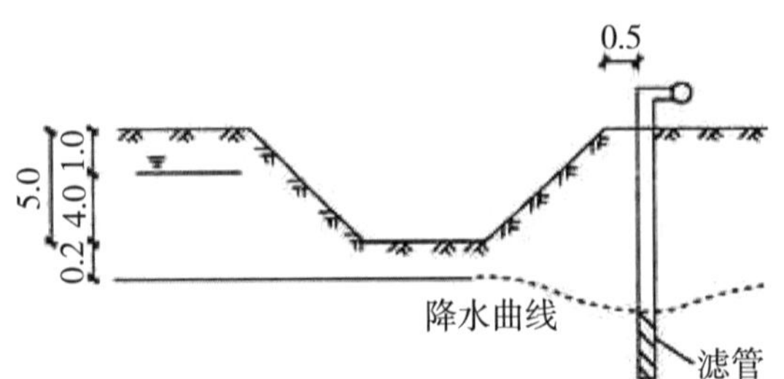

井点布置平面及剖面示意图

【问题】（1）指出降水井点布置的不妥之处，并写出正确的做法。

（2）降水深度是否妥当，如不妥，请改正。

【答案】（1）降水井点布置的不妥之处及正确的做法。

①不妥之处：采用单排井点降水。正确做法：宜采用双排线状布置。

②不妥之处：井点管布置的位置。正确做法：井点管应布置在基坑（槽）上口边缘外1.0～1.5m。

③不妥之处：井点自基坑（槽）端部的位置。正确做法：井点自基坑（槽）端部再延伸1~2倍基坑宽，以利降低水位。

（2）降水深度是否妥当，如不妥，请改正。

降水深度不妥当。改正：应将地下水位降低到基坑底部下500mm以下。

【经典例题】4.（2014年真题）设计采用明挖顺作法施工，隧道基坑总长80m，宽12m，开挖深度10m，基坑围护结构采用SMW工法桩；基坑场地地层自上而下依次为：2.0m厚素填土、厚6m黏质粉土、10m厚砂质粉土，地下水埋深约1.5m，在基坑内布置了5口管井降水。

【问题】基坑内管井属于什么类型？起什么作用？

【答案】减压井，作用：前期以降低承压水水头为目的，后期以疏干承压含水层为目的。

【嗨·解析】2m为素填土，下为厚6m黏质粉土，再往下为10m厚砂质粉土。黏质粉土透水性较差，砂质粉土透水性好，黏质粉土属于弱透水层。8m以下即进入到承压水，坑底进入承压水含水层。

二、深基坑支护结构与边坡防护

（一）围护结构

1.基坑围护结构体系

基坑围护结构体系包括板（桩）墙、围檩（冠梁）及其他附属构件。传力路径：土水压力→板墙→围檩（冠梁、腰梁）→支撑结构。见图1K413020-10。

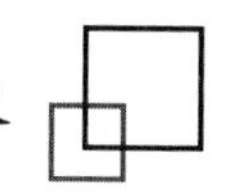

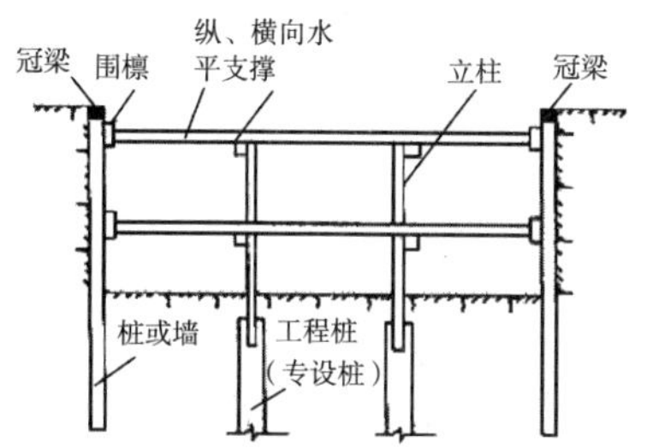

图1K413020-10　基坑围护结构体系

2.深基坑围护结构类型

深基坑围护结构类型包括排桩、地下连续墙、重力式挡墙、土钉墙以及组合形式等。见表1K413020-3。

不同类型围护结构的特点　表1K413020-3

类型		特点
排桩	型钢桩	①H型钢的间距在1.2~1.5m； ②造价低，施工简单，有障碍物时可改变间距； ③止水性差，地下水位高的地方不适用，坑壁不稳的地方不适用
	预制混凝土板桩	①预制混凝土板桩施工较为困难，对机械要求高，挤土现象很严重； ②桩间采用槽榫接合方式，接缝效果较好，有时需辅以止水措施； ③自重大，受起吊设备限制，不适合大深度基坑
	钢板桩	①成品制作，可反复使用； ②施工简便，但施工有噪声； ③刚度小，变形大，与多道支撑结合，在软弱土层中也可采用； ④新的时候止水性尚好，如有漏水现象，需增加防水措施
	钢管桩	①截面刚度大于钢板桩，在软弱土层中开挖深度可增大； ②需有防水措施相配合
	灌注桩	①刚度大，可用在深大基坑； ②对周边地层、环境影响小； ③需配合降、止水措施，如搅拌桩、旋喷桩等
	SMW工法桩	①强度大，止水性好； ②内插型钢可反复使用，经济性好； ③软土地层，变形较大； ④较好前景，上海已有实践
地下连续墙		①刚度大，开挖深度大，几乎适用所有地层； ②强度大，变位小，隔水性好，可兼做结构； ③可临近建、构筑物使用，环境影响小； ④造价高
自立式水泥土挡墙/水泥土搅拌桩挡墙		①无支撑，墙体止水性好，造价低； ②墙体变位大
土钉墙		①材料和工程量少，速度快； ②设备轻便，操作方便； ③轻巧经济

（1）型钢桩

一般采用Ⅰ50号、Ⅰ55号和Ⅰ60号大型工字钢，间距一般为1.0~1.2m，沿基坑边线打入，基坑开挖时，在桩间插入50mm厚水平挡土木板。见图1K413020-11。

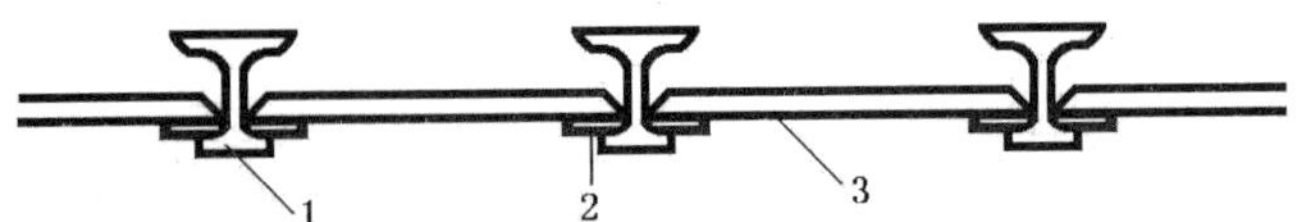

图1K413020-11 工字钢桩围护示意图

1—工字钢；2—防水垫；3—挡土板

适用于黏性土、砂性土和粒径不大于100mm的砂卵石地层；开挖前，沿基坑边线打入地下。静力压桩或振动打桩（100dB以上），一般用于郊区；当基坑范围不大时，例如地铁车站的出入口，临时施工竖井可以考虑采用工字钢做围护结构。

（2）预制混凝土板桩

常用钢筋混凝土板桩截面的形式有四种：矩形、T形、工字形及口字形，见图1K413020-12。矩形截面板桩制作较方便，桩间采用槽榫接合方式，接缝效果较好，是使用最多的一种形式。

挤土严重，不能拔出，永久性支护结构使用较为广泛，国内基坑使用不普遍。

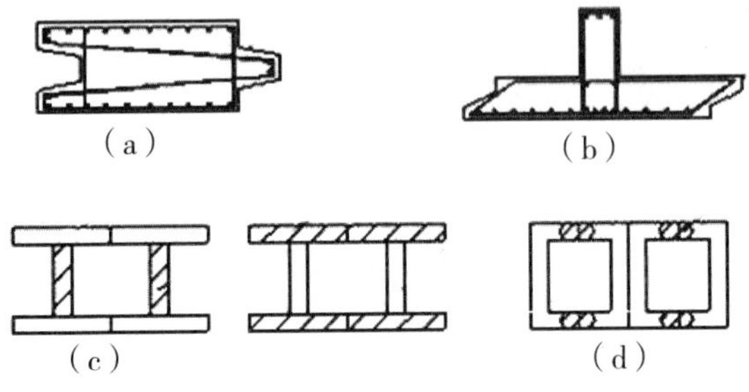

图1K413020-12 混凝土板桩截面形式

（a）矩形；（b）T形；（c）工字形；（d）口字形

（3）钢板桩与钢管桩

钢板桩围护结构强度高，刚度低，连接紧密，防水好；可重复利用，打桩挤土拔出带土，一般最大挖深7~8m，拉森型最常用。

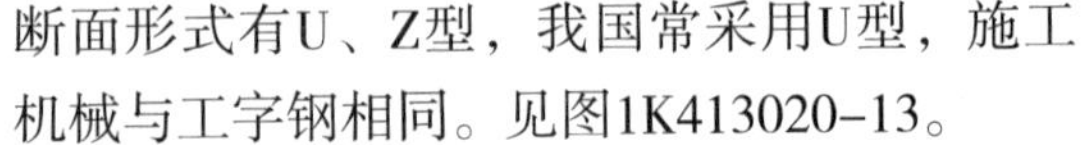

断面形式有U、Z型，我国常采用U型，施工机械与工字钢相同。见图1K413020-13。

钢管桩刚度更大，施工难度大，需做防水。

图1K413020-13 U型钢板桩及钢板桩围护结构

（4）钻孔灌注桩围护结构

地铁明挖基坑中多采用螺旋钻机、冲击钻机和正反循环钻机等。正反循环泥浆护壁成孔，故成孔噪声低，适于城区施工，在地铁基坑和高层建筑深基坑施工中应用广泛。

悬臂排桩，桩径宜≥600mm；拉锚/支撑式排桩，桩径宜≥400mm；排桩中心距宜≤2倍桩径；桩身混凝土强度等级宜≥C25，桩顶宜设置冠梁。见图1K413020-14。

混凝土排桩宜间隔成桩；应在混凝土终

凝后，进行邻桩成孔施工。

图1K413020-14　拉锚式排桩和悬臂式排桩

钻孔灌注桩围护结构经常与止水帷幕联合使用，止水帷幕一般采用深层搅拌桩。如果基坑上部受环境条件限制时，也可采用高压旋喷桩。近年来，素混凝土桩与钢筋混凝土桩间隔布置的钻孔咬合桩围护结构也有较多应用，此类结构可直接作为止水帷幕。

（5）SMW工法桩（型钢水泥土搅拌墙）

SMW工法桩挡土墙是利用搅拌设备就地切削土体，然后注入水泥类混合液搅拌形成均匀的水泥土搅拌墙，最后在墙中插入型钢，即形成一种劲性复合围护结构。此类结构在上海等软土地区有较多应用。见图1K413020-15。

图1K413020-15　SMW工法桩和水泥土墙

三轴水泥土搅拌桩直径宜为650mm、850mm、1000mm；内插H型钢。28d无侧限抗压不得小于0.5MPa，水泥宜采用P·O42.5级的普通硅酸盐水泥；在砂性土中搅拌桩施工宜外加膨润土。

内插型钢采用密插型、插二跳一型和插一跳一型三种形式；相邻型钢接头竖向位置宜相互错开不小于1m。

（6）重力式水泥土挡墙

深层搅拌桩是用搅拌机械将水泥、石灰等和地基土相拌合，形成相互搭接的格栅状或实体结构形式。采用重力式结构，开挖深度不宜大于7m；水泥土挡墙的28d无侧限抗压强度不宜小于0.8MPa。

（7）地下连续墙

①地下连续墙施工采用专用的挖槽设备，沿着基坑的周边，在泥浆护壁条件下，开挖出一条狭长的深槽，清槽后，在槽内吊放钢筋笼，然后用导管法灌注水下混凝土筑成一个单元槽段，每段长度宜为4~6m。如此逐段进行，在地下筑成一道连续的钢筋混凝土墙壁，作为截水、防渗、承重、挡水结构。

②地下连续墙的槽段接头应按下列原则选用：

a.地下连续墙宜采用圆形锁口管接头、波纹管接头、楔形接头、工字钢接头或混凝土预制接头等柔性接头。见图1K413020-16。

b.当地下连续墙作为主体地下结构外墙，且需要形成整体墙体时，宜采用刚性接头；刚性接头可采用一字形或十字形穿孔钢板接头、钢筋承插式接头等。见图1K413020-17。

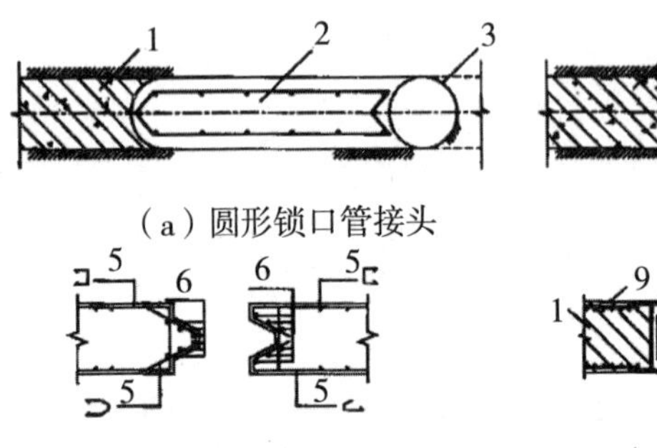

（a）圆形锁口管接头

（b）波形管接头

（c）楔形接头

（d）工字形型钢接头

图1K413020-16　柔性接头示意图

1—先行槽段；2—后续槽段；3—圆形锁扣管；4—波形管；5—水平钢筋；6—端头纵筋；7—工字钢接头；8—地下连续墙钢筋；9—止浆板

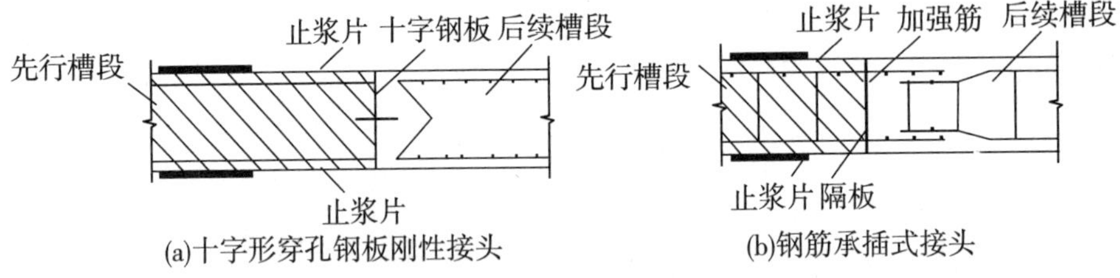

(a)十字形穿孔钢板刚性接头

(b)钢筋承插式接头

图1K413020-17　刚性接头示意图

③导墙是控制挖槽精度的主要构筑物，导墙结构应建于坚实的地基之上，并能承受水土压力和施工机具设备等附加荷载，不得移位和变形。

④护壁泥浆应根据地质和地面沉降控制要求经试配确定，并在泥浆配制和挖槽施工中对泥浆的相对密度、黏度、含砂率和pH值等主要技术性能指标进行检验和控制。

⑤采用锁口管接头时的具体施工工艺流程见图1K413020-18，示意图见图1K413020-19。

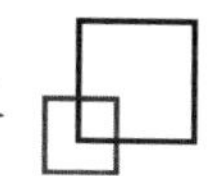

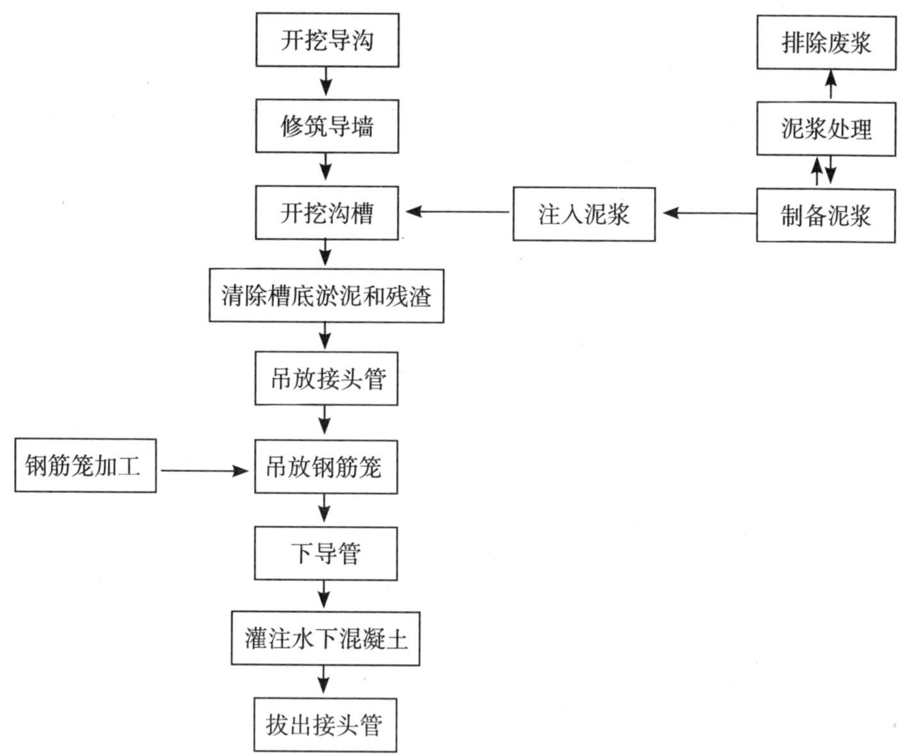

图1K413020-18　现浇地下连续墙采用锁口管接头施工流程图

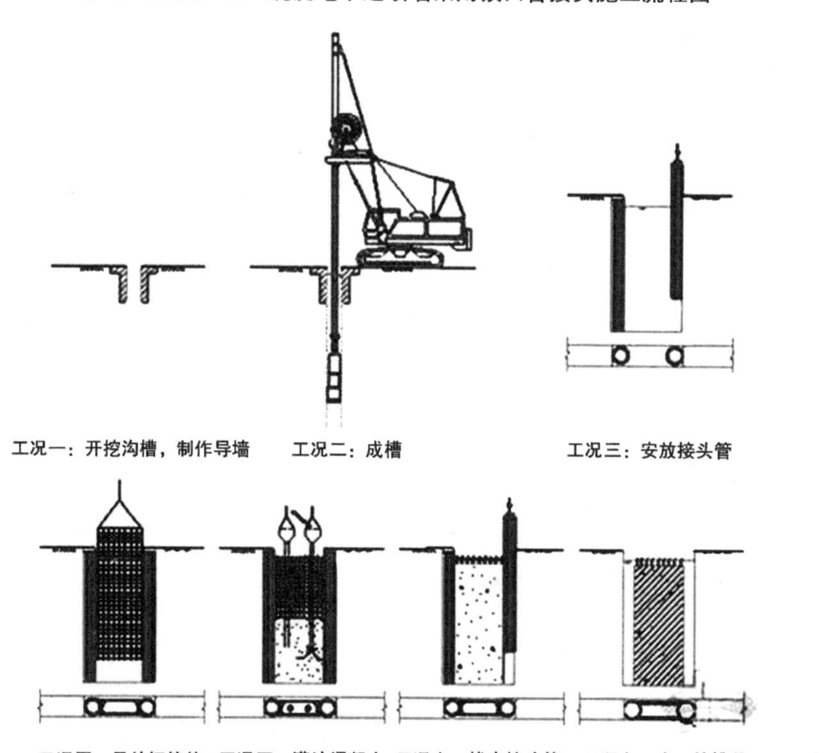

图1K413020-19　地下连续墙采用锁口管接头时施工示意图

🔊 **嗨·点评** 深基坑开挖、支护、降水及安全措施是案例考核的高频考点，重点注意钢板桩、灌注桩、SMW工法桩、地下连续墙等围护结构的特点及施工要求。

【经典例题】5.（2013年真题）下列基坑围护结构中，可采用冲击式打桩机施工的有（　　）。

A.工字钢桩　　B.钻孔灌注桩

C.钢板桩　　D.深层搅拌桩

E.地下连续墙

【答案】AC

【经典例题】6.（2016年真题）SMW工法桩（型钢水泥土搅拌墙）复合围护结构多用于（　　）地层。

A.软土　　B.软岩

C.砂卵石　　D.冻土

【答案】A

【经典例题】7.（2015年真题）下列工序不属于地下连续墙的是（　　）。

A.导墙施工　　B.槽底清淤

C.吊放钢筋笼　　D.拔出型钢

【答案】D

（二）支撑结构类型

1.支撑结构体系

（1）支撑结构体系包括内支撑和外拉锚两种形式。见表1K413020-4和图1K413020-20。

支撑结构体系分类　表1K413020-4

名称	分类	形式	适用
支撑结构	内支撑	型钢、钢管；钢筋混凝土	广泛
	外拉锚	拉锚、土锚	地质好有锚固力的地层

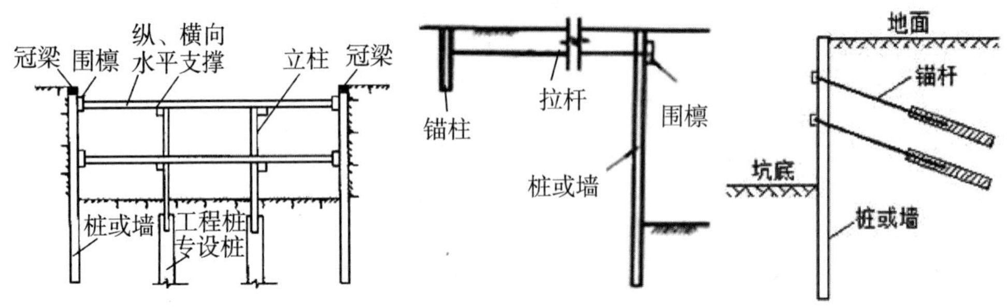

图1K413020-20　不同的支撑体系形式：内支撑、拉锚、土锚

（2）在深基坑的施工支护结构中，常用的支撑系统按其材料可分为现浇钢筋混凝土支撑体系和钢支撑体系两类。见表1K413020-5和图1K413020-21。

两类支撑体系形式及特点　表1K413020-5

材料	断面	特点
现浇钢筋混凝土	根据需要确定	刚度大、变形小，安全可靠性好； 浇制养护时间长，围护结构无支撑的暴露状态的时间长，工期长； 拆除困难
钢结构	单双钢管、单双工字钢、H型钢、槽钢及组合等	装拆方便，可周转使用； 可施加预应力；施工工艺要求高

图1K413020-21 钢筋混凝土支撑和钢结构支撑

2.支撑体系的布置及施工

（1）布置原则（略）

（2）内支撑体系的施工

①必须坚持先支撑后开挖的原则。

②围檩与挡土结构如有间隙应用强度不低于C30的细石混凝土填充密实或采取其他可靠连接措施。

③钢支撑应按设计要求施加预压力。

④支撑拆除应在替换支撑的结构构件达到换撑要求的承载力后进行。

【经典例题】8.某施工单位中标承建过街地下通道工程，周边地下管线较复杂。设计采用明挖基坑做法施工，隧道基坑总长80m，宽12m，开挖深度10m，基坑围护结构采用SMW工法桩；基坑沿深度方向设有2道支撑，其中第一道支撑为钢筋混凝土支撑，第二道支撑为钢管支撑。见下图。

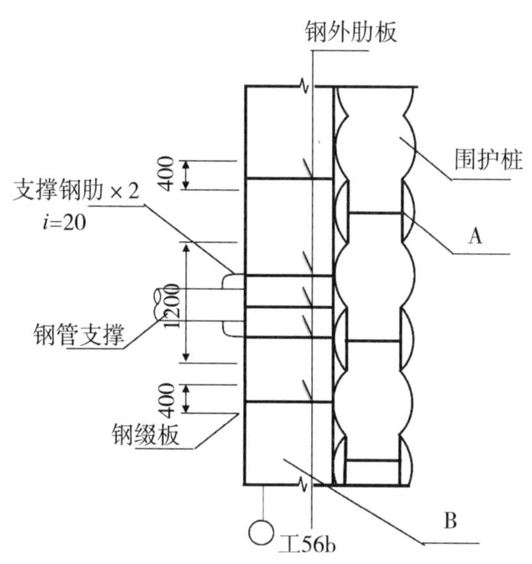

【问题】（1）给出图中A、B构（部）件的名称，并分别简述其功用。

（2）根据两类支撑的特点分析围护结构设置不同类型支撑的理由。

（3）列出基坑围护结构施工的大型工程机械设备。

【答案】（1）A—内插H型钢；B—围檩。内插型钢与刚性的水泥土搅拌墙形成劲性复合结构，起到增加SMW抗剪抗弯强度和韧性，抵抗坑壁周围水土压力的作用。

围檩将围护结构连成整体，支撑和定位围护结构，收集围护结构应力传递到支撑，避免支撑部位应力集中。

（2）钢筋混凝土支撑，因为强度、刚度、安全稳定性和可靠性要比钢管支撑大；又因为需要较长的支撑浇筑和养护时间，拆除困难，所以设置在上层方便浇筑和凿除。

下部荷载小，位移小，可设置钢管支撑。且下部设置钢管支撑安装拆除方便，施工快速，可周转使用，支撑中可施加预应力，施工方便灵活，可降低对基坑内施工的干扰。

（3）打（拔）桩机、水泥土搅拌机、混凝土运输车及泵车、挖掘机、吊车（装卸材料）、装载机等。

（三）边坡防护

1.基坑边（放）坡

（1）基坑边坡稳定影响因素

边坡坡度是直接影响基坑稳定的重要因素。当基坑边坡土体中的剪应力大于土体的抗剪强度时，边坡就会失稳坍塌。其次，施工不当也会造成边坡失稳，见表1K413020-6。

基坑边坡稳定影响因素 表1K413020-6

原因	表现
坡	没按设计边坡开挖；未及时刷坡，甚至挖反坡
载	坡顶有材料、土方及车辆等荷载
风	暴露时间长，土体风化松散
水	截、排、降水不力

（2）基坑放坡要求

①放坡应以控制分级坡高和坡度，必要时辅以局部支护结构和保护措施。

条件许可时，应采取坡率法控制边坡的高度和坡度。坡率法是指无需对边坡整体进行加固而自身稳定的一种人工边坡设计方法。坡率允许值应根据经验或规范，结合现场情况确定。

②按是否设置分级过渡平台，边坡可分为一级放坡和分级放坡两种形式。过渡平台宽度：对于岩石边坡应大于0.5m，对于土质边坡应大于1.0m。下级坡缓于上级坡。

③存在影响边坡稳定的地下水时，应采取适当的截水、排水、降水措施。

2.长基坑开挖与过程放坡

（1）长条形基坑有时纵向放坡，一是保证开挖安全，防止滑坡；二是保证出土运输方便。

（2）坑内纵向放坡是动态的边坡，容易滑坡。见图1K413020-22。

上海等地软土区曾多次发生放坡开挖的工程事故，分析原因大都是由于坡度过陡、雨期施工、排水不畅、坡脚扰动等引起。

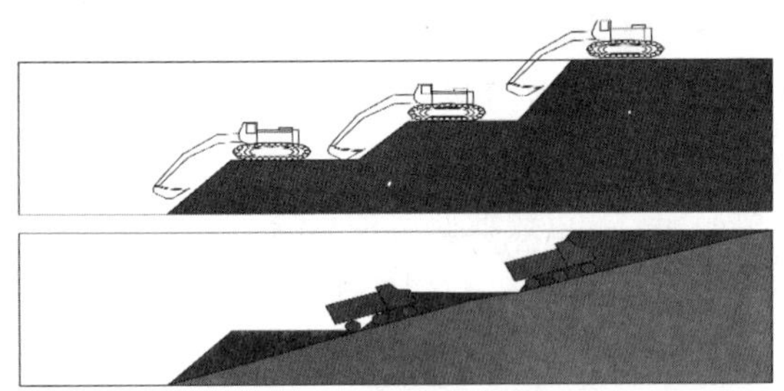

图1K413020-22　长条形基坑开挖放坡示意图

【经典例题】9.（2016年真题）基坑边坡坡度是直接影响基坑稳定的重要因素，当基坑边坡土体中的剪应力大于土体的（　　）强度时，边坡就会失稳坍塌。

A.抗扭　B.抗拉　C.抗压　D.抗剪

【答案】D

【经典例题】10.（2013年真题）引起长条形基坑纵向土体滑坡事故的原因主要有（　　）。

A.坡度过陡　B.雨期施工

C.边坡加固　D.排水不畅

E.坡脚扰动

【答案】ABDE

（四）边坡保护

1.基坑边坡稳定措施

（1）根据土层物理力学性质确定合理边坡，不同土层处做成折线形边坡或留台阶。

（2）做好截、排、降水和防洪工作，保持干燥。

（3）放坡受限而采用围护结构又不经济时，可用坡面土钉、挂金属网喷混凝土或抹水泥砂浆护面等措施。

（4）禁止在坡顶1~2m范围堆放材料、土方和其他重物以及停置或行驶较大的施工机械。

（5）基坑开挖过程中，随挖随刷边坡，不得挖反坡。

（6）暴露时间较长的基坑，应采取护坡措施。

2.护坡措施

（1）不得超挖，不得在坡顶随意堆放土方、材料和设备。

当边坡有失稳迹象时，应及时采取削坡、坡顶卸荷、坡脚压载或其他有效措施。

（2）放坡开挖应及时作好坡脚、坡面保护措施：

①坡脚、坡面叠放砂包或土袋；

②水泥砂浆或细石混凝土抹面，厚3~5cm；

③挂网喷浆或混凝土，厚5~6cm；

④其他措施：锚杆喷射混凝土护面、塑料膜或土工织物覆盖坡面等。

嗨·点评 边坡防护和边坡保护措施属于相同的知识点，可在选择题、案例简答

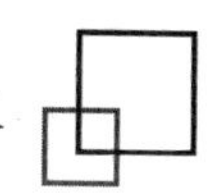

或改错题中考核，建议记住“坡、载、风、水”四个字，进行发散记忆。

【经典例题】11.放坡基坑施工中，常用的护坡措施有（　　）等。

A.挂网喷浆或混凝土

B.型钢支撑

C.锚杆喷射混凝土

D.水泥抹面

E.草袋覆盖

【答案】ACDE

【经典例题】12.某市政工程基础采用明挖基坑施工，基坑挖深为5.5m，地下水在地面以下1.5m。坑壁采用网喷混凝土加固。基坑附近有高层建筑物及大量地下管线。设计要求每层开挖1.5m，即进行挂网喷射混凝土加固。由于在市区的现场场地狭小，项目负责人（经理）决定把钢材堆放在基坑坑顶附近；为便于出土，把开挖的弃土先堆放在基坑北侧坑顶，夜间装入自卸汽车运出。由于工期紧张，施工中每层开挖深度增大为2.0m，以加快基坑挖土加快施工的进度。

在开挖第二层土时，基坑变形量显著增大，变形发展速率越来越快。随着开挖深度的增加，坑顶地表面出现许多平行基坑裂缝。但施工单位对此没有在意，继续按原方案开挖。当基坑施工至5m深时，基坑出现了明显的坍塌征兆。项目负责人（经理）决定对基坑进行加固处理，组织人员在坑内抢险，但已经为时过晚，最终出现基坑坍塌多人死亡的重大事故，并造成了巨大的经济损失。

【问题】（1）按照《建筑基坑支护技术规程》JGJ 120—2012，本基坑工程支护结构安全等级应属于哪一级？

（2）本工程基坑应重点监测哪些内容？当出现本工程发生的现象时，监测工作应做哪些调整？

（3）本工程基坑施工时存在哪些重大工程事故隐患？

（4）项目负责人（经理）在本工程施工时犯了哪些重大错误？

【答案】（1）本工程基坑周围有高层建筑和大量地下管线，如果支护结构破坏、土体失稳或过大变形对周边环境影响很严重。按照《建筑基坑支护技术规程》JGJ 120—2012第3.1.3条，基坑支护结构的安全等级应定为一级。

（2）基坑开挖卸载必然引起基坑侧壁水平位移，基坑侧壁水平位移越大，坑后土体变形越大。过大的侧壁水平位移必然会造成建筑物沉降及管线变形。因此，任何环境保护要求高的基坑，侧壁水平位移都是监测的重点。

本工程基坑周围建筑物及地下管线是基坑环境保护的主要内容，其变形也应该是基坑监测的重点。

本工程地下水位在坑底以上，必须采取降水措施。施工时需要监测地下水位，因此，地下水位也应该是监测的重点。

另外，地下水中的承压水对基坑的危害很大，尤其要注意接近坑底的浅层承压水对基坑的影响。如果承压水上面有不透水层，随着基坑开挖，当承压水层上部土重不能抵抗承压水水头压力时，基坑坑底会出现突然的隆起，极容易引起基坑事故。如果坑底存在承压水层时，坑底隆起也是基坑监测的重点内容。但由于基坑开挖施工，直接监测坑底隆起并不容易，可以通过监测埋没在坑底的立柱上浮间接监测坑底隆起。

当基坑变形超过有关标准或监测结果变化速率较大时，应加密观测次数。当有事故征兆时，应连续监测。本工程应加密观测次数，如果变形发展较快应连续监测。

（3）本工程施工中存在的重大事故隐患：不按设计要求加大每层开挖深度是引发事故

的主要原因之一，基坑设计应该根据设计工况对基坑开挖提出要求；不按设计要求施工，在施工时超挖极易引起基坑事故。在基坑顶大量堆荷是引发基坑事故的另一重要原因，背景介绍中未提及考虑这些荷载的安全性设计验算，因此把大量钢材及弃土堆集于坑顶也是重大事故隐患。

（4）对于基坑变形量显著增大，变形发展速率越来越快的现象。项目部应该对基坑进行抢险，对基坑做必要的加固和卸载；并且应调整设计和施工方案。基坑危险征兆没有引起注意，仍按原方案施工是施工项目负责人（经理）的一大失误。

当基坑变形急剧增加，基坑已经接近失稳的极限状态。种种迹象表明基坑即将坍塌时，项目负责人（经理）应以人身安全为第一要务，人员要及早撤离现场。组织人进入基坑内抢险，造成人员伤亡是项目负责人（经理）指挥的一个重大错误。

三、基槽土方开挖及基坑变形控制

（一）基槽土方开挖

1.基本规定

（1）确定开挖方案，做好坑内外排水、截水和坑内降水措施。

（2）软土基坑必须分层、分块、均衡地开挖，分块开挖后必须及时施工支撑；当基坑开挖面上方的支撑、锚杆和土钉未达到设计要求时，严禁向下超挖土方。见图1K413020-23。

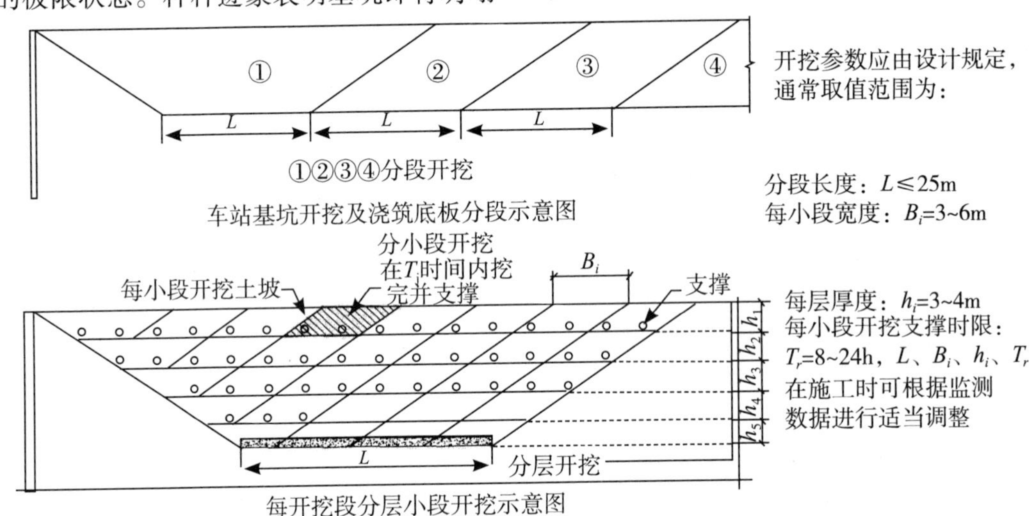

图1K413020-23　软土地区地铁条形基坑的土方开挖机支撑施工要求

（3）开挖过程中，必须采取措施防止碰撞支护结构、格构柱、降水井点或扰动基底原状土。

（4）与设计地质水文资料不符，应停止开挖，采取措施。

2.发生下列异常情况，应立即停止挖土，查清原因和及时采取措施后，方能继续挖土：

（1）围护结构变形加剧、异常声响、出现渗漏；

（2）支撑轴力过大或突增；

（3）坑底明显异常；

（4）边坡失稳征兆；

（5）周边建（构）筑物变形过大或开裂。

嗨·点评　基坑土方开挖可考核案例改错题。

（二）基坑的变形控制

1.基坑变形特征（见图1K413020-24）

（1）土地变形。

开挖卸荷造成围护结构水平位移和坑底土体隆起，是基坑周围地层移动主要原因。

（2）围护墙体水平变形。

当基坑开挖较浅，还未设支撑时，不论对刚性墙体（如水泥土搅拌桩墙、旋喷桩墙等）还是柔性墙体（如钢板桩、地下连续墙等），均表现为墙顶位移最大，向基坑方向水平位移，呈三角形分布。随着基坑开挖深度的增加，刚性墙体继续表现为向基坑内的三角形水平位移或平行刚体位移；而一般柔性墙如果设支撑，则表现为墙顶位移不变或逐渐向基坑外移动，墙体腹部向基坑内凸出。见图1K413020-24。

（3）围护墙体竖向变位

原因见图1K413020-24。

（4）基坑底部的隆起

原因及监测内容见图1K413020-24。

（5）地表沉降

地表沉降特征见图1K413020-24。

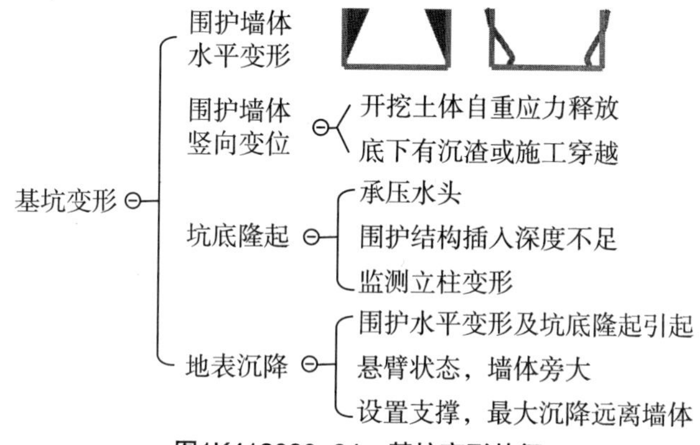

图1K413020-24　基坑变形特征

2.基坑变形控制

控制基坑变形的主要方法有：（关键词记忆：刚深加减水）

（1）增加围护结构和支撑的刚度；

（2）增加围护结构的入土深度；

（3）加固基坑内被动区土体。加固方法有抽条加固、裙边加固及二者相结合的形式；

（4）减小每次开挖围护结构处土体的尺寸和开挖支撑时间，软土地区尤其有效；

（5）通过降水井布置来控制降水对环境变形的影响。

3.坑底稳定控制

保证深基坑坑底稳定的方法：（关键词记忆：深水加底板）

（1）增加围护结构入土深度；

（2）坑底土体加固；

（3）坑内井点降水等措施；

（4）适时施作底板结构。

嗨·点评 基坑变形特征主要考核选择，基坑变形控制和坑底控制可考核选择或者案例简答题。

【经典例题】13.（2012年真题）当基坑开挖较浅且未设支撑时，围护墙体水平变形表现为（　　）。

A.墙顶位移最大，向基坑方向水平位移

B.墙顶位移最大，背离基坑方向水平位移

C.墙底位移最大，向基坑方向水平位移

D.墙底位移最大，背离基坑方向水平位移

【答案】A

【经典例题】14.（2014年真题）设有支护的基坑土方开挖过程中，能够反映坑底土体隆起的检测项目是（　　）。

A.立柱变形　　B.冠梁变形

C.地表沉降　　D.支撑梁变形

【答案】A

四、地基加固处理方法

（一）地基加固处理作用与方法选择

1.基坑地基加固目的

（1）基坑内加固和基坑外加固两种。

（2）坑外加固：止水、减少围护结构承受的主动土压力。

（3）坑内加固：提高土体的强度和侧向抗力，减少围护结构位移，保护基坑周边建筑物及地下管线；防止坑底土体隆起破坏；防止坑底土体渗流破坏；弥补围护墙体插入深度不足等。

2.基坑地基加固的方式

在软土地基中，当周边环境保护要求较高时，基坑工程前宜对基坑内被动区土体进行加固处理。按平面布置形式分类，基坑内被动区加固形式主要有墩式加固、裙边加固、抽条加固、格栅式加固和满堂加固见图1K413020-25和1K413020-26。

加固方式
- 墩式加固 — 基坑周边阳角或跨中区域
- 裙边加固 — 面积较大基坑
- 抽条加固 — 长条形基坑
- 格栅式加固 — 地铁车站端头井
- 满堂加固 — 环保要求高或封闭地下水

图1K413020-25　基坑地基加固形式分类

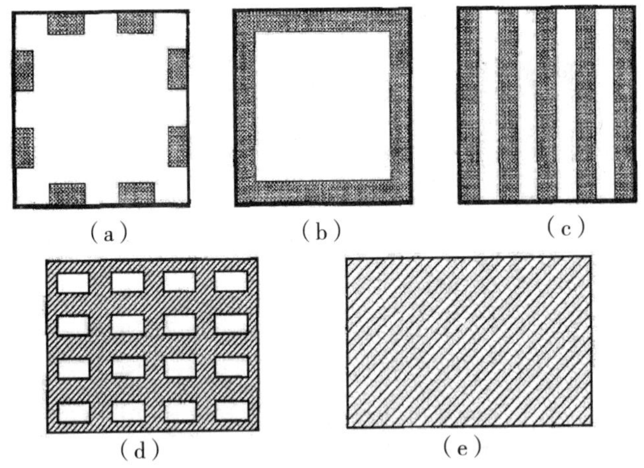

图1K413020-26　基坑内加固平面布置示意图

（a）墩式加固；（b）裙边加固；（c）抽条加固（d）格栅式加固；（e）满堂加固

嗨·点评 坑内外加固的目的、不同情况下坑内加固布置形式主要考核选择题。

【经典例题】15.（2014年真题）基坑内地基加固的主要目的有（　　）。

A.减少围护结构位移

B.提高坑内土体强度

C.提高土体的侧向抗力

D.防止坑底土体隆起

E.减少围护结构的主动土压力

【答案】ABCD

【经典例题】16.（2015年真题）基坑内被动区加固土体布置常用的形式有（　　）。

A.墩式加固　　B.岛式加固

C.裙边加固　　D.抽条加固

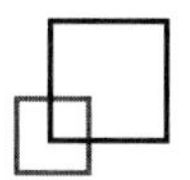

E.满堂加固

【答案】ACDE

（二）常用方法与技术要点

1.注浆法

（1）注浆法是利用液压、气压或电化学原理，通过注浆管把浆液均匀地注入地层中。浆液以填充、渗透和挤密等方式，赶走土颗粒间或岩石裂隙中的水分和空气后占据其位置，经人工控制一定时间后，浆液将原来松散的土粒或裂隙胶结成一个整体，形成一个结构新、强度大、防水性能好和化学稳定性良好的“结石体”。

（2）水泥浆适用于岩土加固，是常用的浆液。浆液组成见表1K413020-7。

浆液组成　表1K413020-7

名称	组成	内容
浆液	主剂	注浆材料（例：水泥）
	溶剂	水/溶剂
	外加剂	固化剂、催化剂、速凝剂、缓凝剂、悬浮剂等

（3）注浆法可分为渗透注浆、压密注浆、劈裂注浆和电动化学注浆四类。见表1K413020-8。

不同注浆法适用范围　表1K413020-8

注浆方法	适用范围
渗透注浆	只适用中砂以上砂性土、碎石、卵砾石和裂隙岩石
劈裂注浆	低渗透性的砂土层
压密注浆	中砂地基，黏土地基若有适宜的排水条件也可采用
电动化学注浆	地基土的渗透系数$k<10^{-4}$cm/s，只靠一般静压力难以使浆液注入土的孔隙的地层

（4）注浆设计包括注浆量、布孔、注浆有效范围、注浆流量、注浆压力、浆液配方等参数，没有经验可供参考时，应通过现场试验确定上述工艺参数。

（5）注浆加固土强度具有较大的离散性，注浆检验应在加固后28d进行。可采用标准贯入、轻型静力触探法或面波等方法检测加固地层均匀性；按加固土体范围每间隔1m进行室内试验，测定强度或渗透性。

2.水泥土搅拌法

（1）通过特制的搅拌机械，就地将软土和固化剂（浆液或粉体）强制搅拌，使软土硬结成具有整体性、水稳性和一定强度的水泥加固土。该法分为浆液搅拌（浆喷桩）和粉体喷射搅拌（粉喷桩）两种。见图1K413020-27和图1K413020-28。

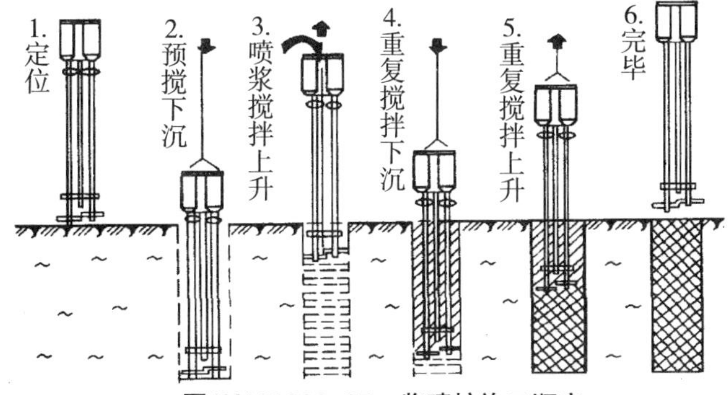

图1K413020-27　浆喷桩施工顺序

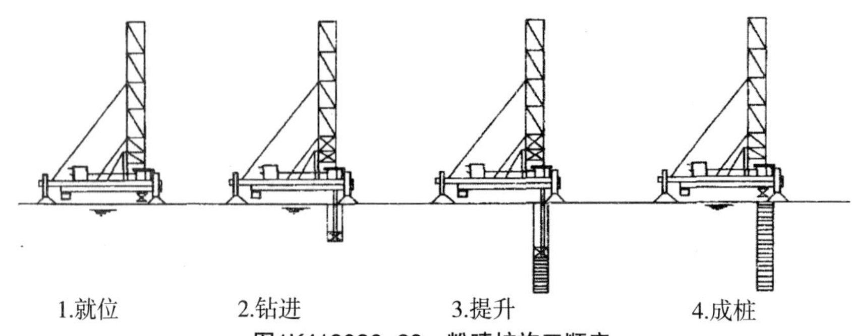

图1K413020-28 粉喷桩施工顺序

（2）水泥土搅拌法适用于加固淤泥、淤泥质土、素填土、黏性土（软塑和可塑）、粉土（稍密、中密）、粉细砂（稍密、中密）、中粗砂（松散、稍密）、饱和黄土等土层。

大孤石、障碍物、硬塑、坚硬、密实以及受地下水影响的土层，不适用。

当在腐蚀性环境中以及无工程经验地区使用时，必须通过现场和室内试验确定其适用性。

（3）水泥土搅拌法加固软土技术的独特优点：

①最大限度利用原土；

②无振动、噪声、污染；

③加固形式灵活（柱状、壁状、格栅状和块状等）；

④无钢筋，造价低。

（4）应根据室内试验确定需加固地基土的固化剂和外加剂的掺量，如果有成熟经验时，也可根据工程经验确定。

（5）水泥土搅拌桩的施工质量检测：

成桩3d内，轻型动力触探检查上部桩身均匀性；

成桩7d后，浅部开挖桩头（深度宜超过停浆面下0.5m）检查搅拌均匀性、成桩直径。

作为重力式水泥土墙时，还应开挖检查搭接宽度和位置偏差，应采用钻芯法检查水泥土搅拌桩的单轴抗压强度、完整性和深度。

3.高压喷射注浆法

（1）压力大，喷射流的能量大、速度快。

（2）高压喷射注浆法对淤泥、淤泥质土、流塑或软塑黏性土、粉土、砂土、黄土、素填土和碎石土等地基都有良好的处理效果。对于湿陷性黄土，应预先进行现场试验。

（3）工序：钻机就位→钻孔→置入注浆管→高压喷射注浆→拔出注浆管。

（4）高压喷射注浆包括三种基本形状：旋喷（圆柱状）、定喷（壁状）和摆喷（扇状），见图1K413020-29。它们可用单管法、双管法或三管法实现参见表1K413020-9和图1K413020-30。

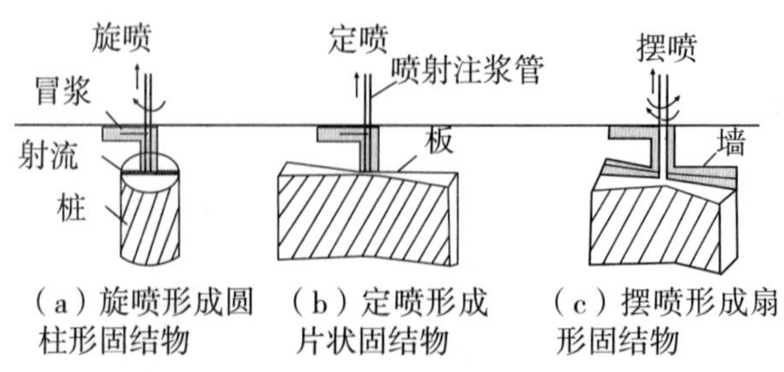

图1K413020-29 高压喷射注浆三种基本形状

高压喷射注浆三种形状　表1K413020-9

名称	介质	处理长度	常用于
单管法	水泥浆	最短	旋喷
双管法	水泥浆和压缩空气	适中	旋、定、摆喷
三管法	水泥浆、压缩空气和高压水流	最长	旋、定、摆喷

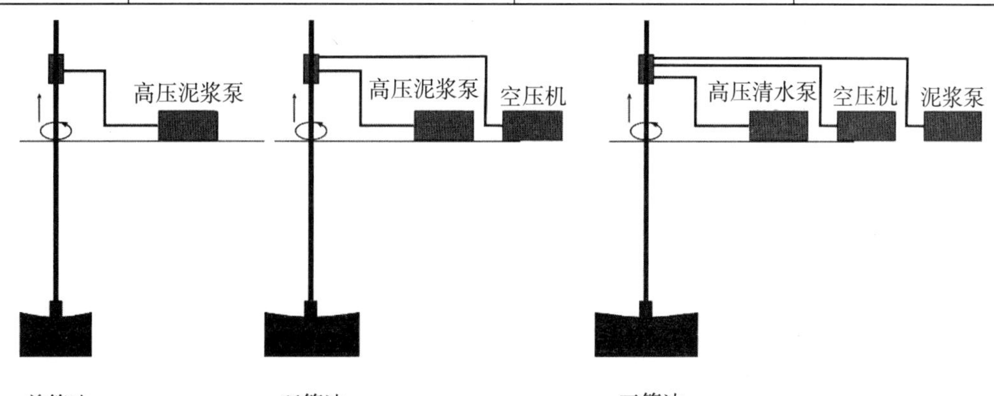

图1K413020-30　高压喷射注浆三种方法

用于止水帷幕时，加固体的搭接应大于30cm。

（5）施工参数应根据土质条件、加固要求通过试验或根据工程经验确定。

单管法及双管法的高压水泥浆和三管法高压水的压力应大于20MPa。高压喷射注浆的主要材料为水泥，宜采用42.5级及以上的普通硅酸盐水泥。

（6）旋喷桩作为止水帷幕时，为保证加固体有效搭接以达到预计的截水效果，旋喷桩的直径不宜过大。施工后旋喷加固体的强度和直径，应通过现场试验确定。

（7）施工质量可根据工程要求和当地经验采用开挖检查、钻孔取芯、标准贯入试验及动力触探等方法检查。

嗨·点评　注浆法、水泥土搅拌法和高压喷射注浆法的各自分类、适用范围以及检测方法是考核重点，其他理解即可。

【经典例题】17.（2014年真题）水泥土搅拌法地基加固适用于（　　）。

A.障碍物较多的杂填土

B.欠固结的淤泥质土

C.可塑的黏性土

D.密实的砂类土

【答案】C

【经典例题】18.（2015年真题）单管高压喷射注浆法喷射的介质为（　　）。

A.水泥浆液　　B.净水

C.空气　　D.膨润土泥浆

【答案】A

1K413030 盾构法施工

一、盾构机选型要点

(一)盾构选型目的、依据与原则

盾构选型的三要素：目的，依据和基本原则包括的内容，见表1K413030-1。

盾构选型的三要素 表1K413030-1

选型三要素	内容
目的	安全前提，满足形状尺寸，盾构类型，性能，配套设施，辅助工法
依据	地质水文，形状尺寸，埋深，障碍物，地表隆沉，管线，建筑物，技术经济
基本原则	适用性，技术先进性，经济合理性

(二)盾构类型与适用条件

盾构类型

盾构可按开挖面是否封闭划分，可分为密闭式和敞开式两类，见图1K413030-1。

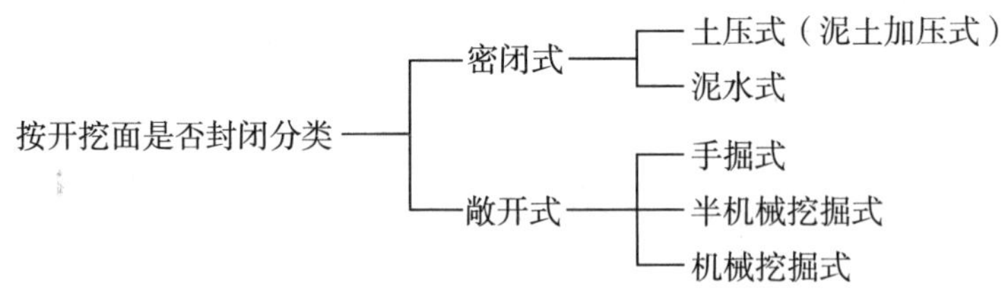

图1K413030-1 盾构按开挖面是否封闭分类图

嗨·点评 本条主要以选择题形式考核，盾构选型的目的，依据，原则有哪些，以及盾构的类型如何划分。

【经典例题】1.（2016年真题）敞开式盾构按开挖方式可分为（ ）。

A.手掘式

B.半机械挖掘式

C.土压式

D.机械挖掘式

E.泥水式

【答案】ABD

【嗨·解析】敞开式盾构按开挖方式划分，可分为手掘式、半机械挖掘式和机械挖掘式三种。

二、盾构施工条件与现场布置

(一)盾构法施工条件

盾构法施工条件包括三方面内容：盾构的定义、适用条件以及注意事项，见图1K413030-2，盾构结构组成见图1K413030-3。

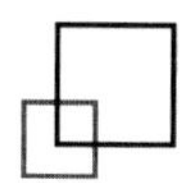

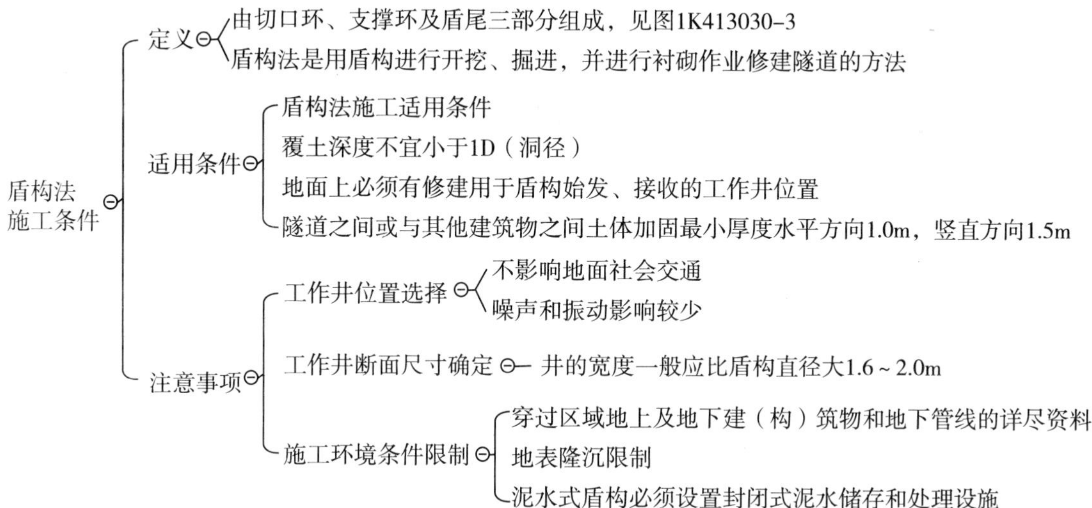

图1K413030-2　盾构法施工条件

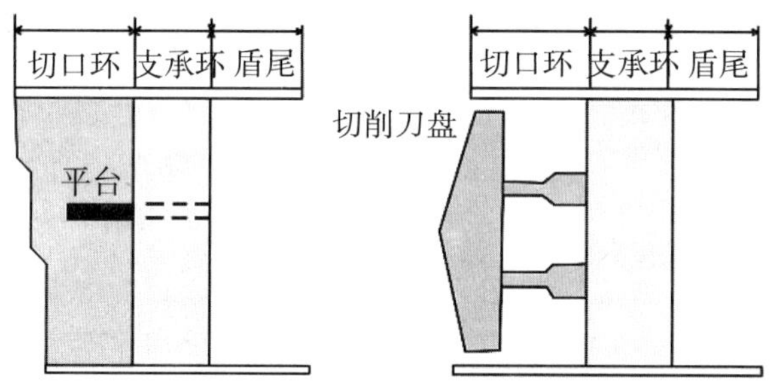

图1K413030-3　盾构结构组成

（二）盾构施工现场布置

盾构施工现场布置主要包括施工现场平面布置和施工设施设置。

1.施工现场平面布置

主要包括盾构工作井、工作井防雨棚及防淹墙、垂直运输设备、管片堆场、管片防水处理场、拌浆站、料具间及机修间、两回路的变配电间等设施以及进出通道等。

2.施工设施设置

盾构施工设施相关的设置，见表1K413030-2。

三种盾构施工方法的设施设置　表1K413030-2

类别	设置要求
气压法盾构	设置空压机房，以供给足够的压缩空气
泥水平衡盾构	设置泥浆处理系统（中央控制室）、泥浆池
土压平衡盾构	设置电机车电瓶充电间等设施

【经典例题】2.（2010年真题）关于盾构法隧道现场设施布置的说法，正确的有（　　）。

A.盾构机座必须采用钢筋混凝土结构

B.采用泥水机械出土时，地面应设置水泵房

C.采用气压法施工时，地面应设置空压机房

D.采用泥水式盾构时，应设置泥浆处理系统及中央控制室

E.采用土压式盾构时，应设置地面出土和堆土设施

【答案】CDE

【嗨·解析】工作井施工需要采取降水措施时，应设相当规模的降水系统（水泵房）。

三、盾构施工阶段划分及始发与接收施工技术

（一）盾构施工阶段划分

盾构施工一般分为始发、正常掘进和接收三个阶段，见图1K413030-4。

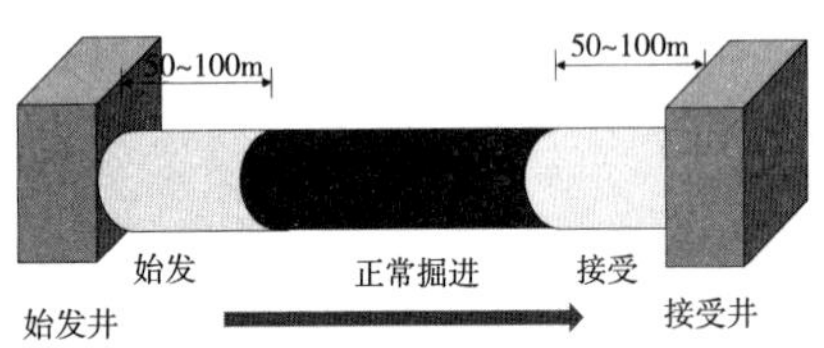

图1K413030-4 盾构施工三个阶段示意图

始发是指盾构自始发工作井内盾构基座上开始掘进，到完成初始掘进（通常50～100m）止；始发结束后要拆除临时管片、临时支撑和反力架，分体始发时还要将后续台车移入隧道内，以便后续正常掘进。接收是指自掘进距接收工作井一定距离（通常50～100m）到盾构落到接收工作井内基座上止。

从施工安全的角度讲，始发与接收是盾构法施工两个重要阶段。为保证盾构始发与接收施工安全，洞口土体加固施工必须满足设计要求。

（二）洞口土体加固技术

1.洞口土体加固必要性

由于拆除洞口围护结构会导致洞口土体失稳、地下水涌入，且盾构进入始发洞口开始掘进的一段距离内或到达接收洞口前的一段距离内难以建立起土压（土压平衡盾构）或泥水压（泥水平衡盾构）以平衡开挖面的土压和水压，因此拆除洞口围护结构前必须对洞口土体进行加固。

2.洞口土体加固的主要目的：

洞口土体加固根据掘进过程不同，分为三个阶段，其目的见表1K413030-3。

洞口土体加固的目的　表1K413030-3

三个阶段	目的
拆除工作井洞口围护结构	确保洞口土体稳定，防止地下水流入
盾构掘进通过加固区域	防止盾构周围的地下水及土砂流入工作井
拆除洞口围护结构及盾构掘进通过加固区域	防止地层变形对施工影响范围内的地面建筑物及地下管线与构筑物等造成破坏

3.加固方法

常用加固方法主要有：注浆法、高压喷射搅拌法和冻结法，见图1K413030-5。

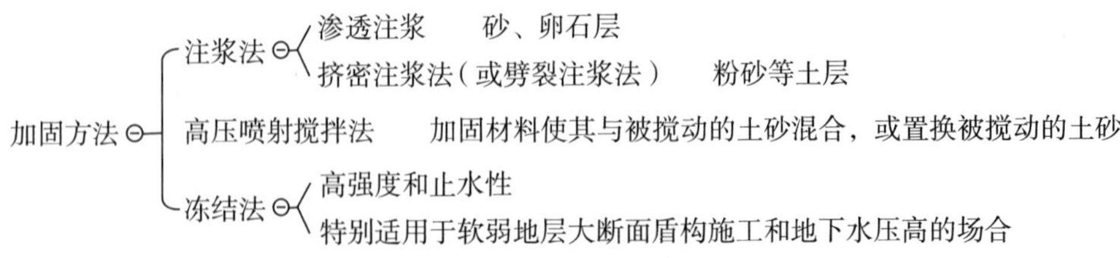

图1K413030-5 洞口三种加固方法

（三）盾构始发施工技术

1.始发段长度的确定

决定始发段长度有两个因素：一是衬砌与周围地层的摩擦阻力，二是后续台车长度。

始发结束后要拆除临时管片、临时支撑和反力架，将后续台车移入隧道内，以便后续正常掘进。由于此后盾构的掘进反力只能由衬砌与周围地层的摩擦阻力承担，因此初始掘进长度L必须符合以下条件。

$$L>F/2\pi rf$$

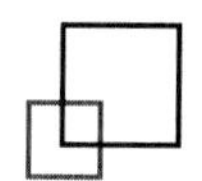

式中 L——从始发井开始的衬砌长度（m）;

F——盾构千斤顶推力（N）;

r——衬砌外半径（m）;

f——注浆后的衬砌与地层的摩擦阻力（N/m^2）。

2.洞口土体加固段掘进技术要点（图1K413030-6）

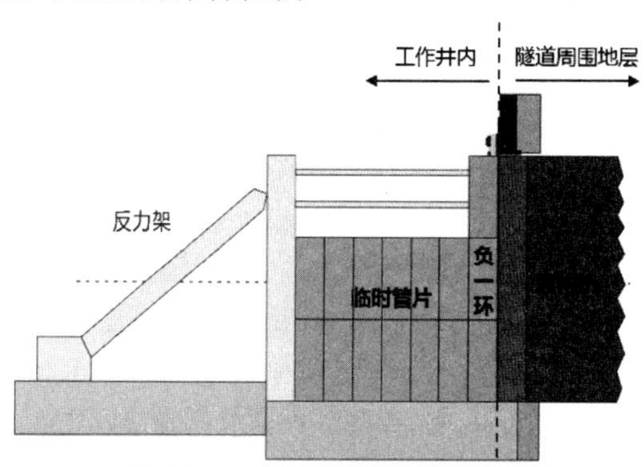

图1K413030-6 盾构始发示意图

（1）盾构基座、反力架与管片上部轴向支撑的制作与安装要具备足够的刚度，位置符合隧道设计轴线。

（2）拆除洞口围护结构前要确认洞口土体加固效果，必要时进行补注浆加固。

（3）洞口土体加固段内要慢速掘进，并逐渐提高土压仓（泥水仓）设定压力达到预定的设定值。

（4）通常盾构机盾尾进入洞口后，拼装整环临时管片（负一环），并在开口部安装上部轴向支撑，使随后盾构掘进时全部盾构千斤顶都可使用。

（5）盾构机盾尾进入洞口后，将洞口密封与封闭环管片贴紧，以防止泥水与注浆浆液从洞门泄漏。

（6）加强监测，出现异常，及时处理。

3.初始掘进的主要任务

（1）收集盾构掘进数据（推力、刀盘扭矩等）及地层变形量测量数据。

（2）判断土压（泥水压）、注浆量、注浆压力等设定值是否适当。

（3）通过测量盾构与衬砌的位置，及早把握盾构掘进方向控制特性，为正常掘进控制提供依据。

（四）盾构接收施工技术要点

盾构接收施工环节和始发类似，是一个同样需高度重视的阶段，见表1K413030-4。

盾构接收技术要点 表1K413030-4

阶段	注意事项
进入到达掘进阶段前	暂停掘进，准确测量盾构坐标位置与姿态，确认符合隧道设计轴线
掘进至接收井洞口加固段时	确认洞口土体加固效果，必要时进行补注浆加固
加固段内	逐渐降低土压（泥水压）至0MPa
拆除洞口围护结构前	确认洞口土体加固效果，必要时进行注浆加固
拼装完最后一环管片	千斤顶不要立即回收，及时将洞口段数环管片纵向临时拉紧成整体，复紧所有管片连接螺栓
盾构落到接收基座上后	及时封堵洞口处衬砌后空隙，填充注浆

嗨·点评 重点掌握盾构始发前土体加固方法、始发技术要点和初始掘进任务。

【经典例题】3.（2012年真题）盾构法隧道始发洞口土体加固的常用方法有（ ）。

A.注浆法 B.冻结法

C.SMW法 D.地下连续墙法

E.高压喷射搅拌法

【答案】ABE

【经典例题】4.（2013年真题）确定盾构始发段长度的因素有（ ）。

A.衬砌与周围地层的摩擦阻力

B.盾构长度

C.始发加固的长度

D.后续台车长度

E.临时支撑和反力架长度

【答案】AD

四、盾构掘进技术

（一）盾构法掘进控制内容

主要施工步骤为：开挖控制、一次衬砌、线形控制和注浆构成了盾构掘进控制四要素，内容组成见表1K413030-5。

密闭式盾构掘进控制内容 表1K413030-5

控制要素		内容	
开挖	泥水式	开挖面稳定	泥水压、泥浆性能
		排土量	排土量
	土压式	开挖面稳定	土压、塑流化改良
		排土量	排土量
		盾构参数	总推力、推进速度、刀盘扭矩、千斤顶压力等
线形		盾构姿态、位置	倾角、方向、旋转
			铰接角度、超挖量、蛇行量
注浆		注浆状况	注浆量、注浆压力
		注浆材料	稠度、泌水、凝胶时间、强度、配比
一次衬砌		管片拼装	错台量、椭圆度、螺栓紧固扭矩
		防水	漏水、密封条压缩量、裂缝
		隧道中心位置	偏差量、直角度

（二）开挖控制

开挖控制的根本目的是确保开挖面稳定，措施是建立土压平衡，见图1K413030-7。

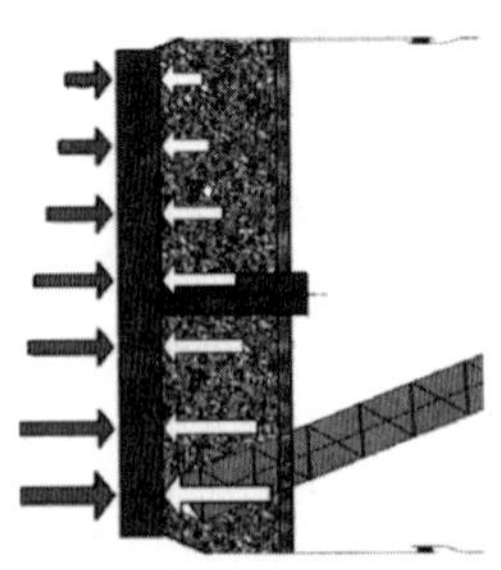

图1K413030-7 盾构开挖面平衡示意图

1.土压（泥水压）控制

（1）土压式盾构，以土压和塑流性改良控制为主，辅以排土量、盾构参数控制；泥水式盾构，以泥水压和泥浆性能控制为主，辅以排土量控制。

（2）开挖面的土压（泥水压）控制值，按地下水压（间隙水压）＋土压＋预备压设定。土压有静止土压、主动土压和松弛土压，要根据地层条件区别使用，见表1K413030-6。

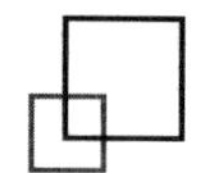

开挖面三种土压力　表1K413030-6

控制土压	注意事项
静止土压	开挖面不变形的最理想土压值，但控制土压相当大，必须加大设备装备能力
主动土压	开挖面不发生坍塌的临界压力，控制土压最小
松弛土压	地质条件良好、覆土深、能形成土拱的场合

（3）为使开挖面稳定，土压（泥水压）变动要小；变动大的情况下，一般开挖面不稳定。

P_{max}=地下水压+静止土压+预备压；

P_{min}=地下水压+（主动土压或松弛土压）+预备压。

2.土压式盾构泥土的塑流化改良控制

土压式盾构泥土的塑流化改良控制内容见图1K413030-8。

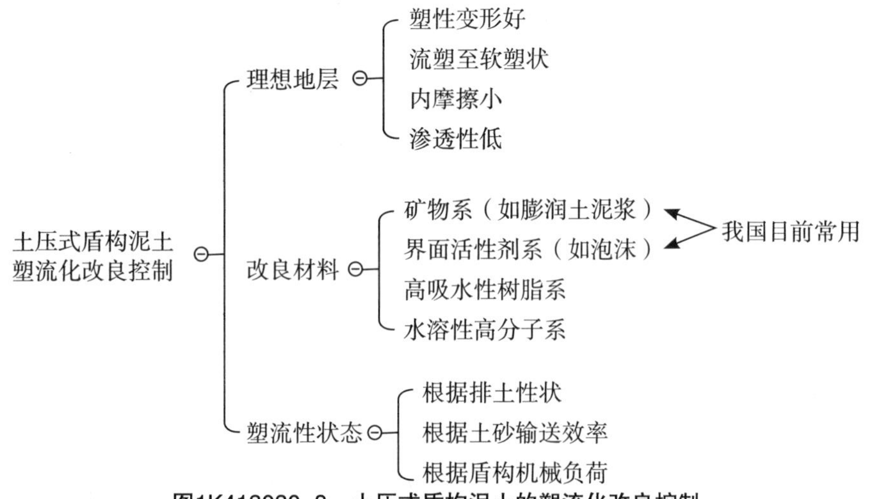

图1K413030-8　土压式盾构泥土的塑流化改良控制

3.泥水式盾构泥浆性能控制

泥浆作用：

（1）依靠泥浆压力在开挖面形成泥膜或渗透区域，开挖面土体强度提高，同时泥浆压力平衡了开挖面土压和水压，达到了开挖面稳定的目的。

（2）泥浆作为输送介质，担负着将所有挖出土砂运送到工作井外的任务。见图1K413030-9。

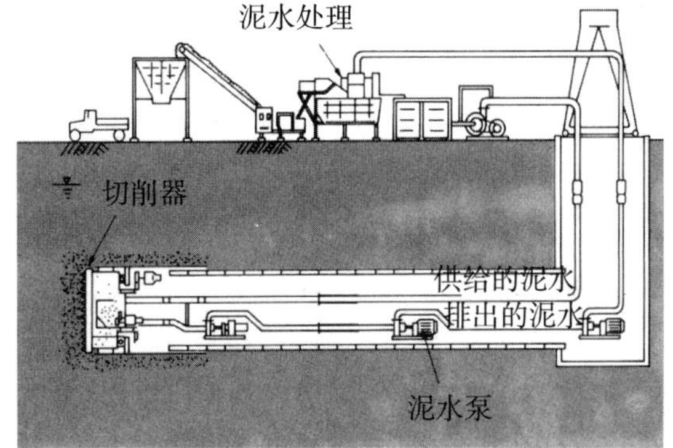

图1K413030-9　泥水平衡盾构施工示意图

泥浆性能包括：相对密度、黏度、pH值、过滤特性和含砂率。

4.排土量控制

（1）开挖土量计算

$$Q=\frac{\pi}{4}\cdot D^2\cdot S_t$$

式中 Q——开挖土计算体积（m^3）；

D——盾构外径（m）；

S_t——掘进循环长度（m）。

（2）土压式盾构出土运输方法与排土量控制

土压式盾构的出土运输（二次运输）一般采用轨道运输方式，见图1K413030-10。

土压式盾构排土量控制方法分为重量控制与容积控制两种，我国目前多采用容积控制方法。容积控制一般采用比较单位掘进距离开挖土砂运土车台数的方法和根据螺旋输送机转数推算的方法。

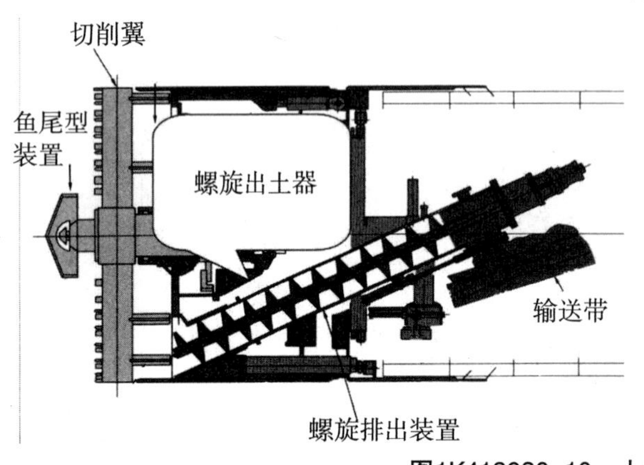

图1K413030-10 土压式盾构出土

（3）泥水式盾构排土量控制

泥水式盾构排土量控制方法分为容积控制与干砂量（干土量）控制两种。

容积控制如下：

$$Q_3=Q_2-Q_1$$

式中 Q_3——排土体积（m^3）；

Q_2——排泥流量（m^3）；

Q_1——送泥流量（m^3）。

$Q>Q_3$，一般表示泥浆流失；$Q<Q_3$，一般表示涌水。

正常掘进时，泥浆流失现象居多。

（三）管片拼装控制

管片拼装控制技术要点包括：拼装方法、真圆保持、管片拼装误差纠偏、楔形环的使用，见表1K413030-7。

管片拼装控制技术要点 表1K413030-7

管片拼装控制	内容	
拼装方法	拼装成环方式	除特殊场合外，大都采取错缝拼装。在纠偏或急曲线施工的情况下，有时采用通缝拼装
	拼装顺序	标准（A型）管片→邻接（B型）管片→楔形（K型）管片，见图1K413030-10
	盾构千斤顶操作	随管片拼装顺序分别缩回盾构千斤顶非常重要
	紧固连接螺栓	先紧固环向（同环内块间接头），后紧固轴向（环间接头）连接螺栓，见图1K413030-11
真圆保持	确保隧道尺寸精度、提高施工速度与止水性及减少地层沉降非常重要	

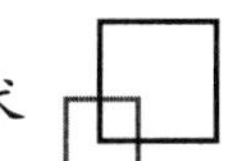

续表

管片拼装控制	内容
拼装误差纠偏	盾构与管片产生干涉的场合，必须迅速改变盾构方向、消除干涉； 过大的偏斜量不能采取一次纠偏，纠偏时不得损坏管片
楔形环的使用	除曲线施工外，为进行蛇行修正，也可使用楔形环管片

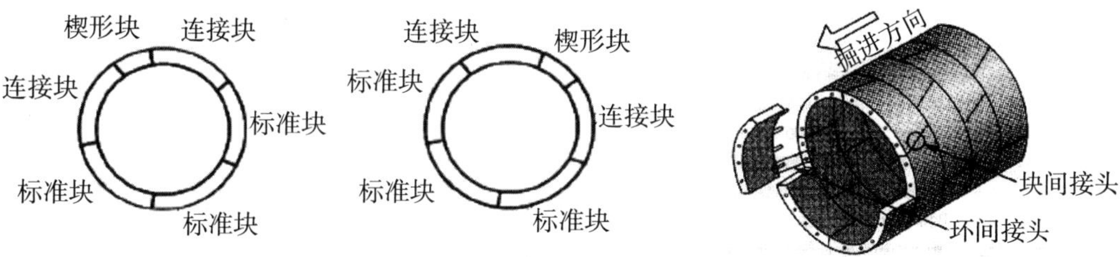

图1K413030-11　管片拼装及螺栓紧固

（四）注浆控制

注浆控制技术要点包括：注浆目的、注浆材料的性能、一次注浆、二次注浆和注浆量及注浆压力，具体内容见图1K413030-12和图1K413030-13。

- 注浆控制
  - 注浆目的
    - 抑制隧道周边地层松弛，防止地层变形
    - 及早使管片环安定，千斤顶推力平滑地向地层传递
    - 形成有效的防水层
  - 注浆材料的性能
    - 流动性好，注入时不离析，高于地层土压的早期强度，良好的充填性
    - 注入后体积收缩小，阻水性高，适当的黏性，不污染环境
  - 一次注浆
    - 同步注浆
      - 空隙出现时，有从盾构的注浆管注入和从管片注浆孔注入两种方式
      - 盾构直径大，或在冲积黏性土和砂质土中掘进（适用范围）
    - 即时注浆
      - 一环掘进结束后从管片注浆孔注入的方式
    - 后方注浆
      - 掘进数环后从管片注浆孔注入的方式
      - 在自稳性好的软岩中（适用范围）
  - 二次注浆
    - 补足一次注浆未充填的部分（一次注浆量相同浆液）
    - 补充由浆体收缩引起的体积减小（一次注浆量相同浆液）
    - 以防止周围地层松弛范围扩大为目的的补充
      - 化学浆液
  - 注浆量与注浆压力
    - 反复试验，确认注浆效果
    - 对周围地层和建（构）筑物的影响
    - 效果确认，反馈其结果指导施工

图1K413030-12　注浆控制

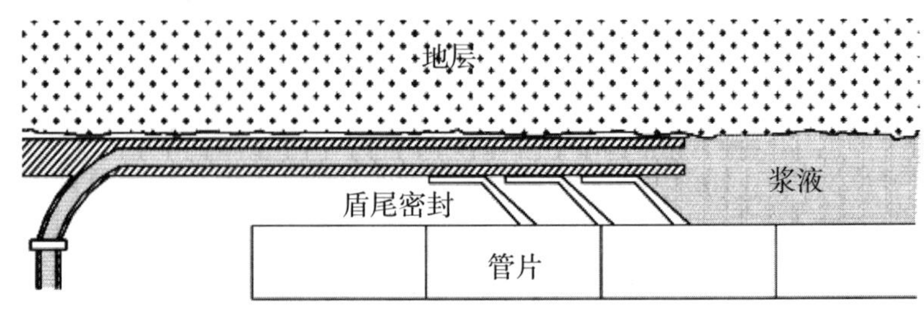

图1K413030-13　盾尾同步注浆

（五）隧道的线形控制

线形控制的主要任务是通过控制盾构姿态，使线形顺滑，且偏离设计中心线在容许误差范围内。

1.掘进控制测量

测量项目包括：位置、倾角、偏转角、转角及千斤顶行程、盾尾间隙和衬砌位置等。

2.方向控制

盾构机掘进过程中，主要对盾构倾斜及其位置以及拼装管片的位置进行控制。方向和转角修正内容见表1K413030-8。

盾构方向、转角修正措施　表1K413030-8

对象	控制措施
盾构方向（偏转角和倾角）修正	一般调整盾构千斤顶使用数量进行方向调整； 大的方向修正，采用仿形刀向调整方向超挖，见图1K413030-14
盾构转角修正	刀盘向盾构偏转同一方向旋转的方法，利用产生的回转反力进行修正

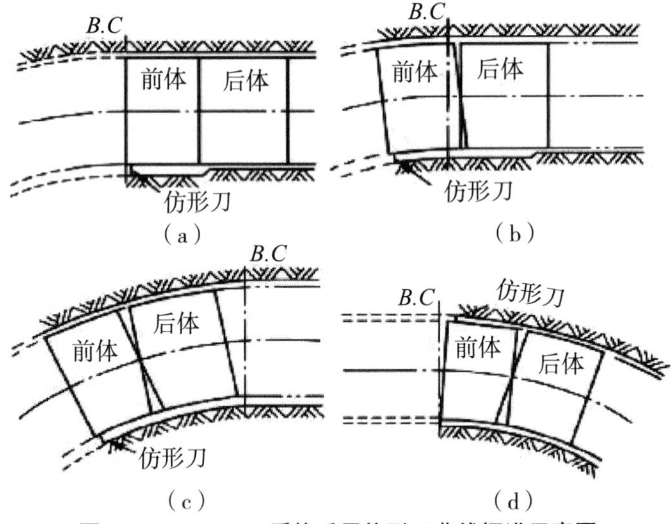

图1K413030-14　盾构采用仿形刀曲线掘进示意图

嗨·点评　盾构掘进技术是围绕盾构四要素的控制内容要求，重点掌握开挖控制、管片拼装和背后注浆要求。

【经典例题】5. 盾构掘进控制“四要素”包括（　　）。

A.开挖控制　　B.一次衬砌控制

C.排土量控制　　D.线形控制

E.注浆控制

【答案】ABDE

【经典例题】6. 土压式盾构掘进时，理想地层的土特性是（　　）。

A.塑性变形好　　B.流塑至软塑状

C.内摩擦小　　D.渗透性低

E.密度小

【答案】ABCD

【嗨·解析】土压式盾构掘进时，理想地层的土特性是：（1）塑性变形好；（2）流塑至软塑状；（3）内摩擦小；（4）渗透性低。

【经典例题】7. 关于管片拼装顺序以下说法错误的是（　　）。

A.最后安装邻接管片

B.先安装下部的标准管片

C.最后安装楔形管片

D.然后交替安装左右两侧标准管片

【答案】A

【嗨·解析】拼装顺序：一般从下部的标准（A型）管片开始，依次左右两侧交替安装标准管片，然后拼装邻接（B型）管片，最后安装楔形（K型）管片。

五、盾构法施工地层变形控制措施

（一）近接施工与近接施工管理

1.新建盾构隧道穿越或邻近既有地下管线、交通设施、建（构）筑物（以下简称既有结构物）的施工被称为近接施工。在城市中近接施工不可避免，且随着地下空间的开发利用会日益增多。因此，盾构施工必须考虑控制影响区域的地层变形，采取有效的既有结构物保护措施。

2.近接施工管理

盾构近接施工会引发地层变形，进接施工管理三个步骤：调查、方案和监测。

（1）首先，应详细调查工程条件、地质条件、环境条件（即既有结构物现况与安全要求），在调查的基础上进行分析与预测、制定防护措施；

（2）其次，制定专项施工方案；

（3）最后，施工过程中通过监控量测反馈指导施工而确保既有结构物安全。

（二）地层变形与既有结构物变位及变形

地层变形机理

某一断面地层变形的变形–时间曲线划分为5个阶段，见图1K413030–15。

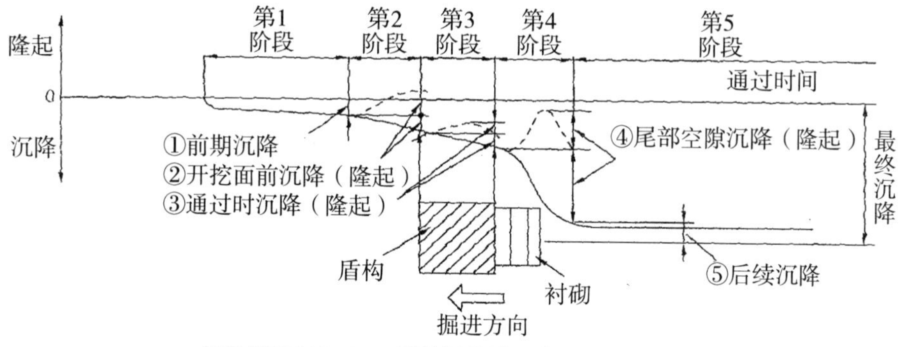

图1K413030–15　盾构掘进地层变形阶段示意图

（三）盾构掘进地层变形原因及控制措施

各阶段变形原因不同，变形机理各异，必须有针对性地采取控制措施。地层变形原因及措施见表1K413030–9。

盾构施工地层变形原因及控制措施　表1K413030-9

阶段	相对	原因	表现	措施
第1	到达前	地下水降低	前期固结沉降	保持地下水压： ①合理的土（泥水）压设定值； ②土压盾构：适宜的改良材料和注入参数保证塑流化改良效果；泥水盾构：适宜的注浆材料和配合比保证泥浆性能； ③盾构密封，防止地下水渗入或涌入
第2	通过前	控制土（泥水）压不足或过大	开挖面前地层沉降或隆起	土（泥水）压平衡： ①合理的土（泥水）压设定值； ②土压盾构：适宜的改良材料和注入参数保证塑流化改良效果；泥水盾构：适宜的注浆材料和配合比保证泥浆性能； ③加强排土量控制； ④土压盾构进行盾构参数控制
第3	通过时	超挖、纠偏、摩擦	通过处沉降或隆起	①避免不必要纠偏，纠偏原则：勤纠、少纠、适度； ②注浆减阻
第4	通过后	注浆不及时、注浆压力太小	尾部空隙沉降或隆起	适宜的背后注浆措施： ①同步注浆，及时填充尾部空隙； ②正确选择注浆材料和配比； ③加强注浆量和压力控制； ④及时二次注浆
第5	通过很久	盾构导致扰动、松弛	后续沉降	盾构掘进、纠偏、注浆作业减少对地层扰动； 向特定部位地层内注浆

（四）既有结构物防护措施

接近施工中既有结构物防护措施，按实施对象分为三个方面措施：（1）盾构施工措施；（2）对既有结构物采取措施；（3）盾构隧道与既有结构物之间采取措施。具体采取措施见图1K413030-16。

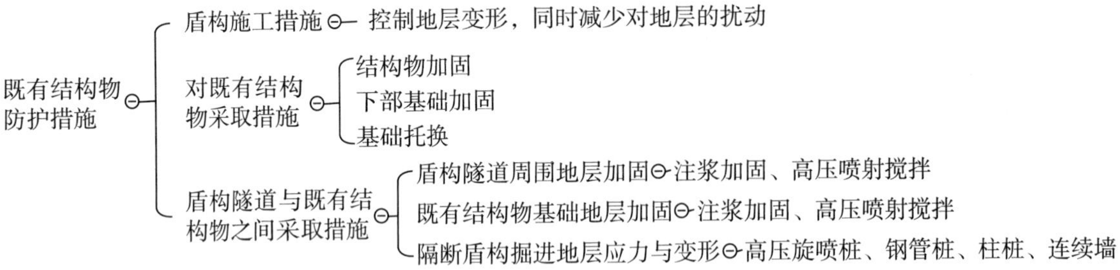

- 既有结构物防护措施
  - 盾构施工措施 — 控制地层变形，同时减少对地层的扰动
  - 对既有结构物采取措施
    - 结构物加固
    - 下部基础加固
    - 基础托换
  - 盾构隧道与既有结构物之间采取措施
    - 盾构隧道周围地层加固 — 注浆加固、高压喷射搅拌
    - 既有结构物基础地层加固 — 注浆加固、高压喷射搅拌
    - 隔断盾构掘进地层应力与变形 — 高压旋喷桩、钢管桩、柱桩、连续墙

图1K413030-16　既有结构物防护措施

嗨·点评 盾构地层变形不可避免，但可减轻；重点掌握地层变形的控制措施。

【经典例题】8.盾构近接施工中既有结构物防护措施之一是对既有结构物采取的措施，主要包括（　　）。

A.下部基础加固

B.隔断盾构掘进地层应力与变形

C.既有结构物加固

D.盾构隧道周围地层加固

E.基础托换

【答案】ACE

【嗨·解析】对既有结构物采取的措施通常有结构物加固、下部基础加固及基础托换三类。

【经典例题】9.某地铁隧道盾构法施工，隧道穿越土层有黏土、粉土、细砂、小粒径砂卵石、含有上层滞水，覆土厚度8~14m，采用土压平衡盾构施工。施工项目部依据施

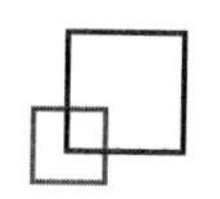

工组织设计在具备始发条件后开始隧道施工，掘进过程中始终按施工组织设计规定的各项施工参数执行。

施工过程中发生以下事件：

事件一：拆除始发工作井洞口围护结构后发现洞口土体渗水，洞口土体加固段掘进时地表沉降超过允许值。

事件二：在细砂、砂卵石地层中掘进时，土压计显示开挖面土压波动较大；从螺旋输送机排出的土砂坍落度较低。

【问题】（1）施工项目部依据施工组织设计开始隧道施工是否正确？如不正确，写出正确做法。

（2）掘进过程中始终按施工组织设计规定的各项施工参数执行是否正确？如不正确，写出正确做法。

（3）分析事件一发生的主要原因以及正确的做法。

（4）分析事件二发生的主要原因以及应采取的对策。

【答案】（1）不正确。根据住房和城乡建设部《危险性较大的分部分项工程安全管理办法》（建质[2009]87号）的规定。盾构工程属于危险性较大的分部分项工程，开工前施工单位必须编制专项施工方案，并应组织专家对专项方案进行论证。

（2）不正确。首先，在初始掘进过程中应根据收集的盾构掘进数据（推力、刀盘扭矩等）及地层变形量测量数据，判断土压（泥水压）、注浆量、注浆压力等设定值是否适当，及时进行调整，并通过测量盾构与衬砌的位置，及早把握盾构掘进方向控制特性，为正常掘进控制提供依据。其次，由于掘进过程中地层条件、覆土厚度等差异很大，应根据实际情况适时调整施工参数。最后，根据反馈的监控量测数据及时调整相关的施工参数。

（3）事件一发生的主要原因是洞口土体加固效果不满足要求。正确做法是：

①根据地质条件、地下水位、盾构种类与外形尺寸、覆土深度及施工环境条件等，明确加固目的后，合理确定加固方法与加固范围；本案例的加固目的，既要加固又应止水。

②拆除洞口围护结构前要确认洞口土体加固效果，必要时进行补注浆加固。

（4）事件二发生的主要原因是塑流化改良效果欠佳。应采取的对策主要有：

①选择适宜的改良材料，并适当提高添加比例。

②开挖面土压波动大的情况下，开挖面一般不稳定，此时应加强出土量管理。

六、盾构法隧道施工质量检查与验收

（一）钢筋混凝土管片制作质量控制要点

开工前质量控制

主要包括人员、设备，原材料以及相关准备工作的控制，见表1K413030-10。

钢筋混凝土管片开工前质量控制　表1K413030-10

开工前质量控制	内容
人员、设备基本规定	①管片应由具备相应资质等级的厂家制造。 ②制作前应编制施工组织设计或技术方案，并经审查批准。 ③生产操作人员经培训、考核，合格者方可进行操作。特殊工种应持证上岗。 ④模具材料符合质量要求。 ⑤混凝土搅拌、运输、振捣、养护等设备检验符合要求，各种计量器具、设备检定必须在有效期内
原材料要求	①原材料具备质量证明文件，并经检验合格。 ②预埋件规格和性能符合设计要求

续表

开工前质量控制	内容
准备工作	①模具安装完毕后进行质量验收。 ②混凝土经试配确定配合比，其性能符合设计要求

（二）制作过程质量控制

钢筋混凝土管片制作过程中主要对模具，钢筋及骨架，混凝土浇筑，混凝土养护，管片质量控制，管片贮存与运输的把控，见表1K413030–11。

钢筋混凝土管片制作过程质量控制　表1K413030–11

制作过程质量控制	内容
模具	①模具安装符合要求后进行试生产，在试生产的管片中，随机抽取3环进行水平拼装检验，合格后方可正式生产； ②模具周转100次必须进行检验
钢筋及骨架	混凝土浇筑前，进行钢筋隐蔽工程验收
混凝土浇筑	①应连续浇筑，浇筑时不得扰动预埋件； ②根据生产条件选择适当的振捣方式，振捣应密实，不得漏振或过振
混凝土养护	混凝土浇筑成型后至开模前，应覆盖保湿，可采用蒸汽养护或自然养护
管片质量控制	①吊装预埋件首次使用前必须进行抗拉拔试验； ②日生产每15环应抽取1块管片进行检验； ③每生产200环后应进行水平拼装检验1次
管片贮存与运输	①贮存场地必须坚实平整； ②可采用内弧面向上或单片侧立的方式码放，每层管片之间正确设置垫木，码放高度应经计算确定； ③管片运输应采取适当的防护措施

（三）管片拼装质量控制

1.拼装质量控制要点

（1）拼装下一环管片前对上一环衬砌环面进行质量检查和确认，并应依据上一环衬砌环姿态、盾构姿态、盾尾间隙等确定管片排序。

（2）在管片拼装过程中，严格控制盾构千斤顶的压力和伸缩量，以保持盾构姿态稳定。

2.管片拼装质量验收标准

（1）钢筋混凝土管片不得有内外贯穿裂缝和宽度大于0.2mm的裂缝及混凝土剥落现象。

（2）管片拼装过程中对隧道轴线和高程进行控制。

（3）当钢筋混凝土管片表面出现缺棱掉角、混凝土剥落、大于0.2mm宽的裂缝或贯穿性裂缝等缺陷时，必须进行修补。修补时，应分析管片破损原因及程度，制定修补方案。修补材料强度不应低于管片强度。

3.隧道防水质量控制要点

隧道防水以管片自防水为基础，接缝防水为重点，并应对特殊部位进行防水处理，形成完整的防水体系。

嗨·点评 重点注意管片生产厂家人员设备规定、管片质量控制和拼装质量验收标准。

【经典例题】10.（2012年真题）钢筋混凝土管片不得有内外贯通裂缝和宽度大于（　　）mm的裂缝及混凝土剥落现象。

A.0.1　　B.0.2　　C.0.5　　D.0.8

【答案】B

【嗨·解析】本题考查的是管片拼装质量验收标准。钢筋混凝土管片不得有内外贯穿裂缝和宽度大于0.2mm的裂缝及混凝土剥落现象。

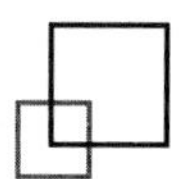

1K413040 喷锚暗挖（矿山）法施工

一、喷锚暗挖法的掘进方式选择

（一）浅埋暗挖法与掘进方式

浅埋暗挖法施工因掘进方式不同，可分为众多的具体施工方法，如全断面法、正台阶法、环形开挖预留核心土法、单侧壁导坑法、双侧壁导坑法、中隔壁法、交叉中隔壁法、中洞法、侧洞法、柱洞法等，具体内容分别见图1K413040-1~图1K413040-4。

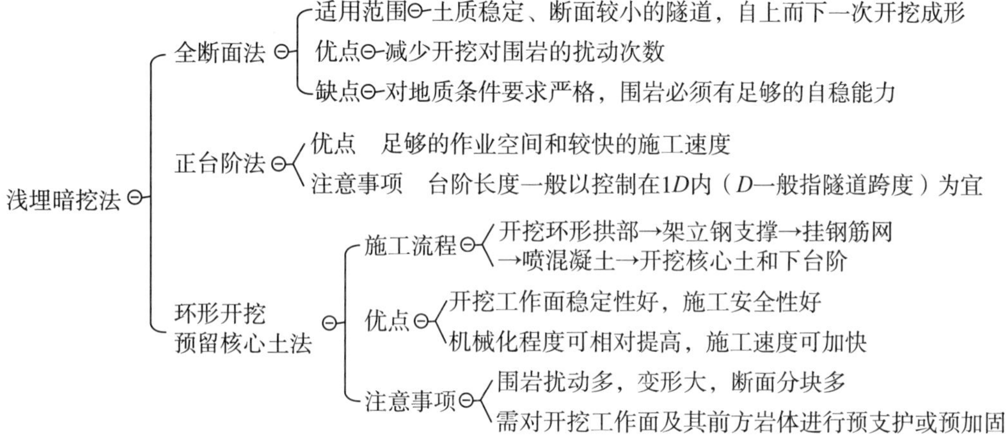

图1K413040-1　全断面法、正台阶法、环形开挖预留核心土法

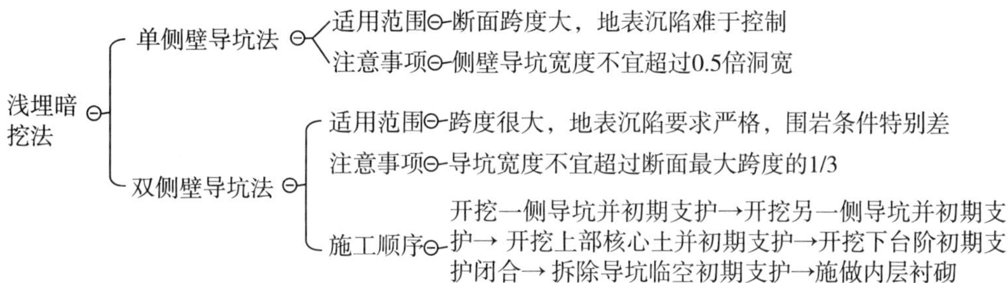

图1K413040-2　单侧壁导坑法、双侧壁导坑法

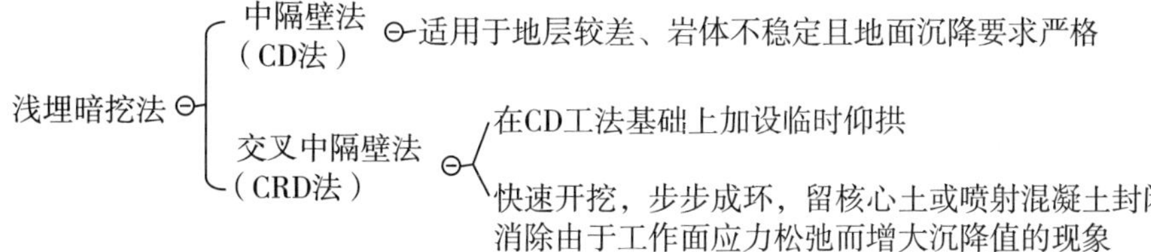

图1K413040-3　中隔壁法、交叉中隔壁法

浅埋暗挖法
- 中洞法：快速开挖，步步成环，留核心土或喷射混凝土封闭；消除由于工作面应力松弛而增大沉降值的现象
- 侧洞法：先开挖两侧部分（侧洞），在侧洞内做梁、柱结构，然后再开挖中间部分（中洞），并逐渐将中洞顶部荷载通过初期支护转移到梁、柱上
- 柱洞法：先在立柱位置施做一个小导洞，当小导洞做好后，再在洞内做底梁，形成一个细而高的纵向结构
- 洞桩法：先挖洞，在洞内制作挖孔桩，梁柱完成后，再施作顶部结构，然后在其保护下施工盖挖法施工的挖孔桩梁柱等转入地下进行

图1K413040-4 中洞法、侧洞法、柱洞法、洞桩法

（二）掘进（开挖）方式及其选择条件

掘进（开挖）方式及其选择条件见表1K413040-1。

喷锚暗挖（矿山）法开挖方式与选择条件 表1K413040-1

施工方法	示意图	选择条件比较					
		结构与适用地层	沉降	工期	防水	初期支护拆除量	造价
全断面法	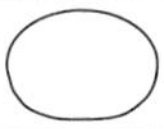	地层好，跨度≤8m	一般	最短	好	无	低
正台阶法	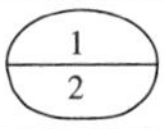 1 2	地层较差，跨度≤10m	一般	短	好	无	低
环形开挖预留核心土法	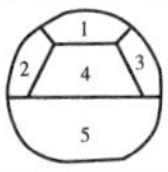 1 2 3 4 5	地层差，跨度≤12m	一般	短	好	无	低
单侧壁导坑法	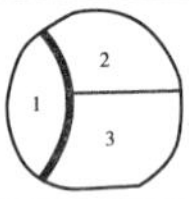 1 2 3	地层差，跨度≤14m	较大	较短	好	小	低
双侧壁导坑法	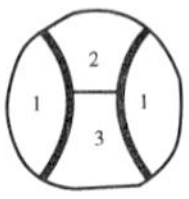 1 2 1 3	小跨度，连续使用可扩成大跨度	较大	长	效果差	大	高
中隔壁法（CD工法）	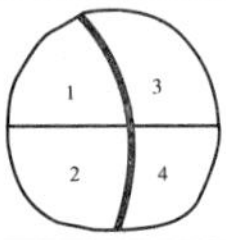 1 3 2 4	地层差，跨度≤18m	较大	较短	好	小	偏高
交叉中隔壁法（CRD工法）	 1 2 3 4 5 6	地层差，跨度≤20m	较小	长	好	大	高
中洞法	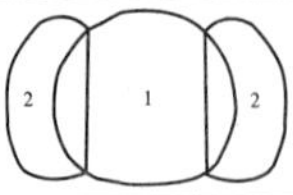 2 1 2	小跨度，连续使用可扩成大跨度	小	长	效果差	大	较高
侧洞法	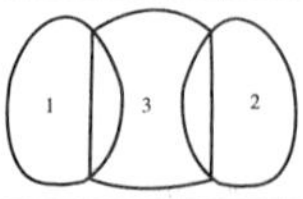 1 3 2	小跨度，连续使用可扩成大跨度	大	长	效果差	大	高
柱洞法		多层多跨	大	长	效果差	大	高

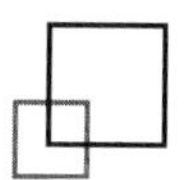

续表

施工方法	示意图	选择条件比较					
		结构与适用地层	沉降	工期	防水	初期支护拆除量	造价
洞桩法		多层多跨	较大	长	效果差	较大	高

嗨·点评 各种喷锚暗挖方法的主要特点需要对比掌握，能够区分清楚。

【经典例题】1.（2013年真题）下列喷锚暗挖开挖方式中，防水效果较差的是（　　）。

A.全断面法

B.环形开挖预留核心土法

C.交叉中隔壁（CRD）法

D.双侧壁导坑法

【答案】D

【嗨·解析】在喷锚暗挖法开挖方式与选择条件中，全断面开挖法、环形开挖预留核心土法、交叉中隔壁法的防水效果均较好，双侧壁导坑法的防水效果较差。

【经典例题】2.（2013年真题）某公司承包了一条单跨城市隧道，隧道长度为800m，跨度为15m，地质条件复杂。设计采用浅埋暗挖法进行施工，其中支护结构由建设单位直接分包给一家专业施工单位。

【问题】根据背景介绍，该隧道可选择哪些浅埋暗挖方法？

【答案】跨度15m单跨隧道，可以选择双侧壁导坑、中隔壁法、交叉中隔壁法及PBA法。

二、喷锚加固支护施工技术

（一）喷锚暗挖与初期支护

1.喷锚暗挖与支护加固

浅埋暗挖法施工地下结构需采用喷锚初期支护，主要包括：

①钢筋网喷射混凝土；

②锚杆–钢筋网喷射混凝土；

③钢拱架钢筋网喷射混凝土等。

2.支护与加固技术措施

包括隧道内和隧道外的加固技术措施，见图1K413040–5。

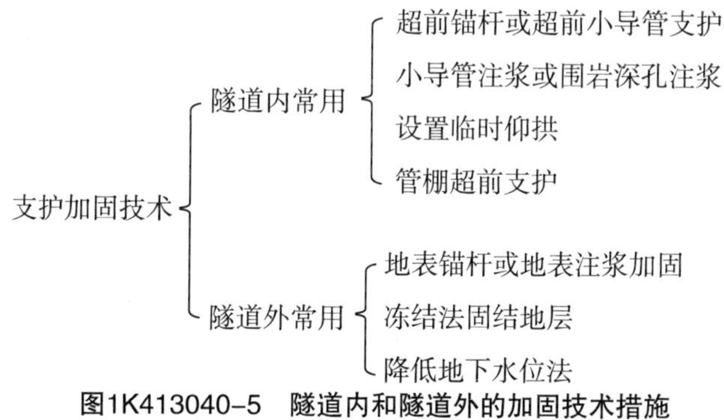

图1K413040–5　隧道内和隧道外的加固技术措施

（二）暗挖隧道内加固支护技术

1.主要材料

暗挖隧道内加固支护技术主要材料包括喷射混凝土、钢筋网、钢拱架，其注意事项见表1K413040–2。

喷射混凝土、钢筋网、钢拱架材料要求　表1K413040-2

材料类型	注意事项
喷射混凝土	①早强混凝土，严禁选用具有碱活性集料，掺外加剂（速凝剂） ②凝结时间试验（初凝≤5min，终凝≤10min）
钢筋网	采用Q235钢，钢筋直径宜为6～12mm，网格尺寸宜采用150～300mm
钢拱架	选用钢筋、型钢、钢轨，栅拱架的主筋直径不宜小于18mm

2.喷射混凝土前准备工作

喷射混凝土前准备工作，注意事项见表1K413040-3。

喷射混凝土前准备工作　表1K413040-3

项目	注意事项
喷射混凝土	①施工前，应检查开挖断面尺寸，清除开挖面、拱脚或墙脚处的土块等杂物； ②宜采用分层湿喷方式，分层喷射厚度宜为50～100mm
钢拱架	①在开挖或喷射混凝土后及时架设； ②超前锚杆、小导管支护宜与钢拱架、钢筋网配合使用，长度宜为3.0~3.5m，并应大于循环进尺的2倍
超前锚杆、小导管	沿开挖轮廓线，以一定的外插角，向开挖面前方安装锚杆、导管，形成对前方围岩的预加固，见图1K413040-6

图1K413040-6　超前小导管与钢拱架

图1K413040-7　喷射混凝土施工

3.喷射混凝土

（1）喷射混凝土应紧跟开挖工作面，应分段、分片、分层，由下而上顺序进行，见图1K413040-7。

（2）钢拱架应全部被喷射混凝土覆盖，其保护层厚度不应小于40mm。

4.隧道内锚杆注浆加固

锚杆施工应保证孔位的精度，钻孔不宜平行于岩层层面，宜沿隧道周边径向钻孔，见图1K413040-8。锚杆必须安装垫板，垫板应与喷混凝土面密贴。钻孔安设锚杆前应先进行喷射混凝土施工。

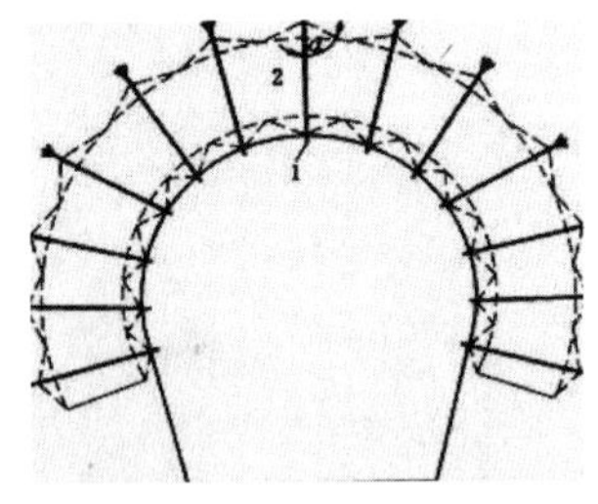

图1K413040-8　隧道内锚杆径向注浆

（三）暗挖隧道外的超前加固技术

暗挖隧道外的超前加固技术包含的方法有：降低地下水位法、地表锚杆（管）、冻结法固结地层，其注意事项见图1K413040-9。

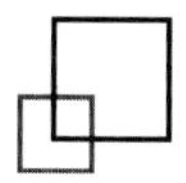

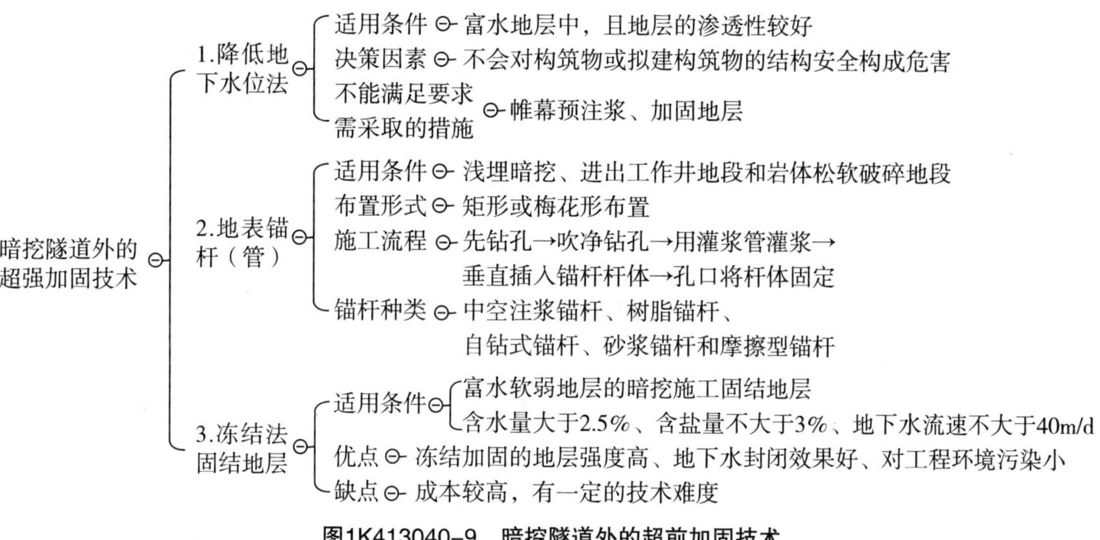

图1K413040-9　暗挖隧道外的超前加固技术

【经典例题】3.（2013年真题）暗挖隧道内常用的支护与加固措施有（　　）。

A.管棚超前支护

B.超前锚杆或超前小导管支护

C.设置临时仰拱

D.冻结法固结地层

E.小导管周边注浆或围岩深孔注浆

【答案】ABCE

【嗨·解析】暗挖隧道内常用的技术措施：（1）超前锚杆或超前小导管支护；（2）小导管周边注浆或围岩深孔注浆；（3）设置临时仰拱；（4）管棚超前支护。

【经典例题】4.（2012年真题）喷射混凝土应采用（　　）混凝土，严禁选用具有碱活性集料的混凝土。

A.早强　B.高强　C.低温　D.负温

【答案】A

【嗨·解析】喷射混凝土应采用早强混凝土，其强度必须符合设计要求。

【经典例题】5.（2013年真题）某公司承包了一条单跨城市隧道，隧道长度为800m，跨度为15m，地质条件复杂。

施工准备阶段，在暗挖加固支护材料的选用上，通过不同掺量的喷射混凝土试验来确定最佳掺量。

【问题】最佳掺量的试验要确定喷射混凝土哪两项指标？

【答案】最佳掺量的试验确定：初凝时间不大于5min和终凝时间不大于10min。

三、衬砌及防水施工要求

（一）防水结构施工原则

1.相关规范规定

（1）地下工程防水的设计和施工应遵循“防、排、截、堵相结合，刚柔相济，因地制宜，综合治理”的原则。

（2）地下铁道隧道工程的防水设计，应根据工程地质、水文地质、地震烈度、结构特点、施工方法和使用要求等因素进行，并应遵循“以防为主，刚柔结合，多道防线，因地制宜，综合治理”的原则，采取与其相适应的防水措施。

2.复合式衬砌与防水体系

（1）喷锚暗挖（矿山）法施工隧道通常采用复合式衬砌设计，衬砌结构是由初期（一次）支护、防水层和二次衬砌所组成。

（2）喷锚暗挖（矿山）法施工隧道的复合式衬砌，以结构自防水为根本，辅加防水层组成防水体系，以变形缝、施工缝、后浇带、穿墙洞、预埋件、桩头等接缝部位混凝土及防水层施工为防水控制的重点。

（二）施工方案选择

1.施工期间的防水措施主要是排和堵两类。

2.在衬砌背后设置排水盲管（沟）或暗沟和在隧底设置中心排水盲沟时，应根据隧道的渗漏水情况，配合衬砌一次施工。衬砌背后可采用注浆或喷涂防水层等方法止水。

（三）复合式衬砌防水层施工

1.复合式衬砌防水层施工应优先选用射钉铺设，结构组成见图1K413040-10。

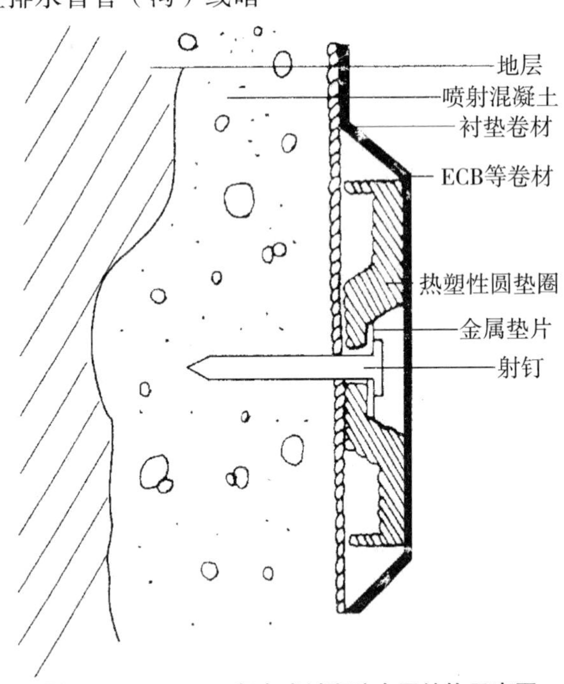

图1K413040-10 复合式衬砌防水层结构示意图

2.防水层可在拱部和边墙按环状铺设，纵横向铺设长度应根据开挖方法和设计断面确定。

3.衬砌施工缝和沉降缝的止水带不得有割伤、破裂，固定应牢固，防止偏移，提高止水带部位混凝土浇筑的质量。

4. 二衬混凝土施工：

二衬混凝土施工内容包括混凝土、模板和浇筑环节，其注意事项见表1K413040-4。

二衬混凝土施工 表1K413040-4

类型	注意事项
混凝土	①采用补偿收缩混凝土，具有良好的抗裂性能； ②主体结构防水混凝土承担防水和受力作用
模板	①采用组合钢模板体系和模板台车两种模板体系，见图1K413040-11； ②具有足够的强度、刚度和稳定性； ③模板接缝要拼贴平整紧密，避免漏浆
浇筑方式	①采用泵送模筑，两侧边墙采用插入式振动器振捣，底部采用附着式； ②浇筑应连续进行，两侧对称，水平浇筑，不得出现水平和倾斜接缝

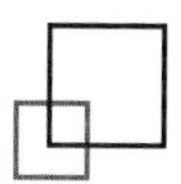

图1K413040-11 组合钢模板体系和模板台车体系

【经典例题】6.（2015年真题）关于喷锚暗挖法二衬混凝土施工的说法，错误的是（ ）。

A.可采用补偿收缩混凝土

B.可采用组合钢模板和钢模板台车两种模板体系

C.采用泵送入模浇筑

D.混凝土应两侧对称，水平浇筑，可设置水平和倾斜接缝

【答案】D

【嗨·解析】混凝土浇筑应连续进行，两侧对称，水平浇筑，不得出现水平和倾斜接缝。

四、小导管注浆加固技术

（一）适用条件与基本规定

小导管注浆加固技术的适用条件与基本规定，内容见图1K413040-12。

- 小导管注浆加固技术
  - 适用条件
    - 1.在软弱、破碎地层中成孔困难或易塌孔，且施作超前锚杆比较困难或者结构断面较大
    - 2.优点：施工速度快，施工机具简单，工序交换容易
  - 基本规定
    - 1.小导管支护和超前加固必须配合钢拱架使用
    - 2.用作小导管的钢管带有注浆孔，以便向土体进行注浆加固
    - 3.条件允许时 — 配合地面超前注浆加固
    - 4.有导洞时 — 在导洞内对隧道周边进行径向注浆加固

图1K413040-12 小导管加固技术适用条件与基本规定

（二）技术要点

小导管注浆技术要点包括：小导管布设，注浆材料，注浆工艺。具体内容见图1K413040-13和图1K413040-14。

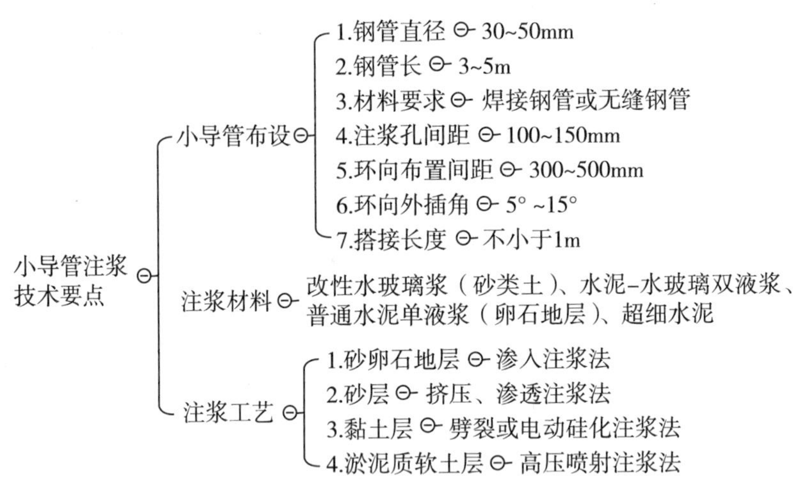

图1K413040-13　小导管注浆技术要点

（三）施工控制要点

小导管注浆施工控制要点包含控制加固范围和保证注浆效果，内容见图1K413040-14。

图1K413040-14　小导管

- 小导管注浆施工控制要点
  - 控制加固范围
    - 控制小导管的长度、开孔率、安设角度和方向
    - 小导管的尾部必须设置封堵孔，防止漏浆
  - 保证注浆效果
    - 试验项目：注浆时间和注浆压力
    - 监测项目：地（路）面隆起、地下水污染等

图1K413040-15　小导管注浆施工控制要点

嗨·点评　小导管支护加固需要记忆关于布设、注浆的一些关键要求。

【经典例题】7.超前小导管注浆施工应根据土质条件选择注浆法，以下关于选择注浆法说法正确的是（　　）。

A.在砂卵石地层中宜采用高压喷射注浆法

B.在黏土层中宜采用劈裂或电动硅化注浆法

C.在砂层中宜采用渗入注浆法

D.在淤泥质软土层中宜采用劈裂注浆法

【答案】B

【嗨·解析】在砂卵石地层中宜采用渗入注浆法；在砂层中宜采用挤压、渗透注浆法；在黏土层中宜采用劈裂或电动硅化注浆法；在淤泥质软土层中宜采用高压喷射注浆法。

【经典例题】8.某供热管线暗挖隧道，长3.2km，断面尺寸为3.2m×2.8m，埋深3.5m。隧道穿越砂土层和砂砾层，除局部有浅层滞水外，无须降水。承包方A公司通过招标将穿越砂砾层段468m隧道开挖及支护分包给B专业公司。B公司依据A公司的施工组织设计，进场后由工长向现场作业人员交代了施

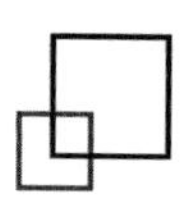

工做法后开始施工。

施工中B公司在距工作井48m处，发现开挖面砂砾层有渗水且土质松散，有塌方隐患。B公司立即向A公司汇报。经有关人员研究，决定采用小导管超前加固措施。B公司采用劈裂注浆法，根据以往经验确定注浆量和注浆压力，注浆过程中地面监测发现地表有隆起现象。随后A公司派有经验的专业人员协助B公司研究解决。

质量监督部门在工程施工前的例行检查时，发现A公司项目部工程资料中初期支护资料不全，部分资料保留在B公司人员手中。

【问题】（1）暗挖隧道开挖前的技术交底是否妥当？如有不妥，写出正确做法。

（2）B公司采用劈裂注浆法是否正确？如不正确，应采取什么方法？哪些浆液可供选用？

（3）分析注浆过程中地表隆起的主要原因，给出防止地表隆起的正确做法。

（4）说明A、B公司在工程资料管理方面应改进之处。

【答案】（1）不妥当。正确做法：单位工程、分部工程和分项工程开工前，工程施工项目部技术负责人应对承担施工的负责人或分包方全体人员进行书面技术交底。技术交底资料应办理签字手续并归档。

（2）不正确。注浆施工应根据土质条件选择注浆法。在砂砾石地层中宜采用渗入注浆法，不宜采用劈裂注浆法；注浆浆液可选用水泥浆或水泥砂浆。

（3）由背景材料可见：注浆过程中地表隆起的主要原因是注浆量和注浆压力控制不当。防止地表隆起的正确做法：通过试验确定注浆量和注浆压力。

（4）A公司作为总承包单位负责汇集有关施工技术资料，并应随施工进度及时整理；B公司应主动向总承包单位移交有关施工技术资料。

五、喷锚暗挖法辅助工法施工技术要点

管棚施工技术

1.结构组成与适用条件

（1）结构组成

①管棚是由钢管和钢拱架组成。钢管入土端制作成尖靴状或楔形，沿着开挖轮廓线，以较小的外插角，向开挖面前方打入钢管或钢插板，末端支架在钢拱架上，形成对开挖面前方围岩的预支护。见图1K413040-16。

②管内应灌注水泥浆或水泥砂浆，以便提高钢管自身刚度和强度。

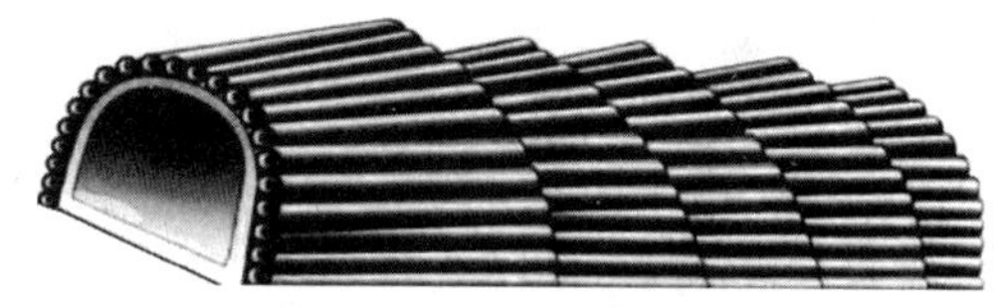

图1K413040-16　管棚施工示意图

（2）适用条件

①适用于软弱地层和特殊困难地段，如极破碎岩体、塌方体、砂土质地层、强膨胀性地层、强流变性地层、裂隙发育岩体、断层破碎带、浅埋大偏压等围岩，并对地层变形有严格要求的工程。

②通常，在下列施工场合（两个穿越、两个特殊、一大洞）应考虑采用管棚进行超前支护：

a.穿越铁路修建地下工程；

b.穿越地下和地面结构物修建地下工程；

c.修建大断面地下工程；

d.隧道洞口段施工；

e.通过断层破碎带等特殊地层；

f.特殊地段，如大跨度地铁车站、重要文物保护区、河底、海底的地下工程施工等。

2.技术要点

管棚技术要点包含主要材料要求和施工技术要点，见图1K413040-17。

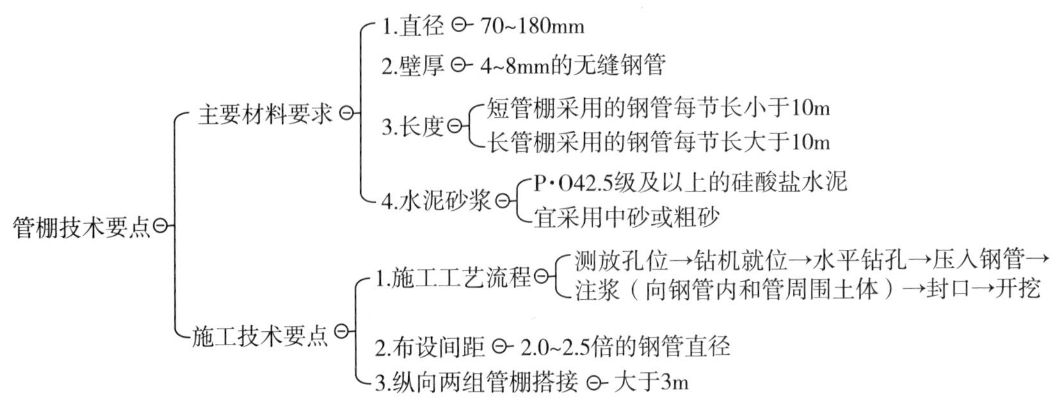

图1K413040-17 管棚技术要点

3.施工质量控制要点

（1）钻孔精度控制

在松软地层或不均匀地层中钻进时，管棚应设定外插角，角度一般不宜大于3°。

（2）钢管就位控制

钢管打入土体就位后，应及时隔（跳）孔向钢管内及周围压注水泥浆或水泥砂浆，使钢管与周围岩体密实，并增加钢管的刚度。

（3）注浆效果控制

①严格控制管棚间距，防止管棚出现间距过大或出现偏离。

②严格按试验参数，控制注浆量，防止因注浆效果不好出现流砂等现象。

③必要时宜与小导管注浆相结合，开挖时可在管棚之间设置小导管。

嗨·点评 重点注意管棚适用范围、工艺流程、布置和注浆要求。

【经典例题】9.（2011年真题）管棚施工描述正确的是（ ）。

A.管棚打入地层后，应及时隔（跳）孔向钢管内及周围压注水泥砂浆

B.必要时在管棚中间设置小导管

C.管棚打设方向与隧道纵向平行

D.管棚可应用于强膨胀的地层

E.管棚末端应支架在坚硬地层上

【答案】ABD

【嗨·解析】管棚沿着开挖轮廓线，以较小的外插角，向开挖面前方打入钢管或钢插板，末端支架在钢拱架上，形成对开挖面前方围岩的预支护。

六、喷锚支护施工质量检查与验收

喷锚暗挖（矿山）法施工质量检查与验收分为开挖、初衬、防水、二衬四个环节。

（一）施工准备阶段质量控制

1.踏勘调研

（1）熟悉和审查施工图纸及其有关设计资料，熟悉地质、水文等勘察资料。

（2）掌握地上（下）建（构）筑物的详细资料。

（3）根据补充调查和收集的资料，制定工程施工方案。

2.质量保证计划

（1）由施工项目负责人组织编制施工组织设计，评估作业难易程度及质量风险，制定质量保证计划。

（2）对关键部位、特殊工艺、危险性较大分项工程分别编制专项施工方案和质量保证措施。

①工作井施工方案，包括马头门细部结构和超前加固措施。

②隧道施工方案，主要包括土方开挖、

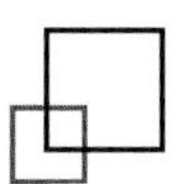

衬砌结构、防水结构等。

（二）土方开挖、初次衬砌（一衬）施工质量控制

1.土方开挖

（1）宜用激光准直仪控制中线和隧道断面仪控制外轮廓线。

（2）相向开挖的两个开挖面相距约2倍管（隧）径时，应停止一个开挖面作业，进行封闭；由另一开挖面作贯通开挖。

2.初次衬砌施工

喷射混凝土施工：

①喷射作业分段、分层进行，喷射顺序由下而上；

②喷头应保证垂直于工作面，喷头距工作面不宜大于1m；

③一次喷射混凝土的厚度：侧壁宜为60~100mm，拱部宜为50~60mm；分层喷射时，应在前一层混凝土终凝后进行；

④钢筋网的喷射混凝土保护层不应小于20mm；

⑤喷射混凝土终凝2h后进行养护，时间不小于14d；冬期不得洒水养护；混凝土强度低于6MPa时不得受冻。

（三）防水、二次衬砌（二衬）施工质量控制

1.防水层施工

（1）应在初期支护基本稳定且衬砌检查合格后进行。

（2）防水卷材固定在初期衬砌面上；采用软塑料类防水卷材时，宜采用热焊固定在垫圈上。

（3）采用专用热合机焊接，焊缝应均匀连续：双焊缝搭接的焊缝宽不应小于10mm；焊缝不得有漏焊、假焊、焊焦、焊穿等现象；焊缝应经充气试验合格：气压0.15MPa，经过3min其下降值不大于20%。

2.二次衬砌施工

（1）模板施工质量保证措施：

①模板和支架的强度、刚度和稳定性应满足设计要求；

②模板支架预留沉降量为：0~30mm；

③模板接缝拼接严密，不得漏浆；

④变形缝端头模板处的填缝中心应与初期支护变形缝位置重合，端头模板支设应垂直、牢固。

（2）混凝土浇筑质量保证措施：

①灌注前，应对设立模板的外形尺寸、中线、标高、各种预埋件等进行隐蔽工程验收，并填写记录；验收合格后方可进行灌注；

②应从下向上浇筑，各部位应对称浇筑、振捣密实，且振捣器不得触及防水层。

（3）泵送混凝土质量保证措施：

①坍落度为60~200mm；

②碎石级配，骨料最大粒径不大于25mm；

③减水型、缓凝型外加剂，其掺量应经试验确定；掺加防水剂、微膨胀剂时应以动态运转试验控制掺量。

（4）拆模时间应根据结构断面形式及混凝土达到的强度确定；矩形断面，侧墙应达到设计强度等级的70%；顶板应达到100%。

（四）安全质量控制主要措施

安全质量控制主要分为进出工作井，减少地面沉降，监控量测与信息化施工三方面把控，见表1K413040-5。

喷锚支护施工安全质量控制主要措施　表1K413040-5

项目	措施
进出工作井	采取大管棚或者超前小导管注浆加固措施
减少地面沉降措施	①依据监测数据信息反馈，调整设计和施工参数，保证沉降值控制在允许范围； ②采取地面预注浆、隧道内小导管注浆和衬砌结构背后注浆等措施，控制地层变形在允许范围
监控量测与信息化施工	①监测数据分析处理，及时反馈设计、施工； ②预警管理与应急抢险

嗨·点评　重点掌握喷射混凝土施工细节、防水层焊接及检验和二次衬砌拆模时间。

【经典例题】10.喷射混凝土施工中，下列表述正确的有（　　）。

A.喷射作业分段、分层进行，喷射顺序由下而上

B.喷头应保持垂直于工作面，喷头距工作面不宜大于2m

C.分层喷射时，应在前一层混凝土终凝后进行

D.喷射混凝土终凝2h后进行养护，时间不小于14d

E.喷射混凝土养护，冬期宜洒水养护

【答案】ACD

【嗨·解析】A、C、D均为正确表述。喷头应保证垂直于工作面，喷头距工作面不宜大于1m，所以B错误；冬期不宜洒水养护，E错误。

【经典例题】11.二次衬砌拆模时间应根据结构断面形式及混凝土达到的强度确定；矩形断面，侧墙应达到设计强度等级的（　　）。

A.70%　　B.75%　　C.80%　　D.100%

【答案】A

章节练习题

一、单项选择题

1.以下关于城市轨道交通车站说法不正确的是（　　）。

A.地面车站位于地面，采用岛式或侧式均可

B.站台形式可采用岛式、侧式和岛、侧混合的形式

C.高架车站位于地面高架结构上，分为路中设置和路侧设置两种

D.枢纽站位于两条及两条以上线路交叉点上的车站，可接、送两条线路上的列车

2.线路中心距离住宅区、宾馆、机关等建筑物小于20m及穿越地段，宜采用（　　）结构。

A.特殊减振轨道　　B.较高减振轨道

C.高级减振轨道　　D.一般减振轨道

3.关于基坑降水的说法，正确的是（　　）。

A.降水主要用于提高土体强度

B.降水井应布置在基坑内侧

C.为保证环境安全，宜采用回灌措施

D.降水深度为7m时，必须采用管井降水

4.当基坑开挖较浅、尚未设支撑时，围护墙体的水平变形表现为（　　）。

A.墙顶位移最大，向基坑方向水平位移

B.墙顶位移最小，向基坑方向水平位移，呈三角形分布

C.墙顶位移最大，向基坑外方向水平位移

D.墙顶位移最小，向基坑外方向水平位移，呈三角形分布

5.盾构法隧道始发洞口土体加固时，特别适用于大断面盾构施工和地下水压高的场合的方法是（　　）。

A.注浆法　　B.冻结法

C.水泥土搅拌法　　D.高压喷射搅拌法

6.浅埋暗挖法的主要开挖方法中沉降较小的是（　　）。

A.正台阶法　　B.CRD法

C.CD法　　D.双侧壁导坑法

7.小导管注浆加固技术施工控制要点表述错误的是（　　）。

A.注浆时间和注浆压力应由经验确定，应严格控制注浆压力

B.浆液必须配比准确，符合设计要求

C.按设计要求，严格控制小导管的长度、开孔率、安设角度和方向

D.小导管的尾部必须设置封堵孔，防止漏浆

8.关于明挖法施工的地下车站结构防水措施，属于主体防水措施的是（　　）。

A.金属板　　B.外贴式止水带

C.中埋式止水带　　D.防水混凝土

9.喷射混凝土施工中，钢筋网的喷射混凝土保护层不应小于（　　）mm。

A.50　　B.40　　C.30　　D.20

10.二次衬砌拆模时间应根据结构断面形式及混凝土达到的强度确定；矩形断面，侧墙应达到设计强度等级的（　　）。

A.70%　　B.75%

C.80%　　D.100%

11.当钢筋混凝土管片表面出现缺棱掉角、混凝土剥落、大于0.2mm宽的裂缝或贯穿性裂缝等缺陷时，必须进行修补。修补时，应分析管片破损原因及程度，制定修补方案。修补材料强度不应低于管片设计强度的（　　）%。

A.100　　B.90　　C.80　　D.75

二、多项选择题

1.以下关于盖挖法施工优点说法正确的是（　　）。

A.盖挖逆作法施工基坑暴露时间短，可尽快恢复路面，对交通影响较小

B.基坑底部土体稳定，隆起小，施工安全

C.盖挖顺作法施工一般不设内支撑或锚锭，施工空间大

D.围护结构变形小，有利于保护邻近建筑物和构筑物

E.盖挖法施工时，混凝土结构施工缝的处理较为容易

2.关于基坑围护结构说法，正确的有（　　）。

A.预制混凝土板桩刚度大，可用在大深度基坑

B.地下连续墙刚度大，但造价较高

C.钻孔灌注桩可以用于悬臂式支护

D.深层搅拌桩重力式支护一般变形较小

E.土钉墙结构轻巧，较为经济

3.基坑外地基加固的目的包括（　　）。

A.提高坑外土体的刚度

B.止水

C.减少围护结构承受的被动土压力

D.防止坑底土体隆起

E.减少围护结构承受的主动土压力

4.土压式盾构开挖控制的项目包含（　　）。

A.开挖面稳定　　B.土压

C.排土量　　D.盾构参数

E.推进速度

5.泥水式盾构排土量控制方法有（　　）。

A.重量控制　　B.容积控制

C.送泥流量　　D.干砂量控制

E.排泥流量

6.在不良地质条件下施工，当围岩自稳时间短，不能保证安全地完成初次支护时，为确保施工安全，加快施工进度，应采用各种辅助技术进行加固处理使开挖作业面围岩保持稳定，隧道外辅助技术包括（　　）。

A.地表锚杆

B.地表注浆加固

C.小导管周边注浆

D.冻结法固结地层

E.管棚超前支护

7.一般采用管棚超前支护的场合是（　　）。

A.隧道洞口段施工

B.通过断层破碎带等特殊地层

C.在软弱地层中修建隧道

D.修建大断面地下工程

E.穿越地下和地面结构物修建地下工程

8.管片质量控制中，下列表述正确的有（　　）。

A.按设计要求进行结构性能检验，检验结果符合设计要求

B.强度和抗渗等级符合设计要求

C.吊装预埋件首次使用前必须进行强度试验，试验结果符合设计要求

D.不应存在露筋、孔洞、疏松、夹渣、有害裂缝，但可有麻面、缺棱掉角

E.日生产每15环应抽取1块管片进行检验

参考答案及解析

一、单项选择题

1.【答案】D

【解析】枢纽站是由此站分出另一条线路的车站。该站可接、送两条线路上的列车，故D错。

2.【答案】B

【解析】线路中心距离住宅区、宾馆、机关等建筑物小于20m及穿越地段，宜采用较高减振的轨道结构，即在一般减振轨道结构的基础上，采用轨道减振器扣件或弹性短枕式整体道床或具有其他较高减振能力的轨道结构形式。

3.【答案】C

【解析】当地下水位高于基坑开挖面，需要采用降低地下水方法疏干坑内土层中的

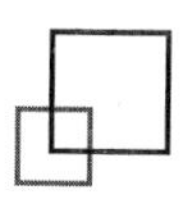

地下水。疏干地下水有增加坑内土体强度的作用，降水主要为了基坑开挖及坑内施工和安全需要。降水井在基坑内外均可布置，降水深度为7m时，可采用轻型井点。

4.【答案】A

【解析】当基坑开挖较浅，还未设支撑时，不论对刚性墙体（如水泥土搅拌桩墙、旋喷桩墙等）还是柔性墙体（如钢板桩、地下连续墙等），均表现为墙顶位移最大，向基坑方向水平位移，呈三角形分布。

5.【答案】B

【解析】冻结工法对软弱地层或含地下水土层实施冻结，冻结的土体具有高强度和止水性，特别适用于大断面盾构施工和地下水压高的场合。

6.【答案】B

【解析】浅埋暗挖法的主要开挖方法中，CRD法沉降较小。

7.【答案】A

【解析】施工控制要点

（1）控制加固范围

①按设计要求，严格控制小导管的长度、开孔率、安设角度和方向。

②小导管的尾部必须设置封堵孔，防止漏浆。

（2）保证注浆效果

①浆液必须配比准确，符合设计要求。

②注浆时间和注浆压力应由试验确定，应严格控制注浆压力。

③注浆施工期应进行监测，监测项目通常有地（路）面隆起、地下水污染等，特别要采取必要措施防止注浆浆液溢出地面或超出注浆范围。

8.【答案】D

【解析】明挖法施工的地下车站结构防水措施属于主体措施的有防水混凝土、防水卷材、防水涂料和塑料防水板。

9.【答案】D

【解析】喷射混凝土施工中，钢拱架保护层不应小于40mm，钢筋网的喷射混凝土保护层不应小于20mm。

10.【答案】A

【解析】拆模时间应根据结构断面形式及混凝土达到的强度确定；矩形断面，侧墙应达到设计强度等级的70%；顶板应达到100%。

11.【答案】A

【解析】当钢筋混凝土管片表面出现缺棱掉角、混凝土剥落、大于0.2mm宽的裂缝或贯穿性裂缝等缺陷时，必须进行修补。修补时，应分析管片破损原因及程度，制定修补方案。修补材料强度不应低于管片强度。

二、多项选择题

1.【答案】ABD

【解析】盖挖法具有诸多优点：围护结构变形小，能够有效控制周围土体的变形和地表沉降，有利于保护邻近建筑物和构筑物；基坑底部土体稳定，隆起小，施工安全；盖挖逆作法用于城市街区施工时，可尽快恢复路面，对道路交通影响较小。

盖挖法也存在一些缺点：盖挖法施工时，混凝土结构的水平施工缝的处理较为困难；盖挖逆作法施工时，暗挖施工难度大、费用高；盖挖法每次分部开挖与浇筑或衬砌的深度，应综合考虑基坑稳定、环境保护、永久结构形式和混凝土浇筑作业等因素来确定。

2.【答案】BCE

【解析】A错误，预制混凝土板桩自重大，受起吊设备限制，不适合大深度基坑。D错误，重力式水泥土挡墙/水泥土搅拌桩挡墙：①无支撑，墙体止水性好，造价低；②墙体变位大；故D错。

3.【答案】ABE

【解析】基坑地基加固的目的

（1）基坑地基按加固部位不同，分为基坑内加固和基坑外加固两种。

（2）基坑外加固的目的主要是止水，有时也可减少围护结构承受的主动土压力。

（3）基坑内加固的目的主要有：提高土体的强度和土体的侧向抗力，减少围护结构位移，保护基坑周边建筑物及地下管线；防止坑底土体隆起破坏；防止坑底土体渗流破坏；弥补围护墙体插入深度不足等。

4.【答案】ACD

【解析】土压式盾构开挖控制的项目包含开挖面稳定、排土量和盾构参数。

5.【答案】BD

【解析】泥水式盾构排土量控制方法分为容积控制与干砂量（干土量）控制两种。

6.【答案】ABD

【解析】若围岩自稳时间短、不能保证安全地完成初次支护，为确保施工安全，加快施工进度，应采用各种辅助技术进行加固处理，使开挖作业面围岩保持稳定。暗挖隧道外常用的技术措施：

（1）地表锚杆或地表注浆加固；

（2）冻结法固结地层；

（3）降低地下水位法。

7.【答案】ABDE

【解析】在下列施工场合应考虑采用管棚进行超前支护：

（1）穿越铁路修建地下工程；

（2）穿越地下和地面结构物修建地下工程；

（3）修建大断面地下工程；

（4）隧道洞口段施工；

（5）通过断层破碎带等特殊地层；

（6）特殊地段，如大跨度地铁车站、重要文物保护区、河底、海底的地下工程施工等。

8.【答案】ABE

【解析】吊装预埋件首次使用前必须进行抗拉拔试验，试验结果符合设计要求；不应存在露筋、孔洞、疏松、夹渣、有害裂缝、缺棱掉角、飞边等缺陷，麻面面积不大于管片面积的5%。

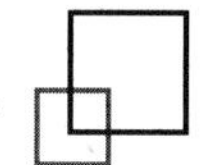

1K414000 城市给水排水工程

本节知识体系

城市给水排水工程包括给水排水厂站工程结构与特点，给水排水厂站工程施工，城镇给排水厂站工程质量检查与检验，见下图。

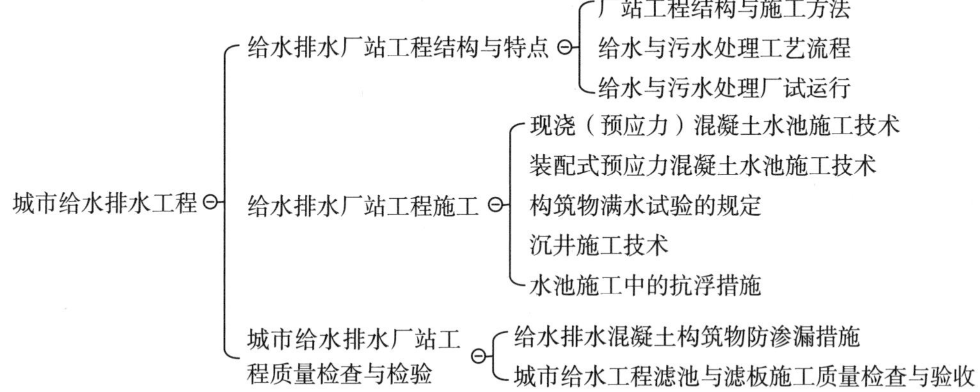

本节内容是市政实务第四个技术专业给水排水工程。选择题每年考核4分左右，如果出现案例题，会考核7分左右。

城市给水排水工程，涉及现浇水池，装配式水池施工技术，满水试验和沉井施工，都能够以案例题形式考核。在近五年考试中，以本节内容为背景，一共出现了三次，内容重要性同样不能忽视。同时要注意区分现浇水池和装配式水池的区别，往年出现过相应工程变更的题目。

第1目1K414010 给水排水厂站工程结构与特点，主要考核选择题。

第2目1K414020 给水排水厂站工程施工，其中现浇水池和装配式水池的工艺要求，满水试验和沉井的施工技术是复习的重点，易结合案例题形式考核。

第3目1K420120 城市给水排水厂站工程质量检查与检验，其中常规的土建施工内容、土建结构和设备安装的交接验收相关内容可出现案例题考核。

核心内容讲解

1K414010 给水排水厂站工程结构与特点

一、厂站工程结构与施工方法

（一）给水排水厂站工程结构特点

1.厂站构筑物组成

（1）水处理（含调蓄）构筑物，指按水处理工艺设计的构筑物。给水处理构筑物包括配水井、药剂间、混凝沉淀池、澄清池、过滤池、反应池、吸滤池、清水池、二级泵站等。污水处理构筑物包括进水闸井、进水泵房、格栅间、沉砂池、初次沉淀池、二次沉淀池、曝气池、氧化沟、生物塘、消化池、沼气储罐等。

（2）场站还包括工艺辅助构筑物，生产和生活辅助性构筑物，场站内道路、照明、绿化等配套工程，工艺管线。

2.构筑物结构形式与特点

（1）水处理（调蓄）构筑物和泵房多数采用地下或半地下钢筋混凝土结构，特点是构件断面较薄，属于薄板或薄壳型结构。配筋率较高，具有较高抗渗性和良好的整体性要求。少数构筑物采用土膜结构如稳定塘等，面积大且有一定深度，抗渗性要求较高。

（2）工艺辅助构筑物多数采用钢筋混凝土结构，特点是构件断面较薄，结构尺寸要求精确；少数采用钢结构预制，现场安装，如出水堰等。

（3）工艺管线中给排水管道越来越多采用水流性能好、抗腐蚀性高、抗地层变位性好的PE管、球墨铸铁管等新型管材。

（二）构筑物与施工方法

1.全现浇混凝土施工

全现浇混凝土施工要求见表1K414010-1。

构筑物全现浇施工要求 表1K414010-1

构筑物类型	施工特点及要求
调蓄池体	①大多现浇混凝土施工，分段、分层连续进行； ②浇筑层高度应根据结构特点、钢筋疏密决定； ③振捣器作用部分长度的1.25倍，最大不超过500mm； ④无漏筋、蜂窝、麻面，外光内实
圆柱形池体结构	当池壁高度大（12～18m）时宜采用整体现浇施工，支模方法有： ①满堂支模法，模板、支架用量大； ②滑升模板法，池壁高度不小于15m时采用
卵形消化池（污水）	①采用无粘结预应力筋、曲面异型大模板施工； ②主体外表面需要做保温和外饰面保护

2.单元组合现浇混凝土施工

（1）沉砂池、生物反应池、清水池等大型池体的断面形式可分为圆形水池和矩形水池，宜采用单元组合式现浇混凝土结构，池体由相类似底板及池壁板块单元组合而成。

（2）以圆形储水池为例，池体通常由若干块厚扇形底板单元和若干块倒T形壁板单元组成。一般不设顶板。单元一次性浇筑而成，

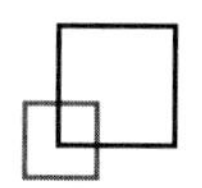

底板单元间用聚氯乙烯胶泥嵌缝，壁板单元间用橡胶止水带接缝，见图1K414010–1。这种单元组合结构可有效防止池体出现裂缝渗漏。

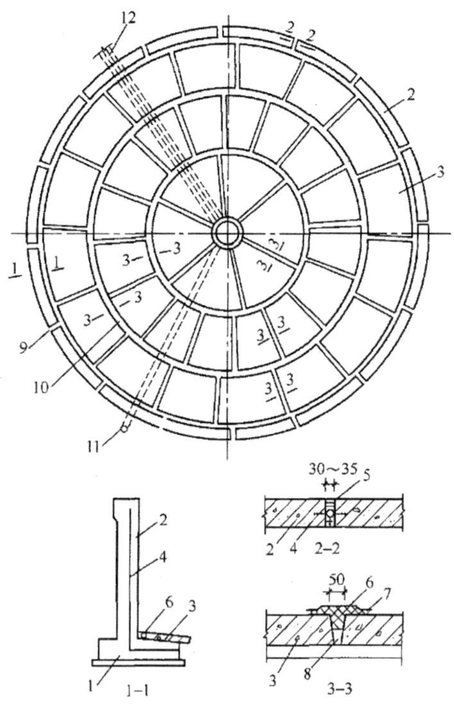

图1K414010–1　圆形水池单元组合结构

1、2、3—单元组合混凝土结构；4—钢筋；5—池壁内缝填充处理；6、7、8—池底板内缝填充处理；9—水池壁单元立缝；10—水池底板水平缝；11、12—工艺管线

（3）大型矩形水池为避免裂缝渗漏，设计通常采用单元组合结构将水池分块（单元）浇筑。各块（单元）间留设后浇缝带，池体钢筋按设计要求一次绑扎好，缝带处不切断，待块（单元）养护42d后，再采用比块（单元）强度高一个等级的混凝土或掺加UEA的补偿收缩混凝土灌注后浇缝带使其连成整体。见图1K414010–2。

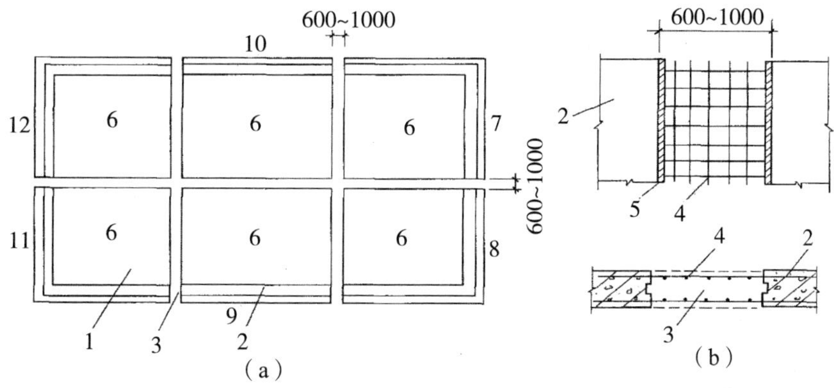

图1K414010–2　矩形水池单元组合结构

1、2、3、4、5、6、7、8、9、10、11、12—均为混凝土施工单元，其中：1、2—块（单元）；3—后浇带；4—钢筋（缝带处不切断）；5—端面凹形槽

3.预制拼装施工

（1）水处理构筑物中沉砂池、沉淀池、调节池等圆形混凝土水池宜采用装配式预应力钢筋混凝土结构，以便获得较好的抗裂性和不透水性。

（2）预制拼装施工的圆形水池可采用缠绕预应力钢丝法、电热张拉法进行壁板环向预应力施工。

（3）预制拼装施工的圆形水池在满水试验合格后，应及时进行喷射水泥砂浆保护层施工。

4.砌筑施工

（1）进水渠道、出水渠道和水井等辅助构筑物。可采用砖石砌筑结构，砌体外需抹水泥砂浆层，且应压实赶光，以满足工艺要求。

（2）量水槽（标准巴歇尔量水槽和大型巴歇尔量水槽）、出水堰等工艺辅助构筑物宜用耐腐蚀、耐水流冲刷、不变形的材料预制，现场安装而成。

5.预制沉井施工

钢筋混凝土结构泵房、机房通常采用半地下式或完全地下式结构，在有地下水、流砂、软土地层的条件下，应选择预制沉井法施工。沉井下沉分为排水下沉和不排水下沉，其适用环境和施工方法见表1K414010-2。

预制沉井施工　表1K414010-2

沉井分类	适用环境	下沉方法
排水下沉干式	渗水量不大，稳定的黏性土	人工挖土下沉、机具挖土下沉、水力机具下沉
不排水下沉湿式	比较深的沉井或有严重流砂的情况	水下抓土下沉、水下水力吸泥下沉、空气吸泥下沉

6.土膜结构水池施工

（1）稳定塘等塘体构筑物，因其施工简便、造价低，近年来在工程实践中应用较多，如BIOLAKE工艺中的稳定塘。

（2）基槽施工是塘体构筑物施工关键的分项工程，必须做好基础处理和边坡修整，以保证构筑物整体稳定。

（3）塘体结构防渗施工是塘体结构施工的关键环节，应按设计要求控制材料和施工，以保证防渗性能要求。

（4）塘体的衬里有多种类型（如PE、PVC、沥青、水泥混凝土、CPE等），应根据处理污水的水质类别和现场条件进行选择，按设计要求和相关规范要求施工。

嗨·点评 重点区分给水构筑物和污水构筑物，了解全现浇施工方法，能看懂圆形水池和矩形水池两个配图并掌握相应要求，了解沉井下沉方法。

【经典例题】1.（2015年真题）钢筋混凝土结构外表面需设保温层和饰面层的水处理构筑物是（　　）。

A.沉砂池　　B.沉淀池

C.消化池　　D.浓缩池

【答案】C

【嗨·解析】消化池钢筋混凝土主体外表面，需要做保温和外饰面保护。

【经典例题】2.（2012年真题）在渗水量不大，稳定的黏性土层中，深5m、直径2m的圆形沉井宜采用（　　）。

A.水力机械排水下沉

B.人工挖土排水下沉

C.水力机械不排水下沉

D.人工挖土不排水下沉

【答案】B

【嗨·解析】排水下沉干式沉井方法适用于渗水量不大、稳定的黏性土。深度5m，直径2m选择人工开挖较经济合理。

二、给水与污水处理工艺流程

（一）给水处理

1.处理方法与工艺

（1）处理对象通常为天然淡水水源，主

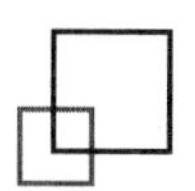

要有来自江河、湖泊与水库的地表水和地下水（井水）两大类。水中杂质，分为无机物、有机物和微生物三种；按杂质颗粒大小以及存在形态分为悬浮物质、胶体和溶解物质三种。

（2）处理目的是去除或降低原水中悬浮物质、胶体、有害细菌生物以及水中含有的其他有害杂质。

（3）常用的给水处理方法包括自然沉淀、混凝沉淀、过滤、消毒、软化、除铁除锰，见表1K414010–3。

常用的给水处理方法　表1K414010–3

自然沉淀	用以去除水中粗大颗粒杂质
混凝沉淀	使用混凝药剂沉淀或澄清去除水中胶体和悬浮杂质等
过滤	使水通过细孔性滤料层，截流去除经沉淀或澄清后剩余的细微杂质； 或不经过沉淀，原水直接加药、混凝、过滤去除水中胶体和悬浮杂质
消毒	去除水中病毒和细菌，保证饮水卫生和生产用水安全
软化	降低水中钙、镁离子含量，使硬水软化
除铁除锰	去除地下水中所含过量的铁和锰，使水质符合饮用水要求

2.工艺流程与适用条件

常用处理工艺流程及适用条件，见表1K414010–4。

常用处理工艺流程及适用条件　表1K414010–4

工艺流程	适用条件
原水→简单处理（如筛网隔滤或消毒）	水质较好
原水→接触过滤→消毒	一般用于处理浊度和色度较低的湖泊水和水库水，进水悬浮物一般小于100mg/L，水质稳定、变化小且无藻类繁殖
原水→混凝、沉淀或澄清→过滤→消毒	一般地表水处理厂广泛采用的常规处理流程，适用于浊度小于3mg/L河流水
原水→调蓄预沉→混凝、沉淀或澄清→过滤→消毒	高浊度水二级沉淀，适用于含砂量大，砂峰持续时间长，预沉后原水含砂量应降低到1000mg/L以下，黄河中上游的中小型水厂和长江上游高浊度水处理多采用二级沉淀（澄清）工艺，适用于中小型水厂

3.预处理和深度处理

除常规处理工艺之外，还有预处理和深度处理工艺，具体方法见图1K414010–3。

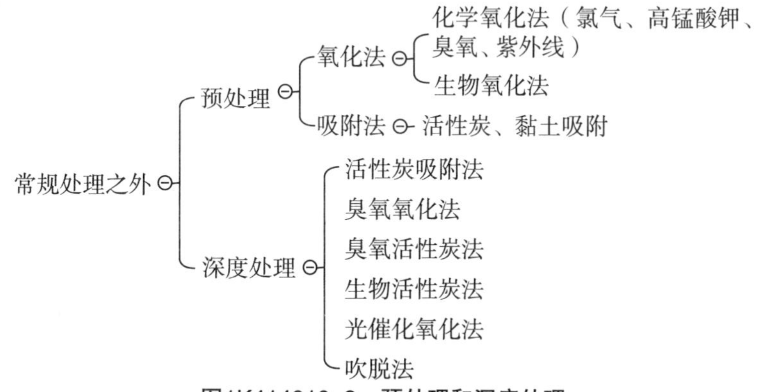

图1K414010–3　预处理和深度处理

（二）污水处理

污水处理方法见图1K414010–4。

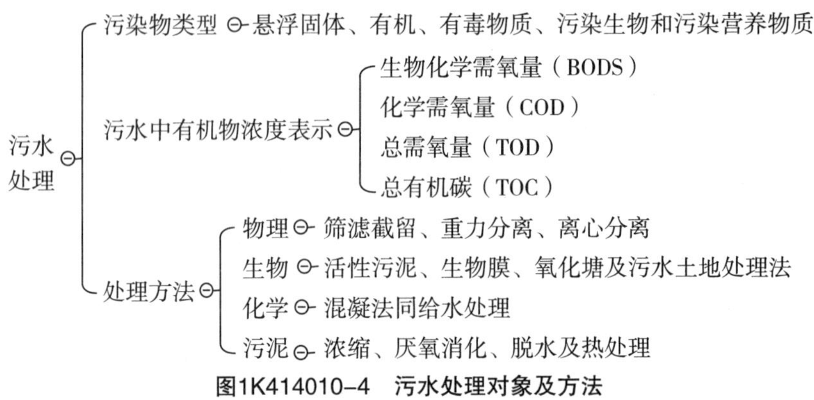

图1K414010-4　污水处理对象及方法

污水处理工艺流程见图1K414010-5、图1K414010-6和表1K414010-5。

三级污水处理流程对照表　表1K414010-5

项目	一级处理	二级处理	三级处理
处理对象	水中悬浮物质	胶体和溶解的有机污染物质	难降解的有机物及可导致水体富营养化的氮、磷等可溶性无机物
采用方法	物理方法	微生物处理法：活性污泥法/氧化沟和生物膜法	生物脱氮除磷、混凝沉淀（澄清、气浮）、过滤、活性炭吸附等
处理结果	悬浮物去除40%左右，附着于悬浮物的有机物也可去除30%	BOD_5去除率可达90%以上，二沉池出水能达标排放	进一步改善水质和达到国家有关排放标准为目的

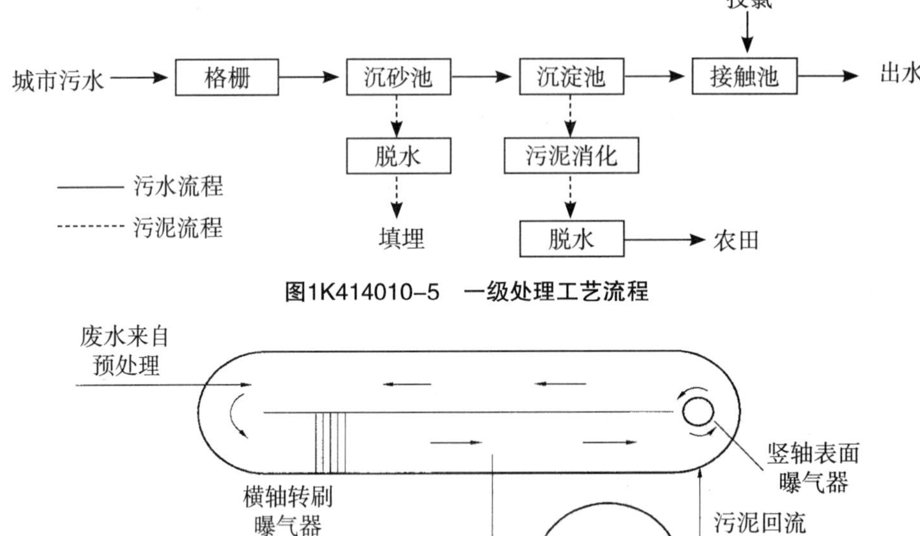

图1K414010-5　一级处理工艺流程

图1K414010-6　二级处理中氧化沟系统平面示意图

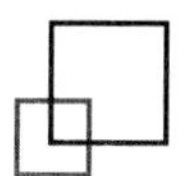

活性污泥处理系统，在当前污水处理领域，是应用最为广泛的处理技术之一，曝气池是其反应器。污水与污泥在曝气池中混合，污泥中的微生物将污水中复杂的有机物降解，并用释放出的能量来实现微生物本身的繁殖和运动等。氧化沟是传统活性污泥法的一种改型。

（三）再生水回用

1.再生水，又称为中水，是指污水经适当处理后，达到一定的水质指标、满足某种使用要求供使用的水。

2.再生水回用分为五类，见表1K414010-6。

再生水分类　表1K414010-6

再生水分类	包含内容
农、林、渔业用水	农田灌溉、造林育苗、畜牧养殖、水产养殖
城市杂用水	城市绿化、冲厕、道路清扫、车辆冲洗、建筑施工、消防
工业用水	冷却、洗涤、锅炉、工艺、产品用水
环境用水	娱乐性景观环境用水、观赏性景观环境用水
补充水源水	含补充地下水和地表水

嗨·点评 重点掌握给水处理方法和工艺流程，了解污水处理方法和工艺。

【经典例题】3.（2014年真题）常用的给水处理工艺有（　　）。

A.过滤　　B.浓缩

C.消毒　　D.软化

E.厌氧消化

【答案】ACD

【经典例题】4.（2010年真题）一般地表水处理厂采用的常规处理流程为（　　）。

A.原水→沉淀→混凝→过滤→消毒

B.原水→混凝→沉淀→过滤→消毒

C.原水→过滤→混凝→沉淀→消毒

D.原水→混凝→消毒→过滤→沉淀

【答案】B

三、给水与污水处理厂试运行

给水与污水处理构筑物和设备安装、试验、验收完成后，正式运行前必须进行全厂试运行。

（一）试运行目的与内容

试运行目的和主要内容与程序，见图1K414010-7。

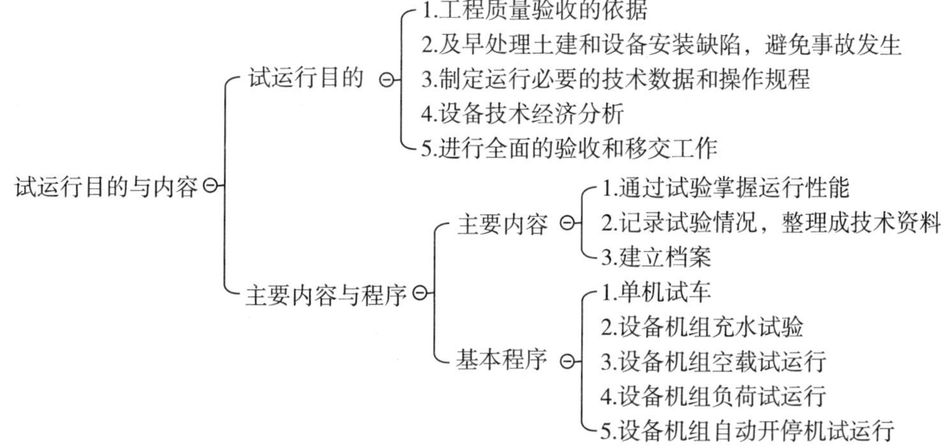

图1K414010-7　试运行目的与内容

（二）试运行要求

1.准备工作

（1）所有单项工程验收合格，并进行现场清理；

（2）编写试运行方案并获准；

（3）参加试运行人员培训考试合格。

2.单机试车要求

单机试车，一般空车试运行不少于2h。

3.联机运行要求

全厂联机运行应不少于24h。

4.设备及泵站空载运行

（1）处理设备及泵房机组首次启动，运行4～6h后，停机试验；

（2）机组自动开、停机试验。

5.设备及泵站负荷运行

不通水情况下，运行6～8h，一切正常后停机。

6.连续试运行

处理设备及泵房单机组累计运行达72h。

嗨·点评 注意一下各种运行的时间参数。

【经典例题】5.给水与污水处理构筑物和设备安装、试验、验收完成后，正式运行前必须进行联机运行，具体要求为（　　）。

A.按工艺流程各构筑物逐个通水联机试运行正常

B.全厂联机试运行、协联运行正常

C.先采用手工操作，处理构筑物和设备全部运转正常后，方可转入自动控制运行

D.全厂联机运行应不少于48h

E.监测并记录各构筑物运行情况和运行数据

【答案】ABCE

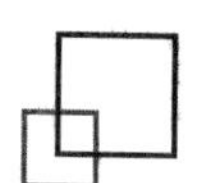

1K414020 给水排水厂站工程施工

一、现浇（预应力）混凝土水池施工技术

（一）施工方案与流程

1.施工方案

施工方案应包括结构形式、材料与配比、施工工艺及流程、模板及其支架设计（支架设计、验算）、钢筋加工安装、混凝土施工、预应力施工等主要内容。

2.整体式现浇钢筋混凝土池体结构施工流程

测量定位→土方开挖及地基处理→垫层施工→防水层施工→底板浇筑→池壁及柱浇筑→顶板浇筑→功能性试验

3.单元组合式现浇钢筋混凝土水池工艺流程

土方开挖及地基处理中心支柱浇筑→池底防渗层施工→浇筑池底混凝土垫层→池内防水层施工→池壁分块浇筑→底板分块浇筑→底板嵌缝→池壁防水层施工→功能性试验。见图1K414020–1。

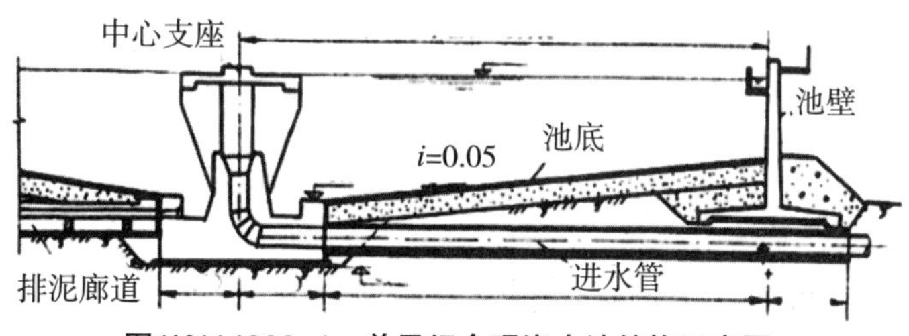

图1K414020–1　单元组合现浇水池结构示意图

（二）施工技术要点

1.模板、支架施工

（1）模板及其支架应满足浇筑混凝土时的承载能力、刚度和稳定性要求，且应安装牢固。

（2）各部位的模板安装位置正确、拼缝紧密不漏浆；对拉螺栓、垫块等安装稳固；模板上的预埋件、预留孔洞不得遗漏，且安装牢固；在安装池壁的最下一层模板时，应在适当位置预留清扫杂物用的窗口。在浇筑混凝土前，应将模板内部清扫干净，经检验合格后，再将窗口封闭。

（3）采用穿墙螺栓来平衡混凝土浇筑对模板侧压力时，应选用两端能拆卸的螺栓或在拆模板时可拔出的螺栓。见图1K414020–2。

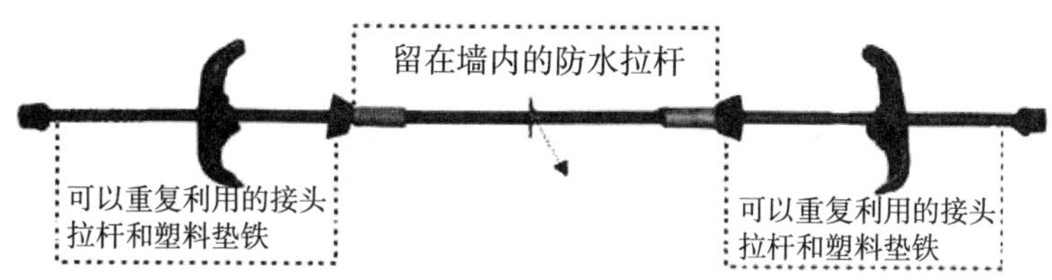

图1K414020–2　两端能拆卸的穿墙螺栓

（4）固定在模板上的预埋管、预埋件的安装必须牢固，位置准确。安装前应清除铁锈和油污，安装后应作标志。

（5）池壁与顶板连续施工时，池壁内模立

柱不得同时作为顶板模板立柱。顶板支架的斜杆或横向连杆不得与池壁模板的杆件相连接。

2.止水带安装

止水带分为塑料或橡胶止水带和金属止水带见图1K414020-3，其相关技术要点见表1K414020-1。

止水带安装　表1K414020-1

止水带类型	技术要点	共同要求
塑料或橡胶止水带	①形状、尺寸及其材质应符合设计要求，且无裂纹，无气泡； ②应采用热接，不得采用叠接	中心线与变形缝中心线对正，不得穿孔或用铁钉固定
金属止水带	①铁锈、油污应清除干净，不得有砂眼、钉孔； ②按其厚度分别采用折叠咬接或搭接；搭接长度不得小于20mm，咬接或搭接必须采用双面焊接； ③伸缩缝中的部分应涂防锈和防腐涂料	

图1K414020-3　橡胶止水带和金属止水带

3.钢筋施工

（1）进场钢筋复试合格后方可施工用。

（2）钢筋安装质量检验应在混凝土浇筑之前对安装完毕的钢筋进行隐蔽验收。

4.无粘结预应力施工

（1）无粘结预应力筋技术要求（图1K414020-4）

①预应力筋外包层材料，应采用聚乙烯或聚丙烯，严禁使用聚氯乙烯；

②预应力筋涂料层应采用专用防腐油脂；

③必须采用Ⅰ类锚具。

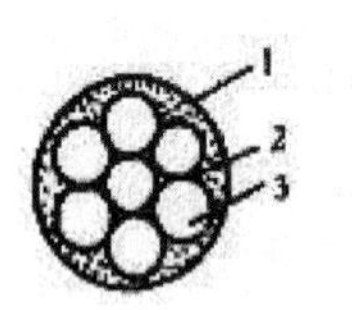

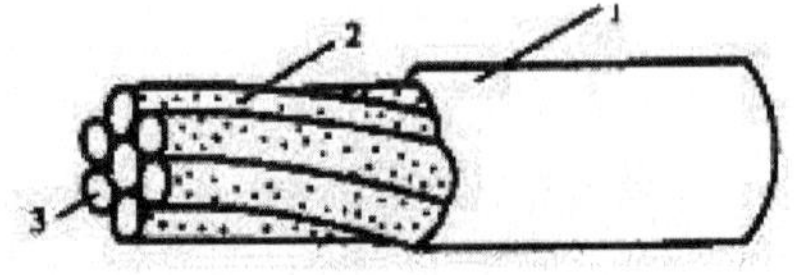

图1K414020-4　无粘结预应力示意图

1—外包层；2—防腐油脂；3—预应力筋

（2）施工工艺流程

钢筋施工→安装内模板→铺设非预应力筋→安装托架筋、承压板、螺旋筋→铺设无粘结预应力筋→外模板→混凝土浇筑→混凝土养护→拆模及锚固肋混凝土凿毛→割断外露塑料套管并清理油脂→安装锚具→安装千斤顶→同步加压→量测→回油撤泵→锁定→切断无粘结筋（留100mm）→锚具及钢绞线防腐→封锚混凝土。

（3）无粘结预应力筋布置安装

①锚固肋数量和布置。应符合设计要求；设计无要求时，应保证张拉段无粘结预应力筋长不超过50m。且锚固肋数量为双数。

②安装时，上下相邻两无粘结预应力筋锚固位置应错开一个锚固肋；以锚固肋数量的一半为无粘结预应力筋分段（张拉段）数量；每段无粘结预应力筋的计算长度应考虑加入一个锚固肋宽度及两端张拉工作长度和

锚具长度；见图1K414020-5。

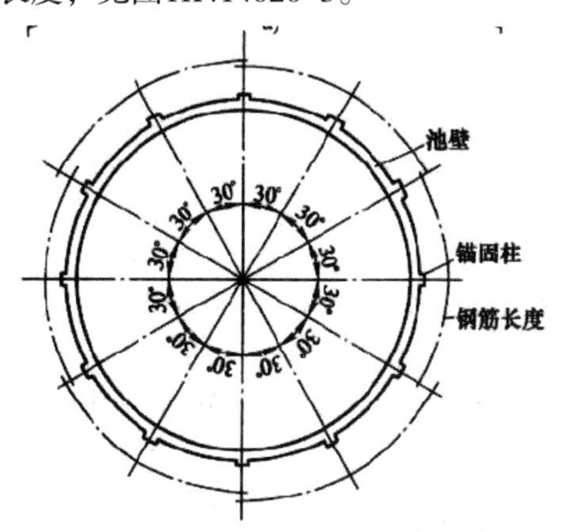

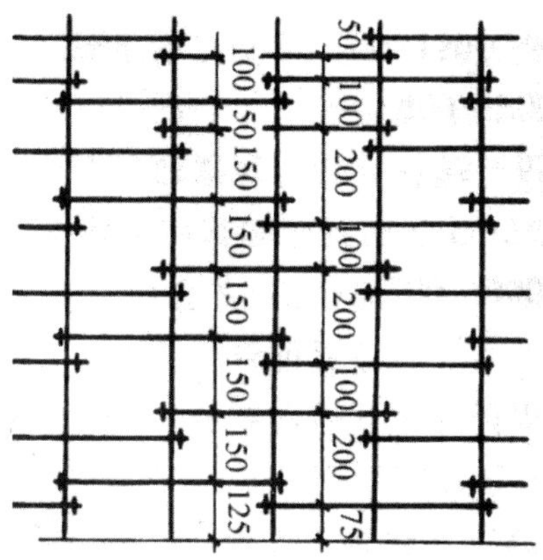

图1K414020-5　锚固肋布置示意图

③无粘结预应力筋不应有死弯（有死弯必须切断），严禁有接头。

（4）无粘结预应力筋张拉

无粘结预应力筋长度与张拉方式的关系，见表1K414020-2。

无粘结预应力筋张拉　表1K414020-2

预应力筋长度	张拉方式
小于25m	一端张拉
大于25m小于50m	两端张拉
大于50m	分段张拉和锚固

（5）封锚要求

①凸出式锚固端锚具的保护层厚度不应小于50mm；

②外露预应力筋的保护层厚度不应小于50mm；

③封锚混凝土强度等级不得低于相应结构混凝土强度等级，且不得低于C40。

5.混凝土施工

（1）钢筋（预应力）混凝土水池（构筑物）是给水排水场站工程施工控制的重点。对于结构混凝土外观质量、内在质量有较高的要求，设计上有抗冻、抗渗、抗裂要求。对此，混凝土施工必须从原材料、配合比、混凝土供应、浇筑、养护各环节加以控制，以确保实现设计的使用功能。

（2）混凝土浇筑后应加遮盖洒水养护，保持湿润并不应少于14d。洒水养护至达到规范规定的强度。

6.模板及支架拆除

（1）应按模板支架设计方案、程序进行拆除。

（2）采用整体模板时，侧模板应在混凝土强度能保证其表面及棱角不因拆除模板而受损坏时，方可拆除；其他模板应在与结构同条件养护的混凝土试块达到表1K414020-3规定强度时，方可拆除（板三梁二悬臂一，两米八米来分级）。

整体现浇混凝主模板拆模时所需混凝土强度　表1K414020-3

构件类型	构件跨度L（m）	达到设计的混凝土立方体抗压强度标准值的百分率（%）
板	≤2	≥50
	2<L≤8	≥75
	>8	≥100
梁、拱、壳	≤8	≥75
	>8	≥100
悬臂构件	—	≥100

（3）模板及支架拆除时应划定安全范围，设专人指挥和值守。

嗨·点评　现浇水池施工是一建考核

重点，所以本条内容需要普遍重点掌握。

【经典例题】1.（2015年真题）下列施工工序中，属于无粘结预应力施工工序的有（　　）。

A.预留管道　　B.安装锚具

C.张拉　　D.压浆

E.封锚

【答案】BCE

【经典例题】2.（2013年真题）A公司为某水厂改扩建工程总承包单位。新建清水池为地下构筑物。池体平面尺寸为128m×30m，高度为7.5m，纵向设两道变形缝；其横断面及变形缝构造见下图。鉴于清水池为薄壁结构且有顶板，方案决定清水池高度方向上分3次浇注混凝土，并合理划分清水池的施工段。

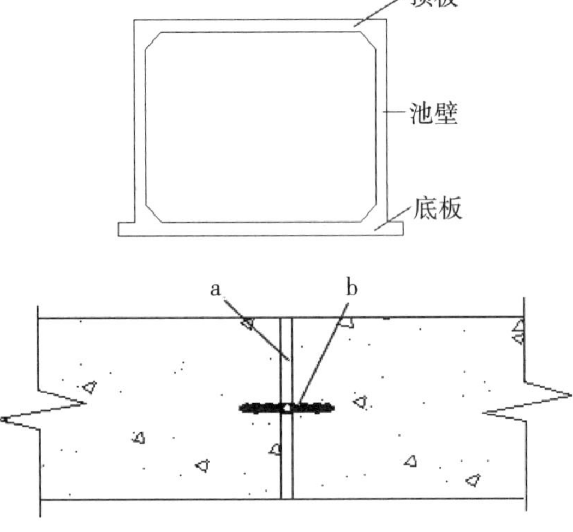

【问题】（1）清水池高度方向施工需设几道施工缝，应分别在什么位置？

（2）指出图中a、b材料的名称。

（3）清水池混凝土应分几次浇筑？

【答案】（1）两道，一道在底板与池壁连接腋角上面不少于200mm处，一道在池壁与顶板连接腋角下部不少于200mm处。

（2）a为聚氯乙烯胶泥嵌缝料或密封膏等填充防渗材料，B为橡胶止水带。

（3）清水池混凝土分为3次浇筑分别为底板、池壁、顶板，纵向设两道变形缝，分为3段，故清水池混凝土应分9次浇筑。

二、装配式预应力混凝土水池施工技术

（一）预制构件吊运安装

1.构件吊装方案

预制构件吊装前必须编制吊装方案。吊装方案应包括以下内容：

（1）工程概况；

（2）主要技术措施；

（3）吊装进度计划；

（4）质量安全保证措施；

（5）环保、文明施工等保证措施。

2.预制构件安装

（1）安装前应经复验合格；有裂缝的构件，应进行鉴定。预制柱、梁及壁板等构件应标注中心线，并在杯槽、杯口上标出中心线。安装前应按预定位置顺序编号。壁板两侧面宜凿毛，应将浮渣、松动的混凝土等冲洗干净，并应将杯口内杂物清理干净。

（2）预制构件应按设计位置起吊，曲梁宜采用三点吊装。吊绳与预制构件平面的交角不应小于45°；当小于45°时，应进行强度验算。预制构件安装就位后，应采取临时固定措施。曲梁应在梁的跨中设置临时支撑，待上部二期混凝土达到设计强度的75%及以上时，方可拆除支撑。

（二）现浇壁板缝混凝土

预制安装水池满水试验能否合格，除底板混凝土施工质量和预制混凝土壁板质量满足抗渗标准外现浇壁板缝混凝土也是防渗漏的关键。

1.壁板接缝的内模宜一次安装到顶；外模应分段随浇随支。分段支模高度不宜超过1.5m。

2.浇筑前，接缝的壁板表面应洒水保持

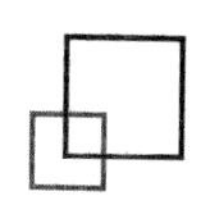

湿润，模内应洁净；接缝的混凝土强度应符合设计规定，设计无要求时，应比壁板混凝土强度提高一级。

3.浇筑时间应根据气温和混凝土温度选在壁板间缝宽较大时进行；混凝土如有离析现象，应进行二次拌合；混凝土分层浇筑厚度不宜超过250mm，并应采用机械振捣，配合人工捣固。

4.用于接头或拼缝的混凝土或砂浆，宜采取微膨胀和快速水泥。

（三）绕丝预应力施工

绕丝预应力施工包括环向缠绕预应力钢丝和电热张拉施工，具体施工技术要点见图1K414020-6。

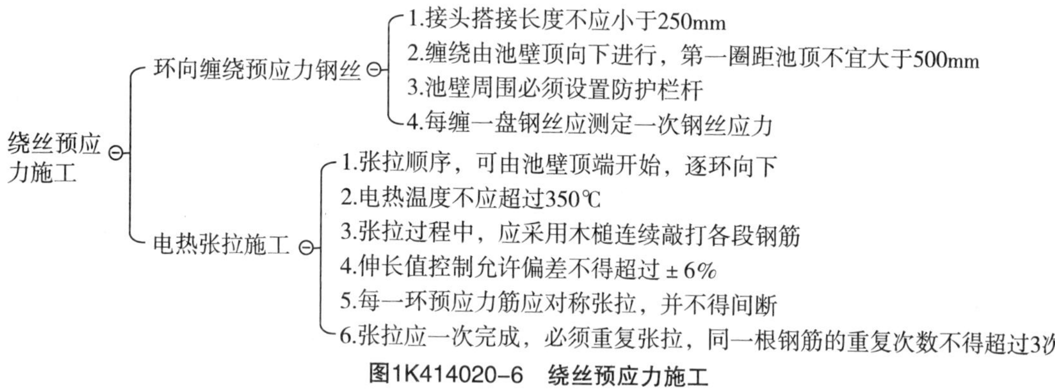

图1K414020-6　绕丝预应力施工

（四）喷射水泥砂浆保护层施工

喷射水泥砂浆保护层施工包括准备工作和喷射作业要求，具体内容见图1K414020-7。

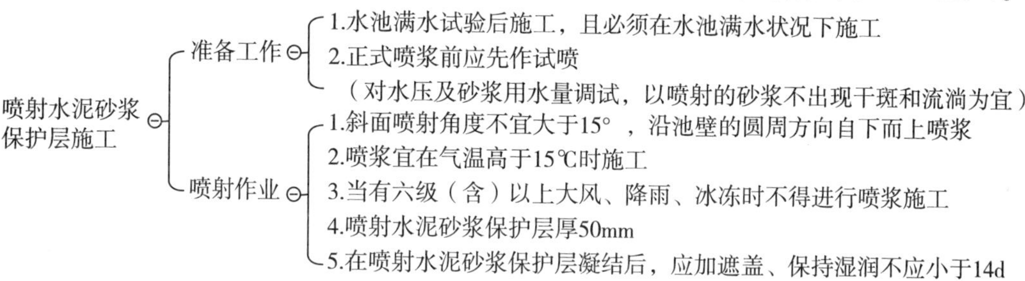

图1K414020-7　喷射水泥砂浆保护层施工

嗨·点评 重点掌握壁板缝施工要求、水泥砂浆保护层喷射要求；掌握绕丝和电热张拉方向等细节要求。

【经典例题】3.（2015年真题）关于预制拼装给排水构筑物现浇板缝施工说法，正确的有（　　）。

A.板缝部位混凝土表面不用凿毛

B.外模应分段随浇随支

C.内模一次安装到位

D.宜采用微膨胀水泥

E.板缝混凝土应与壁板混凝土强度相同

【答案】BCD

【经典例题】4.（2012年真题）关于预制安装水池现浇壁板接缝混凝土施工措施的说法，错误的是（　　）。

A.强度较预制壁板应提高一级

B.宜采用微膨胀混凝土

C.应在壁板间缝较小时段灌注

D.应采取必要的养护措施

【答案】C

【嗨·解析】浇筑时间应根据气温和混凝土温度选在壁板间缝宽较大时进行。

三、构筑物满水试验的规定

（一）试验必备条件与准备工作

1.满水试验前必备条件

满水试验前，对池体本身要求，防水层和防腐层要求，预留孔洞、预埋管口及进出水口的要求，见表1K414020-4。

满水试验前必备条件 表1K414020-4

项目	注意事项
池体本身	①已达到设计强度要求，池内清理洁净，池内外缺陷修补完毕； ②抗浮稳定性满足设计要求
防水层， 防腐层要求	①现浇钢筋混凝土池体的防水层、防腐层施工之前； ②装配式预应力混凝土池体施加预应力且锚固端封锚以后，保护层喷涂之前； ③砖砌池体防水层施工以后，石砌池体勾缝以后
预留孔洞、预埋管口及进出水口	已做临时封堵，且经验算能安全承受试验压力
各种安全措施	满足要求

2.满水试验准备工作

（1）安装水位观测标尺、标定水位测针。

（2）准备现场测定蒸发量的设备。一般采用严密不渗，直径500mm，高300mm的敞口钢板水箱，并设水位测针，注水深200mm。将水箱固定在水池中。

（3）对池体有观测沉降要求时，应选定观测点，并测量记录池体各观测点初始高程。

（二）水池满水试验与流程

水池满水试验过程，对池内注水、水位观测、蒸发量测定的要求，见表1K414020-5。

水池满水试验与流程 表1K414020-5

试验过程	试验内容
池内注水	①向池内注水宜分3次进行，每次注水为设计水深的1/3。对大、中型池体可先注水至池壁底部施工缝以上，检查底板抗渗质量，当无明显渗漏时，再继续注水至第一次注水深度； ②注水时水位上升速度不宜超过2m/d，相邻两次注水的间隔时间不应小于24h； ③每次注水宜测读24h的水位下降值，计算渗水量，在注水过程中和注水以后，应对池体做外观检查
水位观测	①注水至设计水深进行水量测定时，应采用水位测针测定水位。测针精确度应达1/10mm； ②注水至设计水深24h后，开始测读水位测针的初读数； ③测读水位的初读数与末读数之间的间隔时间应不少于24h； ④测定时间必须连续。测定的渗水量符合标准时，须连续测定2次以上
蒸发量测定	①池体有盖时可不测，蒸发量忽略不计； ②池体无盖时，须做蒸发量测定； ③每次测定水池中水位时，同时测定水箱中蒸发量水位

（三）满水试验标准

1.水池渗水量计算，按池壁（不含内隔墙）和池底的浸湿面积计算。

2.渗水量合格标准。钢筋混凝土结构水池不得超过2L/（m^2·d）；砌体结构水池不得超过3L/（m^2·d）。

嗨·点评 满水试验极易考核灵活的应用型题目，不要死记硬背，结合满水试验例子掌握。

【经典例题】5.（2013年真题）构筑物满水试验前必须具备的条件有（　　）。

A.池内清理洁净

B.防水层施工完成

C.预留洞口已临时封堵

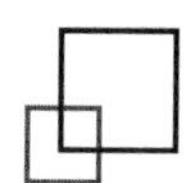

D.防腐层施工完成

E.构筑物强度满足设计要求

【答案】ACE

【嗨·解析】构筑物满水试验合格后方可进行防水层和防腐层的施工。

【经典例题】6.（2010年真题）某贮水池设计水深6m，满水试验时，池内注满水所需最短时间为（　　）。

A.3.5d　　B.4.0d　　C.4.5d　　D.5.0d

【答案】D

【经典例题】7.（2015年真题）某公司中标污水处理厂升级改造工程，处理规模为70万m^3/d。其中包括中水处理系统。中水处理系统的配水井为矩形钢筋混凝土半地下室结构，平面尺寸17.6m×14.4m，高11.8m，设计设计水深9m；底板、顶板厚度分别为1.1m，0.25m。

【问题】配水井满水试验至少应分几次？分别列出每次充水高度。

【答案】满水试验至少分3次进行，每次为设计水深的1/3，即3m。

第一次注水：绝对标高490.6+3=493.6m；第一次注水期间应先注到池壁底部施工缝处检查，无明显渗漏时，再继续注水至第一次注水深度。

第二次注水：绝对标高493.6+3=496.6m；

第三次注水：绝对标高496.6+3=499.6m。

四、沉井施工技术

钢筋混凝土结构泵房、机房，盾构、顶管及暗挖的工作井通常采用半地下式或完全地下式结构，在有地下水、流沙、软土地层的条件下，应选择预制沉井法施工。沉井施工原理见图1K414020-8。

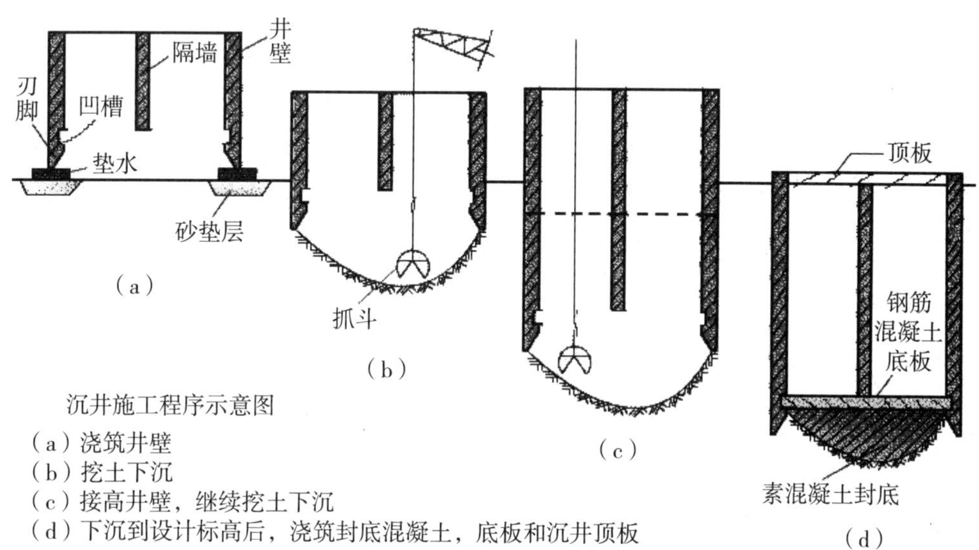

图1K414020-8　沉井施工示意图

（一）沉井的构造

沉井的组成部分包括井筒、刃脚、隔墙、梁、底板，如图1K414020-9所示。

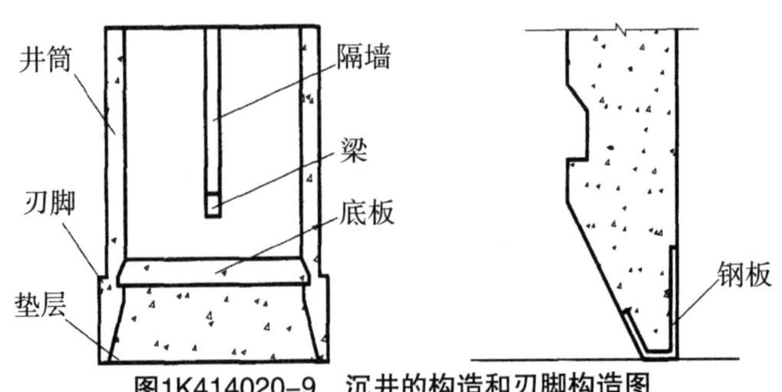

图1K414020-9　沉井的构造和刃脚构造图

（二）沉井准备工作

1.基坑准备

基坑准备工作包括测量、监测、降水、开挖等环节，具体施工注意事项见表1K414020-6。

沉井基坑准备工作　表1K414020-6

项目	注意事项
测量	按施工方案要求，进行施工平面布置，设定沉井中心桩，轴线控制桩，基坑开挖深度及边坡
监测	沉井施工影响附近建（构）筑物、管线或河岸设施时，应采取控制措施，并应进行沉降和位移监测，测点应设在不受施工干扰和方便测量的地方
降水	地下水位应控制在沉井基坑以下0.5m，基坑内的水应及时排除；采用沉井筑岛法制作时，岛面标高应比施工期最高水位高出0.5m以上
开挖	基坑开挖应分层有序进行，保持平整和疏干状态

2.地基与垫层施工

（1）制作沉井的地基应具有足够的承载力，不能满足应按设计进行地基加固。

（2）刃脚的垫层采用砂垫层上铺垫木或素混凝土，且应满足下列要求：

①垫层的结构厚度和宽度应根据土体地基承载力、沉井下沉结构高度和结构形式，经计算确定；素混凝土垫层的厚度还应便于沉井下沉前凿除。

②垫层分布在刃脚中心线的两侧范围，应考虑方便抽除垫木；砂垫层宜采用中粗砂，并应分层铺设、分层夯实。

③垫木铺设应使刃脚底面在同一水平面上，并符合设计起沉标高的要求；平面布置要均匀对称，每根垫木的长度中心应与刃脚底面中心线重合，见图1K414020-10。定位垫木的布置应使沉井有对称的着力点。

④采用素混凝土垫层时，其强度等级应符合设计要求，表面平整。

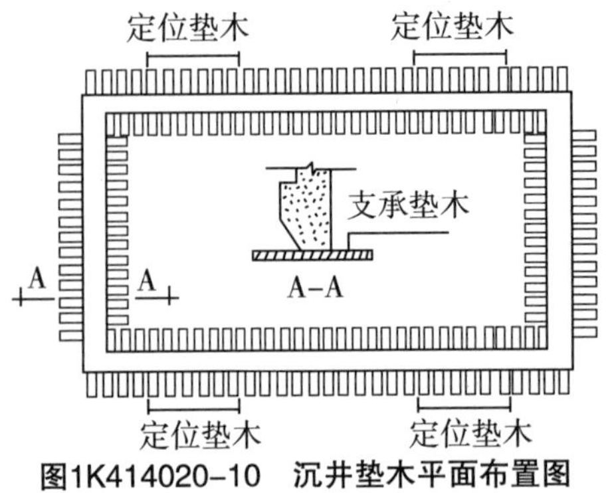

图1K414020-10　沉井垫木平面布置图

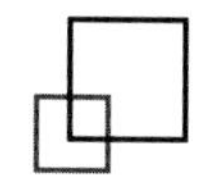

（三）沉井预制

沉井预制包含混凝土浇筑，模板施工，施工缝处理环节，注意事项见表1K414020-7。

沉井预制　表1K414020-7

项目	注意事项
浇筑	①对称、均匀、水平连续分层浇筑，并应防止沉井偏斜； ②第一节制作高度必须高于刃脚部分，设有底梁或支撑梁时应与刃脚部分整体浇捣； ③钢筋密集部位和预留孔底部应辅以人工振捣，保证结构密实
模板	①混凝土强度应达到设计强度等级75%后，方可拆除模板或浇筑后节混凝土； ②后续各节的模板不应支撑于地面上，模板底部应距地面不小于1m
施工缝	①应采用凹凸缝或设置钢板止水带，施工缝应凿毛并清理干净； ②模板采用对拉螺栓固定时，其对拉螺栓的中间应设置防渗止水片

（四）下沉施工

沉井下沉施工包括排水下沉，不排水下沉，沉井下沉控制和辅助法下沉方面技术要点，见图1K414020-11。

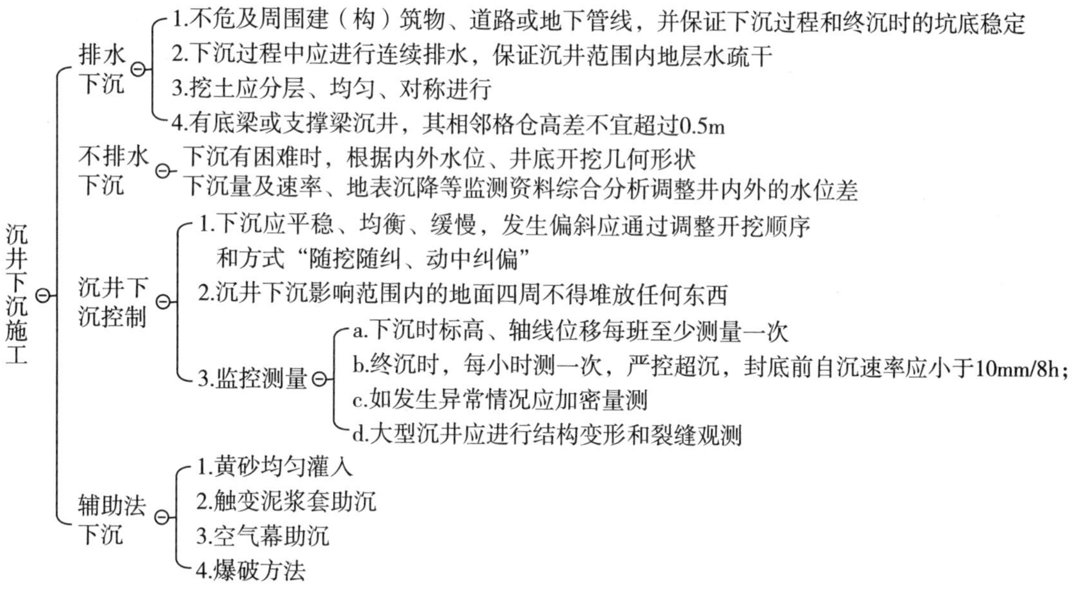

图1K414020-11　沉井下沉施工

（五）沉井封底

沉井封底分为干封底（排水下沉）和水下封底（不排水下沉），施工技术要点见图1K414020-12。

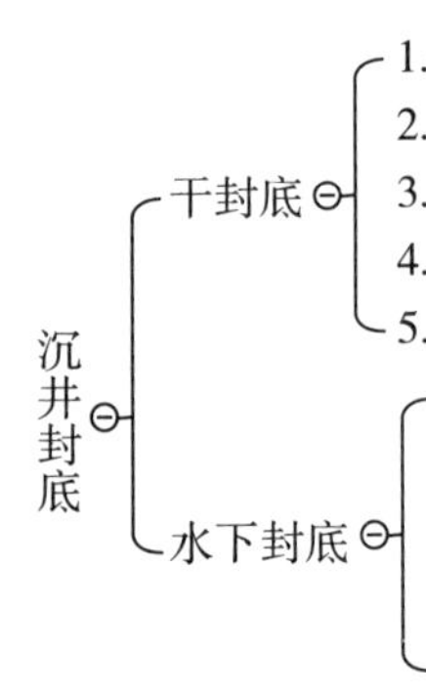

- 沉井封底
  - 干封底
    - 1.保持地下水位距坑底不小于0.5m；在沉井封底前应用大石块将刃脚下垫实
    - 2.封底前应整理好坑底和清除浮泥，对超挖部分应回填砂石至规定标高
    - 3.采用全断面封底时，混凝土垫层应一次性连续浇筑
    - 4.底板施工前，井内应无渗漏水且新、老混凝土接触部位凿毛处理，并清理干净
    - 5.底板混凝土强度达到设计强度等级且满足抗浮要求时，方可封填泄水井、停止降水
  - 水下封底
    - 1.水下混凝土封底的浇筑顺序，应从低处开始，逐渐向周围扩大；井内有隔墙、底梁或混凝土供应量受到限制时，应分格对称浇筑
    - 2.每根导管的混凝土应连续浇筑，且导管埋入混凝土的深度不宜小于1.0m；
    - 3.混凝土浇筑面的平均上升速度不应小于0.25m／h；最终混凝土面应略高于设计高程
    - 4.水下封底混凝土强度达到设计强度等级，沉井能满足抗浮要求时，方可将井内水抽除，并凿除表面松散混凝土进行钢筋混凝土底板施工

图1K414020-12　沉井封底

嗨·点评 沉井施工是一种区别于现浇水池和装配水池的一种独特方法，重点掌握水的处理、分节接缝和模板、下沉控制、封底等细节要求。

【经典例题】8.（2016年真题）沉井下沉过程中，不可用于减少摩阻力的措施是（　　）。

A.排水下沉

B.空气幕助沉

C.在井外壁与土体间灌入黄砂

D.触变泥浆套助沉

【答案】A

【经典例题】9.（2014年真题）关于沉井下沉监控测量的说法，错误的是（　　）。

A.下沉时标高、轴线位移每班至少测量一次

B.封底前自沉速率应大于10mm/8h

C.如发生异常情况应加密量测

D.大型沉井应进行结构变形和裂缝观测

【答案】B

五、水池施工中的抗浮措施

（一）当构筑物设有抗浮设计时

1.当地下水位高于基坑底面时，水池基坑施工前必须采取人工降水措施，把水位降至基坑底下不少于500mm；以防止施工过程构筑物浮动，保证工程施工顺利进行。

2.在水池底板混凝土浇筑完成并达到规定强度时，应及时施做抗浮结构。

（二）当构筑物无抗浮设计时，水池施工应采取抗浮措施

1.下列水池（构筑物）工程施工应采取降排水措施

（1）受地表水、地下动水压力作用影响的地下结构工程。

（2）采用排水法下沉和封底的沉井工程。

（3）基坑底部存在承压含水层，且经验算基底开挖面至承压含水层顶板之间的土体重力不足以平衡承压水水头压力。需要减压降水的工程。

2.施工过程降、排水要求

（1）选择可靠的降低地下水位方法，严格进行降水施工，对降水所用机具随时做好保养维护，并有备用机具。

（2）基坑受承压水影响时，应进行承压水降压计算，对承压水降压的影响进行评估。

（3）防止环境水源进入施工基坑。

（4）在施工过程中不得间断降、排水，并应对降、排水系统进行检查和维护；构筑物未具备抗浮条件时，严禁停止降、排水。

（三）当构筑物无抗浮设计时，雨期施工过程必须采取抗浮措施

雨期施工时，基坑内地下水位急剧上升，或外表水大量涌入基坑，使构筑物的自重小

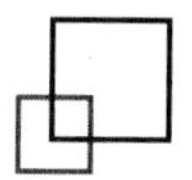

于浮力时，会导致构筑物浮起，施工中常采用的抗浮措施见图1K414020-13。

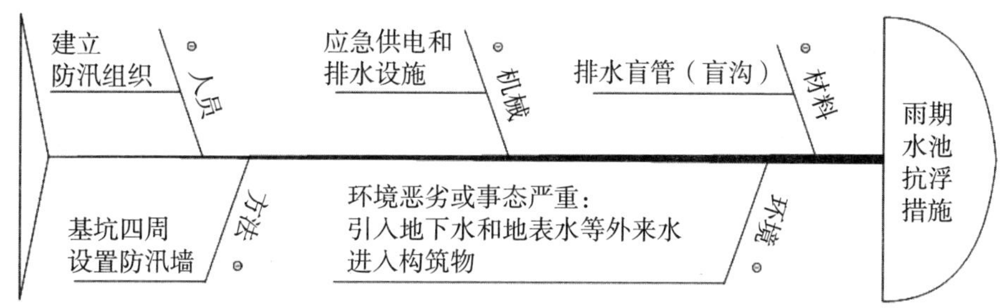

图1K414020-13 雨期水池抗浮措施

嗨·点评 采用人机料法环思路掌握雨期水池抗浮措施。

【经典例题】10.当水池构筑物无抗浮设计时，雨期施工常采用的抗浮措施有（ ）。

A.基坑四周设防汛墙，防止外来水进入基坑

B.基坑搭设罩棚，防止雨水进入基坑

C.构筑物下及基坑内四周埋设排水盲管（盲沟）和抽水设备，一旦发生基坑内积水随即排除

D.备有应急供电和排水设施并保证其可靠性

E.引入地下水和地表水等外来水进入构筑物，使构筑物内、外无水位差，以减小其浮力，使构筑物结构免于破坏

【答案】ACDE

1K420120 城市给水排水厂站工程质量检查与检验

一、给水排水混凝土构筑物防渗漏措施

（一）设计应考虑的主要措施

1.合理增配构造（钢）筋，提高结构抗裂性能。构造配筋应尽可能采用小直径、小间距。全断面的配筋率不小于0.3%。

2.避免结构应力集中。避免结构断面突变产生的应力集中，当不能避免断面突变时，应做局部处理，设计成逐渐变化的过渡形式。

3.按照设计规范要求，设置变形缝或结构单元。如果变形缝超出规范规定的长度时，应采取有效的防开裂措施。

（二）施工应采取的措施

1.一般规定

（1）给水排水构筑物施工时，应按“先地下后地上、先深后浅”的顺序施工。

（2）在冬、雨期施工时，制定切实可行的防水、防雨、防冻、混凝土保温及地基保护等措施。

（3）对沉井和构筑物基坑施工降水、排水，应对其影响范围内的原有建（构）筑物和拟建水池进行沉降观测，必要时采取防护措施。

2.混凝土原材料与配合比

给水排水混凝土构筑物原材料与配合比质量控制环节包括进场检测，原材料质量，配合比，见表1K414030-1。

给水排水混凝土构筑物原材料与配合比质量控制　表1K414030-1

混凝土质量控制	内容
进场检测	①材料品种、规格、质量、性能应符合设计要求和国家有关标准规定，并应进行进场验收； ②进场时应具备订购合同、产品质量合格证书、说明书、性能检测报告、进口产品的商检报告及证件等
原材料质量	①骨料：砂和碎石要连续级配； ②水泥：宜为质量稳定的普通硅酸盐水泥； ③外加剂：有利于降低混凝土凝固过程的水化热
配合比	①有利于减少和避免裂缝出现； ②宜适当减少水泥用量或水用量，降低水胶比中的水灰比； ③热期浇筑水池，及时更换混凝土配合比，控制混凝土坍落度； ④抗渗混凝土宜避开冬期和热期施工，减少温度裂缝产生

3.模板支架（撑）安装

（1）模板支架、支撑应符合施工方案要求，在设计、安装和浇筑混凝土过程中，应采取有效的措施保证其稳固性，防止沉陷性裂缝的产生。

（2）模板接缝处应严密平正，变形缝止水带安装符合设计要求。

4.浇筑与振捣

给水排水混凝土构筑物的浇筑与振捣，需要对温差，坍落度，后浇带进行严格把控，见表1K414030-2。

给水排水混凝土构筑物的浇筑与振捣　表1K414030-2

控制项目	注意事项
温差	①降低混凝土的入模温度，且不应大于25℃； ②使混凝土凝固时其内部在较低的温度起升点升温，从而避免混凝土内部温度过高
坍落度	①在满足混凝土运输和布放要求前提下，要尽可能减小入模坍落度； ②混凝土入模后，要及时振捣，并做到既不漏振，也不过振。重点部位还要做好二次振动工作
后浇带	①对于大型给水排水混凝土构筑物，合理的设置后浇带有利于控制施工期间的较大温差与收缩应力，减少裂缝； ②设置后浇带时，要遵循“数量适当，位置合理”的原则

5.养护

（1）采取延长拆模时间和外保温等措施，使内外温差在一定范围之内。通过减少混凝土结构内外温差，减少温度裂缝。

（2）对于地下部分结构，拆模后及时回填土控制早期、中期开裂。

（3）加强冬期施工混凝土质量控制，特别是新浇混凝土入模温度、拆模时内、外部温差控制。

嗨·点评 防渗漏措施思考方向：设计、施工；其中施工包括原材配比、模板支架、浇筑振捣、养护若干环节。

【经典例题】1.对于大型排水混凝土构筑物，后浇带设置时，要遵循（　　）的原则。

A.尽量多留置

B.数量适当，位置合理

C.数量宜多，位置要准

D.数量宜少，位置合理

【答案】B

【解析】设置后浇带时，要遵循“数量适当，位置合理”的原则。

【经典例题】2.以下选项中属于减少给水排水构筑物裂缝的施工措施有（　　）。

A.严格控制模板的尺寸

B.合理设置后浇带

C.控制入模坍落度，做好浇筑振动工作

D.避免混凝土结构内外温差过大

E.使混凝土配合比有利于减少和避免裂缝

【答案】BCDE

二、城市给水工程滤池与滤板施工质量检查与验收

（一）工艺设备安装质量控制要点

1.安装施工组织设计和施工方案

（1）安装前应组织有关安装施工人员认真熟悉设计施工图纸，技术规范，生产厂家的安装技术资料和产品说明书、装配图。

（2）邀请设计单位及有关管理单位到施工现场进行设计交底，充分领会设计意图和全部技术要求。

2.土建结构与设备安装的交接验收

（1）依据有关验收规范的规定和设备供应商对土建工程的要求进行交接验收。

（2）在建设单位、监理工程师参与下，由土建施工测量人员和安装测量人员对构筑物、建筑物的各安装控制量测项目进行复测，其位置、高程要满足要求，并形成详细检查记录。

（3）工艺设备安装人员与土建施工人员配合核测预埋件、预留洞位置并形成记录，对不符合安装条件的部分，应及时制定补救方案。

3.安装施工基本规定

（1）设备安装前30d，应向建设单位、监理工程师和设备供应商提交施工计划，包括：安装准备，具体每个设备的安装方案、人员安排、施工设施安排等，技术、质量和安全的施工方法。

（2）设备安装基础验收合格后，方可进

行设备安装作业。

（3）应在设备的生产厂家指导下按照施工图纸和安装说明，以及相应的技术标准和规范来进行设备安装。当产生矛盾时，以较严格者为准。

（4）设备安装验收应执行合同规定的规范标准。

（二）给水厂工艺设备安装

1.滤池工艺设备安装

（1）滤池是给水处理构筑物中结构较复杂、施工难度大的构筑物之一，滤池内由清水区、滤板、滤料层、浑水区组成。

（2）滤池内工艺设备较多，其中滤板包括支承梁、滤梁、滤板、滤头；滤料层由承托层、滤料（石英砂或无烟煤或碳颗粒）构成；浑水区设进水管和反冲洗集水槽。这些工艺设备通常由土建施工单位负责安装。

2.安装质量控制要点

（1）对滤头、滤板、滤梁逐一检验、核对及清理。

（2）地梁与支承梁位置准确度符合设计要求。

（3）滤梁安装的水平精度应符合相关规范规定。

（4）滤板安装不得出现错台，见图1K414030–1。

（5）滤板间及滤板与池壁间缝隙封闭符合设计要求。

（6）用应力扳手按设计要求检查滤头紧固度。

（7）滤头安装后须做通气试验，滤头安装见图1K414030–1。

（8）严格控制滤料支承层和滤料铺装层厚度及平整度。

安装中的滤头

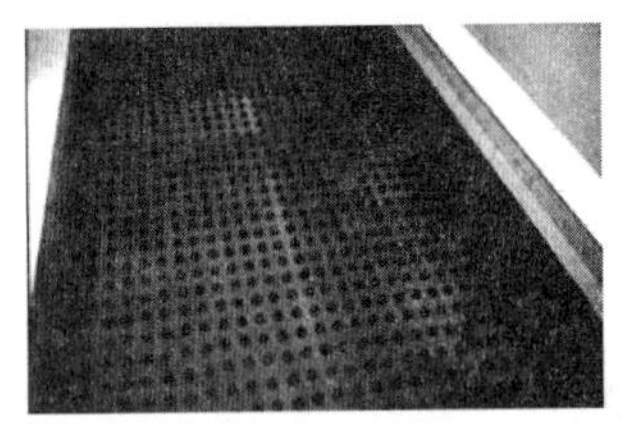

安装好的滤板

图1K414030–1　滤头和滤板

（9）滤料铺装后，须做反冲洗试验，通气、通水检查反冲效果，见图1K414030–2。

图1K414030–2　反冲洗试验

嗨·点评 重点注意土建结构与设备安装的交接与验收，其余了解。

【经典例题】3.土建结构与设备安装的交接验收应在（　　）参与下，由土建施工测量人员和安装测量人员对构筑物、建筑物的各安装控制量测项目进行复测，其位置、高程要满足要求，并形成详细检查记录。

A.建设单位　　B.设计单位

C.监理单位　　D.勘察单位

E.质量监督部门

【答案】AC

【嗨·解析】土建结构与设备安装的交接验收应在建设单位、监理工程师参与下，由土建施工测量人员和安装测量人员对构筑物、建筑物的各安装控制量测项目进行复测，其位置、高程要满足要求，并形成详细检查记录。

章节练习题

一、单项选择题

1.下列构筑物中，属于污水处理构筑物的是(　　)。

A.混凝沉淀池　　B.清水池
C.吸滤池　　D.曝气池

2.给水与污水处理厂试运转单机试车，一般空车试运行不少于(　　)h。

A.1　　B.2　　C.3　　D.5

3.污水的物理处理法不包括(　　)。

A.重力分离法　　B.电解法
C.筛滤截留法　　D.离心分离法

4.现浇混凝土水池的外观和内在质量的设计要求中，没有(　　)要求。

A.抗冻　　B.抗碳化
C.抗裂　　D.抗渗

5.对于跨度为3m的板式现浇钢筋混凝土结构，模板拆除需要混凝土达到设计强度的(　　)%以上。

A.100　　B.90　　C.75　　D.50

6.沉井施工中沉井下沉监控测量的说法中不正确的是(　　)。

A.下沉时标高、轴线位移每班至少测量一次，每次下沉稳定后应进行高差和中心位移量的计算

B.终沉时，每小时测一次，严格控制超沉，沉井封底前自沉速率应小于10mm/24h

C.如发生异常情况应加密量测

D.大型沉井应进行结构变形和裂缝观测

7.给水排水构筑物施工时，应按(　　)的顺序施工，并应防止各构筑物交叉施工时相互干扰。

A.先地上后地下、先深后浅
B.先地下后地上、先浅后深
C.先地下后地上、先深后浅
D.先地上后地下、先浅后深

8.排水构筑物施工时，为避免混凝土结构内外温差过大，混凝土的入模温度不应大于(　　)。

A.25℃　　B.30℃　　C.32℃　　D.20℃

9.满水试验前必备条件说法错误的是(　　)。

A.池体的混凝土或砖、石砌体的砂浆已达到设计强度要求

B.现浇钢筋混凝土池体的防水层、防腐层施工之后

C.设计预留孔洞、预埋管口及进出水口等已做临时封堵，且经验算能安全承受试验压力

D.试验用的充水、充气和排水系统已准备就绪，经检查充水、充气及排水闸门不得渗漏

二、多项选择题

1.下列关于水池构筑物施工说法错误的是(　　)。

A.池壁最下一层模板应预留清扫杂物用的窗口

B.穿墙螺栓应选用不能拔出的螺栓，以免在混凝土中形成孔洞

C.预应力筋外包层材料，应采用聚乙烯或聚氯乙烯

D.金属止水带咬接必须采用单面焊接或双面焊接

E.为增强模板支架的稳固性，顶板支架的斜杆应与池壁模板的杆件相连接

2.城市污水二级处理通常采用的方法是微生物处理法，具体方式又主要分为(　　)。

A.生物脱氮除磷　　B.活性污泥法
C.氧化还原　　D.生物膜法
E.混凝沉淀

3.再生水回用分为五类：农、林、渔业用水

和（　　）。

A.饮用水　　B.城市杂用水

C.环境用水　　D.补充水源水

E.工业用水

4.应根据（　　）要求确定下料长度并编制钢筋下料表。

A.保护层厚度　　B.钢筋级别

C.钢筋直径　　D.现场条件

E.弯钩要求

5.装配式预应力水池构件吊装方案编制的要点有（　　）。

A.工程概况

B.无粘结预应力施工措施

C.质量安全保证措施

D.监控量测措施

E.吊装进度计划

6.下列关于沉井施工基坑准备工作的说法正确的是（　　）。

A.按方案要求，进行施工平面布置，测设沉井中心桩，轴线控制桩，基坑开挖深度及边坡

B.沉井施工影响附近建（构）筑物、管线或河岸设施时，应采取控制措施，并应进行沉降和位移监测，测点应设在不受施工干扰和方便测量地方

C.地下水位应控制在沉井基坑以下0.5m，及时排除基坑内积水

D.基坑开挖应分层有序进行，保持平整和疏干状态

E.采用沉井筑岛法制作时，岛面标高应比施工期最高水位高出0.7m以上

参考答案及解析

一、单项选择题

1.【答案】D

【解析】A、B、C属于给水处理构筑物。

2.【答案】B

【解析】给水与污水处理厂试运转单机试车，一般空车试运行不少于2h。

3.【答案】B

【解析】污水的物理处理法包括：筛滤截留、重力分离、离心分离等。

4.【答案】B

【解析】对于结构混凝土外观质量、内在质量有较高的要求，设计上有抗冻、抗渗、抗裂要求。对此，混凝土施工必须从原材料、配合比、混凝土供应、浇筑、养护各环节加以控制，以确保实现设计的使用功能。

5.【答案】C

【解析】对于跨度为2~8m的板式现浇钢筋混凝土结构，模板拆除至少需要混凝土达到设计强度的75%。

6.【答案】B

【解析】B错误，终沉时，每小时测一次，严格控制超沉，沉井封底前自沉速率应小于10mm/8h。

7.【答案】C

【解析】给水排水构筑物施工时，应按“先地下后地上、先深后浅”的顺序施工，并应防止各构筑物交叉施工时相互干扰。

8.【答案】A

【解析】避免混凝土结构内外温差过大：首先，降低混凝土的入模温度，且不应大于25℃，使混凝土凝固时其内部在较低的温度起升点升温，从而避免混凝土内部温度过高。

9.【答案】B

【解析】满水试验前必备条件

（1）池体的混凝土或砖、石砌体的砂浆已达到设计强度要求；池内清理洁净，池内外缺陷修补完毕。

（2）现浇钢筋混凝土池体的防水层、防腐

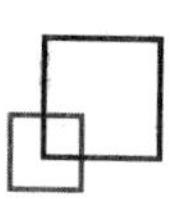

层施工之前；装配式预应力混凝土池体施加预应力且锚固端封锚以后，保护层喷涂之前；砖砌池体防水层施工以后，石砌池体勾缝以后。

（3）设计预留孔洞、预埋管口及进出水口等已做临时封堵，且经验算能安全承受试验压力。

（4）池体抗浮稳定性满足设计要求。

（5）试验用的充水、充气和排水系统已准备就绪，经检查充水、充气及排水闸门不得渗漏。

（6）各项保证试验安全的措施已满足要求；满足设计的其他特殊要求。

二、多项选择题

1.【答案】BCDE

2.【答案】BD

【解析】城市污水二级处理通常采用的方法是微生物处理法，具体方式有活性污泥法和生物膜法。

3.【答案】BCDE

【解析】再生水回用分为五类：农、林、渔业用水，城市杂用水，工业用水，环境用水，补充水源水。

4.【答案】ABCE

【解析】根据设计保护层厚度、钢筋级别、直径和弯钩要求确定下料长度并编制钢筋下料表。

5.【答案】ACDE

【解析】预制构件吊装前必须编制吊装方案。吊装方案应包括以下内容：

（1）工程概况，包括施工环境、工程特点、规模、构件种类数量、最大构件自重、吊距以及设计要求、质量标准。

（2）主要技术措施，包括吊装前环境、材料机具与人员组织等准备工作、吊装程序和方法、构件稳固措施，不同气候施工措施等。

（3）吊装进度计划。

（4）质量安全保证措施，包括管理人员职责，检测监控手段，发现不合格的处理措施以及吊装作业记录表格等安全措施。

（5）环保、文明施工等保证措施。

6.【答案】ABCD

【解析】基坑准备

（1）按施工方案要求，进行施工平面布置，设定沉井中心桩，轴线控制桩，基坑开挖深度及边坡。

（2）沉井施工影响附近建（构）筑物、管线或河岸设施时，应采取控制措施，并应进行沉降和位移监测，测点应设在不受施工干扰和方便测量地方。

（3）地下水位应控制在沉井基坑以下0.5m，基坑内的水应及时排除；采用沉井筑岛法制作时，岛面标高应比施工期最高水位高出0.5m以上。

1K415000 城市管道工程

本节知识体系

城市管道工程包括城市给水排水管道工程施工，城市供热管网工程施工，城市燃气管道工程施工，城市管道工程质量检查与检验。知识体系见下图。

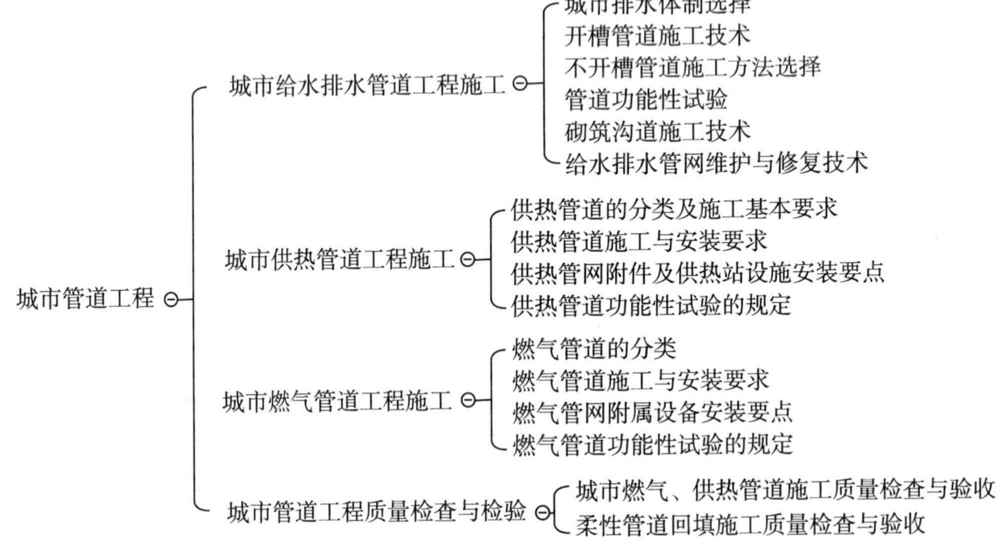

本节内容是市政实务第五个技术专业——管道工程。选择题每年考核7.5分左右，案例题每年考核10分左右。

管道工程中出题的形式非常多样化，既可以考核管道安装的施工工艺要求，也可以考核相应的功能性试验。而管道和道路工程相结合的案例形式在一建和二建考试当中非常常见，需要引起高度重视。并且管道工程由于其施工步序较多，也可以结合进度管理出现相应的网络图或横道图，形成综合的案例题。

第1目1K415010城市给水排水管道工程施工，其中城市排水体制选择主要考核选择题，其余都可出现案例题。

第2目1K415020城市供热管道工程施工，其中供热管道施工与安装要求，供热管道功能性试验的规定，主要考核案例题，其余为选择题考点。

第3目1K415030城市燃气管道工程施工，其中燃气管道施工与安装要求，燃气管道功能性试验的规定主要以案例题形式考核，其余为选择题考点。

第4目1K415040城市管道工程质量检查与检验，选择题和案例题都可出现进行考核。

核心内容讲解

1K415010 城市给水排水管道工程施工

一、城市排水体制选择

（一）我国城市排水体制

我国城市排水系统主要为截流式合流制、分流制或两者并存的混流制排水系统，新兴城市或城区多采用完全分流制排水系统。

在现有城市排水体制下，水环境污染仍较为严重，主要原因有：合流制溢流污染，管道混接，雨水非点源污染严重等。

（二）城市新型排水体制

新型排水体制指在合流制和分流制中利用源头控制和末端控制技术使雨水渗透、回用、调蓄排放的体制。

雨水源头控制利用技术有雨水下渗、净化和收集回用技术，末端集中控制技术包括雨水湿地、塘及多功能调蓄等。

（三）城市排水体制选择应遵循的原则

注重新型排水体制的构建

新型排水体制的特点有：资源节约、环境友好、点源污染控制与非点源污染控制相结合，污染物减量—水资源利用—防涝减灾三位一体。新型排水体制应能满足内涝控制、资源利用、污染控制等多重目标，促进城市水系统健康循环。

嗨·点评 选择题考点。

【经典例题】1.我国城市排水体制选择应遵循的原则，三位一体是指（　　）。

A.污染物减量　　B.城市开发

C.水资源利用　　D.防涝减灾

E.自然生态保护

【答案】ACD

【嗨·解析】三位一体：污染物减量，水资源利用，防涝减灾三位一体。

二、开槽管道施工技术

开槽铺设预制成品管是目前国内外地下管道工程施工的主要方法。

（一）沟槽施工方案

1.主要内容（记忆口诀：图形挖土机，撑坡不安文）

（1）沟槽施工平面布置图及开挖断面图。

（2）沟槽形式、开挖方法及堆土要求。

（3）无支护沟槽的边坡要求；有支护沟槽的支撑形式、结构、支拆方法及安全措施。

（4）施工设备机具的型号、数量及作业要求。

（5）不良土质地段沟槽开挖时采取的护坡和防止沟槽坍塌的安全技术措施。

（6）施工安全、文明施工、沿线管线及构（建）筑物保护要求等。

2.确定沟槽底部开挖宽度

（1）沟槽底部的开挖宽度应符合设计要求。

（2）当设计无要求时，可按经验公式计算确定：

$$B=D_o+2\times(b_1+b_2+b_3)$$

式中 B——管道沟槽底部的开挖宽度（mm）；

D_o——管外径（mm）；

b_1——管道一侧的工作面宽度（mm）；

b_2——有支撑要求时，管道一侧的支撑厚度，可取150～200mm；

b_3——现场浇筑混凝土或钢筋混凝土管渠一侧模板厚度（mm）。

3.确定沟槽边坡

当地质条件良好、土质均匀、地下水位低于沟槽底面高程，且开挖深度在5m以内、沟槽不设支撑时，沟槽边坡最陡坡度应符合表1K415010-1的规定。

深度在5m以内的沟槽边坡的最陡坡度　表1K415010-1

土的类别	坡度（高：宽）		
	坡顶无荷载	坡顶有静载	坡顶有动载
中密的砂土	1:1	1:1.25	1:1.5
中密的碎石类土（充填物为砂土）	1:0.75	1:1	1:1.25
硬塑的粉土	1:0.67	1:0.75	1:1
中密的碎石类土（充填物为黏性土）	1:0.5	1:0.67	1:0.75
硬塑粉质黏土、黏土	1:0.33	1:0.5	1:0.67
老黄土	1:0.1	1:0.25	1:0.33
软土（井点降水后）	1:1.25	—	—

（二）沟槽开挖与支护

沟槽开挖与支护技术要点包括分层开挖及深度的规定，沟槽开挖规定，支撑与支护技术要点，见图1K415010-1~图1K415010-3。

- 沟槽开挖与支护
  - 分层开挖及深度
    - 槽深超过3m时应分层开挖，每层的深度不超过2m
    - 层间留台宽度
      - 放坡开槽时不应小于0.8m
      - 直槽时不应小于0.5m
      - 安装井点设备时不应小于1.5m
    - 采用机械挖槽时，沟槽分层的深度按机械性能确定
  - 沟槽开挖规定
    - 槽底原状地基土不得扰动，机械开挖槽底预留200~300mm土层，人工开挖至设计高程，整平，见图1K415010-2
    - 槽底不得受水浸泡或受冻
      - 槽底局部扰动或受水浸泡时，宜采用天然级配砂砾石或石灰土回填
      - 槽底扰动土层为湿陷性黄土时，应按设计要求进行地基处理
    - 槽底土层为杂填土、腐蚀性土时，应全部挖除并按设计要求进行地基处理
  - 支撑与支护
    - 撑板支撑应随挖土及时安装，见图1K415010-3
    - 在软土或其他不稳定土层中采用横排撑板支撑时，开始支撑的沟槽开挖深度不得超过1.0m
    - 开挖与支撑交替进行，每次交替的深度宜为0.4~0.8m
    - 施工人员应由安全梯上下沟槽，不得攀登支撑

图1K415010-1　沟槽开挖与支护

图1K415010-2　人工清底

图1K415010-3　支撑开挖交替

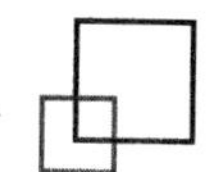

（三）地基处理与安管

1.地基处理

管道沟槽底部局部超挖和排水不良的情况，柔性管道地基处理的规定，见表1K415010–2。

地基处理　表1K415010–2

项目	注意事项
局部超挖	①超挖深度不超过150mm时，原土回填夯实，压实度不应低于原地基土的密实度； ②槽底地基土壤含水量较大，不适于压实时，应采取换填等有效措施
排水不良	①扰动深度在100mm以内，宜填天然级配砂石或砂砾处理； ②扰动深度在300mm以内，下部坚硬填卵石或块石，并用砾石填充空隙并找平表面
柔性管道地基处理	采用砂桩、搅拌桩等复合地基

2.安管

管道安管时接口形式多样，如法兰和胶圈，焊接，电熔连接或热熔连接，连接方式见图1K415010–4，其注意事项见表1K415010–3。

安管注意事项　表1K415010–3

接口形式	注意事项
法兰和胶圈	严格控制上、下游管道接装长度、中心位移偏差及管节接缝宽度和深度
焊接	①两端管的环向焊缝处齐平，错口的允许偏差应为0.2倍壁厚，内壁错边量不宜超过管壁厚度的10%，且不得大于2mm； ②金属管道应按设计要求进行内外防腐施工和施做阴极保护工程
电熔、热熔连接	①选择在当日温度较低或接近最低时进行； ②接头处应有沿管节圆周平滑对称的内、外翻边，接头检验合格后，内翻边宜铲平

承插口连接

法兰连接

焊接连接

热熔连接

图1K415010–4　管道连接方式

嗨·点评 开槽管道施工可结合开挖降水槽基处理，流水施工、起重吊装回填压实等知识考核案例，考生需重点注意。

【经典例题】2.关于沟槽开挖下列说法错误的是（　　）。

A.当沟槽挖深较大时，应按每层3m进行

分层开挖

B.采用机械挖槽时，沟槽分层的深度按机械性能定

C.人工开挖多层沟槽的层间留台宽度：放坡开槽时不应小于0.8m，直槽时不应小于0.5m，安装井点设备时不应小于1.5m

D.槽底原状地基土不得扰动

【答案】A

【嗨·解析】人工开挖沟槽的槽深超过3m时应分层开挖，每层的深度不超过2m。机械开挖沟槽时，分层厚度按机械性能确定。

【经典例题】3.沟槽施工关于管道安装的说法正确的有（　　）。

A.管节及管件下沟前，必须对管节外观质量进行检查，排除缺陷，以保证接口安装的密封性

B.采用焊接接口时，两端管的环向焊缝处齐平，内壁错边量不宜超过管壁厚度的20%，且不得大于2mm

C.采用电熔连接、热熔连接接口时，应选择在当日温度较低或接近最低时进行

D.接头处应有沿管节圆周平滑对称的内、外翻边；接头检验合格后，内翻边宜铲平

E.金属管道应按设计要求进行外防腐施工和施做阳极保护工程

【答案】ACD

【嗨·解析】B错误，采用焊接接口时，两端管的环向焊缝处齐平，错口的允许偏差应为0.2倍壁厚，内壁错边量不宜超过管壁厚度的10%，且不得大于2mm。E错误，金属管道应按设计要求进行内外防腐施工和施做阴极保护工程。

三、不开槽管道施工方法选择

不开槽管道施工方法是相对于开槽管道施工方法而言，市政公用工程常用的不开槽管道施工方法有顶管法、盾构法、浅埋暗挖法、地表式水平定向钻法、夯管法等。

（一）方法选择与设备选型依据

不开槽管道施工方法选择与设备选型依据，见图1K415010-5。

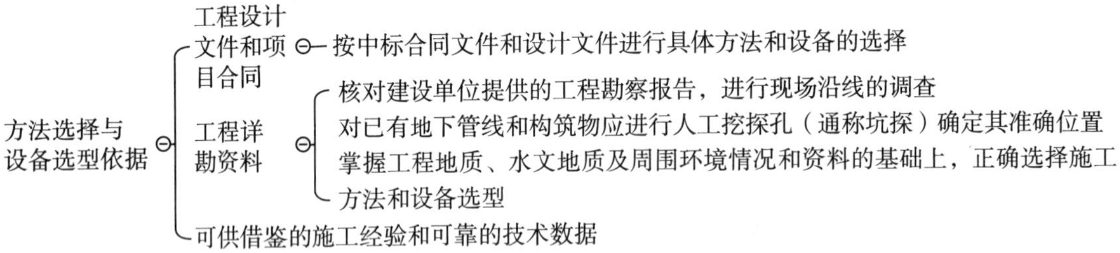

方法选择与设备选型依据
- 工程设计文件和项目合同
  - 按中标合同文件和设计文件进行具体方法和设备的选择
- 工程详勘资料
  - 核对建设单位提供的工程勘察报告，进行现场沿线的调查
  - 对已有地下管线和构筑物应进行人工挖探孔（通称坑探）确定其准确位置
  - 掌握工程地质、水文地质及周围环境情况和资料的基础上，正确选择施工方法和设备选型
- 可供借鉴的施工经验和可靠的技术数据

图1K415010-5　不开槽管道施工方法选择与设备选型依据

（二）施工方法与适用条件

1.施工方法与设备分类见图1K415010-6。

2.不开槽施工工法与适用条件见表1K415010-4和图1K415010-7。

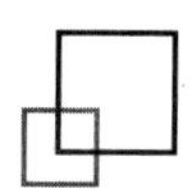

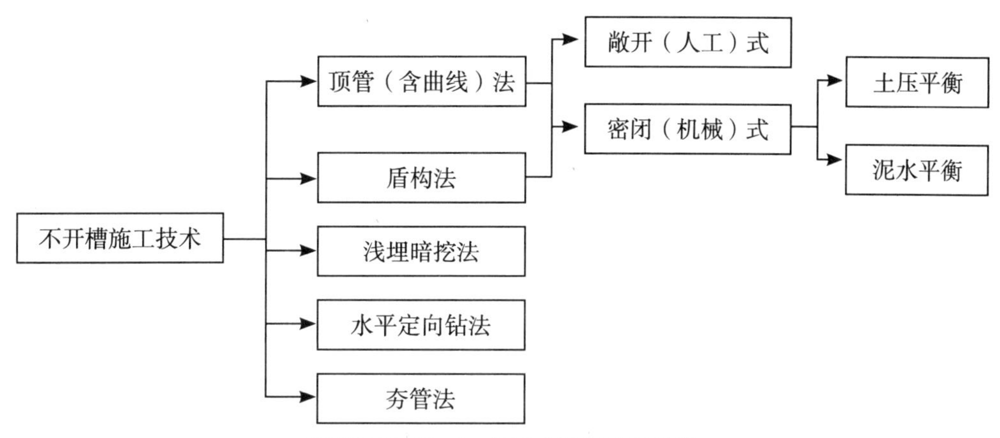

图1K415010-6 施工方法与设备分类

不开槽施工工法与适用条件 表1K415010-4

施工方法	密闭顶管	盾构	浅埋暗挖	定向钻	夯管
工法优点	精度高	速度快	适用性强	速度快	速度快 成本较低
工法缺点	成本高	成本高	速度慢 成本高	精度低	精度低
适用范围	给排水管道、综合管道	给排水管道、综合管道	给排水管道、综合管道	柔性管道	钢管
适用管径（mm）	ϕ300~ϕ4000	ϕ3000以上	ϕ1000以上	ϕ300~ϕ1000	ϕ200~ϕ1800
施工精度	小于±50mm	不可控	≤30mm	≤0.5管道内径	不可控
施工距离	较长	长	较长	较短	短
适用地质条件	各种土层	除硬岩外的均质地层	各种土层	砂卵石及含水地层不适用	含水地层不适用，砂卵石地层困难

嗨·点评 不开槽施工方法特点容易出选择题。分两大类，高端（顶管、盾构和浅埋暗挖）和低端（夯管和定向钻）。

（三）施工方法与设备选择的有关规定

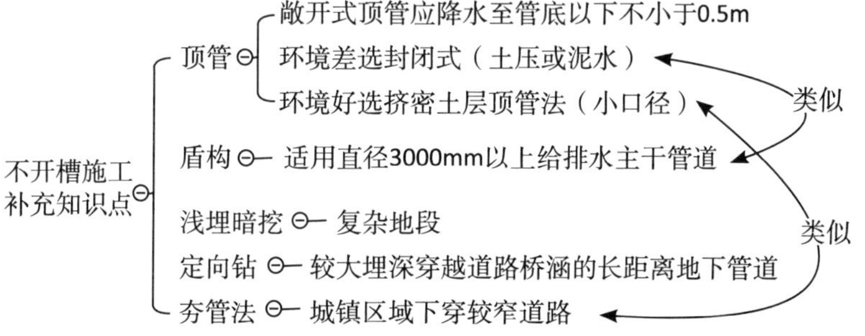

图1K415010-7 施工方法与设备选择的有关规定

1.顶管顶进方法的选择，应根据工程设计要求、工程水文地质条件、周围环境和现场条件。经技术经济比较后确定，并应符合下列规定：

（1）采用敞口式（手掘式）顶管机时，应将地下水位降至管底以下不小于0.5m处，并防止水进入顶管的管道。见图1K415010-8。

（2）当周围环境要求控制地层变形或无

降水条件时，宜采用封闭式的土压平衡或泥水平衡顶管机施工；目前城市改扩建给水排水管道工程多数采用顶管法施工，机械顶管技术获得了飞跃性发展。

（3）穿越建（构）筑物、铁路、公路、重要管线和防汛墙等时，应制定相应的保护措施；根据工程设计、施工方法、工程和水文地质条件，对邻近建（构）筑物、管线，采用土体加固或其他有效的保护措施。

（4）小直径的金属管道，当无地层变形控制要求且顶力满足施工要求时，可采用一次顶进的挤密土层顶管法。

2.盾构机选型，应根据工程设计要求（管道的外径、埋深和长度），工程水文地质条件，施工现场及周围环境安全等要求，经技术经济比较确定；盾构法施工用于给水排水主干管道工程，直径一般在3000mm以上。

3.在城区地下障碍物较复杂地段，采用浅埋暗挖法施工管（隧）道是较好的选择。

4.定向钻机的回转扭矩和回拖力确定，应根据终孔孔径、轴向曲率半径、管道长度，结合工程水文地质和现场周围环境条件，经过技术经济比较综合考虑后确定，并应有一定的安全储备；导向探测仪的配置应根据定向钻机类型、穿越障碍物类型、探测深度和现场探测条件选用。定向钻机在以较大埋深穿越道路桥涵的长距离地下管道的施工中会表现出优越之处。见图1K415010-9。

5.夯管锤的锤击力应根据管径、钢管力学性能、管道长度，结合工程地质、水文地质和周围环境条件，经技术经济比较后确定，并应有一定的安全储备；夯管法适用于城镇区域下穿较窄道路的地下管道施工。见图1K415010-10。

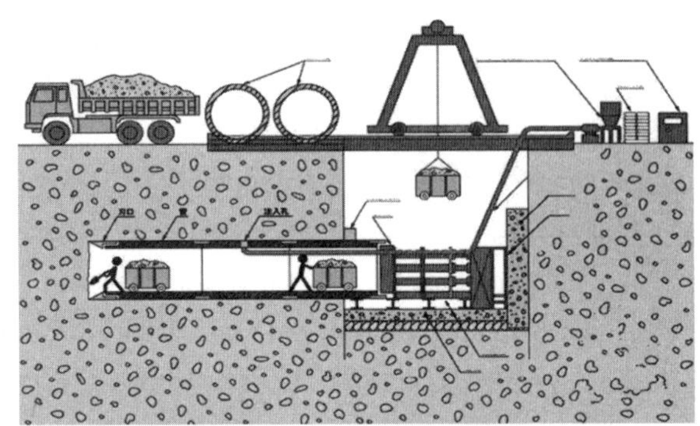

图1K415010-8 人工挖土顶管施工示意图

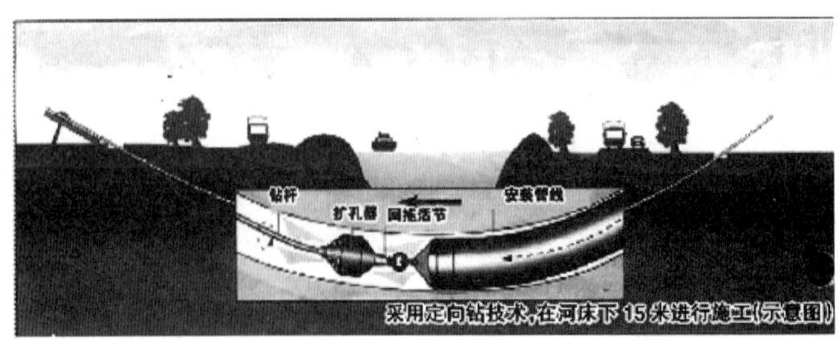

图1K415010-9 水平定向钻施工示意图

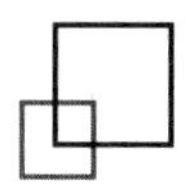

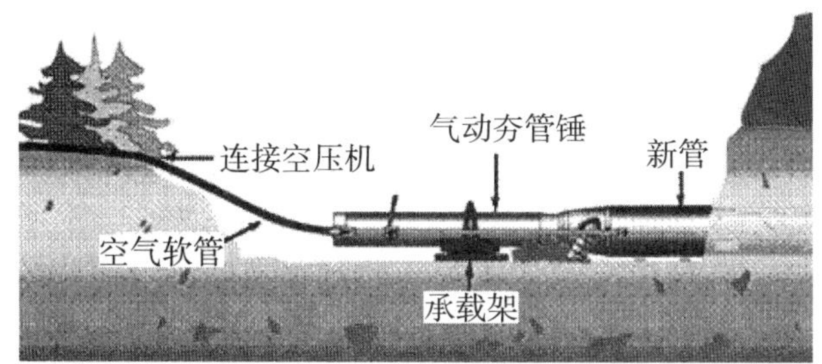

图1K415010-10　夯管施工示意图

嗨·点评 考核每种方法的适用场合，技巧：记忆关键词。

（四）设备施工安全有关规定

1.施工设备、装置应满足施工要求，并符合图1K415010-11的规定。

- 施工设备、装置要求
  - 人员：经过培训，考试合格方可上岗
  - 设备：安装完成后，应经试运行及安全性检验，合格后方可掘进作业
  - 文明施工：管（隧）道内涉及的水平运输设备、注浆系统、喷浆系统以及其他辅助系统应满足安全、文明施工要求
  - 施工供电：设置双路电源，自动切换；动力、照明应分路供电，作业面移动照明应低压供电
  - 通风系统：顶管、盾构、浅埋暗挖法施工的管道工程，应根据管（隧）道长度、施工方法和设备条件等确定管（隧）道内通风系统模式
  - 起重设备
    - 必须经过起重荷载计算
    - 起重作业前应试吊，吊离地面100mm左右时，应检查重物捆扎情况和制动性能，确认安全后方可起吊
    - 严禁超负荷使用
    - 工作井上、下作业时必须有联络信号
    - 按规定定期检查、维修和保养

图1K415010-11　设备施工安全有关规定

2.监控测量：

施工中应根据设计要求、工程特点及有关规定，对管（隧）道沿线影响范围地表或地下管线等建（构）筑物设置观测点，进行监控测量。监控测量的信息应及时反馈，以指导施工，发现问题及时处理。

嗨·点评 设备安全规定：人机电通风，试吊安文明。

【经典例题】4.（2016年真题）适用管径800mm的不开槽施工方法有（　　）。

A.盾构法　　B.定向钻法

C.密闭式顶管法　　D.夯管法

E.浅埋暗挖法

【答案】BCD

【嗨·解析】不开槽施工方法与适用条件中，盾构适用管径3000mm以上，浅埋暗挖适用1000mm以上，定向钻，顶管，夯管法符合管径800mm的要求。

【经典例题】5.（2013年真题）适用于砂卵石地层的不开槽施工方法有（　　）。

A.密闭式顶管　　B.盾构

C.浅埋暗挖　　D.定向钻

E.夯管

【答案】ABC

【嗨·解析】定向钻在砂卵层及含水地层不适用；夯管在含水地层不适用，砂卵石地层困难。

【经典例题】6.（2011年真题）管道施工中速度快，成本低，不开槽的施工方法是（　　）。

A.浅埋暗挖法　　B.定向钻施工

C.夯管法　　D.盾构法

【答案】C

【嗨·解析】夯管法速度快、成本低、不开槽。

四、管道功能性试验

给水排水管道功能性试验包括压力管道的水压试验、无压管道的严密性试验和给水管道的冲洗与消毒。

（一）压力管道的水压试验

压力管道的水压试验施工技术要点包括：基本规定，试验方案，准备工作，注水与浸泡，试验过程合格判定，相关规定见图1K415010-12。

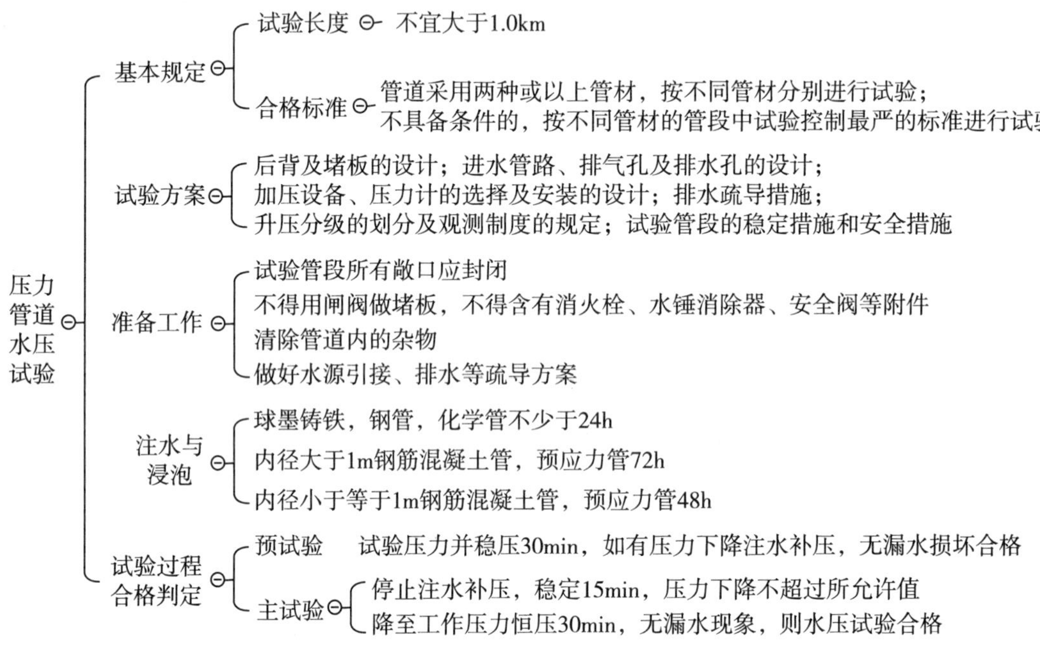

图1K415010-12　压力管道的水压试验

（二）无压管道的严密性试验

无压管道的严密性试验施工技术要点包括：基本规定，试验水头，试验过程与判定依据，相关规定见图1K415010-13。

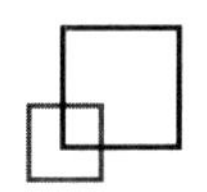

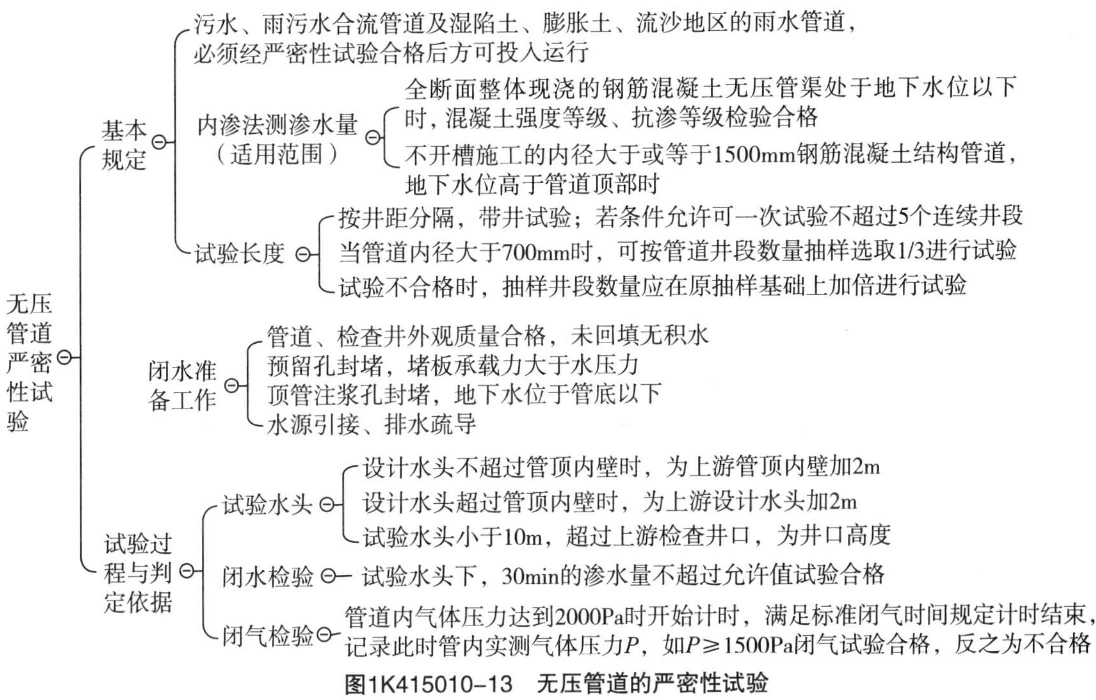

图1K415010-13　无压管道的严密性试验

嗨·点评　功能性试验是案例备考必备考点。

【经典例题】7.（2016年真题）关于无压管道功能性试验的说法，正确的是（　　）。

A.当管道内径大于700mm时，可抽取1/3井段数量进行试验

B.污水管段长度300m时，可不做试验

C.可采用水压试验

D.试验期间渗水量的观测时间不得小于20min

【答案】A

【嗨·解析】当管道内径大于700mm时，可按管道井段数量抽样选取1/3进行试验。污水、雨污水合流管道及湿陷土、膨胀土、流沙地区的雨水管道，必须经严密性试验合格后方可投入运行。严密性试验包括闭水试验、闭气试验。渗水量的观测时间不得小于30min。

【经典例题】8.关于给水压力管道水压试验的说法，错误的是（　　）。

A.试验前，管道以上回填高度不应小于50cm

B.试验前，管道接口处应回填密实

C.宜采用注水法试验的测定实际渗水量

D.设计无要求时，试验合格的判定依据可采用允许压力降值

【答案】B

【嗨·解析】给水压力管道水压试验前，管道接口处应留出来。

五、砌筑沟道施工技术

给水排水工程中砌筑结构的构筑物，主要是沟道（管渠）、工艺井、闸井和检查井等。

（一）基本要求

砌筑沟道基本要求包括砌筑前的准备工作，砌筑过程中的控制和砌筑完成后的要求，具体注意事项见表1K415010-5。

砌筑沟道基本要求　表1K415010-5

砌筑内容	注意事项
准备工作	①砌筑前应检查地基或基础，确认其中线高程、基坑（槽）应符合规定，地基承载力符合设计要求，并按规定验收； ②砌筑前砌块（砖、石）应充分湿润；砌筑砂浆配合比符合设计要求，现场拌制应拌合均匀、随用随拌； ③砌筑应立皮数杆、样板挂线控制水平与高程； ④砌筑应采用满铺满挤法，砌体应上下错缝、内外搭砌、丁顺规则有序
砌筑过程	①砌筑砂浆应饱满，砌缝应均匀不得有通缝或瞎缝，且表面平整； ②砌体的沉降缝、变形缝、止水缝应位置准确、砌体平整、砌体垂直贯通，缝板、止水带安装正确，沉降缝、变形缝应与基础的沉降缝、变形缝贯通； ③砌筑结构管渠宜按变形缝分段施工，砌筑施工需间断时，应预留阶梯形斜槎；接砌时，应将斜槎冲净并铺满砂浆，墙转角和交接处应与墙体同时砌筑
砌筑完成	砌筑后的砌体应及时进行养护，并不得遭受冲刷、振动或撞击

（二）砌筑施工要点

砌筑过程中，施工内容包括：变形缝施工、砖砌拱圈、反拱砌筑、圆井砌筑，相关注意事项符合表1K415010-6的要求。

砌筑施工要点　表1K415010-6

砌筑内容	注意事项
变形缝施工	（1）灌注沥青等填料应待灌注底板缝的沥青冷却后，再灌注墙缝，并应连续灌满灌实； （2）缝外墙面铺贴沥青卷材时，应将底层抹平，铺贴平整，不得有壅包现象
砖砌拱圈	（1）砌筑前，拱胎应充分湿润，冲洗干净，并均匀涂刷隔离剂； （2）砌筑应自两侧向拱中心对称进行，灰缝匀称。拱中心位置正确，灰缝砂浆饱满严密； （3）应采用退槎法砌筑，每块砌块退半块留槎，拱圈应在24h内封顶，两侧拱圈之间应满铺砂浆，拱顶上不得堆置器材
反拱砌筑	（1）砌筑前，应按设计要求的弧度制作反拱的样板，沿设计轴线每隔10m设一块； （2）根据样板挂线，先砌中心的一列砖、石，并找准高程后接砌两侧，灰缝不得凸出砖面，反拱砌筑完成后，应待砂浆强度达到设计抗压强度的25%后，方可踩压； （3）反拱表面应光滑平顺，高程允许偏差应为±10mm； （4）拱形管渠侧墙砌筑完毕，并经养护后，在安装拱胎前，两侧墙外回填土时，墙内应采取措施，保持墙体稳定； （5）当砂浆强度达到设计抗压强度标准值25%后，方可在无振动条件下拆除拱胎
圆井砌筑	（1）排水管道检查井内的流槽，宜与井壁同时砌筑； （2）砌块应垂直砌筑；收口砌筑时，应按设计要求位置设置钢筋混凝土梁；圆井采用砌块逐层砌筑收口时，四面收口的每层收进不应大于30mm，偏心收口的每层收进不应大于50mm； （3）砌块砌筑时，铺浆应饱满，灰浆与砌块四周粘结紧密、不得漏浆，上下砌块应错缝； （4）砌筑时应同时安装踏步，踏步安装后在砌筑砂浆未达到规定抗压强度等级前不得踩踏； （5）内外井壁应采用水泥砂浆勾缝；有抹面要求时，抹面应分层压实

【经典例题】9.反拱砌筑完成后，应待砂浆强度达到设计抗压强度的（　　）%后，方可踩压。

A.25　　B.30　　C.50　　D.75

【答案】A

【经典例题】10.（2013年真题）不属于排水管道圈形检查井的砌筑做法是（　　）。

A.砌块应垂直砌筑

B.砌筑砌块时应同时安装踏步

C.检查井内的流槽宜与井壁同时进行砌筑

D.采用退茬法砌筑时每块砌块退半块留茬

【答案】D

【嗨·解析】D选项属于砖砌拱圈的施工要点。

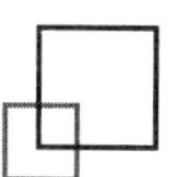

六、给水排水管网维护与修复技术

（一）城市管道维护

1.城市管道巡视检查

管道检查主要方法包括人工检查法、自动监测法、分区检测法、区域泄露普查系统法等。检测手段包括探测雷达、声呐、红外线检查、闭路监视系统（CCTV）等方法及仪器设备。

2.城市管道抢修

不同种类、不同材质、不同结构管道抢修方法不尽相同。

（1）钢管多为焊缝开裂或腐蚀穿孔，一般可用补焊或盖压补焊的方法修复。

（2）预应力钢筋混凝土管采用补麻、补灰后再用卡盘压紧固定。

（3）若管身出现裂缝，可视裂缝大小采用两合揣袖或更换铸铁管或钢管，两端与原管采用转换接口连接。

3.管道维护安全防护

（1）养护人员必须接受安全技术培训，考核合格后方可上岗。

（2）作业人员必要时可戴上防毒面具、防水衣、防护靴、防护手套、安全帽等，穿上系有绳子的防护腰带，配备无线通信工具和安全灯等。

（3）针对管网维护可能产生的气体危害和病菌感染等危险源，在评估基础上，采取有效的安全防护措施和预防措施，作业区和地面设专人值守，确保人身安全。

（二）管道修复与更新

管道修复包括局部修补和全断面修复，管道更新包括破管外挤、破管顶进，见表1K415010-7。

管道修复与更新　表1K415010-7

砌筑内容		注意事项
局部修补		①局部修补主要用于管道内部的结构性破坏以及裂纹等的修复； ②进行局部修补的方法很多，主要有密封法、补丁法、铰接管法、局部软衬法、灌浆法、机器人法等（口诀：机器人铰密局灌补丁）
全断面修复	内衬法（图1K415010-14）	①优点：施工简单、速度快、可适应大曲率半径的弯管； ②缺点：管道断面受损失较大、环形间隙要求灌浆、一般用于圆形断面管道
	缠绕法（图1K415010-15）	①优点：可以长距离施工，施工速度快，适应大曲率半径的弯管和管径的变化，能利用现有检查井； ②缺点：管道的过流断面会有损失，对施工人员的技术要求较高
	喷涂法（图1K415010-16）	①优点：不存在支管的连接问题，过流断面损失小，可适应管径、断面形状及弯曲度的变化； ②缺点：树脂固化需要一定的时间，管道严重变形时施工难以进行。对施工人员的技术要求较高
管道更新	破管外挤（图1K415010-17）	①破管外挤也称爆管法或胀管法。是使用爆管工具将旧管破碎，并将其碎片挤到周围的土层，同时将新管或套管拉入，完成管道的更换； ②按照爆管工具不同，可将爆管分为气动爆管、液动爆管、切割爆管等三种； ③优点：破除旧管和完成新管一次完成，施工速度快，对地表的干扰少；可以利用原有检查井； ④缺点：不适合弯管的更换；在旧管线埋深较浅或在不可压密的地层中会引起地面隆起；可能引起相邻管线的损坏；分支管的连接需开挖进行
	破管顶进	①该法使用经改进的微型隧道施工设备或其他的水平钻机。以旧管为导向，将旧管连同周围的土层一起切削破碎，形成直径相同或更大的孔，同时将新管顶入，完成管线的更新，破碎后的旧管碎片和土由螺旋钻杆排出（类似切削能力强的顶管或盾构）； ②优点：对地表和土层无干扰；可在复杂的土层中施工，尤其是含水层；能够更换管线的走向和坡度已偏离的管道；基本不受地质条件限制； ③缺点：需开挖两个工作井，地表需有足够大的工作空间

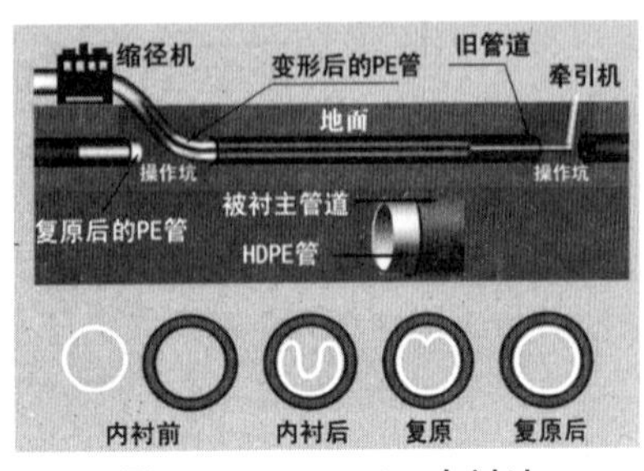

图1K415010-14　内衬法

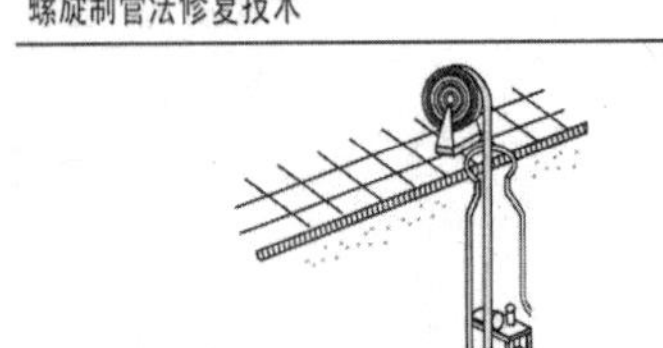

图1K415010-15　缠绕法

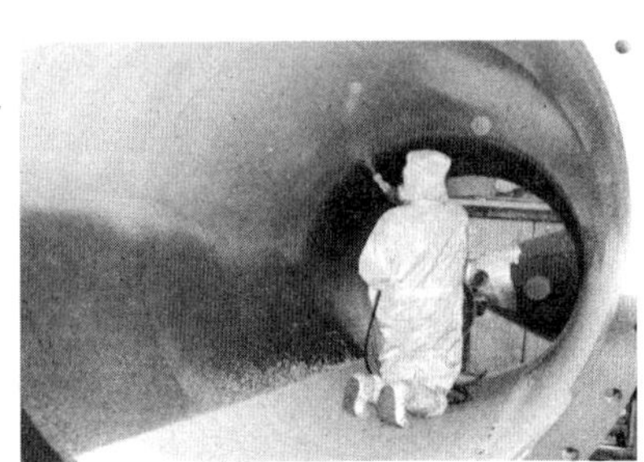

图1K415010-16　喷涂法

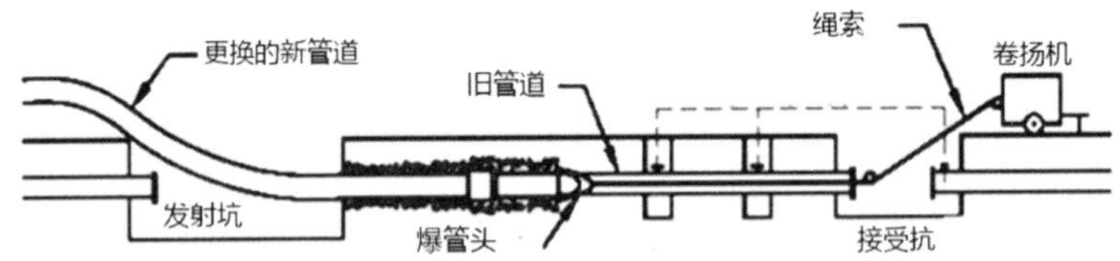

图1K415010-17　破管外挤

嗨·点评　管道修复主要考核选择题，考核分类、方法特点。

【经典例题】11.排水管道内局部结构性破坏及裂纹可采用的修补方法有（　　）。

A.补丁法

B.局部软衬法

C.灌浆法

D.机器人法

E.缠绕法

【答案】ABCD

【嗨·解析】进行局部修复的方法很多，主要有密封法、补丁法、铰接管法、局部衬法、灌浆法、机器人法等。

【经典例题】12.（2014年真题）用于城市地下管线全断面修复的方法是（　　）。

A.内衬法

B.补丁法

C.密封法

D.灌浆法

【答案】A

【嗨·解析】全断面修复有：（1）内衬法；（2）缠绕法；（3）喷涂法。

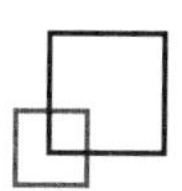

1K415020 城市供热管道工程施工

一、供热管道的分类及施工基本要求

（一）供热管道的分类

城镇供热管网是指由热源向热用户输送和分配供热介质的管线系统，包括一级管网、热力站和二级管网。

1.按热媒种类分类，见图1K415020-1。

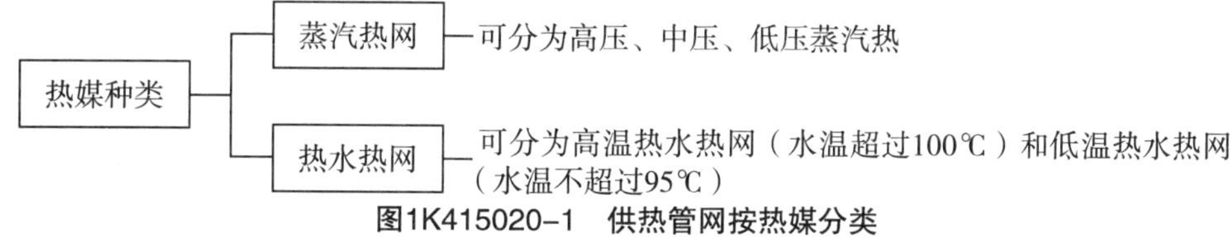

图1K415020-1　供热管网按热媒分类

2.按所处位置分类，见图1K415020-2。

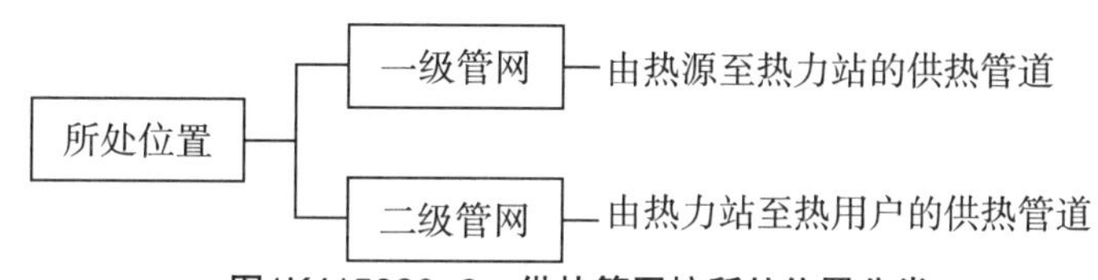

图1K415020-2　供热管网按所处位置分类

3.按敷设方式分类，见图1K415020-3。

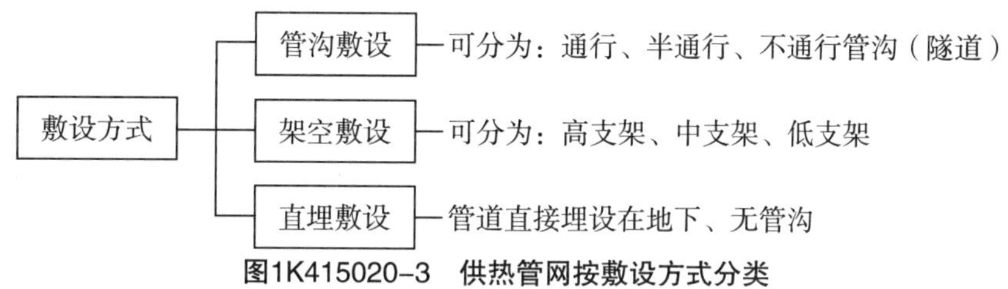

图1K415020-3　供热管网按敷设方式分类

4.按系统形式分类，见图1K415020-4。

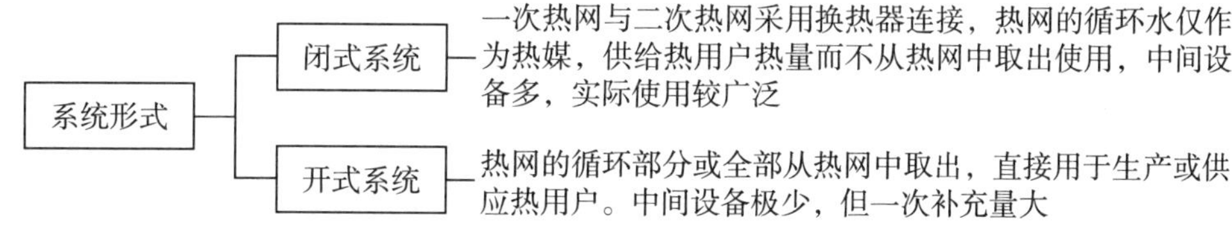

图1K415020-4　供热管网按系统形式分类

5.按供回分类，见图1K415020-5。

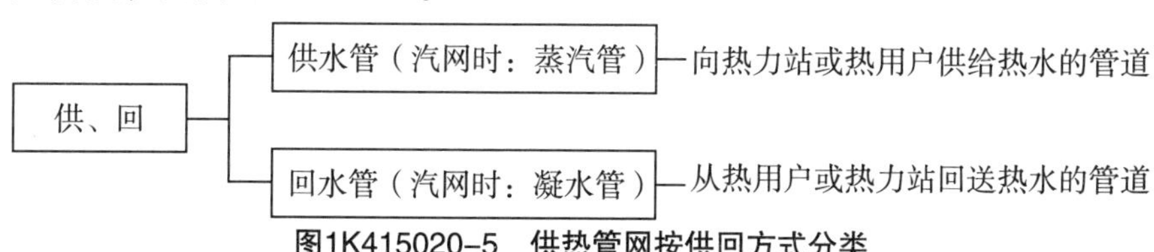

图1K415020-5　供热管网按供回方式分类

（二）供热管道施工基本要求

1.供热管网与建筑物的最小距离

（1）热力网管沟内不得穿过燃气管道，当热力管沟与燃气管道交叉的垂直净距小于300mm，必须采取可靠措施，防止燃气泄漏进入管沟。

（2）管沟敷设的热力网管道进入建筑物或穿过构筑物时，管道穿墙处应封堵严密。

（3）地上敷设的供热管道同架空输电线路或电气化铁路交叉时，管道的金属部分，包括交叉点5m范围内钢筋混凝土结构的钢筋应接地，接地电阻不大于10Ω。

2.管道材料与连接要求

城镇供热管网管道应采用无缝钢管、电弧焊或高频焊焊接钢管。管道的连接应采用焊接，管道与设备、阀门等连接宜采用焊接，当设备、阀门需要拆卸时，应采用法兰连接。

为保证管道安装工程质量，焊接施工单位应符合下列规定（记忆：有人有设备，有证有措施）：

（1）有负责焊接工艺的焊接技术人员、检查人员和检验人员；

（2）有符合焊接工艺要求的焊接设备且性能稳定可靠；

（3）有保证焊接工程质量达到标准的措施。

施工单位首次使用的钢材、焊接材料、焊接方法，应在焊接前进行焊接工艺试验，编制焊接工艺方案。

公称直径大于或等于400mm的钢管和现场制作的管件，焊缝根部应进行封底焊接，封底焊接宜采用氩气保护焊，必要时也可采用双面焊接方法。

3.管道焊接质量检验

（1）焊接质量检验依次为：对口质量检验→表面质量检验→无损探伤检验→强度和严密性试验（记忆：对面无强严；对面无言，强颜欢笑）。见图1K415020-6~图1K415020-8。

图1K415020-6　焊缝表面质量

图1K415020-7　X射线内部探伤

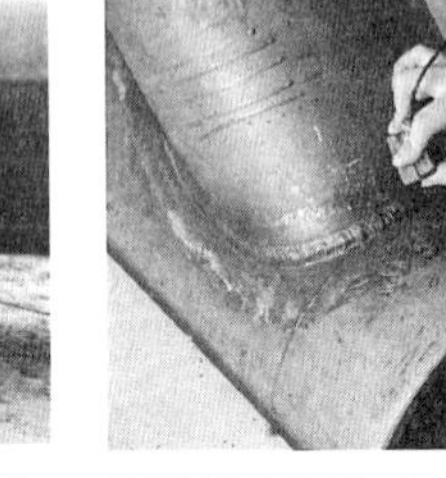

图1K415020-8　超声波内部探伤

（2）焊缝无损探伤检验必须由具备资质的检验单位完成，应对每位焊工至少检验一个转动焊口和一个固定焊口。

转动焊口经无损检验不合格时，应取消该焊工对本工程的焊接资格；固定焊口经无损检验不合格时，应对该焊工焊接的焊口加倍抽检，仍有不合格时，取消该焊工焊接资格。对取消焊接资格的焊工所焊的全部焊缝应进行无损探伤检验。

（3）需要100%无损探伤检验焊缝：

钢管与设备、管件连接处的焊缝；

管线折点处现场焊接的焊缝；

焊缝返修后进行表面质量检查后；

现场制作的各种管件；

随桥敷设的燃气管道；

构建筑物中设置在套管或保护性地沟中的管道环焊缝；

钢外护管现场焊接焊缝应采用100%超声波探伤检测。

嗨·点评　供热管道分类主要考核选

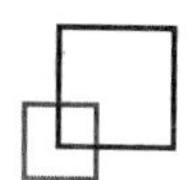

择题；焊接检查及质量控制、与其他管道间距主要考核案例题。

【经典例题】1.（2015年真题）地上敷设的供热管道与电气化铁路交叉时，管道的金属部分应（　　）。

A.绝缘　　B.接地

C.消磁　　D.热处理

【答案】B

二、供热管道施工与安装要求

（一）施工前的准备工作

供热管道施工前的准备工作包含技术准备和物资准备，相关规定符合表1K415020-1。

供热管道施工前的准备工作　表1K415020-1

准备工作	具体内容
技术准备	①图纸会审，设计交底； ②组织编制施工组织设计和施工方案，履行相关的审批手续； ③编制危险性较大的分部分项工程安全专项施工方案，按要求组织专家论证、修改完善，履行相关的审批手续； ④验收规范、质量检查验收、资料整理； ⑤开工前详细了解项目所在地区的气象自然条件情况、场地条件和水文地质情况； ⑥组织技术及测量人员对施工影响范围内的建（构）筑物、地下管线等设施状况进行探查
物资准备	①根据施工进度，组织好材料、设备、施工机具的进场接收和检验工作； ②钢管的材质、规格和壁厚等应符合设计规定和现行国家标准要求，材料的合格证书、质量证明书及复验报告齐全、完整； ③属于特种设备的制造厂家还应有相应的特种设备制造资质，其质量证明文件、验收文件还应符合特种设备安全监察机构的相关规定； ④供热管网中所用的阀门等附件，必须有制造厂的产品合格证； ⑤一级管网主干线所用阀门及与一级管网主干线直接相连通的阀门，支干线首端和供热站入口处起关闭、保护作用的阀门及其他重要阀门，应由工程所在地有资质的检测部门进行强度和严密性试验，合格后方可使用

嗨·点评 技术准备是通用的，物质准备注意压力管道原件、阀门等的验收规定。

（二）施工技术及要求

供热管道施工技术及要求包括准备工作，管道对接和其他要求，相关规定符合表1K415020-2。

供热管道施工技术及要求　表1K415020-2

阶段	具体内容
准备工作	（1）管道沟槽到底后，地基应由施工、监理（建设）、勘察和设计等单位共同验收。对不符合要求的地基，由设计或勘察单位提出地基处理意见； （2）管道安装前，应完成支、吊架的安装及防腐处理。支架的制作质量应符合设计和使用要求，支、吊架的位置应准确、平整、牢固，标高和坡度符合设计规定。管件制作和可预组装的部分宜在管道安装前完成，并经检验合格
管道对接	（1）管道对接时，管道应平直，在距接口中心200mm处测量，允许偏差0~1mm，对接管道的全长范围内，最大偏差值应不超过10mm； （2）对口焊接前，应重点检验坡口质量、对口间隙、错边量、纵焊缝位置等； （3）电焊连接有坡口的钢管和管件时，焊接层数不得少于两层。不合格的焊接部位，应返修，同一部位焊缝的返修不得超过2次； （4）采用偏心异径管时，蒸汽管道的变径应管底相平（俗称底平）安装在水平管路上。热水管道变径应管顶相平（俗称顶平）安装在水平管路上

续表

阶段	具体内容
其他要求	（1）直埋保温管安装过程中，出现折角或管道折角大于设计值时，应经设计确认。距补偿器12m范围内管段不应有变坡或转角。两个固定支座之间的直埋蒸汽管道，不宜有折角； （2）直埋蒸汽管道的工作管，应采用有补偿的敷设方式，钢质外护管宜采用无补偿方式敷设。钢质外护管必须进行外防腐，必须设置排潮管。外护管防腐层应进行全面在线电火花检漏及施工安装后的电火花检漏，耐击穿电压应符合国家现行标准的要求，对检漏中发现的损伤处须进行修补，并进行电火花检测，合格后方可进行回填； （3）管道穿过基础、墙壁、楼板处，应安装套管或预留孔洞，且焊口不得置于套管中、孔洞内以及隐蔽的地方，穿墙套管每侧应出墙20mm；穿过楼板的套管应高出板面50mm；套管与管道之间的空隙可用柔性材料填塞；套管直径应比保温管道外径大50mm；套管中心的允许偏差为0~10mm，预留孔洞中心的允许偏差为0~25mm

嗨·点评 五方验槽、对口焊接易结合案例考核，其他主要考核选择。

（三）管道附件安装要求

1.补偿器安装

目前常用的补偿器主要有：L形补偿器、Z形补偿器、Ⅱ形（或Ω形）补偿器、波形（波纹）补偿器、球形补偿器和填料式（套筒式）补偿器等几种形式，见表1K415020-3和图1K415020-9。

补偿器安装要求　表1K415020-3

补偿器类型	具体内容
L形、Z形、Ⅱ形补偿器	①一般在施工现场制作，制作应采用优质碳素钢无缝钢管。 ②通常Ⅱ形补偿器应水平安装，平行臂应与管线坡度及坡向相同，垂直臂应呈水平。垂直安装时，不得在弯管上开孔安装放风管和排水管
波形补偿器 填料式补偿器	①补偿器应与管道保持同轴。不得偏斜，有流向标记（箭头）的补偿器，流向标记与介质流向一致。 ②填料式补偿器芯管的外露长度应大于设计规定的变形量
球形补偿器	与球形补偿器相连接的两垂直臂的倾斜角度应符合设计要求，外伸部分应与管道坡度保持一致

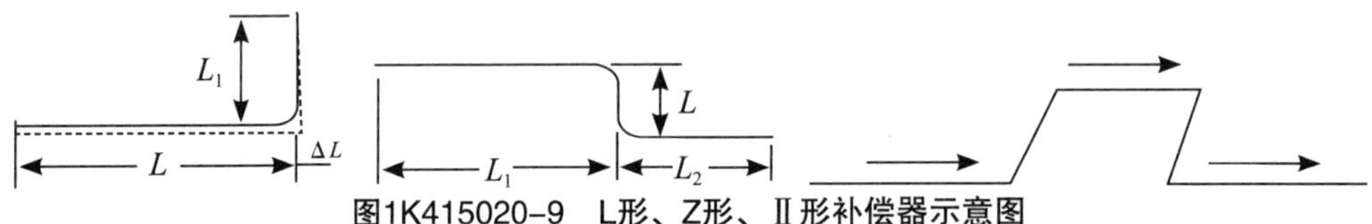

图1K415020-9　L形、Z形、Ⅱ形补偿器示意图

有补偿器装置的管段，补偿器安装前，管道和固定支架之间不得进行固定。补偿器的临时固定装置在管道安装、试压、保温完毕后，应将紧固件松开，保证在使用中可自由伸缩。

直管段没置补偿器的最大距离和补偿器弯头的弯曲半径应符合设计要求。在靠近补偿器的两端，应设置导向支架，保证运行时管道沿轴线自由伸缩。

当安装时的环境温度低于补偿零点（设计的最高温度与最低温度差值的1/2）时，应对补偿器进行预拉伸，拉伸的具体数值应符合设计文件的规定。经过预拉伸的补偿器，在安装及保温过程中应采取措施保证预拉伸不被释放。

采用直埋补偿器时，在回填后其固定端应可靠锚固，活动端应能自由变形。

2.管道支架（固定支架、活动支架）安装

管道的支承结构称为支架，支架的作用是支承管道并限制管道的变形和位移，承受

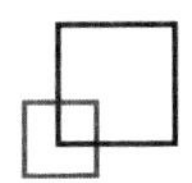

从管道传来的内压力、外载荷及温度变形的弹性力，通过它将这些力传递到支承结构。根据支架对管道的约束作用不同，可分为活动支架和固定支架；按结构形式可分为托架、吊架和管卡三种，见表1K415020-4。除埋地管道外，管道支架制作与安装是管道安装中的第一道工序。见图1K415020-10~见图1K415020-13。

管道支架（固定支架、活动支架）安装　表1K415020-4

支架类型		特点
固定支架		①主要用于固定管道，均匀分配补偿器之间管道的伸缩量，保证补偿器正常工作，多设置在补偿器和附件旁； ②支架处管道不得有环焊缝，同定支架不得与管道直接焊接固定； ③固定支架处的固定角板，只允许与管道焊接。切忌与固定支架结构焊接，以防形成“死点”，限制了管道的伸缩，极易发生事故
活动支架	滑动支架	①能使管子与支架结构间自由滑动的支架，其主要承受管道及保温结构的重量和因管道热位移摩擦而产生的水平推力； ②分为低位支架和高位支架，前者适用于室外不保温管道，后者适用于室外保温管道
	导向支架	①作用是使管道在支架上滑动时不致偏离管轴线； ②设置在补偿器、阀门两侧或其他只允许管道有轴向移动的地方
	滚动支架	①以滚动摩擦代替滑动摩擦，以减少管道热伸缩时的摩擦力； ②滚柱支架用于直径较大而无横向位移的管道； ③滚珠支架用于介质温度较高、管径较大而无横向位移的管道
	悬吊支架	①普通刚性吊架主要用于伸缩性较小的管道，加工、安装方便，能承受管道荷载的水平位移； ②弹簧吊架适用于伸缩性和振动性较大的管道，形式复杂。在重要场合使用

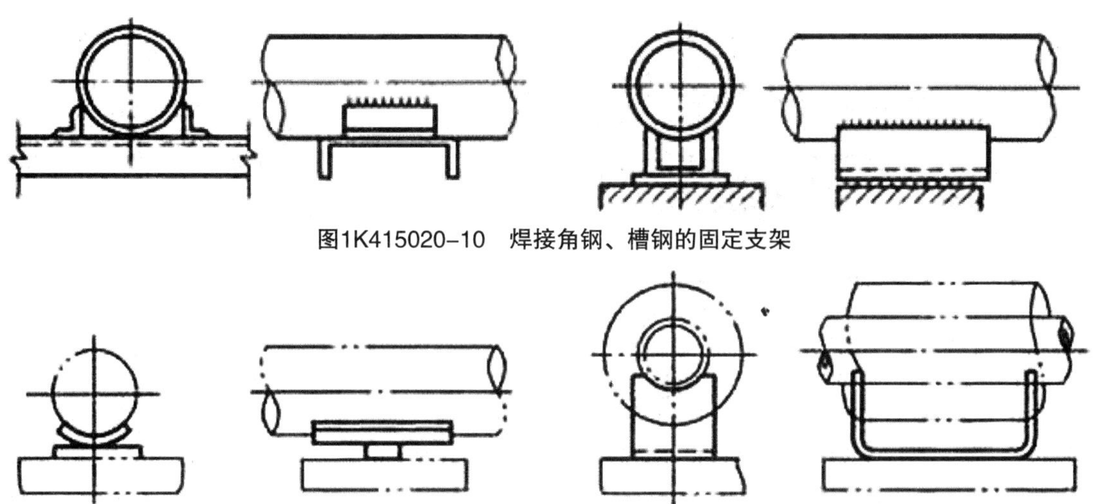

图1K415020-10　焊接角钢、槽钢的固定支架

图1K415020-11　低滑动支架、高滑动支架

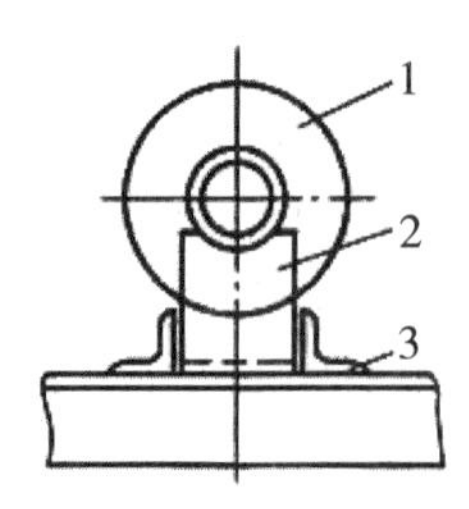

导向支架

1—保湿层；2—管子托架；
3—导向板

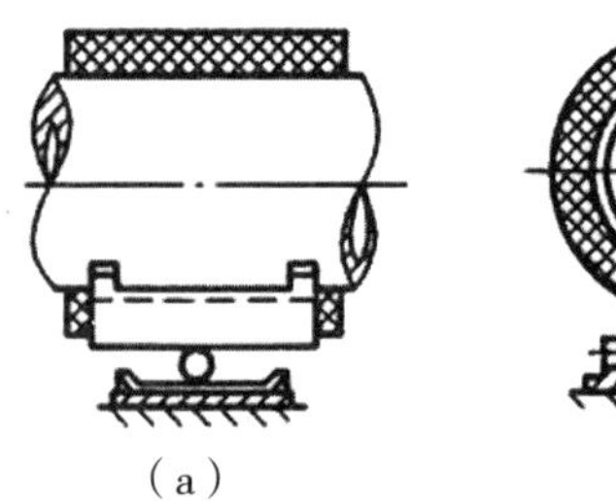

滚动支架

（a）滚珠支架；（b）滚柱支架

图1K415020-12 导向支架和滚动支架

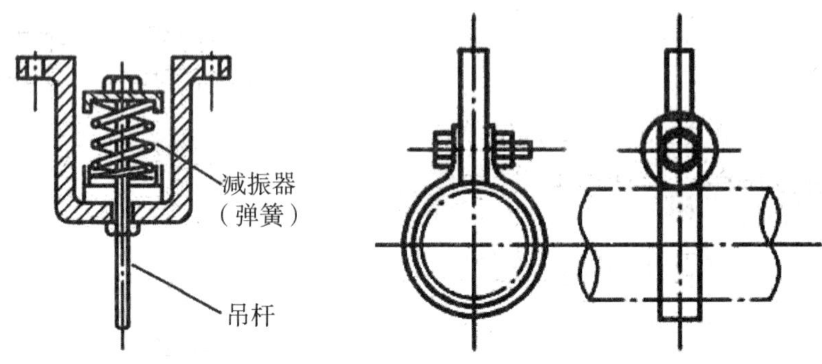

图1K415020-13 弹簧吊架和刚性吊架

3.阀门安装

（1）阀门吊装搬运时，钢丝绳应拴在法兰处，不得拴在手轮或阀杆上。阀门应清理干净，并严格按指示标记及介质流向确定其安装方向，采用自然连接，严禁强力对口。

（2）当阀门与管道以法兰或螺纹方式连接时，阀门应在关闭状态下安装，以防止异物进入阀门密封座。

（3）当阀门与管道以焊接方式连接时，宜采用氩弧焊打底，这是因为氩弧焊所引起的变形小，飞溅少，背面透度均匀，表面光洁、整齐，很少产生缺陷。

（4）另外，焊接时阀门不得关闭，以防止受热变形和因焊接而造成密封面损伤，焊机地线应搭在同侧焊口的钢管上，严禁搭在阀体上。

嗨·点评 主要考核选择，固定支架固定方式、阀门安装等可结合案例考核。

（四）管道回填

1.按照设计要求材料和标准进行分层回填。直埋管回填时，土中不得含有碎砖、石块、大于100mm的冻土块及其他杂物，防止损坏防腐保护层。

2.当管道至管顶0.3m以上时，在管道正上方连续平敷黄色聚乙烯警示带，警示带不得撕裂或扭曲，相互搭接处不少于0.2m。管道的竣工图上除标注坐标外还应标栓桩位置。

嗨·点评 警示带材料、设置位置、形式是考核重点。

【经典例题】2.（2016年真题）供热管道施工前的准备工作中，履行相关的审批手续属于（ ）准备。

A.技术 B.设计 C.物资 D.现场

【答案】A

【经典例题】3.下列关于热力管道回填说法正确的是（ ）。

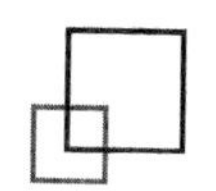

A.按照设计要求材料和标准进行分层回填

B.直埋管回填时可采用级配砂石或碎石

C.当管道回填至管顶0.3m以上时，在管道正上方连续平敷黄色聚乙烯警示带

D.管道的竣工图上除标注坐标外还应标栓桩位置

E.管道压实度应符合道路填筑标准

【答案】ACD

【嗨·解析】A、C、D均是正确表述。直埋管回填时土中不得含有碎砖、石块、大于100mm的冻土块及其他杂物，防止损坏防腐保护层。管沟回填执行给排水管道回填标准。故B、E说法错误。

三、供热管网附件及供热站设施安装要点

（一）供热管网附件

1.补偿器

（1）供热管网的介质温度较高，供热管道本身长度又长，故管道产生的温度变形量就大，其热膨胀的应力也会很大。为了释放温度变形，消除温度应力，以确保管网运行安全，必须根据供热管道的热伸长量及应力计算（计算式见表1K415020-5）设置适应管道温度变形的补偿器。

供热管道的热伸长及应力计算式简表　表1K415020-5

名称	计算式	说明
热伸长量计算	$\Delta L=\alpha L\Delta t$	ΔL—热伸长量（m）；α—管材线膨胀系数，碳素钢$\alpha=12\times10^{-6}$m/（m·℃）；L—管段长度（m）；Δt—管道在运行时的温度与安装时的环境温度差（℃）
热膨胀应力计算	$\sigma=E\alpha\Delta t$	σ—热应力（MPa）；E—管材弹性模量（MPa）；碳素钢E=20.14×10^{-4}MPa，其余同上

（2）供热管道的热伸长及应力计算实例：

已知一条供热管道的某段长200m，材料为碳素钢，安装时环境温度为0℃，运行时介质温度为125℃，设定此段管道两端刚性固定，中间不设补偿器，求运行时的最大热伸长量ΔL及最大热膨胀应力σ。

解：$\Delta L=\alpha L\Delta t=12\times10^{-6}\times200\times(125-0)=0.3$m

$\sigma=E\alpha\Delta t=20.14\times10^{4}\times12\times10^{-6}\times(125-0)=302.1$MPa

（3）补偿器类型分为自然补偿器和人工补偿器两种：

①自然补偿是利用管路几何形状所具有的弹性来吸收热变形。最常见的是将管道两端以任意角度相接，多为两管道垂直相交。自然补偿的缺点是管道变形时会产生横向的位移，而且补偿的管段不能很大。

自然补偿器分为L形（管段中90°~150°弯管）和Z形（管段中两个相反方向90°弯管），安装时应正确确定弯管两端固定支架的位置。

②人工补偿是利用管道补偿器来吸收热变形的补偿方法，常用的有方形补偿器（Ⅱ形补偿器）、波形补偿器、球形补偿器和填料式补偿器等。见图1K415020-14。

各类补偿器的优点和缺点，见表1K415020-6。

补偿器的类型及优缺点　表1K415020-6

补偿器类型	优点和缺点
方形补偿器	①管子弯制或由弯头组焊而成，利用回折管挠性变形发挥补偿作用； ②优点：制造方便，补偿量大，轴向推力小，维修方便，运行可靠； ③缺点：占地面积较大
波形补偿器	①靠波形管壁的弹性变形吸收热胀或冷缩量； ②优点：结构紧凑，只发生轴向变形，与方形补偿器相比占据空间位置小； ③缺点：制造比较困难，耐压低，补偿能力小，轴向推力大

续表

补偿器类型	优点和缺点
球形补偿器	①由外壳、球体、密封圈压紧法兰组成，利用球体管接头转动发挥作用； ②优点：占用空间小，节省材料，不产生推力，适用于三向位移的管道； ③缺点：易漏水漏气，要加强维修
填料式补偿器	①又称套筒式补偿器，由：套筒、插管和填料组成，利用内插管活动补偿； ②优点：占地面积小，流体阻力较小，抗失稳性好，补偿能力较大； ③缺点：轴向推力较大，易漏水漏气，需经常检修和更换填料
旋转补偿器	①通过双旋转筒结构的旋转吸收位移和应力； ②优点：补偿距离长（200~500m一组），无内压推力，密封性能好，耐高压

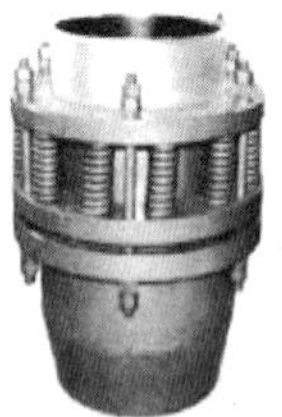

图1K415020-14 波形、填料式、球形补偿器

图1K415020-15 方形补偿器、旋转补偿器工作原理

上述补偿器中，自然补偿器、方形补偿器和波形补偿器是利用补偿材料的变形来吸收热伸长的（见图1K415020-15），而填料式补偿器和球形补偿器则是利用管道的位移来吸收热伸长的。

2.阀门

阀门是用启闭管路，调节被输送介质流向、压力、流量，以达到控制介质流动、满足使用要求的重要管道部件。供热管道工程中常用的阀门有：闸阀、截止阀、止回阀、柱塞阀、蝶阀、球阀、减压阀、安全阀、疏水阀及平衡阀等，见表1K415020-7。

各类阀门及注意事项 表1K415020-7

阀门类型	注意事项
闸阀	①定义：用于一般汽、水管路作全启或全闭操作的阀门； ②特点：安装长度小，无方向性；全开启时介质流动阻力小；密封性能好；加工较为复杂，密封面磨损后不易修理； ③适用范围：当管径DN>50mm时宜选用闸阀
截止阀	①定义：主要用来切断介质通路，也可调节流量和压力； ②特点：制造简单、价格较低、调节性能好；安装长度大，流阻较大；密封性较闸阀差，密封面易磨损，但维修容易； ③注意事项：安装时应注意方向性，即低进高出，不得装反
柱塞阀	①特点：密封性好，结构紧凑，启门灵活，寿命长，维修方便；但价格相对较高； ②适用范围：用于密封要求较高的地方，使用在水、蒸汽等介质上

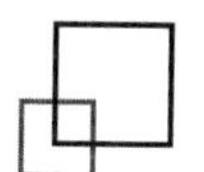

续表

阀门类型	注意事项
止回阀	①作用：使介质只做一个方向的流动，阻止其逆向流动； ②分类：升降式用于小口径水平管道，旋启式适用于大口径水平或垂直管道； ③适用范围：常设在水泵的出口、疏水器的出口管道以及其他不允许流体反向流动的地方
蝶阀	①定义：用于低压介质管路或设备上进行全开全闭操作； ②特点：体积小，结构简单，启闭方便、迅速且较省力，密封可靠，调节性能好
球阀	①定义：用于管路的快速切断； ②特点：流体阻力小，启闭迅速，结构简单，密封性能好； ③适用范围：低温（不大于150℃）、高压及黏度较大的介质以及要求开关迅速的管道部位
安全阀	①定义：是一种安全保护性的阀门，主要用于管道和各种承压设备上； ②分类：杠杆式、弹簧式、脉冲式； ③适用范围：锅炉房管道以及不同压力级别管道系统中的低压侧
减压阀	①定义：用于蒸汽管路，以自力作用将阀后的压力维持在一定范围内； ②分类：活塞式、杠杆式、弹簧薄膜式、气动薄膜式； ③特点：体积小，重量轻，耐温性能好，便于调节，制作难度大，灵敏度低
疏水阀	①定义：疏水阀安装在蒸汽管道的末端或低处，主要用于自动排放蒸汽管路中的凝结水； ②分类：浮桶式、热动力式及波纹管式等几种； ③特点：热动力疏水阀因其体积小、排水量大，在实际工程中应用较多
平衡阀	①定义：对供热系统管网的阻力和压差等参数加以调节和控制，从而满足管网系统按预定要求正常、高效运行； ②分类：静态和动态。动态又分自力式流量控制阀和自力式压差控制阀

嗨·点评 不同补偿器、不同阀门之间做好区分，能正确选择。

（二）供热站

供热站是供热管网的重要附属设施，是供热网路与热用户的连接场所。它的作用是根据热网工况和不同的条件，采用不同的连接方式，将热网输送的热媒加以调节、转换，向热用户系统分配热量以满足用户需要；并根据需要，进行集中计量、检测供热热媒的参数和数量。

1.供热站房设备间的门应向外开。

2.设备基础施工应符合设计和规范要求，并按设计采取相应的隔震、防沉降的措施。设备进场应对设备数量、包装、型号、规格、外观质量和技术文件进行开箱检查，填写相关记录，合格后方可安装。

管道及设备安装前，土建施工单位、工艺安装单位及监理单位应对预埋吊点的数量及位置，设备基础位置、表面质量、几何尺寸、标高及混凝土质量，预留孔洞的位置、尺寸及标高等共同复核检查，并办理书面交验手续。

灌筑地脚螺栓用的细石混凝土（或水泥砂浆）应比基础混凝土的强度等级提高一级；拧紧地脚螺栓时，灌筑混凝土的强度应不小于设计强度的75%。

3.管道安装在主要设备安装完成、支吊架以及土建结构完成后进行。管道支吊架位置及数量应满足设计及安装要求。管道安装前，应按施工图和相关建（构）筑物的轴线、边缘线、标高线划定安装的基准线。

4.管道焊接完成，应进行外观质量检查和无损检测，无损检测的标准、数量应符合设计和相关规范要求。合格后按照系统分别进行强度和严密性试验。强度和严密性试验合格后进行除锈、防腐、保温。

嗨·点评 供热站土建施工与设备安装的交接验收是考核重点。

【经典例题】4.（2016年真题）利用补偿材料的变形来吸收热伸长的补偿器有（　　）。

A.自然补偿器　　B.方形补偿器

C.波纹补偿器　　D.填料式补偿器

E.球形补偿器

【答案】ABC

【嗨·解析】自然补偿器、方形补偿器和波形补偿器是利用补偿材料的变形来吸收热伸长的。

【经典例题】5.（2013年真题）补偿器芯管的外露长度或其端部与套管内挡圈的距离应大于设计要求的变形量，属于（　　）补偿器的安装要求之一。

A.波形　　B.球形

C.Z形　　D.填料式

【答案】D

【嗨·解析】填料式补偿器芯管的外露长度应大于设计规定的变形量。

四、供热管道功能性试验的规定

供热管道和设备安装完成后，应按设计要求进行强度和严密性试验。强度试验是超过设计参数的压力试验，该试验用来检查因设计或安装原因造成的结构承载能力的不足，严密性试验是略超设计参数的压力试验，该试验是在系统设备全部安装齐全且防腐保温完成检查可能存在的微渗漏，见图1K415020-16。

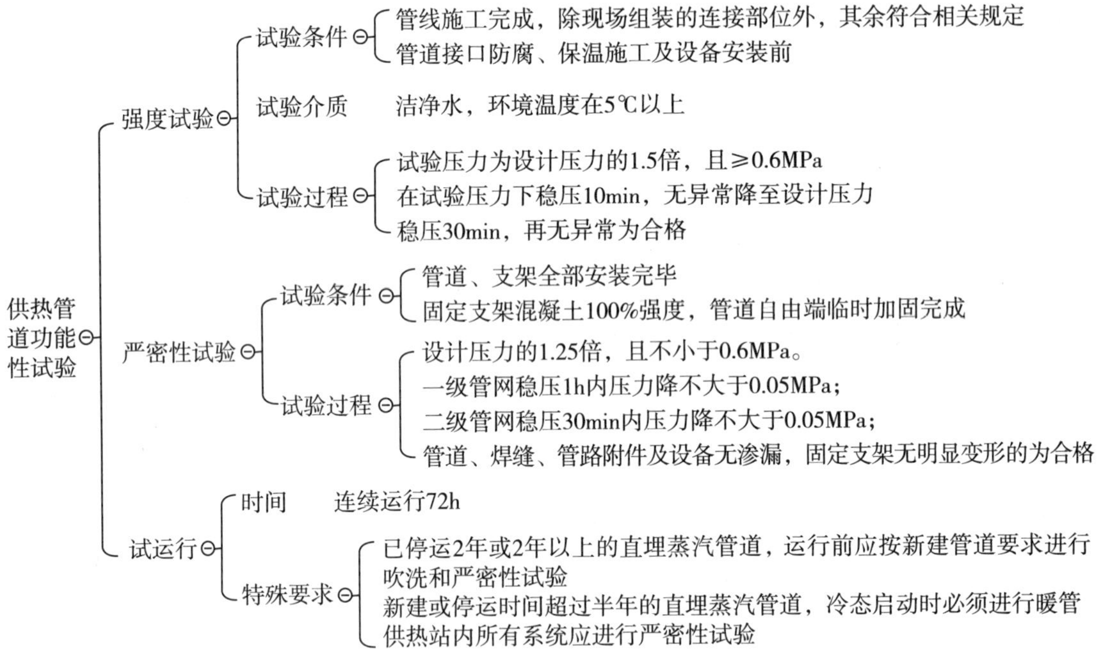

供热管道功能性试验
- 强度试验
  - 试验条件
    - 管线施工完成，除现场组装的连接部位外，其余符合相关规定
    - 管道接口防腐、保温施工及设备安装前
  - 试验介质　洁净水，环境温度在5℃以上
  - 试验过程
    - 试验压力为设计压力的1.5倍，且≥0.6MPa
    - 在试验压力下稳压10min，无异常降至设计压力
    - 稳压30min，再无异常为合格
- 严密性试验
  - 试验条件
    - 管道、支架全部安装完毕
    - 固定支架混凝土100%强度，管道自由端临时加固完成
  - 试验过程
    - 设计压力的1.25倍，且不小于0.6MPa。
    - 一级管网稳压1h内压力降不大于0.05MPa；
    - 二级管网稳压30min内压力降不大于0.05MPa；
    - 管道、焊缝、管路附件及设备无渗漏，固定支架无明显变形的为合格
- 试运行
  - 时间　连续运行72h
  - 特殊要求
    - 已停运2年或2年以上的直埋蒸汽管道，运行前应按新建管道要求进行吹洗和严密性试验
    - 新建或停运时间超过半年的直埋蒸汽管道，冷态启动时必须进行暖管
    - 供热站内所有系统应进行严密性试验

图1K415020-16　供热管道功能性试验

【经典例题】6.关于供热管道功能性试验的说法，错误的是（　　）。

A.强度试验是超过设计参数的压力试验，用来检查结构承载能力的不足

B.严密性试验是略超设计参数的压力试验，该试验是在系统设备部分安装齐全后检查可能存在的微渗漏

C.一级管网及二级管网应进行强度试验和严密性试验

D.热力站（含中继泵站）内所有系统进行严密性试验

E.试验中所用压力表的精度等级不低于2

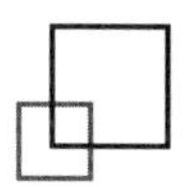

级，量程应为试验压力的1.5~2倍，数量不得少于2块

【答案】BE

【嗨·解析】严密性试验是略超设计参数的压力试验，该试验是在系统设备全部安装齐全且防腐保温完成检查可能存在的微渗漏，B错误；试验中所用压力表的精度等级不低于1.5级，量程应为试验压力的1.5~2倍，数量不得少于2块，E错误。

【经典例题】7.（2010年真题）某公司以1300万元的报价中标一项直埋热力管道工程，为保证供暖时间要求，工程完工后，即按1.25倍设计压力进行强度和严密性试验，试验后连续试运行48h后投入供热运行。

【问题】指出功能性试验存在的问题，说明正确做法。

【答案】强度试验的试验压力不是设计压力的1.25倍，应是设计压力的1.5倍，且不得小于0.6MPa；试运行连续时间不是48h而是72h。

1K415030 城市燃气管道工程施工

一、燃气管道的分类

（一）燃气分类

燃气是以可燃气体为主要组分的混合气体燃料。城镇燃气是指符合国家规范要求的，供给居民生活、公共建筑和工业企业生产作燃料用的公用性质的燃气。主要有人工煤气（简称煤气）、天然气和液化石油气。

（二）燃气管道分类

1.根据用途分类

（1）长距离输气管道（略）

（2）城市燃气管道（略）

（3）工业企业燃气管道（略）

2.根据敷设方式分类

（1）地下燃气管道：一般在城市中常采用地下敷设。

（2）架空燃气管道：在管道通过障碍时或在工厂区为了管理维修方便，采用架空敷设。

3.根据输气压力分类

（1）燃气管道设计压力不同，对其安装质量和检验要求也不尽相同，燃气管道按压力分为不同的等级，见表1K415030。

城镇燃气管道设计压力分类（MPa） 表1K415030

低压	中压		次高压		高压	
	B	A	B	A	B	A
<0.01	≥0.01，≤0.2	>0.2，≤0.4	>0.4，≤0.8	>0.8，≤1.6	>1.6，≤2.5	>2.5，≤4.0

（2）次高压燃气管道，应采用钢管；中压燃气管道，宜采用钢管或铸铁管。低压地下燃气管道采用聚乙烯管材时，应符合有关标准的规定。

（3）中压B和中压A管道必须通过区域调压站、用户专用调压站才能给城市分配管网中的低压和中压管道供气，或给工厂企业、大型公共建筑用户以及锅炉房供气。一般由城市高压B燃气管道构成大城市输配管网系统的外环网。

（4）高压A输气管通常是贯穿省、地区或连接城市的长输管线，它有时构成了大型城市输配管网系统的外环网。

嗨·点评 压力分类及适用、管材选用是考核重点。

【经典例题】1.（2016年真题）大城市输配管网系统外环网的燃气管道压力一般为（　　）。

A.高压A　B.高压B　C.中压A　D.中压B

【答案】B

【嗨·解析】一般由城市高压B燃气管道构成大城市输配管网系统的外环网。

二、燃气管道施工与安装要求

（一）工程基本规定

1.燃气管道对接安装引起的误差不得大于3°，否则应设置弯管，次高压燃气管道的弯管应考虑盲板力。

2.管道埋设的最小覆土厚度：

地下燃气管道埋设的最小覆土厚度（路面至管顶）应符合下列要求：

（1）埋设在车行道下时，不得小于0.9m；

（2）埋设在非车行道下时，不得小于0.6m；

（3）埋设在机动车不能到达地方时，不得小于0.3m；

（4）埋设在水田下时，不得小于0.8m（不能满足上述规定时应采取有效的保护措施）。

3.地下燃气管道不宜与其他管道或电缆同沟敷设。当需要同沟敷设时，必须采取防护措施。

（二）燃气管道穿越构建筑物

1.不得穿越的规定

（1）地下燃气管道不得从建筑物和大型构筑物的下面穿越。

（2）地下燃气管道不得在堆积易燃、易爆材料和具有腐蚀性液体的场地下面穿越。

2.地下燃气管道穿过排水管、热力管沟、联合地沟、隧道及其他各种用途沟槽时，应将燃气管道敷设于套管内。

3.燃气管道穿越铁路、高速公路、电车轨道和城镇主要干道时应符合下列要求：

（1）穿越铁路和高速公路的燃气管道，其外应加套管，并提高绝缘、防腐等措施。

（2）穿越铁路的燃气管道的套管，应符合下列要求：

①套管埋设的深度：铁路轨道至套管顶不应小于1.20m。

②套管宜采用钢管或钢筋混凝土管。

③套管内径应比燃气管道外径大100mm以上。

④套管两端与燃气管的间隙应采用柔性的防腐、防水材料密封，其一端应装设检漏管。

（3）燃气管道穿越电车轨道和城镇主要干道时宜敷设在套管或地沟内；穿越高速公路的燃气管道的套管、穿越电车轨道和城镇主要干道的燃气管道的套管或地沟，应符合下列要求：

①套管内径应比燃气管道外径大100mm以上，套管或地沟两端应密封，在重要地段的套管或地沟端部宜安装检漏管。

②套管端部距电车边轨不应小于2.0m；距道路边缘不应小于1.0m。

③燃气管道宜垂直穿越铁路、高速公路、电车轨道和城镇主要干道。

（三）燃气管道通过河流

燃气管道通过河流时，可采用穿越河底或采用管桥跨越的形式。

1.当条件允许时，可利用道路、桥梁跨越河流，并应符合下列要求：

（1）利用道路、桥梁跨越河流的燃气管道，其管道的输送压力不应大于0.4MPa。

（2）燃气管道随桥梁敷设，宜采取如下安全防护措施：

①敷设于桥梁上的燃气管道应采用加厚的无缝钢管或焊接钢管，尽量减少焊缝，对焊缝进行100%无损探伤。

②管架外侧应设置护桩。

③过河架空的燃气管道向下弯曲时，向下弯曲部分与水平管夹角宜采用45°形式。

2.燃气管道穿越河底时，应符合下列要求：

（1）燃气管道宜采用钢管。

（2）燃气管道至规划河底的覆土厚度，应根据水流冲刷条件确定，对不通航河流不应小于0.5m；对通航的河流不应小于1.0m，还应考虑疏浚和投锚深度。

（3）稳管措施应根据计算确定。

（4）在埋设燃气管道位置的河流两岸上、下游应设立标志。

嗨·点评 覆土厚度，不得穿越的情况以及穿越铁路、河流、道路等要求是考核重点。

【经典例题】2.（2015年真题）随桥敷设燃气管道的输送压力不应大于（　　）MPa。

A.0.4　　B.0.6

C.0.8　　D.1.0

【答案】A

【经典例题】3.（2014年真题）穿越铁路的燃气管道应在套管上装设（　　）。

A.放散管　　B.排气管

C.检漏管　　D.排污管

【答案】C

【经典例题】4.（2013年真题）关于燃气管道穿越高速公路和城镇主干道时设置套管的说法，正确的是（　　）。

A.宜采用钢筋混凝土管

B.套管内径比燃气管外径大100mm以上

C.管道宜垂直高速公路布置

D.套管两端应密封

E.套管埋设深度不应小于2m

【答案】BCD

三、燃气管网附属设备安装要点

（一）阀门

1.阀门特性

（1）阀体上通常有标志，箭头所指方向即介质的流向，必须特别注意，不得装反。

（2）要求介质单向流通的阀门有：截止阀、止回阀、安全阀、减压阀等（口诀：截止安检）。

（3）要求介质由下而上通过阀座的阀门：截止阀等，其作用是为了便于开启和检修。

2.阀门安装要求

（1）阀门手轮不得向下，避免仰脸操作；落地阀门手轮朝上，不得歪斜；明杆闸阀不要安装在地下。

（2）安装时，与阀门连接的法兰应保持平行，其偏差不应大于法兰外径的1.5%，且不得大于2mm。

（3）安装前应做严密性试验，不渗漏为合格，不合格者不得安装。

（二）补偿器

1.补偿器特性

（1）补偿器作用是消除管段的胀缩应力，可分为波纹补偿器和填料补偿器。

（2）通常安装在架空管道和需要进行蒸汽吹扫的管道上。

2.安装要求（略）

（三）凝水缸与放散管

1.凝水缸

凝水缸作用是排除燃气管道中的冷凝水和石油伴生气管道中的轻质油。

2.放散管

放散管是一种专门用来排放管道内部的空气或燃气的装置。

（四）阀门井

为保证管网的安全与操作方便，地下燃气管道上的阀门一般都设置在阀门井口。阀门井应坚固耐久，有良好的防水性能，并保证检修时有必要的空间。

【经典例题】5.（2012年真题）燃气管网的附属设备应包括（　　）。

A.阀门　　B.放散管

C.补偿器　　D.疏水器

E.凝水缸

【答案】ABCE

【嗨·解析】在管道的适当地点设置必要的附属设备，包括阀门、补偿器、凝水缸、放散管等。

【经典例题】6.为了排除燃气管道中的冷凝水和石油伴生气管道中的轻质油，管道敷设时应有一定坡度，以便在低处设（　　），将汇集的水或油排出。

A.凝水缸　　B.过滤器

C.调压器　　D.引射器

【答案】A

【嗨·解析】管道敷设时应有一定坡度，以便在低处设凝水缸，将汇集的水或油排出。

四、燃气管道功能性试验的规定

燃气管道在安装过程中和投入使用前应

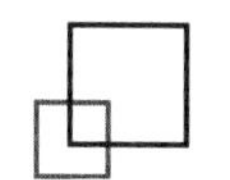

进行管道功能性试验，应依次进行管道吹扫、强度试验和严密性试验。

（一）管道吹扫

管道及其附件组装完成并在试压前，应按设计要求进行气体吹扫或清管球清扫，见图1K415030-1。

燃气管道吹扫
- 吹扫长度 — 每次吹扫管道长度不宜超过500m，超过500m时宜分段吹扫
- 气体吹扫 — 球墨铸铁管、聚乙烯管、钢骨架聚乙烯复合管；钢制管道直径＜100mm或长度＜100m的钢制管道
- 清管球清扫 — 钢制管道直径≥100mm
- 吹扫要求 — 吹扫球按介质流动方向，避免损害补偿器
- 检验标准 — 5min内白漆木靶板上无铁锈赃物则认为合格

根据二建补充

图1K415030-1　燃气管道吹扫

（二）强度试验

燃气管道强度试验包括水压试验或气压试验，见图1K415030-2。

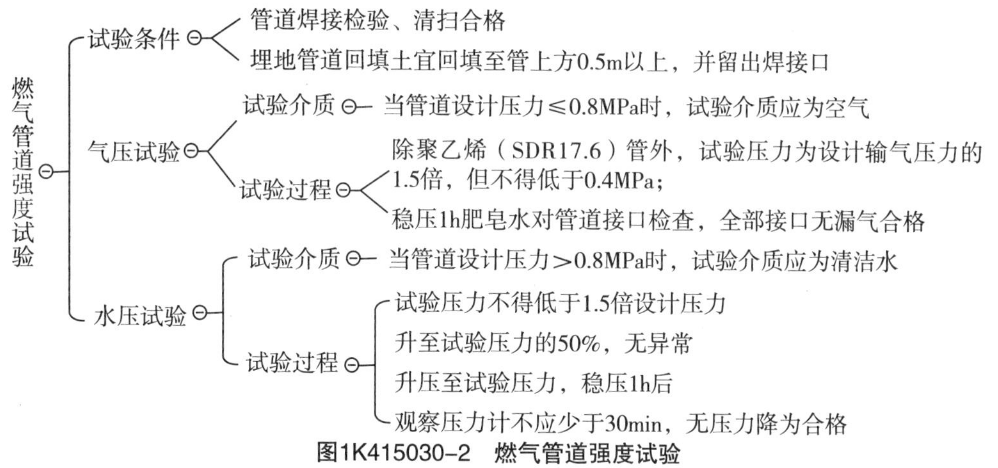

图1K415030-2　燃气管道强度试验

（三）严密性试验

燃气管道严密性试验的条件、介质、压力、过程，应符合图1K415030-3的规定。

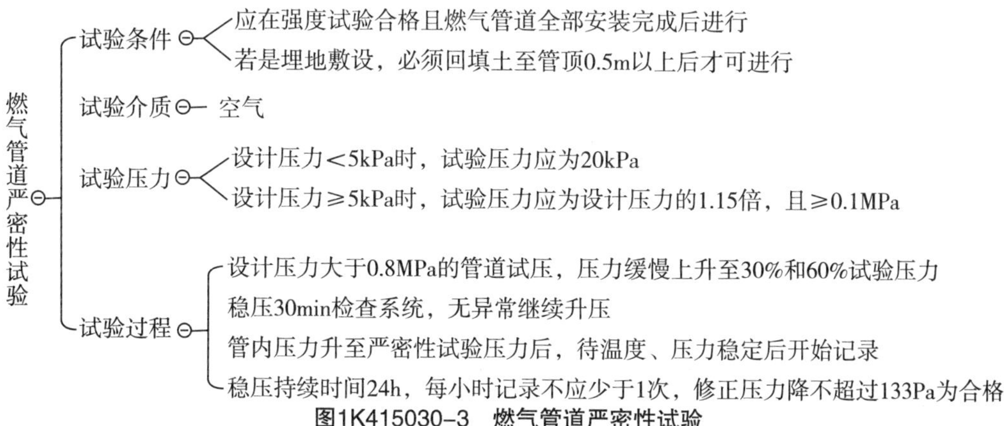

图1K415030-3　燃气管道严密性试验

嗨·点评 三大类管道功能性试验属于管道工程专业核心考点。

【经典例题】7.（2011年真题）燃气管道试验采用肥皂泡沫水对管道接口进行检查试验是（　　）。

A.气压试验　　B.严密性实验

C.管道通球扫线　　D.水压试验

【答案】A

【经典例题】8.（2015年真题）A公司中标长3km的天然气钢质管道工程，*DN*300mm，设计压力0.4MPa，采用明开槽法施工。项目部拟定的燃气管道施工程序如下：沟槽开挖→管道安装、焊接→a试验→管道吹扫→b试验→回填土至管顶上方0.5m →c试验→焊口防腐→敷设d→回填土至设计标高。

【问题】施工程序中a、b、c、d分别是什么?

【答案】施工程序中的a是焊接质量检验，b是气压试验（强度试验），c是严密性试验，d是黄色印有文字的聚乙烯警示带。

1K420130 城市管道工程质量检查与检验

一、城市燃气、供热管道施工质量检查与验收

（一）管道组对质量要求

1.管道组成件

（1）管道组成件的安装是管道工程施工的重要工序，主要包括下管、组对、连接，它的安装质量是满足使用功能、确保安全运行的保证。管道安装应按“先大管、后小管，先主管、后支管，先下部管、后中上部管”的原则，有计划分步骤进行。

（2）管道组成件安装前，与管道工程有关的土方（土建构筑物）工程及钢结构工程应完成并已检查合格，满足安装要求；管道中心线或管道支架的标高和坡度符合设计要求；已按设计要求和相关标准对管道组成件的材质、管径、壁厚、防腐和保温质量等项内容进行检查并确认无误；管道内部已清理干净。

（3）管道对口时其错边量（不计不等厚的尺寸）的要求宜符合表1K420130-1的规定。

管道对口时允许的最大错边量　表1K420130-1

管道公称壁厚（mm）		≤5	6～10	12～14	≥15
允许错边量（mm）	城镇供热管道规范	≤0.5	≤1.0	≤1.5	≤2.0
	工业金属管道规范	不宜超过壁厚的10%，且不大于2			

各地对错边量的要求不尽相同，安装时应符合当地标准的规定，当地无相应标准规定时，应按国家标准执行。当壁厚不等时，若薄件的厚度不大于10mm，且壁厚差大于3mm，或薄件的厚度大于10mm。且厚度差大于薄件厚度的30%或超过5mm时，应对厚壁侧管进行削薄处理，以防止焊接应力集中，降低接头的疲劳强度，其削薄长度应不小于3倍的厚度差。根焊道焊接后，不得矫正错边量。

2.管道组成件焊缝

（1）为了减少相邻焊缝焊接应力的相互影响，管道组成件焊缝的相对位置应符合相应标准的规定；当未明确执行标准时，应满足以下要求：

①两相邻管道的纵向焊缝或螺旋焊缝之间的相互错开距离不应小于100mm，不得有十字形焊缝；

②同一管道上2条纵向焊缝之间的距离不应小于300mm；

③管沟和地上管道两相邻环焊缝之间的距离应大于钢管外径，且不得小于150mm；

④预制直埋保温管两相邻环焊缝中心间距不宜小于2m；

⑤在有缝钢管上焊接分支管时，分支管外壁与其他焊缝中心的距离，应大于分支管外径，且不得小于70mm（燃气管道要求为100mm），否则，应对以开孔中心为圆心，1.5倍开孔直径范围内的焊接接头进行100%射线检测，其合格标准应符合相应的管道级别要求。

（2）严禁采用在焊口两侧加热延伸管道长度、螺栓强力拉紧、夹焊金属填充物和使补偿器变形等方法强行对口焊接。

（3）管道环焊缝不得置于建筑物、闸井（或检查室）的墙壁或其他构筑物的结构中。因保护距离不足而设在套管或保护性地沟中

的管道不应设有环焊缝，否则应对此焊缝的焊接质量进行100%的无损探伤检测。

嗨·点评 管道安装原则要灵活掌握；管道组成件焊缝要求的几个参数100mm、十字焊缝、200mm等要记忆。

（二）管道焊接质量控制

1.焊接前控制

（1）从事市政公用工程压力管道施工的焊工，必须持有相应的焊工合格证书，证书应在有效期内，且焊工的焊接工作不能超出持证项目允许范围（包括作业种类、焊接方法、管材种类、管径范围、壁厚范围、焊接材料、焊接方向及位置等）。

（2）焊接前应查验管材、焊接材料是否符合设计要求。且要求的焊接方法和焊接位置要与现场焊接条件一致。首次使用的管材、焊材以及采用的焊接方法应在施焊前进行焊接工艺试验或评定，并据此制定焊接工艺指导书；焊接作业必须按焊接工艺指导书的规定进行。

（3）管道定位焊（点固焊）是用来将装配好的管道进行固定的。由于定位焊缝较短，焊接过程不稳定，易产生缺陷，此外它将作为正式焊缝被留在焊接结构中，因此，定位焊缝的质量好坏及位置恰当与否，直接影响正式焊缝的质量好坏及工件变形的大小。对定位焊缝应与正式焊缝一样重视，对焊接工艺和焊工的技术熟练程度的要求不应低于正式焊缝。

（4）施焊前应检查定位焊缝质量，如有裂纹、气孔、夹渣等缺陷均应清除。在焊件纵向焊缝的端部（包括螺旋管焊缝）不得进行定位焊。为减少变形，定位焊应对称进行。

2.焊接过程控制重点

管道焊接过程控制重点主要包括：焊接环境，焊接工艺参数，焊接顺序，焊接热处理，见表1K420130-2。

焊接过程控制重点 表1K420130-2

控制重点	注意事项
焊接环境	严禁进行焊接作业： ①焊条电弧焊时风速大于8m/s（相当于5级风）； ②气体保护焊时风速大于2m/s（相当于2级风）； ③相对湿度大于90%； ④雨、雪环境
焊接工艺参数	①主要包括坡口形式、焊接材料、预热温度、层间温度、焊接速度、焊接电流、焊接电压、线能量、保护气体流量、后热温度和保温时间等； ②上述参数是经过工艺评定（包括破坏性试验）得出的、能够满足焊接接头各项性能指标的技术要求，在施焊时必须严格遵守，不得随意改变； ③当改变焊接条件时，应重新进行焊接工艺评定
焊接顺序	①施焊的顺序和方向，应符合焊接工艺指导书的规定； ②每道焊缝均应一次连续焊完，相邻两焊缝起点位置应错开
焊接热处理	①对于某些特殊材料管道或设计要求热处理的管道，为保证焊缝质量。减小焊接应力，满足其正常工作的状态，有时需要进行焊前或焊后热处理，如预热、去氢等； ②在对管道焊缝进行热处理时，特别要防止管内穿堂风的影响，采取相应的措施，保证热处理的成功

嗨·点评 焊接质量控制是管道工程的核心考点之一。

（三）管道法兰连接质量控制

1.安装前控制

法兰在安装前必须进行外观检查，表面应平整光洁，不得有砂眼、裂纹、斑点、毛刺等降低法兰强度和连接可靠性的缺陷，在密封面上也不应有贯穿性划痕等影响密封性

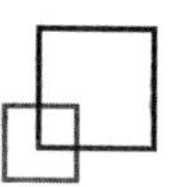

的缺陷。在法兰侧面应有公称压力、公称直径、执行标准等标志。

2.组装连接

（1）法兰与管道组装时，应用法兰弯尺检查法兰的垂直度。当设计无要求时，法兰连接的平行偏差不应大于法兰外径的1.5‰，且不大于2mm。两法兰不平行且超过要求时必须进行调整，以防止或减少法兰结合面的泄漏。不得使用加偏垫、多层垫或用强紧螺栓的方法消除歪斜。

（2）法兰在与管道焊接连接时，应按标准规定双侧焊接，焊脚高度应符合规定。

嗨·点评 注意法兰安装平行偏差控制。

（四）聚乙烯（PE）管道连接质量控制

聚乙烯管道连接的方法有热熔连接和电熔连接，其注意事项见表1K420130-3。

聚乙烯（PE）管道连接质量控制　表1K420130-3

连接方式	注意事项
热熔连接	①热熔连接是将两根聚乙烯管的配合面紧贴在加热工具上来加热，使平整的端面熔融，移走加热工具后，将两个熔融的端面紧靠在一起，在外力的作用下保持至冷却，使之连接。 ②在热熔连接组对前，应刮除表皮的氧化层，清除连接面和加热工具上的污物，连接端面应采用机械方法加工，以保证与管道轴线垂直，与加热板接触紧密。 ③由于材料的性能可能会因产品生产单位的不同而存在差异。因此施工前应对热熔连接的参数进行试验，在判定连接质量能够得到保证后，方可进行施工。 ④在组对时，两个被连接件的管端应分别伸出夹具一定长度，以校正两连接件使其在同一轴线上；当被连接的两管件厚度不一致时，应对较厚的管壁做削薄处理；承插连接时，插口的插入深度应符合规范要求。 ⑤在连接过程中，应使材料自身温度与环境温度相接近，热熔连接的参数（加热时间、加热温度、加热电压、热熔压力和保压、冷却时间等）均应符合管材、管件生产厂的规定；在保压时间、冷却时间内不得移动连接件或在连接件上施加任何外力，使之得以形成均匀的凸缘，以获得最佳的熔接质量。 ⑥热熔连接后，应对全部接头进行外观检查和不少于10%的翻边切除检验，检查结果应符合有关规定
电熔连接	①当材料具有不同级别、不同的熔体质量流动速率以及不同的标准尺寸比时，必须使用电熔方法进行连接。 ②电熔连接是一种采用内埋电阻丝专用管件，通过专用的连接设备，控制埋于管件中电阻丝的电压、电流及通电时间，达到熔接目的的连接方法。 ③电熔连接时，应检查插口的插入深度是否符合要求，焊后进行外观检查

嗨·点评 热熔连接在中低压的聚乙烯（PE）中应用广泛，考核频率也与之俱增。

（五）管道防腐保温质量

1.管道防腐

（1）基层处理

基层处理的质量直接影响着防腐层的附着质量和防腐效果。目前基层处理的方法有喷射除锈、工具除锈、化学除锈和火焰除锈四类，现场常用的方法主要是喷射除锈和工具除锈。基层处理质量应满足防腐材料施工对除锈质量等级的要求。喷射清理的质量等级分为：彻底的局部喷射清理（P Sa2）、非常彻底的局部喷射清理（P Sa2$\frac{1}{2}$）和局部喷射清理到目视清洁钢材（P Sa3）3种，将工具清理的质量等级分为：彻底的局部手工和动力工具清理（P St2）以及非常彻底的局部手工和动力工具清理（P St3）2种。

（2）防腐施工

在雨、雪、风沙天气以及相对湿度较大的环境下，无有效措施不得进行防腐施工。涂刷类型的防腐层应按规定分层施工，每层涂料施工时，前道涂料应表干，涂层厚度应均匀，无流淌、褶皱、针孔、空鼓等缺陷，实干后方可采取保护性措施；胶带类型的防腐层施工时，应严格控制好施工温度，严禁超温加热，搭接宽度应符合标准规定或设计要求，施工顺序应符合生产厂家要求。

2.管道保温

管道保温质量控制分为材料控制，保温层施工，伸缩缝处理，防潮层施工，有报警线的预制保温管施工，直埋保温管接口施工注意事项，见表1K420130–4。

管道保温质量控制 表1K420130–4

项目	注意事项
材料控制	保温材料进场，除应具备出厂合格证书或检验报告外，还应由施工所在地的法定检测机构按标准规定于现场按批抽样，检测材料的导热系数（又称热导率）是否符合标准规定
保温层施工	①保温层厚度超过100mm时，应分层施工，各层的厚度应接近，非水平管道的保温施工应自下而上进行，防潮层和保护层的搭接应上压下，搭接宽度不小于30mm； ②同层的预制管壳应错缝，内、外层应压缝，搭接长度应大于100mm，拼缝应严密，外层的水平接缝应在侧面。预制管壳缝隙不得大于5mm，缝隙内应采用胶泥填充密实。每个预制管壳最少应有两道镀锌铁丝或箍带予以固定，不得采用螺旋式缠绕捆扎方式； ③弯头处应采用定型的弯头管壳或用直管壳加工成“虾米腰”块，每个弯头应不少于3块，确保管壳与管壁紧密结合，美观平滑
伸缩缝处理	①对保温层内有伸缩要求的管道，保温层不得妨碍管道的自由伸缩及管道伸缩指示装置的安装，且不得损坏管道的防腐层； ②支、托架处的保温层不应影响活动面的自由伸缩
防潮层施工	①设于管沟内的保温管道应设有防潮层，防潮层必须按设计要求的防潮结构及顺序进行施工，且施工应在干燥的保温层上进行； ②防潮层表面应平整，接缝应严密，厚度均匀一致，无翘口、脱层、开裂及明显的空鼓、褶皱等缺陷，封口处应封闭
有报警线的预制保温管施工	①在安装前应测试报警线的通断状况和电阻值，并做好记录。其阻值应符合产品标准，合格后再下管、对口、焊接； ②报警线应在管道上方，报警线一旦受潮，应采取预热、烘烤等方式干燥
直埋保温管接口施工注意事项	应在保护壳（套袖）气密性试验合格后，才可以进行发泡保温施工

（六）管道安装质量检验预验收

1.焊缝外观质量检查

（1）表面质量检查的主要内容是：表面有无裂纹、气孔、夹渣、咬边（咬肉）、未焊透、焊瘤及熔合性飞溅等缺陷。焊缝表面应均匀完整，焊道与母材金属之间应圆滑过渡。

（2）必要时可采用磁粉或渗透等表面无损探伤方法做进一步检查。

2.焊缝内部质量检查

（1）焊缝内部质量检查的方法主要有射线检测和超声波检测，检测的比例应符合设计文件的要求，设计文件无明确规定时，应符合相应标准的规定。

（2）焊缝无损探伤检验必须由有资质的检验单位完成。

（3）对检验不合格的焊缝必须返修至合格，但同一部位焊缝的返修次数不得超过两次，返修的焊缝长度不得小于50mm，返修后的焊缝应修磨成与原焊缝基本一致；除对不合格焊缝进行返修外。还应对形成该不合格焊缝的焊工所焊的其他焊缝（对燃气管道为“同批焊缝”）按规定的检验比例、检验方法和检验标准加倍抽检，仍有不合格时，对该焊工所焊的全部焊缝（对燃气管道为“同批焊缝”）进行无损探伤检验。

（4）在燃气、供热管道工程施工中，焊

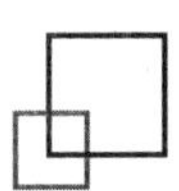

接检验是关键的质量控制点，焊接检验合格是进行管道试压的前提和重要保证，应该作为质量控制点中的停止点，即该点上的质量不合格时，下一道工序要停止流转。

3.PE管道连接质量检验

（1）热熔接头的质量检验

对热熔接头连接后，热熔结合面沿整个圆周的翻边应均匀对称，翻边应是实心圆滑的，翻边下侧不应有杂质、小孔、扭曲和损坏；在对翻边进行切除检验时，不应有开裂、裂缝，接缝处不得露出熔合线。

（2）电熔接头的质量检验

管插入管件内的深度应到位，接缝处不应有熔融料溢出，电熔管件内的电阻丝不应被挤出，观察孔中应有少量熔融料溢出。

4.支架、吊架和滑托的质量检验

支架、滑托等与管道焊接时，管壁上不得有咬边、电弧擦伤等影响管道强度和可能造成应力集中的缺陷。支架、吊架在焊接后，应对焊接变形予以矫正。

（七）防腐、保温工程质量检验

1.基层处理

按照材料表面是原始基材还是已涂覆过涂料的基材，选择标准中不同部分的图片，对照检查是否达到设计要求或防腐材料所要求的质量等级。

2.防腐

（1）防腐层

主要检查防腐产品合格证明文件、防腐层（含现场补口）的外观质量，抽查防腐层的厚度、粘结力，全线检查防腐层的电绝缘性。燃气工程还应对管道回填后防腐层的完整性进行全线检查。

（2）阴极保护（牺牲阳极法）

主要检查阳极材料的质量合格文件（重点是化学成分是否符合标准要求）、阳极体的数量、规格、型号和埋设位置是否符合设计要求，被保护体的保护电位指标是否符合设计要求或标准规定。

3.保温

（1）核查保温材料的强度、容重（密度）、导热系数、耐热性、含水率等性能指标和品种、规格均应符合设计要求或规范的规定，对直埋保温管还应核查聚乙烯外护管的力学性能。

（2）保温材料到施工现场后，应由具有相应资质的检测单位在现场按批抽样进行复验，复验结果符合规范要求方可使用。

嗨·点评 焊缝检测是核心考点，其余内容理解基础上记忆部分关键词即可。

【经典例题】1.（2015年真题）关于钢质压力管道对口错边的说法，正确的是（　　）。

A.管道对口时，不允许有错边量

B.管道错边可导致焊接应力

C.管道错边降低了接头的疲劳强度

D.根焊道焊接后，方可矫正

E.为减少错边，应对厚壁件做削薄处理

【答案】BC

【嗨·解析】对于错边，当壁厚不等时，若薄件的厚度不大于10mm，且壁厚差大于3mm，或薄件的厚度大于10mm，且厚度差大于薄件厚度的30%或超过5mm时，应对厚壁侧管进行削薄处理，以防止焊接应力集中，降低接头的疲劳强度，其削薄长度应不小于3倍的厚度差。根焊道焊接后，不得矫正错边量。

【经典例题】2.（2016年真题）某管道铺设工程项目，长1km，工程内容包括燃气、给水、热力等项目。热力管道采用支架铺设。合同工期80天，断面布置如下图所示。

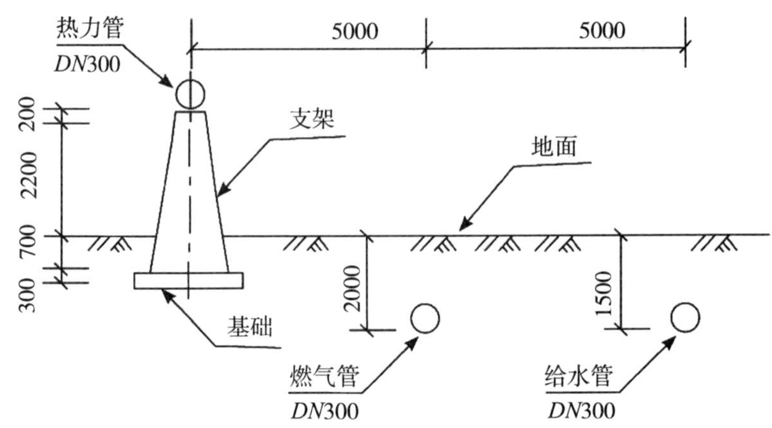

开工前，甲施工单位项目部编制了总体施工组织设计，内容确定了各种管道的施工顺序为：燃气管→给水管→热力管。

【问题】给出项目部编制各种管道施工顺序的原则。

【答案】先大管后小管，先主管后支管，先下部管后中上部管。

二、柔性管道回填施工质量检查与验收

（一）回填前的准备工作

回填前的准备工作分为管道检查，现场试验段，见表1K420130-5。

回填前的准备工作 表1K420130-5

项目	注意事项
管道检查	（1）回填前，检查管道有无损伤及变形，有损伤管道应修复或更换； （2）管内径大于800mm的柔性管道，回填施工中应在管内设竖向支撑； （3）中小管道应采取防止管道移动的措施
现场试验段	（1）长度应为一个井段或不少于50m； （2）按设计要求选择回填材料，特别是管道周围回填需用的中粗砂； （3）按照施工方案的回填方式进行现场试验，以便确定压实机具（械）和施工参数； （4）因工程因素变化改变回填方式时，应重新进行现场试验

（二）回填作业

柔性管道回填和压实的注意事项，见表1K420130-6。回填断面示意图见图1K420130-1。

柔性管道回填和压实 表1K420130-6

项目	注意事项
回填	（1）管道两侧和管顶以上500mm范围内的回填材料，应由沟槽两侧对称运入槽内，不得直接扔在管道上；回填其他部位时，应均匀运入槽内，不得集中推入； （2）管基有效支承角范围内应采用中粗砂填充密实，与管壁紧密接触，不得用土或其他材料填充； （3）回填作业每层的压实遍数，按压实度要求、压实工具、虚铺厚度和含水量，经现场试验确定； （4）管道回填时间宜在一昼夜中气温最低时段，从管道两侧同时回填，同时夯实； （5）沟槽回填从管底基础部位开始到管顶以上500mm范围内，必须采用人工回填；管顶500mm以上部位，可用机具从管道轴线两侧同时夯实；每层回填高度应不大于200mm

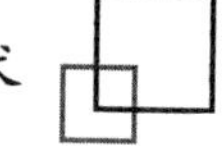

续表

项目	注意事项
压实	(1)管道两侧和管顶以上500mm范围内胸腔夯实，应采用轻型压实机具，管道两侧压实面的高差不应超过300mm； (2)压实时，管道两侧应对称进行，且不得使管道产生位移或损伤； (3)同一沟槽中有双排或多排管道的基础底面位于同一高程时，管道之间的回填压实应与管道与槽壁之间的回填压实对称进行； (4)同一沟槽中有双排或多排管道但基础底面的高程不同时，应先回填基础较低的沟槽；当回填至较高基础底面高程后，再按上一款规定回填； (5)采用轻型压实设备时，应夯夯相连；采用压路机时，碾压的重叠宽度不得小于200mm

地面				
原土分层回填	≥90%			管顶500~1000mm
符合要求的原土或中、粗砂、碎石屑，最大粒径小于40mm的砂砾回填	≥90%	85±2%	≥90%	管顶以上500mm，且不小于1倍管径
分层回填密实，压实后每层厚度100~200mm	≥95%	D_1	≥95%	管道两侧
中、粗砂回填	≥95%	2α+30°	≥95%	2α+30°范围
中、粗砂回填	≥90%			管底基础，一般大于或等于150mm

图1K420130-1　柔性管道回填断面示意图

(三)变形检测与超标处理

柔性管道回填至设计高程时应在12～24h内测量并记录管道变形率，处理措施见图1K420130-2。

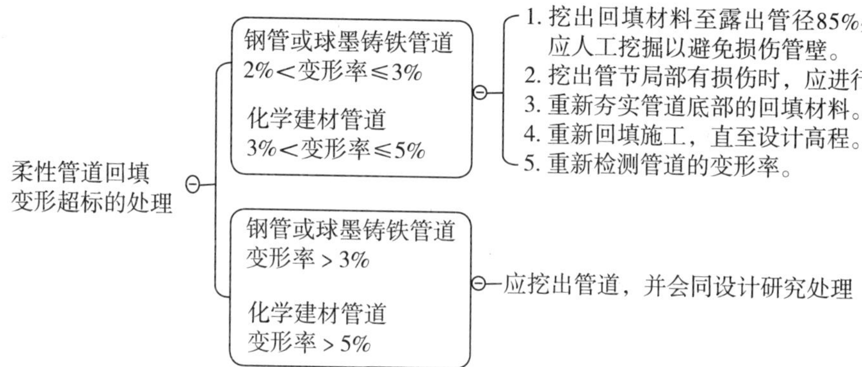

图1K420130-2　柔性管道回填变形与超标处理

嗨·点评　柔性管道回填要求及超标处理是考核重点。

【经典例题】3.(2010年真题)关于给排水柔性管道沟槽回填质量控制的说法，正确的有(　　)。

A.管基有效支承角范围内用黏性土填充并夯实

B.管基有效支承角范围内用中粗砂填充密实

C.管道两侧采用人工回填

D.管顶以上0.5m范围内采用机械回填

E.管内径大于800mm的柔性管道，回填施工中在管内设竖向支撑

【答案】BCE

【经典例题】4.下列关于柔性管道质量标准及处理说法正确的是（　　）。

A.条件相同的回填材料，每铺筑1000m^2，应取样一次做两组压实度测试

B.钢管或球墨铸铁管道变形率应不超过2%、化学建材管道变形率应不超过3%

C.用圆度测试板或芯轴仪管内拖拉量测管道变形值

D.钢管或球墨铸铁管道的变形率超过3%时，化学建材管道变形率超过5%时，应挖出管道，并会同设计研究处理

E.柔性管道回填至管顶1.5m时应在12~24h内测量并记录管道变形率

【答案】ABCD

【嗨·解析】E变形检测：柔性管道回填至设计高程时应在12～24h内测量并记录管道变形率。

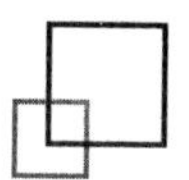

章节练习题

一、单项选择题

1.施工精度高、适用各种土层的不开槽管道施工方法是（　　）。

A.夯管　　B.定向钻

C.盾构　　D.密闭式顶管

2.关于排水管道闭水试验的条件中，错误的是（　　）。

A.管道及检查井外观质量已验收合格

B.管道与检查井接口处已回填

C.全部预留孔应封堵，不渗漏

D.管道两端堵板密封且承载力满足要求

3.一般来说热力一级管网是指（　　）。

A.从热力站至用户的供水管网

B.从热力站至用户的供回水管网

C.从热源至热力站的供水管网

D.从热源至热力站的供回水管网

4.下列关于热力管道安装无损检测要求说法错误的是（　　）。

A.管线折点处焊缝应100%进行无损检测

B.钢管与设备、管件连接处的焊缝应进行100%无损探伤检验

C.焊缝返修后应进行表面质量及100%的无损探伤检验

D.现场制作的各种管件，数量按100%进行无损检测

5.热力管道对接管口时，应检查管道（　　），在距接口中心200mm处测量，允许偏差1mm。

A.偏差　　B.焊接口

C.平直度　　D.质量

6.供热管道强度试验在试验压力下稳压（　　）min无渗漏、无压力降后降至设计压力，稳压（　　）min检查无渗漏、无异常声响、无压力降为合格。

A.10；30　　B.15；60

C.10；60　　D.15；30

7.燃气管道安装补偿器的目的是（　　）。

A.保护固定支架　　B.消除胀缩应力

C.方便管道焊接　　D.利于设备更换

8.管道安装必须按一定的原则、施工计划、分步骤有序进行。下列关于管道安装基本原则说法错误的是（　　）。

A.先大管、后小管

B.先主管、后支管

C.先下部管、后中上部管

D.先有压管、后无压管

9.管内径大于（　　）mm的柔性管道，回填施工中应在管内设竖向支撑。

A.600　　B.700　　C.800　　D.900

二、多项选择题

1.沟槽施工方案主要内容包括（　　）。

A.沟槽施工平面布置图及开挖断面图

B.施工进度计划图

C.无支护沟槽的边坡要求；有支护沟槽的支撑形式、结构、支拆方法及安全措施

D.施工设备机具的型号、数量及作业要求

E.不良土质地段沟槽开挖时采取的护坡和防止沟槽坍塌的安全技术措施

2.下列管道开槽的施工要求正确的是（　　）。

A.槽底局部扰动或受水浸泡时，宜用原土回填夯实

B.在沟槽边坡稳固后设置供施工人员上下沟槽的安全梯

C.槽底原状地基土不得扰动，机械开挖时槽底预留200～300mm土层由人工开挖、整平

D.人工开挖沟槽的槽深超过3m时应分层开挖，每层的深度不超过2m

E.采用机械挖槽时，沟槽分层的深度应按机械性能确定

3.采用起重设备或垂直运输系统应满足施工

要求的规定错误的是（ ）。

A.起重设备必须经过起重荷载计算

B.使用前应按有关规定进行检查验收，合格后方可使用

C.起重作业前应试吊，吊离地面200mm左右时，应检查重物捆扎情况和制动性能，确认安全后方可起吊

D.起吊时工作井内人员严禁站在重物正下方，当吊运重物下井距作业面底部小于500mm时，操作人员方可近前工作

E.工作井上、下作业时必须有联络信号

4.（ ）及流沙地区的雨水管道，必须经严密性试验合格后方可投入运行。

A.污水

B.雨污水合流管道

C.密实粉质黏土地区的雨水管道

D.湿陷土地区的雨水管道

E.膨胀土地区的雨水管道

5.以下需要有资质的检测部门进行强度和严密性试验的阀门是（ ）。

A.一级管网主干线所用阀门

B.二级管网主干线所用阀门

C.支干线首端

D.供热站入口

E.与二级管网主干线直接连通

6.关于供热管道补偿器安装的说法，正确的有（ ）。

A.管道补偿器的两端，应各设一个固定支座

B.靠近补偿器的两端，应至少各设有一个导向支座

C.应对补偿器进行预拉伸

D.填料式补偿器芯管的外露长度应大于设计规定的变形量

E.管道安装、试压、保温完毕后，应将补偿器临时固定装置的紧固件松开

7.疏水阀在蒸汽管网中的作用包括（ ）。

A.排除空气　　B.阻止蒸汽逸漏

C.调节流量　　D.排放凝结水

E.防止水锤

8.燃气管道气密性试验压力根据管道设计输气压力而定，下面关于试验压力的叙述中正确的包括（ ）。

A.当设计输气压力P小于5kPa时，试验压力为20kPa

B.当设计输气压力P大于或等于5kPa时，试验压力为设计压力的1.15倍，且不得小于0.1MPa

C.当设计输气压力P大于5kPa时，试验压力为20MPa

D.当设计输气压力P大于或等于5kPa时，试验压力不得低于0.5MPa

E.燃气管道的气密性试验持续时间一般不少于24h

9.城市热力管道焊接质量检验有（ ）。

A.对口质量检验　　B.表面质量检验

C.焊接过程检验　　D.无损探伤检验

E.强度和严密性试验

参考答案及解析

一、单项选择题

1.【答案】D

【解析】施工精度高，适用于各种土层施工的不开槽方法密闭式顶管。

2.【答案】B

3.【答案】D

【解析】热力一级管网是指从热源至热力站的供回水管网。

4.【答案】A

【解析】钢管与设备、管件连接处的焊缝应进行100%无损探伤检验；管线折点处现场焊接的焊缝，应进行100%的无损探伤检验；焊缝返修后应进行表面质量及

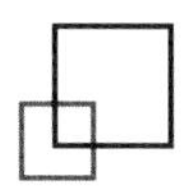

100%的无损探伤检验，其检验数量不计在规定检验数中；现场制作的各种管件，数量按100%进行，其合格标准不得低于管道无损检验标准。

5.【答案】C

【解析】对接管口时，应检查管道平直度，在距接口中心200mm处测量，允许偏差1mm，在所对接管子的全长范围内，最大偏差值应不超过10mm。

6.【答案】A

【解析】强度试验应在试验段内的管道接口防腐、保温施工及设备安装前进行，试验介质为洁净水，环境温度在5℃以上，试验压力为设计压力的1.5倍，充水时应排净系统内的气体，在试验压力下稳压10min，检查无渗漏、无压力降后降至设计压力，在设计压力下稳压30min，检查无渗漏、无异常声响、无压力降为合格。

7.【答案】B

【解析】补偿器特性

（1）补偿器作用是消除管段的胀缩应力，可分为波纹补偿器和填料补偿器。

（2）通常安装在架空管道和需要进行蒸汽吹扫的管道上。

8.【答案】D

【解析】管道安装应按“先大管、后小管，先主管、后支管，先下部管、后中上部管”的原则，有计划分步骤进行。

9.【答案】C

【解析】管内径大于800mm的柔性管道，回填施工中应在管内设竖向支撑。

二、多项选择题

1.【答案】ACDE

【解析】沟槽施工方案主要内容：

（1）沟槽施工平面布置图及开挖断面图。

（2）沟槽形式、开挖方法及堆土要求。

（3）无支护沟槽的边坡要求；有支护沟槽的支撑形式、结构、支拆方法及安全措施。

（4）施工设备机具的型号、数量及作业要求。

（5）不良土质地段沟槽开挖时采取的护坡和防止沟槽坍塌的安全技术措施。

（6）施工安全、文明施工、沿线管线及构（建）筑物保护要求等。

2.【答案】BCDE

【解析】A错误，槽底不得受水浸泡或受冻，槽底局部扰动或受水浸泡时，宜采用天然级配砂砾石或石灰土回填。

3.【答案】CD

【解析】采用起重设备或垂直运输系统：

（1）起重设备必须经过起重荷载计算。

（2）使用前应按有关规定进行检查验收，合格后方可使用。

（3）起重作业前应试吊，吊离地面100mm左右时，应检查重物捆扎情况和制动性能，确认安全后方可起吊；起吊时工作井内严禁站人，当吊运重物下井距作业面底部小于500mm时，操作人员方可近前工作。

（4）严禁超负荷使用。

（5）工作井上、下作业时必须有联络信号。

4.【答案】ABDE

【解析】污水、雨污水合流管道及湿陷土、膨胀土、流沙地区的雨水管道，必须经严密性试验合格后方可投入运行。

5.【答案】ACD

【解析】一级管网主干线所用阀门及与一级管网主干线直接相连通的阀门，支干线首端和供热入口处的重要阀门，应需要有资质的检测部门进行强度和严密性试验。

6.【答案】BCDE

【解析】在补偿器安装前，管道和固定支架之间不得进行固定。

在靠近补偿器的两端，至少应各设有

一个导向支架，保证运行时自由伸缩，不偏离中心。

当安装时的环境温度低于补偿零点（设计的最高温度与最低温度差值的1/2）时，应对补偿器进行预拉伸，拉伸的具体数值应符合设计文件的规定。经过预拉伸的补偿器，在安装及保温过程中应采取措施保证预拉伸不被释放。

填料式补偿器芯管的外露长度应大于设计规定的变形量。

补偿器的临时固定装置在管道安装、试压、保温完毕后，应将紧固件松开，保证在使用中可以自由伸缩。

7.【答案】ABDE

【解析】疏水阀安装在蒸汽管道的末端或低处，主要用于自动排放蒸汽管路中的凝结水，阻止蒸汽逸漏和排除空气等非凝性气体，对保证系统正常工作，防止凝结水对设备的腐蚀以及汽水混合物对系统的水击等均有重要作用。

8.【答案】ABE

【解析】试验压力应满足下列要求：（1）设计压力小于5kPa时，试验压力应为20kPa；（2）设计压力大于或等于5kPa时，试验压力应为设计压力的1.15倍，且不得小于0.1MPa。

9.【答案】ABDE

【解析】城市热力管道对焊接工程质量检查与验收有：（1）对口质量检验；（2）表面质量检验；（3）无损探伤检验；（4）强度和严密性试验。

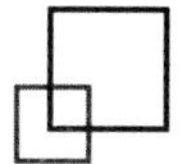

1K416000 生活垃圾填埋处理工程

本节知识体系

生活垃圾填埋处理工程包括生活垃圾填埋处理工程施工，施工测量。

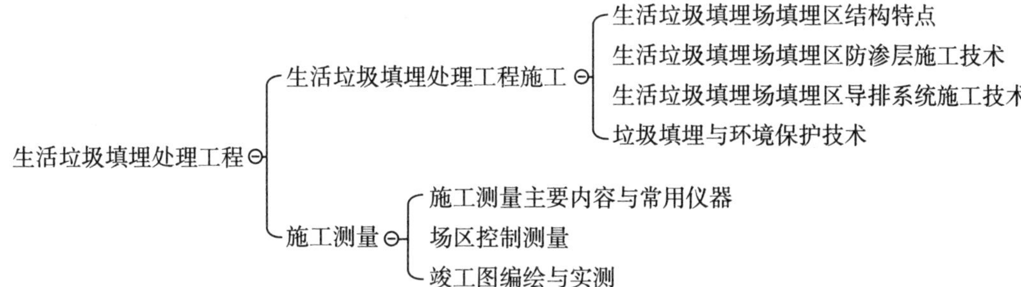

本节内容是市政实务第六个技术专业——垃圾填埋处理工程。历年主要以选择题形式考核，分值在5分左右，案例题出现概率较小。

垃圾填埋处理工程近几年教材内容不断变化，需要引起注意。在近五年考试当中只出现了一次以垃圾填埋处理工程为背景的题目，不过出现的问题中，有两问是纯技术的内容，难度较大，需要对重点内容理解透彻。

第1目1K416010 生活垃圾填埋处理工程施工，其中生活垃圾填埋场填埋区防渗层施工技术，生活垃圾填埋场填埋区导排系统施工技术两部分属于案例题考点，其他主要以选择题形式考核。

第2目1K416020 施工测量，这部分内容是选择题考点。

核心内容讲解

1K416010 生活垃圾填埋处理工程施工

一、生活垃圾填埋场填埋区结构特点

（一）生活垃圾卫生填埋场填埋区的结构要求

生活垃圾卫生填埋场是指用于处理、处置城市生活垃圾的，带有阻止垃圾渗沥液泄漏的人工防渗膜和渗沥液处理或预处理设施设备，且在运行、管理及维护直至最终封场关闭过程中符合卫生要求的垃圾处理场地。

填埋场必须进行防渗处理，防止对地下水和地表水的污染，同时还应防止地下水进入填埋区。

（二）生活垃圾卫生填埋场填埋区的结构形式

垃圾卫生填埋场填埋区工程的结构层次从上至下主要为：渗沥液收集导排系统、防渗系统和基础层。系统结构形式如图1K416010–1所示。

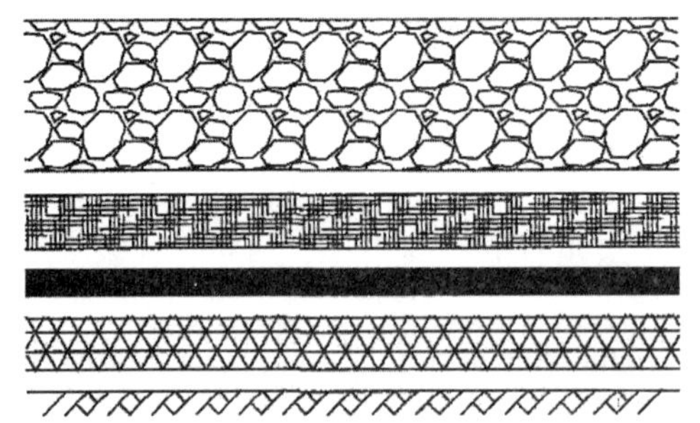

图1K416010–1　渗沥液防渗系统、收集导排系统断面示意图

嗨·点评 填埋场结构图是整个垃圾填埋场专业知识的最基础内容，要印在脑子里。

【经典例题】1.（2012年真题）垃圾卫生填埋场填埋区工程的结构层主要有（　　）。

A.渗沥液收集导排系统

B.防渗系统

C.排放系统

D.回收系统

E.基础层

【答案】ABE

二、生活垃圾填埋场填埋区防渗层施工技术

防渗层是由透水性小的防渗材料铺设而成，渗透系数小，稳定性好，价格便宜是防渗材料选择的依据。目前，常用的有四种：黏土、膨润土、土工膜、土工织物膨润土垫（GCL）。

（一）泥质防水层施工

泥质防水层施工技术的核心是掺加膨润土的拌合土层施工技术。理论上，土壤颗粒越细，含水量适当，密实度高，防渗性

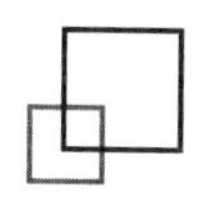

能就越好。膨润土是一种以蒙脱石为主要矿物成分的黏土岩，膨润土含量越高抗渗性能越好。

1.施工程序

一般情况下。泥质防水层施工程序见图1K416010-2。

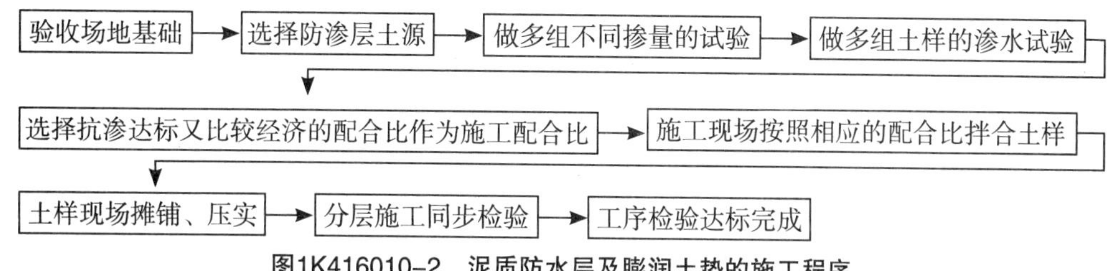

图1K416010-2　泥质防水层及膨润土垫的施工程序

2.质量技术控制要点（人机料法环五维发散思维）

泥质防水层质量技术控制要点包含施工队伍的资质与业绩，膨润土进货质量，膨润土掺加量的确定，拌合均匀度、含水量及碾压压实度，质量检验，见表1K416010-1。

泥质防水层质量技术控制要点　表1K416010-1

质量控制项目	具体内容
施工队伍的资质与业绩	（1）营业执照、专业工程施工许可证、质量管理水平是否符合本工程的要求； （2）从事本类工程的业绩和工作经验； （3）合同履约情况是否良好（不合格者不能施工）； （4）通过对施工队伍资质的审核，保证有相应资质、作业能力的施工队伍进场施工
膨润土进货质量	（1）应采用材料招标方法选择供货商，审核生产厂家的资质； （2）核验产品出厂三证（产品合格证、产品说明书、产品试验报告单）； （3）进货时进行产品质量检验，组织产品质量复验或见证取样，确定合格后方可进场
膨润土掺加量的确定	应在施工现场内选择土壤，通过对多组配合土样的对比分析，优选出最佳配合比，达到既能保证施工质量，又可节约工程造价的目的
拌合均匀度、含水量及碾压压实度	拌合均匀，机拌不能少于2遍，含水量最大偏差不宜超过2%，振动压路机碾压控制在4～6遍，碾压密实
质量检验	（1）应严格按照合同约定的检验频率和质量检验标准同步进行； （2）检验项目包括压实度试验和渗水试验两项

（二）土工合成材料膨润土垫（GCL）施工

1.土工合成材料膨润土垫（GCL）

（1）土工合成材料膨润土垫（GCL）是两层土工合成材料之间夹封膨润土粉末（或其他低渗透性材料），通过针刺、粘接或缝合而制成的一种复合材料，主要用于密封和防渗。

（2）GCL施工必须在平整的土地上进行；对铺设场地条件的要求比土工膜低。GCL不能在有水的地面及下雨时施工，在施工完后要及时铺设其上层结构如HDPE膜等材料。大面积铺设采用搭接形式，不需要缝合，搭接缝应用膨润土防水浆封闭。

2.GCL垫施工流程

GCL垫施工主要包括GCL垫的摊铺、搭接宽度控制、搭接处两层GCL垫间撒膨润土。施工工艺流程参见图1K416010-3。

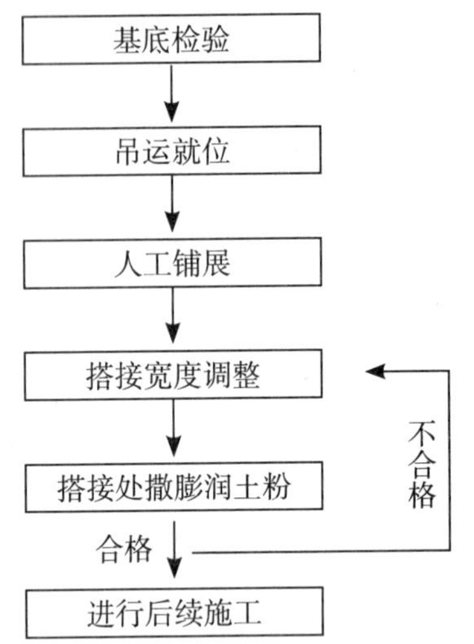

图1K416010-3 GCL垫铺设工艺流程图

3.质量控制要点（人机料法环五维发散思维）

土工合成材料膨润土垫（GCL）的质量控制要点包含基底检验，搭接控制，环境影响，见表1K416010-2。

土工合成材料膨润土垫（GCL）的质量控制要点 表1K416010-2

质量控制项目	具体内容
基底检验	基底检验合格，进行GCL垫铺设作业，每一工作面施工前均要对基底进行修整和检验
搭接控制	①调整搭接宽度，控制在250±50mm范围内，拉平GCL垫，确保无褶皱、无悬空现象，与基础层贴实； ②掀开搭接处上层的GCL垫，在搭接处均匀撒膨润土粉，将两层垫间密封，然后将掀开的GCL垫铺回； ③GCL垫的搭接，尽量采用顺坡搭接，即采用上压下的搭接方式；注意避免出现十字搭接，应尽量采用品形分布
环境影响	GCL垫需当日铺设当日覆盖，遇有雨雪天气应停止施工，并将已铺设的GCL垫覆盖好

（三）聚乙烯（HDPE）膜防渗层施工技术

高密度聚乙烯（HDPE）防渗膜不易被破坏、寿命长且防渗效果极强。其自身质量及焊接质量是防渗层施工质量的关键。

1.施工流程

如图1K416010-4所示。

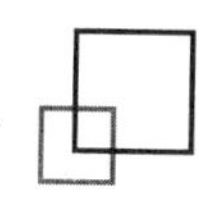

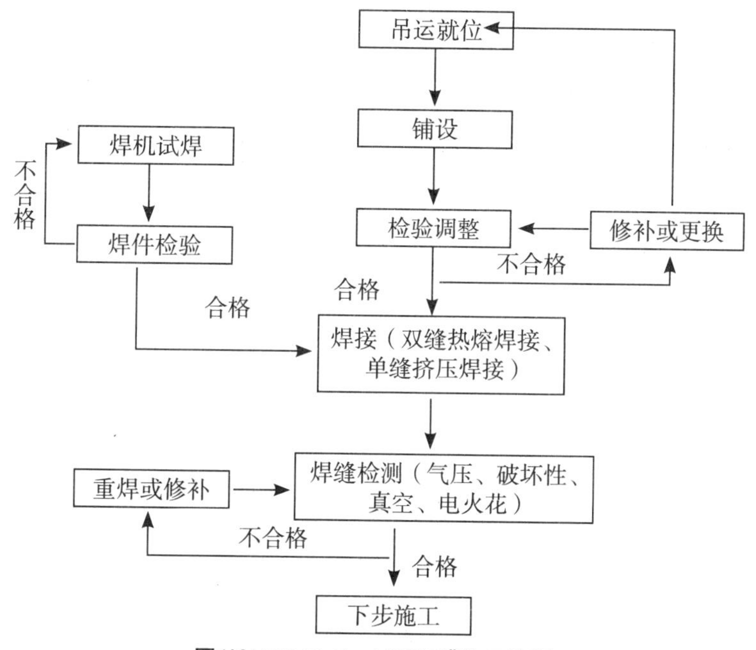

图1K416010-4　HDPE膜施工流程

2.焊接工艺与焊缝检测技术

（1）焊接工艺

①双缝热熔焊接

双缝热熔焊接采用双轨热熔焊机焊接，其原理为：在膜的接缝位置施加一定温度使HDPE膜本体熔化，在一定的压力作用下结合在一起，形成与原材料性能完全一致，厚度更大，力学性能更好的严密焊缝。其焊接作业和焊缝形态如图1K416010-5所示：

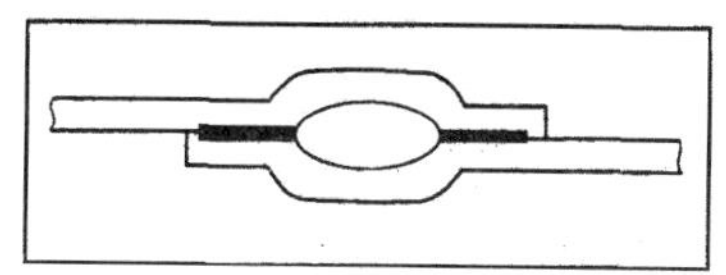

图1K416010-5　焊接作业和双缝热熔焊接焊缝示意图

②单缝挤压焊接

单缝挤压焊接采用单轨挤压焊机焊接，其原理为：采用与HDPE膜相同材质的焊条，通过单轨挤压焊机把HDPE焊条熔融挤出，通过外界的压力把焊条熔料均匀挤压在已经除去表面氧化物的焊缝上。主要用于糙面膜与糙面膜之间的连接、各类修补和双轨热熔焊机无法焊接的部位。其焊接作业和焊缝形态如图1K416010-6所示。

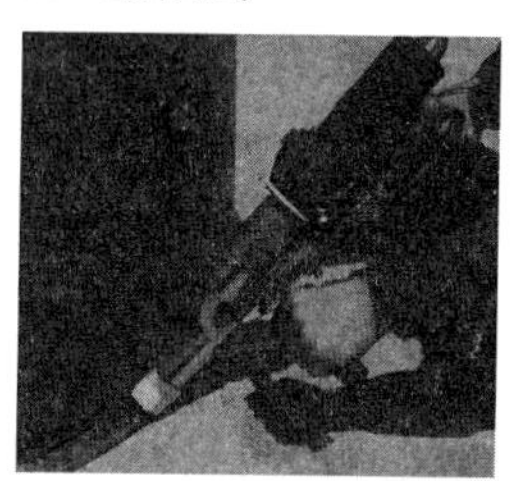

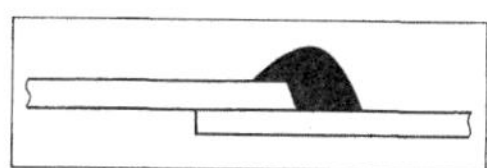

图1K416010-6　单缝挤压焊接作业和焊缝示意图

a.检查焊缝处，搭接宽度不小于60mm；

b.应控制热风的温度，不得将膜烫坏、不能轻易撕开；

c.在正式焊接之前，要取不小于300mm×600mm的试样，初定设备参数进行试焊。

d.切取试件进行剪切和剥离试验。

e.焊缝中心的厚度为垫衬厚度的2.5倍，且不低于3mm；

f.一条接缝不得连续焊完时，接槎部分已焊接焊缝应打毛不小于50mm，然后进行搭焊；

g.根据气温情况，对焊缝即时进行冷却处理。挤压熔焊作业因故中断时，必须慢慢减少焊条挤出量，不可突然中断焊接；重新施工时应从中断处打毛再焊接。

（2）焊缝检测技术

①非破坏性检测技术

HDPE膜焊缝非破坏性检测主要有双缝热熔焊缝气压检测法和单缝挤压焊缝的真空及电火花测试法。

a.气压检测：

气压检测原理如图1K416010-7所示：

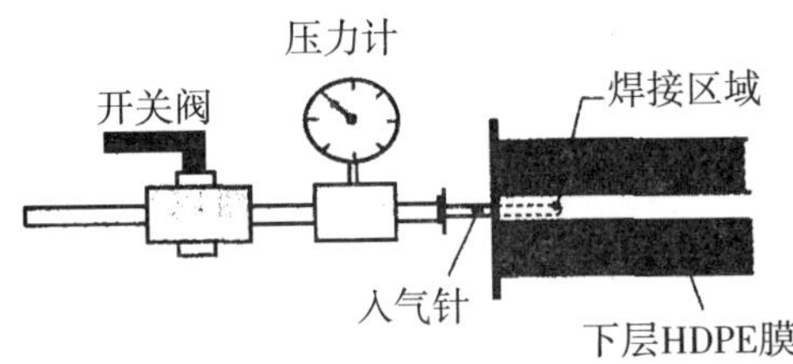

图1K416010-7　双缝热熔焊缝气压检测示意图

HDPE膜热熔焊接的气压检测：针对热熔焊接形成双缝焊缝，焊缝中间预留气腔的特点，采用气压检测设备检测焊缝的强度和气密性。一条焊缝施工完毕后，将焊缝气腔两端封堵，用气压检测设备对焊缝气腔加压至250kPa，维持3～5min，气压不应低于240kPa，然后在焊缝的另一端开孔放气，气压表指针能够迅速归零视为合格。

b.真空检测：

真空检测是传统的老方法，即在HDPE膜焊缝上涂肥皂水，罩上五面密封的真空罩，用真空泵抽真空，当真空罩内气压达到25～35kPa时焊缝无任何泄漏视为合格。挤压焊接所形成的单缝焊缝，应采用真空检测法检测。

c.电火花检测：

HDPE膜挤压焊缝的电火花检测等效于真空检测，适用于地形复杂的地段。在挤压焊缝中预先埋设一条声ϕ0.3～0.5mm的细铜线，利用35kV的高压脉冲电源探头在距离焊缝10～30mm的高度探扫，无火花出现视为合格，否则说明出现火花的部位有漏洞。

②HDPE膜焊缝破坏性测试

HDPE膜焊缝强度的破坏性取样检测：针对每台焊接设备焊接一定长度取一个破坏性试样进行室内试验分析（取样位置应立即修补），定量地检测焊缝强度质量，热熔及挤出焊缝强度合格的判定标准应符合表1K416010-3的规定。

热熔及挤出焊缝强度判定标准值　表1K416010-3

厚度	剪切		剥离	
	热熔焊	挤出焊	热熔焊	挤出焊
mm	N/mm	N/mm	N/mm	N/mm
1.5	21.2	21.2	15.7	13.7
2.0	28.2	28.2	20.9	18.3

注：测试条件：25℃，50mm/min。

每个试样裁取10个25.4mm宽的标准试件，分别做5个剪切试验和5个剥离试验。每种试验5个试样的测试结果中应有4个符合上表中的要求，且平均值应达到上表标准、最低值不得低于标准值的80%方视为通过强度测试。

如不能通过强度测试，须在测试失败的位置沿焊缝两端各6m范围内重新取样测试，重复以上过程直至合格为止。对排查出有怀疑的部位用挤出焊接方式加以补强。

【经典例题】2.高密度聚乙烯（HDPE）

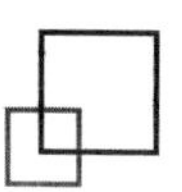

采用双缝热熔焊接，应对焊缝进行（　　）检测。

A.水压检测　　B.气压检测

C.真空检测　　D.电火花检测

【答案】B

3.HDPE膜施工

（1）HDPE膜铺设

①在铺设HDPE膜之前，应检查其膜下保护层，每平方米的平整度误差不宜超过20mm。

②HDPE膜铺设时应符合下列要求：

a.铺设应一次展开到位，不宜展开后再拖动；

b.应为材料热胀冷缩导致的尺寸变化留出伸缩量；

c.应对膜下保护层采取适当的防水、排水措施；

d.应采取措施防止HDPE膜受风力影响而破坏；

e.HDPE膜铺设过程中必须进行搭接宽度和焊缝质量控制，监理必须全程监督焊接和检验。

f.施工中应注意保护HDPE膜不受破坏，车辆不得直接在HDPE膜上碾压。

③按照斜坡上不出现横缝的原则确定铺膜方案，所用膜在边坡的顶部和底部延长不小于1.5m，或根据设计要求。见图1K416010-8。

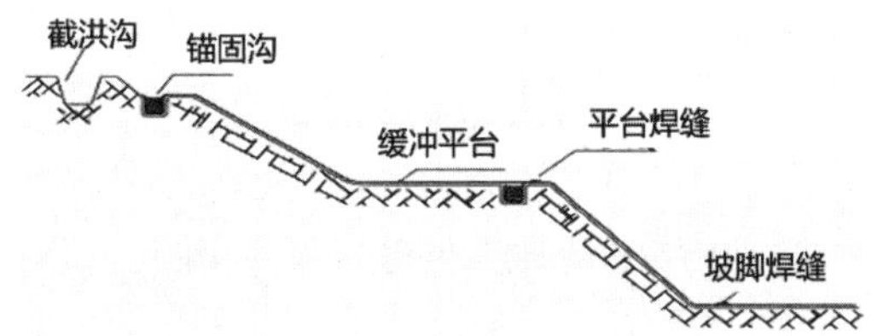

图1K416010-8　HDPE膜的锚固和横缝设置示意图

④填埋场HDPE膜铺设总体顺序一般为“先边坡后场底”，在铺设时应将卷材自上而下滚铺，并确保铺贴平整，见图1K416010-9。用于铺放HDPE膜的任何设备避免在已铺好的土工合成材料上面进行工作。

图1K416010-9　HDPE膜滚铺与焊接

⑤施工中需要足够的临时压载物或地锚（沙袋或土工织物卷材）以防止铺设的HDPE膜被大风吹起，在有大风的情况下，HDPE膜须临时锚固，安装工作应停止进行。

⑥根据焊接能力合理安排每天铺设HDPE膜的数量，在恶劣天气来临前，减少展开HDPE膜的数量，做到能焊多少铺多少。冬期严禁铺设。

⑦禁止在铺设好的HDPE膜上吸烟；铺设HDPE膜的区域内禁止使用火柴、打火机和化学溶剂或类似的物品。

⑧检查铺设区域内每片膜编号与平面布置图的编号是否一致，确认无误后，按规定的位置，立即用沙袋进行临时锚固，然后检查膜片的搭接宽度是否符合要求，需要调整时及时使用专用的拉膜钳调整。

⑨HDPE膜铺设方式应保证不会引起HDPE膜的折叠或褶皱。可通过对HDPE膜的重新铺设或通过切割和修理来解决褶皱问题。

⑩应及时填写HDPE膜铺设施工记录表，经现场监理和技术负责人签字后存档。

⑪在铺焊完的土工膜上行走时，不得穿硬底鞋；在膜上运输时，人力车的金属支腿要用胶皮类柔软材料包覆。

⑫膜上卸料时，即使有土工布保护层，也不应使重、硬的物品从高处下落，直接冲击垫衬。

⑬防渗层验收合格后应及时进行下一工序的施工，以形成对防渗层的覆盖和保护。

⑭不允许施工机械在土工膜上行驶。

（2）HDPE膜试验性焊接

①每个焊接人员和焊接设备每天在进行生产焊接之前应进行试验性焊接。

②在每班或每日工作之前，须对焊接设备进行清洁、重新设置和测试，以保证焊缝质量。

③在监理的监督下进行HDPE膜试验性焊接，检查焊接机器是否达到焊接要求。

④试焊接人员、设备、HDPE膜材料和机器配备应与生产焊接相同。

⑤焊接设备和人员只有成功完成试验性焊接后，才能进行生产焊接。

⑥试验性焊接完成后，割下3块25.4mm宽的试块，测试撕裂强度和抗剪强度；当任一试块没有通过撕裂和抗剪测试时，试验性焊接应全部重做。

⑦在试焊样品上标明样品编号、焊接人员编号、焊接设备编号、焊接温度、环境温度、预热温度、日期、时间和测试结果；并填写HDPE膜试样焊接记录表，经现场监理和技术负责人签字后存档（记忆口诀：三编三温日时果）。

（3）HDPE膜生产焊接

①通过试验性焊接后方可进行生产焊接。

②焊接中，要保持焊缝的搭接宽度，确保足以进行破坏性试验。

③除了在修补和加帽的地方外，坡度大于1：10处不可有横向的接缝。

④边坡底部焊缝应从坡脚向场底底部延伸至少1.5m。

⑤操作人员要始终跟随焊接设备，观察焊机屏幕参数，如发生变化，要对焊接参数进行微调。

⑥每一片HDPE膜要在铺设的当天进行焊接，如果采取适当的保护措施可防止雨水进入下面的地表，底部接驳焊缝，可以例外。

⑦除非在使用中，否则设备和工具不可以放在HDPE膜的表面。

⑧所有焊缝做到从头到尾焊接和修补，唯一例外的是锚固沟的接缝可以在坡顶下300mm的地方停止焊接。

⑨在焊接过程中，如果搭接部位宽度达不到要求或出现漏焊的地方，应该在第一时间用记号笔标示，以便做出修补。

⑩在需要采用挤压焊接时，在HDPE膜焊接的地方要除去表面的氧化物，并应严格限制只在焊接的地方进行，磨平工作在焊接前不超过1h进行。

⑪为了避免出现拱起，边坡与底部HDPE膜的焊接应在清晨或晚上气温较低时进行。

⑫HDPE膜焊接过程中如遇到下雨，在无法确保焊接质量的情况下，对已经铺设的膜应冒雨焊接完毕，等条件具备后再用单轨焊机进行修补。

⑬在焊缝的旁边用记号笔清楚地标出焊缝的编号、焊接设备编号、焊接人员编号、焊接温度、环境温度、焊接速度（预热温度）、接缝长度、日期、时间（记忆口诀：三编四度和日时）；并填写HDPE膜热熔（或挤压）焊接检测记录表，经现场监理和技术负责人签字后归档。

【经典例题】3.在北方地区HDPE膜不应在（　　）季施工。

A.春　　B.夏　　C.秋　　D.冬

【答案】D

4.HDPE膜铺设工程质量验收要求

（1）HDPE膜材料质量的观感检验

①每卷HDPE膜卷材应标识清楚，表面无折痕、损伤，厂家、产地、性能检测报告、产品质量合格证、海运提单等资料齐全。

②HDPE膜除应符合国家现行标准《垃圾填埋场用高密度聚乙烯土工膜》CJ/T234-2006的有关规定外，还应符合下列要求：

a.厚度不应小于1.5mm；

b.膜的幅宽不宜小于6.5m。

c.HDPE膜的外观要求应符合表1K416010-4的规定：

HDPE膜外观要求　表1K416010-4

项目	要求
切口	平直，无明显锯齿现象
穿孔修复点	不允许
机械（加工）划痕	无或不明显
僵块	每平方米限于10个以内
气泡和杂质	不允许
裂纹、分层、接头和断头	不允许
糙面膜外观	均匀，不应有结块、缺损等现象

（2）HDPE膜材料质量的抽样检验

①应由供货单位和建设单位双方在现场抽样检查。

②应由建设单位送到国家认证的专业机构检测。

③每10000m^{2}为一批，不足10000m^{2}按一批计。在每批产品中随机抽取3卷进行尺寸偏差和外观检查。

④在尺寸偏差和外观检查合格的样品中任取一卷，在距外层端部500mm处裁取5m^{2}进行主要物理性能指标检验。当有一项指标不符合要求，应加倍取样检测，仍有一项指标不合格，应认定整批材料不合格。

（3）HDPE膜铺设工程施工质量的观感检验与抽样检验

①HDPE膜铺设工程施工质量观感检验：

a.场底、边坡基础层、锚固平台及回填材料要平整、密实，无裂缝、无松土、无积水、无裸露泉眼，无明显凹凸不平、无石头砖块，无树根、杂草、淤泥、腐殖土，场底、边坡及锚固b.HDPE膜铺设应规划合理，边坡上的接缝须与坡面的坡向平行，场底横向接缝距坡脚线距离应大于1.5m。焊接、检测和修补记录标识应明显、清楚，焊缝表面应整齐、美观，不得有裂纹、气孔、漏焊和虚焊现象。HDPE膜无明显损伤、无褶皱、无隆起、无悬空现象。搭接良好，搭接宽度应符合表1K416010-5的规定。

HDPE膜焊缝的搭接宽度及允许偏差　表1K416010-5

序号	项目	搭接宽度（mm）	允许偏差（mm）	检测频率	检测方法
1	双缝热熔焊接	100	+20～-20	20m	钢尺测量
2	单缝挤压焊接	75	+20～-20	20m	钢尺测量

②HDPE膜铺设工程施工质量抽样检验

a.锚固沟回填土按50m取一个点检测密实度，合格率应为100%；

b.对热熔焊接每条焊缝应进行气压检测，合格率应为100%；

c.对挤压焊接每条焊缝应进行真空检测，合格率应为100%；

d.焊缝破坏性检测，按每1000m焊缝取一个1000mm×350mm样品做强度测试，合格率应为100%。

【经典例题】4.HDPE膜进厂检验时，应由（　　）送到国家认证的专业机构检测。

A.建设单位　　B.设计单位

C.监理单位　　D.施工单位

【答案】A

嗨·点评 HDPE膜变化很大，重点掌握HDPE膜进场检验、试焊接、焊接、焊接检验及铺设的要求。

三、生活垃圾填埋场填埋区导排系统施工技术

渗沥液收集导排系统施工主要有导排层摊铺、收集花管连接、收集渠码砌等施工过

程。

（一）卵石粒料的运送和布料

在运料车行进路线的防渗层上，加铺不少于两层的同规格土工布，加强对防渗层的保护。运料车在防渗层上行驶时，应缓慢行进，不得急停、急起；应直进、直退，严禁转弯；驾驶员要听从指挥人员的指挥。

（二）摊铺导排层、收集渠码砌

摊铺导排层、收集渠码砌均采用人工施工。

导排层摊铺前。按设计厚度要求先下好平桩，按平桩刻度摊平卵石。按收集渠设计尺寸制作样架，每10m设一样架，中间挂线，按样架码砌收集渠。

（三）HDPE渗沥液收集花管连接

HDPE渗沥液收集花管连接一般采用热熔焊接。热熔焊接连接一般分为五个阶段：预热阶段、吸热阶段、加热板取出阶段、对接阶段、冷却阶段，施工工艺流程参见图1K416010-10，焊接阶段具体内容见表1K416010-6，连接示意图见图1K416010-11。

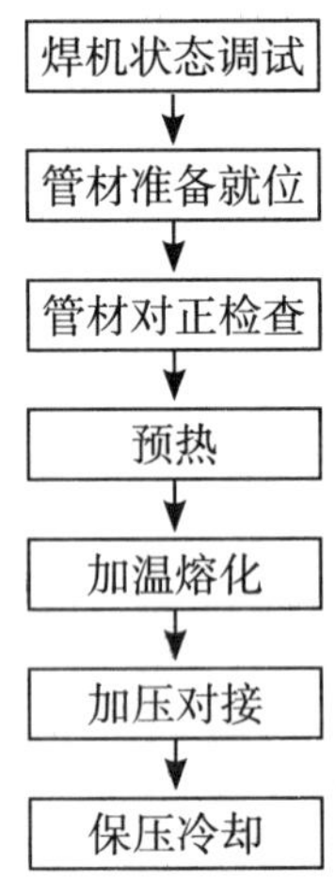

图1K416010-10　HDPE管焊接施工工艺流程图

热熔焊接注意事项　表1K416010-6

热熔焊接阶段	具体内容
切削管端头	用卡具把管材准确卡到焊机上，擦净管端，对正，用铣刀铣削管端直至出现连续屑片为止
对正检查	取出铣刀后再合拢焊机，要求管端面间隙不超过1mm，两管的管边错位不超过壁厚的10%
接通电源	使加热板达到210±10℃，用净棉布擦净加热板表面，装入焊机
加温熔化	将两管端合拢，是焊机在一定压力下给管端加温，当出现0.4~3mm高的熔环时，即停止加温，进行无压保温，持续时间为壁厚（mm）的10倍
加压对接	达到保温时间以后，即打开焊机，小心取出加热板，并在10s之内重新合拢焊机，逐渐加压
保压冷却	一般保压冷却时间为20～30min

夹紧并清洁管口

调整并修平管口

加热板吸热

加压对接

保持压力冷却定型

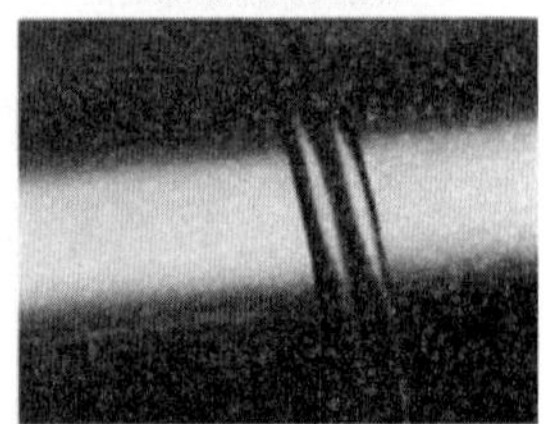
焊接成型

图1K416010-11　热熔焊接示意图

（四）施工控制要点

1.在填筑导排层卵石，宜采用小于5t的自卸汽车，采用不同的行车路线，环形前进，间隔5m堆料，避免压翻基底，随铺膜随铺导排层滤料（卵石）。

2.导排层滤料需要过筛，粒径要满足设计要求。导排层所用卵石$CaCO_3$含量必须小于10%，防止年久钙化使导排层板结造成填埋区侧漏。

3.HDPE管的直径：干管不应小于250mm，支管不应小于200mm。HDPE管的开孔率应保证强度要求。HDPE管的布置宜呈直线，其转弯角度应小于或等于20°，其连接处不应密封。

4.管材或管件连接面上的污物应用洁净棉布擦净，应铣削连接面，使其与轴线垂直，并使其与对应的断面吻合。

5.导排管热熔对接连接前，两管段各伸出夹具一定自由长度，并应校直两对应的连接件，使其在同一轴线上，错边不宜大于壁厚的10%。

6.热熔连接保压、冷却时间，应符合热熔连接工具生产厂和管件、管材生产厂规定，并保证冷却期间不得移动连接件或在连接件上施加外力。

7.设定工人行走路线，防止反复踩踏HDPE土工膜。

嗨·点评 重点仍然是程序和质量控制要点。

【经典例题】5.（2014年真题）某市新建生活垃圾填埋场。项目部进场后，确定了本工程的施工质量控制要点，重点加强施工过程质量控制，确保施工质量；项目部编制了渗沥液收集导排系统和防渗系统的专项施工方案，其中收集导排系统采用HDPE渗沥液收集花管，其连接工艺流程如下图所示。

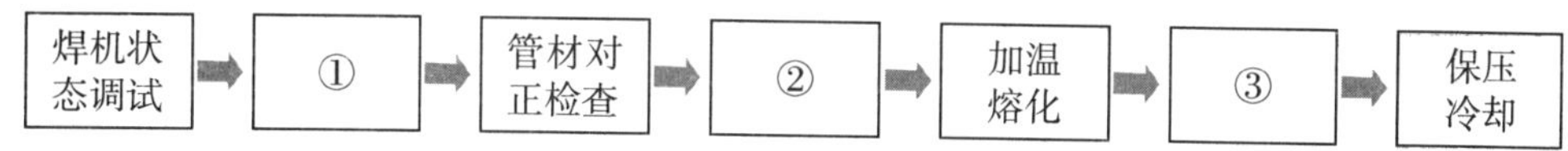

HDPE管焊接施工工艺流程图

【问题】（1）指出工艺流程图2中①、②、③的工序名称。

（2）补充渗沥收集导排系统的施工内容。

【答案】（1）分别是管材准备就位、预热和加压对接。

（2）施工内容主要包括导排层粒料的运送和布料、导排层摊铺、收集花管连接、收集渠码砌等施工过程。

四、垃圾填埋与环境保护技术

（一）垃圾填埋场选址与环境保护

1.基本规定

（1）因为垃圾填埋场的使用期限很长，达10年以上，因此应该慎重对待垃圾填埋场的选址，注意其对环境产生的影响。

（2）垃圾填埋场的选址，应考虑地质结构、地理水文、运距、风向等因素，位置选择得好，直接体现在投资成本和社会环境效益上。

2.标准要求

（1）垃圾填埋场必须远离饮用水源，尽量少占良田，利用荒地和当地地形。一般选择在远离居民区的位置，填埋场与居民区的最短距离为500m。

（2）生活垃圾填埋场应设在当地夏季主导风向的下风向。

3.生活垃圾填埋场不得建在下列地区

（1）国务院和国务院有关主管部门及省、自治区、直辖市人民政府划定的自然保护区、风景名胜区、生活饮用水源地和其他需要特别保护的区域内。

（2）居民密集居住区。

（3）直接与航道相通的地区。

（4）地下水补给区、洪泛区、淤泥区。

（5）活动的坍塌地带、断裂带、地下蕴

矿带、石灰坑及熔岩洞区。

（二）垃圾填埋场建设与环境保护

1.有关规范规定

填埋场必须进行防渗处理，防止对地下水和地表水的污染，同时还应防止地下水进入填埋区。填埋场内应铺设一层到两层防渗层、安装渗沥液收集系统、设置雨水和地下水的排水系统，甚至在封场时用不透水材料封闭整个填埋场。

2.填埋场防渗与渗沥液收集

发达国家的相关技术规范对防渗作出了十分明确的规定，填埋场必须采用水平防渗，并且生活垃圾填埋场必须采用HDPE膜和黏土矿物相结合的复合系统进行防渗。我国现行的填埋技术规范中也有技术规定。

【经典例题】6.（2016年真题）生活垃圾填埋场一般应选在（　　）。

A.直接与航道相通的地区

B.石灰坑及熔岩区

C.当地夏季主导风向的上风向

D.远离水源和居民区的荒地

【答案】D

【经典例题】7.（2016年真题）垃圾填埋场与环境保护密切相关的因素有（　　）。

A.选址　　B.设计

C.施工　　D.移交

E.运行

【答案】ABCE

【嗨·解析】垃圾填埋场选址、设计、施工、运行都与环境保护密切相关。

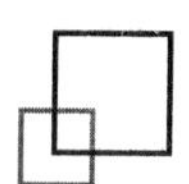

1K416020 施工测量

一、施工测量主要内容与常用仪器

（一）施工测量的基本概念

1.作用与内容

施工测量以规划和设计为依据，是保障工程施工质量和安全的重要手段；施工测量的速度和质量对工程建设具有至关重要的影响，是工程施工管理的一项重要任务，在工程建设中起着重要的作用。

施工测量包括施工控制测量、施工测图、钉桩放线、细部放样、变形测量、竣工测量和地下管线测量以及其他测量等内容。施工测量是一项琐碎而细致的工作，作业人员应遵循“由整体到局部，先控制后细部”的原则，掌握工程测量的各种测量方法及相关标准，熟练使用测量器具正确作业，满足工程施工需要。

竣工测量为市政公用工程设施的验收、运行管理及设施扩建改造提供了基础资料。

2.准备工作

（1）施工测量前，应依据施工组织设计和施工方案，编制施工测量方案。

（2）对仪器进行必要的检校，保证仪器满足规定的精度要求；所使用的仪器必须在检定周期之内，应具有足够的稳定性和精度，适于放线工作的需要。

（3）测量作业前、后均应采用不同数据采集人核对的方法，分别核对从图纸上采集的数据、实测数据的计算过程与计算结果，并据以判定测量成果的有效性。

3.基本规定

（1）应核对工程占地、拆迁范围，应在现场施工范围边线（征地线）布测标志桩（拨地钉桩），并标出占地范围内地下管线等构筑物的位置；根据已建立的平面、高程控制网进行施工布桩、放线测量；当工程规模较大或分期建设时，应设辅助平面测量基线与高程控制桩，以方便工程施工和验收使用。

（2）施工过程应根据分部（项）工程要求布设测桩，中桩、中心桩等控制桩的恢复与校测应按施工需要及时进行，发现桩位偏移或丢失应及时补测、钉桩。

4.作业要求

（1）从事施工测量的作业人员，应经专业培训、考核合格，持证上岗。

（2）施工测量用的控制桩要注意保护，经常校测，保持准确。雨后、春融期或受到碰撞、遭遇损害，应及时校测。

（3）测量记录应使按规定填写并按编号顺序保存。测量记录应做到表头完整、字迹清楚、规整，严禁擦改、涂改，必要可斜线划掉改正，但不得转抄。

（4）应建立测量复核制度。

（二）常用仪器及测量方法

市政公用工程常用的施工测量仪器主要有：全站仪、光学水准仪、激光准直（铅直）仪、GPS-RTK及其配套器具，见表1K416020-1。

常用仪器及测量方法 表1K416020-1

常用仪器	特点及用途
全站仪	（1）用于施工平面控制网测量以及施工过程中点间水平距离、水平角度的测量； （2）在特定条件下，市政公用工程施工选用全站仪进行三角高程测量和三维坐标的测量
光学水准仪	（1）适用于施工控制测量的控制网水准基准点的测设及施工过程中的高程测量； （2）测量应用举例：$b=H_A+a-H_B$，见图1K416020
激光准直（铅直）仪	现场施工测量用于角度坐标测量和定向准直测量，适用于长距离、大直径以及高耸构筑物控制测摄的平面坐标的传递、同心度找正测量
GPS-RTK仪器	（1）适用范围很广，在一些地形复杂的市政公用工程中可通过GPS-RTK结合全站仪联合测量达到高效作业目的； （2）RTK技术的观测精度为厘米级

$$b=H_A+a-H_B$$

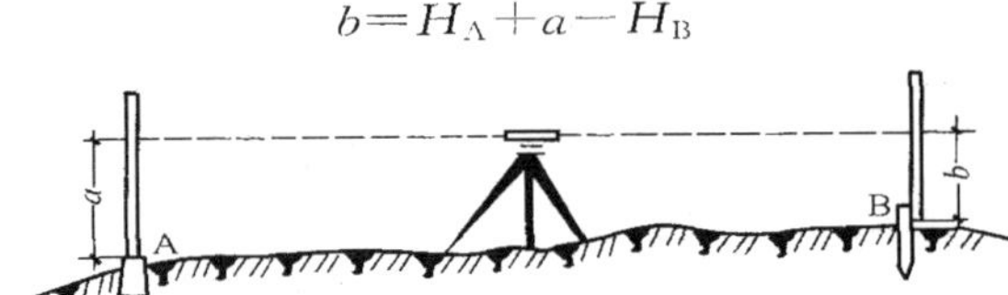

图1K416020 水准测量示意图

嗨·点评 重点注意人员培训、仪器检测出要求，测量仪器特点及用途。

【经典例题】1.（2016年真题）不能进行角度测量的仪器是（ ）。

A.全站仪 B.准直仪

C.水准仪 D.GPS

【答案】C

【嗨·解析】光学水准仪多用来测量构筑物标高和高程，适用于施工控制测量的控制网水准基准点的测设及施工过程中的高程测量。

【经典例题】2.（2015年真题）施工平面控制网测量时，用于水平角度测量的仪器为（ ）。

A.水准仪 B.全站仪

C.激光准直仪 D.激光测距仪

【答案】B

【嗨·解析】全站仪主要应用于施工平面控制网的测量以及施工过程中点间水平距离、水平角度的测量。

二、场区控制测量

（一）特点与规定

1.控制网分为平面控制网和高程控制网，场区控制网按类型分为方格网、边角网和控制导线等。

2.在设计总平面图上，场区的平面位置系用施工坐标系统的坐标来表示。坐标轴的方向与场区主轴线的方向相平行，坐标原点应虚设在总平面图西南角上，使所有构筑物坐标皆为正值。施工坐标系统与测量坐标系统之间关系的数据由设计给出。

（二）场（厂）区平面控制网

1.控制网类型选择

场（厂）区平面控制网类型包含建筑方格网，边角网，导线测量控制网，见表1K416020-2。

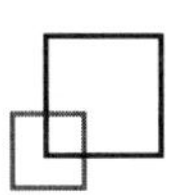

场（厂）区平面控制网类型　表1K416020-2

控制网类型	适用范围
建筑方格网	场地平整的大型场区控制
边角网	建筑场地在山区的施工控制网
导线测量控制网	扩建或改建的施工区，新建区也可采用导线测量法建网

2.准备工作

（1）根据施工方案和场区构筑物特点及设计要求的施测精度，编制工程测量方案。

（2）办理桩点交接手续，桩点应包括：各种基准点、基准线的数据及依据、精度等级，施工单位应进行现场踏勘、复核。

（3）开工前对基准点、基准线和高程进行内业、外业复核。复核过程中发现不符或与相邻工程矛盾时，应向建设单位提出，进行查询，并取得准确结果。

3.作业程序

测量步骤：

选点与标桩埋设→角度观测→边长测量→导线的起算数据→导线网的平差。

4.主要技术要求

（1）场地大于1km^{2}或重要工业区，宜建立相当于一级导线精度的平面控制网。

（2）场地小于1km^{2}或一般性建筑区，应根据需要建立相当于二、三级导线精度的平面控制网。

（三）场区高程控制网

主要技术要求：

（1）场区高程控制网应布设成附合环线、路线或闭合环线。高程测量的精度，不宜低于三等水准的精度。

（2）施工现场的高程控制点有效期不宜超过半年，如有特殊情况可适当延长有效期，但应经过控制校核。

（3）矩形建（构）筑物应据其轴线平面图进行施工各阶段放线；圆形建（构）筑物应据其圆心施放轴线、外轮廓线。

嗨·点评 控制网分类、开工前测量交桩、控制网等级及精度、控制点有效期等是考核重点。

【经典例题】3.场区平面控制网按类型分为（　　）。

A.方格网　　B.边角网

C.控制导线　　D.大地控制网

E.轴线网

【答案】ABC

三、竣工图编绘与实测

（一）竣工图编绘

竣工图编绘基本要求

竣工总图编绘完成后，应经原设计及施工单位技术负责人审核、会签。

（二）编绘竣工图的方法和步骤

1.准备工作

竣工图的允许误差不得大于图上±0.2mm。

2.竣工图的编绘

（1）绘制竣工图的依据

①设计总平面图、单位工程平面图、纵横断面图和设计变更资料；

②控制测量资料、施工检查测量及竣工测量资料。

（2）根据设计资料展点成图

凡按设计坐标定位施工的工程，应以测量定位资料为依据，按设计坐标（或相对尺寸）和标高编绘。若原设计变更，则应根据设计变更资料编绘。

（3）根据竣工测量资料或施工检查测量资料展点成图：

①在市政公用工程施工过程中，在每一个单位（体）工程完成后，应该进行竣工测

量，并提出其竣工测量成果。

②对凡有竣工测量资料的工程，若竣工测量成果与设计值之间相差未超过规定的定位允许偏差时，按设计值编绘；否则应按竣工测量资料编绘。

3.凡属下列情况之一者，必须进行现场实测编绘竣工图：

（1）由于未能及时提出建筑物或构筑物的设计坐标，而在现场指定施工位置的工程。

（2）设计图上只标明工程与地物的相对尺寸而无法推算坐标和标高。

（3）由于设计多次变更而无法查对设计资料。

（4）竣工现场的竖向布置、围墙和绿化情况，施工后尚保留的大型临时设施。

构筑物的竣工位置应根据控制点采用双极坐标法进测量。当平面布置改变超过图上面积1/3时，不宜在原施工图上修改和补充，应重新绘制竣工图。

4.随工程的竣工相继进行编绘

5.竣工图的附件

为了全面反映竣工成果，便于运行管理、维修和日后改扩建，下列与竣工图有关的一切资料，应分类装订成册，作为竣工图的附件保存。

（1）地下管线、地下隧道竣工纵断面图。

（2）道路、桥梁、水工构筑物竣工纵断面图。工程竣工以后，应进行公路路面（沿中心线）水准测量，以编绘竣工纵断面图。

（3）建筑场地及其附近的测量控制点布置图及坐标与高程一览表。

（4）建筑物或构筑物沉降及变形观测资料。

（5）工程定位、检查及竣工测量的资料。

（6）设计变更文件。

（7）建设场地原始地形图。

嗨·点评 竣工图审核、会签程序，误差范围，实测编绘的情况等是考核重点。

【经典例题】4.竣工总图编绘完成后，应经（　　）单位技术负责人审核、会签。

A.原设计

B.测绘

C.建设

D.施工

E.监理

【答案】AD

章节练习题

一、单项选择题

1.以下选项中关于泥质防水层施工，程序正确的是（　　）。

A.验收基础→通过试验确定配比→选择土源→拌合、摊铺、压实→检验

B.验收基础→选择土源→通过试验确定配比→拌合、摊铺、压实→检验

C.选择土源→通过试验确定配比→拌合、摊铺、压实→验收基础→检验

D.通过试验确定配比→拌合、摊铺、压实→选择土源→验收基础→检验

2.下列关于渗沥液收集导排系统施工控制要点中说法有误的是（　　）。

A.填筑导排层卵石时，汽车行驶路线采用环形前进，间隔5m堆料

B.导排层所用卵石$CaCO_3$含量必须小于10%

C.HDPE管的布置宜呈直线，其转弯角度应小于或等于30°

D.导排管热熔对接连接前，应校直两对应的连接件，使其在同一轴线上，错边不宜大于壁厚的10%

3.垃圾填埋场必须远离饮用水源，尽量少占良田，利用荒地、利用当地地形。一般选择在远离居民区的位置，填埋场与居民区的最短距离为（　　）m。

A.1500　　B.2000　　C.1000　　D.500

4.对于J2精度的全站仪，如果上、下半测回角值之差绝对值不大于（　　）"，认为观测合格。

A.8　　B.10　　C.12　　D.14

5.如下图所示，已知A点高程采用光学水准仪测量B点的高程，a为A点读数，b为B点读数；H_a为A点高程（已知），H_b为B点高程（未知）。则B点高程H_b（　　）。

A.$H_b=H_a+a+b$　　B.$H_b=H_a+a-b$

C.$H_b=H_a-a+b$　　D.$H_b=H_a-a-b$

6.应根据场区建（构）筑物的特点及设计要求选择控制网类型。一般情况下（　　）多用于建筑场地在山区的施工控制网。

A.建筑方格网　　B.边角网

C.导线测量控制网　　D.多边测量控制网

7.市政公用工程施工中，每一个单位（子单位）工程完成后，应进行（　　）测量。

A.竣工　　B.复核

C.校核　　D.放灰线

8.下列情况不属于必须进行现场实测编绘竣工图的有（　　）。

A.在现场指定施工位置的工程

B.设计图上只标明工程与地物的相对尺寸而无法推算坐标和标高

C.设计多次变更，但可以查对设计资料

D.施工后尚保留的大型临时设施

二、多项选择题

1.垃圾卫生填埋场填埋区工程的防渗系统结构层包括（　　）。

A.渗沥液收集导排系统

B.土工布

C.HDPE膜

D.GCL垫

E.基础层

2.下列工序中，属于GCL垫施工主要内容的是（　　）。

A.基底处理

B.GCL垫的摊铺

C.搭接宽度控制

D.搭接处两层GCL垫间撒膨润土

E.保护层摊铺

3.下列关于GCL垫施工质量控制要点说法正确的是（　　）。

A.施工前均对基底进行修整和检验

B.GCL垫摊铺搭接宽度控制在250mm±50mm范围内，搭接处均匀撒膨润土粉，将两层垫间密封

C.GCL垫应无褶皱、无悬空现象，与基础层贴实

D.基底应顺设计坡向铺设GCL垫，采用十字或品形的上压下的搭接方式

E.GCL垫需当日铺设当日覆盖，避免雨雪天气施工，必要时采取覆盖防护措施

4.垃圾填埋场选址应考虑（　　）等因素。

A.地质结构　　B.地理水文

C.运距　　D.风向

E.垃圾填埋深度

5.下列关于垃圾填埋场有关技术规定说法正确的是（　　）。

A.封闭型垃圾填埋要求严格限制渗沥液渗入地下水层中，严格杜绝对地下水的污染

B.按照国内要求，填埋场可进行垂直和水平防渗处理

C.填埋场应重点考虑防止对地下水和地表水的污染，不必单独考虑地下水进入填埋区

D.填埋场内应铺设防渗层、渗沥液收集系统、雨水和地下水的排水系统

E.生活垃圾填埋场可采用HDPE膜和黏土矿物相结合的复合系统进行防渗

6.市政公用工程常用的施工测量仪器主要有（　　）。

A.全站仪　　B.光学水准仪

C.激光准直仪　　D.经纬仪

E.GPS-RTK

7.激光准直（铅直）仪主要由发射、接收与附件三大部分组成，现场施工测量用于（　　），适用于长距离、大直径以及高耸构筑物控制测量的平面坐标的传递、同心度找正测量。

A.角度坐标测量　　B.定向准直测量

C.高程测量　　D.距离测量

E.夜间测量施工

8.关于导线网平差方法的选择，必须全面考虑导线的（　　）（　　）和（　　）要求等因素，导线构成环形，应采用环形平差。

A.宽度　　B.长度

C.精度　　D.形状

E.质量

9.场区高程控制网应布设成（　　）（　　）或（　　）。

A.附合环线　　B.附合星型

C.附合路线　　D.闭合路线

E.闭合环线

10.下列哪些是绘制竣工图的依据（　　）。

A.设计总平面图、单位工程平面图、纵横断面图

B.设计变更资料

C.控制测量资料

D.施工检查测量及竣工测量资料

E.施工组织设计

参考答案及解析

一、单项选择题

1.【答案】B

【解析】验收基础→选择土源→通过试验确定配比→拌合、摊铺、压实→检验。

2.【答案】C

【解析】（1）在填筑导排层卵石，宜采用小于5t的自卸汽车，采用不同的行车路线，环形前进，间隔5m堆料，避免压翻基底，随铺膜随铺导排层滤料（卵石）。

（2）导排层滤料需要过筛，粒径要满足设计要求。导排层所用卵石$CaCO_3$含量必须小于10%，防止年久钙化使导排层板结造成填埋区侧漏。

（3）HDPE管的直径：干管不应小于250mm，支管不应小于200mm。HDPE管的开孔率应保证强度要求。HDPE管的布置宜呈直线，其转弯角度应小于或等于20°，其连接处不应密封。

（4）管材或管件连接面上的污物应用洁净棉布擦净，应铣削连接面，使其与轴线垂直，并使其与对应的断面吻合。

（5）导排管热熔对接连接前，两管段各伸出夹具一定自由长度，并应校直两对应的连接件，使其在同一轴线上，错边不宜大于壁厚的10%。

3.【答案】D

【解析】垃圾填埋场必须远离饮用水源，尽量少占良田，利用荒地和当地地形。一般选择在远离居民区的位置，填埋场与居民区的最短距离为500m。

4.【答案】C

【解析】对于J2精度的全站仪，如果上、下两半测回角值之差不大于±12"，认为观测合格。

5.【答案】B

6.【答案】B

【解析】应根据场区建（构）筑物的特点及设计要求选择控制网类型。一般情况下，建筑方格网，多用于场地平整的大型场区控制；边角网，多用于建筑场地在山区的施工控制网；导线测量控制网，可视构筑物定位的需要灵活布设网点，便于控制点的使用和保存。导线测量多用于扩建或改建的施工区，新建区也可采用导线测量法建网。

7.【答案】A

【解析】在市政公用工程施工过程中，在每一个单位（体）工程完成后，应该进行竣工测量，并提出其竣工测量成果。

8.【答案】C

【解析】凡属下列情况之一者，必须进行现场实测编绘竣工图：

（1）由于未能及时提出建筑物或构筑物的设计坐标。而在现场指定施工位置的工程。

（2）设计图上只标明工程与地物的相对尺寸而无法推算坐标和标高。

（3）由于设计多次变更，而无法查对设计资料。

（4）竣工现场的竖向布置、围墙和绿化情况，施工后尚保留的大型临时设施。

二、多项选择题

1.【答案】BCD

【解析】垃圾卫生填埋场填埋区工程的结构层次从上至下主要为渗沥液收集导排系统、防渗系统和基础层。防渗系统包括土工布、HDPE膜和GCL垫。

2.【答案】BCD

【解析】GCL垫施工主要包括GCL垫的摊铺、搭接宽度控制、搭接处两层GCL垫间撒膨润土。

3.【答案】ABCE

【解析】D尽量采用顺坡搭接，即采用上压下的搭接方式；注意避免出现十字搭接，而尽量采用品形分布。

4.【答案】ABCD

【解析】垃圾填埋场的选址，应考虑地质结构、地理水文、运距、风向等因素，位置选择得好，直接体现在投资成本和社会环境效益上。

5.【答案】BDE

【解析】（1）封闭型垃圾填埋场的设计概念是：要求严格限制渗沥液渗入地下水层中，将垃圾填埋场对地下水的污染减小到最低限度。

（2）有关规范规定：填埋场必须进行防渗处理，防止对地下水和地表水的污染，同时还应防止地下水进入填埋区。填埋场内应铺设一层到两层防渗层、安装渗沥液收集系统、设置雨水和地下水的排水系统，甚至在封场时用不透水材料封闭整个填埋场。

6.【答案】ABCE

【解析】市政公用工程常用的施工测量仪器主要有：全站仪、光学水准仪、激光准直（铅直）仪、GPS—RTK及其配套器具。

7.【答案】AB

【解析】激光准直（铅直）仪主要由发射、接收与附件三大部分组成，现场施工测量用于角度坐标测量和定向准直测量，适用于长距离、大直径以及高耸构筑物控制测量的平面坐标的传递、同心度找正测量。

8.【答案】BCD

【解析】关于导线网平差方法的选择，必须全面考虑导线的形状、长度和精度要求等因素，导线构成环形，应采用环形平差。

9.【答案】ACE

【解析】场区高程控制网应布设成附合环线、路线或闭合环线。高程测量的精度，不宜低于三等水准的精度。

10.【答案】ABCD

【解析】绘制竣工图的依据：

（1）设计总平面图、单位工程平面图、纵横断面图和设计变更资料；

（2）控制测量资料、施工检查测量及竣工测量资料。

1K417000 城市绿化与园林附属工程

本节知识体系

城市绿化与园林附属工程包括绿化工程，园林附属工程。

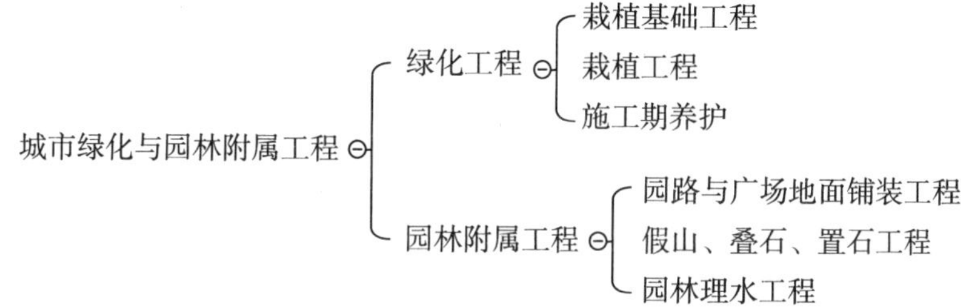

本节内容是市政实务第七个技术专业——城市绿化与园林附属工程。主要是以选择题形式考核，分值在5分左右。

在近五年考试当中，出现过一次案例题，题目难度不大。此节的编写特点是重点内容比较突出，容易把握复习的方向。考核的形式可以结合道路工程出现案例题，将道路工程和季节性施工技术要点合并考核。

第1目1K417010绿化工程，其中栽植工程是案例题考点，其他内容主要以选择题形式考核。

第2目1K417020园林附属工程，此部分内容主要是选择题考点。

核心内容讲解

1K417010 绿化工程

一、栽植基础工程

（一）栽植前土壤处理

栽植前土壤处理包括栽植土、栽植前场地清理、栽植土回填及地形造型、栽植土施肥和表层整理等分项工程。

1.栽植土

栽植土指理化状况良好、适宜于园林植物生长的土壤。

园林植物栽植土包括客土、原土利用、栽植基质等。客土指更换适合园林植物生长的土壤。栽植土应见证取样，经有资质的检测单位检测并在栽植前取得符合要求的测试结果。栽植土应符合下列规定：

（1）土壤值应符合木地区栽植土标准或按pH值5.6~8.0进行选择。

（2）土壤全盐含量、土壤密度应达到规范要求。

栽植基础严禁使用含有害成分的土壤，除有设施空间绿化等目的的特殊隔离地带，绿化栽植土壤有效土层下不得有不透水层。

绿化栽植的土壤含有害成分（特别是化学成分）以及栽植层下有不透水层，影响植物根系生长或造成死亡的，土壤中有害物质必须清除。不透水层影响植物扎根及土壤通气的，必须进行处理，达到通透。

2.栽植前场地清理

（1）应将现场内的渣土、工程废料、宿根性杂草、树根及其他有害污染物清除干净。

（2）场地标高及清理程度应符合设计和栽植要求。

3.栽植土回填及地形造型

栽植土回填及地形造型应符合下列规定：

（1）造型胎土、栽植土应符合设计要求并有检测报告。

（2）回填土及地形造型的范围、厚度、标高、造型及坡度均应符合设计要求。

4.栽植土施肥和表层整理

栽植土施肥应符合下列规定：

（1）商品肥料应有产品合格证明，或已经过试验证明符合要求。

（2）有机肥应充分腐熟后方可使用。使用无机肥料应测定绿地土壤有效养分含量，并宜采用缓释性无机肥。

栽植土表层整理位按下列方式进行：

栽植土表层不得有明显低洼和积水处，花坛、花境栽植地30cm深的表土层必须疏松。

（二）重盐碱、重黏土地土壤改良

土壤全盐含量大于或等于0.5%的重盐碱地和土壤为重黏土地区的绿化栽植工程应实施土壤改良。

重盐碱、重黏土地土壤改良的原理和工程措施基本相同。土壤改良工程应由具备相应资质的专业施工单位施工。

（三）设施顶面栽植基层工程

屋顶绿化、地下停车场绿化、立交桥绿化、建筑物外立面及围栏绿化统称设施绿化。

设施顶面绿化栽植基层应有良好的防水排灌系统，防水层不得渗漏。

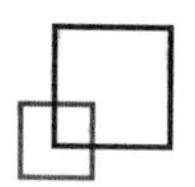

设施顶面绿化栽植基层包括耐根穿刺防水层、排蓄水层、过滤层、栽植土层。耐根穿刺防水层的功能是防渗漏，确保设施使用功能。排蓄水层、过滤层使栽植层透气保水，保证植物能正常生长。

1.耐根穿刺防水层按下列方式进行：

施工完成应进行蓄水或淋水试验，24h内不得有渗漏或积水。

2.排蓄水层按下列方式进行：

凹凸形型料排蓄水板厚度、顺槎搭接宽度应符合设计要求，设计无要求时，搭接宽度应大于15cm。

（四）坡面绿化防护栽植基层工程

土壤坡面、岩石坡面、混凝土覆盖面的坡面等在进行绿化栽植时，应有防止水土流失的措施。

（五）水湿生植物栽植槽工程

水景园、水湿生植物景点、人工湿地的水湿生植物栽植槽工程应符合下列规定：

1.栽植槽的材料、结构、防渗应符合设计要求；

2.槽内不宜采用轻质土或栽培基质。

【经典例题】1.（2014年真题）地下停车场顶面绿化栽植基层有（　　）。

A.栽植土层　　B.设施层

C.过滤层　　D.排蓄水层

E.耐根穿刺防水层

【答案】ACDE

【嗨·解析】设施顶面绿化栽植基层包括耐根穿刺防水层、排蓄水层、过滤层、栽植土层。耐根穿刺防水层的功能是防渗漏，确保设施使用功能。排蓄水层、过滤层使栽植层透气保水，保证植物能正常生长。

二、栽植工程

（一）草坪建植

草坪建植的方法有籽播、喷播、植生带、铺植等。

铺植草坪方法有密铺、间铺、点铺、茎铺。适用范围见表1K417010-1。

铺植草坪方法及适用范围　表1K417010-1

序号	铺植方法	适用范围
1	密铺	（1）块与块之间应留有20~30mm缝隙，再行填土，铺后及时滚压浇水； （2）很好的景观，但建坪成本高
2	间铺	用1m²的草坪宜有规则地铺设2~3m²面积
3	点铺	用1m²草坪宜点种2~5m²面积。适用于密丛型草坪草类
4	茎铺	（1）暖季型草种以春末夏初为宜，冷季型草种以春秋为宜； （2）选剪30~50mm长的枝茎，及时撒铺，撒铺后滚压并覆土10mm

（二）花坛、花境建植

1.栽植

（1）施工人员必须是经过专业技术培训的园林工人或具有相关知识与技能的人员。

（2）种植穴稍大，使根系舒畅伸展。盆栽苗要除去花盆及垫片。栽植深度应保持花苗原栽植深度，严禁栽植过深。

（3）栽后填土应充分压实，使穴面与地面相平或略凹。

（4）栽后应用喷灌或者细眼喷头浇足水分，待水沉后再浇一次。

（5）大株的宿根花卉和木本花卉栽植时，应进行根部修剪，去除伤根、烂根、枯根。

2.验收与备案

（1）验收应在栽植过程中分段进行，分别为：定位放样、挖穴、换土、施肥、植株质量、修剪、栽植、筑堰、浇水。

（2）计算成活率和保存率时，应剔除由于不可抗拒因素造成的植株死亡。

（三）树木栽植

树木有深根性和浅根性两种。种植深根性的树木需有深厚的土壤，在栽植大乔木时比小乔木、灌木需要更厚的土壤。

1.树木栽植季节选择

树木栽植对于不同季节有不同的要求，见表1K417010-2。

树木栽植季节选择　表1K417010-2

移植季节	注意事项
春季移植	落叶树早移，常绿树后移
秋季移植	北方冬季寒冷的地区，秋季移植植物均需要带土球栽植
雨季移植	适宜移植常绿树及萌芽力较强的树种
非适宜季节移植	①常绿树种起苗时应带较正常情况大的土球，对树冠进行疏剪、摘叶，做到随掘、随运、随栽，及时灌水，叶面经常喷水，晴热天气应遮阴。冬季应防风防寒，尤其是新栽植的常绿乔木，如雪松、油松、马尾松等。 ②落叶乔木采取以下技术措施：提前疏枝、环状断根、在适宜季节起苗用容器假植、摘去部分叶片等。另外，夏季可搭棚遮阴，树冠喷雾、树干保湿，也可采用现代科技手段，喷施抗蒸腾剂，树干注射营养液等措施，冬季应防风防寒

2.树木栽植施工要点

（1）定点放线

规则式种植，树穴位置必须排列整齐，横平竖直。行道树定点，行位必须准确，大约每50m钉一控制木桩，木桩位置应在株距之间。树位中心可用镐刨坑后放白灰。

孤立树定点时，应用木桩标志于树穴的中心位置上，木桩上写明树种和树穴的规格。绿篱和色带、色块，应在沟槽边线处用白灰线标明。

（2）挖种植穴、槽

一般要求树穴直径应较根系和土球直径加大150～200mm，深度加100～150mm：树槽宽度应在土球外两侧各加100mm，深度加150～200mm。如遇土质不好，需进行客土或采取施肥措施的应适当加大穴槽规格。

挖种植穴、槽应垂直下挖，穴槽壁要平滑，上下口径大小要一致，以免树木根系不能舒展或填土不实。底部应留一土堆或一层活土，挖出的表土和底土、好土、坏土分别置放。在新填土方地区挖树穴、槽，应将底部踏实。

（3）栽植修剪

①根系修剪：对已劈裂、严重磨损和生长不正常的偏根及过长根进行修剪。

②灌木地上部分修剪：中高外低，内疏外密。

③乔木地上部分修剪：削枝保干。

（4）栽植

①若种植土太瘦瘠，就要先在穴底垫一层基肥。基肥一定要用经过充分腐熟的有机肥。如堆肥、厩肥等。基肥层以上应当铺一层壤土，厚50mm以上。

②栽植深度，裸根乔木，应较原根茎土痕深50～100mm；灌木应与原土痕齐；带土球苗木比土球顶部深20～30mm。

③行列式植树必须保持横平竖直，左右相差最多不超过树干一半。因此，种植时应事先栽好“标杆树”。

（5）树木定植后

①树木定植后24h内必须浇上第一遍水（头水、压水），水要浇透。

②常规做法为定植后必须连续灌水3次，之后视情况适时灌水。浇三水之间，都应中耕一次，用小锄或铁耙等工具，将堰内的土表锄松。

③树木自挖掘至栽植后整个过程中，若遇高气温时，应适当稀疏枝叶，或搭棚遮阴

保持树木湿润。天寒风大时，应采取防风保温措施。

④乔木、大灌木、在栽植后均应支撑。应根据立地条件和树木规格进行三角支撑、四柱支撑、联排支撑及软牵拉。

⑤凡列为工程的树木栽植，及非栽植季节的栽植均应做好记录，作为验收资料，内容包括：栽植时间、土壤特性、气象情况、栽植材料的质量、环境条件、种植位置、栽植后植物生长情况、采取措施以及栽植人工和栽植单位与栽植者的姓名等。

（四）大树移植

1.树木的规格符合下列条件之一的均属于大树移植：

（1）落叶和阔叶常绿乔木：胸径在20cm以上。

（2）针叶常绿乔木：株高在6m以上或地径在18cm以上。胸径是指乔木主干在1.3m处的树干直径；地径是指树木的树干接近地面处的直径。

2.大树移植要点：

（1）移植时间

大树移植的时间最好是在树木休眠期，春季树木萌芽期和秋季落叶后均为最佳时间。如有特别需要，也可以选择在生长旺季（夏季）移植，最好选择在连阴天或降雨前后移植。

（2）准备工作

移植大树前必须做好树体的处理。首先要对所移植树木生长地的四周环境、土质情况、地上障碍物、地下设施、交通路线等进行详细了解。还要对树冠进行必要修剪，树干采用麻包片或者草绳围绕，一般包裹从根茎至分枝点的部分。

选定的移植大树，应在树干南侧做出明显标识，标明树木的阴、阳面及出土线。

①落叶树移植的树冠修剪：裸根移植一般采取重修剪，剪掉全部枝叶的1/3～1/2；带土球移植应适当轻剪，剪去枝条的1/3即可。修剪2cm以上的枝条，剪口应涂抹防腐剂。

②常绿树移植前一般不需修剪：定植后可剪去移植过程中的折断枝、徒长枝、病虫枝等，修剪时应留10~20mm木橛，剪后涂防腐剂。

（3）挖掘包扎

根据起掘和包扎方式不同可分为三种不同的移植方法：土球挖掘、木箱挖掘和裸根挖掘。

裸根挖掘适用于大多数落叶阔叶树在休眠期的栽植，如国槐、刺槐、火炬树等。

树木胸径20～25cm时，可采用土球移栽进行软包装。当树木胸径大于25cm时，可采用土台移栽，用箱板包装。

（4）大树的栽植

大树的栽植的施工步骤包含挖种植穴，栽植，方向确定，还土，开堰，其注意事项见表1K417010-3。

大树栽植流程　表1K417010-3

步骤	注意事项
挖种植穴	按设计位置挖种植穴
栽植	①栽植时要栽正扶植； ②栽植深度应保持下沉后原土痕和地面等高或略高，树干或树木的重心应与地面保持垂直
方向确定	栽植前要确定新栽植地的方向是否和原生长地的方向一致，这将极大地提高大树移植后的成活率
还土	①还土时要分层进行，每300mm一层，一般用种植土和腐殖土以7：3的比例混合均匀使用； ②注意肥土必须充分腐熟，填满后踏实即可
开堰	裸根、土球树要开圆堰，土堰内径与坑沿相同

（5）移植后养护管理

大树移植后为了确保移栽成活和树木健壮生长，后期养护管理不可忽视。如下措施可以提高大树的成活率，见表1K417010-4。

大树移植 表1K417010-4

步骤	注意事项
支撑树干	一般采用支撑固定法来确保大树的稳固，一般一年后，大树根系恢复好方可撤除
平衡株势	对移植于地面上的枝叶进行相应修剪，保证植株根冠比，维持必要的平衡关系
包裹树干	用浸湿的草绳从树干基部密密缠绕至主干顶部
合理使用营养液	补充养分和增加树木的抗性
水肥管理	①大树移植后应当连续浇3次水，浇水要掌握“不干不浇，浇则浇透”的原则； ②由于损伤大，在第一年不能施肥，第二年根据生长情况施农家肥

（五）城市绿化植物与有关设施的距离要求

树木与架空线的距离应符合下列要求：

1.电线电压380V，树枝至电线的水平距离及垂直距离均不小于1.00m。

2.电线电压3000~10000V，树枝至电线的水平距离及垂直距离均不小于3.00m。

3.不宜种树木的建筑物、构筑物的名称：（1）道路侧石旁；（2）路旁变压器外缘、交通灯柱；（3）警亭；（4）路牌、交通指示牌、车站标志；（5）消防龙头、邮筒；（6）天桥边缘。

【经典例题】2.（2015年真题）大树移植后，为提高大树的成活率，可采取的措施有（　　）。

A.支撑树干　　B.平衡株势

C.包裹树干　　D.立即施肥

E.合理使用营养液

【答案】ABCE

【经典例题】3.（2014年真题）决定落叶乔木移植土球大小的是（　　）。

A.树龄　B.树高　C.冠幅　D.胸径

【答案】D

三、施工期养护

园林植物栽植后到工程竣工验收前，为施工期间的植物养护时期。

（一）相关规定

绿化栽植工程应编制养护管理计划，并按计划认真组织实施，养护计划应包括下列内容：（1）浇水；（2）除草；（3）治虫；（4）施肥；（5）整形；（6）支撑。

（二）养护管理措施

1.灌溉与排水

栽植成活的树木，在干旱或立地条件较差土壤中，及时进行灌溉。对水分和空气温度要求较高的树种，须在清晨或傍晚进行灌溉。立地条件差的范围内，灌溉前先松土，夏季灌溉早、晚进行，灌溉一次浇透。树木周围暴雨后的积水尽快排除，新栽树木周围的积水应尽快排除以免影响根部呼吸。

2.中耕锄草

这一环节在树木养护中是重要的组成部分，它关系着植物营养的摄取、植物的生存空间、景观的观赏效果。中耕宜在晴天，或雨后2~3d进行；夏季中耕同时结合除草一举两得，宜浅些；秋后中耕宜深些，且可结合施肥进行。除草要本着“除早、除小、除了”原则。

3.施肥

根据季节和植物的不同生长期，制定不同的施肥计划。如：开花发育时期，植物对各种营养元素的需要都特别迫切，而钾肥的作用更为重要。树木在春季和夏初需肥多，在生长的后期则对氮和水分的需要一般很少。

4.整形与修剪

（1）乔木类：在保证树形的前提下主要

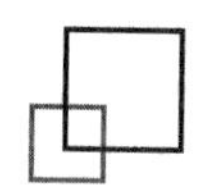

修除长枝、病虫枝、交叉枝、并生枝、下垂枝、扭伤枝以及枯枝烂头。

（2）灌木类：

①灌木修剪按照“先上后下、先内后外、去弱留强、去老留新”的原则进行。

②规模整形修剪在休眠期进行为好，修剪程度可分整冠式、剪枝式和剪干式三种。

③整冠式原则应保留原有的枝干，适用于萌芽力弱的树种。

④截枝式只保留树冠的三级分枝，将其上部截去，适宜生长较快、萌芽力较强的树种。

5.病虫害的防治

一旦发现病虫害，以生态效益为重，采用物理防治为先，运用化学药剂为辅，使用化学药剂严格参照有关法令安全执行。

6.防护措施

（1）绑扎：是一项临时措施，采取铅丝或绳索绑扎树枝，绑扎点垫蒲包，不得损伤树枝；另一端固定。也可多株树串联起来再行固定。

（2）扶正：一般在树木休眠期进行。但对树身已严重倾斜的树株，在雨季来临前做好立支柱、绑扎等工作，待风雨过后再做好扶正工作。

【经典例题】4.（2016年真题）植物在开花发育时期对各种营养元素的需要都特别迫切，其中（　　）的作用更为重要。

A.氮　　B.磷　　C.钾　　D.氨

【答案】C

【嗨·解析】根据季节和植物的不同生长期，制定不同的施肥计划。如：开花发育时期，植物对各种营养元素的需要都特别迫切，而钾肥的作用更为重要。

【经典例题】5.不属于灌木修剪原则的是（　　）。

A.先下后上　　B.先内后外

C.去弱留强　　D.去老留新

【答案】A

【嗨·解析】灌木修剪按照“先上后下、先内后外、去弱留强、去老留新”的原则进行。

1K417020 园林附属工程

一、园路与广场地面铺装工程

（一）园路工程

1.园路的作用及分类

园路一般有以下几类：整体路面，块料路面，碎料路面，简易路面，见表1K417020–1。

园路路面材料构成及适用范围　表1K417020–1

路面类型	材料构成及适用范围
整体路面	包括水泥混凝土路面和沥青混凝土路面，可作园林主路
块料路面	包括各种天然块石或各种预制块料铺面的路面
碎料路面	用各种碎石、瓦片、卵石等组成的路面
简易路面	由煤屑、炉渣、三合土等组成的路面，多用于临时性或过渡性园路

2.园路的结构

园路结构包括：面层，结合层，基层，路基，其材料构成及作用见表1K417020–2。

园路结构材料构成及作用　表1K417020–2

路面结构	材料构成及作用
面层	（1）需要承受车辆、人行荷载及大气因素的破坏； （2）材料多选水泥混凝土、沥青混合料、石材和装饰板材如塑木、防腐木等
结合层	在采用块料铺装面层时，在面层和基层之间，为了结合找平而设置的一层材料
基层	（1）路基之上，起承重作用； （2）多采用干结碎石、灰土或级配砂石层，要求密实，有一定强度及承载力
路基	路面的基础，它不仅为路面提供一个平整的表面，而且承受路面传下来的荷载，是保证路面强度和稳定性的重要条件之一

3.园路施工

园路施工的流程为：

定桩放线→开挖路槽→铺筑基层→铺筑结合层→铺筑面层→路面装饰施工→安装路缘石。

（二）广场工程

1.施工准备

（1）材料准备

准备施工机具、基层和面层的铺装材料，以及施工中需要的其他材料。

（2）场地确认和清理施工现场

明确施工范围；了解周边的水电情况；了解交通状况，判断是否需要修施工道路；明确现状的地下管网和地下构筑物；设计的水准点位置；清理施工现场，为场地敷线做准备。

（3）场地放线

按照广场设计图所绘施工坐标方格网，将所有坐标点测设到场地上并打桩定点。然后，以坐标桩点为准，根据广场设计图，在场地地面上放出场地的边线、主要地面设施的范围线和挖方区、填方区的零点线。

（4）地形复核

对照广场竖向设计图，复核场地地形。

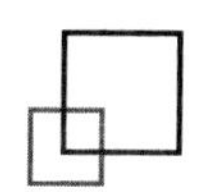

各坐标点、控制点的自然地坪标高数据有缺漏的要在现场测量补上。

2.场地平整与找坡

（1）挖方与填方施工

挖填方工作量较小时，可用人力施工；工程量较大时，应该进行机械化施工。填方区的堆填顺序，应当是先深后浅：先分层填实深处，后填浅处。每填一层就夯实一层，直到设计的标高处。

（2）场地平整与找坡

挖、填方工程基本完成后，对挖填出的新地面进行整理。要铲平地面，使地面平整度误差限制在20mm以内。根据各坐标桩标明的该点填挖高度数据和设计的坡度数据对场地进行找坡，保证场地内各处地面都基本达到设计的坡度。土层松软的局部区域还要做地基加固处理。

3.地面施工

（1）基层的施工

由于广场平面面积较大，在施工中注意基层的稳定性，确保施工质量。避免今后广场地面发生不均匀沉降。

（2）面层的施工

采用整体现浇的混凝土面层，可事先分成若干规则的浇筑块（单元），每块面积在4m×3m至7m×6m之间，然后逐块施工。块之间的缝隙做成伸缩缝。

（3）地面的装饰

依照设计的图案、纹样、颜色、装饰材料等进行地面装饰性铺装。

【经典例题】1.（2012年真题）下列路面中，适用于园林车行主干路的是（　　）路面。

A.水泥混凝土　　B.卵石

C.炉渣　　D.碎石

【答案】A

【嗨·解析】园路一般分为：整体路面、块料路面、碎料路面和简易路面。其中整体路面包括水泥混凝土路面和沥青混凝土路面，可作园林主路。

二、假山、叠石、置石工程

（一）假山类型与材料

1.假山类型

（1）按材料可分为土假山、石假山、石土混合假山。

（2）按施工方式可分为筑山、掇山、凿山和塑山。

（3）按假山在园林中的位置和用途可分为园山、庭山、池山、楼山、阁山、壁山、厅山、书房山和兽山。

2.假山材料的种类与性能

假山材料种类分为素土，人工仿石，山石，见表1K417020-3。

假山材料种类及注意事项　表1K417020-3

材料种类	注意事项
素土	坡度较缓，主要用于微地形的塑造
人工仿石	投资少，见效快
山石	太湖石：修筑叠石假山、园林古建不可多得的上等石材佳品

（二）假山施工

假山施工是指按照假山设计图纸的尺寸进行定位、放线、堆叠、整修的过程。

1.施工准备

施工前应由设计单位提供完整的假山叠石工程施工图及必要的文字说明，并进行设计交底。

2.分层施工

假山施工要自下而上、自后向前、由主及次、分层进行，确保稳定实用。

假山分层施工工艺流程：放线挖槽→基础施工→拉底→中层施工→扫缝→收顶→检查→完形。

3.假山洞、假山磴道施工

假山洞结构形式一般分为“梁柱式”、“挑

梁式”和“券拱式”，应根据需要采用。

（三）人工塑山

1.分类与材料

（1）人工塑山是指采用混凝土、玻璃钢、有机树脂等现代材料和石灰、砖、水泥等非石材料，经过人工塑造而成的假山。按照应用材料来分，人工塑山可以分为砖石混凝土塑山、钢筋混凝土塑山、新型材料塑山。目前新型材料塑山应用广泛。

（2）塑山的新型材料主要有：玻璃纤维强化型胶FRB、玻璃纤维强化水泥GRC和碳纤维增强混凝土CFRC三种。

（3）GRC的基本组成材料为水泥、砂、纤维和水，另外还添加聚合物、外加剂等用于改善后期性能的材料。此种材料具有质轻、高强、抗冻、耐水湿、可塑性强、订做产品周期短等诸多优点。

2.GRC型山施工

施工流程包括：立基→布网→立架→组装→修饰。

【经典例题】2.下列材料中，可用作人工塑山的建筑材料有（　　）。

A.混凝土

B.片石

C.玻璃钢

D.玻璃纤维强化塑胶

E.玻璃纤维强化水泥

【答案】ACDE

【经典例题】3.GRC塑山施工工艺包含以下（　　）程序。

A.立基　　B.布网

C.立架　　D.组装

E.调整

【答案】ABCD

【嗨·解析】GRC塑山施工：（1）立基；（2）布网；（3）立架；（4）组装；（5）修饰。

三、园林理水工程

（一）园林给水工程

1.园林用水类型与管网布置

（1）园林用水类型

园林用水包括生活用水，养护用水，造景用水，消防用水，见表1K417020-4。

园林用水类型　表1K417020-4

类型	内容
生活用水	餐厅、商店、内部食堂、茶室、小卖部、消毒饮水器及卫生设备等用水
养护用水	植物灌溉、动物笼舍的冲洗用水和夏季广场、园路的喷洒用水等
造景用水	各种喷泉、跌水、瀑布、湖泊、溪涧等水景用水
消防用水	古建筑或主要建筑周围应设的消防用水

（2）园林给水管网布置

①干管应靠近主要供水点。

②干管靠近调蓄设施。

③管网布置要力求经济，并满足最佳水力条件。

④管网布置应能够便于检修维护。

⑤干管应尽量埋设在绿地下，尽可能避免埋设在园路下。

⑥管网布置应保证使用安全，避免损坏和受到污染，按规定和其他管道保持一定距离。

（3）管网附件

①为便于检修养护，要求每500m直线距离设一个阀门井。

②消防栓间距小于120m，主管不小于*DN*100。

③给水管穿越道路或构筑物，必须穿套管

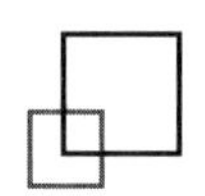

保护。套管可采用钢管、PVC管等，便于后期维修。对于埋深不能满足规范要求，在冰冻线以上时，必须做保温处理，防止冬期冻裂。

2.园林喷灌系统施工

（1）施工流程（步骤）：定线→挖基坑和沟槽→确定水源和给水方式→安装管道→冲洗→水压试验与泄水试验→回填→试喷。

（2）水压试验与泄水试验：

管道使用前必须进行水压试验。方法是：将开口部分全部封闭，竖管用堵头封闭，逐段进行试压。试压压力应为工作压力的1.5倍，且不小于0.6MPa。试验压力下10min（化学建材管为1h）内压力降不应大于0.05MPa，然后降至工作压力进行检查，压力保持不变，不渗不漏。如发现漏水应及时修补，直至不漏为止。

（二）园林排水工程

园林排水方式包括地面排水，沟渠排水，管道排水，见表1K417020-5。

园林排水方式　表1K417020-5

类型		内容
地面排水		最经济、最常用
沟渠排水	明沟	（1）其断面形式有梯形、三角形和自然式浅沟； （2）明沟的沟底不得低于附近水体的高水位
	暗沟	（1）暗沟又称为盲沟，是一种地下排水渠道。主要用于排除地下水，降低地下水位； （2）适用于一些要求排水良好的全天候的体育活动场地、地下水位高的地区以及某些不耐水的园林植物生长区等
管道排水		（1）管道排水的系统由雨水口、管道和出水口组成； （2）排水管管材有：PE管、U PVC管、PPR管及镀锌钢管等

【经典例题】4.（2016年真题）园林给水工程中园路的喷洒用水属于（　　）。

A.生活用水　　B.养护用水

C.造景用水　　D.消防用水

【答案】B

【经典例题】5.园林给水管网布置的考虑因素有（　　）等。

A.管网布置要力求经济，并满足最佳水力条件

B.干管应靠近主要供水点

C.在保证不受冻的情况下，干管宜随地形起伏敷设，避开复杂地形和难于施工的地段，以减少土石方工程量

D.管网布置应能够便于检修维护

E.干管应尽量埋设于园路下，尽可能避免埋设于绿地下

【答案】ABCD

章节练习题

一、单项选择题

1.暖季型草种在华北地区适宜的茎铺季节为（　　）。

A.冬末春初　　B.春末夏初

C.夏末秋初　　D.秋末冬初

2.下列胸径200mm的乔木种类中，必须带土球移植的是（　　）。

A.悬铃木　　B.银杏

C.樟树　　D.油松

3.大树移植的土球大小，一般取其胸径的（　　）倍。

A.3～4　　B.4～6

C.6～10　　D.10以上

4.电压为3000～10000V的电线下方。不能种植（　　）。

A.灌木　　B.常绿树幼苗

C.地被植物　　D.大乔木

5.根据季节和植物的不同生长期，制定不同的施肥计划。如：开花发育时期，植物对各种营养元素的需要都特别迫切，而（　　）肥的作用更为重要。

A.氮　　B.磷　　C.农家　　D.钾

6.园路与城市道路有不同，除具有组织交通的功能外，还有划分空间、引导游览和构成园景的作用，可作园林主道的一般是（　　）。

A.简易路面　　B.块料路面

C.碎料路面　　D.整体路面

7.广场工程施工程序基本与园路工程相同。但由于广场上通常含有花坛、草坪、水池等地面景物，因此，它又比一般道路工程的施工内容更复杂，采用整体现浇的混凝土面层，可事先分成若干规则的浇筑块（单元），每块面积在（　　）之间，然后逐块施工。每块之间的缝隙做成伸缩缝。

A.4m×3m至7m×7m

B.4m×3m至6m×6m

C.4m×3m至7m×6m

D.3m×3m至7m×6m

8.假山洞结构形式一般不含以下哪种（　　）。

A.梁柱式　　B.斗拱式

C.挑梁式　　D.券拱式

9.园林排水主管设置位置描述错误的是（　　）。

A.干管埋在草坪下

B.水管延地形铺设

C.干管埋在园路下

D.水管隔一段距离设置检查井

二、多项选择题

1.栽植土应符合如下规定（　　）。

A.含不透水层

B.无有害成分

C.土壤pH值在5.6～8.0之间

D.土壤pH值在4.5～7.0之间

E.符合本地区栽植土标准

2.水景园、水湿生植物景点、人工湿地的水湿生植物栽植槽工程应符合的规定有（　　）。

A.槽内不宜采用轻质土或栽培基质

B.栽植槽的材料、结构、防渗应符合设计要求

C.使用的栽植土和肥料不得污染水源

D.水湿生植物栽植槽的土壤质量不良时，应更换合格的栽植土

E.栽植槽适宜于园林植物生长的土壤

3.常用的草坪营养建植方法有以下几种（　　）。

A.密铺　　B.满铺

C.间铺　　D.点铺

E.茎铺

4.在进行绿化栽植时，应有防止水土流失的措施的基层工程有（　　）。

A.土壤坡面

B.岩石坡面

C.混凝土覆盖面的坡面

D.公园土坡

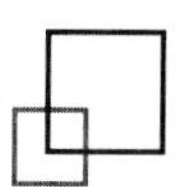

E.小区路面

5.移植300mm胸径大树的管理措施，错误的是（　　）。

A.用浸水草绳从基部缠绕至主干顶部

B.移植后应连续浇3次水，不干不浇，浇则浇透

C.用三根50mm竹竿固定

D.保水剂填入坑

E.一个月后施农家肥

6.按假山在园林中的位置和用途可分为（　　）等。

A.园山　B.塑山

C.庭山　D.凿山

E.阁山

7.塑山的新型材料主要有（　　）。

A.碳纤维增强混凝土

B.玻璃纤维强化塑胶

C.超细水泥

D.玻璃纤维强化水泥

E.高强水泥

8.园林用水类型有（　　）。

A.生活用水　B.养护用水

C.造景用水　D.消防用水

E.紧急用水

9.园林给水的特点是（　　）。

A.用水点分散（布）于起伏的地形上，高程变化大

B.水质可根据用途的不同分别处理

C.园林给水设施比较简单

D.回用率低

E.用水高峰时间可以错开

10.园林排水的特点有（　　）。

A.园林排水成分中，主要是雨雪水和少量生活污水

B.污水可就近排入园中河湖水体

C.园林中地形起伏多变，适宜利用地形排水

D.可以考虑在园中建造小型水处理构筑物或水处理设备

E.排水方式应尽量结合造景

参考答案及解析

一、单项选择题

1.【答案】B

【解析】茎铺时间：暖季型草种以春末夏初为宜，冷季型草种以春秋为宜撒铺方法：应选剪30～50mm长的枝茎，及时撒铺，撒铺后滚压并覆土10mm。

2.【答案】D

【解析】常绿树种起苗时应带较正常情况大的土球，对树冠进行疏剪、摘叶，做到随掘、随运、随栽，及时灌水，叶面经常喷水，晴热天气应遮阴。冬季应防风防寒，尤其是新栽植的常绿乔木，如雪松、油松、马尾松等。

3.【答案】C

【解析】土球规格应为树木胸径的6～10倍。

4.【答案】D

【解析】电线电压3000～10000V，树枝至电线的水平距离及垂直距离均不小于3.00m。

5.【答案】D

【解析】根据季节和植物的不同生长期，制定不同的施肥计划。如：开花发育时期，植物对各种营养元素的需要都特别迫切，而钾肥的作用更为重要。

6.【答案】D

【解析】整体路面包括水泥混凝土路面和沥青混凝土路面，可作园林主道。

7.【答案】C

【解析】采用整体现浇的混凝土面层，应分块（单元）浇筑，每块面积在4m×3m至7m×6m之间，逐块施工。

8.【答案】B

【解析】假山洞结构形式一般分为“梁柱式”、“挑梁式”、“券拱式”，应根据需要采用。

9.【答案】C

【解析】干管应尽量埋设于绿地下，尽可

能避免埋设于园路下。

二、多项选择题

1.【答案】BCE

【解析】栽植土应符合下列规定:

（1）土壤pH值应符合本地区栽植土标准或按pH值5.6～8.0进行选择。

（2）土壤全盐含量、土壤容重应达到规范要求。

栽植基础严禁使用含有害成分的土壤，除有设施空间绿化等目的的特殊隔离地带，绿化栽植土壤有效土层下不得有不透水层。

2.【答案】ABCD

【解析】水景园、水湿生植物景点、人工湿地的水湿生植物栽植槽工程应符合规定:

（1）栽植槽的材料、结构、防渗应符合设计要求;

（2）槽内不宜采用轻质土或栽培基质。

3.【答案】ACDE

【解析】常用的草坪营养建植方法有密铺、间铺、点铺、茎铺。

4.【答案】ABC

【解析】土壤坡面、岩石坡面、混凝土覆盖面的坡面等在进行绿化栽植时，应有防止水土流失的措施。

5.【答案】CE

【解析】高度大于3.0m的常绿树和胸径大于5cm的乔木需要用硬质材料立支柱。由于损伤大，在第一年不能施肥，第二年根据生长情况施农家肥。

6.【答案】ACE

【解析】按假山在园林中的位置和用途可分为圆山、庭山、池山、楼山、阁山、壁山、厅山、书房山和兽山。

7.【答案】ABD

【解析】塑山的新型材料主要有：玻璃纤维强化塑胶、玻璃纤维强化水泥、碳纤维增强混凝土。

8.【答案】ABCD

【解析】园林用水类型包括生活用水、养护用水、造景用水、消防用水。

9.【答案】ABCE

【解析】园林给水的特点:

（1）用水点分散（布）于起伏地形上，高程变化大;

（2）水质可根据用途的不同分别处理;

（3）园林给水设施比较简单;

（4）水资源比较缺乏的地区，园林中的生活用水使用过后，应收集起来，经过初步的净化处理，再作为苗圃、林地等灌溉所用的二次水源;

（5）用水高峰时间可以错开。

10.【答案】ACDE

【解析】园林排水的特点:

（1）园林排水成分中，主要是雨雪水和少量生活污水。园林中的污水属于生活污水，有害物质少，无工业废水的污染;

（2）园林中地形起伏多变，适宜利用地形排水;

（3）雨水可就近排入园中河湖水体;

（4）园林绿地通常植被丰富，地面吸收能力强，地面径流较小，因此雨水一般采取地面排除为主、沟渠和管道排除为辅的综合排水方式;

（5）排水方式应尽量结合造景。可以利用排水设施创造瀑布、跌水、溪流等景观;

（6）排水的同时还要考虑土壤能吸收到足够的水分，以利植物生长，干旱地区应注意保水;

（7）可以考虑在园中建造小型水处理构筑物或水处理设备。

1K420000 市政公用工程项目施工管理

一、本章近三年考情

本章近三年考试真题分值统计　　（单位：分）

节＼年份	2014年		2015年		2016年	
	选择题	案例题	选择题	案例题	选择题	案例题
1K420010 市政公用工程施工招标投标管理		8		5		4
1K420020 市政公用工程造价管理			1	8		
1K420030 市政公用工程合同管理		5		10		4
1K420040 市政公用工程施工成本管理					2	
1K420050 市政公用工程施工组织设计		4		20		23
1K420060 市政公用工程施工现场管理						
1K420070 市政公用工程施工进度管理		5				12
1K420080 市政公用工程施工质量管理		4				
1K420140 市政公用工程施工安全管理	1	15		19		10
1K420150 明挖基坑施工安全事故预防		5		8		
1K420160 城市桥梁工程施工安全事故预防						
1K420170 隧道工程施工安全事故预防						5
1K420180 市政公用工程职业健康安全与环境管理						
1K420190 市政公用工程竣工验收与备案		10		5		

二、本章学习提示

《市政公用工程管理与实务》第2章包含11个管理模块，分别是招投标管理、造价管理、合同管理、成本管理、施工组织设计、现场管理、进度管理、质量管理、安全管理、职业健康安全与环境管理和竣工验收与备案。本章内容在考试中主要出现在案例题中，约占65分。

从历年考试频率和分数比重来看，合同管理、施工组织设计、进度、质量和安全管理相对来说更为重要，详见下图。

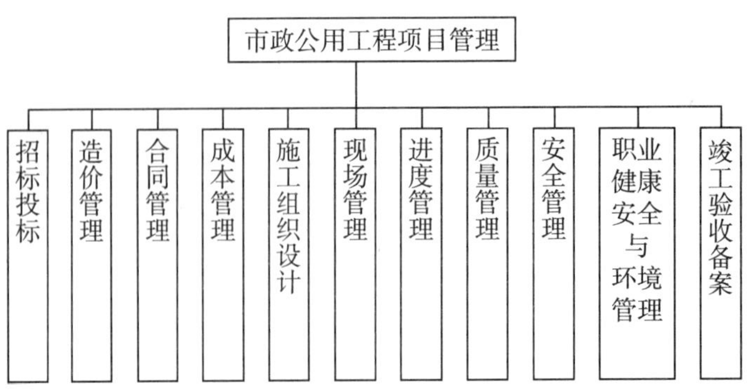

合同管理的核心内容是工程索赔，实践中和案例考试中出现频率高。施工组织设计体现工程项目管理团队尤其是项目经理的项目组织和管理能力，本模块的关键内容是施工组织设计文件编审、安全专项方案、交通导行三个内容，在案例题中，前面两个内容侧重记忆考核，交通导行侧重应用考核。进度管理考核频率最高的是横道图和双代号网络图，是考试必备知识，要求学员能够根据案例所给条件进行绘制、优化调整、相互转换，能够找出关键线路，计算工程，包括结合索赔的工期计算。质量管理涉及各个专业，内容多、篇幅大，所以考核频率也较高，要注意质量管理通用（施工准备阶段质量管理、施工质量过程管理等）和结合每个专业的质量知识。安全是工程项目施工的重要前提，也是案例考核热点内容，但是安全管理这部分，市政实务教材编写的不完整，要注意《建设工程项目管理》和《建设工程法规及相关知识》教材上的部分安全管理知识，例如安全事故等级、安全事故处理等相关内容；因为每个专业的危险性并不一样，所以安全管理更容易结合危险性更高的桥梁工程、基坑工程等进行考核。

招标投标管理发生在建设工程项目的施工开始前的招标投标阶段，关于投标管理是侧重考核点。造价管理的核心内容是工程量清单计价的应用，尤其是工程实施阶段，很容易结合合同变更和工程索赔进行考核。现场管理主要在案例中考核封闭管理、环境保护和实名制的内容，市政工程对现场管理要求越来越高，且现场与安全高度相关，需要引起足够重视。

关于成本管理，施工单位作为直接利益方，即便建造师考试中不做过多考核要求，施工单位也要有足够的动力学习和应用；竣工验收备案在案例中时有考核，尤其要注意竣工验收的程序和报告文件的内容；职业健康安全与环境管理仅在2013年的案例中考核过一问。

1K420090 城镇道路工程质量检查与检验，本目内容已合并于本书第二篇第一节1K411000城镇道路工程中。

1K420100 城市桥梁工程质量检查与检验，本目内容已合并于本书第二篇第二节1K412000城市桥梁工程中。

1K420110 城市轨道交通工程质量检查与检验，本目内容已合并于本书第二篇第三节1K413000城市轨道交通工程中。

1K420120 城市给水排水场站工程质量检查与检验，本目内容已合并于本书第二篇第四节1K414000城市给水排水工程中。

1K420130 城市管道工程质量检查与检验，本目内容已合并于本书第二篇第五节1K415000城市管道工程中。

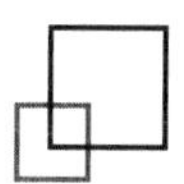

1K420010 市政公用工程施工招标投标管理

本节知识体系

市政公用工程施工招标投标管理
- 市政公用工程施工招标投标管理
- 市政公用工程施工招标条件与程序
- 市政公用工程施工投标条件与程序

核心内容讲解

一、市政公用工程施工招标投标管理

招标投标活动应当遵循公开、公平、公正和诚实信用的原则。招投标大致流程：编制招标文件→发布招标公告/投标邀请书→发售标书→踏勘现场→答疑→评标→定标→签订合同。

（一）招标

1.招标文件内容：

（1）招标公告或投标邀请书；（2）投标人须知；（3）合同主要条款；（4）投标文件格式；（5）工程量清单；（6）技术条款；（7）设计图纸；（8）评标标准和方法；（9）投标辅助材料。

2.招标方式

工程施工招标分为公开招标和邀请招标：

公开招标，招标人应当在国家指定的报刊和信息网络上发布招标公告，邀请不特定的法人或者其他组织投标。

邀请招标，招标人应当向三家以上具备承担施工招标项目的能力、资信良好的特定法人或者其他组织发出投标邀请书。

3.招标公告

（1）招标人的名称和地址；

（2）招标项目的内容、规模、资金来源；

（3）招标项目的实施地点和工期；

（4）获取招标文件或者资格预审文件的地点和时间；

（5）对招标文件或者资格预审文件收取的费用；

（6）对招标人资质等级的要求。

4.资格审查

资格预审：投标前对潜在投标人进行的资格审查。

资格后审：开标后对投标人进行的资格审查。

嗨·点评 招标方式，要求掌握公开招标和邀请招标的主要特点，案例考改错题；招标文件内容了解即可，招标公告内容要求熟悉；准确理解两种资格审查时间和审查对象。

（二）投标

投标人应当按照招标文件的要求编制投标文件。投标文件应当对招标文件提出的实质性要求和条件作出响应。

1.投标通常由商务部分、经济部分、技术部分等组成，详见表1K420010-1。

投标文件组成　表1K420010-1

组成成分	内容	记忆口诀
商务部分	（1）投标函及投标函附录； （2）法定代表人身份证明或附有法定代表人身份证明的授权委托书； （3）联合体协议书； （4）投标保证金； （5）资格审查资料； （6）投标人须知前附表规定的其他材料	证书含（函）金量（料）
经济部分	（1）投标报价； （2）已标价的工程量； （3）拟分包项目情况	量价分包
技术部分	（1）主要施工方案； （2）进度计划及措施； （3）质量保证体系及措施； （4）安全管理体系及措施； （5）消防、保卫、健康体系及措施； （6）文明施工、环境保护体系及措施； （7）风险管理体系及措施； （8）机械设备配备及保障； （9）劳动力、材料配置计划及保障； （10）项目管理机构及保证体系； （11）施工现场总平面图	方案进度质安消，保健文环风机劳，管理机构平面图

2.投标保证金

投标保证金除现金外，可以是银行出具的银行保函、保兑支票、银行汇票或现金支票。不得超过投标总价的2%。投标保证金有效期应当与投标有效期一致。

投标人不按招标文件要求提交投标保证金的，该投标文件将被拒绝，作废标处理。

嗨·点评 投标文件内容考核选择或案例简答/补充题，可采用口诀记忆；投标保证金考核案例改错题，重点注意2%、有效期和废标条款。

【经典例题】某市政工程项目由政府投资建设，建设单位委托某招标代理公司代理施工招标。招标代理公司确定该项目采用公开招标方式招标，招标公告仅在当地政府规定的招标信息网上发布，招标文件对省内的投标人与省外的投标人提出了不同的要求。招标文件中规定：投标担保可采用投标保证金或投标保函方式担保。评标方法采用经评审的最低投标价法，投标有效期为60d。

项目施工招标信息发布以后，共有12个潜在投标人报名参加投标。为减少评标工作量，建设单位要求招标代理公司对潜在投标人的资质条件、业绩进行资格审查后确定6家为投标人。

开标后发现：A投标人的投标报价为8000万元，为最低投标价。B投标人在开标后又提交了一份补充说明，可以降价5%。C投标人提交的银行投标保函有效期为50d。D投标人投标文件的投标函盖有企业及企业法定代表人的印章，没有项目负责人的印章。E投标人与其他投标人组成了联合体投标，附有各方资质证书，没有联合体共同投标协议书。F投标人的投标报价最高，故F投标人在开标后第二天撤回其投标文件。

经过标书评审：A投标人被确定为第一中标候选人。发出中标通知书后，招标人和A投标人进行合同谈判，希望A投标人能再压缩工期、降低费用。经谈判后双方达成一致：不压缩工期，降价3%。

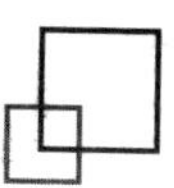

【问题】（1）本工程项目招标公告和招标文件有无不妥之处？给出正确做法。

（2）建设单位要求招标代理公司对潜在投标人进行资格审查是否正确？为什么？

（3）A、B、C、D、E投标人投标文件是否有效？F投标人撤回投标文件的行为应如何处理？

（4）项目施工合同如何签订？合同价格应是多少？

【答案】（1）“招标公告仅在当地政府规定的招标信息网上发布”不妥，公开招标项目的招标公告，必须在国家指定的报刊和信息网络上发布，任何单位和个人不得非法限制招标公告的发布地点和发布范围。

“对省内的投标人与省外的投标人提出了不同的要求”不妥，公开招标应当平等地对待所有的投标人，不允许对不同的投标人提出不同的要求。

（2）“建设单位提出的仅对潜在投标人的资质条件、业绩进行资格审查”不全面。因为资质审查的内容还应包括：①信誉；②技术；③拟投入人员；④拟投入机械；⑤财务状况等。

（3）A投标人的投标文件有效。

B投标人的投标文件（或原投标文件）有效。但补充说明无效，因开标后投标人不能变更（或更改）投标文件的实质性内容。

C投标人投标文件无效，因投标保函有效期小于投标有效期。

D投标人投标文件有效。

E投标人投标文件无效。因为组成联合体投标的，投标文件应附联合体各方共同投标协议。

F投标人的投标文件有效。对F单位撤回投标文件的要求，应当没收其投标保证金。因为投标行为是一种要约，所以在投标有效期内撤回其投标文件的，应当视为违约行为。

（4）该项目应在投标有效期内且自中标通知书发出后30d内按招标文件和A投标人的投标文件签订书面合同，双方不得再签订背离合同实质性内容的其他协议。合同价格应为8000万元。

二、市政公用工程施工招标条件与程序

（一）工程施工招标条件

分为公开招标和邀请招标，具体可见表1K420010-2。

公开招标与邀请招标应具备的条件　表1K420010-2。

类型	公开招标	邀请招标
具备的条件	（1）招标人已经依法成立； （2）初步设计及概算应当履行审批手续的，已经批准； （3）招标范围、招标方式和招标组织形式等应当履行核准手续的，已经核准； （4）有相应资金或资金来源已经落实； （5）有招标所需的设计图纸及技术资料	（1）项目技术复杂或有特殊要求，或受自然地域环境限制；只有少量几家潜在投标人可供选择的； （2）涉及国家安全、国家秘密或者抢险救灾，适宜招标但不宜公开招标的； （3）采用公开招标方式的费用占合同金额的比例过大； （4）法律、法规规定不宜公开招标的

（二）工程施工项目招标程序

详情见表1K420010-3。

工程施工项目招标程序　表1K420010-3

招标程序	备注
招标文件编制	拟定合同主要条款：一般施工合同均分为合同协议书、通用条款、专用条款三部分，招标文件应对专用条款中主要内容做出实质性规定，使投标方能够正确响应。 确定招标工作日程：发标投标最短时间间隔≮20d
发布招标公告	（1）通常在媒体、行业或当地政府规定的招标信息网上发布招标公告；（2）发售标书；（3）组织或要求投标人自行踏勘现场；（4）澄清招标文件和答疑；（5）开标
评标程序	评标专家的选择应在评标专家库采用计算机随机抽取并采用严格的保密措施和回避制度，以保证评委产生的随机性、公正性、保密性。采用综合评估的方法，技术部分的分值权重≤40%，报价和商务部分的分值权重≥60%。依据评分，评标委员会推荐出中标单位排名顺序。 评标委员会要求： ①至少5人以上单数（由招标人代表与技术、经济专家两部分组成）；②不得与投标人有利害关系，也不得是监管部门人员；③专家不少于2/3；④专家随机抽取，招标人代表直接确定；⑤定标前名单应保密
定标原则与方法	（1）评标委员会推荐出中标单位排名顺序，应选择排名第一的中标候选人为中标人；如排名第一的中标候选人放弃其中标资格或被取消中标资格，应由排名第二的中标候选人为中标人，以此类推； （2）如果出现前三名中标候选人均放弃中标资格或未遵循招标文件要求被取消中标资格的，招标人应重新组织招标
合同授予	（1）招标人应在接到评标委员会的书面评标报告后5d内，依据推荐结果确定综合排名第一的中标人； （2）招标人不承诺将合同授予报价最低的投标人； （3）招标人和中标人应当在投标有效期内并在自中标通知书发出之日起30d内，按照招标文件和中标人的投标文件订立书面合同； （4）签合同5日内，退还投标保证金及利息

嗨·点评 重点注意招标程序、招标公告发布、评标委员会要求、定标原则和合同授予要求。

三、市政公用工程施工投标条件与程序

（一）投标条件及投标前准备工作

具体见表1K420010-4。

投标条件及投标前准备工作相关要求　表1K420010-4

条目	备注
投标人基本条件	资质要求：具有招标条件要求的资质证书，并为独立的法人实体
	业绩要求：近三年承担过类似工程项目施工，并有良好的工程业绩和履约记录
	财务要求：财产状况良好，没有经济方面的亏损或违法行为
	质量安全：近几年没有发生重大质量、特大安全事故
投标前准备工作	（1）投标文件应当对招标文件有关施工工期、投标有效期、质量要求、技术标准和招标范围等实质性内容作出响应。切勿对招标文件要求进行修改或提出保留意见； （2）投标文件必须严格按照招标文件的规定编写。重要的项目或数字（质量等级、价格、工期等）如未填写，将作为无效或作废投标文件处理

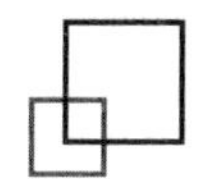

（二）标书编制程序

见表1K420010-5。

标书编制程序　表1K420010-5

程序	备注	
准备工作	（1）熟悉图纸和设计说明，不明确的质疑；（2）踏勘现场；（3）了解招标文件规定的招标范围，材料、半成品和设备的加工订货情况，工程质量和工期的要求，物资供应方式等；（4）询价，主要内容包括：材料市场价、当地人工行情价、机械设备租赁价、分部分项工程分包价等	
技术标书编制	（1）主要施工方案：（2）进度计划及措施；（3）质量保证体系及措施；（4）安全管理体系及措施；（5）消防、保卫、健康体系及措施；（6）文明施工、环境保护体系及措施；（7）风险管理体系及措施；（8）机械设备配备及保障；（9）劳动力、材料配置计划及保障；（10）项目管理机构及保证体系；（11）施工现场总平面图	方案进度质安消，保健文环风机劳，管理机构平面图
计算报价	（1）重新校对工程数量，并根据核对的工程数量确定报价。 （2）措施项目清单可作调整。 通常招标单位只列出措施费项目或不列项目，投标人应分析研究清单项目，采取必要措施降低投标报价风险。 投标人对招标文件中所列项目，可根据企业自身特点和工程实际情况结合施工组织设计对招标人所列的措施项目作适当的增减。 （3）投标人应按招标人提供的工程量清单填报价格。填写的项目编码、项目名称、项目特征、计量单位、工程量必须与招标人提供的一致	
投标报价策略	（1）投标策略：生存型、竞争型和盈利型； （2）以既不提高总价、不影响中标，又能获得较好的经济回报为原则； （3）最常用的投标技巧是不平衡报价法，还有多方案报价法、突然降价法、先亏后盈法、许诺优惠条件、争取评标奖励等	

嗨·点评 询价内容、标书内容、“开口清单”和“闭口清单”、投标报价策略是重点考核内容。

（三）标书制作与递交

由投标的法定代表人或其委托代理人签字或盖单位章。包括加盖公章、法人代表人签字、注册造价工程师签字盖专用章。正本与副本应分别装订成册。按要求对投标文件密封。

标书拒收与否决投标的情况见表1K420010-6。

标书拒收与否决投标的情况　表1K420010-6

类型	出现的情况
标书拒收	①未通过资格预审；②逾期送达；③不按照招标文件要求密封投标文件
否决投标	①投标文件未经投标单位盖章和单位负责人签字；②投标联合体没有提交共同投标协议；③投标人不符合国家或者招标文件规定的资格条件；④同一投标人提交两个以上不同的投标文件或者投标报价，但招标文件要求提交备选投标的除外；⑤投标报价低于成本或者高于招；⑦投标人有串通投标、弄虚作假、行贿等违法行为

嗨·点评 标书签章、标书拒收与否决投标情况是重点考核内容。

章节练习题

一、单项选择题

1.下列不符合公开招标条件的是（　　）。

A.资金正在筹措

B.招标人依法成立

C.初步设计及概算已批准

D.招标范围、方式、组织已批准

2.关于招标环节的排序，正确的是（　　）。

A.发售标书→发布招标公告→踏勘现场→澄清招标文件和答疑→开标

B.发布招标公告→发售标书→踏勘现场→澄清招标文件和答疑→开标

C.踏勘现场→发售标书→发布招标公告→澄清招标文件和答疑→开标

D.发布招标公告→踏勘现场→发售标书→澄清招标文件和答疑→开标

3.定标中，如果出现前三名中标候选人均放弃其中标资格或未遵循招标文件要求被取消其中标资格，招标人（　　）。

A.应重新组织招标　　B.有权确定招标人

C.应确定第四名中标　　D.应放弃招标

4.技术标书编制不包括（　　）。

A.主要施工方案

B.安全文明施工措施

C.公司组织机构

D.安全管理

5.综合单价是按招标文件中分部分项（　　）项目的特征描述确定的。

A.概算　　B.估算

C.预算　　D.工程量清单

6.招标人应在接到评标委员会的书面评标报告后（　　）d内，依据推荐结果确定综合排名第一的中标人。

A.15　　B.7　　C.5　　D.3

7.最常用的投标技巧是（　　）。

A.多方案报价法　　B.突然降价法

C.不平衡报价法　　D.先亏后盈法

8.投标文件不能由（　　）来签署。

A.法人代表

B.法人授权委托人

C.受委托的投标负责人

D.项目经理

二、多项选择题

1.对于工程施工项目招标程序，叙述错误的有（　　）。

A.分包项目划分、分包模式等应依据招标文件确定

B.招标文件应对通用条款中的主要内容做出实质性规定，使投标方能够做出正确的响应

C.在量化评分中，评标专家只有发现问题才可扣分，可不写扣分的书面原因

D.对于技术较为复杂工程项目的技术标书，应当暗标制作、暗标评审

E.招标人在发出中标通知书前，有权依据评标委员会的评标报告拒绝不合格的

2.投标资格审查条件应注重投标人的（　　）。

A.管理体系

B.同类项目施工经验

C.经济效益

D.近三年业绩

E.履约情况

3.技术标书编制重点包括（　　）。

A.施工方案　　B.进度计划及措施

C.投标人资格　　D.资金使用计划

E.施工现场总平面图

4.工程量和相应工程量费用的计算应依据（　　）。

A.市场价格　　B.相关定额

C.计价方法　　D.设计图纸

E.履约情况

5.投标人应按招标人提供的工程量清单填报

价格，填写的（　　）及工程量必须与招标人提供的一致。

A.项目特征　B.市场价格
C.项目名称　D.计量单位
E.项目编码

6.投标文件应当对招标文件（　　）、招标范围等实质性内容做出响应。

A.施工工期　B.投标有效期
C.质量要求　D.技术标准和要求
E.报价要求

7.投标策略是投标人经营决策的组成部分，从投标的全过程分析主要表现有（　　）。

A.生存型　B.组合型
C.竞争型　D.合理型
E.盈利型

8.对于工程施工项目标书编制程序中，叙述正确的有（　　）。

A.要熟悉图纸和设计说明，不明确的地方要在有效时间内向招标人质疑，有必要时应踏勘现场

B.应根据招标文件中提供的相关说明和施工图，重新校对工程数量，并根据核对的工程数量确定报价

C.当招标人不设拦标价时，投标人必须在分析竞争对手的基础上，进行测算后决定报价

D.采取适当的投标技巧可以提高投标文件的竞争性，最常用的投标技巧是突然降价法

E.投标文件编制完成后应反复核对，发现错误应涂改、行间插字或删除

参考答案及解析

一、单项选择题

1.【答案】A

【解析】依法必须招标的工程建设项目，应当具备下列条件才能进行施工招标：

（1）招标人已经依法成立；

（2）初步设计及概算应当履行审批手续的，已经批准；

（3）招标范围、招标方式和招标组织形式等应当履行核准手续的，已经核准；

（4）有相应资金或资金来源已经落实；

（5）有招标所需的设计图纸及技术资料。

2.【答案】B

【解析】发布招标公告→发售标书→踏勘现场→澄清招标文件和答疑→开标，为正常的招标环节。

3.【答案】A

【解析】如果出现前三名中标候选人均放弃中标资格或未遵循招标文件要求被取消中标资格的，招标人应重新组织招标。

4.【答案】C

【解析】技术标书编制的主要内容与要求如下：

（1）主要施工方案；（2）进度计划及措施；（3）质量保证体系及措施；（4）安全管理体系及措施；（5）消防、保卫、健康体系及措施；（6）文明施工、环境保护体系及措施；（7）风险管理体系及措施；（8）机械设备配备及保障；（9）劳动力、材料配置计划及保障；（10）项目管理机构及保证体系；（11）施工现场总平面图。

5.【答案】D

【解析】分部分项工程费应按招标文件中分部分项工程量清单项目的特征描述确定综合单价计算。综合单价应考虑招标文件中要求投标人承担的风险费用。招标文件中提供了暂估单价的材料，按暂估的单价计入综合单价。

6.【答案】C

【解析】招标人应在接到评标委员会的书面评标报告后5d内，依据推荐结果确定综

合排名第一的中标人。

7.【答案】C

【解析】最常用的投标技巧是不平衡报价法，还有多方案报价法、突然降价法、先亏后盈法、许诺优惠条件、争取评标奖励等。

8.【答案】D

【解析】投标文件打印复制后，由投标的法定代表人或其委托代理人签字或盖单位章。

二、多项选择题

1.【答案】ABC

【解析】A依据总承包工程合同和有关规定，确定分包项目划分、分包模式、合同的形式、计价模式及材料（设备）的供应方式，是编制招标文件的基础。B招标文件应对专用条款中的主要内容做出实质性规定，使投标方能够做出正确的响应。C在量化评分中，评标专家只有发现问题才可扣分，并书面写明扣分原因。

2.【答案】BDE

【解析】应符合招标文件对投标人资格规定的条件，主要有：

（1）资质要求：具有招标条件要求的资质证书，并为独立的法人实体；

（2）业绩要求：近三年承担过类似工程项目施工，并有良好的工程业绩和履约记录；

（3）财务要求：财产状况良好，没有经济方面的亏损或违法行为；

（4）质量安全：近几年没有发生重大质量、特大安全事故。

3.【答案】ABE

【解析】技术标书编制的主要内容与要求如下：

（1）主要施工方案；（2）进度计划及措施；（3）质量保证体系及措施；（4）安全管理体系及措施；（5）消防、保卫、健康体系及措施；（6）文明施工、环境保护体系及措施；（7）风险管理体系及措施；（8）机械设备配备及保障；（9）劳动力、材料配置计划及保障；（10）项目管理机构及保证体系；（11）施工现场总平面图。

4.【答案】ABCD

【解析】依据招标文件、设计图纸、施工组织设计、市场价格、相关定额及计价方法进行仔细的计算和分析。

5.【答案】ACDE

【解析】投标人应按招标人提供的工程量清单填报价格。填写的项目编码、项目名称、项目特征、计量单位、工程量必须与招标人提供的一致。

6.【答案】ABCD

【解析】投标文件应当对招标文件有关施工工期、投标有效期、质量要求、技术标准和招标范围等实质性内容作出响应。切勿对招标文件要求进行修改或提出保留意见。

7.【答案】ACE

【解析】投标策略是投标人经营决策的组成部分，从投标的全过程分析主要表现有生存型、竞争型和盈利型。

8.【答案】ABC

【解析】D在保证质量、工期的前提下，在保证预期的利润及考虑一定风险的基础上确定最低成本价，在此基础上采取适当的投标技巧可以提高投标文件的竞争性。最常用的投标技巧是不平衡报价法，还有多方案报价法、突然降价法、先亏后盈法、许诺优惠条件、争取评标奖励等。E投标文件编制完成后应反复核对，尽量避免涂改、行间插字或删除。

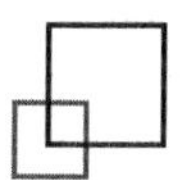

1K420020 市政公用工程造价管理

本节知识体系

市政公用工程造价管理
- 设计概算的应用
- 施工图预算的应用
- 市政公用工程工程量清单计价的应用

核心内容讲解

一、设计概算的应用

设计概算：初步设计或扩大初步设计阶段，设计单位概略算出工程立项开始到交付使用全过程发生的建设费用的文件。

（一）设计概算作用与分级

1.作用：建设项目设计概算是确定和控制建设项目全部投资的文件，是编制固定资产投资计划、实行建设项目投资包干、签订承发包合同的依据，是签订贷款合同、项目实施全过程造价控制管理以及考核项目经济合理性的依据。

2.包括单位工程概算、单项工程综合概算、建设工程总概算三级。

（二）设计概算应包括的主要内容

1.概算总投资由工程费用、其他费用、预备费及应列入项目概算总投资中几项费用组成。

工程费用（第一部分费用）按单项工程综合概算组成编制，采用二级编制的按单位工程概算组成编制。市政公用建设项目一般排列顺序为：主体建（构）筑物、辅助建（构）筑物、配套系统。

预备费包括基本预备费和价差预备费。

应列入项目概算总投资中的几项费用，一般包括建设期利息、铺底流动资金、固定资产投资方向调节税（暂停征收）等。

2.单位工程概算是编制单项工程综合概算（或项目总概算）的依据。单位工程概算一般分建筑工程、设备及安装工程两大类。

3.概算调整

设计概算批准后，一般不得调整。调整概算的原因：

（1）超出原设计范围的重大变更；

（2）超出基本预备费规定范围不可抗拒的重大自然灾害引起的工程变动和费用增加；

（3）超出工程造价调整预备费的国家重大政策性的调整。

调整时，由建设单位调查分析变更原因，报主管部门审批同意后，由原设计单位核实编制调整概算，并按有关审批程序报批。一个工程项目只允许调整一次概算。

（三）概算文件的编审程序和质量控制

1.项目设计负责人和概算负责人负责全部设计概算质量；概算文件编制人员负责概算投资的合理性。

2.概算文件审批程序：编制单位自审→建设单位（项目业主）复审→工程造价主管部门审批。

3.编制审查人员应具有注册造价工程师或造价员资格证书。

嗨·点评　重点注意概算审批程序、概算调整的原因以及调整程序，其余适当了解。

二、施工图预算的应用

(一)施工图预算的作用与组成

施工图预算的作用见表1K420020-1。

施工图预算的作用 表1K420020-1

类别	对建设单位	对施工单位
作用	(1)确定造价的依据; (2)安排资金计划和使用资金的依据; (3)工程量清单和标底编制的依据; (4)是拨付进度款及办理结算的依据	(1)确定投标报价的依据; (2)施工准备的依据,是施工单位编制进度计划、统计完成工作量、进行经济核算的参考依据; (3)是项目二次预算测算、控制项目成本及项目精细化管理的依据

(二)施工图预算的编制方法

1.施工图预算的计价模式

(1)定额计价模式,又称传统计价模式,是采用国家主管部门或地方统一规定的定额和取费标准进行工程计价来编制施工图预算的方法。市政公用工程多年来一直使用定额计价模式,取费标准依据《全国统一市政工程预算定额》和地方统一的市政预算定额。一些大型企业还自行编制企业内部的施工定额。

(2)工程量清单计价模式是指按照国家统一的工程量计算规则,工程数量采用综合单价的形式计算工程造价的方法。计价主要依据是市场价格和企业的定额水平,与传统计价模式相比,计价基础比较统一,在很大程度上给了企业自主报价的空间。

2.施工图预算编制方法

(1)工料单价法是指分部分项工程单价为直接工程费单价,直接工程费汇总后另加其他费用,形成工程预算价。

(2)综合单价法是指分部分项工程单价综合了直接工程费以外的多项费用,依据综合内容不同,还可分为全费用综合单价和部分费用综合单价。我国目前推行的建设工程工程量清单计价其实就是部分费用综合单价,单价中未包括措施费、规费和税金。

(三)施工图预算与工程应用

施工图预算的应用详见表1K420020-2。

施工图预算与工程应用 表1K420020-2

阶段	应用
招投标阶段	招标单位编制标底和清单的依据; 投标单位投标报价的依据
工程实施阶段	施工准备和编制实施性施工组织设计时的参考; 施工单位进行成本控制的依据; 施工图预算也是工程费用调整的依据。工程预算批准后,一般情况下不得调整。在出现重大设计变更、政策性调整及不可抗力等情况时可以调整

嗨·点评 理解性知识,是之后继续学习的铺垫。

三、市政公用工程工程量清单计价的应用

《建设工程工程量清单计价规范》GB 50500—2013于2013年7月1日起颁布实施。

(一)工程量清单计价有关规定

1.使用国有资金投资的建设工程发承包,必须采用工程量清单计价。

2.工程量清单应采用综合单价计价。

3.《清单计价规范》规定,建设工程发承包及实施阶段的工程造价应由分部分项工

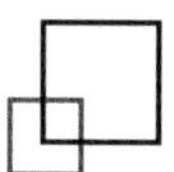

程费、措施项目费、其他项目费、规费和税金组成。见图1K420020。

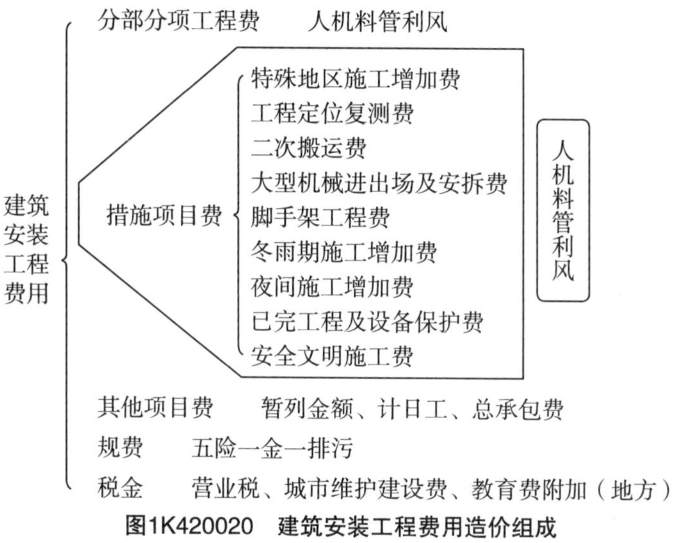

图1K420020 建筑安装工程费用造价组成

（1）分部分项工程费=分部分项综合单价×分部分项工程量；综合单价=人工费+材料费+施工机具施工费+企业管理费+税金+一定风险费。

（2）措施费=分部分项措施费综合单价×分部分项工程量；或以“项”为单位来计价。

（3）招标文件中的工程量清单标明的工程量是投标人投标报价的共同基础，竣工结算的工程量按发、承包双方在合同中约定应予计量且实际完成的工程量确定。

（4）措施项目清单中的安全文明施工费、规费和税金应按照国家或省级、行业建设主管部门的规定计价，不得作为竞争性费用。

（二）工程量清单计价及应用

1.工程投标阶段

（1）招标人提供的工程量清单中必须列出各个清单项目的工程数量。工程量清单工程数量是投标人投标报价的共同基础，为投标人提供一个平等竞争的条件，相同的工程量，由企业根据自身的实力来填报不同的单价，使得投标人的竞争完全属于价格的竞争，其投标报价应反映出企业自身的技术能力和管理能力。

（2）投标人认为招标人公布的招标控制价有问题的，应在招标控制价公布后5d内，向招投标监督机构或（和）工程造价管理机构投诉。

（3）招标工程以投标截止日前28d，非招标工程以合同签订前28d为基准日，其后国家的法律、法规、规章和政策发生变化影响工程造价的，应按省级或行业建设主管部门或其授权的工程造价管理机构发布的规定调整合同价款。

2.工程实施阶段

分部分项工程量的费用应依据双方确认的工程量、合同约定的综合单价计算；如发生调整的，以发、承包双方确认调整的综合单价计算。详细情况见表1K420020-3、表1K420020-4。

工程实施阶段价款调整情况 表1K420020-3

情况	措施
工程量清单中出现漏项； 工程量计算偏差； 工程变更引起工程量增减	按承包人在履行合同过程中实际完成的工程量计算
施工中出现施工图纸（含设计变更）与工程量清单项目特征描述不符	发、承包双方应按新的项目特征确定相应工程量清单的综合单价
因工程量清单漏项或非承包人原因的工程变更，造成增加新的工程量清单项目，工程量清单的计算方法	已有适用的综合单价，按合同中已有的综合单价确定； 有类似的综合单价，参照类似的综合单价确定； 没有适用或类似的综合单价，由承包人提出，发包人确认
分部分项工程量清单漏项或非承包人原因的工程变更，引起措施项目发生变化，造成施工组织设计或施工方案变更	原措施费中已有，按原有措施费的组价方法调整； 原措施费中没有，由承包人提出，发包人确认后调整
非承包人原因引起的工程量增减	工程量变化在合同约定幅度以内的，应执行原有的综合单价； 工程量变化在合同约定幅度以外的，其综合单价及措施费应予以调整
施工期内市场价格波动超出一定幅度时	按合同约定调整工程价款； 合同没有约定或约定不明确的，应按省级或行业建设主管部门或其授权的工程造价管理机构的规定调整

不可抗力及其他项目调整原则 表1K420020-4

不可抗力事件下调整原则	发包人承担	①工程本身的损害； ②因工程损害导致第三方人员伤亡和财产损失； ③运至施工现场用于施工的材料和待安装的设备的损害； ④停工期间，承包人应发包人要求留在施工现场的必要的管理人员及保卫人员的费用； ⑤工程所需清理、修复费用
	承包人承担	承包人的施工机械设备的损坏及停工损失
	各自承担	发包人、承包人人员伤亡
	程序要求	工程价款调整报告应由受益方在合同约定时间内向另一方提出，经对方确认后调整合同价款。未在合同约定时间内提出的，视为不涉及合同价款调整
其他项目费用调整	计日工	发包人实际签证确认事项计算
	暂估价	材料单价应按发、承包双方最终确认价在综合单价中调整
	专业工程暂估价	按中标价或发包人、承包人与分包人最终确认价计算
	总承包服务费	依据合同约定金额计算。发生调整的，以发、承包双方确认调整的金额计算
	索赔费用	发、承包双方确认的索赔事项和金额计算
	现场签证费用	发、承包双方签证资料确认的金额计算
	暂列金额应减去工程价款调整与索赔、现场签证金额计算，如有余额归发包人	

【经典例题】1.设计图纸土方为100万立方米，每立方米单价8元。合同约定非承包方原因导致土方量上下变动在15%以内，不予调整。上浮超过15%，超出部分单价为0.95原单价；减少超过15%，剩余部分单价为1.05原单价，施工单位严格按照图纸（包括设计变更）施工，实际完成120万立方米，问施工单位可结算土方价款？

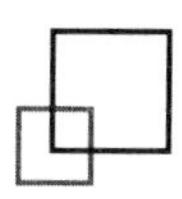

85~115之间不调整；

（120−115）× 0.95 × 8+115 × 8=958万元

（三）合同价款调整

在合同价款调整因素出现后，发、承包双方根据合同约定，对合同价款进行变动的提出、计算和确认，一般规定：

（1）法律法规变化；（2）工程变更；（3）项目特征不符；（4）工程量清单缺项；（5）工程量偏差；（6）计日工；（7）物价变化；（8）暂估价；（9）不可抗力；（10）提前竣工（赶工补偿）；（11）误期赔偿；（12）索赔；（13）现场签证；（14）暂列签证；（15）发、承包双方约定的其他调整事项。

嗨·点评 价款调整是工程项目实施过程中非常常见的情况，属于建造师们必备技能，也是考试的重点。

【经典例题】2.（2012年真题）A公司中标承建某污水处理厂扩建工程，新建构筑物包括沉淀池，曝气池及进水泵房，其中沉淀池采用预制装配式预应力混凝土结构，池体直径为40m，池壁高6m，设计水深4.5m。鉴于运行管理因素，在沉淀池施工前，建设单位将预制装配式预应力混凝土结构变更为现浇无粘贴预应力结构，并与施工单位签订了变更协议。

项目部造价管理部门重新校对工程量清单，并对地板、池壁、无粘结预应力三个项目的综合单价及主要的措施费进行调整后报建设单位。项目部造价管理部门重新校对工程量清单，并对底板、池壁、无粘结预应力三个项目的综合单价及主要的措施费进行调整后报建设单位。

【问题】（1）根据清单计价规范，变更后的沉淀池底板、池壁、预应力的综合单价分别应如何确定？

（2）沉淀池施工的措施费项目应如何调整？

【答案】（1）底板：按原合同中单价执行。池壁：参考原合同中类似项目，确定单价。预应力：原合同中没有，也没有类似项目，双方协商。承包商报价，经监理、业主批准后执行。

（2）原措施费中有的项目，按原措施费组价方法进行调整。没有的，承包商报价，经监理、业主批准后执行。

章节练习题

一、单项选择题

1.建设项目设计概算是（　　）阶段，由设计单位按设计内容概略算出该工程立项开始到交付使用之间的全过程发生的建设费用文件。

A.可行性研究　　B.方案设计

C.初步设计　　D.施工图设计

2.对概算文件的编审程序和质量控制说法错误的是（　　）。

A.概算文件编制人员对投资的质量负责

B.设计概算文件编制的有关单位应当一起制定编制原则、方法，以及确定合理的概算投资水平，对设计概算的编制质量、投资水平负责

C.概算文件需经编制单位自审，建设单位（项目业主）复审，工程造价主管部门审批

D.概算文件的编制与审查人员必须具有国家注册造价工程师资格

3.根据《建设工程清单计价规范》，分部分项工程量清单综合单价由（　　）组成。

A.人工费、材料费、机械费、管理费、利润、风险费

B.直接费、间接费、措施费、管理费、利润

C.直接费、间接费、规费、管理费、利润

D.直接费、安全文明施工费、规费、管理费、利润

4.招标人提供的工程量清单中必须列出各个清单项目的（　　）。

A.工程数量　　B.人工费

C.计价方式　　D.材料费

5.招标工程以（　　）28d为基准日，其后国家的法律、法规、规章和政策发生变化影响工程造价的，应按省级或行业建设主管部门或其授权的工程造价管理机构发布的规定调整合同价款。

A.投标截止日前　　B.投标截止日后

C.中标后　　D.合同签订前

6.由于不可抗力事件导致的费用中，属于承包人承担的是（　　）。

A.工程本身的损害

B.施工现场用于施工的材料损失

C.承包人施工机械设备的损坏

D.工程所需清理、修复费用

7.因不可抗力事件导致承包人的施工机械设备的损坏及停工损失，应由（　　）承担。

A.发包人　　B.保险公司

C.承包人　　D.双方

二、多项选择题

1.建设项目总概算是由（　　）汇总编制而成。

A.单位工程概算

B.各单项工程概算

C.工程建设其他费用概算

D.监理费用概算

E.预备费用概算

2.我国目前推行的部分费用综合单价不包括（　　）。

A.直接工程费　　B.税金

C.施工机械费　　D.规费

E.措施费

3.施工图预算是工程费用调整的依据，一般情况下不得调整，出现以下（　　）情况时可调整。

A.地震灾害　　B.洪水

C.政策性调整　　D.材料涨价

E.重大设计变更

4.《建设工程工程量清单计价规范》GB 50500—2013规定，建设工程发承包及实施阶段的

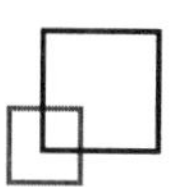

工程造价应由（　　）和规费、税金组成。

A.分部分项工程量清单

B.单项工程清单

C.措施项目清单

D.单位工程清单

E.其他项目清单

5.工程量清单报价中，不得作为竞争性费用的有（　　）。

A.材料费

B.安全文明施工费

C.企业管理费

D.规费

E.税金

6.因工程量清单漏项或非承包人原因的工程变更，造成增加新的工程量清单项目，其对应的综合单价确定方法正确的是（　　）。

A.按市场价格确定

B.按合同中已有的综合单价确定

C.参照合同中类似的综合单价确定

D.由承包人提出经发包人确认后执行

E.由发包人根据有关规定确定

7.因不可抗力事件导致的费用增加，由承包人承担的有（　　）。

A.机械设备的损坏

B.工程所需修复费用

C.发包人人员伤亡

D.现场保卫人员费用

E.施工人员伤亡

参考答案及解析

一、单项选择题

1.【答案】C

【解析】工程设计概算是初步设计或扩大初步设计阶段，由设计单位按设计内容概略算出该工程立项从开始到交付使用之间全过程发生的建设费用文件。

2.【答案】A

【解析】概算文件的编审程序和质量控制：

（1）设计概算文件编制的有关单位应当一起制定编制原则、方法，以及确定合理的概算投资水平，对设计概算的编制质量、投资水平负责。

（2）项目设计负责人和概算负责人对全部设计概算的质量负责；概算文件编制人员应参与设计方案的讨论；设计人员要树立以经济效益为中心的观念，严格按照批准的工程内容及投资额度设计，提出满足概算文件编制深度的技术资料；概算文件编制人员对投资的合理性负责。

（3）概算文件需经编制单位自审，建设单位（项目业主）复审，工程造价主管部门审批。

（4）概算文件的编制与审查人员必须具有国家注册造价工程师资格，或者具有省市（行业）颁发的造价员资格证，并根据工程项目大小按持证专业承担相应的编审工作。

（5）各造价协会（或者行业）、造价主管部门可根据所主管的工程特点制定概算编制质量的管理办法，并对编制人员采取相应的措施进行考核。

3.【答案】A

【解析】分部分项工程清单采用综合单价法计价。综合单价是完成一个规定计量单位的分部分项工程量清单项目或者措施清单项目所需的人工费、材料费、施工机械使用费和企业管理费与利润，以及一定范围内的风险费用。

4.【答案】A

【解析】招标人提供的工程量清单中必须列出各个清单项目的工程数量，这也是工程量清单招标与定额招标之间的一个重大区别。

5.【答案】A

【解析】招标工程以投标截止日前28d，非招标工程以合同签订前28d为基准日，其后国家的法律、法规、规章和政策发生变化影响工程造价的，应按省级或行业建设主管部门或其授权的工程造价管理机构发布的规定调整合同价款。

6.【答案】C

【解析】不可抗力的原则是谁的损失谁负责，C选项承包商的施工机械损坏应当是承包商自己负责。

7.【答案】C

【解析】因不可抗力事件导致承包人施工机具设备的损坏及停工损失，由承包人承担。

二、多项选择题

1.【答案】BCE

【解析】建设工程总概算：是确定整个建设工程从立项到竣工验收所需建设费用的文件。它由各单项工程综合概算、工程建设其他费用以及预备费用概算汇总编制而成。

2.【答案】BDE

【解析】我国目前推行的建设工程工程量清单计价其实就是部分费用综合单价，单价中未包括措施费、规费和税金。所以在工程施工图预算编制中必须考虑这部分费用在计价、组价中存在的风险。

3.【答案】ABCE

【解析】施工图预算也是工程费用调整的依据。工程预算批准后，一般情况下不得调整。在出现重大设计变更、政策性调整及不可抗力等情况时可以调整。

4.【答案】ACE

【解析】《清单计价规范》规定，建设工程发承包及实施阶段的工程造价应由分部分项工程费、措施项目费、其他项目费、规费和税金组成。

5.【答案】BDE

【解析】措施项目清单中的安全文明施工费应按照国家或省级、行业建设主管部门的规计价，不得作为竞争性费用。规费和税金应按国家或省级、行业建设主管部门的规定计算，不得作为竞争性费用。

6.【答案】BCD

【解析】因工程量清单漏项或非承包人原因造成的工程变更，造成增加新的工程量清单项目，其对应的综合单价按下列方法确定：

（1）合同中已有适用的综合单价，按合同中已有的综合单价确定；

（2）合同中有类似的综合单价，参照类似的综合单价确定；

（3）合同中没有适用或类似的综合单价，由承包人提出综合单价，经发包人确认后执行。

7.【答案】AE

【解析】因不可抗力事件导致的费用，发、承包双方应按以下原则分担并调整工程价款：

（1）发包人、承包人人员伤亡由其所在单位负责，并承担相应费用；

（2）承包人施工机具设备的损坏及停工损失，由承包人承担。

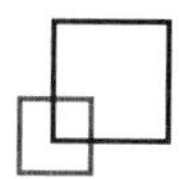

1K420030 市政公用工程合同管理

本节知识体系

市政公用工程合同管理：
- 施工阶段合同履约与管理要求
- 工程索赔的应用
- 施工合同风险防范措施

核心内容讲解

一、施工阶段合同履约与管理要求

（一）施工项目合同管理

1.合同文件组成（协中投专通，技标图清单）：

合同协议书；中标通知书（如果有）；投标函及其附录（如果有）；专用合同条款及其附件；通用合同条款；技术标准和要求；图纸；已标价工程量清单或预算书；其他合同文件。

2.发包人与承包人的义务见表1K420030-1。

发包人与承包人的义务　表1K420030-1

发包人义务	承包人义务
遵守法律； 发包人委托总监向承包人发出开工通知； 提供施工场地（开工前7d，三通一平）； 协助承包人办理证件和批件； 组织设计单位向承包人进行设计交底； 支付合同价款； 组织竣工验收； 其他	①应按合同约定以及监理人的指示，实施、完成全部工程，并修补工程中的任何缺陷； ②对所有现场作业、所有施工方法和全部工程的完备性、稳定性和安全性负责； ③应按照法律规定和合同约定，负责施工场地及其周边环境与生态的保护工作； ④工程接收证书颁发前，应负责照管和维护工程

3.合同管理主要内容

合同管理包括：分包合同、买卖合同、租赁合同、借款合同等。

必须以书面的形式订立合同、洽商变更和记录，并应签字确认。

（二）施工项目合同的履约（略）

（三）合同变更与评价

合同变更与评价见图1K420030-1。

合同变更
- 变更范围
  - 增加或减少合同中任何工作，或追加额外的工作
  - 取消合同中任何工作，但转由他人实施的工作除外
  - 改变合同中任何工作质量标准或其他特性
  - 改变工程的基线、标高、位置和尺寸
  - 改变工程的时间安排或实施顺序
  - 设备、材料和服务的变更
- 变更程序
  - 变更可由发包或承包方提出；
  - 承包方提出变更程序：承包方根据施工合同，向监理工程师提出变更申请；
  - 监理工程师进行审查，将审查结果通知承包方。
  - 监理工程师向承包方提出变更令；涉及设计变更的，设计单位提供变更后的图纸和说明。
- 变更价款
  - 变更发生后的14d内，承包方提出变更价款报告，经工程师确认后调整合同价；
  - 若变更发生后14d内，承包方不提出变更价款报告，则视为该变更不涉及价款变更；
  - 工程师收到变更价款报告日起14d内应对其予以确认；
  - 若无正当理由不确认时，自收到报告时算起14d后该报告自动生效。

图1K420030-1　合同变更与评价

嗨·点评 口诀记忆合同文件组成内容，记忆发包人义务，记忆并会运用变更程序。

二、工程索赔的应用

（一）工程索赔的处理原则

1.承包方必须掌握有关法律政策和索赔知识，进行索赔须做到（有理有据有合同，准确记录并计算）：

（1）有正当索赔理由和充分证据；

（2）索赔必须以合同为依据，按施工合同文件有关规定办理；

（3）准确、合理地记录索赔事件并计算索赔工期、费用。

2.施工单位能不能索赔的判断原则（无责有损，规定时限）

不是施工单位应当承担的责任，且有实际损失，施工单位在规定时限内可以进行索赔。

（二）承包方索赔的程序

承包方的索赔程序见图1K420030-2。

索赔程序
- 提出索赔意向通知
  - 索赔事件发生28d内，向监理工程师发出索赔意向通知
  - 同时仍需遵照监理工程师的指令继续施工，逾期提出时，监理工程师有权拒绝承包方的索赔要求
- 提交索赔申请报告及有关资料
  - 发出索赔意向通知后，承包方应在28d内向监理工程师提交索赔申请报告及有关资料
- 审核索赔申请
  - 监理工程师在收到承包方送交的索赔报告和有关资料后，在28d内给予答复，或要求承包方进一步补充索赔理由和证据。监理工程师在28d内未给予答复或未对承包方作进一步要求，视为该项索赔已经认可
- 持续性索赔事件
  - 当索赔事件持续进行时，承包方应当阶段性地向监理工程师发出索赔意向通知，在索赔事件终了后28d内，向监理工程师提出索赔的有关资料和最终索赔报告

图1K420030-2　索赔程序

（三）索赔项目概述及起止日期计算方法

施工过程中主要是工期索赔和费用索赔。见表1K420030-2。

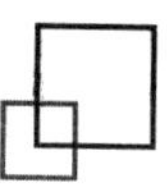

几种常见的索赔情况　表1K420030-2

类型	索赔期限	可索赔内容	备注
延期发出图纸	接中标通知书后第29天为索赔起算日，收到图纸及相关资料的日期为索赔结束日	工期索赔	因其为施工前准备阶段，故只索赔工期
恶劣的气候条件	恶劣气候条件开始影响的第1天为起算日，恶劣气候条件终止日为索赔结束日	工程损失及工期索赔	发包方投保，可向保险机构申请损失费用；未投保时，应根据合同条款及时进行索赔
工程变更	承包方收到监理工程师书面工程变更令或发包方下达的变更图纸日期为起算日期，变更工程完成日为索赔结束日	工期、费用	工程施工项目已进行施工又进行变更、工程施工项目增加或局部尺寸、数量变化等
承包方能力不可预见	以承包方未预见的情况开始出现的第1天为起算日，终止日为索赔结束日	工程数量增加或需要重新投入新工艺、新设备等	由于工程投标时图纸不全，有些项目承包方无法作正确计算，如地质情况、软基处理等
外部环境	以监理工程师批准的施工计划受到影响的第1天为起算日，经发包方协调或外部环境影响自行消失日为索赔事件结束日	一般进行工期及工程机械停滞费用索赔	由于外部环境影响（如征地拆迁、施工条件、用地的出入权和使用权等）引起的索赔，属发包方原因
监理工程师指令	以收到监理工程师书面指令时为起算日，按其指令完成某项工作的日期为索赔事件结束日	工期、费用	
其他原因	视具体情况确定起算日和结束日期		

（四）同期记录

同期记录要求及内容见图1K420030-3。

同期记录
- 索赔意向书提交后，每天均应有记录，并经现场监理工程师签认；造成现场损失时，还应留存现场照片、录像资料
- 内容
  - 事件发生及过程中现场实际状况
  - 导致现场人员、闲置清单
  - 对工期的延误
  - 对工程损害程度
  - 导致费用增加的项目及所用的工作人员、机械、材料数量、有效票据等

图1K420030-3　同期记录要求及内容

（五）最终报告应包括以下内容

1.索赔申请表：填写索赔项目、依据、证明文件、索赔金额和日期。

2.批复的索赔意向书。

3.编制说明：索赔事件的起因、经过和结束的详细描述。

4.附件：与本项费用或工期索赔有关的各种往来文件，包括承包方发出的与工期和费用索赔有关的证明材料及详细计算资料。

（六）索赔的管理

1.承包方应建立、健全工程索赔台账或档案。

2.索赔台账应反映索赔发生的原因，索赔发生的时间、索赔意向提交时间、索赔结束时间，索赔申请工期和费用，监理工程师审核结果，发包方审批结果等内容。

3.对合同工期内发生的每笔索赔均应及时登记。应形成完整的资料，作为工程竣工

资料的组成部分。

嗨·点评 索赔判断、索赔程序、索赔内容及结合工期计算要重点掌握。

三、施工合同风险防范措施

（一）合同风险管理目的与内容

合同风险管理目的与内容见图1K420030-4。

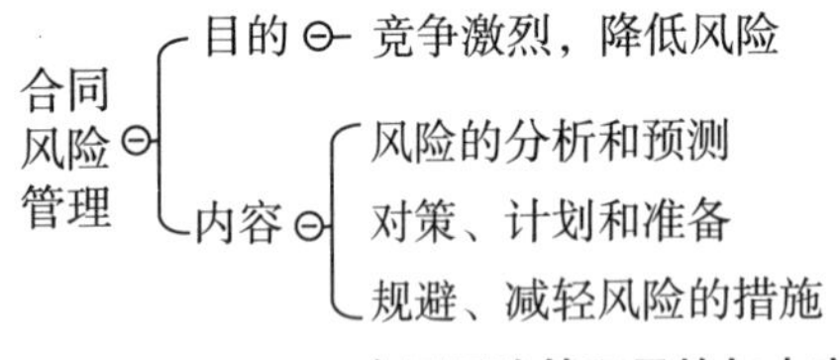

图1K420030-4　合同风险管理目的与内容

（二）常见风险种类与识别

常见风险种类与识别见图1K420030-5。

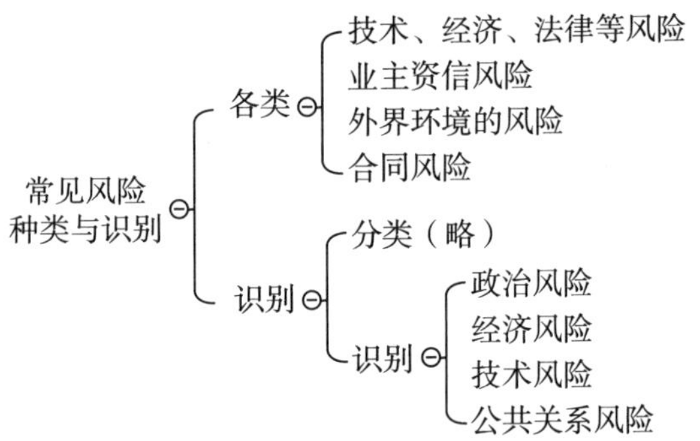

图1K420030-5　常见风险种类与识别

（三）合同风险的管理与防范

详见表1K420030-3。

合同风险的管理与防范　表1K420030-3

类型	防范措施
合同风险的规避	充分利用合同条款；增设保值条款；增设风险合同条款；增设有关支付条款；外汇风险的回避；减少承包方资金、设备的投入；加强索赔管理，进行合理索赔
风险的分散和转移	向保险公司投保；向分包商转移部分风险
确定和控制风险费	工程项目部必须加强成本控制，制定成本控制目标和保证措施

嗨·点评 重点掌握合同风险的管理与防范措施。

【**经典例题**】1.（2013年真题）A公司为某水厂改扩建工程总承包单位。工程包括新建滤池、沉淀池、清水池。进水管道及相关的设备安装。其中设备安装经招标后由B公司实施。施工期间，水厂要保持正常运营。新建清水池为地下构筑物。

A公司项目部进场后将临时设施中生产设备搭设在施工的构筑物附近，其余的临时设施搭设在原厂区构筑物之间的空地上，并与水厂签订施工现场管理协议。B公司进场后，A公司项目部安排B公司临时设施搭设在厂区内的滤料堆场附近，造成部分滤料损失，水厂物资部门向B公司提出赔偿滤料损失的要求。

【**问题**】简述水厂物资部门的索赔程序。

【**答案**】索赔程序：

（1）水厂在索赔事件发生28d内，通过监理人向总包A单位发出索赔意向通知；

（2）发出索赔意向通知后28d内，通过监理人向总包A单位提出补偿经济损失（计量支付）和（或）延长工期的索赔报告及有关资料；

（3）总包A单位在收到送交的索赔报告和有关资料后，于28d内给予答复，或要求水厂进一步补充索赔理由和证据。总包A单位在28d内未给予答复或未对水厂作进一步要求，视为该索赔已被认可；

（4）索赔事件终了后28d内，水厂向总包A单位提出索赔有关资料和最终索赔报告。

【**经典例题**】2.（2014年真题）某施工单位中标承建过街地下通道工程，周边地下管线较复杂。项目部选用坑内小挖机与坑外长

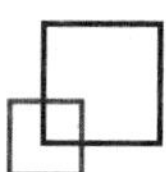

臂挖机相结合的土方开挖方案。在挖土过程中发现围护结构有两处出现渗漏现象，渗漏水为清水，项目部立即采取堵漏措施予以处理，堵漏处理造成直径经济损失20万元，工期拖延10天，项目部为此向业主提出索赔。

【问题】项目部提出的索赔是否成立？说明理由。

【答案】不成立。属于施工原因，有经验的承包方可以采取措施避免的，是施工单位应承担的责任。所以索赔不成立。

【经典例题】3.（2015年真题）某公司中标污水处理厂升级改造工程，处理规模为70万m³/D。其中包括中水处理系统。中水处理系统的配水井为矩形钢筋混凝土半地下室结构，施工过程中发生了如下事件：

事件：施工过程中，由于设备安装工期压力，中水管道未进行功能性试验就进行了道路施工（中水管在道路两侧）。试运行时中水管道出现问题，破开道路对中水管进行修复造成经济损失180万元，施工单位为此向建设单位提出费用索赔。

【问题】事件所造成的损失能否索赔？说明理由。

【答案】事件所造成的损失不可以索赔。理由：施工单位未进行功能性试验就进行了下道工序的施工，违反了设计和规范要求，是造成试运行出现问题的直接和主要原因；属于施工单位自身责任。

章节练习题

一、单项选择题

1.合同协议书由发包人和承包人的（　　）或其委托代理人在合同协议书上签字并盖章后，合同生效。

A.法人　　B.法定代表人
C.招标投标负责人　　D.项目经理

2.以下（　　）一般不属于发包人义务。

A.提供施工场地
B.发出开工通知
C.施工场地及周边环境与生态保护
D.组织设计交底

3.工程接收证书颁发时，尚有部分未竣工工程的，（　　）应负责该未竣工工程的照管和维护。

A.发包方　　B.承包方
C.分包方　　D.监理方

4.承包方根据施工合同，向监理工程师提出变更申请；监理工程师进行审查，将审查结果通知承包方。（　　）向承包方提出变更令。

A.监理工程师　　B.建设单位
C.设计单位　　D.企业负责人

5.索赔申请表中，不包括（　　）。

A.索赔金额　　B.索赔工期
C.索赔项目　　D.索赔事件的起因

6.对合同工期内发生的每笔索赔均应及时登记。工程完工时应形成完整的资料，作为工程（　　）资料的组成部分。

A.计量　　B.技术　　C.合同　　D.竣工

二、多项选择题

1.施工合同中，发包人的一般义务包括（　　）。

A.发出开工通知
B.协助办理有关施工证件和批件
C.组织竣工验收
D.修补工程中的任何缺陷
E.工程接受证书颁发前，负责照管和维护工程

2.施工合同中，承包人的一般义务包括（　　）。

A.实施、完成全部工作
B.对施工现场安全性负责
C.组织竣工验收
D.提供完成工程所需的劳务、材料、施工设备
E.组织设计交底

3.承包方必须掌握有关法律政策和索赔知识，进行索赔须有（　　）。

A.正当索赔理由
B.充分证据
C.向发包方发出的索赔意向通知
D.计算工期、费用
E.准确、合理地记录索赔事件

4.恶劣的气候条件导致的索赔可分为（　　）索赔。

A.工期
B.措施费
C.窝工费
D.机械设备租赁费用
E.工程损失

5.施工过程中进场遇到的合同变更情况，包括（　　）等。

A.工程量增减
B.标高调整
C.已施工又进行变更
D.质量及特性变更
E.交通导行方案调整

6.由于工程投标时图纸不全，发生以承包方能力不可预见引起的索赔包括（　　）等。

A.地质情况不清　　B.征地拆迁
C.施工条件改变　　D.工程量增加

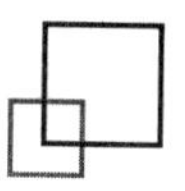

E.施工工艺改变

7.属发包方原因，由于外部环境影响引起的索赔包括（　　）等。

A.地质情况不清　　B.征地拆迁

C.施工条件改变　　D.工程量增加

E.施工工艺改变

8.同期纪录的内容包括（　　）。

A.人员设备闲置

B.对工期的延误

C.对工程损害程度

D.导致费用增加的项目

E.计算资料

参考答案及解析

一、单项选择题

1.【答案】B

【解析】合同协议书：承包人按中标通知书规定的时间与发包人签订合同协议书。除法律另有规定或合同另有约定外，发包人和承包人的法定代表人或其委托代理人在合同协议书上签字并盖单位章后，合同生效。

2.【答案】C

【解析】发包人的义务：

（1）遵守法律；（2）发出开工通知；（3）提供施工场地；（4）协助承包人办理证件和批件；（5）组织设计交底；（6）支付合同价款；（7）组织竣工验收；（8）其他义务。

3.【答案】B

【解析】工程接收证书颁发前，承包人应负责照管和维护工程。工程接收证书颁发时尚有部分未竣工工程的，承包人还应负责该未竣工工程的照管和维护工作，直至竣工后移交给发包人为止。

4.【答案】A

【解析】承包方根据施工合同，向监理工程师提出变更申请；监理工程师进行审查，将审查结果通知承包方。监理工程师向承包方提出变更令。

5.【答案】D

【解析】索赔申请表：填写索赔项目、依据、证明文件、索赔金额和日期。

6.【答案】D

【解析】对合同工期内发生的每笔索赔均应及时登记。工程完工时应形成完整的资料，作为工程竣工资料的组成部分。

二、多项选择题

1.【答案】ABC

【解析】发包人的义务：

（1）遵守法律；（2）发出开工通知；（3）提供施工场地；（4）协助承包人办理证件和批件；（5）组织设计交底；（6）支付合同价款；（7）组织竣工验收；（8）其他义务。

2.【答案】ABD

【解析】承包人的义务：

（1）承包人应按合同约定以及监理人的指示，实施、完成全部工程，并修补工程中的任何缺陷。

（2）除合同另有约定外，承包人应提供为按照合同完成工程所需的劳务、材料、施工设备、工程设备和其他物品，以及按合同约定的临时设施等。

（3）承包人应对所有现场作业、所有施工方法和全部工程的完备性、稳定性和安全性负责。

（4）承包人应按照法律规定和合同约定，负责施工场地及其周边环境与生态的保护工作。

（5）工程接收证书颁发前，承包人应负责照管和维护工程。工程接收证书颁发时尚有部分未竣工工程的，承包人还应负责该未竣工工程的照管和维护工作，直至竣工后移交给发包人为止。

（6）承包人应履行合同约定的其他义务。

3.【答案】ABDE

【解析】承包方必须掌握有关法律政策和索赔知识，进行索赔须做到：

（1）有正当索赔理由和充分证据；

（2）索赔必须以合同为依据，按施工合同文件有关规定办理；

（3）准确、合理地记录索赔事件并计算索赔工期、费用。

4.【答案】AE

【解析】恶劣的气候条件导致的索赔可分为工程损失索赔及工期索赔。

5.【答案】ABCD

【解析】施工过程中遇到的合同变更，如工程量增减，质量及特性变更，工程标高、基线、尺寸等变更，施工顺序变化，永久工程附加工作、设备、材料和服务的变更等，项目负责人必须掌握变更情况，遵照有关规定及时办理变更手续。

6.【答案】ADE

【解析】由于工程投标时图纸不全，有些项目承包方无法作正确计算，如地质情况、软基处理等。该类项目一般发生的索赔有工程数量增加或需要重新投入新工艺、新设备等。计算方法：以承包方未预见的情况开始出现的第1天为起算日，终止日为索赔结束日。

7.【答案】BC

【解析】属发包方原因，由于外部环境影响（如征地拆迁、施工条件、用地的出入权和使用权等）引起的索赔。

8.【答案】ABCD

【解析】同期记录的内容有：事件发生及过程中现场实际状况；导致现场人员、设备的闲置清单；对工期的延误；对工程损害程度；导致费用增加的项目及所用的工作人员、机械、材料数量、有效票据等。

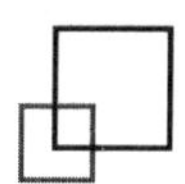

1K420040 市政公用工程施工成本管理

本节知识体系

市政公用工程施工成本管理
- 施工成本管理的应用
- 施工成本目标控制的措施
- 施工成本核算的应用

核心内容讲解

一、施工成本管理的应用

（一）施工成本管理目的与主要内容

1.施工成本管理目的

最终目标：建成质量高、工期短、安全的、成本低的工程产品。

成本是各项目标经济效果的综合反映；成本管理是项目管理的核心内容。

2.主要内容

按其类型分有计划管理、施工组织管理、劳务费用管理、机具及周转材料租赁费用的管理、材料采购及消耗的管理、管理费用的管理、合同的管理、成本核算等八个方面。

（二）施工成本管理组织与方法

施工成本管理组织与方法，见图1K420040-1。

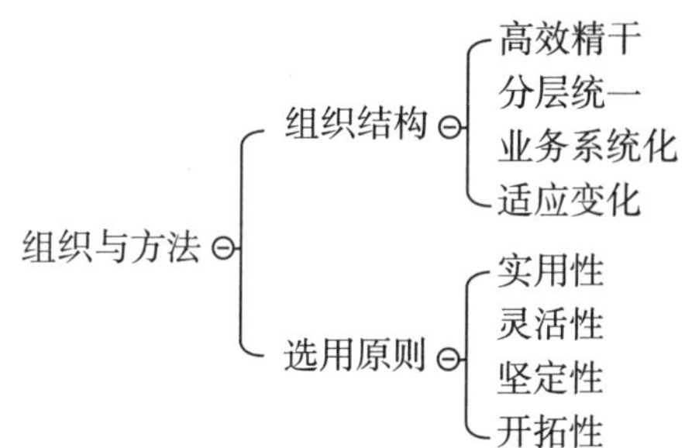

图1K420040-1 施工成本管理组织与方法

（三）施工成本管理的基础工作

施工成本管理的基础工作见图1K420040-2。

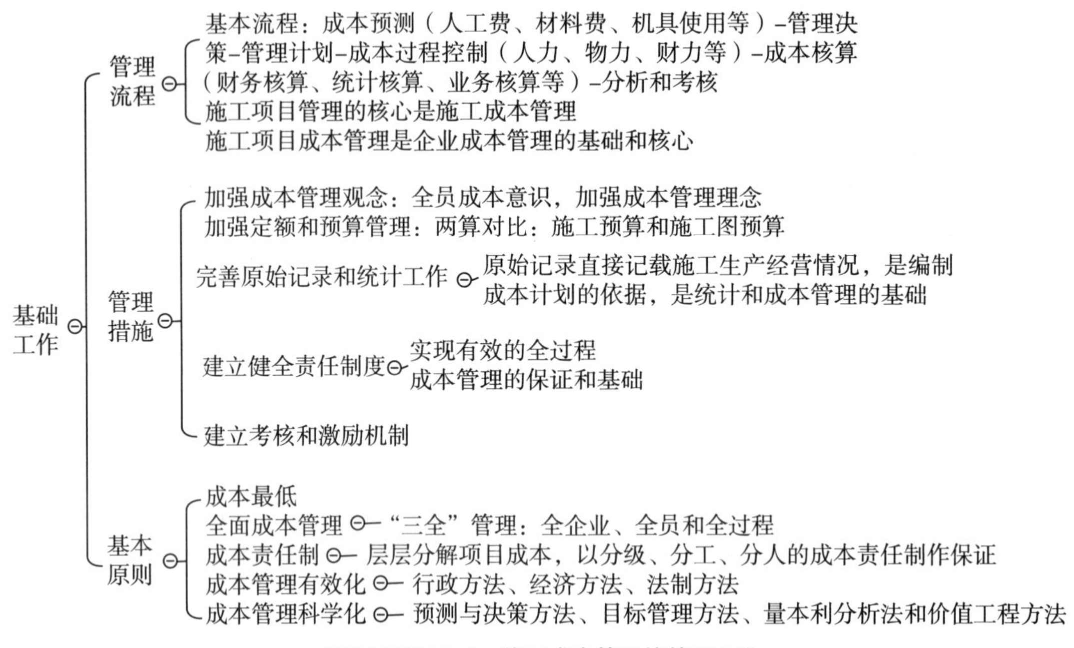

图1K420040-2 施工成本管理的基础工作

二、施工成本目标控制的措施

项目施工成本目标控制应贯穿于施工项目从报价中标到竣工验收的全过程，它是企业全面成本管理的重要环节。施工成本控制一般可分为事先控制、事中控制和事后控制。

（一）施工成本控制目标与原则

施工成本控制目标与原则见图1K420040-3。

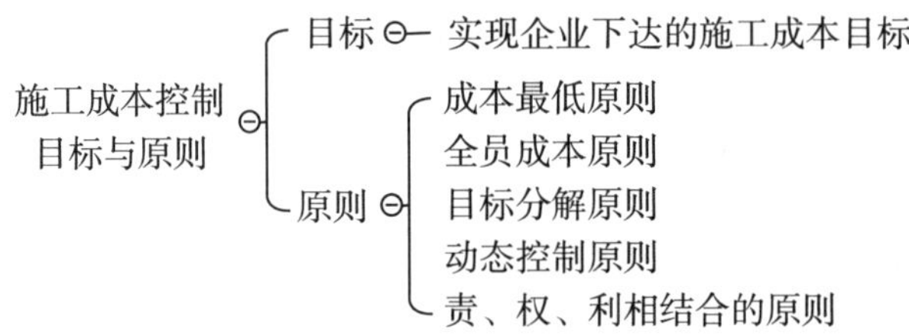

图1K420040-3 施工成本控制目标与原则

（二）施工成本目标控制主要依据

施工成本目标控制主要依据见图1K420040-4。

主要依据
- 工程承包合同
- 施工成本计划
- 进度报告
  - 实际情况VS施工成本计划
  - 找原因，采取措施
- 工程变更

图1K420040-4 施工成本目标控制主要依据

（三）施工成本目标控制的方法

1.理论上的方法

有制度控制、定额控制、指标控制、价值工程和挣值法等。

其中挣值法主要是支持项目绩效管理，最核心的目的就是比较项目实际与计划的差异，关注的是实际中的各个项目任务在内容、时间、质量、成本等方面与计划的差异情况，然后根据这些差异，可以对项目中剩余的任务进行预测和调整。

2. 采用施工图预算控制成本

市政公用工程大多采用施工图预算控制成本支出，在施工成本目标控制中，实行“以收定支”，或者叫“量入为出”，是最有效的方法之一。具体见图1K420040-5。

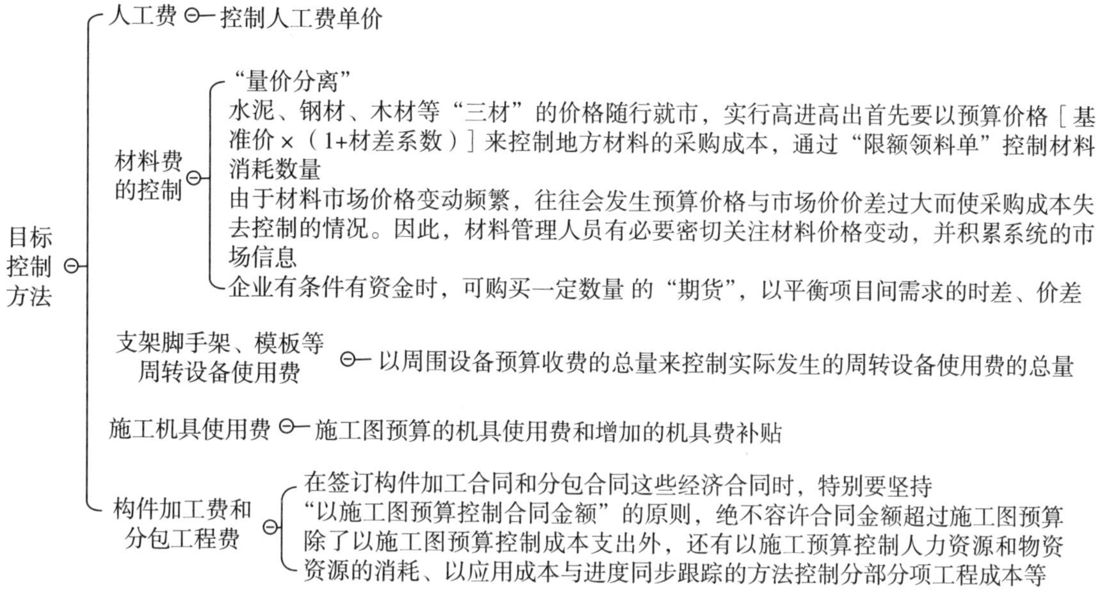

目标控制方法

- 人工费
  - 控制人工费单价
- 材料费的控制
  - “量价分离”
  - 水泥、钢材、木材等“三材”的价格随行就市，实行高进高出首先要以预算价格［基准价×（1+材差系数）］来控制地方材料的采购成本，通过“限额领料单”控制材料消耗数量
  - 由于材料市场价格变动频繁，往往会发生预算价格与市场价价差过大而使采购成本失去控制的情况。因此，材料管理人员有必要密切关注材料价格变动，并积累系统的市场信息
  - 企业有条件有资金时，可购买一定数量 的“期货”，以平衡项目间需求的时差、价差
- 支架脚手架、模板等周转设备使用费
  - 以周围设备预算收费的总量来控制实际发生的周转设备使用费的总量
- 施工机具使用费
  - 施工图预算的机具使用费和增加的机具费补贴
- 构件加工费和分包工程费
  - 在签订构件加工合同和分包合同这些经济合同时，特别要坚持
  - “以施工图预算控制合同金额”的原则，绝不容许合同金额超过施工图预算
  - 除了以施工图预算控制成本支出外，还有以施工预算控制人力资源和物资资源的消耗、以应用成本与进度同步跟踪的方法控制分部分项工程成本等

图1K420040-5　施工图预算控制成本的具体方法

嗨·点评　重点掌握成本目标控制主要依据、施工图预算控制成本的具体方法（人、机、料、分包等），其余理解。

【经典例题】1.某公司竞标承建XX快速路工程。开工后不久，沥青、玄武岩石料等材料的市场价格变动；在成本控制目标管理上，项目部面临预算价格与市场价格严重背离而使采购成本失去控制的局面。为此项目经理要求加强成本考核和索赔等项成本管理工作。

路基强夯处理工程包括挖方、填方、点夯、满夯。由于工程量无法准确确定，故施工合同规定按施工图预算方式计价；承包方必须严格按照施工图及施工合同规定的内容及技术要求施工；工程量由计量工程师负责计量。

施工过程中，在进行到设计施工图所规定的处理范围边缘时，承包方在得到旁站监理工程师认可的情况下，将夯击范围适当扩大。施工完成后，承包方将扩大的工程量向计量工程师提出了计量支付的要求，遭到拒绝。在施工中，承包方根据监理工程师的指令就部分工程进行了变更。

在土方开挖时，正值南方梅雨季节，遇到了数天季节性的大雨，土壤含水量过大，无法进行强夯施工，耽误了部分工期。承包方就此提出了延长工期和补偿停工期间窝工损失的索赔。

【问题】（1）施工项目部应如何应对采购成本失控局面？

（2）计量工程师拒绝承包方提出的超范围强夯工程量的计量支付是否合理？为什么？

（3）工程变更部分的合同价款应根据什么原则确定？

（4）监理工程师是否应该受理承包方提出的延长工期和费用补偿的索赔？为什么？

【答案】（1）首先项目部材料管理人员必须密切注视市场材料价格的变动，以便使项目部及早采取必要对策；其次要用预算价格来控制玄武岩等地方材料的采购成本；对沥青材料，价格只能随行就市，或采取风险转移方式控制沥青混合料采购价格。当然，如果企业有条件时，可购买一定数量的“期货”，以平衡施工项目时间价差，减轻项目部风险压力。

（2）计量工程师的拒绝是合理的。理由是：第一，该部分的工程量超出了设计施工图的要求，即超出了合同规定的范围，不属于计量工程师计量的范围。计量工程师无权处理合同以外的工程内容；第二，监理工程师认可的是承包方保证工程质量的技术措施，一般在未办理正式手续，发包方未批准追加相应费用的情况下，技术措施费用应由承包方自行承担。

（3）变更价款按如下原则确定：

①合同中有适用于变更工程的价格（单价），按合同已有价格变更合同价款。

②合同中只有类似变更工程的价格，可参照类似价格变更合同价款。

③合同中既无适用价格又无类似价格，由承包方提出适当的变更价格，经发包方批准后执行。这一批准的变更，应与承包方协商一致，否则将按合同纠纷处理。

（4）雨期施工，有经验的承包方应能够预测到，而且应该采取措施避免土壤含水量过大，其责任在承包方；尽管有了实际损失，但索赔不能成立，应予驳回。

三、施工成本核算的应用

（一）项目施工成本核算

1.项目施工成本核算的对象

施工成本核算的对象是指在计算工程成本中，确定、归集和分配产生费用的具体对象，即产生费用承担的客体。

施工成本一般应以每一独立编制施工图预算的单位工程为成本核算对象。

2.施工成本核算的内容

施工成本核算的内容见图1K420040-6。

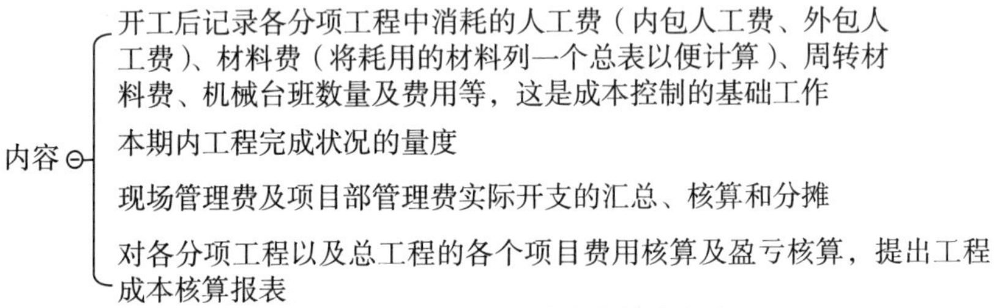

内容
- 开工后记录各分项工程中消耗的人工费（内包人工费、外包人工费）、材料费（将耗用的材料列一个总表以便计算）、周转材料费、机械台班数量及费用等，这是成本控制的基础工作
- 本期内工程完成状况的量度
- 现场管理费及项目部管理费实际开支的汇总、核算和分摊
- 对各分项工程以及总工程的各个项目费用核算及盈亏核算，提出工程成本核算报表

图1K420040-6　施工成本核算的内容

3.项目施工成本核算的方法见表1K420040。

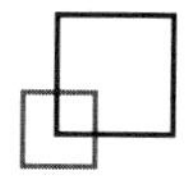

项目施工成本核算的方法　表1K420040

类型	定义	备注
会计核算	记录企业的一切生产经营活动，然后据以提出用货币来反映的有关综合性经济指标的一些数据	一般是对已经发生的经济活动进行核算
业务核算	各业务部门根据业务工作的需要而建立的核算制度，它包括原始记录和计算登记记录	范围比会计、统计核算要广； 不但可以对已经发生的，还可以对尚未发生或正在发生的经济活动进行核算，看是否可以做，是否有经济效益
统计核算	利用会计核算资料和业务核算资料，把企业生产经营活动客观现状的大量数据，按统计方法加以系统整理，表明规律性	一般是对已经发生的经济活动进行核算； 计量尺度比会计核算的计量尺度宽，可以用货币计算，也可以用实物或劳动量计算
成本核算	通过会计核算、业务核算和统计核算的“三算”方法，通过实际成本与预算成本的对比，考核施工成本的降低水平；通过实际成本与计划成本的对比，考核工程成本的管理水平； 称之为两对比与两考核	

（二）项目施工成本分析

施工成本分析，就是根据统计核算、业务核算和会计核算提供的资料，对成本形成过程和影响成本升降的因素进行分析，以寻求进一步降低成本的途径，包括成本中的有利偏差的挖掘和不利偏差的纠正；另一方面通过成本分析，可以透过账簿、报表反映的成本现象看到成本的实质，从而增强成本的透明度和可控性，为加强成本控制，实现成本目标创造条件。

施工成本分析详细内容见图1K420040-7。

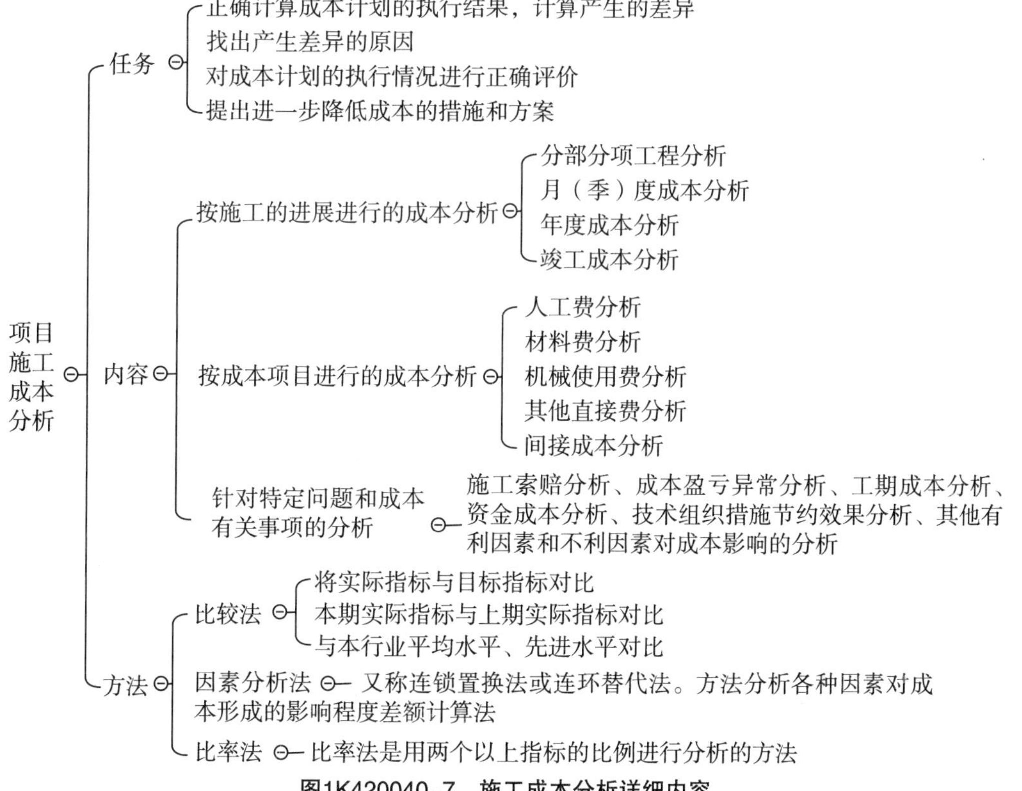

图1K420040-7　施工成本分析详细内容

🔊 **嗨 · 点评** 注意成本核算的三种方法和成本分析的四种方法。

【经典例题】 2.某公司低价中标跨越城市主干道的钢–混凝土结构桥梁工程，桥面板采用现浇后张预应力混凝土结构，由于钢梁拼接缝位于既有城市主干道上方，在主干道上设置施工支架、搭设钢梁段拼接平台对现状道路交通存在干扰问题。针对本工程特点，项目部编制了施工组织设计和支架专项方案，支架专项方案通过专家论证。依据招标文件和程序将钢梁加工分包给专业公司，签订了分包合同。

【问题】 指出钢梁加工分包经济合同签订注意事项。

【答案】 钢梁加工分包经济合同签订注意事项：（1）分包合同必须依据总包合同签订，满足总包合同工期和质量方面的要求；（2）本案例属于低价合同，应按照“施工图预算严格控制分包合同金额”，绝不容许合同金额超过施工图预算金额；（3）应另行签订安全管理责任协议，明确双方需要协调配合的工作。

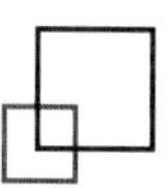

章节练习题

一、单项选择题

1.施工项目管理的最终目标是建成质量高、工期短、安全的、成本低的工程产品，所以（　　）是项目管理的核心内容。

A.质量管理　B.工期管理

C.安全管理　D.成本管理

2.施工成本管理必须依赖于高效的组织机构，不符合该组织机构要求的是（　　）。

A.分层统一　B.高效精干

C.适应变化　D.一人多岗

3.施工成本管理的基本流程：（　　）。

A.成本预测—管理计划—管理决策—过程控制—成本核算—分析和考核

B.成本预测—管理决策—过程控制—管理计划—成本核算—分析和考核

C.成本预测—管理决策—管理计划—过程控制—成本核算—分析和考核

D.成本预测—管理决策—管理计划—成本核算—过程控制—分析和考核

4.施工项目部建立施工成本（　　），是实现有效的全过程成本管理的保证和基础。

A.管理制度　B.责任制度

C.考核制度　D.激励机制

5.可以对已经发生的，还可以对尚未发生或正在进行的经济活动的核算，称为（　　）。

A.会计核算　B.成本核算

C.统计核算　D.业务核算

二、多项选择题

1.为做好施工成本管理工作，必须做好（　　）等方面工作。

A.加强成本管理观念

B.加强过程控制

C.完善原始记录和统计工作

D.建立考核和激励机制

E.建立健全责任制度

2.施工成本目标控制应遵循的基本原则有（　　）等。

A.成本最低原则　B.统一协调原则

C.动态控制原则　D.创新性原则

E.目标分解原则

3.施工成本目标控制的方法很多，而且有一定的随机性，下述表述正确的有（　　）。

A.人工费的控制：项目部与施工队签订劳务合同时，应将人工费单价定在预算定额以下

B.材料费的控制：材料管理人员应经常关注材料价格的变动，可能的话，购买一定数量的"期货"

C.施工图预算中的周转设备使用费与实际发生的周转设备使用费的计价方式大体一致

D.实际的机具使用率一般能达到预算定额的取定水平

E.构件加工可委托专业单位进行加工

4.采用施工图预算控制成本的内容有（　　）。

A.周转设备使用费　B.工程变更费

C.分包工程费　D.材料费

E.混凝土构件

5.施工项目（　　）是企业、项目部成本管理控制的基础。

A.成本考核　B.成本核算

C.成本计划　D.成本目标

E.成本分析

6.可经过分摊进入分项工程成本或工程总成本的项目有（　　）。

A.周转材料费　B.分包工程费

C.设备费　D.企业管理费

E.工地管理费

参考答案及解析

一、单项选择题

1.【答案】D

【解析】施工项目管理的最终目标是建成质量高、工期短、安全的、成本低的工程产品，而成本是各项目标经济效果的综合反映；因此成本管理是项目管理的核心内容。

2.【答案】D

【解析】施工成本管理必须依赖于高效的组织机构。管理的组织机构设置应符合下列要求：(1)高效精干；(2)分层统一；(3)业务系统化；(4)适应变化。

3.【答案】C

【解析】施工成本管理的基本流程：成本预测（人工费、材料费、机具使用等）—管理决策—管理计划—成本过程控制（人力、物力、财力等）—成本核算（财务核算、统计核算、业务核算等）—分析和考核。

4.【答案】B

【解析】施工项目各项责任制度（如计量验收、考勤、原始记录、统计、成本核算分析、成本目标等责任制）是实现有效的全过程成本管理的保证和基础。

5.【答案】D

【解析】业务核算的范围比会计、统计核算要广。会计和统计核算一般是对已经发生的经济活动进行核算，而业务核算，不但可以对已经发生的，还可以对尚未发生或正在发生的经济活动进行核算，看是否可以做，是否有经济效益。

二、多项选择题

1.【答案】ACDE

【解析】为做好施工成本管理工作，必须做好以下工作：

(1)加强成本管理观念；

(2)加强定额和预算管理；

(3)完善原始记录和统计工作；

(4)建立健全责任制度；

(5)建立考核和激励机制。

2.【答案】ACE

【解析】施工成本目标控制应遵循的基本原则

(1)成本最低原则；

(2)全员成本原则；

(3)目标分解原则；

(4)动态控制原则；

(5)责、权、利相结合的原则。

3.【答案】ABE

【解析】C错误，“施工图预算中的周转设备使用费=耗用数×市场价格”，而“实际发生的周转设备使用费=使用数×企业内部的租赁单价或摊销价”。由于二者的计量基础和计价方法各不相同，只能以周转设备预算收费的总量来控制实际发生的周转设备使用费的总量。D错误，由于施工的特殊性，实际的机具使用率不可能达到预算定额的取定水平。

4.【答案】ACDE

【解析】采用施工图预算控制成本：(1)人工费的控制；(2)材料费的控制；(3)支架脚手架、模板等周转设备使用费的控制；(4)施工机具使用费的控制；(5)构件加工费和分包工程费的控制。

5.【答案】BE

【解析】施工项目成本核算和成本分析是企业、项目部成本管理控制的基础。

6.【答案】ACE

【解析】工地管理费按本工程各分项工程直接费总成本分摊进入各个分项工程，有时周转材料和设备费用也必须采用分摊的方法核算。

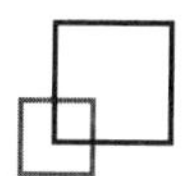

1K420050 市政公用工程施工组织设计

本节知识体系

市政公用工程施工组织设计
- 施工组织设计编制的注意事项
- 施工方案确定的依据
- 专项施工方案编制与论证的要求
- 交通导行方案设计的要点

核心内容讲解

一、施工组织设计编制的注意事项

（一）基本规定

施工组织设计应经现场踏勘、调研，且在施工前编制；必须经企业技术负责人和总监理工程师批准方可实施，有变更时要及时办理变更审批。

（二）主要内容（记忆口诀：概况部署平面图，方案措施和三保）

施工组织设计主要内容见图1K420050-1。

基本规定
- 工程概况与特点
  - 简要介绍拟建工程的名称、工程结构、规模、主要工程数量表
  - 工程地理位置、地形地貌、工程地质、水文地质等情况
  - 建设单位及监理机构、设计单位、质监站名称，合同开工日期和工期，合同价（中标价）
  - 分析工程特点、施工环境、工程建设条件
  - 技术规范及检验标准
- 施工平面布置图
  - 标明拟建工程平面位置、生产区、生活区、预制厂、材料厂位置
  - 周围交通环境、环保要求，需要保护或注意的情况
  - 在有新旧工程交错以及维持社会交通的条件下，市政公用工程的施工平面布置图有明显的动态特性，即每一个较短的施工阶段之间，施工平面布置都是变化的
- 施工部署和管理体系
  - 施工阶段的区域划分与安排、施工流程、进度计划等
  - 管理体系包括组织机构设置等
- 施工方案及技术措施
  - 施工组织设计的核心部分
  - 主要包括拟建工程的主要分项工程的施工方法、施工机具的选择、施工顺序的确定，还应包括季节性措施、四新技术措施以及结合工程特点和由施工组织设计安排的、工程需要所应采取的相应方法与技术措施等方案的内容
- 施工质量保证计划
- 施工安全保证计划
- 文明施工、环保节能降耗保证计划以及辅助、配套的施工措施

图1K420050-1　施工组织设计主要内容

（三）编制方法与程序（记忆口诀：一查二算三方案，资源供应平面图）

施工组织设计编制方法与程序见图1K420050-2。

编制方法与程序：
- 掌握设计意图和确认现场条件
- 计算工程量和计划施工进度
- 确定施工方案
- 计算各种资源的需要量和确定供应计划
- 平衡劳动力、材料物资和施工机械的需要量并修正进度计划
- 绘制施工平面布置图
- 确定施工质量保证体系和组织保证措施
- 确定施工安全保证体系和组织保证措施
- 确定施工环境保证体系和组织保证措施
- 其他有关方面措施

图1K420050-2 施工组织设计编制方法与程序

嗨·点评 根据口诀记忆施工组织设计内容和编制方法与程序。

【经典例题】1.甲公司中标承担某市地铁工程1号标段施工，并签了施工承包合同。该合同段主要包括1.2km长的双向两条平行区间隧道C_1和C_2；隧道结构均为马蹄形断面，宽5.6m，高6.0m，采用喷锚暗挖法施工；隧道基本处在砂质黏土层，局部段落的拱部会遇到砂砾层，隧道上方有1800mm污水干管一条，管顶埋深约6m。为确保工期，甲公司决定将C_1、C_2两条隧道工程分别分包给乙工程公司和丙工程公司，并签了两个分包合同。

施工前，甲公司批准了项目部组织乙、丙两公司分别编制C_1、C_2隧道的施工组织设计、质量保证计划和安全保证计划等，并组织施工。施工过程中C_1隧道顶部发生围岩坍塌，隧道上方的污水管折断，污水冲刷加重了塌方，造成严重事故。

【问题】（1）甲公司将隧道工程分包给乙、丙公司的做法对吗？为什么？

（2）项目部组织乙、丙公司编制施工组织设计、质量保证计划和安全保证计划存在什么问题？

（3）甲公司应对塌方事故负有什么责任？

【答案】（1）甲公司将隧道C_1、C_2分包出去的做法是错的。因为：

①投标单位根据招标文件载明的项目实际情况，拟在中标后将中标项目的部分非主体、非关键工作进行分包的，应当在投标文件中载明。中标文件明确是由甲公司承担该标段施工，所以甲公司在事后不能随意向外分包。

②项目的主体和关键性工作须自己完成，禁止分包给他人。隧道是地铁工程的主体工程、关键工程之一，因此分包给乙、丙两公司是不对的。

（2）甲公司项目部存在放弃施工管理问题。项目部应该对所承包工程编制完整的施工组织设计和整体的进度计划、安全保证计划、质量保证计划等，以便进行全面管理和控制，然而项目部却组织乙、丙两公司分别编制C_1、C_2隧道的施工组织设计、质量保证计划和安全保证计划，这在实质上是放弃了对隧道施工的整体管理。

（3）履行分包合同时，承包方应当就承包项目向发包方负责；分包方就分包项目向承包方负责；因分包方过失给发包方造成损失，承包方承担连带责任。

二、施工方案确定的依据

（一）制定施工方案的原则

原则：切实可行、满足规定、质量安全、

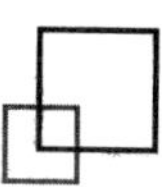

费用最低。

（二）施工方案主要内容

包括施工方法的确定、施工机具的选择、施工顺序的确定，还应包括季节性措施、四新技术措施以及结合市政公用工程特点和由施工组织设计安排的、工程需要所应采取的相应方法与技术措施等方面的内容。重点分项工程、关键工序、季节施工还应制定专项施工方案。详细内容见图1K420050-3。

- 方案内容
  - 施工方法 — 核心内容，具有决定性作用
  - 施工机具 — 使施工方法更为先进、合理、经济 施工组织
  - 施工组织 — 空间上按照一定的位置；时间上按照先后顺序；数量上按照不同比例；将资源合理组织起来进行工程的实施
  - 施工顺序 — 施工顺序安排得好，可以加快进度，减少人工和机具的停歇时间，并能充分利用工作面，避免施工干扰，达到均衡、连续施工的目的
  - 现场平面布置 — 减少材料二次搬运和频繁移动施工机具产生的现场搬运费用
  - 技术组织措施 — 如采用新材料、新工艺、先进技术，建立安全质量保证体系及责任制，编写作业指导书，实行标准化作业，采用网络技术编制施工进度等

图1K420050-3 施工方案主要内容

（三）施工方案的确定

1.施工方法选择的依据

选择施工方法的依据主要有以下几点：

（1）工程特点，主要指工程项目的规模、构造、工艺要求、技术要求等方面。

（2）工期要求，要明确本工程的总工期和各分部、分项工程的工期是属于紧迫、正常和充裕三种情况的哪一种。

（3）施工组织条件，主要指气候等自然条件，施工单位的技术水平和管理水平，所需设备、材料、资金等供应的可能性。

（4）标书、合同书的要求，主要指招标书或合同条件中对施工方法的要求。

（5）根据设计图纸的要求，确定施工方法。

2.施工方法的确定与机具选择的关系

施工方法一经确定，机具设备的选择就只能以满足其要求为基本依据，施工组织也只能在此基础上进行。但是，在现代化施工条件下，施工方法的确定，主要还是选择施工机具的问题，这有时甚至成为最主要的问题。例如，顶管施工的工作坑，是选择冲抓式钻机还是旋转式钻机，钻机一旦确定，施工方法也就确定了。

确定施工方法，有时由于施工机具与材料等的限制，只能采用一种施工方法。这时就需要从这种方案出发，制定更好的施工顺序，以达到较好的经济性，弥补方案少而无选择余地的不足。

3.施工机具的选择和优化

施工机具的选择和优化应主要考虑下列问题：

（1）应尽量选用施工单位现有机具，若现有机具不能满足施工过程需要，则可考虑租赁或购买。

（2）机具类型应符合施工现场的条件：施工现场的条件指施工现场的地质、地形、工程量大小和施工进度等，特别是工程量和施工进度计划，是合理选择机具的重要依据。

一般来说，为了保证施工进度和提高经

济效益，工程量大应采用大型机具，工程量小则应采用中小型机具，但也不是绝对的。如一项大型土方工程，由于施工地区偏僻，道路、桥梁狭窄或载重量限制了大型机具的通过，但如果只是专门为了它的运输问题而修路、桥，显然不经济，因此就应选用中型机具施工。

（3）在同一个工地上施工机具的种类和型号应尽可能少，对于工程量大的工程应尽量采用专用机具；对于工程量小而分散的工程，则应尽量采用多用途的施工机具。

（4）要考虑所选机具的运行成本是否经济：施工机具的选择应以能否满足施工需要为目的，如本来土方量不大，却用了大型的土方机具，结果不到一周就完工了，进度虽然加快，但大型机具的台班费、进出场的运输费、便道的修筑费以及折旧费等固定费用相当庞大，使运行费用过高超过缩短工期所创造的价值。

（5）施工机具的合理组合：选择施工机具时要考虑各种机具的合理组合，这样才能使选择的施工机具充分发挥效益。合理组合一是指主机与辅机在台数和生产能力上相互适应；二是指作业线上各种机具相互配套组合。

（6）选择施工机具时应从全局出发统筹考虑：全局出发就是不仅考虑本项工程，而且还要考虑所承担的同一现场或附近现场其他工程施工机具的使用。

嗨·点评 要求记忆施工方案内容，其余要求理解。

三、专项施工方案编制与论证的要求

（一）超过一定规模的危险性较大的分部分项工程范围

1.施工单位应当在危险性较大的分部分项工程施工前编制专项方案。

对于超过一定规模的危险性较大的分部分项工程，施工单位应当组织专家对专项方案进行论证。

2.市政工程需要编制安全专项方案和专家论证的工程范围见表1K420050。

市政工程需要编制安全专项方案和专家论证的工程范围 表1K420050

类别	安全专项方案	安全专项方案+专家论证
基坑	≥3m或＜3m的复杂基坑（开挖、支护、降水）	≥5m或＜5m的复杂基坑（开挖、支护、降水）
模板	工具模板（滑模、爬模、飞模）； 高度≥5，跨度≥10，≥10kN/m^2，≥15kN/m； 钢结构安装模板支撑；挂篮；移动模架	工具式模板（滑模、爬模、飞模）； 高度≥8，跨度≥18，≥15kN/m^2，≥20kN/m； 钢结构满堂支撑，单点＞700kg
起重吊装	非常规起重≥10kN； 起重安装工程； 起重机自身转拆	非常规起重≥100kN； 起重量≥300kN起重设备安装； 200m以上内爬起重设备拆除
脚手架	≥24m落地式脚手架；吊篮脚手架；自制卸料、移动平台；新型及异形脚手架；高架桥防撞墙脚手架；	≥50m落地式脚手架； ≥150m附着式整体或分片脚手架； ≥20m悬挑式脚手架
拆除爆破	拆除、爆破	爆破拆除；易致有毒害气体、粉尘或易燃易爆发生的建构筑物；文物、历史、文化范围内拆除
其他	建筑幕墙安装；钢结构安装工程； 人工挖孔桩；暗挖、顶管、水下作业； 预应力工程；危险性较大四新	≥50m的建筑幕墙安装工程 ≥36m跨钢结构安装；＞16m人工挖孔桩； 暗挖、顶管、水下作业； 危险性较大四新；土体冻结法；逆作法施工

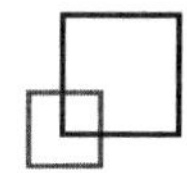

（二）专项方案编制

专项方案编制方及内容见图1K420050-4。

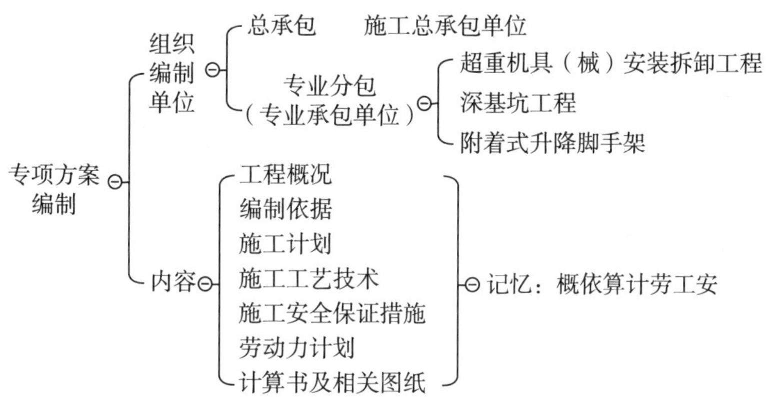

图1K420050-4　专项方案编制方及内容

（三）专项方案的专家论证

1.应出席论证会人员，见图1K420050-5。

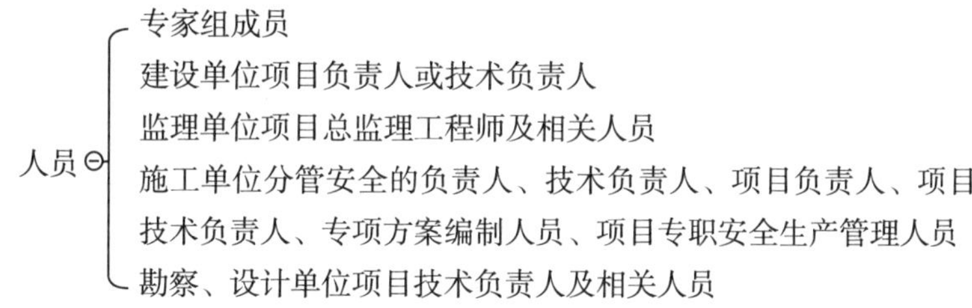

图1K420050-5　应出席论证会人员

2.专家组成员构成

5名及以上（应组成单数），本项目参建各方的人员不得以专家身份参加专家论证会。

3.专家论证的主要内容

（1）专项方案内容是否完整、可行；

（2）专项方案计算书和验算依据是否符合有关标准规范；

（3）安全施工的基本条件是否满足现场实际情况。

4.论证报告

专项方案经论证后，专家组应当提交论证报告，对论证内容提出明确意见，并在论证报告上签字。

（四）专项方案实施

施工单位应当根据论证报告修改完善专项方案，并经施工单位技术负责人、项目监理工程师、建设单位项目负责人签字后，方可组织实施。实行施工总承包的，应当由施工总承包单位、相关专业承包单位技术负责人签字。安全专项方案编审程序，见图1K420050-6。

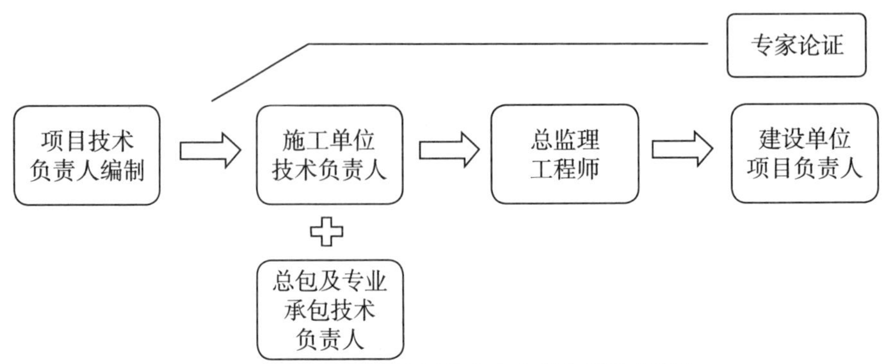

图1K420050-6 需论证的安全专项方案编审程序

嗨·点评 重点掌握施工组织设计内容及编审程序、施工方案内容、安全专项方案和专家论证。

【经典例题】2.（2012年真题）某施工单位中标承建一座三跨预应力混凝土连续钢构桥，施工项目部根据该桥的特点，编制了施工组织设计，经项目总监理工程师审批后实施。

【问题】本案例的施工组织设计审批符合规定吗？说明理由。

【答案】不符合规定施工组织设计应经项目部上一级（公司）技术负责人审批，并盖章。后报监理及业主审批。

【经典例题】3.（2012年真题）A公司中标某市污水干线工程，合同工期205天，管线全长1.37km，管径为ϕ1.6m~ϕ1.8m，采用钢筋混凝土管，管顶履土为4.1~4.3m，管道位于砂性土和砾径小于100mm的砂砾石层，地下水位在地表下4.0m左右，检查井距60~120m，依据施工组织设计，项目部拟用两台土压平衡顶管设备同时进行施工，编制了顶管工程专项方案，按规定通过专家论证。

施工过程中发生如下事件：

（1）因拆迁影响，原9号井不能开工，第二台顶管设备放置在项目部附近的小区绿地暂存28天。

（2）在穿越施工手续齐全后，为了满足建设方工期要求，项目部将10号井作为第二台顶管设备的始发井，向原8号井顶进，施工变更方案经项目经理批准后实施。

【问题】（1）本工程中工作井是否需要编制专项方案？说明理由。

（2）项目经理批准施工变更方案是否妥当？说明理由。

【答案】（1）需要。管顶履土为4.1~4.3m，管径为ϕ1.6m~ϕ1.8m，则：挖深最小为4.1+1.6=5.7>5m。

（2）不妥当；应经项目部上一级（公司）技术负责人审批，并盖章。后报监理及业主审批。

四、交通导行方案设计的要点

（一）现况交通调查（略）

（二）交通导行方案设计原则（略）

（三）交通导行方案实施

交通导行方案实施要求见图1K420050-7。

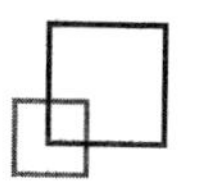

- 交通导行方案实施
  - 获得交通管理和道路管理部门的批准后组织实施
    - 占用慢行道和便道要获得交通管理和道路管理部门的批准，按照获准的交通疏导方案修建临时施工便线、便桥
    - 按照施工组织设计设置围挡，严格控制临时占路范围和时间，确保车辆行人安全顺利通过施工区域
    - 按照相关规定设置临时交通导行标志，设置、路障、隔离设施
    - 组建现场人员协助交通管理部门组织交通
  - 交通导行措施
    - 严格划分警告区、上游过渡区、缓冲区、作业区、下游过渡区、终止区范围
    - 统一设置各种交通标志、隔离设施、夜间警示信号
    - 严格控制临时占路时间和范围
    - 对作业工人进行安全教育、培训、考核，并应与作业队签订《施工交通安全责任合同》依据现场变化，及时引导交通车辆，为行人提供方便
  - 保证措施
    - 在主要道路交通路口设专职交通疏导员，积极协助交通民警搞好施工和社会交通的疏导工作；减少由于施工造成的交通堵塞现象
    - 沿街居民出入口要设置足够的照明装置，必要处搭设便桥，为保证居民出行和夜间施工创造必要的条件

图1K420050-7　交通导行方案实施要求

嗨·点评　交通导行需要在记忆口诀："分区设牌控时空，教育照明导交通"导行方案实施要求的基础上，能够结合具体背景资料灵活运用。

【经典例题】4.（2011年真题）某项目部承建居民区施工道路工程，制订了详细的交通导行方案，统一设置了各种交通标志、隔离设施、夜间警示信号，沿街居民出入口设置了足够的照明装置。工程要求设立降水井，设计提供了地下管线资料。

【问题】对于背景资料中交通导行方案的落实，还应补充哪些保证措施?

【答案】为了保证交通导行方案的落实，还应补充的保证措施：

（1）严格划分警告区、上游过渡区、缓冲区、作业区、下游过渡区、终止区范围；

（2）严格控制临时占路时间和范围；

（3）对作业工人进行安全教育、培训、考核，并应与作业队签订《施工交通安全责任合同》；

（4）依据现场变化，及时引导交通车辆，为行人提供方便；

（5）施工现场按照施工方案，在主要道路交通路口设专职交通疏导员，积极协助交通民警搞好施工和社会交通的疏导工作。

章节练习题

一、单项选择题

1.市政公用工程施工组织设计必须经（　　）批准方可实施。

A.项目经理　B.监理工程师

C.企业技术负责人　D.项目技术负责人

2.不属于施工组织的设计内容的是（　　）。

A.施工成本计划　B.施工部署

C.质量保证措施　D.施工方案

3.（　　）是施工组织设计的核心部分，主要包括拟建工程的主要分项工程的施工方法、施工机具的选择、施工顺序的确定等方面。

A.施工方案　B.施工平面布置图

C.施工部署　D.施工进度计划

4.（　　）是施工方案的核心内容，具有决定性作用。

A.施工方法　B.施工机具

C.施工组织　D.施工顺序

5.正确拟定（　　）和选择施工机具是合理组织施工的关键。

A.施工方法　B.新技术

C.施工顺序　D.新工艺

6.深度为15m的人工挖孔桩工程，（　　）。

A.不需要编制专项方案也不需要专家论证

B.不需要编制专项方案但需要专家论证

C.要编制专项方案并需要专家论证

D.要编制专项方案，但不需要专家论证

二、多项选择题

1.施工方案应包括的主要内容有（　　）。

A.施工方法的确定　B.技术措施的确定

C.施工机具的选择　D.工艺技术的选择

E.施工顺序的确定

2.根据危险性较大的分部分项工程安全管理办法，需专家论证的工程有（　　）。

A.5m基坑工程　B.滑模

C.人工挖孔桩12m　D.顶管工程

E.250kN常规起吊

3.危险性较大工程包括（　　）应编制专项施工方案。

A.脚手架工程　B.焊接工程

C.模板工程　D.装饰工程

E.拆除、爆破工程

4.实行施工总承包的，专项方案应当由施工总承包单位组织编制。其中（　　）等专业工程实行分包的，其专项方案可由专业承包单位组织编制。

A.起重机具（械）安装拆卸工程

B.深基坑工程

C.模板支架

D.附着式升降脚手架

E.落地式脚手架

5.专项方案的专家论证主要内容有（　　）。

A.专项方案的内容是否完整、可行

B.专项方案计算书和验算依据是否符合有关标准规范

C.专项方案是否经济合理

D.人员安排是否合理

E.安全施工的基本条件是否满足现场实际情况

6.施工占用慢行道和便道要获得（　　）部门的批准。

A.市政管理　B.交通管理

C.道路管理　D.建设管理

E.规划管理

参考答案及解析

一、单项选择题

1.【答案】C

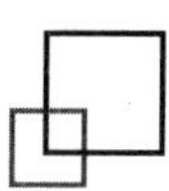

【解析】施工组织设计必须经企业技术负责人批准方可实施，有变更时要及时办理变更审批。

2.【答案】A

【解析】施工组织设计的主要内容包括：（1）工程概况及特点；（2）施工平面布置图；（3）施工部署和管理体系；（4）施工方案及技术措施；（5）施工质量保证计划；（6）施工安全保证计划；（7）文明施工、环保节能降耗保证计划以及辅助、配套的施工措施。

3.【答案】A

【解析】施工方案是施工组织设计的核心部分，主要包括拟建工程的主要分项工程的施工方法、施工机具的选择、施工顺序的确定，还应包括季节性措施、四新技术措施以及结合工程特点和由施工组织设计安排的、根据工程需要采取的相应方法与技术措施等方面的内容。

4.【答案】A

【解析】施工方法（工艺）是施工方案的核心内容，具有决定性作用。

5.【答案】A

【解析】正确拟定施工方法和选择施工机具是合理组织施工的关键，二者关系紧密。

6.【答案】D

【解析】需要专家论证的工程范围：开挖深度超过16m的人工挖孔桩工程。

二、多项选择题

1.【答案】ABCE

【解析】施工方案是施工组织设计的核心部分，主要包括拟建工程的主要分项工程的施工方法、施工机具的选择、施工顺序的确定，还应包括季节性措施、四新技术措施以及结合工程特点和由施工组织设计安排的、根据工程需要采取的相应方法与技术措施等方面的内容。

2.【答案】ABD

【解析】C选项大于16m时，才需要专家认证；E选项错误，常规起重量在300kN以上才需要专家论证。

3.【答案】ACE

【解析】危险性较大工程包括:

（1）深基坑工程；

（2）模板工程及支撑体系；

（3）起重吊装及安装拆卸工程；

（4）脚手架工程；

（5）拆除、爆破工程。

4.【答案】ABD

【解析】实行施工总承包的，专项方案应当由施工总承包单位组织编制。其中，起重机具（械）安装拆卸工程、深基坑工程、附着式升降脚手架等专业工程实行分包的，其专项方案可由专业承包单位组织编制。

5.【答案】ABE

【解析】专家论证的主要内容

（1）专项方案内容是否完整、可行；

（2）专项方案计算书和验算依据是否符合有关标准规范；

（3）安全施工的基本条件是否满足现场实际情况。

6.【答案】BC

【解析】占用慢行道和便道要获得交通管理和道路管理部门的批准，按照获准的交通疏导方案修建临时施工便线、便桥。

1K420060 市政公用工程施工现场管理

本节知识体系

市政公用工程施工现场管理
- 施工现场布置与管理的要点
- 环境保护管理的要点
- 劳务管理的有关要点

核心内容讲解

一、施工现场布置与管理的要点

（一）施工现场的平面布置与划分

1.基本要求

（1）满足施工组织设计及维持社会交通的要求。

（2）市政公用工程的施工平面布置图有明显的动态特性，必须详细考虑好每一步的平面布置及其合理衔接。

（3）工程施工阶段按照施工总平面图要求，设置道路、组织排水、搭建临时设施、堆放物料和停放机具设备等。

2.总平面图设计依据（略）

3.总平面布置原则

总平面图布置原则（三减一避一分离）见图1K420060-1。

布置原则
- 满足施工，减少用地
- 场内畅通，材料分批进场，避免二次搬运
- 划分施工区的和临时占用地，减少干扰
- 减少临建，降低成本
- 临时设置方便生产生活，生产生活分离
- 应符合主管部门相关规定和建设单位安全保卫、消防、环境保护的要求

图1K420060-1 总平面图布置原则

4.平面布置的内容

平面布置的内容见图1K420060-2。

内容
- 施工图上一切地上、地下建筑物、构筑物以及其他设施的平面位置
- 给水、排 水、供电管线等临时位置
- 生产、生活临时区域及和仓库、材料构件、机械设备堆放位置
- 现场运输通道、便桥及安全消防临时设施
- 环保、绿化区域位置
- 围墙（挡）与入口位置

图1K420060-2 平面布置的内容

（二）施工现场封闭管理

1.封闭管理的原因（略）

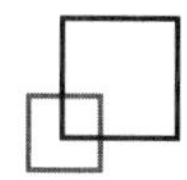

2.围挡

围挡设置要求见图1K420060-3。

围挡（墙）
- 沿工地四周连续设置，不得留有缺口
- 用材应坚固、稳定、整洁、美观、宜选用砌体、金属材板等硬质材料，不宜使用彩布条、竹笆或安全网等
- 现场一般应高于1.8m，在市区内应高于2.5m
- 禁止在围挡内侧堆放泥土、砂石及散状材料以及架管、模板等
- 雨后、大风后以及春融季节应当检查围挡的稳定性，发现问题及时处理

图1K420060-3　围挡设置要求

3.大门和出入口

（1）施工现场应当有固定的出入口，出入口处应设置大门。

（2）施工现场的大门应牢固美观，大门上应标有企业名称或企业标识。

（3）出入口应当设置专职门卫保卫人员，制定门卫管理制度及交接班记录制度。

（4）施工现场的进口处应有整齐明显的“五牌一图”。见图1K420060-4。

①五牌（管工文保安）：工程概况牌、管理人员名单及监督电话牌、消防保卫牌、安全生产（无重大事故）牌、文明施工牌；工程概况牌内容一般应写明工程名称、面积、层数、建设单位、设计单位、施工单位、监理单位、开竣工日期、项目负责人（经理）以及联系电话。

②一图：施工现场总平面图。可根据情况再增加其他牌图，如工程效果图、项目部组织机构及主要管理人员名单图等。

（5）标牌是施工现场重要标志的一项内容，所以不但内容应有针对性，同时标牌制作、挂设也应规范整齐、美观，字体工整。

图1K420060-4　施工现场五牌一图

4.警示标牌布置与悬挂

（1）施工现场应当根据工程特点及施工的不同阶段，有针对性地设置、悬挂安全警示标志。

（2）根据国家有关规定，施工现场入口处、施工起重机具（械）、临时用电设施、脚手架、出入通道口、楼梯口、电梯井口、孔洞口、桥梁口、隧道口、基坑边沿、爆破物及有害危险气体和液体存放处等属于危险部位，应当设置明显的安全警示标志。

（3）安全警示标志的类型、数量应当根据危险部位的性质不同，设置不同的安全警示标志。如：在爆破物及有害危险气体和液体存放处设置禁止烟火、禁止吸烟等禁止标志；在施工机具旁设置当心触电、当心伤手等警告标志；在施工现场入口处设置必须戴安全帽等指令标志；在通道口处设置安全通道等指示标志；在施工现场的沟、坎、深基坑等处，夜间要设红灯示警。

（4）施工现场安全标志设置后应当进行统计记录，绘制安全标志布置图，并填写施工现场安全标志登记表。

（三）施工现场场地与道路

施工现场场地与道路要求见图1K420060-5。

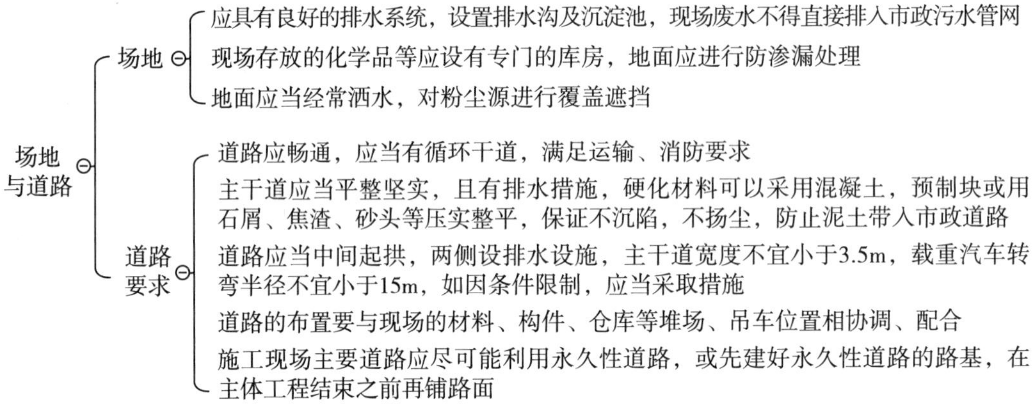

场地与道路
- 场地
  - 应具有良好的排水系统，设置排水沟及沉淀池，现场废水不得直接排入市政污水管网
  - 现场存放的化学品等应设有专门的库房，地面应进行防渗漏处理
  - 地面应当经常洒水，对粉尘源进行覆盖遮挡
- 道路要求
  - 道路应畅通，应当有循环干道，满足运输、消防要求
  - 主干道应当平整坚实，且有排水措施，硬化材料可以采用混凝土，预制块或用石屑、焦渣、砂头等压实整平，保证不沉陷，不扬尘，防止泥土带入市政道路
  - 道路应当中间起拱，两侧设排水设施，主干道宽度不宜小于3.5m，载重汽车转弯半径不宜小于15m，如因条件限制，应当采取措施
  - 道路的布置要与现场的材料、构件、仓库等堆场、吊车位置相协调、配合
  - 施工现场主要道路应尽可能利用永久性道路，或先建好永久性道路的路基，在主体工程结束之前再铺路面

图1K420060-5　施工现场场地与道路要求

（四）临时设施搭设与管理

1.临时设施的种类

（1）办公设施，包括办公室、会议室、门卫传达室等。

（2）生活设施，包括宿舍、食堂、厕所、淋浴室、阅览娱乐室、卫生保健室等。

（3）生产设施，包括材料仓库、防护棚、加工棚［站、厂，如混凝土搅拌站、砂浆搅拌站、木材加工厂、钢筋加工厂、机具（械）维修厂等］、操作棚等。

（4）辅助设施，包括道路、停车场、现场排水设施、围墙、大门等。

2.临时设施的搭设与管理

临时设施的搭设与管理，详细见图1K420060-6。

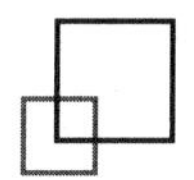

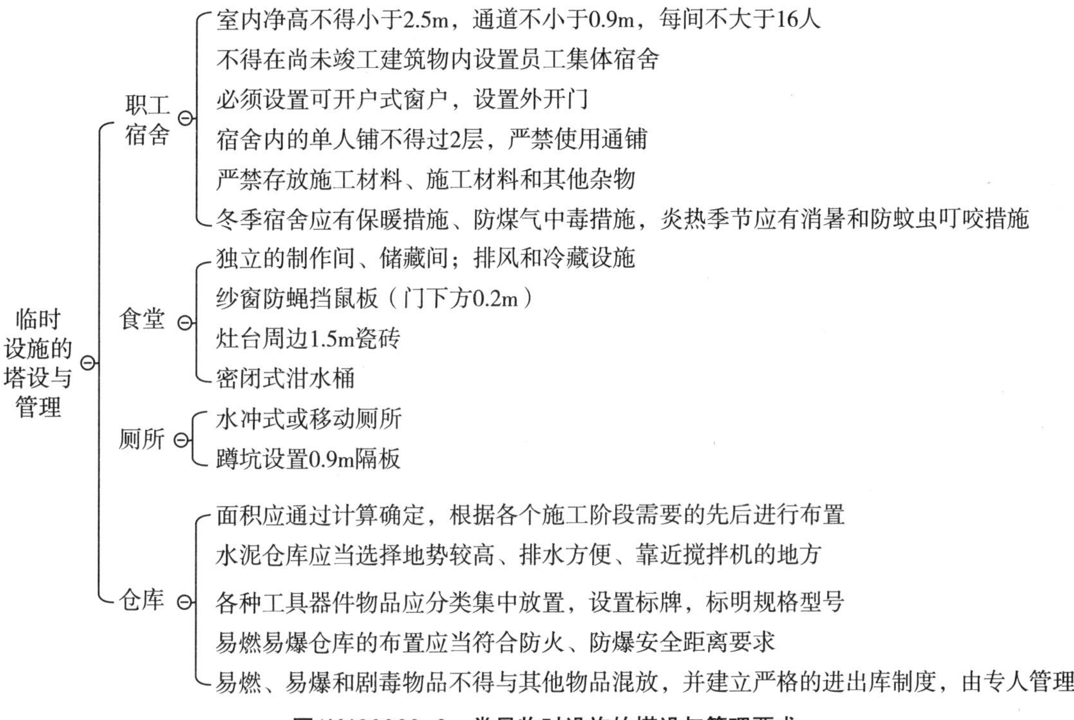

图1K420060-6　常见临时设施的搭设与管理要求

3.材料堆放与库存

材料堆放与库存见图1K420060-7。

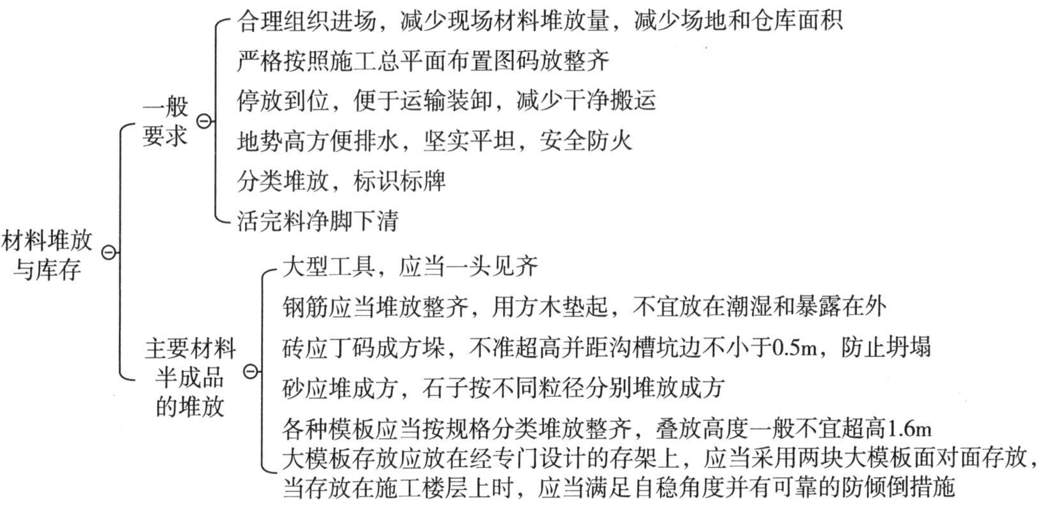

图1K420060-7　材料堆放与库存要求

（五）施工现场的卫生管理

施工现场的卫生管理见图1K420060-8。

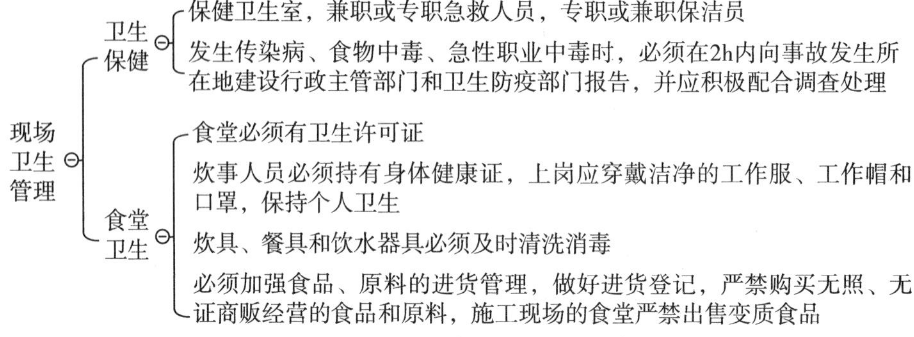

图1K420060-8　施工现场的卫生管理

嗨·点评 重点掌握封闭管理的内容和要求。

【经典例题】1.施工现场的围挡可以采用下列（　　）材料。

A.竹篱笆

B.金属板材

C.彩布条

D.安全网

【答案】B

【经典例题】2.（2013年真题）某公司中标修建城市新建主干道，施工现场设立了公示牌，内容包括工程概况牌、安全生产文明施工牌，安全纪律牌。

【问题】除背景内容外现场还应设立哪些公示牌？

【答案】公示牌还需补充设置：

管理人员名单及监督电话牌、消防保卫牌和施工现场总平面图。

【经典例题】3.当施工现场作业人员发生法定传染病、食物中毒、急性职业中毒时，必须在（　　）h内向事故发生所在地建设行政主管部门和卫生防疫部门报告，并应积极配合调查处理。

A.6　　B.3　　C.2　　D.1

【答案】C

二、环境保护管理的要点

（一）管理目标与基本要求（略）

（二）管理主要内容与要求

1.防治大气污染

（1）现场硬化处理；裸露的场地和集中堆放的土方应采取覆盖、固化、绿化、洒水降尘措施。

（2）使用密目式安全网对在建建筑物、构筑物进行封闭。拆除时，应隔离、洒水。

（3）不得在施工现场熔融沥青，严禁在施工现场焚烧含有有毒、有害化学成分的装饰废料、油毡、油漆、垃圾等各类废弃物。

（4）施工现场应根据风力和大气湿度的具体情况，进行土方回填、转运作业；沿线安排洒水车，洒水降尘。

（5）施工现场混凝土搅拌场所应采取封闭、降尘措施；水泥和其他易飞扬的细颗粒建筑材料应密闭存放，砂石等散料应采取覆盖措施。

（6）施工现场应设置密闭式垃圾站，施工垃圾、生活垃圾应分类存放，并及时清运出场；施工垃圾的清运，应采用专用封闭式容器吊运或传送，严禁凌空抛撒。

（7）土方、渣土和施工垃圾运输应采用密闭式运输车辆或采取覆盖措施；现场出入

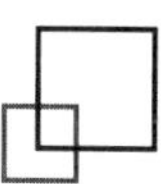

口处应采取保证车辆清洁的措施；并设专人清扫社会交通路线。

2.防治水污染

（1）施工场地应设置排水沟及沉淀池，污水、泥浆必须防止泄露外流污染环境；污水应尽可能重复使用，按照规定排入市政污水管道或河流，泥浆应采用专用罐车外弃。

（2）现场存放的油料、化学溶剂等应设有专门的库房，地面应进行防渗漏处理。

（3）食堂隔油池；厕所化粪池抗渗。

（4）食堂、淋浴等下水管线设置隔离网并应与市政污水管连接。

3.防治施工噪声污染

（1）按照现行国家标准制定降噪措施。

（2）施工现场的强噪声设备宜设置在远离居民区的一侧。

（3）对因生产工艺要求或其他特殊需要，确需在22时至次日6时期间进行强噪声施工的，施工前建设单位和施工单位应到有关部门提出申请，经批准后方可进行夜间施工，并公告附近居民。

（4）夜间运输材料的车辆进入施工现场，严禁鸣笛，装卸材料应做到轻拿轻放。

（5）对产生噪声和振动的施工机械、机具的使用，应当采取消声、吸声、隔声等有效控制和降低噪声；在规定的时间内不得使用空压机等噪声大的机械设备，如必须使用，需采用隔声棚降噪。

4.防治施工固体废弃物污染

（1）施工车辆运输砂石、土方、渣土和建筑垃圾，要采取密封、覆盖措施，避免泄露、遗撒，并按指定地点倾卸，防止固体废物污染环境。

（2）运送车辆不得装载过满并应加遮盖。车辆出场前设专人检查，在场地出口处设置洗车池，待土方车出口时将车轮冲洗干净；应要求司机在转弯、上坡时减速慢行，避免遗撒；安排专人对土方车辆行驶路线进行检查，发现遗撒及时清扫。

5.防治施工照明污染

（1）夜间施工严格按照建设行政主管部门和有关部门的规定，设置现场施工照明装置。

（2）对施工照明器具的种类、灯光亮度应严格控制，减少施工照明对城市居民影响。

嗨·点评 重点注意扬尘污染、水污染、固体废弃物污染控制措施。

【经典例题】4. 夜间施工时指（　　）时到次日（　　）时的施工时间。

A.20，6　B.22，6　C.20，7　D.22，7

【答案】B

【解析】夜间施工时指22时到次日6时的施工时间。

三、劳务管理的有关要点

根据国家相关规定，要求在建设工程总承包项目内推行劳务实名制管理。

（一）分包人员实名制管理目的、意义（略）

（二）管理措施及管理方法

1.管理措施

（1）劳务企业要与劳务人员依法签订书面劳动合同，明确双方权利义务、工资支付标准、支付形式、支付时间和项目。应将劳务人员花名册、身份证、劳动合同文本、岗位技能证书复印件报总包方项目部备案，无身份证、无劳动合同、无岗位证书的“三无”人员不得进入现场施工。

（2）逐人建立劳务人员入场、继续教育培训档案。

（3）劳务人员现场管理实名化，进入现场施工的劳务人员要佩戴工作卡，注明姓名、身份证号、工种、所属劳务企业，没有佩戴工作卡的不得进入现场施工。

劳务企业要根据劳务人员花名册编制考勤表，每日点名考勤，逐人记录工作量完成情况，并定期制定考核表。考勤表、考核表须报总包方项目部备案。

（4）劳务企业要根据劳务人员考勤表按月编制工资发放表，记录工资支付时间、支付金额，经本人签字确认后，张贴公示。劳务人员工资发放表须报总包方项目部备案。

（5）劳务企业要按照施工所在地政府要求，根据劳务人员花名册为劳务人员缴纳社会保险，并将缴费收据复印件、缴费名单报总包方项目部备案。

2.管理方法

实名制管理手段主要有手工台账、EXCEL表和IC卡。

（1）IC卡可实现如下管理功能：人员信息管理、工资管理、考勤管理、门禁管理。

（2）监督检查

①项目部每月进行一次劳务实名制管理检查，检查内容：劳务管理员身份证、上岗证；劳务人员花名册、身份证、岗位技能证书、劳动合同证书；考勤表、工资表、工资发放公示单；劳务人员岗前培训、继续教育培训记录；社会保险缴费凭证。

②总包方应每季度进行一次项目部实名制管理检查。

嗨·点评 总包备案内容：三证社保教培训，名册工资和考勤；每月检查内容：三证社保教培训，名册工资和考勤；再加劳务管理员的身份证和上岗证。

【经典例题】5.（2011年真题）某项目部承建居民区施工道路工程，制订了详细的交通导行方案，统一设置了各种交通标志、隔离设施、夜间警示信号，沿街居民出入口设置了足够的照明装置。工程要求设立降水井，设计提供了地下管线资料。

施工中发生如下事件：

事件：实名制检查中发现，工人的工作卡只有姓名，没有其他信息。

【问题】事件中，按照劳务实名制规定，劳务人员佩戴的工作卡还应包含哪些内容？

【答案】施工人员工作胸卡应该包含的内容：身份证号、工种、所属分包企业。

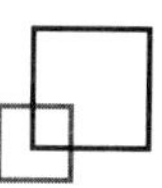

章节练习题

一、单项选择题

1.工程施工阶段按照施工（　　）要求，设置道路、组织排水、搭建临时设施、堆放物料和停放机具设备等。

A.围挡面积　B.现场需要

C.工期安排　D.总平面图

2.施工现场的围挡在市区内应不低于（　　）m，且应符合当地主管部门有关规定。

A.3　B.2.5　C.2.0　D.1.8

3.施工现场的进口处应有整齐明显的“五牌一图”，其中“一图”是指（　　）。

A.施工现场总平面图　B.横道图

C.设计平面图　D.交通导行图

4.对施工现场的道路要求说法错误的是（　　）。

A.施工现场的道路应畅通，应当有循环干道，满足运输、消防要求

B.主干道应当平整坚实，且有排水措施，硬化材料可以采用混凝土、预制块或用石屑、焦渣、砂石等压实整平，保证不沉陷，不扬尘，防止泥土带入市政道路

C.道路应当中间起拱，两侧设排水设施，主干道宽度不宜小于3.8m，载重汽车转弯半径不宜小于15m，如因条件限制，应当采取措施

D.施工现场主要道路应尽可能利用永久性道路，或先建好永久性道路的路基，在主体工程结束之前再铺路面

5.对施工现场的卫生管理说法错误的是（　　）。

A.必须加强食品、原料的进货管理，做好进货登记，严禁购买无照、无证商贩经营的食品和原料

B.办公区和生活区应设专职或兼职保洁员，负责卫生清扫和保洁，应有灭鼠、蚊、蝇、蟑螂等措施，并应定期投放和喷洒药物

C.当施工现场作业人员发生法定传染病、食物中毒、急性职业中毒时，必须在1h内向事故发生所在地建设行政主管部门和卫生防疫部门报告

D.炊具、餐具和饮水器具必须及时清洗消毒

二、多项选择题

1.项目部应每月进行一次劳务实名制管理检查，属于检查的内容有（　　）。

A.上岗证　B.家庭背景

C.身份证　D.处罚记录

E.考勤表

2.为减少扬尘污染，施工现场应采取（　　）措施。

A.场地硬化处理　B.洒水降尘

C.现场少存材料　D.土方堆成大堆

E.专人清扫社会交通线

3.临时设施的种类包括（　　）。

A.办公设施　B.安全设施

C.生活设施　D.辅助设施

E.生产设施

4.安全警示标志的类型主要有（　　）标志。

A.警告　B.指令

C.指示　D.提醒

E.禁止

5.根据国家有关规定，（　　）等处应当设置明显的安全警示标志。

A.楼梯口　B.通风口

C.桥梁口　D.出入通道口

E.隧道口

6.施工现场的进口处应有整齐明显的“五牌一图”，以下属于“五牌”的内容有（　　）。

A.环境卫生牌

B.安全无重大事故计时牌

C.文明施工牌

D.交通警示牌

E.消防保卫牌

7.关于围挡（墙）叙述正确的有（　　）。

A.围挡（墙）不得留有缺口

B.围挡（墙）材料可用竹笆或安全网

C.围挡一般应高于1.8m，在市区内应高于2.1m

D.禁止在围挡内侧堆放泥土、砂石等散状材料以及架管、模板等

E.雨后、大风后以及春融季节应当检查围挡的稳定性，发现问题及时处理

参考答案及解析

一、单项选择题

1.【答案】D

【解析】工程施工阶段按照施工总平面图要求，设置道路、组织排水、搭建临时设施、堆放物料和停放机具设备等。

2.【答案】B

【解析】施工现场的围挡一般不低于1.8m，在市区内应不低于2.5m，且应符合当地主管部门有关规定。

3.【答案】A

【解析】一图：施工现场总平面图。

4.【答案】C

【解析】施工现场的道路要求

（1）施工现场的道路应畅通，应当有循环干道，满足运输、消防要求。

（2）主干道应当平整坚实，且有排水措施，硬化材料可以采用混凝土、预制块或用石屑、焦渣、砂石等压实整平，保证不沉陷，不扬尘，防止泥土带入市政道路。

（3）道路应当中间起拱，两侧设排水设施，主干道宽度不宜小于3.5m，载重汽车转弯半径不宜小于15m，如因条件限制，应当采取措施。

（4）道路的布置要与现场的材料、构件、仓库等堆场、吊车位置相协调、配合。

（5）施工现场主要道路应尽可能利用永久性道路，或先建好永久性道路的路基，在主体工程结束之前再铺路面。

5.【答案】C

【解析】当施工现场作业人员发生法定传染病、食物中毒、急性职业中毒时，必须在2h内向事故发生所在地建设行政主管部门和卫生防疫部门报告，并应积极配合调查处理。

二、多项选择题

1.【答案】ACE

【解析】项目部应每月进行一次劳务实名制管理检查，检查内容主要如下：劳务管理员身份证、上岗证；劳务人员花名册、身份证、岗位技能证书、劳动合同证书；考勤表、工资表、工资发放公示单；劳务人员岗前培训、继续教育培训记录；社会保险缴费凭证。

2.【答案】ABE

【解析】为减少扬尘，施工场地的主要道路、料场、生活办公区域应按规定进行硬化处理；裸露的场地和集中堆放的土方应采取覆盖、固化、绿化、洒水降尘措施。

3.【答案】ACDE

【解析】临时设施的种类：

（1）办公设施；

（2）生活设施；

（3）生产设施；

（4）辅助设施。

4.【答案】ABCE

【解析】安全警示标志的类型、数量应当根据危险部位的性质不同，设置不同的安全警示标志。如：在爆破物及有害危险气

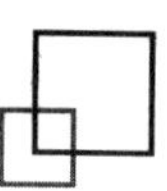

体和液体存放处设置禁止烟火、禁止吸烟等禁止标志；在施工机具旁设置当心触电、当心伤手等警告标志；在施工现场入口处设置必须戴安全帽等指令标志；在通道口处设置安全通道等指示标志；在施工现场的沟、坎、深基坑等处，夜间要设红灯示警。

5.【答案】ACDE

【解析】根据国家有关规定，施工现场入口处、施工起重机具（械）、临时用电设施、脚手架、出入通道口、楼梯口、电梯井口、孔洞口、桥梁口、隧道口、基坑边沿、爆破物及有害危险气体和液体存放处等属于危险部位，应当设置明显的安全警示标志。

6.【答案】BCE

【解析】五牌：工程概况牌、管理人员名单及监督电话牌、消防保卫牌、安全生产（无重大事故）牌、文明施工牌；工程概况牌内容一般应写明工程名称、面积、层数、建设单位、设计单位、施工单位、监理单位、开竣工日期、项目负责人（经理）以及联系电话。

7.【答案】ADE

【解析】围挡（墙）

（1）施工现场围挡（墙）应沿工地四周连续设置，不得留有缺口，并根据地质、气候、围挡（墙）材料进行设计与计算，确保围挡（墙）的稳定性、安全性。

（2）围挡的用材应坚固、稳定、整洁、美观，宜选用砌体、金属材板等硬质材料，不宜使用彩布条、竹篱笆或安全网等。

（3）施工现场的围挡一般应不低于1.8m，在市区内应不低于2.5m，且应符合当地主管部门有关规定。

（4）禁止在围挡内侧堆放泥土、砂石等散状材料以及架管、模板等。

（5）雨后、大风后以及春融季节应当检查围挡的稳定性，发现问题及时处理。

1K420070 市政公用工程施工进度管理

本节知识体系

市政公用工程施工进度管理
- 施工进度计划编制方法的应用
- 施工进度计划调控措施
- 施工进度报告的注意事项

核心内容讲解

一、施工进度计划编制方法的应用

（一）施工进度计划编制原则（略）

（二）施工进度计划编制

1.编制依据

（1）以合同工期为依据安排开、竣工时间；

（2）设计图纸、定额材料等；

（3）机具（械）设备和主要材料的供应及到货情况；

（4）项目部可能投入的施工力量及资源情况；

（5）工程项目所在地的水文、地质及其他方面自然情况；

（6）工程项目所在地资源可利用情况；

（7）影响施工的经济条件和技术条件；

（8）工程项目的外部条件等。

2.编制流程

（1）首先要落实施工组织；其次为实现进度目标，应注意分析影响工程进度的风险，并在分析的基础上采取风险管理的措施；最后采取必要的技术措施，对各种施工方案进行论证，选择既经济又能节省工期的施工方案。

（2）施工进度计划应准确、全面的表示施工项目中各个单位工程或各分项、分部工程的施工顺序、施工时间及相互衔接关系。施工进度计划的编制应根据各施工阶段的工作内容、工作程序、持续时间和衔接关系，以及进度总目标，按资源优化配置的原则进行。在计划实施过程中应严格检查各工程环节的实际进度，及时纠正偏差或调整计划，跟踪实施，如此循环、推进，直至工程竣工验收。

（3）施工总进度计划是以工程项目群体工程为对象，对整个工地的所有工程施工活动提出时间安排表；其作用是确定分部、分项工程及关键工序准备、实施期限、开工和完工的日期；确定人力资源、材料、成品、半成品、施工机具的需要量和调配方案，为项目经理确定现场临时设施、水、电、交通的需要数量和需要时间提供依据。

（4）规定各工程的施工顺序和开、竣工时间，以此为依据确定各项施工作业所必需的劳动力、机具（械）设备和各种物资的供应计划。

3.工程进度计划方法

常用的表达工程进度计划方法有横道图和网络计划图两种形式。

（1）采用网络图的形式表达单位工程施工进度计划，能充分揭示各项工作之间的相互制约和相互依赖关系，并能明确反映出进

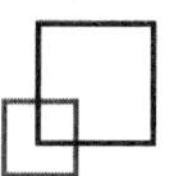

度计划中的主要矛盾；

（2）采用横道图的形式表达单位工程施工进度计划可比较直观地反映出施工资源的需求及工程持续时间；

（3）示例：

①表1K420070为分成两个施工段的某一基础工程用横道图表示的施工进度计划。该基础工程的施工过程是：挖基槽→作垫层→作基础→回填。

用横道图表示的进度计划　表1K420070

施工过程	施工顺序（d）														
	1	2	3	4	5	6	7	8	9	10	11	12	13	14	15
基槽	━	━	━	━	━	━									
垫层				━	━	━	━	━	━						
基础							━	━	━	━	━	━			
回填										━	━	━	━	━	━

②图1K420070-1为用双代号时间坐标网络计划（简称时标网络计划）表示的进度计划。

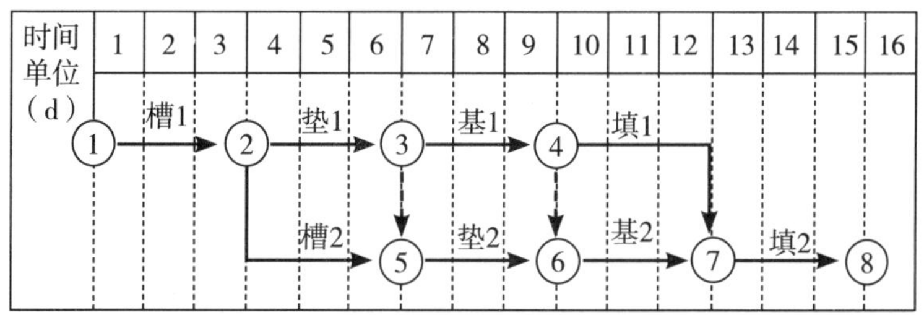

图1K420070-1　用双代号时标网络计划表示的进度计划

③图1K420070-2为用双代号网络计划表示的进度计划。

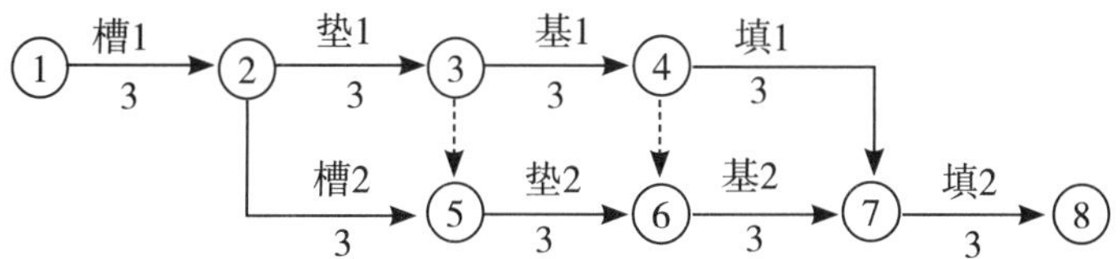

图1K420070-2　用双代号网络计划表示的进度计划

④图1K420070-3为用单代号网络计划表示的进度计划。

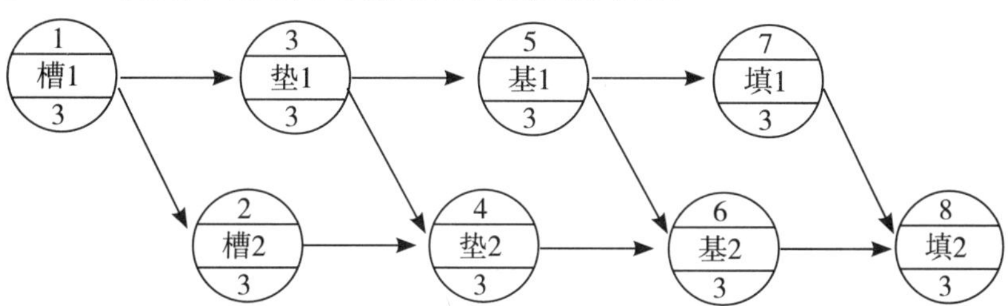

图1K420070-3　用单代号网络计划表示的进度计划

以上网络计划都是表1K420070所示的用横道图表示的进度计划的不同表示方法。

嗨·点评 横道图、双代号网络图和双代号时标网络图要求考生能够绘制、根据案例背景要求优化，并可以相互转换和计算工期。

【经典例题】1.（2013年真题）某公司中标修建城市新建主干道，全长2.5km，双向四车道，其结构从下至上为：20cm厚石灰稳定碎石底基层，38cm厚水泥稳定碎石基层，8cm厚粗粒式沥青混合料底面层，6cm厚中粒式沥青混合料中面层，4cm厚细粒式沥青混合料表面层。

项目部将20cm厚石灰稳定碎石底基层，38cm厚水泥稳定碎石基层，8cm厚粗粒式沥青混合料底面层，6cm厚中粒式沥青混合料中面层，4cm厚细粒式沥青混合料表面层第五个施工过程分别用Ⅰ、Ⅱ、Ⅲ、Ⅳ、Ⅴ表示，并将Ⅰ、Ⅱ两项划分成4个施工段①②③④。

Ⅰ、Ⅱ两项在各施工段上持续时间如下表所示：

施工单位	持续时间（单位：周）			
	①	②	③	④
Ⅰ	4	5	3	4
Ⅱ	3	4	2	3

而Ⅲ、Ⅳ、Ⅴ不分施工段连续施工，持续时间均为一周。

项目部按各施工段持续时间连续，均衡作业，不平行，搭接施工的原则安排了施工进度计划表如下表所示。

施工进度	施工进度（单位：周）																					
	1	2	3	4	5	6	7	8	9	10	11	12	13	14	15	16	17	18	19	20	21	22
Ⅰ	——	①——	——	——	——	——	②——	——	——													
Ⅱ								——	①——	——												
Ⅲ																						
Ⅳ																						
Ⅴ																						

【问题】请按背景中要求和上表形式，用横道图表示，画出完整的施工进度计划表，并计算工期。

【答案】完整的施工进度计划表见下表，经计算工期为22周。

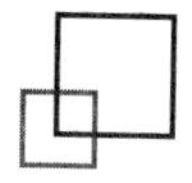

施工进度	施工进度（单位：周）																					
	1	2	3	4	5	6	7	8	9	10	11	12	13	14	15	16	17	18	19	20	21	22
Ⅰ		①					②				③			④								
Ⅱ									①			②			③			④				
Ⅲ																						
Ⅳ																						
Ⅴ																						

【经典例题】2.计算下图双代号网络计划图的总工期（单位为周），并写出关键线路。

如果工作D因拆迁原因推迟3周，会对总工期造成多久的延误。

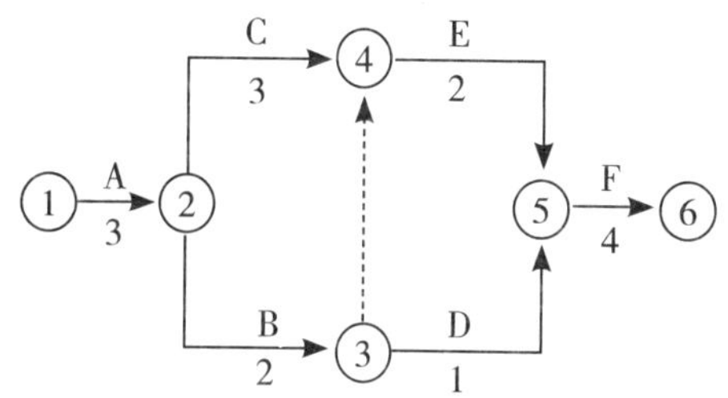

【答案】总工期为12周，关键线路为①→②→④→⑤→⑥（用节点标号表示）或A→C→E→F（用工作表示）。

因拆迁导致工作D推迟3周，而工作D的总时差2周，故会造成总工期延误1周。

【解析】（1）计算工期

采用标号法的解析过程见下图。从开始节点①向终点节点⑥的方向逐个节点标注来源节点和所耗工期，例如节点②来自节点①，经时3周，所以在上面标注了1,3两个参数，前面的1代表来源节点的序号，后面的3代表所耗工期。计算到节点④时，发现其可以从节点②过来，对应的两个参数是2,6；也可以从节点③过来，对应的两个参数分别为3,5；取耗时长的进行标注。依次计算到终点标号⑥。可得到工期为12周。

（2）寻找关键线路

寻找关键线路的方向和刚才计算的方向刚好相反。从终点节点⑥开始倒推，向左上角所标注第一个参数所代表的节点依次进发，最终达到开始节点①，所通过的线路即为关键线路。

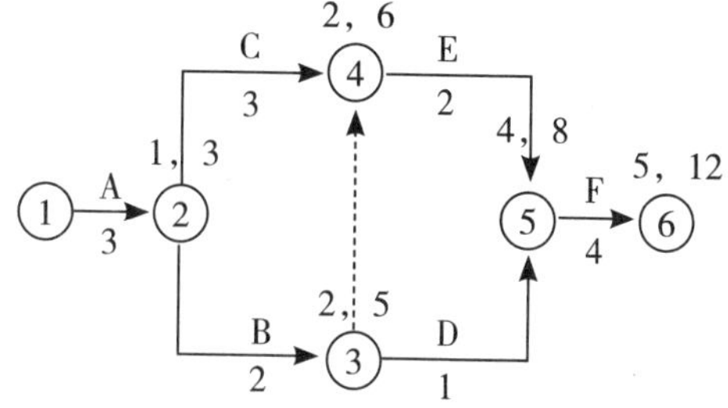

（3）工作D总时差计算

工作D在非关键线路上，则可比较通过该工作的所有非关键线路的持续时间，取最长时间10和计算工期12相减得-2，则工作D的总时差为2周。工作D因拆迁延误3周会延误总工期1周。

二、施工进度计划调控措施

（一）施工进度目标控制

1.总目标及其分解

工程项目施工进度控制的最终目标：实现施工合同约定的竣工日期。

总目标应按需要进行分解：（1）按单位工程分解为交工分目标；（2）按承包的专业或施工阶段分解为阶段分目标；（3）按年、季、月分解为时间分目标。

2.分包工程控制

（1）分包单位的施工进度计划必须依据承包单位的施工进度计划编制。

（2）承包单位应将分包的施工进度计划纳入总进度计划的控制范畴。

（3）总、分包之间相互协调，处理好进度执行过程中的相关关系，承包单位应协助分包单位解决施工进度控制中的相关问题。

（二）进度计划控制与实施

1.计划控制

计划控制分类见图1K420070-4。

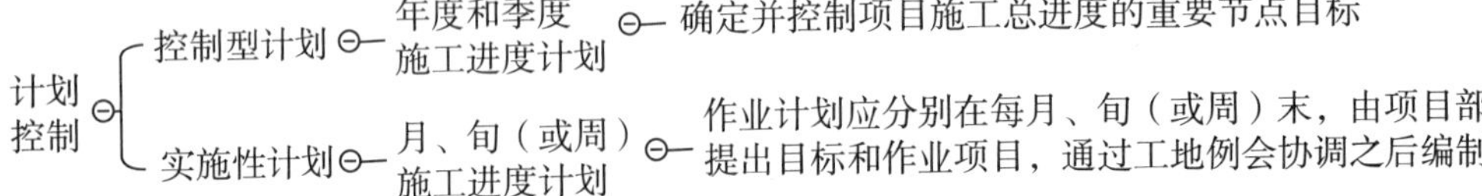

图1K420070-4 计划控制层级

年、月、旬、周施工进度计划应逐级落实，最终通过施工任务书由作业班组实施。

2.保证措施

（1）严格履行开工、延期开工、暂停施工、复工及工期延误等报批手续。

（2）在进度计划图上标注实际进度记录，并跟踪记载每个施工过程的开始日期、完成日期、每日完成数量、施工现场发生的情况、干扰因素的排除情况。

（3）进度计划应具体落实到执行人、目标、任务；并制定检查方法和考核办法。

（4）跟踪工程部位的形象进度，对工程量、总产值、耗用的人工、材料和机械台班等的数量进行统计与分析，以指导下一步工作安排；并编制统计报表。

（5）按规定程序和要求，处理进度索赔。

（三）进度调整

（1）跟踪进度计划的实施并进行监督，当发现进度计划执行受到干扰时，应及时采取调整计划措施。

（2）施工进度计划在实施过程中进行的必要调整必须依据施工进度计划检查审核结果进行。调整内容应包括：工程量、起止时间、持续时间、工作关系、资源供应。

（3）在施工进度计划调整中，工作关系的调整主要是指施工顺序的局部改变或作业过程相互协作方式的重新确认，目的在于充分利用施工的时间和空间进行合理交叉衔接，从而达到控制进度计划的目的。

嗨·点评 重点注意分包工程进度控制原则，其余为理解性知识。

三、施工进度报告的注意事项

（一）进度计划检查审核

判断进度计划执行状态，进度受阻时分析原因，采取调整措施。

（二）工程进度报告

1.目的

（1）工程施工进度计划检查完成后，项目部应向企业及有关方面提供施工进度报告。

（2）根据施工进度计划的检查审核结果，研究分析存在问题，制定调整方案及相应措施，以便保证工程施工合同的有效执行。

2. 主要内容

（1）工程项目进度执行情况的综合描述。主要内容是：报告的起止日期，当地气象及晴雨天数统计；施工计划的原定目标及实际完成情况；报告计划期内现场的主要大事记（如停水、停电、发生事故的概况和处理情况，收到建设单位、监理工程师、设计单位等指令文件及主要内容）。

（2）实际施工进度图。

（3）工程变更，价格调整，索赔及工程款收支情况。

（4）进度偏差的状况和导致偏差的原因分析。

（5）解决问题的措施。

（6）计划调整意见和建议。

（三）施工进度控制总结

在工程施工进度计划完成后，项目部应编写施工进度控制总结，以便企业总结经验，提高管理水平。

1.编制总结时应依据的资料

（1）施工进度计划；

（2）施工进度计划执行的实际记录；

（3）施工进度计划检查结果；

（4）施工进度计划的调整资料。

2.施工进度控制总结应包括的内容

（1）合同工期目标及计划工期目标完成情况；

（2）施工进度控制经验与体会；

（3）施工进度控制中存在的问题及分析；

（4）施工进度计划科学方法的应用情况；

（5）施工进度控制的改进意见。

嗨·点评 掌握施工进度报告内容，其余为理解性知识。

【经典例题】3.（2014年真题）A公司承建城市道路改扩建工程，其中新建一座单跨简支桥梁，节点工期为90天，项目部编制了网络进度计划如图1所示（单位：天）。公司技术负责人在审核中发现该施工进度计划不能满足节点工期要求，工序安排不合理，要求在每项工作作业时间不变、桥台钢模板仍为一套的前提下对网络进度计划进行优化。

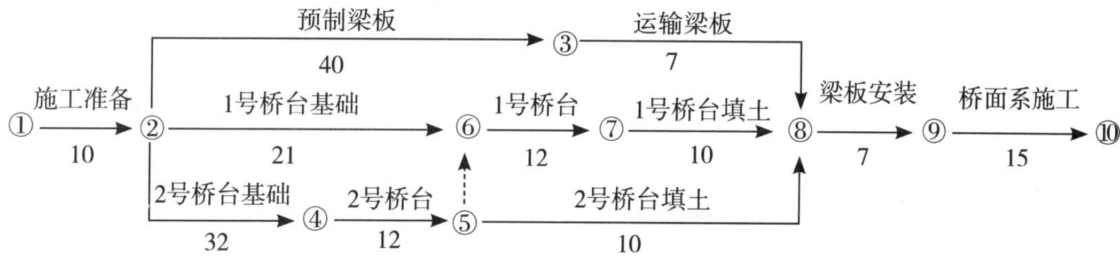

图1　桥梁施工进度网络计划图

【问题】绘制优化后的该桥施工网络进度计划，给出关键线路和节点工期。

【答案】优化后的施工网络进度计划见下图。关键线路1→2→4→5→6→7→8→9→10。节点工期为87天，小于90天，满足要求。

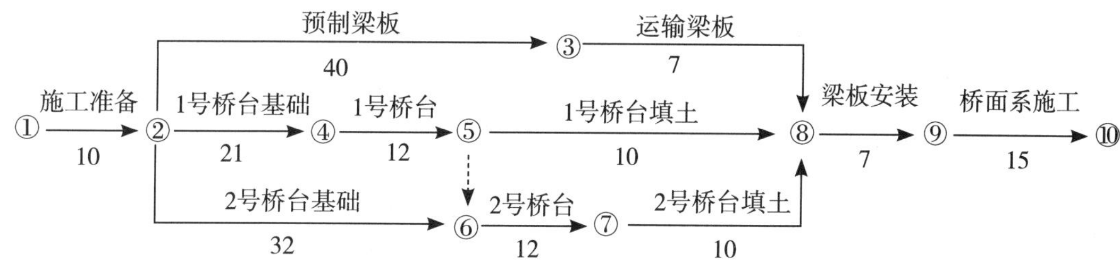

章节练习题

一、单项选择题

1.月、旬（或周）施工进度计划是（　　）性作业计划。

A.控制　B.基础　C.实施　D.阶段

2.工程项目施工进度计划在实施过程中进行必要调整必须依据施工进度计划（　　）结果。

A.月度检查　B.例行统计

C.检查审核　D.现场巡视

3.工程项目进度执行情况的综合描述，不包括（　　）。

A.报告的起止日期　B.原定目标

C.实际完成情况　D.进度检查

二、多项选择题

1.以下（　　）是编制施工进度计划的一部分根据。

A.技术条件　B.资源情况

C.质量标准　D.起止时间

E.设计图纸

2.常用的表达工程进度计划方法有（　　）。

A.横道图　B.网络计划图

C.频率图　D.直方图

E.正态分布图

3.施工进度计划在实施过程中进行的必要调整，调整内容不包括（　　）。

A.起止时间　B.检查方法

C.持续时间　D.考核办法

E.资源供应

4.在施工进度计划调整中，工作关系的调整主要是指（　　）的重新确认，目的在于利用施工的时间和空间进行合理的衔接。

A.施工顺序的局部改变

B.操作工具

C.作业过程相互协作方式

D.材料供应

E.居住场地

5.施工进度报告的内容包括进度计划执行情况综述、实际施工进度图、解决问题的措施以及（　　）。

A.工程变更与价格调整

B.监理工程师的指令

C.索赔及工程款收支情况

D.进度偏差状况及原因

E.计划调整意见

6.编制进度总结时应依据（　　）资料。

A.进度计划

B.大事记

C.计划执行的实际记录

D.计划的检查结果

E.计划的调整资料

参考答案及解析

一、单项选择题

1.【答案】C

【解析】月、旬（或周）施工进度计划是实施性的作业计划。

2.【答案】C

【解析】施工进度计划在实施过程中进行的必要调整必须依据施工进度计划检查审核结果进行。

3.【答案】D

【解析】工程项目进度执行情况的综合描述。主要内容是：报告的起止日期，当地气象及晴雨天数统计；施工计划的原定目标及实际完成情况；报告计划期内现场的主要大事记。

二、多项选择题

1.【答案】ABDE

【解析】编制依据：

（1）以合同工期为依据安排开、竣工时间；
（2）设计图纸、定额材料等；
（3）机具（械）设备和主要材料的供应及到货情况；
（4）项目部可能投入的施工力量及资源情况；
（5）工程项目所在地的水文、地质及其他方面自然情况；
（6）工程项目所在地资源可利用情况；
（7）影响施工的经济条件和技术条件；
（8）工程项目的外部条件等。

2.【答案】AB

【解析】常用的表达工程进度计划方法有横道图和网络计划图两种形式。

3.【答案】BD

【解析】施工进度计划在实施过程中进行的必要调整必须依据施工进度计划检查审核结果进行。调整内容应包括：工程量、起止时间、持续时间、工作关系、资源供应。

4.【答案】AC

【解析】在施工进度计划调整中，工作关系的调整主要是指施工顺序的局部改变或作业过程相互协作方式的重新确认，目的在于充分利用施工的时间和空间进行合理交叉衔接，从而达到控制进度计划的目的。

5.【答案】ACDE

【解析】主要内容：
（1）工程项目进度执行情况的综合描述；
（2）实际施工进度图；
（3）工程变更，价格调整，索赔及工程款收支情况；
（4）进度偏差的状况和导致偏差的原因分析；
（5）解决问题的措施；
（6）计划调整意见和建议。

6.【答案】ACDE

【解析】编制总结时应依据的资料：
（1）施工进度计划；
（2）施工进度计划执行的实际记录；
（3）施工进度计划检查结果；
（4）施工进度计划的调整资料。

1K420080 市政公用工程施工质量管理

本节知识体系

市政公用工程施工质量管理
- 质量计划编制注意事项
- 质量计划实施要点
- 施工准备阶段质量管理措施
- 施工质量控制要点

核心内容讲解

一、质量计划编制注意事项

（一）编制原则

1.质量保证计划应由施工项目负责人主持编制，项目技术负责人、质量负责人、施工生产负责人应按企业规定和项目分工负责编制。

2.质量保证计划应体现从工序、分项工程、分部工程到单位工程的过程控制，且应体现从资源投入到完成工程施工质量最终检验试验的全过程控制。

3.质量保证计划应成为对外质量保证和对内质量控制的依据。

（二）质量保证计划应包括以下内容

具体内容见表1K420080。

质量保证计划的内容　表1K420080

内容	明确质量目标
明确质量目标	①贯彻执行企业的质量目标； ②兑现投标书的质量承诺； ③确定质量目标及分解目标
确定管理体系与组织机构	①建立以项目负责人为首的质量保证体系与组织机构，实行质量管理岗位责任制； ②确定质量保证体系框图及质量控制流程图； ③明确项目部质量管理职责与分工； ④制定项目部人员及资源配置计划； ⑤制定项目部人员培训计划
质量管理措施	①确定工程关键工序和特殊过程，编制专项质量技术标准、保证措施及作业指导书； ②根据工程实际情况，按分项工程项目分别制定质量保证技术措施，并配备工程所需的各类技术人员； ③确定主要分项工程项目质量标准和成品保护措施； ④明确与施工阶段相适应的检验、试验、测量、验证要求； ⑤对于特殊过程，应对其连续监控；作业人员持证上岗，并制定相应的措施和规定； ⑥明确材料、设备物资等质量管理规定
质量控制流程	①实施班组自检、质检员检查、质量工程专业检查的“三检制”流程； ②明确施工项目部内、外部（监理）验收及隐蔽工程验收程序； ③确定分包工程的质量控制流程； ④确定更改和完善质量保证计划的程序； ⑤确定评估、持续改进流程

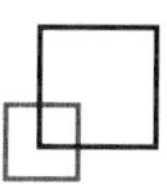

【经典例题】1.施工项目质量保证计划应由（　　）主持编制。

A.项目质量负责人　B.项目技术负责人

C.项目负责人　D.项目生产负责人

【答案】C

【经典例题】2.质量控制“三检制”流程内容为（　　）。

A.监理检查

B.质量工程专业检查

C.企业检查

D.质检员检查

E.实施班组自检

【答案】BDE

二、质量计划实施要点

（一）质量计划实施

1.基本规定

（1）质量保证计划实施的目的是确保施工质量满足工程施工技术标准和工程施工合同的要求。

（2）质量管理人员应按照岗位责任分工，控制质量计划的实施。项目负责人对质量控制负责，质量管理由每一道工序和各岗位的责任人负责，并按规定保存控制记录。

（3）承包方就工程施工质量和质量保修工作向发包方负责。分包工程的质量由分包方向承包方负责。承包方就分包方的工程质量向发包方承担连带责任。分包方应接受承包方的质量管理。

（4）质量控制应实行样板制和首段验收制。施工过程均应按要求进行自检、互检和交接检。隐蔽工程、指定部位和分项工程未经检验或已经检验定为不合格的，严禁转入下道工序施工。

（5）施工项目部应建立质量责任制和考核评价办法。

2.质量管理与控制重点

（1）关键工序和特殊过程：包括质量保证计划中确定的关键工序，施工难度大、质量风险大的重要分项工程。

（2）质量缺陷：针对不同专业工程的质量通病制定保证措施。

（3）施工经验较差的分项工程：应制定专项施工方案和质量保证措施。

（4）新材料、新技术、新工艺、新设备：制定技术操作规程和质量验收标准，并应按规定报批。

（5）实行分包的分项、分部工程：应制定质量验收程序和质量保证措施。

（6）隐蔽工程：实行监理的工程应严格执行分项工程验收制；未实行监理的工程应事先确定验收程序和组织方式。

（二）质量管理与控制

1.按照施工阶段划分质量控制目标和重点

（1）施工准备阶段质量控制，重点是质量计划和技术准备；

（2）施工阶段质量控制，应随着工程进度、施工条件变化确定重点；

（3）分项工程成品保护，重点是不同施工阶段的成品保护。

2.控制方法

（1）制定不同专业工程的质量控制措施；

（2）重点部位动态管理，专人负责跟踪和记录；

（3）加强信息反馈，确保人、材料、机具（械）、方法、环境等质量因素处于受控状态；

（4）当发生质量缺陷或事故时，应按规定及时、如实上报。必须分析原因，分清责任，采取有效措施进行整改。

（三）质量计划的验证

1.项目技术负责人应定期组织具有资质的质检人员进行内部质量审核，验证质量计划的实施效果，当存在问题或隐患时，应提出解决措施。

2.对重复出现的不合格质量问题，责任人应按规定承担责任，并应依据验证评价的结果进行处罚。

3.质量控制应坚持“质量第一，预防为主”的方针。

嗨·点评 质量问题（事故）原因分析和预防或处理要从人、机、料、法、环五个因素方面进行思考和总结。

【经典例题】3.质量管理与控制重点包括（　　）。

A.关键工序　　B.分包工程

C.应用“四新技术”

D.隐蔽工程

E.造价高的部位

【答案】ABCD

三、施工准备阶段质量管理措施

（一）施工准备阶段质量管理要求

市政公用工程通常具有专业工程多、地上地下障碍物多、专业之间及社会之间配合工作多、干扰多，导致施工变化多。项目部应按图1K420080-1所示顺序进行管理。

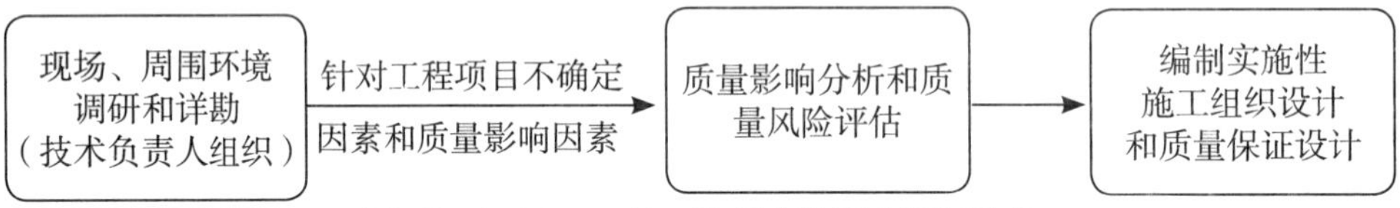

现场、周围环境调研和详勘（技术负责人组织）→（针对工程项目不确定因素和质量影响因素）→质量影响分析和质量风险评估→编制实施性施工组织设计和质量保证设计

图1K420080-1　施工准备阶段质量管理要求

（二）施工准备阶段质量管理内容

1.组织准备

（1）组建施工组织机构。建立质量管理体系和组织机构，建立各级岗位责任制。

（2）确定作业组织。

（3）施工项目部组织全体施工人员进行质量管理和质量标准的培训，并应保存培训记录。

2.技术管理的准备工作

（1）施工合同签订后，施工项目部及时索取工程设计图纸和相关技术资料，指定专人管理并公布有效文件清单。

（2）熟悉设计文件。项目技术负责人主持由有关人员参加的对设计图纸的学习与审核，认真领会设计意图，掌握施工设计图纸和相关技术标准的要求，并应形成会审记录。如发现设计图纸有误或不合理的地方，及时提出质疑或修改建议，并履行规定的手续予以核实、更正。

（3）编制能指导现场施工的实施性施工组织设计，确定主要（重要）分项工程、分部工程的施工方案和质量安全等保证计划。

（4）根据施工组织，分解和确定各阶段质量目标和质量保证措施。

（5）确认分项、分部和单位工程的质量检验与验收程序、内容及标准等。

3.技术交底与培训

（1）单位工程、分部工程和分项工程开工前，项目技术负责人对承担施工的负责人或分包方全体人员进行书面技术交底。技术交底资料应办理签字手续并归档。

（2）对施工作业人员进行质量和安全技术培训，经考核后持证上岗。

（3）对包括机械设备操作人员的特殊工种资格进行确认，无证或资格不符合者，严禁上岗。

4.物资准备

（1）项目负责人按质量计划中关于工程分包和物资采购的规定，经招标程序选择并评价分包方和供应商，保存评价记录。各类原材料、成品、半成品质量，必须具有质量合格证明资料并经进场检验，不合格不准用。

（2）机具设备根据施工组织设计进场，

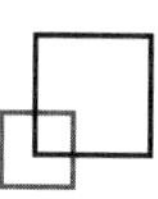

性能检验应符合施工需求。

（3）按照安全生产规定，配备足够质量合格的安全防保用品。

5.现场准备

（1）对设计技术交底、交桩给定的工程测量控制点进行复测，发现问题时，告知建设单位，由建设单位与勘察设计方协商处理，处理结果应形成记录。

（2）做好设计、勘测的交桩和交线工作，建立施工控制网并测量放样。

（3）建设符合国家及地方标准要求的现场试验室。

（4）按照交通疏导（行）方案修建临时施工便线、导行临时交通。

（5）按施工组织设计中的总平面布置图搭建临时设施包括施工用房、用电、用水、用热、燃气、环境维护等。

嗨·点评 准备的几个方面中，重点掌握技术准备、技术交底和培训、物资采购进场几个方面，其余为理解性知识。

四、施工质量控制要点

（一）施工质量因素控制

1.施工人员控制

相对稳定且满足进度需要，关键岗位工种要求，人员考核和实名制管理等。

2.材料的质量控制

（1）材料进场必须检验，依样品及相关检测报告进行报验，报验合格的材料方能使用。

（2）材料的搬运和贮存应按搬运储存有关规定进行，并应建立台账。

（3）按照有关规定，对材料、半成品、构件进行标识。

（4）未经检验和已经检验为不合格的材料、半成品、构件和工程设备等，必须按规定进行检验或拒绝验收。

（5）对发包方提供的材料、半成品、构配件、工程设备和检验设备等，必须按规定进行检验和验收。

（6）对承包方自行采购的物资应报监理工程师进行验证。

（7）在进场材料的管理上，采用限额领料制度，由施工人员签发限额领料单，库管员按单发货。

3.机械设备的质量控制

（1）应按设备进场计划进行施工设备的调配。

（2）进场的施工机具（械）应经检测合格，满足施工需要。

（3）应对机具（械）设备操作人员的资格进行确认，无证或资格不符合者，严禁上岗。

（4）计量人员应按规定控制计量器具的使用、保管、维修和验证，计量器具应符合有关规定。

（二）施工过程质量控制

1.分项工程（工序）控制

（1）施工管理人员在每分项工程（工序）施工前应对作业人员进行书面技术交底，交底内容包括工具及材料准备、施工技术要点、质量要求及检查方法、常见问题及预防措施。

（2）在施工过程中，项目技术负责人对发包方或监理工程师提出的有关施工方案、技术措施及设计变更要求，应在执行前向执行人员进行书面交底。

2.特殊过程控制

（1）对工程施工项目质量计划规定的特殊过程，应设置工序质量控制点进行控制。

（2）对特殊过程的控制，除应执行一般过程控制的规定外，还应由专业技术人员编制专门的作业指导书。

（3）不太成熟的工艺或缺少经验的工序应安排试验，编制成作业指导书，并进行首件（段）验收。

（4）编制的作业指导书，应经项目部或企业技术负责人审批后执行。

3.不合格产品控制

（1）控制不合格物资进入施工现场，严禁不合格工序或分项工程未经处置而转入下道工序或分项工程施工。

（2）不合格处置应根据不合格严重程度，按返工、返修，让步接收或降级使用，拒收或报废四种情况进行处理。构成等级质量事故的不合格，应按国家法律、行政法规进行处理。

（3）对返修或返工后的产品，应按规定重新进行检验和试验，并应保存记录。

（4）进行不合格让步接收时，工程施工项目部应向发包方提出书面让步接收申请，记录不合格程度和返修的情况，双方签字确认让步接收协议和接收标准。

（5）对影响建筑主体结构安全和使用功能不合格的产品，应邀请发包方代表或监理工程师、设计人，共同确定处理方案，报工程所在地建设主管部门批准。

（6）检验人员必须按规定保存不合格控制的记录。

（三）质量管理与控制的持续改进

1.预防与策划

施工项目部应定期召开质量分析会，对影响工程质量的潜在原因，采取预防措施。

2.纠正

（1）对检查发现的工程质量问题或不合格报告提出的问题，应由工程施工项目技术负责人组织有关人员判定不合格程度，分析不合格原因，制定纠正措施。

（2）实施纠正措施的结果应由施工项目技术负责人验证并记录；对严重不合格或等级质量事故，必须实施纠正方案及措施，应对实施效果应验证，并应上报企业管理层。

3.检查、验证

（1）项目部应对项目质量计划执行情况组织检查、内部审核和考核评价，验证实施效果。

（2）项目负责人应依据质量控制中出现的问题、缺陷或不合格，召开有关专业人员参加的质量分析会进行总结，并制定改进措施。

嗨·点评 质量五因素：人机料法环，见图1K420080-2；质量过程控制：分项、特殊、不合格；质量管理控制及改进的PDCA循环，见图1K420080-3。这是思考的思路，利于考生笼络知识形成体系。

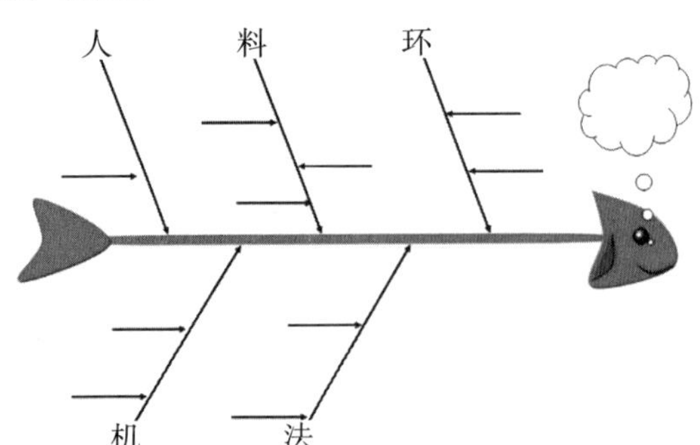

图1K420080-2 质量五因素分析（人机料法环）

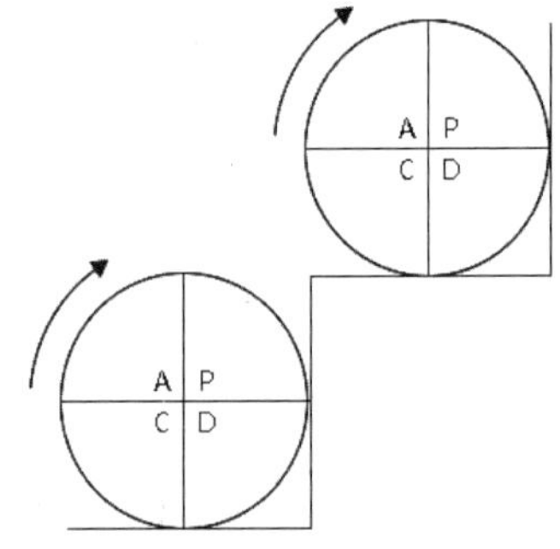

图1K420080-3 质量控制改进圈

【经典例题】（2014年真题）某市新建生活垃圾埋场。工程规模为日消纳量200t。

项目部进场后，确定了本工程的施工质量控制要点，重点加强施工过程质量控制，确保施工质量；项目部编制了渗沥液收集导排系统和防渗系统的专项施工方案，其中收

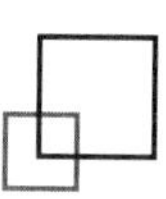

集导排系统采用HDPE渗沥液收集花管，其连接工艺流程如下图所示。

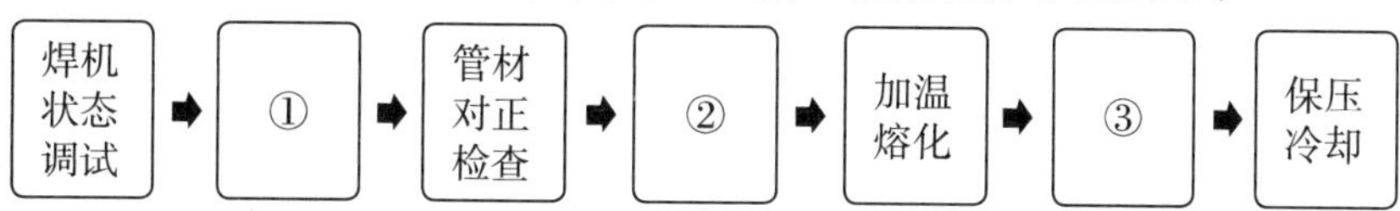

【问题】施工质量过程控制包含哪些内容?

【答案】包括分项工程（工序）控制、特殊过程控制和不合格产品控制。

在每分项工程施工前应进行书面技术交底；特殊过程设置工序质量控制点进行控制，特殊过程或缺少经验的工序应编制作业指导书，经项目或企业技术负责人审批后执行；严禁使用不合格物质材料，不合格工序或分项工程未经处置严禁转序。

结合本案例背景，主要对施工队伍资质和人员上岗资格进行严格审查，防渗层材料进货质量按规定检验，保证施工机具的有效性，编制施工方案并在开工前进行技术交底，加强施工过程中质量控制，严格质量检验，单独提出明示场地和季节。

章节练习题

一、单项选择题

1.单位工程、分部工程和分项工程开工前，（　　）对承担施工的负责人或分包方全体人员进行书面技术交底。

A.项目质量负责人　　B.项目技术负责人

C.项目负责人　　D.项目生产负责人

2.（　　）按质量计划中关于工程分包和物资采购的规定，经招标程序选择并评价分包方和供应商，保存评价记录。各类原材料、成品、半成品质量，必须具有质量合格证明资料并经进场检验，不合格不准使用。

A.企业负责人　　B.项目负责人

C.企业物资部门　　D.项目物资部门

3.施工准备阶段，机具设备根据（　　）施工组织设计进场，性能检验应符合施工需求。

A.建设单位要求　　B.图纸要求

C.施工方案　　D.施工组织设计

4.对设计技术交底、交桩给定的工程测量控制点进行复测，当发现问题时，应告知（　　），由（　　）与勘察设计方协商处理，处理结果应形成记录。

A.建设单位，建设单位

B.监理单位，建设单位

C.监理单位，监理单位

D.建设单位，监理单位

5.施工过程质量控制中，不包括（　　）。

A.成品质量控制

B.分项工程（工序）控制

C.特殊过程控制

D.不合格产品控制

6.对于特殊过程的质量控制，以下说法正确的是（　　）。

A.对工程施工项目质量计划规定的特殊过程，可不设置质量控制点

B.除应执行一般过程控制的规定外，还应由专业技术人员编制专门的作业指导书

C.不太成熟的工艺应安排试验，编制成作业指导书，根据情况进行首件（段）验收

D.编制的作业指导书，应经监理工程师审批后执行

7.施工质量控制中，进行不合格让步接收时，工程施工项目部应向（　　）提出书面让步接收申请。

A.发包方　　B.监理

C.总包方　　D.质量监督部门

8.在项目施工质量过程控制中，对检查发现的工程质量问题或不合格报告提出的问题，应由工程施工（　　）组织有关人员判定不合格程度，制定纠正措施。

A.单位技术负责人　　B.项目技术负责人

C.项目负责人　　D.监理工程师

二、多项选择题

1.质量管理与控制重点包括（　　）。

A.关键工序

B.分包工程

C.应用“四新技术”

D.隐蔽工程

E.不合格工序

2.关于施工准备阶段质量管理内容，下述叙述正确的有（　　）。

A.项目部进场后应由技术负责人组织工程现场和周围环境调研和详勘

B.组建施工组织机构，建立各级岗位责任制

C.技术交底资料应办理签字手续

D.机具设备根据施工组织设计进场，性能检验应符合施工需求

E.对设计技术交底、交桩给定的工程测量控制点进行复测，当发现问题时，应与

监理协商处理，并形成记录

3.施工质量因素控制的内容有（　　）。

A.人员控制

B.材料质量控制

C.质量通病控制

D.机械设备质量控制

E.不合格产品控制

4.关于材料的质量控制的说法中，正确的有（　　）。

A.材料进场必须检验，依样品及相关检测报告进行报验，报验合格的材料方能使用

B.未经检验和已经检验为不合格的材料、半成品、构件和工程设备等，必须按规定进行检验或拒绝验收

C.对发包方提供的材料、半成品、构配件、工程设备和检验设备等，施工单位无须进行检验和验收

D.对承包方自行采购的物资应报监理工程师进行验证

E.在进场材料的管理上，采用限额领料制度，由施工人员签发限额领料单，库管员按单发货

5.对于特殊过程的质量控制，除应执行一般过程控制的规定外，还应由专业技术人员编制专门的作业指导书。编制的作业指导书，应经（　　）审批后执行。

A.企业技术负责人　　B.项目技术负责人

C.项目负责人　　D.专业技术人员

E.监理工程师

6.施工质量控制中，关于不合格产品控制的说法，错误的有（　　）。

A.控制不合格物资进入项目施工现场，严禁不合格工序或分项工程未经处置而转入下道工序或分项工程施工

B.不合格处置应根据不合格程度，按不作处理、返修，让步接收，拒收四种情况进行处理

C.对返修或返工后的产品，应按规定重新进行检验和试验，并应保存记录

D.进行不合格让步接收时，工程施工项目部应向发包方提出书面让步接收申请，记录不合格程度和返修的情况，双方签字确认让步接收协议和接收标准

E.对影响建筑主体结构安全和使用功能不合格的产品，应邀请发包方代表或监理工程师、设计人，共同确定处理方案，报工程所在地质量监督部门批准

7.不合格处置应根据不合格的严重程度按（　　）等情况处置。

A.返工　　B.报废

C.让步接收　　D.继续使用

E.降级使用

参考答案及解析

一、单项选择题

1.【答案】B

【解析】单位工程、分部工程和分项工程开工前，项目技术负责人对承担施工的负责人或分包方全体人员进行书面技术交底。技术交底资料应办理签字手续并归档。

2.【答案】B

【解析】项目负责人按质量计划中关于工程分包和物资采购的规定，经招标程序选择并评价分包方和供应商，保存评价记录。各类原材料、成品、半成品质量，必须具有质量合格证明资料并经进场检验，不合格不准使用。

3.【答案】D

【解析】施工准备阶段，机具设备根据施工组织设计进场，性能检验应符合施工需求。

4.【答案】A

【解析】对设计技术交底、交桩给定的工程测量控制点进行复测，当发现问题时，应告知建设单位，由建设单位与勘察设计方协商处理，处理结果应形成记录。

5.【答案】A

【解析】施工过程质量控制：（1）分项工程（工序）控制；（2）特殊过程控制；（3）不合格产品控制。

6.【答案】B

【解析】特殊过程控制：

（1）对工程施工项目质量计划规定的特殊过程，应设置工序质量控制点进行控制。

（2）对特殊过程的控制，除应执行一般过程控制的规定外，还应由专业技术人员编制专门的作业指导书。

（3）不太成熟的工艺或缺少经验的工序应安排试验，编制成作业指导书，并进行首件（段）验收。

（4）编制的作业指导书，应经项目部或企业技术负责人审批后执行。

7.【答案】A

【解析】进行不合格让步接收时，工程施工项目部应向发包方提出书面让步接收申请，记录不合格程度和返修的情况，双方签字确认让步接收协议和接收标准。

8.【答案】B

【解析】对检查发现的工程质量问题或不合格报告提出的问题，应由工程施工项目技术负责人组织有关人员判定不合格程度，制定纠正措施。

二、多项选择题

1.【答案】ABCD

【解析】质量管理与控制重点：

（1）关键工序和特殊过程；

（2）质量缺陷；

（3）施工经验较差的分项工程；

（4）新材料、新技术、新工艺、新设备；

（5）实行分包的分项、分部工程；

（6）隐蔽工程。

2.【答案】BD

【解析】A施工准备阶段质量管理的要求；C技术交底资料应办理签字手续并归档；E对设计技术交底、交桩给定的工程测量控制点进行复测，当发现问题时，应告知建设单位，由建设单位与勘察设计方协商处理，处理结果应形成记录。

3.【答案】ABD

【解析】施工质量因素控制：

（1）施工人员控制；（2）材料的质量控制；

（3）机具（械）设备的质量控制。

4.【答案】ABDE

【解析】C选项错误，正确表述为对发包方提供的材料、半成品、构配件、工程设备和检验设备等，必须按规定进行检验和验收。

5.【答案】AB

【解析】对于特殊过程的质量控制，除应执行一般过程控制的规定外，还应由专业技术人员编制专门的作业指导书。编制的作业指导书，应经项目部或企业技术负责人审批后执行。

6.【答案】BE

【解析】B选项错误，不合格处置应根据不合格程度，按返工、返修，让步接收或降级使用，拒收或报废四种情况进行处理；E错误，对影响建筑主体结构安全和使用功能不合格的产品，应邀请发包方代表或监理工程师、设计人，共同确定处理方案，报工程所在地建设主管部门批准。

7.【答案】ABCE

【解析】不合格处置应根据不合格程度，按返工、返修，让步接收或降级使用，拒收或报废四种情况进行处理。

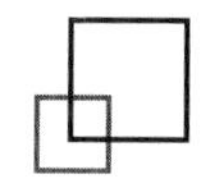

1K420140 市政公用工程施工安全管理

本节知识体系

市政公用工程施工安全管理
- 施工安全风险识别与预防措施
- 施工安全保证计划编制和安全管理要点
- 施工安全检查的方法和内容

核心内容讲解

一、施工安全风险识别与预防措施

（一）危险源识别与评价

1.工程特点与安全控制重点

（1）市政公用工程施工的三大特点：一是产品固定，人员流动；二是露天高处作业多，手工操作体力劳动繁重；三是施工变化大，规则性差，不安全因素随工程进度变化而变化。

（2）按照企业职工伤亡事故分类标准，我国将职业伤害事故分成20类。主要有：物体打击、车辆伤害、机械伤害、起重伤害、触电、淹溺、灼烫、火灾、高处坠落、坍塌、冒顶片帮、透水、放炮、火药爆炸、瓦斯爆炸、锅炉爆炸、容器爆炸、其他爆炸、中毒和窒息以及其他伤害。其中高处坠落、物体打击、触电、机械伤害、坍塌（记忆：坠打电机塌）是市政公用工程施工项目安全生产事故的主要风险源。

①高处坠落。作业人员从临边、洞口、电梯井口、楼梯口、预留洞口等处坠落；从脚手架上坠落；在安装、拆除龙门架（井字架）、物料提升机和塔吊过程中坠落；在安装、拆除模板时坠落；吊装结构和设备时坠落。

②触电。对经过或靠近施工现场的外电线路没有或缺少防护，作业人员在搭设钢管架、绑扎钢筋或起重吊装过程中，碰触这些线路，造成触电；使用各类电器设备触电；因电线破皮、老化等原因触电。

③物体打击。作业人员受交叉作业的同一垂直作业面和通道口处坠落物体的打击。

④机械伤害。主要是垂直运输设备、吊装设备、各类桩机和场内驾驶（操作）机械对人的伤害。

⑤坍塌。随着城市地下工程的发展，施工坍塌事故正在成为另一大伤害事故。施工中发生的坍塌事故主要表现为：现浇混凝土梁、板的模板支撑失稳倒塌，基坑沟槽边坡失稳引起土石方坍塌，施工现场的围墙及挡墙质量低劣坍落，暗挖施工掌子面和地面坍塌，拆除工程中的坍塌。

（3）影响安全生产的因素：施工中人的不安全行为、物的不安全状态、作业环境的不安全因素和管理缺陷。

项目施工中必须把好安全生产“六关”（口诀：措交教防检改），即措施关、交底关、教育关、防护关、检查关、改进关。

2. 危险源辨识

（1）能量和危险物质的意外释放是伤亡事故发生的物理本质。这些可能释放的能量和危险物质属于第一类危险源；导致事故的因素属于第二类危险源，主要包括物的障碍、人的失误和环境因素。

①物的障碍是指机具（械）设备、装置、元件等由于性能低下而不能实现预定功能的现象。

②人的失误是指人的行为结果偏离了被要求的标准，而没有完成规定功能的现象。

③环境因素指施工作业环境中的温度、湿度、噪声、振动、照明或通风等方面的问题，会促使人的失误或物的故障发生。

事故往往是两类危险源共同作用的结果。第一类危险源决定事故后果的严重程度，第二类危险源决定事故发生的可能性。危险源识别的首要任务是识别第一类危险源，在此基础上再识别第二类危险源。

（2）按照生产过程有害因素，危险源分为6类，见图1K420140-1。

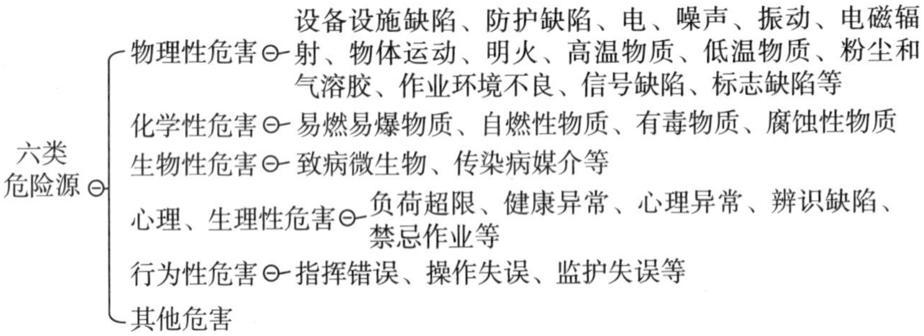

六类危险源
- 物理性危害：设备设施缺陷、防护缺陷、电、噪声、振动、电磁辐射、物体运动、明火、高温物质、低温物质、粉尘和气溶胶、作业环境不良、信号缺陷、标志缺陷等
- 化学性危害：易燃易爆物质、自燃性物质、有毒物质、腐蚀性物质
- 生物性危害：致病微生物、传染病媒介等
- 心理、生理性危害：负荷超限、健康异常、心理异常、辨识缺陷、禁忌作业等
- 行为性危害：指挥错误、操作失误、监护失误等
- 其他危害

图1K420140-1 六类危险源

（3）危险源辨识方法

危险源辨识方法有：现场调查（项目管理人员主要采用的方法）、工作任务分析、安全检查表、危险与可操作性研究、事故树分析（ETA）、故障树分析（FTA）等。

3.风险评价

（1）风险评价的关键是围绕可能性和后果两方面（左右腿）来确定风险，然后对风险进行分级。

（2）评价方法主要有定性分析法和定量分析法（LEC）。其中，定性分析法主要是根据估算的伤害的可能性和严重程度进行风险的分级。见表1K420140-1。

风险评价表 表1K420140-1

可能性 \ 伤害程度	轻微伤害	伤害	严重伤害
极不可能	可忽略风险	较大风险	中度风险
不可能	较大风险	中度风险	重大风险
可能	中度风险	重大风险	巨大风险

（二）预防与防范措施

1.在安全危险源识别、评估基础上，编制施工组织设计和施工方案，制定相应的安全技术措施。

2.危险性较大的分部分项工程必须编制专项施工方案。超过一定规模的进行专家论证。

3.针对危险源制定具体的安全技术防范措施及物质准备。

4.重大危险源，高处坠落、物体打击、触电中毒及其他群死群伤的事故建立应急预案（组织、物质、队伍、演练）。

5.安全管理的PDCA循环。

嗨·点评 市政施工现场各种危险源要求考生能根据案例背景描述识别出来。

【经典例题】1.（2013年真题）A公司承建一座桥梁工程，将跨河桥的桥台土方开挖工程分包给B公司，桥台基坑底尺寸为50×8m，深4.5m；施工期河道水位为-4.0m，基坑顶远离河道一侧设置钢筋场和施工便道（用于弃土和混凝土运输及浇筑）。基坑开挖图见下图。

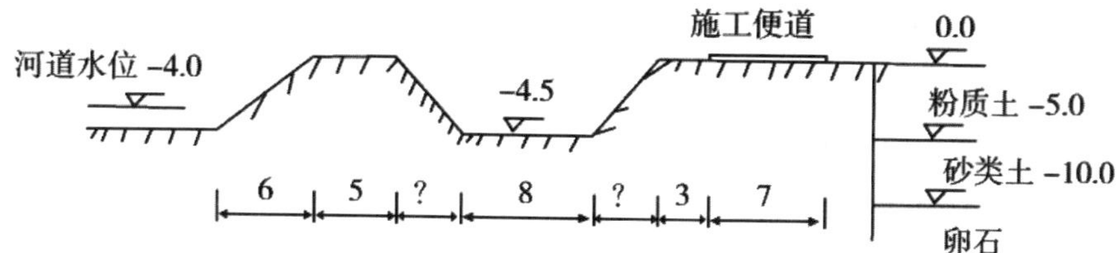

在施工前，B公司按A公司项目部提供的施工组织设计编制了基坑开挖施工方案和施工安全技术措施。施工方案的基坑坑壁坡度依按照上图提供的地质情况按下表确定。

坑壁土类	坑壁坡度（高：宽）		
	基坑顶缘无荷载	基坑顶缘有静载	基坑顶缘有动载
粉质土	1：0.67	1：0.75	1：1.0
黏质土	1：0.33	1：0.5	1：0.75
砂类土	1：1	1：1.25	1：1.5

在施工安全技术措施中，B公司设立了安全监督员，明确了安全管理职责，要求在班前、班后对施工现场进行安全检查，施工时进行安全值日；对机械等危险源进行了评估，并制定了应急预案。

基坑开挖前项目部对B公司作了书面的安全技术交底并双方签字。

【问题】（1）B公司上报A公司项目部后，施工安全技术措施处理的程序是什么？

（2）除了机械伤害和高处坠落，本项目的风险源识别应增加哪些内容？

（3）安全监督员的职责有哪些？安全技术交底包括哪些内容？

【答案】（1）分包方将施工方案和安全技术措施交给总包方以后，由总包方企业技术负责人审核，填制审批表，加盖公章，同时报建设单位和监理单位审核。

（2）本项目的风险源还包括：物体打击、触电、坍塌、淹溺。

（3）安全技术交底包括：准备施工工程的工程概况、作业特点、施工方法、作业工序、进度安排、质量控制要点及检查验收要求；施工现场条件和危险点，针对危险点的具体预防措施，应注意的安全事项、相应的安全操作规程和标准，发生事故后应及时采取的应急救援措施以及工程变更等。

安全监督员的职责：安全员受项目部的委托负责本项目的具体安全管理；应在现场经理的直接领导下负责项目安全生产工作的监督管理；具体工作有：危险源识别，参与制定安全技术措施和方案（施工过程监督检查、对规程、措施、交底要求的执行情况经常检查），随时纠正违章作业，发现问题及时纠正解决，做好安全记录和安全日记，协助调查和处理安全事故等。

二、施工安全保证计划编制和安全管理要点

（一）安全保证计划的编制

1.安全保证计划的编制

一般由项目部组织编制，经上级部门审批后执行。其作用是向建设单位等做出安全生产保证，对内具体指导工程项目的施工安全管理和控制。主要内容包括：编制依据、项目概况、施工平面图、控制目标、控制程序、组织机构、职责权限、规章制度、资源配置、安全措施、检查评价、奖惩措施等。

2.安全保证计划主要内容具体为：

（1）工程项目安全目标及相关部门、岗位的职责和权限；

（2）危险源与环境因素识别、评价、论证的结果和相应的控制方式；

（3）适用法律、法规、标准规范和其他要求的识别结果；

（4）实施阶段有关各项要求的具体控制程序和方法；

（5）检查、审核、评估和改进活动的安排，以及相应的运行程序和准则；

（6）实施、控制和改进安全管理体系所需资源；

（7）安全控制工作程序、规章制度、施工组织设计、专项施工方案、专项安全技术措施等文件和安全记录。

（二）过程控制与持续改进

1.过程控制

（1）项目负责人、技术负责人、安全员应对安全工作计划进行监督检查，关键工序应安排专职安全员对重点风险源进行现场监督检查和指导。

（2）发现施工中人的不安全行为、物的不安全状态、作业环境的不安全因素和管理缺陷，专职安全员采取有针对性的纠正措施。及时制止违章指挥和违章作业，并督促整改直至消除隐患。

（3）对查出的安全隐患要做到“五定”，即定整改责任人、定整改措施、定整改完成时间、定整改完成人、定整改验收人。

（4）项目部应定期或不定期进行安全管理工作分析和安全计划总结改进。

（5）发生事故后应按规定及时、如实上报，并参与调查和处理。

2.评估

项目部应定期对安全保证计划的适宜性、符合性和有效性进行评估，确定安全生产管理需改进的方面，制定并实施改进措施，并对其有效性进行跟踪验证和评价。

发生下列情况时，应及时进行安全生产计划评估：

（1）适用法律法规和标准发生变化；

（2）企业、项目部组织机构和体制发生重大变化；

（3）发生生产安全事故；

（4）其他影响安全生产管理的重大变化。

3.持续改进（略）

（三）安全生产管理要点

1.一般规定

（1）安全生产方针：安全第一，预防为主，综合治理。

（2）施工单位必须取得安全行政主管部门颁发的“安全施工许可证”后方可开工。总承包单位和各分包单位均应有“施工企业安全资格审查认可证”。

2.安全生产管理体系

（1）施工单位应当设立安全生产管理机构，配备专职安全生产管理人员。项目部应建立以项目负责人为组长的安全生产管理小组，按工程规模设安全生产管理机构或配置专职安全生产管理人员（以下简称专职安全员）。

工程项目施工实行总承包的，应成立由

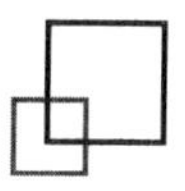

总承包、专业承包和劳务分包等单位项目负责人、技术负责人和专职安全员组成的安全管理领导小组。

（2）专业承包和劳务分包单位应服从总承包单位管理，落实总承包企业的安全生产要求。

（3）总承包与分包安全管理责任：

①实行总承包的项目，安全控制由总承包方负责，分包方服从总承包方的管理。总承包方对分包方的安全生产责任包括：审查分包方的安全施工资格和安全生产保证体系，不应将工程分包给不具备安全生产条件的分包方；在分包合同中应明确分包方安全生产责任和义务；对分包方提出安全要求，并认真监督，检查；对违反安全规定冒险蛮干的分包方，应令其停工整改；总承包方应统计分包方的伤亡事故，按规定上报，并按分包合同约定协助处理分包方的伤亡事故。

②分包方安全生产责任应包括：分包方对本施工现场的安全工作负责，认真履行分包合同规定的安全生产责任；遵守总承包方的有关安全生产制度，服从总承包方的安全生产管理，及时向总承包方报告伤亡事故并参与调查，处理善后事宜。

3.安全生产责任制

（1）安全制度中最基本的一项制度：安全生产责任制，体现了“管生产必须管安全”、“安全生产人人有责”。

（2）项目部安全生产责任制，主要包括项目负责人、工长、班组长、分包单位负责人等生产指挥系统及生产、安全、技术、机具（械）、器材、后勤等管理人员。相关责任见图1K420140-2。

项目部安全生产责任制
- 项目负责人：项目工程安全生产第一责任人，对项目生产安全负全面领导责任
- 项目生产负责人：对项目的安全生产负直接领导责任
- 项目技术负责人：对项目的安全生产负技术责任
- 专职安全员
  - 负责安全生产，并进行现场监督检查
  - 发现安全事故隐患，应当及时向项目负责人和安全生意和管理机构报告
  - 对于违章指挥、违章作业的，应当立即制止
- 施工员（工长）
  - 是所管辖区域范围内安全生产第一负责人，对辖区的安全生产负直接领导责任
  - 向班组、施工队进行书面安全技术交底，履行签字手续
  - 对规程、措施、交底要求的执行情况经常检查，随时纠正违章作业
  - 经常检查辖区内作业 环境、设备、安全防护设施以及重点特殊 部位施工的安全状况，发现问题及时纠正解决
- 分包单位负责人
  - 本单位安全生产第一责任人，对本单位安全生产负全面领导责任
  - 负责执行总承包单位安全管理规定和法规，组织本单位安全生产
- 班组长
  - 本班组安全生产第一责任人，对本班组人员在施工生产中的安全负直接责任
  - 负责执行安全生产规章制度及安全技术操作规程，合理安排 班级人员工作

图1K420140-2　项目部安全生产责任制

（3）项目部应有各工种安全技术操作规程，按规定配备专职安全员。一般规定如下：土木工程、线路工程、设备安装工程按照合同价配备。见图1K420140-3。

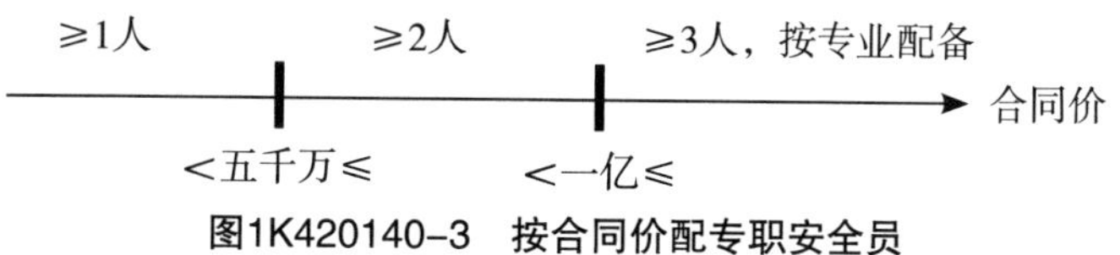

图1K420140-3　按合同价配专职安全员

专业分包至少1人；劳务分包安全员配备见图1K420140-4。

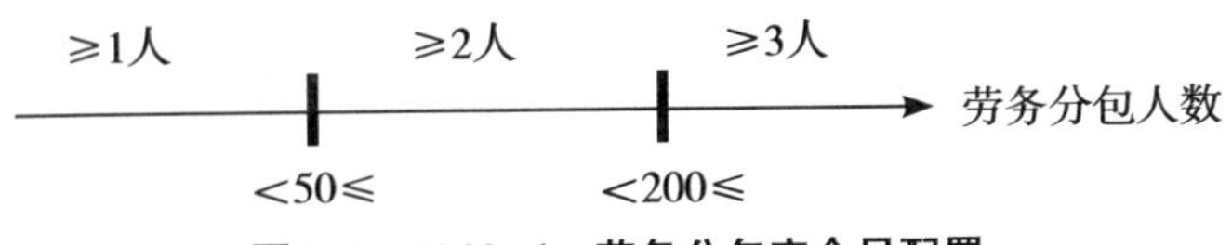

图 1K420140-4 劳务分包安全员配置

4.安全教育与培训

（1）项目职业健康安全教育培训率应实现100%。

（2）施工单位的主要负责人、项目负责人、专职安全生产管理人员应当经建设行政主管部门或者其他有关部门考核合格后方可任职。详见表1K420140-2。

相关人员的安全教育与培训要求 表1K420140-2

相关人员	初次（学时）	每年（学时）	要求
施工单位主要负责人 安全生产管理人员	32	12	持证上岗
施工单位新上岗从业人员	24	8	持证上岗
劳务队农民工	32	20	
企业法定代表人、项目经理、专职安全员	当地政府或上级主管部门的培训		持安全生产资质证书上岗
分包单位项目经理、管理人员	政府主管部门/总包安全培训		持证上岗
特种作业人员	理论实操双重考核		持特种作业操作证上岗
新入场工人	三级安全教育		持证上岗

（3）教育与培训主要以安全生产思想、安全知识、安全技能和法制教育四个方面内容为主。形式详见表1K420140-3。

教育与培训形式与要求 表1K420140-3

形式	学时	备注
三级安全教育	≥40	企业、项目、班组
转场安全教育	≥8	新转入现场的工人接受转场安全教育
变换工种安全教育	≥4	改变工种或调换工作岗位的工人必须接受转岗安全教育
特种作业安全教育		特种作业：电焊高冷、煤金油气、危险化学、机械操作； 考核合格，持证上岗；间隔6个月，重新培训考核合格，持证上岗
班前安全活动交底		班组长开工前对本班组人员进行班前安全活动交底； 交底内容记录在专用记录本上，各成员签名
季节性施工安全教育	≥2	雨期、冬期施工前，现场施工负责人组织分包队伍管理人员、操作人员进行季节性安全技术教育
节假日安全教育		节假日前进行，预防事故发生
特殊情况安全教育	≥2	重大安全技术措施、采用“四新”技术、发生重大伤亡事故、安全生产环境发生重大变化和安全技术操作规程因故发生改变时，由项目负责人（经理）组织有关部门对施工人员进行安全生产教育

（4）企业应建立安全生产教育培训制度。施工单位应当对管理人员和作业人员每年至少进行一次安全生产教育培训，教育培训情况记入个人工作档案。

（5）持证上岗

从事建筑施工的项目经理、专职安全员和

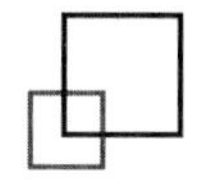

特种作业人员，必须经行业主管部门培训考核合格，取得相应资格证书，方可持证上岗作业。

项目经理、专职安全员、特种作业人员应进行登记造册，资格证书复印留查，并按规定年限进行延期审核。

5. 安全生产管理制度

安全生产管理制度包括7种制度，见图1K420140-5。

安全生产管理制度
- 安全生产资金保障制度
- 安全生产值班制度
- 安全生产例会制度
- 安全生产检查制度
- 安全生产验收制度——对各项安全技术措施和安全生产设备（如超重机械等设备、临时用电）、设施（如脚手架、模板）和防护用品在使用前进行安全检查，确认合格并形成文件后方可使用。
- 整顿改进及奖罚制度
- 安全事故报告制度

图1K420140-5　安全生产管理制度

6.安全技术管理措施

（1）根据工程施工和现场危险源辨识与评价，制定安全技术措施，对危险性较大分部分项工程，编制专项安全施工方案。方案签字审批齐全。

（2）项目负责人、生产负责人、技术负责人和专职安全员应按分工负责安全技术措施和专项方案交底、过程监督、验收、检查、改进等工作内容。

（3）安全技术交底应符合下列规定：

①安全技术交底应按施工工序、施工部位、分部分项工程进行。

②安全技术交底应结合施工作业场所状况、特点、工序，对危险因素、施工方案、规范标准、操作规程和应急措施进行交底。

③安全技术交底是法定管理程序，必须在施工作业前进行。安全技术交底应留有书面材料，由交底人、被交底人、专职安全员进行签字确认。

④安全技术交底主要包括三个方面：一是按工程部位分部分项进行交底；二是对施工作业相对固定，与工程施工部位没有直接关系的工种（如起重机械、钢筋加工等）单独进行交底；三是对工程项目的各级管理人员，进行以安全施工方案为主要内容的交底。

⑤以施工方案为依据进行的安全技术交底，应按设计图纸、国家有关规范标准及施工方案将具体要求进一步细化和补充，使交底内容更加详实，更具有针对性、可操作性。方案实施前，编制人员或项目负责人应当向现场管理人员和作业人员进行安全技术交底。

⑥分包单位应根据每天工作任务的不同特点，对施工作业人员进行班前安全交底。

7.安全管理措施（略）

8.设备管理

（1）工程项目要严格设备进场验收工作。

中小型机械设备由施工员会同专业技术管理人员和使用人员共同验收；

大型设备、成套设备在项目部自检自查基础上报请企业有关管理部门，组织企业技术负责人和有关部门验收；

塔式或门式起重机、电动吊篮、垂直提升架等重点设备应组织第三方具有相关资质的单位进行验收。

检查技术文件包括各种安全保险装置及

限位装置说明书、维修保养及运输说明书、产品鉴定及合格证书、安全操作规程等内容，并建立机械设备档案。

（2）设备操作、维护人员必须培训考试合格后持证上岗。机械设备使用实行定机、定人、定岗位责任的“三定”制度。

（3）按照安全操作规程要求作业，任何人不得违章指挥和作业（三违：违章指挥、违章作业、违反劳动纪律）。

（4）施工过程中项目部要定期检查和不定期巡回检查，确保机械设备正常运行。

9.安全标志

（1）安全警示标志牌

施工现场入口处及主要施工区域、危险部位应设置相应的安全警示标志牌：如施工起重机械、临时用电设施、脚手架、出入通道口、楼梯口、电梯井口、孔洞口、桥梁口、隧道口、基坑边沿、爆破物及有害危险气体和液体存放处等属于危险部位，应当设置明显的安全警示标志。对夜间施工或人员经常通行的危险区域、设施，应安装灯光示警标志。

（2）应设置重大危险源公示牌。

（3）应绘制安全标志布置图和填写登记表。

（4）安全标志分为：禁止标志、警告标志、指令标志、指示标志。夜间留设红灯示警。

10.安全检查

目的是消除隐患、防止事故、改善劳动条件，提高员工安全意识，验证安全保证计划的实施效果。

企业、项目部必须建立完善的安全检查制度。项目安全检查应由项目负责人组织，专职安全员和相关专业人员参加，定期进行并填写检查记录。发现事故隐患下达隐患通知书，定人、定时间、定措施进行整改，重大事故隐患整改后，应由相关部门组织复查。

11.应急救援预案与组织计划

应急救援是指在危险源控制措施失效情况下，为预防和减少可能随之引发的伤害和其他影响，所采取的补救措施和抢救行动。应急救援预案是指事先制定的关于生产安全事故发生时进行紧急救援的组织、程序、措施、责任以及协调等方面的方案和计划。

（1）项目部制定施工现场生产安全事故应急救援预案。实行施工总承包的由总承包单位统一组织编制建设工程生产安全事故应急预案。

（2）工程总承包单位和分包单位按照应急预案，各自建立应急救援组织，落实应急救援人员、器材、设备。

（3）对项目全体人员进行针对性的培训和交底，定期组织专项应急演练。

（4）应根据应急救援预案演练、实战的结果，对事故应急预案的适宜性和可操作性组织评价，必要时进行修改和完善。

（5）发生事故及突发事件，接到紧急信息，及时启动预案，组织救援和抢险。

（6）配合有关部门妥善处理安全事故，并按照相关规定上报。

嗨·点评 安全管理过程要形成一个安全管理循环圈（PDCA），管理的要点可以从人机料法环上面进行思考。见图1K420140-6。

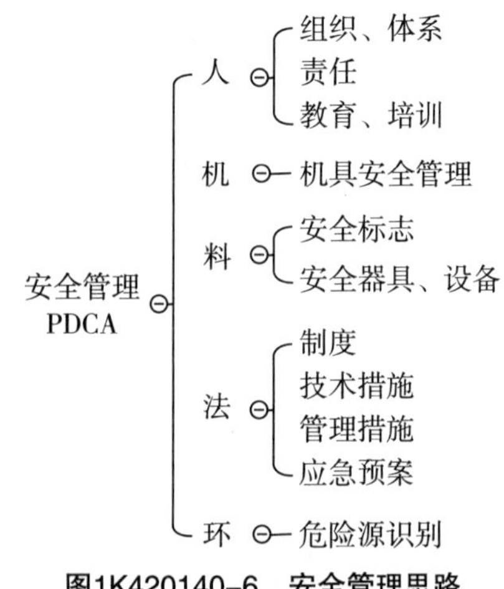

图1K420140-6 安全管理思路

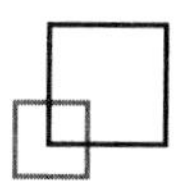

【经典例题】2.（2016年真题）A公司承建中水管道工程，全长870m，管径*DN*600mm。管道出厂由南向北垂直下穿快速路后，沿道路北侧绿地向西排入内湖，管道覆土3.0~3.2m；管材为碳素钢管，防腐层在工厂内施作。施工图设计建议：长38m下穿快速路的管段采用机械顶管法施工混凝土套管；其余管道全部采用开槽法施工。施工区域土质较好，开挖土方可用于沟槽回填，施工时可不考虑地下水影响。依据合同约定，A公司将顶管施工分包给B专业公司。开槽段施工从西向东采用流水作业。发生了以下事件：

质量安全监督部门例行检查时，发现顶管坑内电缆破损较多，存在严重安全隐患，对A公司和建设单位进行通报批评；A公司对B公司处以罚款。

【问题】事件中，A公司对B公司的安全管理存在哪些缺失？A公司在总分包管理体系中应对建设单位承担什么责任？

【答案】A公司对B公司安全管理存在缺陷。只对B公司进行罚款不对，应在施工之前对B公司进行安全技术交底，对分包方提出安全要求，并认真监督，检查；出现安全隐患应监督B公司进行整改，整改后进行验证；对违反安全规定冒险蛮干的分包方，应令其停工整改。

A公司对建设单位承担连带责任。

【经典例题】3.（2015年真题）某公司中标一座跨河桥梁工程，所跨河道流量较小，水深超过5m，河道底土质主要为黏土。

在项目实施过程中发生了以下事件：

事件1：由于工期紧，电网供电未能及时到位，项目部要求各施工班组自备发电机供电。某施工班组将发电机输出端直接连接到多工程开关箱，将电焊机、水泵和打夯机接入同一个开关箱，以保证工地按时开关。

事件2：围堰施工需要吊车配合，因吊车司机发烧就医，施工员临时安排一名吊车司机代班。由于吊车支腿下面的土体下陷，引起吊车侧翻，所幸没有造成人员伤亡。项目部紧急调动机械将侧翻吊车扶正，稍作保养后又投入到工作中，没有延误工期。

【问题】（1）事件1中用电管理有哪些不妥之处？说明理由。

（2）汽车司机能操作吊车吗？为什么？

（3）事件2中，吊车扶正后能立即投入工作吗？简述理由。

（4）事件2中项目部在设备安全管理方面存在哪些问题？ 给出正确做法。

【答案】（1）①项目部未编制应急用电处置方案不妥。理由：没有做到事前控制，依照方案实施。②输出端直接接到开关箱不妥。理由：工地配电按总配电箱、分配电箱和开关箱做到三级配电，两级保护，还要遵循“一箱、一机、一闸、一漏”的要求设置开关箱。③将多种设备接入统一控制箱不妥。理由：存在容易跳闸、相互干扰和功率不足等安全隐患。

（2）不能。吊车驾驶员应属于特种作业操作人员，应经过相关资格考试合格并取得相应证书方可持证上岗，在证书有效期内和规定范围内作业。

（3）不能。理由①吊车倾覆是事故应按照四不放过原则处理，即事故原因未查清不放过；事故责任人未受到处理不放过；相关人员没有受到教育不放过；事故没有制订切实可行的整改措施不放过。

②应处理好基础核算承载力、并对吊机本身检查维护以后才可投入工作。

（4）存在问题：施工员违章指挥，汽车司机违章作业，特种操作岗位操作人员无证上岗，项目部施工设备管理混乱，没有设置相应的管理机构，配备设备管理人员进行专门管理。

正确做法：项目部应根据现场条件设置

相应的管理机构，配备设备管理人员；

设备操作和维护人员必须经过专业技术培训，考试合格且取得相应操作证后，持证上岗。机械设备使用实行定机、定人、定岗位责任的“三定”制度；

按照安全操作规程要求作业，任何人不得违章指挥和作业；

施工过程中项目部要定期检查和不定期巡回检查，确保机械设备正常运行。

三、施工安全检查的方法和内容

目前基本上都采用安全检查表和实测的检测手段，进行定性定量的安全评价。

（一）安全检查的一般要求

项目部要有安全检查制度，项目负责人定期组织专职安全员等人员进行安全检查。

（二）安全检查的内容与形式

1.安全检查主要内容

安全生产责任制，安全保证计划，安全组织机构，安全保证措施，安全技术交底，安全教育，安全持证上岗，安全设施，安全标识，操作行为，违规管理，安全记录等。

具体如下：

（1）安全目标的实现程度；

（2）安全生产职责的落实情况；

（3）各项安全管理制度的执行情况；

（4）施工现场安全隐患排查和安全防护情况；

（5）生产安全事故、未遂事故和其他违规违法事件的调查、处理情况；

（6）安全生产法律法规、标准规范和其他要求的执行情况。

2.安全检查的形式

项目部安全检查可分为定期检查、日常性检查、专项检查、季节性检查等多种形式。见表1K420140-4。

安全检查的形式　表1K420140-4

检查类型	频率	检查主体	特点
定期检查	周	项目经理组织专职安全员及管理人员	全方位
日常性检查	日	专职安全员	
季节性检查	季节		防暑降温、防台防汛、防冻保暖等
专项检查		项目专业人员/ 项目技术负责人组织专业人员（专业性较强）	施工机具、临时用电、坑槽开挖、吊装、消防设施等

（三）安全检查标准与方法

1.安全检查标准（略）

2.安全检查方法

（1）常规检查

专职安全员对作业人员的行为、作业场所的环境条件、生产设备等进行定性检查。

（2）安全检查表法

事先把系统加以剖析，列出各层次的不安全因素，编制成表，检查评审。

安全检查表的设计系统、全面，检查项目明确。

（3）仪器检查法（略）

（四）安全检查评价

安全检查评价项目见图1K420140-7。

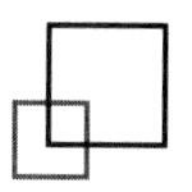

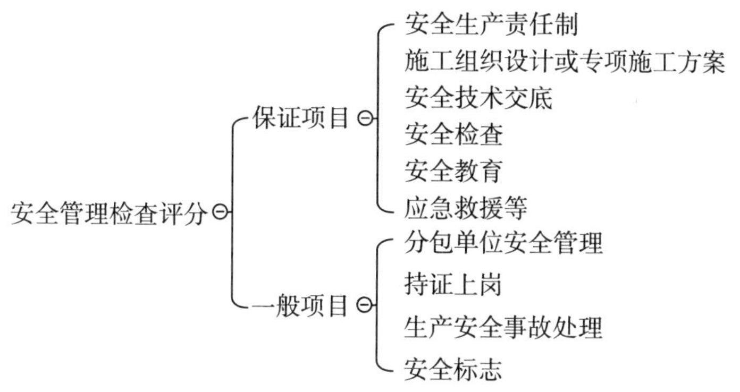

图1K420140-7　安全检查评价项目

检查中发现的问题及隐患，应定人、定时间、定措施组织整改，并跟踪复查。

（五）安全检查资料与记录

1.项目应设专职安全员负责施工安全生产管理活动必要的记录。

2.施工现场安全资料应随工程进度同步收集、整理，并保存到工程竣工。

3.施工现场应保存资料：

（1）施工企业的安全生产许可证，项目部专职安全员等安全管理人员的考核合格证，建设工程施工许可证等复印件；

（2）施工现场安全监督备案登记表，地上、地下管线及建（构）筑物资料移交单，安全防护、文明施工措施费用支付统计，安全资金投入记录；

（3）工程概况表，项目重大危险源识别汇总表，危险性较大的分部分项工程专家论证表和危险性较大的分部分项工程汇总表，项目重大危险源控制措施，生产安全事故应急预案；

（4）安全技术交底汇总表，特种作业人员登记表，作业人员安全教育记录表，施工现场检查评分表；

（5）违章处理记录等相关资料。

（六）安全事故等级划分及处理

1.安全等级事故划分见图1K420140-8。

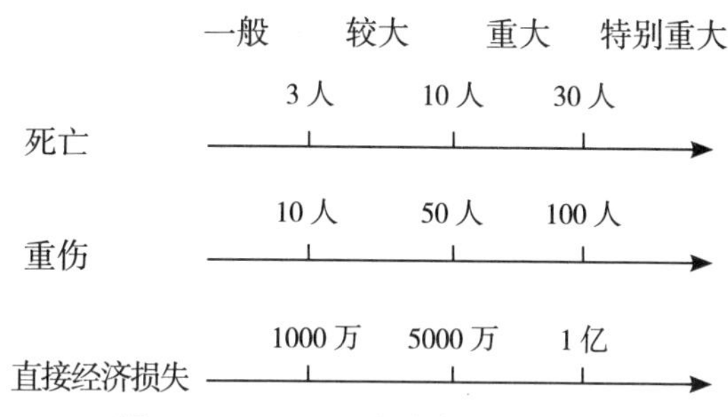

图1K420140-8　安全事故等级划分

2.事故上报流程

事故上报流程见图1K420140-9。

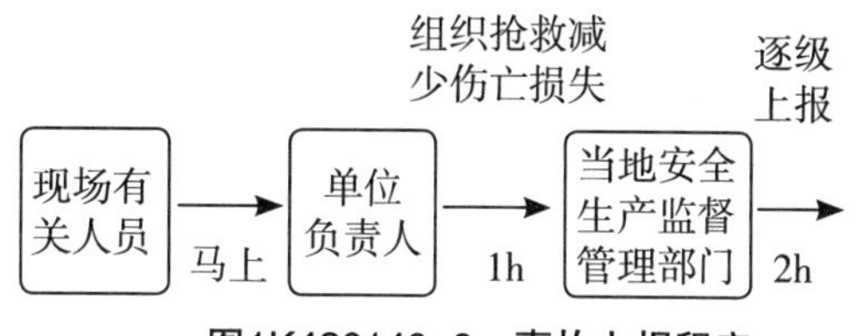

图1K420140-9　事故上报程序

3.事故处理四不放过原则：

（1）事故原因未查清不放过；

（2）事故责任人未受到处理不放过；

（3）事故责任人和周围群众没有受到教育不放过；

（4）事故没有制定切实可行的整改措施不放过。

嗨·点评　安全检查是安全考核的切入点，检查才能发现问题，才能就问题考核考生。

章节练习题

一、单项选择题

1.在各类危险源中，物的障碍是指机械设备、装置、元件等由于（　　）而不能实现预定功能的现象。

A.操作不当　　B.性能低下

C.保养维修不当　　D.作业环境变化

2.施工单位必须取得安全行政主管部门颁发的（　　）后方可开工。总承包单位和各分包单位均应有“施工企业安全资格审查认可证”。

A.安全施工许可证

B.施工企业安全资格审查认可证

C.安全生产许可证

D.施工企业安全资格审查合格证

3.在安全生产责任制中，关于施工员职责说法错误的是（　　）。

A.对辖区内安全生产负直接领导责任，是安全生产第一责任人

B.向班组进行书面安全技术交底，检查执行情况

C.检查辖区内作业环境、设备防护及特殊部位安全状况

D.负责辖区内安全生产工作的监督管理

4.（　　）是项目安全管理工作的重要环节，是提高全员安全素质、安全管理水平和防止事故，从而实现安全生产的重要手段。

A.风险辨识和评价　　B.安全教育

C.施工组织和策划　　D.安全防护措施

5.在项目现场，可不设安全警示标志牌的是（　　）。

A.施工现场入口　　B.主要施工区域

C.临时用电设施　　D.办公区

6.企业、项目部必须建立完善的安全检查制度。项目安全检查应由（　　）组织，专职安全员和相关专业人员参加，定期进行并填写检查记录。

A.项目负责人　　B.施工负责人

C.技术负责人　　D.专职安全员

7.实行施工总承包的项目由（　　）统一组织编制建设工程生产安全事故应急预案。

A.建设单位　　B.项目部

C.管理单位　　D.总承包单位

8.下列检查中，不属于项目专项检查的是（　　）。

A.冬季沟槽开挖检查

B.施工用电检查

C.冬季防冻、防火检查

D.高大脚手架支搭验收检查

二、多项选择题

1.下列危险因素中，作为项目职业健康安全控制的重点、必须采取有针对性的控制措施的是（　　）。

A.人的不安全行为

B.物的不安全状态

C.作业环境的不安全因素

D.设计缺陷

E.管理缺陷

2.根据估算伤害的可能性和严重程度进行施工安全的风险评价，下列评价中属于中等风险的有（　　）。

A.可能+伤害

B.可能+轻微伤害

C.不可能+伤害

D.不可能+严重伤害

E.极不可能+严重伤害

3.落实企业安全生产管理目标，项目部应制定以（　　）为主要内容的安全生产管理目标，兑现合同承诺。

A.项目安全目标　　B.现场安全达标

C.伤亡事故控制　　D.环境保护

E.文明施工

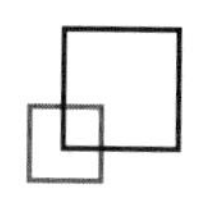

4.新入场的作业人员必须接受（　　）三级安全培训教育。

A.劳动部门　B.专业部门

C.公司　D.班组

E.项目部

5.下列项目管理中，属于安全生产管理制度的是（　　）。

A.安全生产值班制度

B.安全生产例会制度

C.安全生产检查制度

D.安全生产验收制度

E.安全技术管理制度

6.下列关于施工负责人安全技术交底，说法正确的是（　　）。

A.安全技术交底应按施工工序、施工部位、分部分项工程进行

B.安全技术交底应结合施工作业场所状况、特点、工序，对危险因素、施工方案、规范标准、操作规程和应急措施进行交底

C.安全技术交底必须在施工作业前进行，应留有书面材料，由交底人、被交底人、专职安全员进行签字确认

D.对相对固定的施工作业，与施工部位没有直接关系的工种，可不进行安全技术交底

E.对项目各级管理人员，可不进行安全技术交底

7.下列施工安全检查项目中，属于季节性专项检查的有（　　）。

A.防暑降温　B.施工用电

C.高处作业　D.防台防汛

E.防冻防滑

8.专项安全检查应结合工程项目实际，重点检查（　　）等安全问题。

A.脚手架支搭　B.电气焊接

C.砌筑砖墙　D.吊装作业

E.施工临时用电

参考答案及解析

一、单项选择题

1.【答案】B

【解析】物的障碍是指机具（械）设备、装置、元件等由于性能低下而不能实现预定功能的现象。

2.【答案】A

【解析】施工单位必须取得安全行政主管部门颁发的“安全施工许可证”后方可开工。总承包单位和各分包单位均应有“施工企业安全资格审查认可证”。

3.【答案】D

【解析】施工员（工长）：是所管辖区域范围内安全生产第一负责人，对辖区的安全生产负直接领导责任。向班组、施工队进行书面安全技术交底，履行签字手续；对规程、措施、交底要求的执行情况经常检查，随时纠正违章作业；经常检查辖区内作业环境、设备、安全防护设施以及重点特殊部位施工的安全状况，发现问题及时纠正解决。

4.【答案】B

【解析】安全教育是项目安全管理工作的重要环节，是提高全员安全素质，提高项目安全管理水平，防止事故，实现安全生产的重要手段。

5.【答案】D

【解析】施工现场入口处及主要施工区域、危险部位应设置相应的安全警示标志牌：如施工起重机械、临时用电设施、脚手架、出入通道口、楼梯口、电梯井口、孔洞口、桥梁口、隧道口、基坑边沿、爆破物及有害危险气体和液体存放处等属于危险部位，应当设置明显的安全警示标志。

6.【答案】A

【解析】企业、项目部必须建立完善的安全检查制度。项目安全检查应由项目负责人组织，专职安全员和相关专业人员参加，定期进行并填写检查记录。

7.【答案】D

【解析】实行施工总承包的由总承包单位统一组织编制建设工程生产安全事故应急预案。

8.【答案】C

【解析】专项检查应结合工程项目进行，如沟槽、基坑土方的开挖、脚手架、施工用电、吊装设备专业分包、劳务用工等安全问题均应进行专项检查，专业性较强的安全问题应由项目负责人组织专业技术人员、专项作业负责人和相关专职部门进行。

二、多项选择题

1.【答案】ABCE

【解析】影响施工安全生产的因素主要有：施工中人的不安全行为、物的不安全状态、作业环境的不安全因素和管理缺陷。

2.【答案】BCE

【解析】A选项可能+伤害是重大风险，D选项不可能+严重伤害是重大风险

3.【答案】BCE

【解析】落实企业安全生产管理目标，项目部应制定以伤亡事故控制、现场安全达标、文明施工为主要内容的安全生产管理目标，兑现合同承诺。

4.【答案】CDE

【解析】三级安全教育：对新入场工人进行公司、项目、作业班组三级安全教育，时间不少于40学时。三级安全教育由企业安全、劳资等部门组织，经考试合格者方可进入生产岗位。

5.【答案】ABCD

【解析】安全生产管理制度主要包括：安全生产资金保障制度，安全生产值班制度，安全生产例会制度，安全生产检查制度，安全生产验收制度，整顿改进及奖罚制度，安全事故报告制度等内容。

6.【答案】ABC

【解析】安全技术交底应符合下列规定：

（1）安全技术交底应按施工工序、施工部位、分部分项工程进行。

（2）安全技术交底应结合施工作业场所状况、特点、工序，对危险因素、施工方案、规范标准、操作规程和应急措施进行交底。

（3）安全技术交底是法定管理程序，必须在施工作业前进行。安全技术交底应留有书面材料，由交底人、被交底人、专职安全员进行签字确认。

（4）安全技术交底主要包括三个方面：一是按工程部位分部分项进行交底；二是对施工作业相对固定，与工程施工部位没有直接关系的工种（如起重机械、钢筋加工等）单独进行交底；三是对工程项目的各级管理人员，进行以安全施工方案为主要内容的交底。

（5）以施工方案为依据进行的安全技术交底，应按设计图纸、国家有关规范标准及施工方案将具体要求进一步细化和补充，使交底内容更加详实，更具有针对性、可操作性。方案实施前，编制人员或项目负责人应当向现场管理人员和作业人员进行安全技术交底。

（6）分包单位应根据每天工作任务的不同特点，对施工作业人员进行班前安全交底。

7.【答案】ADE

【解析】季节性安全检查顾名思义是随季节开展的专项安全检查，诸如：夏季的防暑降温、防食物中毒、防台防汛；冬季的

防护保温、防跌、滑等安全检查。

8.【答案】ABDE

【解析】专项检查应结合工程项目进行，如沟槽、基坑土方的开挖、脚手架、施工用电、吊装设备专业分包、劳务用工等安全问题均应进行专项检查，专业性较强的安全问题应由项目负责人组织专业技术人员、专项作业负责人和相关专职部门进行。

1K420150 明挖基坑施工安全事故预防

本节知识体系

明挖基坑施工安全事故预防
- 防止基坑坍塌、掩埋的安全措施
- 开挖过程中地下管线的安全保护措施
- 施工监控量测内容与方法

核心内容讲解

一、防止基坑坍塌、淹埋的安全措施

（一）明挖基坑安全控制特点

1.基坑工程安全风险（略）

2.基坑开挖安全技术措施

基坑开挖安全技术措施见图1K420150-1。

基坑开挖安全措施
- 载 — 坡顶严禁堆载（安全距离及高度）
- 挖
  - 软土分层、分块、对称、均衡开挖
  - 支护与挖土密切配合，严禁超挖
  - 防止碰撞支撑、围护和扰动基底土
  - 减小开挖尺寸及无支护暴露时间
- 坡
  - 按设计/合理边坡，随挖随刷坡，不得挖反坡
  - 坡面土钉、网喷、抹浆、砂包、土袋、塑料膜或土工覆盖
- 支 — 合理的支护结构形式及安全措施
- 信 — 监测 — 7项目三维度，墙撑水土建管路
- 水 — 降、截、排、回灌及防洪

图1K420150-1　基坑开挖安全技术措施

注：七项目：墙撑水土建管路；三维度：水平位移，竖向位移应力。

（二）应急预案与保证措施

1.应急预案

（1）应急预案可以防患于未然，最大限度减小概率，防止恶化，减轻后果。

（2）建立应急组织体系，配备足够的袋装水泥、土袋草包、临时支护材料、堵漏材料和设备、抽水设备等抢险物资和设备，并准备一支有丰富经验的应急抢险队伍，保证在紧急状态可以快速调动人员、物资和设备，并根据现场实际情况进行应急演练。

（3）进行信息化施工，及早发现坍塌、淹埋和管线破坏事故的征兆。如果基坑即将坍塌、淹埋时，应以人身安全为第一要务，及早撤离现场。

2.抢险支护与堵漏

（1）围护结构渗漏是基坑施工中常见的多发事故。如果渗漏水主要为清水，一般及时封堵不会造成太大的环境问题；而如果渗漏造成大量水土流失则会造成围护结构背后土体沉降过大，严重的会导致围护结构背后土体失去抗力造成基坑倾覆。

（2）围护结构缺陷渗漏处理方法：

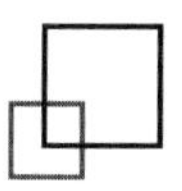

有降水或排水条件的工程，宜在采用降水或排水措施后再对围护缺陷进行修补处理。围护结构缺陷造成的渗漏一般采用下面方法处理：在缺陷处插入引流管引流，然后采用双快水泥封堵缺陷处，等封堵水泥形成一定强度后再关闭导流管。如果渗漏较为严重时直接封堵困难时，则应首先在坑内回填土封堵水流，然后在坑外打孔灌注聚氨酯或水泥水玻璃双液浆等封堵渗漏处，封堵后再继续向下开挖基坑，具体见图1K420150-2。

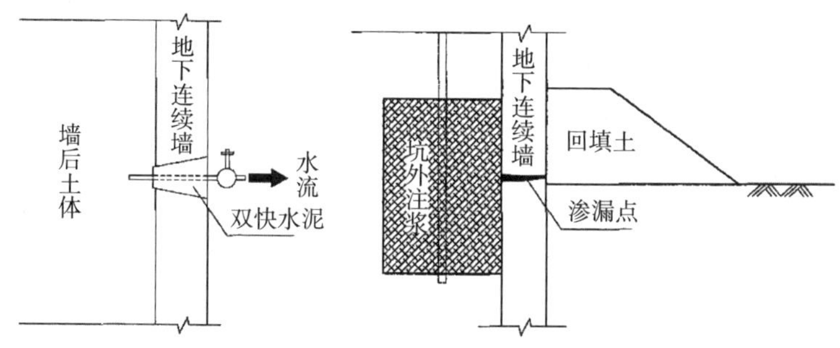

图1K420150-2　围护结构渗漏处理措施

其余基坑险情状况见表1K420150-1。

不同险情的处理措施　表1K420150-1

险情状况	处理措施
支护结构过大变形/踢脚变形	坡顶卸载，增加内支撑或锚杆，被动土压区堆载或注浆加固
局部或整体土体滑塌	降水+坡顶卸载，未塌区监测保护，严防事故扩大
坍塌或失稳征兆明显	果断回填土、砂或灌水

嗨·点评 基坑开挖安全技术措施可用“载、挖、坡、支、信、水”六字串联记忆。基坑抢险与支护堵漏措施要求对照掌握。

二、开挖过程中地下管线的安全保护措施

（一）施工准备阶段

1.工程地质条件及现况管线调查

进场后应依据建设方所提供的有关资料，掌握管线的施工年限、使用状况、位置、埋深等信息。

对于资料反映不详、与实际不符或在资料中未反映管线真实情况的，应向规划部门、管线管理单位查询，必要时在管理单位人员在场情况下进行坑探查明现状。

将调查的管线、地面地下建（构）筑物的位置埋深等实际情况按照比例标注在施工平面图上，并在现场做出醒目标志。

2.编制施工组织设计（略）

3.现况管线改移、保护措施（见表1K420150-2）

现况管线改移、保护措施　表1K420150-2

调查配合会	建设单位召开，产权、管理单位参与	产权单位指认，现场标志
开挖范围内管线	建设、规划和管理单位协商	拆迁、改移和悬吊加固
开挖影响范围内管线及建构筑物	临时加固并验收形成文件后方可施工	
过程检查	过程中专人随时检查	保持完好
监测	观测沉降及变形并记录	安全技术措施

（二）应急预案与抢险组织

对于具有中、高度危险因素的地下管线、地面构筑物，必须制定应急预案和有效安全技术措施。

组织体系，应急物质，抢险队伍，应急演练。

嗨·点评　地下施工时，管线保护是避不开的，保护措施需要按照梳理的表格进行记忆。

三、施工监控量测内容与方法

（一）基坑监测的基本要求

1.基坑工程施工前，应由建设方委托具备相应资质的第三方对基坑工程实施现场监测。监测单位应编制监测方案，监测方案需经建设方、设计方、监理方等认可。

2.监测方案应包括下列内容：

（1）工程概况；（2）建设场地岩土工程条件及基坑周边环境状况；（3）监测目的和依据；（4）监测内容及项目；（5）基准点、监测点的布设与保护；（6）监测方法和精度；（7）监测期和监测频率；（8）监测报警及异常情况下的监测措施；（9）监测数据处理与信息反馈；（10）监测人员配备；（11）监测仪器设备及检定要求；（12）作业安全及其他管理制度。

（二）监测布置与监测方法

1.监测项目

应采用仪器监测与巡视检查相结合的方法。

基坑工程现场监测的对象包括（口诀：墙撑水土建管路）：

（1）支护结构；（2）地下水状况；（3）基坑底部及周边土体；（4）周边建筑；（5）周边管线及设施；（6）周边重要的道路；（7）其他监测的对象。

2.监测点的布置

（1）应依据设计要求和相关规范规定进行监测点的布设，绘制平面图。

（2）围护墙或基坑坡顶水平和竖向位移监测点应沿基坑周边布置，基坑中部、阳角处应布置监测点。

（3）锚杆和土钉的内力监测点应选择在受力较大且有代表性的位置，基坑中部、阳角处和地质条件复杂的区段宜布置监测点。

（4）以基坑边缘外1～3倍基坑开挖范围中需要保护的周边环境作为监测对象。

3.监测方法（见表1K420150-3）

监测方法　表1K420150-3

项目	方法
水平位移监测	小角度法、投点法、视准线法等（小电视）
竖向位移监测	几何水准测量、光电距三角高程测量、静力水准测量等方法
深层水平位移监测	适用于基坑围护桩（墙）和土体深层水平位移监测项目，宜采用在桩（墙）体或土体中预埋测斜管、通过测斜仪观测各深度处水平位移的方法
土压力、孔隙水压力及地下水位	土压力计、孔隙水压力计、水位计量测
支护结构内力	应力计、应变计量测
锚杆及土钉内力	宜采用专用测力计、钢筋应力计或应变计

（三）监测频率及报警值

1.监测时间

（1）基坑监测应贯穿于基坑工程和地下工程施工全过程。监测期应从基坑工程施工开始，直至地下工程完成为止。

（2）设计未作规定时，当最后100d的沉

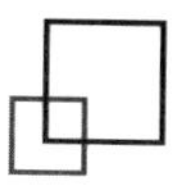

降速率小于0.01~0.04mm/d，可认为已经进入稳定阶段。

2.监测频率

（1）当监测值相对稳定时，可适当降低监测频率。

（2）出现异常情况时，应提高监测频率。如监测数据变化较大或者速率加快，基坑出现渗透，支护结构出现开裂等。

（3）当有危险事故征兆时，应实时跟踪监测。

3.报警值

（1）监测报警值应由基坑工程设计方确定。

（2）当出现下列情况之一时，必须立即危险报警，并应对基坑支护结构和周边环境中的保护对象采用应急措施：

①监测数据达到监测报警值的累计值；

②基坑支护结构或周边土体的位移值突然明显增大或基坑出现流沙、管涌、隆起、陷落或较严重的渗漏；

③基坑支护结构的支撑或锚杆体系出现过大变形、压屈、断裂、松弛或拔出；

④周边建筑的结构部分、周边地面出现较严重的突发裂缝或危害结构的变形裂缝；

⑤周边管线变形突然明显增长或出现裂缝、泄漏等。

（四）数据处理与成果报告

1.数据资料整理（略）

2.数据分析（略）

3.异常情况监测（略）

4.成果报告

（1）监测成果应包括当日报表、阶段性报告和总结报告。

（2）监测成果应按时报送。

嗨·点评 利用模糊记忆法（口诀为：七项目三维度，墙撑水土建管路；七项目是墙撑水土建管路，三维度是水平位移、竖向变位和应力变化）记忆基坑监测内容。不同项目的监测方法要能对应上。

【经典例题】1.某市政基坑工程，基坑侧壁安全等级为一级，基坑平面尺寸为22m×200m，基坑挖深为10m，地下水位于地面下5m。采用地下连续墙围护，设三道钢支撑。基坑周围存在大量地下管线等建（构）筑物。

为保证基坑开挖过程中的安全，施工单位编制了监测方案，监测方案包括：工程概况、建设场地岩土工程条件及基坑周边环境状况、监测目的和依据、监测内容及项目、监测数据处理与信息反馈。

施工过程中，监测单位根据监测方案对基坑进行了监测，并且在工程结束后，向施工单位提交了监测报告。

【问题】（1）本工程监测方案内容是否全面，如不全面还应包括哪些内容？

（2）根据背景资料及《建筑基坑支护技术规程》JGJ 120—2012，应监测哪些项目？

（3）上述监测项目可分别采用什么方法监测？

（4）监测单位的做法有哪些不妥之处？

（5）简述监测总结报告包括的内容。

【答案】（1）基坑开挖前应做出系统的开挖监控方案，监控方案还应包括：基准点、监测点的布设与保护、监测方法和精度、监测期和监测频率、监测报警及异常情况下的监测措施、监测人员配备、监测仪器设备及检定要求、作业安全及其他管理制度。所以，本工程的监测方案并不全面，应按规定予以补充。

（2）根据《建筑基坑支护技术规程》JGJ 120—2012，基坑工程监测项目可按下表选择。

基坑工程监测项目

支护结构的安全等级 \ 监测项目	一级	二级	三级
支护结构顶部水平位移	应测	应测	应测
基坑周围建（构）筑物、地下管线、道路沉降	应测	应测	应测
坑边地面沉降	应测	应测	宜测
支护结构深部水平位移	应测	应测	选测
锚杆拉力	应测	应测	选测
支撑轴力	应测	应测	选测
挡土构件内力	应测	宜测	选测
支撑立柱沉降	应测	宜测	选测
挡土构件、水泥土墙沉降	应测	宜测	选测
地下水位	应测	应测	选测
土压力、空隙水压力	宜测	选测	选测

本工程侧壁安全等级为一级，应监测的项目有：地下连续墙顶部、深部的水平位移，周围建筑物、地下管线变形，坑边地面沉降，支撑轴力，地下连续墙内力，支撑立柱沉降，地下水位。

（3）地下连续墙水平位移一般采用测斜仪监测；

周围建筑物、地下管线、坑边地面沉降、支撑立柱沉降变形采用水准仪量测；

支撑轴力采用轴力计量测；

地下连续墙内力采用钢筋应力计量测；

地下水位采用水位计量测。

（4）基坑开挖监测过程中，监测单位应按照监测方案进行监测，施工单位应根据监测结果调整施工方案。本工程监测单位在工程结束后提交了监测报告，已经失去了监测的意义。

（5）工程结束时应提交完整的监测总结报告，监测总结报告内容包括：

①工程概况；

②监测依据；

③监测项目和监测点布置；

④监测设备和监测方法；

⑤监测频率和报警值；

⑥各监测项目全过程的发展变化分析及整体评述；

⑦监测工作结论与建议。

【经典例题】2.（2011年真题）A公司某项目部承建一供水扩建工程，主要内容为新建一座钢筋混凝土水池，长32m，宽40m，池体深6.5m基坑与邻近建筑物距离2.6m，设计要求基坑用灌注桩作为围护结构，搅拌桩作止水帷幕。项目部编制了详细的施工组织设计，其中水池浇筑方案包含控制混凝土入模温度，控制配合比和坍落度，内外温差控制在25℃内。地层土为黏土，地下水位于地表水以下0.5m。

项目部编制的施工组织设计按程序报批，A公司主管部门审批时提出了以下意见：

（1）因施工结构位于供水厂内不属于社会环境，施工不需要搭设围挡，存在事故隐患。

（2）水池施工采用桩体作为外模板，没有考虑内外模板之间杂物的清理措施。

（3）施工组织设计中考虑了围护桩变形，但监测项目偏少。

（4）为控制结构裂缝，混凝土浇筑时控制内外温差不大于25℃。在基坑开挖到放坡时，由于止水帷幕缺陷，西北角渗漏严重，

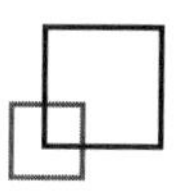

采用双快水泥法进行封堵，由于水量较大，没有效果。

【问题】（1）基坑监测的主要对象除围护桩变形外，还应有哪些监测项目？

（2）针对背景资料中的渗漏情况，应采取什么措施封堵？

【答案】（1）基坑监测的对象除围护桩变形外，还应有地表沉降，围护结构水平位移，管线沉降，地面建筑物沉降、倾斜及裂缝，围护结构内力，支撑内力，地下水位，地中土体垂直位移，地中土体水平位移等项目。

（2）针对背景资料中的渗漏情况，应采取的封堵措施：首先应在坑内回填土封堵水流，然后在坑外打孔灌注聚氨酯或双液浆等封堵措施，封堵后再继续向下开挖基坑。

【经典例题】3.（2015年真题）某公路承建城市主干道的地下隧道工程，长520m，为单箱双室类型钢筋混凝土结构，采用明挖法顺作法施工、隧道基坑深10m，基坑安全等级为一级，围护桩为钻孔灌注桩；截水帷幕为双排水泥土搅拌桩，两道内支撑中间设立柱支撑；基坑侧壁与隧道侧墙的净距为1m。

项目部编制了专项施工方案，确定了基坑施工和主体结构施工方案，对结构施工与拆撑、换撑进行了详细安排。

施工过程发生如下事件：

事件：某日上午监理人员在巡视工地时，发现以下问题，要求立即整改：

（1）在开挖工作面位置，第二道支撑未安装的情况下，已开挖至基坑底部；

（2）为方便挖土作业，挖掘机司机擅自拆除支撑立柱的个别水平联系梁；当日下午，项目部接到基坑监测单位关于围护结构变形超过允许值的报警；

（3）已开挖至基底的基坑侧壁局部位置出现漏水，水中夹带少量泥沙。

【问题】（1）针对本案例中的基坑类型，应监测项目包括什么？

（2）事件中有什么不妥，怎么整改？

【答案】（1）支护结构顶部水平位移、基坑周围建（构）筑物沉降、地下管线沉降、临近道路沉降、坑边地面沉降、支护结构深部水平位移、支撑轴力、挡土构件内力、支撑立柱沉降、挡土构件沉降、地下水位。

（2）①在开挖工作面位置，第二道支撑未安装的情况下，已开挖至基坑底部不妥；开挖与支撑交替进行，开挖到第二道支撑下部后，立即进行第二道支撑施工，避免无支撑暴露。

②挖掘机司机擅自拆除支撑立柱的个别水平联系梁不妥；施工单位应该严格按照论证及审批后的安全专项施工方案施工，并有专职安全员督促落实，开挖过程中严禁碰撞围护结构及支撑，应在开挖之前对操作人员进行安全技术交底。

当日下午，项目部接到基坑监测单位关于围护结构变形超过允许值的报警无采取任何措施不妥，应立即停止施工并启动应急预案，加大监测频率，安全专人监视围护结构变形，以人身安全为第一要务，确保施工人员安全。

③已开挖至基底的基坑侧壁局部位置出现漏水，水中夹带少量泥沙未进行处理不妥。首先应进行基坑降水，在缺陷处插入引流管引流，然后采用双快水泥封堵渗漏处，等封堵水泥形成一定强度后再关闭导流管。如果该种方法效果不佳，则安排在坑内渗漏处回填，坑外渗漏处打孔注入水泥-水玻璃双液浆或聚氨酯封堵渗漏处，封堵后再继续开挖。

章节练习题

一、单项选择题

1.基坑开挖过程中的最主要风险是（　　）。

A.过高的造价　　B.过量的土石方量

C.过大的变形　　D.坍塌和淹没

2.地下水是引起基坑事故的主要因素之一，当基坑处于（　　）地层条件时，基坑容易出现流土、流沙，引起基坑坍塌。

A.黏性土　　B.砂土或粉土

C.弱风化岩层　　D.卵砾石层

3.以下关于防止基坑坍塌、淹埋应急措施的说法正确的是（　　）。

A.及早发现坍塌、淹埋事故的征兆，及早组织抢救贵重仪器、设备

B.及早发现坍塌、淹埋事故的征兆，及早组织抢险

C.及早发现坍塌、淹埋事故的征兆，应尽快在现场抢修

D.及早发现坍塌、淹埋事故的征兆，及早组织施工人员撤离现场

4.基坑开挖过程中，防止损伤地下管线的安全措施中不正确的是（　　）。

A.进场后应及时掌握管线的实际情况

B.施工时，发现资料与实际不符，施工单位可自行处理

C.加强对现况管线测量

D.在现场对管线做出醒目标志

5.对于具有中、高度危险因素的地下管线，必须制定应急预案和有效安全技术措施。出现异常情况，应立即通知（　　）人员到场处理、抢修。

A.建设单位　　B.管理单位

C.设计单位　　D.监理单位

6.基坑工程中，应由（　　）委托第三方监测。

A.施工方　　B.建设方

C.设计方　　D.质量监督机构

7.关于基坑监测点布置的说法正确的是（　　）。

A.水平位移监测点宜布置在阴角处

B.支撑轴力监测点宜布置在同一平面上

C.锚杆的内力监测点应选择在受力较大且有代表性的位置

D.支撑立柱监测宜设置在端墙处

8.基坑的地下连续墙围护的深层水平变形监测采用（　　）。

A.静力水准测量　　B.测斜仪

C.几何水准测量　　D.视准线法

9.关于基坑监测,变形稳定判断的标准应执行设计及相关规范要求，在设计未作规定时，当最后（　　）d的沉降速率小于0.01~0.04mm/d，可认为已经进入稳定阶段。

A.100　　B.90　　C.60　　D.50

10.对施工中出现异常情况的监测说法错误的是（　　）。

A.对巡视检查发现的异常情况应在报告中详细描述，危险情况应报警

B.对达到或超过监测报警值的监测点要及时报警

C.监测数据出现异常时，应采取措施，不需要重测

D.确定异常情况后，应按照有关规定立即通知建设单位和施工单位等相关单位

二、多项选择题

1.关于基坑开挖时，对基坑安全有利的措施有（　　）。

A.控制临时开挖边坡

B.做好降水措施

C.严格按设计要求开挖和支护

D.信息化施工

E.在坑顶堆置土方

2.调查基坑开挖范围内及影响范围内的各种管线，需要掌握管线的（　　）等。

A.埋深　　B.施工年限
C.使用状况　　D.位置
E.产权变更情况

3.重要的基坑开挖方案需要经（　　）同意后执行，并严格按照单位同意的施工方案实施。
A.建设单位　　B.勘察单位
C.设计单位　　D.监理单位
E.工程质量监督单位

4.基坑监测方案的内容包括（　　）。
A.基坑监测部署
B.监测目的和依据
C.基准点、监测点的布设与保护
D.监测方法和精度
E.监测报警及异常情况下的监测措施

5.基坑监测项目中，基坑监测的对象包括（　　）。
A.支护结构
B.地下水状况
C.基坑底部及周边土体
D.周边建筑
E.周边道路

6.基坑监测项目中，一般为应测项目的有（　　）。
A.围护墙顶的水平位移
B.周边建（构）筑物沉降
C.周边地下管线沉降
D.周边道路沉降
E.土压力

7.基坑监测过程中，测定特定方向的水平位移宜采用（　　）。
A.小角度法　　B.测斜仪
C.几何水准测量　　D.视准线法
E.投点法

8.关于基坑监测频率说法，正确的有（　　）。
A.监测项目的监测频率应综合各种因素确定
B.基坑监测应以固定的监测频率进行
C.当监测值相对稳定时，可适当降低监测频率
D.出现异常情况时，应提高监测频率
E.当有危险事故征兆时，应实时跟踪监测

9.基坑施工过程中，必须立即进行危险报警的情况包括（　　）。
A.监测数据达到监测报警值的累计值
B.基坑出现流沙或管涌
C.支护结构的支撑出现压屈
D.周边管线由于变形而泄漏
E.基坑支护结构由于开挖变形增大

10.基坑监测成果应包括（　　）。
A.当日报表　　B.周报表
C.阶段性报告　　D.总结报告
E.监测数据总报表

参考答案及解析

一、单项选择题

1.【答案】D
【解析】基坑工程施工过程中风险主要是基坑坍塌和淹没，防止基坑坍塌和淹没是基坑施工的重要任务。

2.【答案】B
【解析】当基坑处于砂土或粉土地层时，在地下水作用下，更容易造成基坑坡面渗水、土粒流失、流沙，进而引起基坑坍塌。

3.【答案】D
【解析】进行信息化施工，及早发现坍塌、淹埋和管线破坏事故的征兆。如果基坑即将坍塌、淹埋时，应以人身安全为第一要务，及早撤离现场。

4.【答案】B
【解析】对于资料反映不详、与实际不符

或在资料中未反映管线真实情况的，应向规划部门、管线管理单位查询，必要时在管理单位人员在场情况下进行坑探查明现状。

5.【答案】B

【解析】对于具有中、高度危险因素的地下管线，必须制定应急预案和有效安全技术措施。出现异常情况，应立即通知管理单位人员到场处理、抢修。

6.【答案】B

【解析】基坑工程施工前，应由建设方委托具备相应资质的第三方对基坑工程实施现场监测。监测单位应编制监测方案，监测方案需经建设方、设计方、监理方等认可，必要时还须与基坑周边环境涉及的有关单位协商一致后方能实施。

7.【答案】C

【解析】（1）围护墙或基坑边坡顶部的水平和竖向位移监测点应沿基坑周边布置，基坑中部、阳角处应布置监测点。监测点的水平间距不宜大于20m；

（2）支撑轴力监测点宜设置在支撑内力较大或在整个支撑系统中起控制作用的杆件上，对多层支撑支挡式结构，宜在同一剖面的每层支撑上布置测点；

（3）支撑立柱监测宜设置在基坑中部、支撑交汇处及地质条件较差处的立柱上。

8.【答案】B

【解析】深层水平位移监测：深层水平位移监测方法适用于基坑围护桩（墙）和土体深层水平位移监测项目，宜采用在桩（墙）体或土体中预埋测斜管、通过测斜仪观测各深度处水平位移的方法。

9.【答案】A

【解析】关于基坑监测,变形稳定判断的标准应执行设计及相关规范要求，在设计未作规定时，当最后100d的沉降速率小于0.01~0.04mm/d，可认为已经进入稳定阶段。

10.【答案】C

【解析】异常情况监测：

（1）对巡视检查发现的异常情况应在报告中详细描述，危险情况应报警。

（2）对达到或超过监测报警值的监测点要及时报警。

（3）监测数据出现异常时，应分析原因，必要时应重测。

（4）确定异常情况后，应按照有关规定立即通知建设单位和施工单位等相关单位。

（5）快速调动人员和设备，并根据现场实际情况进行加密监测。

二、多项选择题

1.【答案】ABCD

【解析】基坑边缘堆置土方、建筑材料或沿基坑边缘移动运输工具或施工机械时，如果是放坡开挖会增加滑动力矩；如果是支护开挖，会增加作用于支护结构上的荷载。一般要求堆载及机械等距离基坑边缘一个安全距离，并且对堆载的级别有所限制。

2.【答案】ABCD

【解析】进场后应依据建设方提供的工程地质勘查报告、基坑开挖范围内及影响范围内的各种管线、地面建筑物等有关资料，查阅有关专业技术资料，掌握管线的施工年限、使用状况、位置、埋深等数据信息。

3.【答案】AD

【解析】重要的基坑开挖方案需要经建设单位、监理单位同意后执行，并严格按照建设单位、监理单位同意的施工方案实施。

4.【答案】BCDE

【解析】监测方案应包括下列内容：

（1）工程概况；

（2）建设场地岩土工程条件及基坑周边环境状况；

（3）监测目的和依据；
（4）监测内容及项目；
（5）基准点、监测点的布设与保护；
（6）监测方法和精度；
（7）监测期和监测频率；
（8）监测报警及异常情况下的监测措施；
（9）监测数据处理与信息反馈；
（10）监测人员配备；
（11）监测仪器设备及检定要求；
（12）作业安全及其他管理制度。

5.【答案】ABCD

【解析】基坑工程现场监测的对象包括：
（1）支护结构；
（2）地下水状况；
（3）基坑底部及周边土体；
（4）周边建筑；
（5）周边管线及设施；
（6）周边重要的道路；
（7）其他监测的对象。

6.【答案】ABCD

【解析】基坑监测项目包括围护墙顶的水平和竖向位移，围护结构水平位移（常称为测斜变形），锚杆或支撑内力，围护结构内力，地下水位，土压力及孔隙水压力，土体分层竖向位移及水平位移，周边建（构）筑物、地下管线及道路沉降，坑边地表沉降，立柱竖向位移，坑底隆起（回弹）等。

7.【答案】ADE

【解析】基坑监测过程中，测定特定方向的水平位移宜采用小角度法、投点法、视准线法等。

8.【答案】ACDE

【解析】监测频率：
（1）监测项目的监测频率应综合考虑基坑类别、基坑及地下工程的不同施工阶段以及周边环境、自然条件的变化和当地经验而确定。
（2）当监测值相对稳定时，可适当降低监测频率。
（3）出现异常情况时，应提高监测频率。如监测数据变化较大或者速率加快，基坑出现渗透，支护结构出现开裂等。
（4）当有危险事故征兆时，应实时跟踪监测。

9.【答案】ABCD

【解析】当出现下列情况之一时，必须立即进行危险报警，并应对基坑支护结构和周边环境中的保护对象采用应急措施：
（1）监测数据达到监测报警值的累计值；
（2）基坑支护结构或周边土体的位移值突然明显增大或基坑出现流沙、管涌、隆起、陷落或较严重的渗漏；
（3）基坑支护结构的支撑或锚杆体系出现过大变形、压屈、断裂、松弛或拔出；
（4）周边建筑的结构部分、周边地面出现较严重的突发裂缝或危害结构的变形裂缝；
（5）周边管线变形突然明显增长或出现裂缝、泄漏等；
（6）根据当地工程经验判断，出现其他必须进行危险报警的情况。

10.【答案】ACD

【解析】基坑监测成果应包括当日报表、阶段性报告和总结报告。应按时送报。

1K420160 城市桥梁工程施工安全事故预防

本节知识体系

城市桥梁工程施工安全事故预防
- 桩基施工安全措施
- 模板、支架施工安全措施
- 箱涵顶进施工安全措施
- 旧桥拆除施工安全措施

核心内容讲解

一、桩基施工安全措施

（一）避免桩基施工对地下管线的破坏

1.开工前应采取的安全措施（基坑、基础等地下结构通用的要求）

（1）通过调查、详勘掌握桩基施工地层内各种管线，包括上水、雨水、污水、电力、电信、煤气及热力等管线资料以及各管线距施工区域距离。

（2）现场做好管线拆迁改移，或保护工作。

（3）现场准确标识，以便桩位避开地下管线，施工中做好监测工作。

2.施工安全保证措施

（1）沉入桩施工安全控制主要包括：桩的制作、桩的吊运与堆放和沉入施工。

（2）混凝土灌注桩施工安全控制涉及施工场地、护筒埋设、护壁泥浆、钻孔施工、钢筋笼制作及安装和混凝土浇筑。

（二）沉入桩施工安全控制要点

1.桩的制作

（1）混凝土桩制作

①预制构件的吊环位置及其构造必须符合设计要求。吊环必须采用未经冷拉的HPB300级热轧钢筋制作，严禁以其他钢筋代替。

② 钢筋码放应符合施工平面布置图的要求。码放时，应防锈蚀和污染，不得损坏标牌；整捆码垛高度不宜超过2m，散捆码垛高度不宜超过1.2m。

③ 加工成型的钢筋笼、钢筋网和钢筋骨架等应水平放置。码放高度不得超过2m，码放层数不宜超过3层。

（2）钢桩制作

① 在露天场地制作钢桩时，应有防雨、雪设施，周围应设护栏，非施工人员禁止入内。

② 剪切、冲裁作业时，应根据钢板的尺寸和质量确定吊具和操作人数，不得将数层钢板叠在一起剪切和冲裁；操作人员双手距刃口或冲模应保持20cm以上的距离，送料时必须在剪刀、冲刀停止动作后作业。

③ 气割加工现场必须按消防部门的规定配置消防器材，周围10m范围内不得堆放易燃易爆物品。操作者必须经专业培训，持证上岗。

④ 焊接作业现场应按消防部门的规定配置消防器材，周围10m范围内不得堆放易燃易爆物品。操作者必须经专业培训，持证上岗。焊工作业时必须使用带有滤光镜的头罩或手持防护面罩，戴耐火的防护手套，穿焊接防护服和绝缘、阻燃、抗热防护鞋；清除

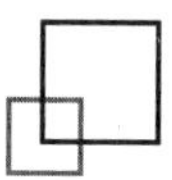

焊渣时应戴护目镜。

⑤ 涂漆作业场所应采取通风措施，空气中可燃、有毒、有害物质的浓度应符合有关规定。

2.桩的吊运、堆放

（1）钢桩吊装应由具有吊装施工经验的施工技术人员主持。吊装作业必须由信号工指挥。

（2）设计无要求时，混凝土应达到设计强度的75%以上。

（3）桩的吊点位置应符合设计或施工设计规定。

（4）桩的堆放场地应平整、坚实、不积水。混凝土桩支点应与吊点在一条竖直线上，堆放时应上下对准，堆放层数不宜超过4层。钢桩堆放层数不得超过3层。

3.沉桩施工

（1）在施工组织设计中，应根据桩的设计承载力、桩深、工程地质、桩的破坏临界值和现场环境等状况选择适宜的沉桩方法和机具，并规定相应的安全技术措施。

（2）沉桩作业应由具有经验的技术工人指挥。

（3）振动沉桩时，沉桩机、机座、桩帽应连接牢固，沉桩机和桩的中心应保持在同一轴线上。

（4）射水沉桩时，施工中严禁射水管对向人、设备和设施。

（5）沉桩过程中发现贯入度发生突变、桩身突然倾斜、桩头桩身破坏、地面隆起或桩身上浮等情况时应暂停施工，经采取措施确认安全后，方可继续沉桩。

（三）钻孔灌注桩施工安全控制要点

1.场地要求

施工场地应能满足钻孔机作业的要求。详见表1K420160-1。

场地要求　表1K420160-1

区域	要求
旱地区域	地基应平整、坚实
浅水区域	应采用筑岛法施工
深水河流	必须搭设水上作业平台，平台高程应比施工期间的最高水位高700mm以上

2.钻孔施工

（1）施工场地应平整、坚实；非施工人员禁止进入作业区。

（2）不得在高压线线路下施工。

高压线线路与钻机的安全距离要求见1K420160-2。

高压线线路与钻机的安全距离　表1K420160-2

电压	1kV以下	1~10kV	35~110kV
安全距离（m）	4	6	8

（3）钻机机械状态良好，操作工持证上岗。

（4）钻机运行中作业人员应位于安全处，严禁人员靠近或触摸旋转钻杆；钻具悬空时严禁下方有人。

（5）钻孔过程中，应检查钻渣，与地质剖面图核对，发现不符时应及时采取安全技术措施。

（6）钻孔应连续作业。相邻桩之间净距小于5m时，邻桩混凝土强度达5MPa后，方可进行钻孔施工；或间隔钻孔施工。

（7）成孔后或因故停钻时，应保持孔内护壁泥浆的高度防止塌孔，孔口采取防护措施。

（8）采用冲抓钻机钻孔时，当钻头提至接近护筒上口时，应减速、平稳提升，不得碰撞护筒，作业人员不得靠近护筒，钻具出土范围内严禁有人。

（9）泥浆沉淀池周围应设防护栏杆和警示标志。

3.钢筋笼制作与安装

（1）钢筋笼应水平放置，堆放场地平整、坚实。码放高度不得超过2m，码放层数不宜超过3层。

（2）允许分段制作加工。

（3）钢筋笼吊装机械必须满足要求，并有一定安全储备。分段制作的钢筋笼入孔后进行竖向焊接时，起重机不得摘钩、松绳，严禁操作工离开驾驶室。骨架焊接完成，经验收合格后，方可松绳、摘钩。

4.混凝土浇筑

（1）浇筑水下混凝土的导管宜采用起重机吊装，就位后必须临时固定牢固方可摘钩。

（2）浇筑水下混凝土漏斗的设置高度应依据孔径、孔深、导管内径等确定。

（3）提升导管的设备能力应能克服导管和导管内混凝土的自重以及导管埋入部分内外壁与混凝土之间的黏滞阻力，并有一定的安全储备。

（4）浇筑混凝土作业必须由作业组长指挥。浇筑前作业组长应检查各项准备工作，确认合格后，方可发布浇筑混凝土指令。

（5）灌注过程中，应注意观察管内混凝土下降和孔内水位升降情况，及时测量孔内混凝土高度，正确指挥导管的提升和拆除。

【经典例题】1.（2009年真题）钢桩在场地堆放时，堆放高度最多为（　　）层。

A.2　　B.3　　C.4　　D.5

【答案】B

【经典例题】2.在现行规范中规定，在气割及焊接作业时，周围（　　）范围内不得堆放易燃易爆物品。

A.5m　　B.6m　　C.8m　　D.10m

【答案】D

【嗨·解析】气割及焊接作业时，周围10m范围内不得堆放易燃易爆物品；氧气瓶、乙炔瓶工作间距不应小于5m，气瓶与明火作业点不应小于10m。

二、模板、支架施工安全措施

（一）施工前准备阶段

1.一般规定

（1）支架、脚手架应由具有相关资质的单位搭设和拆除。进行搭设与拆除作业时，作业人员必须戴安全帽、系安全带、穿防滑鞋。

（2）作业人员应经过专业培训、考试合格，持证上岗，并应定期体检，不适合高处作业者，不得进行搭设与拆除作业。

（3）起重设备应经检验符合施工方案或专项方案的要求。

（4）模板支架、脚手架的材料、配件符合有关规范标准规定。

2.方案与论证（略）

（二）模板支架、脚手架搭设

1.模板支架搭设与安装

（1）模板支架应严格按照获准的施工方案或专项方案搭设和安装。

（2）模板支架支搭完成后，必须进行质量检查，经验收合格，并形成文件后，方可交付使用。

（3）不得超载，不得在支架上集中堆放物料。

（4）模板支架使用期间，应经常检查、维护，保持完好状态。

2.脚手架搭设

（1）脚手架应按规定采用连接件与构筑物相连接，使用期间不得拆除；脚手架不得与模板支架相连接。

（2）作业平台上的脚手板必须在脚手架的宽度范围内铺满、铺稳。作业平台下应设置水平安全网或脚手架防护层，防止高空物体坠落造成伤害。

（3）支架、脚手架必须设置斜道、安全梯等攀登设施。

（4）严禁在脚手架上拴缆风绳、架设混凝土泵等设备。

（5）脚手架支搭完成后应与模板支架一起进行检查验收，并形成文件后，方可交付使用。

3.模板支架、脚手架拆除

（1）拆除现场应设作业区，其边界设警示标志，并由专人值守，非作业人员严禁入内。

（2）拆除采用机械作业时应由专人指挥。

（3）模板支架、脚手架拆除应按施工方案或专项方案要求由上而下逐层进行，严禁上下同时作业。

（4）严禁敲击、硬拉模板、杆件和配件。

（5）严禁抛掷模板、杆件、配件。

（6）拆除的模板、杆件、配件应分类码放。

嗨·点评 模板、支架并非工程主体，但是多专业技术施工共同需要的通用措施，且具有较大危险性。是一个称职的建造师必须具备的知识。

【经典例题】3.进行模板支架搭设与拆除作业时，作业人员必须穿戴（　　）装备。

A.安全帽　　B.防护眼罩

C.防毒面罩　　D.安全带

E.防滑鞋

【答案】ADE

【经典例题】4.施工单位进行现浇连续梁模板、支架拆除的时候，造成1名路人受伤。

【问题】施工单位应采取哪些模板、支架拆除的安全措施避免类似事故。

【答案】（1）施工区域周围设置连续封闭围挡，入口处设置人员值班，严禁非施工人员入内。

（2）拆除现场应设作业区，其边界设警示标志，并由专人值守，非作业人员严禁入内。

（3）拆除采用机械作业时应由专人指挥。

（4）模板支架、脚手架拆除应按施工方案或专项方案要求由上而下逐层进行，严禁上下同时作业。

（5）严禁敲击、硬拉模板、杆件和配件。

（6）严禁抛掷模板、杆件、配件。

三、箱涵顶进施工安全措施

（一）施工前安全措施

1.现场踏勘调查（略）

2.人员与设备

（1）作业人员安全技术培训，考核合格后上岗。

（2）作业设备进行性能和安全检查，符合有关安全规定。

（3）现场动力、照明的供电系统应符合有关安全规定。

（二）施工安全保护

1.铁道线路加固方法与措施（详见表1K420160-3）

铁道线路加固方法与措施　表1K420160-3

类型/条件	方法与措施
小型箱涵	调轨梁或轨束梁的加固法
大型（跨径较大的）箱涵	横梁加盖、纵横梁加固、工字轨束梁或钢板脱壳（纵横钢轨）法
在土质条件差、地基承载力低、开挖面土壤含水量高，铁路列车不允许限速的情况下	低高度施工便梁方法

2.路基加固方法与措施

（1）采用管棚超前支护和水平旋喷桩超前支护方法，控制路基变形在安全范围内。

（2）采用地面深层注浆加固方法，提高施工断面上方的土体稳定性。

3.管线迁移和保护措施

（1）施工影响区的重要管线（水、气、电）应尽可能采取迁移措施。

（2）无法迁移的管线可采用暴露管线和支架等保护措施。

（3）编制应急措施，并备有相关材料和机具。

（三）施工安全保护措施

1.施工区域安全措施（限速限流做监测，警戒警示专人守）

（1）限制铁路列车通过施工区域的速度，限制或疏导路面交通。

（2）设置施工警戒区域护栏和警示装置，设置专人值守。

（3）加强施工过程的地面、地上构筑物、地下管线的安全监测，及时反馈、指导施工。

2.施工作业安全措施

（1）施工现场（工作坑、顶进作业区）及路基附近不得积水浸泡。

（2）应按规定设立施工现场围挡，有明显的警示标志，隔离施工现场和社会活动区，实行封闭管理，严禁非施工人员入内。

（3）在列车运行间隙或避开交通高峰期开挖和顶进；列车通过时，严禁挖土作业，人员应撤离开挖面。

（4）箱涵顶进过程中，任何人不得在顶铁、顶柱布置区内停留。

（5）箱涵顶进过程中，当液压系统发生故障时，严禁在工作状态下检查和调整。

（6）现场施工必须设专人统一指挥和调度。

嗨·点评 箱涵顶进是桥梁工程专业内一个自成体系的知识内容，可以结合基坑、线路加固、管线保护以及作业安全措施进行考核。

【经典例题】5.顶进小型箱涵穿越铁路路基时，可用调轨梁或（　　）加固线路。

A.轨束梁

B.施工便梁

C.军用拆装梁

D.纵横梁

【答案】A

四、旧桥拆除施工安全措施

（一）前期工作与安全规定

1.安全基本规定

（1）桥梁拆除工程必须由具备爆破或拆除专业承包资质的单位施工，严禁将工程非法转包。

（2）项目负责人必须对拆除安全负全面领导责任。

（3）施工单位应全面了解拆除工程的图纸和资料，进行现场勘察，编制施工组织设计或安全专项施工方案。所编写的施工组织设计或方案和安全技术措施应有针对性、安全性及可行性。

（4）拆除工程施工区域应设置硬质封闭围挡及醒目警示标志，围挡高度不应低于1.8m，非施工人员不得进入施工区。

（5）拆除工程必须制定生产安全和环境保护方案，并制订应急救援预案。

（6）拆除施工严禁立体交叉作业。

（7）作业人员使用手持机具（风镐、液压锯、水钻、冲击钻等）时，严禁超负荷或带故障运转。

（8）根据拆除工程施工现场作业环境，应制定相应的消防安全措施。施工现场应设置宽度不小于4m的消防车通道，现场消火栓控制范围不宜大于40m。配备足够的灭火器材，每个设置点的灭火器数量2～5具为宜。

2.前期调查

桥梁建设运营资料、现状评价、现场条件、关联单位的要求。

3.初步施工组织设计（略）

4.专家论证应考虑的问题（口诀：交安环行）

（1）安全性的保证；（2）施工的可行性；（3）对交通的影响；（4）对环境的影响。

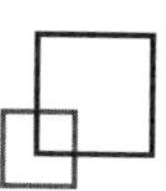

（二）实施性施工方案编制

1.主要内容

（1）施工单位在承接到城市桥梁拆除工程以后，应对桥梁拆除初步方案进行全面优化和细化，如拆除的方式、方法和步骤、计算分析、机具设备、工艺细节、施工组织、工期安排、交通组织，环境保护措施等；特别是安全技术措施措施、应急预案。

（2）梁式桥常用的拆除施工方法:（口诀：直架爆 分切倒）

①直接拆除法；②搭设支架拆除法；③控制（定向/定位）爆破法；④解除体系分体拆除法；⑤悬浇箱梁倒装拆除、分段切割法；⑥整孔切割法；⑦顶推移位分段（孔）切割法。

（3）施工方法选择：

①应依据设计原则，与所拥有的机具设备匹配，符合现场条件。

②必须是可控的，安全措施能够落到实处。

③应能够与监控、交通组织、施工组织、预案协调。

④一个拆除工程可能是多个方法集合，不宜单一、机械地采用某一个方法。

（4）安全保证内容：

①桥梁拆除施工控制对安全要求更高。

②桥梁拆除实施性施工方案应包括（口诀：案监控协组交安）：

a.拥有合理的实施方案；

b.明确的控制目标和内容；

c.必要的监控手段；

d.交通组织计划；

e.安全措施及应急预案；

f.各部门的协调方案；

g.严密的施工组织计划（包含组织机构）。

2.施工安全控制重点

（1）控制重点

除对拆除对象的过程控制外，需要控制机械设备状态、支架稳定和变形、临时设施；需要控制解除以往的加固措施进程（如解除体外预应力束）；需要控制因拆桥影响桥位的路上交通和河流中的航运；需要控制拆下来的构件残渣堆放等。

（2）监控措施（略）

（3）交通组织

拆桥伴随新建或影响交通，半幅施工。

（4）安全措施和应急预案

①建立安全保证体系；②建立安全防护措施；③建立信息及时反馈机制；④必要的设备、物资准备，在发生突然情况时能及时控制和调整。

（三）桥梁拆除施工

1.施工准备

（1）施工单位与建设单位在签订施工合同时，应签订安全生产管理协议，明确双方的安全管理责任。施工单位应对拆除工程的安全技术管理负直接责任；建设单位、监理单位应对拆除工程施工安全负检查督促责任。

（2）建设单位应将拆除工程发包给具有相应资质等级的施工单位。建设单位应在拆除工程开工前15d，将下列资料报送建设工程所在地的县级以上地方人民政府建设行政主管部门备案：

①施工单位资质登记证明；②拟拆除桥梁、构筑物及可能危及毗邻建筑的说明；③拆除施工组织方案或安全专项施工方案；④堆放、清除废弃物的措施。

（3）施工单位应向建设单位索取下列资料：

①拆除工程的有关图纸和资料；②拆除工程涉及区域的地上、地下建筑及设施分布情况资料。

建设单位对上述资料准确性负责。

（4）建设单位应负责做好影响拆除工程

安全施工的各种管线的切断、迁移工作。当桥梁附近有架空线路或电缆线路时，应与有关部门取得联系，采取防护措施，确认安全后方可施工。

（5）当拆除工程对周围相邻建筑安全可能产生危险时，必须采取相应保护措施，对建筑内的人员进行撤离安置。

（6）在拆除作业前，施工单位应检查各类管线情况，确认全部切断后方可施工。

2.安全施工管理

拆除过程的安全施工管理见表1K420160-4。

安全施工管理　表1K420160-4

措施	备注
人工拆除	（1）人工拆除作业时，作业人员应站在稳定的结构或脚手架上操作，被拆构件应安全放置； （2）人工拆除应从上至下、逐层拆除、分段进行，不得垂直交叉作业。作业面的孔洞应封闭； （3）人工拆除挡土墙时，严禁采用掏掘或推倒的方法； （4）栏杆、楼梯、楼板等构件，应与桥梁结构整体拆除进度相配合，不得先行拆除。承重梁柱，应在其所承载的全部构件拆除后，再进行拆除
机械拆除	（1）从上往下，逐层分段；先拆非承重，再拆承重； （2）专人监测被拆桥梁结构状态并记录； （3）高处拆除的较大尺寸构件或沉重材料，必须采用起重机具及时吊下。拆卸下来的各种材料应及时清理，分类堆放在指定场所，严禁向下抛掷； （4）采用双机抬吊作业时，应选用起重性能相似的起重机，每台起重机载荷不得超过允许载荷的80%，且应对第一吊进行试吊作业； （5）拆除吊装作业的起重机司机，必须严格执行操作规程
爆破拆除	（1）爆破拆除工程应根据周围环境作业条件、桥梁类别、爆破规模，按照现行国家标准将工程分为A、B、C、D四级； （2）从事爆破拆除工程的施工单位，必须持有工程所在地法定部门核发的《爆炸物品使用许可证》。爆破拆除设计人员应具有承担爆炸拆除作业范围和相应级别的爆破工程技术人员作业证。从事爆破拆除施工的作业人员应持证上岗，器材的使用、购买、允许、保管许可证； （3）爆破作业单位不得对本单位的设计进行安全评估，不得监理本单位施工的爆破工程
静力破碎	进行基础或局部块体拆除时，宜采用静力破碎的方法

3.安全防护措施

（1）拆除施工采用的脚手架、安全网、必须由专业人员按设计方案搭设。由项目负责人组织验收合格后方可使用。

（2）安全防护设施验收时，应按类别逐项查验，并有验收记录。

（3）作业人员必须配备相应的安全帽、安全带、防护眼镜、防护手套、防护工作服等，并正确使用。

（4）施工单位必须依据拆除工程安全施工组织设计或安全专项施工方案，在拆除施工现场划定危险区域，设置警戒线和相关安全标志，并派专人监管。

（5）施工单位必须落实防火安全责任制，建立义务消防组织，明确责任人，负责施工现场的日常防火安全管理工作。

4.安全技术管理

（1）爆破拆除或被拆除桥梁面积＞1000m^2，编制安全施工组织设计；被拆除桥梁面积＜1000m^2，编制安全施工方案。施组或方案施工单位技术负责人和总监理工程师签批。如需变更，应经原审批人批准，方可实施。

（2）在大雨、大雪、六级（含）以上大风等严重影响安全施工时，严禁进行拆除作业。

（3）当日拆除施工结束后，所有机械设备应远离被拆除桥梁。施工期间的临时设施，应与被拆除桥梁保持安全距离。

（4）从业人员应办理相关手续，签订劳动合同，进行安全培训，考试合格后方可上岗作业。

（5）拆除工程施工前，必须对施工作业人员进行书面安全技术交底。

（6）拆除工程施工必须建立安全技术档案，并应包括下列内容（口诀：三个合同协议书，方案交底和记录）：

①拆除工程施工合同及安全管理协议书；②拆除工程安全施工组织设计或安全专项施工方案；③安全技术交底；④脚手架及安全防护设施检查验收记录；⑤劳务用工合同及安全管理协议书；⑥劳务用工合同及安全管理协议书。

（7）施工现场应建立健全动火管理制度。施工作业动火时，必须履行动火审批手续，领取动火证后，方可在指定时间、地点作业。作业时应配备专人监护，作业后必须确认无火源危险后方可离开作业地点。

5.文明施工管理

（1）渣土车辆应封闭或覆盖，出入现场时应有专人指挥。

（2）对地下的各类管线，施工单位应在地面上设置明显标识。对水、电、气的检查井、污水井应采取相应的保护措施。

（3）拆除工程施工时，应采取向被拆除的部位洒水等措施防止扬尘和采取选用低噪声设备、对设备进行封闭等措施降低噪声。防尘降噪。

（4）拆除工程完工后，应及时将渣土清运出场。

嗨·点评 在城市化加速进程中，旧桥拆除显得没有新建重要，但是危险性却不低于新桥建设，适当注意。

【经典例题】6.拆除工程施工区域应设置硬质封闭围挡及醒目警示标志，围挡高度不应低于（　　）m，非施工人员不得进入施工区。

A.1.8　　B.2.1　　C.2.5　　D.3.0

【答案】A

【经典例题】7.建设单位应在拆除工程开工前（　　）d，将有关资料报送建设工程所在地的县级以上地方人民政府建设行政主管部门备案。

A.7　　B.15　　C.28　　D.30

【答案】B

【经典例题】8.采用双机抬吊作业时，应选用起重性能相似的起重机，每台起重机载荷不得超过允许载荷的（　　），施工中必须保持两台起重机同步作业。

A.90%　　B.80%

C.60%　　D.70%

【答案】B

章节练习题

一、单项选择题

1.在现行《焊接与切割安全》GB 9448—1999中规定，在气割及焊接作业时，周围（　　）m范围内不得堆放易燃易爆物品。

A.5　　B.6

C.8　　D.10

2.钢桩吊装应由具有吊装施工经验的（　　）主持，吊装作业必须由（　　）指挥。

A.吊装技术人员；专职安全人员

B.施工技术人员；信号工

C.专职安全人员；吊装技术人员

D.信号工；施工技术人员

3.钻孔灌注桩施工中，成孔后或因故停钻时，应将钻具提至孔外置于地面上，保持孔内护壁泥浆的（　　），以防止塌孔。

A.黏度　B.高度　C.密度　D.比重

4.钻孔灌筑桩施工中，深水河流中必须搭设水上作业平台，作业平台应根据施工荷载、水深、水流、工程地质状况进行施工设计，其高程应比施工期间的最高水位高（　　）mm以上。

A.1000　　B.500

C.700　　D.800

5.当模板支架搭设高度和施工荷载超过有关规范或规定范围时，按规定需要组织专家论证时，必须按相关规定进行设计，进行结构计算和（　　）验算确定施工技术方案。

A.强度　　B.刚度

C.稳定性　　D.安全性

6.箱涵顶进在穿越铁路路基时，必须对铁道线路进行适当加固并（　　）。

A.降低顶进速度　　B.临时封闭线路

C.限制列车车速　　D.加固路基

7.爆破拆除工程应进行（　　）并经当地有关部门审核批准后方可实施。

A.安全技术方案制定

B.方案的专家论证

C.地下管线保护

D.安全评估

8.从事爆破拆除工程的施工单位，必须持有工程所在地法定部门核发的（　　），承担相应等级的爆破拆除工程。

A.《安全生产许可证》

B.《爆炸物品使用许可证》

C.《爆炸物品购买许可证》

D.《爆炸物品运输许可证》

二、多项选择题

1.沉入桩施工安全控制主要包括（　　）。

A.施工场地　　B.桩的制作

C.桩的吊运与堆放　　D.沉入监测

E.沉入施工

2.沉入桩施工安全技术措施的制定，主要依据（　　）等选择适宜的沉桩方法和机具后进行。

A.工程地质　　B.桩深

C.桩的截面尺寸　　D.现场环境

E.设计承载力

3.在桥梁施工时，模板支架、脚手架的搭设和拆除的施工队伍应符合（　　）等项要求。

A.具有相关资质

B.年龄在45岁以下，初中以上学历

C.经过专业培训、考试合格，持证上岗

D.定期体检

E.作业时必须戴安全帽，系安全带，穿防滑鞋

4.脚手架搭设施工中，以下正确的是（　　）。

A.脚手架应按规定采用连接件与构筑物相连接，使用期间不得拆除；脚手架可以与模板支架相连接

B.作业平台上的脚手板必须在脚手架的宽度范围内铺满、铺稳。作业平台下应设置水平安全网或脚手架防护层，防止高

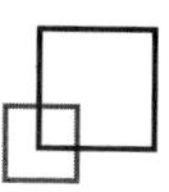

空物体坠落造成伤害

C.支架、脚手架必须设置斜道、安全梯等攀登设施；攀登设施应坚固，并与支架、脚手架连接牢固

D.严禁在脚手架上拴缆风绳、架设混凝土泵等设备

E.脚手架支搭完成后应与模板支架一起进行检查验收，并形成文件后，方可交付使用

5.模板支架、脚手架拆除施工时，施工现场应采取（　　）等措施，确保拆除施工安全。

A.拆除现场应设作业区，边界设警示标志，由专人值守

B.拆除施工机械作业时由专人指挥

C.拆除顺序按要求由上而下逐层进行

D.拆除顺序按要求上下同时作业

E.拆除的模板、杆件、配件轻拿轻放、分类码放

6.箱涵在公路，城市道路路基下顶进，为确保交通安全与施工安全，在编制施工组织设计前应掌握（　　）情况。

A.路面结构　　B.地下管线

C.列车运行速度　　D.列车通过次数

E.交通状况

7.箱涵顶进施工中，以下安全措施正确的是（　　）。

A.施工现场（工作坑、顶进作业区）及路基附近不得积水浸泡

B.应按规定设立施工现场围挡，有明显的警示标志，隔离施工现场和社会活动区，实行封闭管理，严禁非施工人员入内

C.尽量在列车运行间隙或避开交通高峰期开挖和顶进；列车通过时，挖土作业应连续平稳

D.箱涵顶进过程中，任何人不得在顶铁、顶柱布置区内停留

E.箱涵顶进过程中，当液压系统发生故障时，严禁在工作状态下检查和调整

8.在编制桥梁拆除安全技术措施和应急预案时，其重点内容包括（　　）。

A.建立安全保证体系

B.建立安全防护措施

C.监控量测及信息反馈机制

D.应急设备、物资准备

E.交通导行措施

9.拆除工程施工中，必须建立安全技术档案，下列属于安全技术档案内容的有（　　）。

A.施工合同及安全管理协议书

B.安全专项施工方案

C.进场安全教育与培训

D.脚手架及安全防护设施检查验收记录

E.施工技术交底记录

10.拆除工程文明施工的说法中，正确的有（　　）。

A.清运渣土的车辆应封闭或覆盖，出入现场时应有专人指挥

B.清运渣土的作业时间应遵守工程所在地的有关规定

C.对地下的各类管线，施工单位应在图纸上设置明显标识

D.对水、电、气的检查井、污水井应采取相应的保护措施

E.拆除工程施工时，应采取向被拆除的部位洒水等措施防止扬尘并采取选用低噪声设备、对设备进行封闭等措施降低噪声

参考答案及解析

一、单项选择题

1.【答案】D

【解析】根据焊接与切割安全的基本要求，气割加工现场必须按消防部门的规定配置消防器材，周围10m范围内不得堆放易燃易爆物品。

2.【答案】B

【解析】钢桩吊装应由具有吊装施工经验的施工技术人员主持。吊装作业必须由信号工指挥。

3.【答案】B

【解析】成孔后或因故停钻时，应将钻具提至孔外置于地面上，保持孔内护壁泥浆的高度防止塌孔。

4.【答案】C

【解析】深水河流中必须搭设水上作业平台，作业平台应根据施工荷载、水深、水流、工程地质状况进行施工设计，其高程应比施工期间的最高水位高700mm以上。

5.【答案】D

【解析】当搭设高度和施工荷载超过有关规范或规定范围时，必须按相关规定进行设计，经结构计算和安全性验算确定，并按规定组织专家论证。

6.【答案】C

【解析】施工区域安全措施

（1）限制铁路列车通过施工区域的速度，限制或疏导路面交通。

（2）设置施工警戒区域护栏和警示装置，设置专人值守。

（3）加强施工过程的地面、地上构筑物、地下管线的安全监测，及时反馈、指导施工。

7.【答案】D

【解析】爆破拆除工程应做出安全评估并经当地有关部门审核批准后方可实施。

8.【答案】B

【解析】从事爆破拆除工程的施工单位，必须持有工程所在地法定部门核发的《爆炸物品使用许可证》，承担相应等级的爆破拆除工程。

二、多项选择题

1.【答案】BCE

【解析】沉入桩施工安全控制主要包括：桩的制作、桩的吊运与堆放和沉入施工。

2.【答案】ABDE

【解析】在施工组织设计中，应根据桩的设计承载力、桩深、工程地质、桩的破坏临界值和现场环境等状况选择适宜的沉桩方法和机具，并规定相应的安全技术措施。

3.【答案】ACDE

【解析】一般规定：

（1）支架、脚手架应由具有相关资质的单位搭设和拆除。

（2）作业人员应经过专业培训、考试合格，持证上岗，并应定期体检，不适合高处作业者，不得进行搭设与拆除作业。

（3）进行搭设与拆除作业时，作业人员必须戴安全帽、系安全带、穿防滑鞋。

（4）起重设备应经检验符合施工方案或专项方案的要求。

（5）模板支架、脚手架的材料、配件符合有关规范标准规定。

4.【答案】BCDE

【解析】脚手架应按规定采用连接件与构筑物相连接，使用期间不得拆除；脚手架不得与模板支架相连接。故A错。

5.【答案】ABCE

【解析】模板支架、脚手架拆除应按施工方案或专项方案要求由上而下逐层进行，严禁上下同时作业。故D错。

6.【答案】ABE

【解析】C列车运行速度，D列车通过次数属于施工前现场踏勘调查。

7.【答案】ABDE

【解析】在列车运行间隙或避开交通高峰期开挖和顶进；列车通过时，严禁挖土作业，人员应撤离开挖面。故C错。

8.【答案】ABCD

【解析】拆除桥梁安全措施和应急预案的

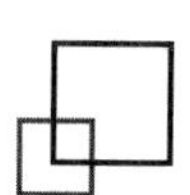

制定应注意：

（1）建立安全保证体系；

（2）建立安全防护措施；

（3）建立信息及时反馈机制；

（4）必要的设备、物资准备，在发生突然情况时能及时控制和调整。

9.【答案】ABD

【解析】拆除工程施工必须建立安全技术档案，并应包括下列内容：

（1）拆除工程施工合同及安全管理协议书；

（2）拆除工程安全施工组织设计或安全专项施工方案；

（3）安全技术交底；

（4）脚手架及安全防护设施检查验收记录；

（5）劳务用工合同及安全管理协议书；

（6）机械租赁合同及安全管理协议书。

10.【答案】ABDE

【解析】对地下的各类管线，施工单位应在地面上设置明显标识。

1K420170 隧道工程施工安全事故预防

本节知识体系

隧道工程施工安全事故预防：盾构法施工安全措施；暗挖法施工安全措施

核心内容讲解

一、盾构法施工安全措施

（一）盾构机组装、调试、解体与吊装

盾构机的组装、调试、解体与吊装是盾构施工安全控制重点之一，要制订专项施工方案。这项工作的安全控制重点是人员安全与设备安全。

（二）盾构始发与接收

盾构始发与接受施工时，须拆除洞口临时围护结构。

1.拆除洞口临时围护结构前，必须确认洞口土体加固效果，以确保拆除后洞口土体稳定。

2.施作好洞口密封，并设置注浆孔，作为洞口防水堵漏的应急措施，以防止始发期间土砂随地下水从衬砌外围与洞体之间的间隙涌入工作井。

（三）障碍物处理

在开挖面拆除障碍物时，可带压作业或地层加固，来控制地层开挖量，确保开挖面稳定。

（四）掘进过程中换刀

1.换刀作业尽量选择在地质条件较好、地层较稳定的地段进行。

2.在不稳定地层换刀时，必须采用地层加固或气压法等措施，确保开挖面的稳定。

（五）特殊地段及特殊地质条件下掘进

1.在以下特殊地段和特殊地质条件施工时，必须采取施工措施确保施工安全：

①覆土厚度不大于盾构直径的浅覆土层地段；②小曲线半径地段；③大坡度地段；④地下管线地段和地下障碍物地段；⑤建（构）筑物的地段；⑥江河地段；⑦平行盾构隧道净间距小于盾构直径70%的小净距地段；⑧地质条件复杂（软硬不均互层）地段和砂卵石地段。

2.必须详细查明和分析工程的地质状况与隧道周边环境状况，制订专项施工方案。

3.根据隧道所处位置与地层条件，合理设定开挖面压力，控制地层变形。

4.根据隧道所处位置与工程地质、水文地质条件，确定同步注浆的材料、压力和流量，在施工过程中根据监测结果，及时进行调整。

5.必要时加密监测测点、提高监测频率，并根据监测结果及时调整掘进参数。

6.地下管线区段施工前，应详细查明地下管线类型、允许变形值等；评估施工对地下管线的影响，对受施工影响可能产生较大变形的管线应根据具体情况进行加固或改移。

7.穿越或邻近建（构）筑物施工前应对建（构）筑物进行详细调查，评估施工对建（构）筑物的影响，并采取相应的保护措施。根据建（构）筑物基础与结构的类型、现状，

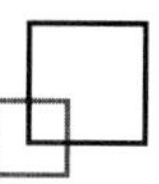

可采取加固或托换措施。

8.穿越江河地段施工，穿越过程中，采用快凝早强注浆材料，加强同步注浆和二次补充注浆。

【经典例题】1.某地铁隧道盾构法施工，采用土压平衡盾构施工。隧道穿越粉细砂层、含有上层滞水，覆土厚度10~12m。拟建隧道上方6m位置有地下管线，经检测评估给出保证管线运行安全允许变形（不均匀沉降）值为10mm。

施工项目部将始发和接收作为安全控制的重点；在确认洞口土体加固效果符合设计要求，拆除洞口围护结构后开始始发施工；并通过初始掘进摸索，确定了各项掘进参数。盾构接近地下管线时，监测数据显示管线隆起2mm；盾构尾部刚刚通过地下管线时，管线沉降已达10mm。监测方依据有关规定发出红色预警。

【问题】（1）在本案例中，如何确定洞口土体加固方法与范围？

（2）盾构接近地下管线时，管线隆起的主要原因是什么？

（3）盾构尾部刚刚通过地下管线时，管线沉降的主要原因是什么？应采取哪些措施减小沉降消除预警？

（4）盾构穿越地下管线后，管线是否还将发生后续沉降，为什么？

【答案】（1）根据本案例提供的工程地质与水文地质条件，明确洞口土体加固目的有两个：其一是加固，其二是止水。明确目的后，经过方法选择、加固土体参数确定、加固范围确定、施工性与经济性比较，最终确定加固方法与范围。

（2）盾构接近地下管线时，管线隆起的主要原因是土压控制值偏高。

（3）盾构尾部刚刚通过地下管线时，管线沉降的主要原因是衬砌背后与洞体的空隙填充不及时或注浆压力偏低造成地层应力释放。

应采取的措施主要有：

①放慢掘进速度；

②采用同步注浆及时填充衬砌背后的空隙；

③控制好注浆量与注浆压力，并及时进行二次注浆。采取以上措施，不均匀沉降值降至7mm以下，方可做消警处理。

④根据本案例的工程地质条件，盾构穿越地下管线后，一般不会发生后续沉降。因为后续沉降主要是由盾构掘进造成地层扰动、松弛等引起，在软弱黏性土地层中施工表现最为明显，而在砂性土或密实的硬黏性土中施工基本不发生。

二、暗挖法施工安全措施

（一）准备阶段安全技术管理

1.技术准备

（1）应依据工程具体情况识别危险源，选择合理的施工方法，编制施工组织设计，明确技术安全措施；对施工场地进行统一规划，做好临时工程和附属辅助设施。

（2）应编制危险性较大分部分项工程专项施工方案和施工现场临时用电方案；专项施工方案应按规定组织专家论证。

（3）项目部应严格技术管理，做好技术交底工作和安全技术交底工作；并做好记录和考核。

（4）编制监控量测方案，布置监测点。

2.人员准备

（1）特殊工种应经过安全培训，考试合格后方可操作，并持证上岗。

（2）项目负责人、技术人员、管理人员、操作人员都必须学习和遵守安全生产责任制，熟悉安全生产管理制度和操作规程。

（3）项目部全部作业人员必须经过安全培训，通过考核持证进场。

（4）建立抢险专业队伍，并进行演练。

3.物资准备（略）

（二）工作井施工

1.作业区安全防护

（1）设计无要求时，工作井结构及其底部平面布置应进行施工设计，满足施工安全的要求。

（2）施工机械、运输车辆距工作井边缘的距离，应根据土质、井深、支护情况和地面荷载并经验算确定，且其最外着力点与井边距离不得小于1.5m。

（3）井口设围挡，非施工人员禁止入内，并建立人员出入工作井的管理制度。

（4）工作井不得设在低洼处，且井口应比周围地面高300mm以上，地面排水系统应完好、畅通。

（5）不设作业平台的工作井周围必须设防护栏杆，栏杆底部500mm应采取封闭措施。

（6）井口2m范围内不得堆放材料。

（7）工作井内必须设安全梯或梯道。

2.工作井土方开挖

（1）工作井临近各类管线、建（构）筑物时，开挖土方前应按施工组织设计规定对管线、建（构）筑物采取加固措施，并经检查符合规定，形成文件，方可开挖。

（2）由上至下分层进行，随开挖随支护。支护结构达到规定要求后，方可开挖下一层土方。

（3）人工开挖土方吊装出土时，必须统一指挥。

（4）工作井开挖过程中，施工人员应随时观察井壁和支护结构的稳定状态。发现井壁土体出现裂缝、位移或支护结构出现变形等坍塌征兆时，必须停止作业，人员撤至安全地带，经处理确认安全，方可继续作业。

3.工作井锚喷混凝土支护

紧跟开挖面进行，观察变化情况，确认安全。

4.工作井口平台、提升架及井架安装

（1）工作井口平台、提升架及井架必须按施工中最大荷载进行施工设计。提升架及井架应支搭防护棚。

（2）工作井口平台、提升架及井架支搭完成，必须经过专项检查、负荷能力检验，确认符合施工设计要求并形成文件后，方可投入使用。

5.工作井垂直运输

（1）提升设备及其索、吊具、吊运物料的容器、轨道、地锚等和各种保险装置，使用前必须按设备管理的规定进行检查和空载、满载或超载试运行，确认合格并形成文件。使用过程中每天应由专职人员检查一次，确认安全，且记录，并应定期检测和保养。

（2）井上井下专人指挥协调。

（3）使用电葫芦运输应设缓冲器，轨道两端应设挡板。

（4）使用吊桶（箱）运输时，严禁人员乘坐吊桶（箱），吊桶（箱）速度不超过2m/s。

（5）提升钢丝绳必须有生产企业的产品合格证，新绳在悬挂前必须对每根绳的钢丝进行试验，确认合格并形成文件后，方可使用。库存超过一年的钢丝绳，使用前应进行检验，确认合格并形成文件后方可使用。

（三）隧道施工

1.开挖

（1）在城市进行爆破施工，必须事先编制爆破方案，并有专业人员操作，报城市主管部门批准，并经公安部门同意后方可施工。

（2）同一隧道内相对开挖（非爆破方法）的两开挖面距离为2倍洞跨且不小于10m时，一端应停止掘进，并保持开挖面稳定。

（3）两条平行隧道（含导洞）相距小于1倍洞跨时，其开挖面前后错开距离不得小于15m。

2.喷射混凝土初期支护

（1）隧道在稳定岩体中可先开挖后支护，支护结构距开挖面不宜大于5m；在不稳定岩土体中，支护必须紧跟土方开挖工序。

（2）钢筋格栅拱架就位后，必须支撑稳固，及时按设计要求焊（栓）连接成稳定整体。

（3）初期支护应预埋注浆管，结构完成后，及时注浆加固，填充注浆滞后开挖面距离不得大于5m。

3.超前导管与管棚

围岩自稳时间小于支护完成时间的地段，应根据地质条件、开挖方式、进度要求、使用机械情况，对围岩采取锚杆或小导管超前支护、小导管周边注浆等安全技术措施。当围岩整体稳定难以控制或上部有特殊要求可采用管棚支护。

4.现浇混凝土二次衬砌（略）

5.异常处理

监测数据超出现预警标准或现场出现异常应立即按规定预警并启动应急方案，进行工程抢险。

嗨·点评 重点注意工作井施工的安全措施。

【经典例题】2.施工机械、运输车辆距竖井边缘的距离，应根据土质、井深、支护情况和地面荷载经验算确定，且其最外着力点与井边距离不得小于（　　）m。

A.1.0　　B.1.2　　C.1.5　　D.1.8

【答案】C

【经典例题】3.施工竖井不得设在低洼处，井口应比周围地面高（　　）m以上，地面排水系统应完好、畅通。

A.0.2　　B.0.3　　C.0.4　　D.0.5

【答案】B

章节练习题

一、单项选择题

1.作为盾构始发与到达安全控制要点之一，拆除洞口临时围护结构前，必须确认（　　），以确保拆除后洞口土体稳定。

A.围护结构安全

B.邻近既有建（构）筑物安全

C.洞口周围地层变形情况

D.洞口土体加固效果

2.以下关于盾构掘进中障碍物处理方法说法正确的是（　　）。

A.盾构掘进前方遇有障碍物必须在地下处理

B.在开挖面拆除障碍物时，最好选择地层加固的施工方法

C.地下障碍物处理前，必须查明障碍物，并制定处理方案。在开挖面拆除障碍物时，可采取地层加固的施工方法，控制地层开挖量，确保开挖面稳定

D.在开挖面拆除障碍物时，地层开挖量对开挖面稳定影响不大

3.关于盾构法施工掘进过程中换刀施工说法正确的是（　　）。

A.换刀作业必须在地质条件较好、地层较稳定的地段进行

B.当前方地层不满足气密性要求，宜采用地层加固措施稳定开挖面

C.带压换刀作业不能在不稳定地层中进行

D.带压换刀作业的气压可以通过计算和经验确定

4.盾构法隧道在地下管线区段掘进时，下列安全措施说法错误的是（　　）。

A.详细查明地下管线类型、允许变形值等

B.进行管线加固和改移

C.加密监测点，可能时进行管线监测

D.重点关注掘进过程中变形控制，施工后一般变形较小，对管线影响不大，不必控制

5.不属于暗挖法施工安全措施技术准备的是（　　）。

A.技术人员熟悉安全生产管理制度和操作规程

B.应编制危险性较大分部分项工程专项施工方案和施工现场临时用电方案

C.项目部应严格技术管理，做好技术交底工作和安全技术交底工作；并做好记录和考核

D.编制监控量测方案，布置监测点

6.喷锚暗挖法二次衬砌施工最佳时机是（　　）。

A.初期支护变形稳定

B.地层变形稳定

C.隧道贯通

D.防水层施工完成

7.在城市进行爆破施工，必须事先编制爆破方案，报城市主管部门批准，并经（　　）同意后方可施工。

A.建设主管部门　　B.公安部门

C.交通主管部门　　D.建设单位

二、多项选择题

1.盾构施工的安全控制要点主要涉及（　　）等方面。

A.盾构始发与到达

B.雨期施工

C.掘进过程中障碍物处理与换刀

D.在高水位、透水性好的地层施工

E.盾构机组装、调试、解体与吊装

2.盾构机的组装、调试、解体与吊装是盾构施工安全控制重点之一，其主要原因是（　　）。

A.工作井往往较深

B.盾构机体庞大

C.工作井周围空间狭窄

D.盾构机重量重

E.盾构机结构复杂

3.盾构机组装、调试、解体与吊装过程中安全控制要点包括（　　）。

A.严防火灾

B.严防重物、操作人员坠落

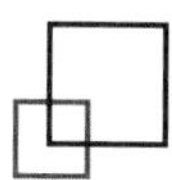

C.防止工作井围护结构的变形超过预测值
D.邻近既有建（构）筑物安全
E.起重机支腿处支撑点的承载能力满足要求

4.盾构在以下（　　）地段和地质条件施工时，必须采取施工措施确保施工安全。
A.覆土厚度小于盾构直径的浅覆土层地段
B.小曲线半径及大坡度地段
C.平行盾构隧道净间距小于盾构直径的小净距地段
D.江河地段
E.地质条件复杂（软硬不均互层）地段和砂卵石地段

5.以下关于工作竖井垂直运输系统安全要求说法正确的是（　　）。
A.提升设备及其索、吊具、容器、轨道、地锚等和保险装置，进行检查和试运行，确认合格后方可使用
B.提升系统设备使用过程中每周应由专职人员检查一次，确认安全
C.钢丝绳在卷筒上的安全圈数不应少于3圈，其末端固定牢固可靠
D.使用吊桶运输，严禁人员乘坐，吊桶（箱）速度不超过5m/s
E.检查、检测中发现问题，处理后即可恢复使用

6.以下关于喷锚暗挖法隧道初期支护安全控制要点正确的是（　　）。
A.在稳定岩体中可先开挖后支护，支护结构距开挖面不宜大于5m
B.在稳定岩体中可先开挖后支护，支护结构距开挖面不宜大于2倍洞径
C.初期支护结构完成后，及时填充注浆，注浆滞后开挖面距离不得大于5m
D.初期支护结构完成后，及时填充注浆，注浆滞后开挖面距离不得大于2倍洞径
E.在不稳定岩土体中，支护必须紧跟土方开挖

7.以下关于喷锚暗挖法隧道现浇混凝土二次衬砌安全控制要点正确的是（　　）。
A.现浇混凝土二次衬砌在初期支护完成后进行
B.模板及其支撑体系应进行设计，其强度、刚度、稳定性满足荷载要求
C.浇筑侧墙和拱部混凝土应自两侧拱脚开始，对称进行
D.模板及其支撑体系支设完成，经确认合格并形成文件后，方可浇筑混凝土
E.钢筋骨架未形成整体且稳定前，严禁拆除临时支撑架

参考答案及解析

一、单项选择题

1.【答案】D
【解析】拆除洞口临时围护结构前，必须确认洞口土体加固效果，以确保拆除后洞口土体稳定。

2.【答案】C
【解析】盾构掘进前方遇有障碍物必须在地下处理时，应采取必要措施确保操作人员安全。
（1）地下障碍物处理前，必须查明障碍物，并制定处理方案。
（2）在开挖面拆除障碍物时，可选择带压作业或地层加固的施工方法，控制地层开挖量，确保开挖面稳定。

3.【答案】B
【解析】换刀作业尽量选择在地质条件较好、地层较稳定的地段进行。故A错；在不稳定地层换刀时，必须采用地层加固或气压法等措施，确保开挖面的稳定。故C错；通过计算和试验确定合理气压，故D错。

4.【答案】D

5.【答案】A
【解析】技术准备：
（1）应依据工程具体情况识别危险源，选择合理的施工方法，编制施工组织设计，明确技术安全措施；对施工场地进行统一规划，做好临时工程和附属辅助设施。
（2）应编制危险性较大分部分项工程专项

施工方案和施工现场临时用电方案；专项施工方案应按规定组织专家论证。

（3）项目部应严格技术管理，做好技术交底工作和安全技术交底工作；并做好记录和考核。

（4）编制监控量测方案，布置监测点。A属于人员准备。

6.【答案】A

【解析】现浇混凝土二次衬砌在隧道初期支护变形稳定后进行。

7.【答案】B

【解析】在城市进行爆破施工，必须事先编制爆破方案，并由专业人员操作，报城市主管部门批准，并经公安部门同意后方可施工。

二、多项选择题

1.【答案】ACE

【解析】盾构施工的安全控制要点主要涉及盾构机组装、调试、解体与吊装、盾构始发与接收、障碍物处理、掘进过程中换刀以及特殊地段及特殊地质条件施工。

2.【答案】BCD

【解析】由于盾构机体积庞大、重量重，且一般工作井内空间狭窄，因此，盾构机的组装、调试、解体与吊装是盾构施工安全控制重点之一。

3.【答案】ABCE

【解析】由于盾构机体积庞大、重量重，且一般工作井内空间狭窄，因此，盾构机的组装、调试、解体与吊装是盾构施工安全控制重点之一，要制定专项施工方案。这项工作的安全控制重点是人员安全与设备安全。

（1）使用轮式起重机向工作井内吊放或从工作井内吊出盾构机前，要仔细确认起重机支腿处支撑点的承载能力满足最大起重量要求，并确认起重机吊装时工作井的围护结构安全。

（2）起重机吊装过程中，要随时监测工作井围护结构的变形情况，若超过预测值，立即停止吊装作业，采取可靠措施。

（3）采取措施严防重物、操作人员坠落。

（4）使用电、气焊作业时，严防火灾发生。

4.【答案】ABDE

【解析】在以下特殊地段和特殊地质条件施工时，必须采取施工措施确保施工安全：

（1）覆土厚度不大于盾构直径的浅覆土层地段；

（2）小曲线半径地段；

（3）大坡度地段；

（4）地下管线地段和地下障碍物地段；

（5）建（构）筑物地段；

（6）平行盾构隧道净间距小于盾构直径70%的小净距地段；

（7）江河地段；

（8）地质条件复杂（软硬不均互层）地段和砂卵石地段。

5.【答案】AC

【解析】使用过程中每天应由专职人员检查一次，确认安全，且记录，并应定期检测和保养，故B错；使用吊桶（箱）运输时，严禁人员乘坐吊桶（箱），吊桶（箱）速度不超过2m/s，故D错；检查、检测中发现问题必须立即停机处理，处理后经试运行合格方可恢复使用，故E错。

6.【答案】ACE

【解析】同一隧道内相对开挖（非爆破方法）的两开挖面距离为2倍洞跨且不小于10m时，一端应停止掘进，并保持开挖面稳定。故B错；初期支护应预埋注浆管，结构完成后，及注浆加固，填充注浆滞后开挖面距离不得大于5m，故D错。

7.【答案】BCDE

【解析】现浇混凝土二次衬砌在隧道初期支护变形稳定后进行，故A错。

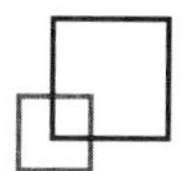

1K420180 市政公用工程职业健康安全与环境管理

本节知识体系

市政公用工程职业健康安全与环境管理：职业健康安全体系的要求；环境管理体系的要求

核心内容讲解

一、职业健康安全体系的要求

（一）项目职业健康安全管理的目的与内容

1.职业健康安全管理体系（略）

2.建立项目职业健康安全管理体系

（1）体系建立的要求

项目职业健康安全管理体系必须由总承包单位负责策划建立，适用于项目全过程的管理和控制；分包单位结合分包工程的特点，制订适宜职业健康安全保证计划，纳入并接受总承包单位职业健康安全管理体系的管理。

（2）管理目标

项目部或项目总承包单位负责制定并确保项目的职业健康安全目标。项目负责人（经理）是项目职业健康安全生产的第一责任人，对项目安全生产负全面的领导责任，实现安全管理目标。

（3）管理组织

项目部应建立以项目负责人（经理）为首的职业健康安全管理机构。

（4）资源

① 配备经培训考核持证的管理、操作和专职安全员；

② 施工职业健康安全技术及防护设施；

③ 施工临时用电和消防设施；

④ 施工机具安全防护设施、装置及检测、验收、保养措施；

⑤ 必要的职业健康安全检测工具；

⑥ 职业健康安全技术措施的经费。

（二）管理体系与主要程序

1.危险源辨识、风险评价和风险控制策划（略）

2.安全风险控制措施计划制定与评审

职业健康安全风险控制措施计划是以改善项目劳动条件、防止工伤事故、预防职业病和职业中毒为主要目的的一切技术组织措施。

（1）职业健康安全技术措施：以预防工伤事故为目的，包括防护装置、保险装置、信号装置及各种防护设施。

（2）工业卫生技术措施：以改善劳动条件、预防职业病为目的，包括防尘、防毒、防噪声、防振动设施以及通风工程等。

（3）辅助房屋及设施

保证职业健康安全生产、现场卫生。

（4）安全宣传教育设施

项目职业健康安全风险控制措施计划应由项目负责人（经理）主持编制，经有关部门批准后，由专职安全管理人员进行现场监督实施。

3.项目职业健康安全过程控制

项目职业健康安全控制的重点：施工过程中人的不安全行为、物的不安全状态、作业环境的不安全因素和管理缺陷。

项目施工安全生产中必须把好安全生产“六关”：措施关、交底关、教育关、防护关、检查关、改进关。

（三）劳动保护和职业病预防

1.劳动保护：口罩、防护镜、绝缘手套、绝缘鞋等。

2.职业病预防：

（1）应根据具体情况编制特殊工种（如：电气焊、油漆、水泥操作工等）职业病预防的措施。

（2）施工现场预防职业病的主要措施：

① 为保持空气清洁或使温度符合职业卫生要求而安设的通风换气装置和采光、照明设施；

② 为消除粉尘危害和有毒物质而设置的除尘设备和消毒设施；

③ 防治辐射、热危害的装置及隔热、防暑、降温设施；

④ 为职业卫生而设置的对原材料和加工材料消毒的设施；

⑤ 减轻或消除工作中的噪声及振动的设施。

【经典例题】（2013年真题）某公司承包了一条单跨城市隧道，隧道长度为800m，跨度为15m，地质条件复杂。设计采用浅埋暗挖法进行施工，其中支护结构由建设单位直接分包给一家专业施工单位。

施工阶段项目部根据工程的特点对施工现场采取了一系列职业病防治措施，安设了通风换气装置和照明设施。工程预验收阶段总承包单位与专业分包单位分别向城建档案馆提交了施工验收资料，专业分包单位的资料直接由专业监理工程师签字。

【问题】现场职业病防治措施还应该增加哪些内容？

【答案】现场职业病防治措施还应该增加内容：

（1）为保持空气清洁或使温度符合职业卫生要求而安设的通风换气装置和采光、照明设施；

（2）为消除粉尘危害和有毒物质而设置的除尘设备和消毒设施；

（3）防治辐射、热危害的装置及隔热、防暑、降温设施；

（4）为职业卫生而设置的原材料和加工材料消毒的设施；

（5）减轻或消除工作中的噪声及振动的设施。

二、环境管理体系的要求

（一）环境管理体系

1.环境管理体系

环境管理体系的宗旨是遵守法律法规及其他要求，实现持续改进和污染预防的环境承诺。其中，环境因素的识别是基础，需考虑施工中大气污染、水污染、噪声污染、废弃物、土地污染、原材料和自然资源的利用以及其他环境问题等内容。

2.市政工程特点（略）

（二）管理程序与主要内容

1.管理程序

（1）环境因素辨识和评价；

（2）确定项目环境因素管理目标；

（3）进行项目环境管理策划；

（4）实施项目环境管理策划；

（5）验证并持续改进。

2.主要工作内容

（1）项目文明施工管理

市政公用工程文明施工应包括：① 进行现场文化建设；② 规范场容，保持作业环境整洁卫生；③ 创造有序生产的条件；④ 减少

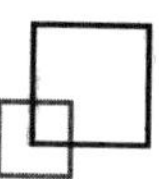

对居民和环境的不利影响。

（2）项目现场管理

（三）企业环境管理体系对项目部的要求

1.企业环境管理体系

2.项目部环境管理要点

（1）项目负责人（经理）负责现场环境管理工作的总体策划和部署，建立现场环境管理组织机构，制定相应制度和措施，组织培训，使各级人员明确环境保护的意义和责任。

（2）项目部应按照分区划块原则，搞好现场的环境管理，进行定期检查，加强协调。

（3）项目部应对环境因素进行控制，制订应急措施，并保证信息通畅，预防可能出现非预期的损害。

（4）项目部应进行现场节能管理，有条件时应规定能源使用指标。

（5）项目部应保存有关环境管理的工作记录，并按体系要求归档。

章节练习题

一、单项选择题

1.关于职业健康安全管理体系建立，说法错误的是（ ）。

A.企业指导项目建立、实施并保持职业健康安全管理体系，并负责监督管理

B.项目职业健康安全管理体系由建设单位组织建立，适用于项目全过程的管控

C.分包单位结合分包工程的特点，制定相应的项目职业健康安全保证计划

D.分包单位接受总承包单位职业健康安全管理体系的管理

2.职业健康安全风险控制措施计划作为技术组织措施，主要内容包括职业健康安全技术措施、工业卫生技术措施、辅助房屋及设施和（ ）四类。

A.劳动保护用品

B.防护设施

C.施工技术措施

D.安全宣传教育设施

3.项目部应建立以（ ）为首的职业健康安全管理机构，明确项目部的专职职业健康安全管理责任人，对于从事与项目职业健康安全有关的管理、操作和检查人员，规定其职责、权限和相互关系。

A.企业负责人 B.项目技术负责人

C.项目负责人 D.专职安全员

4.下列有关劳动保护用品说法错误的是（ ）。

A.所采购的劳动保护用品必须有相关证件和资料，确保合格

B.只要资料齐全，可不必对劳保用品安全性能进行抽样检测和试验

C.二次使用的劳动保护用品应按照其相关标准进行检测试验

D.劳动保护用品的采购、保管、发放和报废管理，必须严格执行标准和质量要求

5.工程建设要通过环境评估，其中市政公用工程主要涉及城市（ ）保护问题。

A.噪声和振动

B.水资源和生态

C.自然环境和水环境

D.噪声和大气污染

二、多项选择题

1.职业健康安全风险控制措施计划作为技术组织措施，其主要目的是（ ）。

A.改善项目劳动条件

B.防止工伤事故

C.预防职业病

D.提高项目部技术质量管理水平

E.预防职业中毒

2.职业健康安全技术措施以预防工伤事故为目的，下列各种防护设施属于此类的是（ ）。

A.洞口临边防护装置

B.电葫芦限位器等保护装置

C.基坑围护

D.机械设备承载能力信号装置

E.防尘装置

3.工业卫生技术措施以改善劳动条件、预防职业病为目的，以下各类技术措施属于此类的是（ ）。

A.防尘口罩

B.更衣室

C.防噪声的耳塞

D.办公区中央空调系统

E.消毒室

4.按照国际标准，环境管理体系的宗旨是（ ）。

A.节能减排

B.遵守法律法规及其他要求

C.持续改进

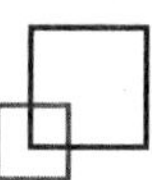

D.保护环境

E.污染预防

5.文明施工是企业环境管理体系的一个重要部分，市政公用工程文明施工应包括（　　）。

A.进行现场文化建设

B.规范场容，保持作业环境整洁卫生

C.创造有序生产的条件

D.减少对居民和环境的不利影响

E.节能减排

参考答案及解析

一、单项选择题

1.【答案】B

【解析】项目职业健康安全管理体系必须由总承包单位负责策划建立，适用于项目全过程的管理和控制。

2.【答案】D

【解析】职业健康安全风险控制措施计划是以改善项目劳动条件、防止工伤事故、预防职业病和职业中毒为主要目的的一切技术组织措施。具体包括以下四类：

（1）职业健康安全技术措施；

（2）工业卫生技术措施；

（3）辅助房屋及设施；

（4）安全宣传教育设施。

3.【答案】C

【解析】项目部应建立以项目负责人（经理）为首的职业健康安全管理机构，明确项目部的专职职业健康安全管理责任人，对于从事与项目职业健康安全有关的管理、操作和检查人员，规定其职责、权限和相互关系。

4.【答案】B

【解析】所采购的劳动保护用品必须有相关证件和资料，必要时应对其安全性能进行抽样检测和试验，严禁不合格的劳保用品进入施工现场。

5.【答案】C

【解析】市政公用工程涉及城市自然环境和水环境保护问题，工程建设要通过环境评估。

二、多项选择题

1.【答案】ABCE

【解析】职业健康安全风险控制措施计划是以改善项目劳动条件、防止工伤事故、预防职业病和职业中毒为主要目的的一切技术组织措施。

2.【答案】ABD

【解析】职业健康安全技术措施：以预防工伤事故为目的，包括防护装置、保险装置、信号装置及各种防护设施。

3.【答案】ACD

【解析】工业卫生技术措施：以改善劳动条件、预防职业病为目的，包括防尘、防毒、防噪声、防振动设施以及通风工程等。

4.【答案】BCE

【解析】环境管理体系的宗旨是遵守法律法规及其他要求，实现持续改进和污染预防的环境承诺。

5.【答案】ABCD

【解析】市政公用工程文明施工应包括：

（1）进行现场文化建设；

（2）规范场容，保持作业环境整洁卫生；

（3）创造有序生产的条件；

（4）减少对居民和环境的不利影响。

1K420190 市政公用工程竣工验收与备案

本节知识体系

市政公用工程竣工验收与备案
- 工程竣工验收要求
- 工程档案编制要求
- 工程竣工备案的有关规定
- 城市建设档案管理与报送的有关规定

核心内容讲解

一、工程竣工验收要求

（一）施工质量验收规定

1.验收程序

（1）施工质量验收程序见表1K420190-1。

验收程序　表1K420190-1

工程项目		组织者	参与人员
检验批及分项工程		监理工程师	施工单位项目专业质量（技术）负责人
分部工程（地基与基础、主体结构）		总监理工程师	施工单位项目负责人、项目技术、质量负责人
			勘察、设计单位项目负责人
单位工程	自检	施工单位	
	预验收	总监理工程师	专业监理工程师
	竣工验收	建设单位（项目）负责人	施工、设计、勘察、监理单位的（项目）负责人

（2）工程单元划分见图1K420190-1。

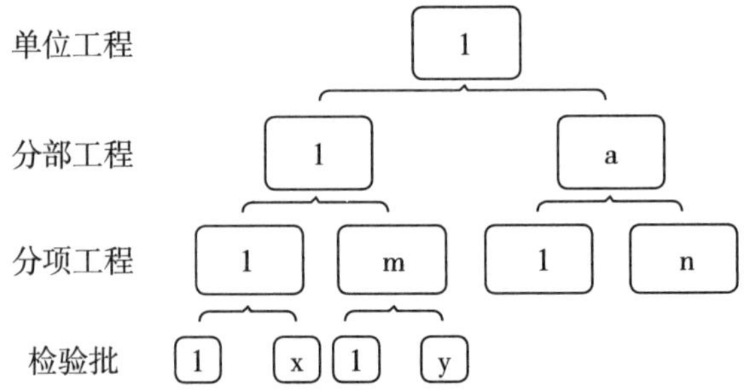

图1K420190-1　工程项目单元划分示意图

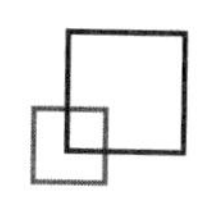

（3）《城市桥梁工程施工与质量验收规范》CJJ 2—2008规定：建设单位招标文件确定的每一个独立合同为一个单位工程。合同较大的，还会有子单位工程。见表1K420190-2。

分部工程：地基与基础、墩台、盖梁、支座、桥跨承重结构、顶进箱涵、桥面系、附属结构、装饰与装修、引道。

地基与基础的分部、分项工程及检验批分类　表1K420190-2

分部工程	子分部	分项工程	检验批
地基与基础	扩大基础	开挖、地基、回填、浇筑（模板支架、钢筋、混凝土）、砌体	每个基坑
	沉入桩	预制桩（钢筋、混凝土、预应力）	每根桩
	灌注桩	成孔或挖孔、钢筋制安、混凝土灌注	
	沉井	沉井制作、浮运、下沉就位、清基与填充	每节、座
	地下连续墙	成槽、骨架、灌注	每施工段
	承台	模板支架、钢筋、混凝土	每个承台

2.基本规定

（1）检验批的质量应按主控项目和一般项目验收。

（2）工程质量的验收均应在施工单位自检合格的基础上进行。

（3）隐蔽工程在隐蔽前应由施工单位通知监理工程师或建设单位专业技术负责人进行验收，并应形成验收文件，验收合格后方可继续施工。

（4）单位工程的验收人员应具备工程建设相关专业中级以上职称，并具有5年以上从事工程建设相关工作经历，单位工程验收的签字人员应为各方项目负责人。

（5）涉及结构安全的试块、试件以及有关材料，应按规定进行见证取样检测。

（6）承担见证取样检测及有关结构安全、使用功能等项目的检测单位应具备相应资质。

（7）工程的观感质量应由验收人员现场检查，并应共同确认。

（二）质量验收合格的依据与退步验收规定

质量验收合格的依据

1.验收批

（1）主控项目的质量经抽样检验合格；

（2）一般项目的质量应经抽样检验合格；计数检验时，合格点率应达到80%，且超差点的最大偏差值应在允许偏差值的1.5倍范围内；

（3）主要工程材料的进场验收和复验合格，试块、试件检验合格；

（4）主要工程材料的质量保证资料以及相关试验检测资料齐全、正确；具有完整的施工操作依据和质量检查记录。

2.分项工程

（1）分项工程所含的验收批质量验收全部合格；

（2）分项工程所含的验收批的质量验收记录应完整、正确；有关质量保证资料和试验检测资料应齐全、正确。

3.分部（子分部）工程

（1）分部（子分部）工程所含分项工程的质量验收全部合格；

（2）质量控制资料应完整；

（3）涉及结构安全和使用功能的质量应按规定验收合格；

（4）外观质量验收应符合要求。

4.单位（子单位）工程

（1）单位（子单位）工程所含分部（子分部）工程的质量验收全部合格；

（2）质量控制资料应完整；

（3）单位（子单位）工程所含分部（子分部）工程有关安全及使用功能的检测资料应完整；

（4）主体结构试验检测、抽查结果以及使用功能试验应符合相关规范规定；

（5）外观质量验收应符合要求。

5.质量验收不合格的处理规定

质量验收不合格处理规定见图1K420190-2。

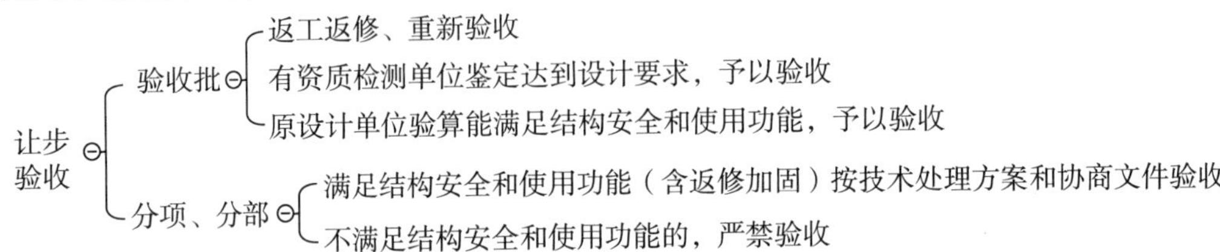

图1K420190-2 质量验收不合格处理规定

（三）竣工验收

1.竣工验收规定

（1）单项工程验收

是指在一个总体建设项目中，一个单项工程已按设计要求建设完成，能满足生产要求或具备使用条件，且施工单位已自检合格，监理工程师已初验通过，在此条件下进行的正式验收。

例：新校区的图书馆、宿舍楼、食堂均为一个单项工程；京石高速中的一个标段是一个单项工程。

（2）全部验收

是指整个建设项目已按设计要求全部建设完成，并符合竣工验收标准，施工单位自验通过，总监理工程师预验认可，由建设单位组织，有设计、监理、施工等单位参加的正式验收。

已验收过的单项工程，可以不再进行正式验收和办理验收手续，但应将单项工程验收单作为全部工程验收的附件而加以说明。

例：整个新建校区是整个建设项目，京石高速是整个建设项目。

（3）办理竣工验收签证书，竣工验收签证书必须有建设单位、监理单位、设计单位及施工单位签字方生效。

2.工程竣工报告

（1）由施工单位编制，完工后提交建设单位。

（2）工程竣工报告应含主要内容：

① 工程概况；② 施工组织设计文件；③ 工程施工质量检查结果；④ 符合法律法规及工程建设强制性标准情况；⑤ 工程施工履行设计文件情况；⑥ 工程合同履约情况。

【经典例题】1.（2013年真题）组织单位工程竣工验收的是（　　）。

A.施工单位　　B.监理单位

C.建设单位　　D.质量监督机构

【答案】C

【经典例题】2.办理竣工验收签证书，竣工验收签证书必须有（　　）及施工单位的签字方可生效。

A.建设单位　　B.勘察单位

C.设计单位　　D.监理单位

E.工程质量监督部门

【答案】ACD

二、工程档案编制要求

（一）工程资料管理的有关规定

1.工程资料应为原件，随工程进度同步收集、整理并按规定移交。

2.工程资料应实行分级管理，分别由建设、监理、施工单位主管负责人组织本单位

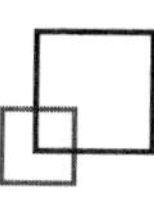

工程资料的全过程管理工作。

3.工程资料应真实、准确、齐全，与工程实际相符合。

（二）施工资料管理

1.基本规定

（1）施工合同中应对施工资料的编制要求和移交期限做出明确规定；施工资料应有建设单位签署的意见或监理单位对认证项目的认证记录。

（2）施工资料应由施工单位编制，按相关规范规定进行编制和保存；其中部分资料应移交建设单位、城建档案馆分别保存。

（3）总承包工程项目，由总承包单位负责汇集，并整理所有有关施工资料；分包单位应主动向总承包单位移交有关施工资料。

（4）施工资料应随施工进度及时整理。

（5）施工资料，特别是需注册建造师签章的，应严格按有关法规规定签字、盖章。

（6）竣工验收前，建设单位应请当地城建档案管理机构对施工技术资料进行预验收，预验收合格后方可竣工验收。

2.提交企业保管的施工资料

企业保管的施工资料应包括：施工管理资料、施工技术文件、物资资料、测量监测资料、施工记录、验收资料、质量评定资料等全部内容。

3.移交建设单位保管的施工资料

（1）竣工图表。

（2）图纸会审记录、设计变更和技术核定单。

施工图、设计资料会审记录；设计交底的交底记录；施工技术交底文字记录。

（3）材料、构件的质量合格证明。

原材料、成品、半成品、构配件、设备出厂质量合格证；出厂检（试）验报告及进场复试报告。

（4）隐蔽工程检查验收记录。

（5）工程质量检查评定和质量事故处理记录，工程测量复检及预验记录、工程质量检验评定资料、功能性试验记录等。

（6）主体结构和重要部位的试件、试块、材料试验、检查记录。

（7）永久性水准点的位置、构造物在施工过程中测量定位记录，有关试验观测记录。

（8）其他有关该项工程的技术决定；设计变更通知单、洽商记录。

（9）工程竣工验收报告与验收证书。

（三）工程档案编制与管理

1.资料编制要求

（1）所有竣工图均应加盖竣工图章。

（2）利用施工图改绘竣工图，必须标明变更修改依据；凡施工图结构、工艺、平面布置等有重大改变，或变更部分超过图面1/3的，应当重新绘制竣工图。

2.资料整理要求

（1）资料排列顺序一般为：封面、目录、文件资料和备考表。

（2）封面应包括：工程名称、开竣工日期、编制单位、卷册编号、单位技术负责人和法人代表或法人委托人签字并加盖公章。

3.项目部的施工资料管理

项目部应设专人负责施工资料管理工作。实行主管负责人责任制，建立施工资料员岗位责任制。

【经典例题】3.凡施工图结构、工艺、平面布置等有重大改变，或变更部分超过图面（　　）的，应当重新绘制竣工图。

A.1/2　　B.1/3　　C.1/4　　D.1/5

【答案】B

【经典例题】4.施工技术资料中工程名称、开竣工日期、编制单位、卷册编号等都是封面应包含的内容，并还应有（　　）签字和盖公章。

A.单位负责人

B.单位技术负责人

C.项目技术负责人

D.法人代表或法人委托人

E.监理工程师

【答案】BD

【经典例题】5.（2013年真题）某公司承包了一条单跨城市隧道，隧道长度为800m，跨度为15m，地质条件复杂。设计采用浅埋暗挖法进行施工，其中支护结构由建设单位直接分包给一家专业施工单位。

施工准备阶段，某公司项目部建立了现场管理体系，设置了组织机构，确定了项目经理的岗位职责和工作程序；在暗挖加固支护材料的选用上，通过不同掺量的喷射混凝土试验来定最佳掺量。

施工阶段项目部根据工程的特点对施工现场采取了一系列职业病防治措施，安设了通风换气装置和照明设施。工程预验收阶段总承包单位与专业分包单位分别向城建档案馆提交了施工验收资料，专业分包单位的资料直接由专业监理工程师签字。

【问题】城建档案馆预验收是否会接收总包、分包分别递交的资料？总承包工程项目施工资料汇集、整理的原则是什么？

【答案】不接受，应由建设单位统一提交。

总承包项目施工资料汇集、整理的原则：由总承包单位负责汇集整理所有有关施工资料；分包单位应主动向总承包单位移交有关施工资料；资料应随施工进度及时整理，所需表格应按有关法规的规定认真填写；应该及时移交给建设单位。

三、工程竣工备案的有关规定

（一）竣工验收备案的程序

1.经施工单位自检合格后，并且符合《房屋建筑工程和市政基础设施工程竣工验收规定》的要求方可进行竣工验收。

2.由施工单位在工程完工后向建设单位提交工程竣工报告，申请竣工验收，并经总监理工程师签署意见。

3.对符合竣工验收要求的工程，建设单位负责组织勘察、设计、监理等单位组成的专家组实施验收，建设单位在竣工验收过程中的参与流程见图1K420190-3。

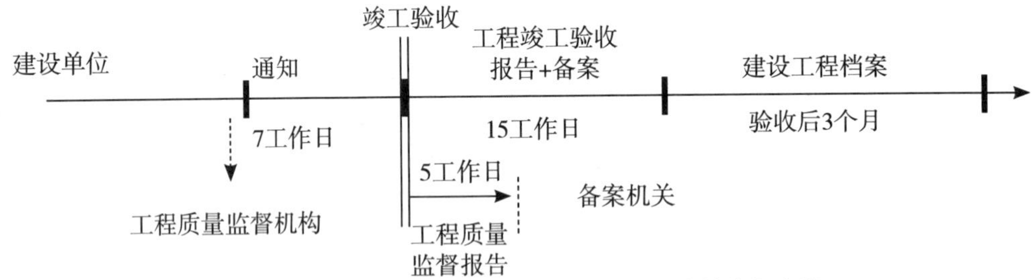

图1K420190-3 建设单位在竣工验收过程中的参与步骤

4.城建档案管理部门对工程档案资料按国家法律法规要求进行预验收，并签署验收意见。

5.备案机关在验证竣工验收备案文件齐全后，在竣工验收备案表上签署验收备案意见并签章。工程竣工验收备案表一式两份，一份由建设单位保存，一份留备案机关存档。

（二）工程竣工验收报告

1.工程竣工验收报告由建设单位编制。

2.报告主要内容包括：

（1）工程概况；（2）建设单位执行基本建设程序情况；（3）对工程勘察、设计、施工、监理等单位的评价；（4）工程竣工验收时间、程序、内容和组织形式；（5）工程竣

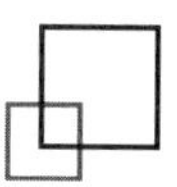

工验收鉴定书；（6）竣工移交证书；（7）工程质量保修书。

（三）竣工验收备案应提供资料

1.基建文件（略）

2.质量报告

勘察、设计单位的质量检查报告；施工单位工程竣工报告；监理单位工程质量评估报告。

3.认可文件

（1）城乡规划行政主管部门对工程是否符合规划设计要求进行检查，并出具认可文件；

（2）消防、环保、技术监督、人防等部门出具的认可文件或准许使用文件；

（3）城建档案管理部门出具的工程档案资料预验收文件。

4.质量验收资料

（1）单位工程质量验收记录；

（2）单位工程质量控制资料核查表；

（3）单位（子单位）工程安全和功能检查及主要功能抽查记录；

（4）市政公用工程应附有质量检测和功能性试验资料；

（5）工程使用的主要建筑材料、建筑构配件和设备的进场试验报告。

5.其他文件

（1）施工单位签署的工程质量保修书；

（2）竣工移交证书；

（3）备案机关认可需要提供的有关资料。

四、城市建设档案管理与报送的有关规定

（一）向城建档案馆报送工程档案的工程范围

（二）城市建设工程档案管理的有关规定

1.有关规定

（1）对列入接受范围的工程档案应进行预验收，并出具预验收认可文件。

（2）当地城建档案管理机构负责接受、保管和使用城市建设工程档案的日常管理工作。

2.城市建设档案的报送期限

（1）建设单位应当在工程竣工验收后三个月内，向城建档案馆报送一套符合规定的建设工程档案。凡建设工程档案不齐全的，应当限期补充。

（2）凡结构和平面布置等改变的，应当重新编制建设工程档案，并在工程竣工后三个月内向城建档案馆报送。

（3）停建、缓建工程的档案，暂由建设单位保管。

3.城市建设工程档案组卷

分专业按单位工程，分为基建文件、施工文件、监理文件和竣工图分类组卷。

嗨·点评 掌握竣工验收程序性要求。谁组织、谁参加、何时、怎么验收等（参考5W1H思考法）。

章节练习题

一、单项选择题

1.检验批及分项工程应由（　　）组织施工单位项目专业质量（技术）负责人等行验收。

A.项目经理　　B.项目技术负责人

C.总监理工程师　　D.监理工程师

2.关于分部工程、单位工程验收程序，以下说法错误的是（　　）。

A.分部工程应由施工单位项目经理组织监理单位、项目技术、质量负责人等进行验收；勘察、设计单位参加地基与基础、主体结构分部工程的验收

B.单位工程完工后，在施工单位自检合格基础上，应由总监理工程师组织专业监理工程师对工程质量进行竣工预验收

C.预验收合格后，由施工单位单位向建设单位提交工程竣工报告，申请工程竣工验收

D.建设单位收到工程竣工验收报告后，其（项目）负责人组织施工、设计、勘察、监理等单位进行单位工程验收

3.一般项目的质量应经抽样检验合格；当采用计数检验时，除有专门要求外，一般项目的合格点率应达到（　　）及以上，且不合格点的最大偏差值不得大于规定允许偏差值的（　　）倍。

A.70%，1.0　　B.80%，1.5

C.70%，1.5　　D.80%，1.0

4.经返修或加固处理的分项工程、分部工程，虽然改变外形尺寸但仍能满足结构安全和（　　）要求，可按技术处理方案文件和协商文件进行验收。

A.使用功能　　B.节能

C.环境保护　　D.其他标准

5.竣工验收前建设单位应请（　　）对施工技术资料进行预验收。

A.城建主管部门

B.当地城建档案部门

C.监理单位

D.质量监督部门

6.工程竣工验收合格之日起15日内，（　　）应向工程所在地的县级以上地方人民政府建设行政主管部门备案。

A.设计单位　　B.施工单位

C.建设单位　　D.监理单位

7.工程质量监督机构，应在竣工验收之日起（　　）工作日内，向备案机关提交工程质量监督报告。

A.15　　B.10　　C.7　　D.5

8.《房屋建筑工程和市政基础设施工程竣工验收备案管理暂行办法》规定，工程竣工验收备案的工程质量评估报告应由（　　）提出。

A.施工单位　　B.监理单位

C.质量监督站　　D.建设单位

二、多项选择题

1.关于施工质量验收规定，说法正确的是（　　）。

A.涉及结构安全的试块、试件以及有关材料，应按规定进行见证取样检测。对涉及结构安全、使用功能、节能、环境保护等重要分部工程应进行抽样检测

B.工程质量的验收可以不经过施工单位自检，只要验收各方人员齐全即可进行

C.承担见证取样检测及有关结构安全、使用功能等项目的检测单位应具备相应资质

D.隐蔽工程在隐蔽前应由施工单位通知监理工程师或建设单位专业技术负责人进行验收，并应形成验收文件，验收合格后方可继续施工

E.工程的观感质量应由验收人员现场检查，并应共同确认

2.下列有关检验批重新验收及让步验收说法正确的是（　　）。

A.经返工返修的检验批可重新进行验收

B.更换材料、构件、设备等的验收批可重新进行验收

C.经检测单位检测鉴定能够达到设计要求

的验收批，予以验收

D.经设计单位验算认可能够满足结构安全和使用功能要求的验收批，予以验收

E.符合其他标准的检验批，可按其他标准重新进行验收

3.工程竣工报告由施工单位编制，内容包括（　　）。

A.施工组织设计文件

B.工程施工安全检查结果

C.符合法律法规及工程建设强制性标准情况

D.工程施工履行设计文件情况

E.工程合同履约情况

4.下列属于基建文件的是（　　）。

A.工程招标投标及承包合同文件

B.施工验收资料

C.开工文件、商务文件

D.工程竣工备案文件

E.测量监测资料

5.工程档案资料应按单位工程组卷，一般由封面、目录和（　　）顺序排列。

A.文件材料　　B.文件说明

C.备考表　　D.附录

E.编制单位和人员

6.以下属于由建设单位编制的工程竣工验收报告内容是（　　）。

A.工程勘察、设计、施工、监理等单位的质量评价

B.建设单位执行基本建设程序情况及工程竣工验收时间、程序、内容和组织形式

C.工程竣工验收鉴定书

D.竣工移交证书

E.工程质量保修书

7.竣工验收备案应提供资料中的质量报告包含哪些报告文件（　　）。

A.设计单位质量检查报告

B.施工单位工程竣工报告

C.质量监督部门质量监督报告

D.监理单位工程质量评估报告

E.勘察单位质量检查报告

参考答案及解析

一、单项选择题

1.【答案】D

【解析】检验批及分项工程应由监理工程师组织施工单位项目专业质量（技术）负责人等进行验收。

2.【答案】A

【解析】分部工程应由总监理工程师组织施工单位项目负责人和项目技术、质量负责人等进行验收；地基与基础、主体结构分部工程的勘察、设计单位工程项目负责人也应参加相关分部工程验收。

3.【答案】B

【解析】一般项目的质量应经抽样检验合格；当采用计数检验时，除有专门要求外，一般项目的合格点率应达到80%及以上，且不合格点的最大偏差值不得大于规定允许偏差值的1.5倍。

4.【答案】A

【解析】经返修或加固处理的分项工程、分部（子分部）工程，虽然改变外形尺寸但仍能满足结构安全和使用功能要求，可按技术处理方案文件和协商文件进行验收。

5.【答案】B

【解析】竣工验收前，建设单位应请当地城建档案管理机构对施工资料进行预验收，预验收合格后方可竣工验收。

6.【答案】C

7.【答案】D

【解析】工程质量监督机构，应在竣工验收之日起5工作日内，向备案机关提交工程质量监督报告。

8.【答案】B

【解析】监理单位工程质量评估报告：由监理单位对工程施工质量进行评估，并经总监理工程师和有关负责人审核签字。

二、多项选择题

1.【答案】ACDE

【解析】工程质量的验收均应在施工单位

自检合格的基础上进行。

2.【答案】ABCD

【解析】质量验收不合格的处理（让步验收）规定。

（1）经返工返修或经更换材料、构件、设备等的验收批，应重新进行验收。

（2）经有相应资质的检测单位检测鉴定能够达到设计要求的验收批，应予以验收。

（3）经有相应资质的检测单位检测鉴定达不到设计要求，但经原设计单位验算认可能够满足结构安全和使用功能要求的验收批，可予以验收。

3.【答案】ACDE

【解析】工程竣工报告应包括的主要内容：

（1）工程概况；

（2）施工组织设计文件；

（3）工程施工质量检查结果；

（4）符合法律法规及工程建设强制性标准情况；

（5）工程施工履行设计文件情况；

（6）工程合同履约情况。

4.【答案】ACD

【解析】基建文件：决策立项文件，建设规划用地、征地、拆迁文件，勘察、测绘、设计文件，工程招投标及承包合同文件，开工文件、商务文件，工程竣工备案文件等。

5.【答案】AC

【解析】资料排列顺序一般为：封面、目录、文件资料和备考表。

6.【答案】BCDE

【解析】工程竣工验收报告：

（1）工程竣工验收报告由建设单位编制。

（2）报告主要内容包括：

①工程概况；

②建设单位执行基本建设程序情况；

③对工程勘察、设计、施工、监理等单位的评价；

④工程竣工验收时间、程序、内容和组织形式；

⑤工程竣工验收鉴定书；

⑥竣工移交证书；

⑦工程质量保修书。

7.【答案】ABDE

【解析】质量报告：

（1）勘察单位质量检查报告：勘察单位对勘察、施工过程中地基处理情况进行检查，提出质量检查报告并经项目勘察及有关负责人审核签字。

（2）设计单位质量检查报告：设计单位对设计文件和设计变更通知书进行检查，提出质量检查报告并经设计负责人及单位有关负责人审核签字。

（3）施工单位工程竣工报告。

（4）监理单位工程质量评估报告：由监理单位对工程施工质量进行评估，并经总监理工程师和有关负责人审核签字。

1K430000 市政公用工程项目施工相关法规与标准

一、本章近三年考情

本章相关考点近三年考试真题无涉及。

二、本章学习提示

《市政公用工程管理与实务》第3章包含3节知识，分别是相关法律法规、相关技术标准和一级建造师注册执业管理规定及相关要求，见下图。

市政公用工程项目施工相关法规与标准
- 相关法律法规
- 相关技术标准
- 一级建造师（市政公用工程）注册执业管理规定及相关要求

第1节相关法律法规主要是关于占路和占绿的程序性要求，主要在案例里考核，记住就能得分。

第2节相关技术标准是市政行业各专业技术所对应的质量验收规范相关规定，一部分规定在第一章里面已经出现，重点掌握爆破批准程序、水池气密性试验、压力管道水压试验回填要求、直埋保温接头施工规定、钢管焊接人员条件人员等这些第一次出现的规定。

第3节一级建造师注册执业管理规定及相关要求，重点注意市政专业工程释义内的不包括范围，干扰性比较大；另外建造师执业工程规模划分适当注意，结合本书所附案例进行掌握。

1K431000 相关法律法规

本节内容是市政实务第3章的第1节。选择题每年考核0分左右，案例题每年会考核2分左右（平均最近5年）。

市政公用工程因为多位于城市区域，不可避免地会出现占用城市道路、绿地的情况，关于占路和占绿程序性问题的考核是案例常规考点，但是近3年出现出题疲劳，因为知识点小，以往考试遍数多，很难再考出新意。但考生仍然需要把两个考点放在自己的案例备考必备考点中。

本节知识体系

相关法律法规包括城市道路管理的有关规定和城市绿化的有关规定，见下图。

相关法律法规
- 城市道路管理的有关规定
- 城市绿化的有关规定

核心内容讲解

1K431010 城市道路管理的有关规定

一、道路与其他市政公用设施建设应遵循的原则

1.依附于城市道路的各种管线、杆线等设施的建设计划，应与城市道路发展规划和年度建设计划相协调，坚持"先地下、后地上"的施工原则，与城市道路同步建设。

2.承担城市道路设计、施工的单位，应当具有相应的资质等级，并按照资质等级承担相应的城市道路的设计、施工任务。

二、占用或挖掘城市道路的管理规定

1.未经市政工程行政主管部门和公安交通部门批准，任何单位或者个人不得占用或者挖掘城市道路。

2.因特殊情况需要临时占用城市道路的，须经市政工程行政主管部门和公安交通管理部门批准，方可按照规定占用。

经批准临时占用城市道路的，不得损坏城市道路；占用期满，应当及时清理占用现场，恢复城市道路原状；损坏路的，应当修

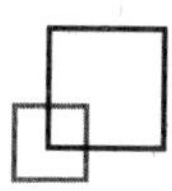

复或者给予赔偿。

3.因工程建设需要挖掘城市道路的，应当持城市规划部门批准签发的文件和有关设计文件，到市政工程行政主管部门和公安交通管理部门办理审批手续，方可按照规定挖掘。

4.未按照批准的位置、面积、期限占用或者挖掘城市道路，或者需要移动位置、扩大面积、延长时间，未提前办理变更审批手续的，由市政工程行政主管部门或者其他有关部门责令限期改正，可处以2万元以下的罚款；造成损失的，应当依法承担赔偿责任。

嗨·点评 占路施工是市政工程避不开的内容，属于应考必备知识。

【经典例题】某施工单位进行跨路口段钢梁吊装时，需要占用既有道路，需要怎么办理手续。

【答案】需要临时占用城市道路的，须经市政工程行政主管部门和公安交通管理部门批准，方可按照规定占用。经批准临时占用城市道路的，不得损坏城市道路；占用期满，应当及时清理占用现场，恢复城市道路原状。

1K431020 城市绿化的有关规定

一、保护城市绿地的规定

任何单位和个人都不得擅自占用（改变）城市绿化用地；因建设或者其他特殊需要临时占用城市绿化用地，须经城市人民政府城市绿化行政主管部门同意，并按照有关规定办理临时用地手续。

占用的城市绿化用地，应当限期归还。

二、保护城市的树木花草和绿化设施的规定

1.任何单位和个人都不得损坏城市树木花草和绿化设施。

砍伐城市树木，必须经城市人民政府城市绿化行政主管部门批准，并按照国家有关规定补植树木或者采取其他补救措施。

2.为保证管线的安全使用需要修剪树木时，必须经城市人民政府城市绿化行政主管部门批准，按照兼顾管线安全使用的树木正常生长的原则进行修剪。

3.严禁砍伐或者迁移古树名木。因特殊需要迁移古树名木，必须经城市人民政府城市绿化行政主管部门审查同意，并报同级或者上级人民政府批准。

嗨·点评 要求掌握占绿或伐树所需办理程序。

【经典例题】1.（2011年真题）某项目部承建居民区施工道路工程，制订了详细的交通导行方案，统一设置了各种交通标志、隔离设施、夜间警示信号，沿街居民出入口设置了足够的照明装置。工程要求设立降水井，设计提供了地下管线资料。

施工中发生如下事件。

由于位置狭窄，部分围挡设施占用了绿化带，接到了绿化管理部门的警告。

【问题】事件中，围挡的设置存在什么问题？如何纠正？

【答案】围挡占用绿化带未获批准不妥。纠正：先停止占用或恢复原状，向人民政府城市绿化行政主管部门补办临时用地手续，并优化作业面。

【经典例题】2.（2012年真题）A公司中标某市污水干线工程，施工过程中发生如下事件：

因拆迁影响，原9号井不能开工，第二台顶管设备放置在项目部附近的小区绿地暂存28天。

【问题】占用小区绿地暂存设备，应履行哪些程序或手续?

【答案】占用城市绿化用地前，应先取得当地城市绿化行政主管部门的批准，并办理临时用地手续，经小区有关管理部门的同意公告，取得周边居民的理解。

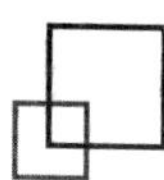

章节练习题

一、单项选择题

1.埋设于城市道路下面的各种管线、设施应坚持（　　）建设原则。

A.先难后易　B.先地下，后地上

C.先有压管后无压管　D.先大管后小管

2.任何单位都必须经公安交通管理部门和（　　）的批准，才能按规定占用和挖掘城市道路。

A.上级主管部门

B.当地建设管理部门

C.市政工程行政主管部门

D.市政道路养护部门

3.任何单位和个人都不得擅自改变城市（　　）的性质。

A.绿化用地　B.绿化

C.绿化规划用地　D.绿化设施

4.因建设或者其他特殊需要临时占用城市绿化用地，须经城市人民政府（　　）同意，并按照有关规定办理临时用地手续。

A.规划部门

B.交管部门

C.园林绿化

D.城市绿化行政主管部门

5.砍伐城市树木，必须经城市人民政府（　　）批准，并按规定补植树木或采取其他补救措施。

A.规划部门

B.城市绿化行政主管部门

C.园林绿化

D.绿化管理

二、多项选择题

1.经批准临时占用道路的，（　　）。

A.不得损坏道路

B.占用期满应恢复道路原状

C.损坏道路应修复

D.造成道路破损加倍赔偿

E.补交占路费

2.已批准占用或挖掘城市道路的工程项目发生（　　）情况应提前办理变更审批手续。

A.调换作业队

B.需要移动位置

C.扩大面积

D.增加施工机械

E.延长时间

参考答案及解析

一、单项选择题

1.【答案】B

【解析】城市供水、排水、燃力、供电、通信、消防等依附于城市道路的各种管线、杆线等设施的建设计划，应与城市道路发展规划和区年度建设计划相协调，坚持“先地下，后地上”的建设施工原则，与城市道路同步建设。

2.【答案】C

【解析】未经市政工程行政主管部门和公安交通部门批准，任何单位或者个人不得占用或者挖掘城市道路。

3.【答案】C

【解析】任何单位和个人都不得擅自改变城市绿化规划用地性质或者破坏绿化规划用地地形、地貌、水体和植被。

4.【答案】D

【解析】因建设或者其他特殊需要临时占用城市绿化用地，须经城市人民政府城市绿化行政主管部门同意，并按照有关规定办理临时用地手续。

5.【答案】B

【解析】砍伐城市树木，必须经城市人民

政府城市绿化行政主管部门批准，并按照国家有关规定补植树木或采取其他补救措施。

二、多项选择题

1.【答案】ABC

【解析】经批准临时占用城市道路的，不得损坏城市道路；占用期满后，应当及时清理占用现场，恢复城市道路原状；损坏城市道路的，应当修复或者给予补偿。

2.【答案】BCE

【解析】未按照批准的位置、面积、期限占用或者挖掘城市道路，或者需要移动位置、扩大面积、延长时间，未提前办理变更审批手续的，由市政工程行政主管部门或者其他有关部门责令限期改正，可以处以2万元罚款。

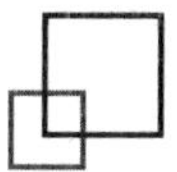

1K432000 相关技术标准

本节知识体系

相关技术标准
- 城镇道路工程施工与质量验收的有关规定
- 城市桥梁工程施工与质量验收的有关规定
- 地下铁道工程施工及验收的有关规定
- 给水排水构筑物施工及验收的有关规定
- 给水排水管道工程施工及验收的有关规定
- 城市供热管网工程施工及验收的有关规定
- 城镇燃气输配工程施工及验收的有关规定
- 城市绿化工程施工及验收的有关规定

核心内容讲解

1K432010 城镇道路工程施工与质量验收的有关规定

一、城镇道路工程施工过程技术管理的规定

城镇道路施工中必须建立安全技术交底制度，并对作业人员进行相关的安全技术教育与培训。作业前主管施工技术人员必须向作业人员进行详尽的安全技术交底，并形成文件。

城镇道路施工中，前一分项工程未经验收合格严禁进行后一分项工程施工。

二、城镇道路工程施工开放交通的规定

热拌沥青混合料路面应待摊铺层自然降温至表面温度低于50℃后，方可开放交通。

水泥混凝土道路在面层混凝土弯拉强度达到设计强度，且填缝完成前，不得开放交通。

嗨·点评 重复的重点知识，需要掌握。

1K432020 城市桥梁工程施工与质量验收的有关规定

一、城市桥梁工程施工过程质量控制的规定

1.工程采用的主要材料、半成品、成品、构配件、器具和设备应按相关专业质量标准进行验收和按规定进行复验，并经监理工程师检查认可。

凡涉及结构安全和使用功能的，监理工程师应按规定进行平行检测或见证取样检测并确认合格。

2.各分项工程应按本规范进行质量控制，各分项工程完成后应进行自检、交接检验，并形成文件，经监理工程师检查签认后，方可进行下一个分项工程施工。

二、悬索桥的索鞍、索夹与吊索施工技术要点

悬索桥的索鞍、索夹与吊索施工技术要点如下：

1.索鞍安装应选择在晴朗的白天连续完成。安装时应根据设计提供的预偏量就位，在加劲梁架设、桥面铺装过程中应按设计提供的数据逐渐顶推到永久位置。顶推前应确认滑动面的摩阻系数，控制顶推量，确保施工安全。

2.索夹安装应遵守下列规定：

（1）索夹安装前，必须测定主缆的空缆线形，经设计单位确认索夹位置后，方可对索夹进行放样、定位、编号。放样、定位应在环境温度稳定时进行。索夹位置处主缆表面油污及灰尘应清除并涂防锈漆。

（2）索夹在运输和安装过程中应采取保护措施，防止碰伤及损坏。

（3）索夹安装位置纵向误差不得大于10mm。当索夹在主缆上精确定位后，应立即紧固索夹螺栓。

（4）紧固同一索夹螺栓时，各螺栓受力应均匀，并应按三个荷载阶段（即索夹安装时、钢箱梁吊装后、桥面铺装后）对索夹螺栓进行紧固。

3.吊索运输、安装过程中不得受损坏。吊索安装应与加劲梁安装配合进行，并对号入座，安装时必须采取防止扭转措施。

嗨·点评 重点掌握桥梁工程施工过程质量控制的规定。

1K432030 地下铁道工程施工及验收的有关规定

一、喷锚暗挖法隧道施工的规定

采用喷锚暗挖法施工隧道应密切注意：隧道喷锚暗挖施工应充分利用围岩自承作用，开挖后及时施工初期支护结构并适时闭合，当开挖面围岩稳定时间不能满足初期支护结构施工时，应采取预加固措施。

工程开工前，应核对地质资料，调查沿线地下管线、各构筑物及地面建筑物基础等，并制定保护措施。

隧道开挖面必须保持在无水条件下施工。

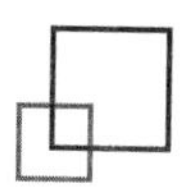

采用降水施工时，应按有关规定执行。

隧道采用钻爆法施工时，必须事先编制爆破方案，报城市主管部门批准，并经公安部门同意后方可实施。

隧道施工中，应对地面、地层和支护结构的动态进行监测，并及时反馈信息。

二、盾构法隧道掘进速度控制的规定

盾构掘进速度，应与地表控制的隆陷值、进出土量、正面土压平衡调整值及同步注浆等相协调。盾构掘进速度主要受盾构设备进出土速度的限制，进出土速度协调不好，极容易使正面土体失稳、地表出现隆沉现象。盾构掘进应尽量连续作业，以保证隧道质量和减少对地层的扰动，减少地表隆沉现象。为此要均衡组织施工，确需停机时，应采取措施防止正面和盾尾土体进入，防止地面沉降和盾构变位、受损。

1K432040 给水排水构筑物施工及验收的有关规定

1.水池气密性试验应符合下列要求：

（1）需进行满水试验和气密性试验的池体，应在满水试验合格后，再进行气密性试验。

（2）工艺测温孔的加堵封闭、池顶盖板的封闭、安装测温仪、测压仪及充气截门等均已完成。

（3）所需的空气压缩机等设备已准备就绪。

2.水池气密性试验合格标准：

（1）试验压力宜为池体工作压力的1.5倍。

（2）24h的气压降不超过试验压力的20%。

嗨·点评 水池气密性试验合格标准需要掌握。

1K432050 给水排水管道工程施工及验收的有关规定

一、给水排水管道工程施工质量控制的规定

1.各分项工程应按照施工技术标准进行质量控制，每分项工程完成后，必须进行检验。

2.相关各分项工程之间，必须进行交接检验，所有隐蔽分项工程必须进行隐蔽验收，未经检验或验收不合格不得进行后续分项工程。

二、给水排水管道沟槽回填的要求

沟槽回填管道应符合以下要求：

1.压力管道水压试验前，除接口外，管道两侧及管顶以上回填高度不应小于0.5m；水压试验合格后，应及时回填沟槽的其余部分。

2.无压管道在闭水或闭气试验合格后应及时回填。

嗨·点评 质量控制规定属于市政公用工程通用要求，要求理解。回填要求是对教材前面内容的补充，需要掌握。

1K432060 城市供热管网工程施工及验收的有关规定

一、供热管道焊接施工单位应具备条件

施焊单位应符合下列要求：

1.有负责焊接工艺的焊接技术人员、检查人员和检验人员。

2.应有保证焊接工程质量达到标准的措施。

3.焊工应持有有效合格证，并应在合格证准予的范围内焊接。

二、直埋保温接头的规定

直埋保温管接头的保温和密封应符合下列规定：

1.接头保温的工艺应有合格的检验报告。

2.采用发泡机发泡，发泡后应及时密封发泡孔。

3.接头外保护层安装完成后，必须全部进行气密性检验并合格。

接头保温密封施工见图1K432060。

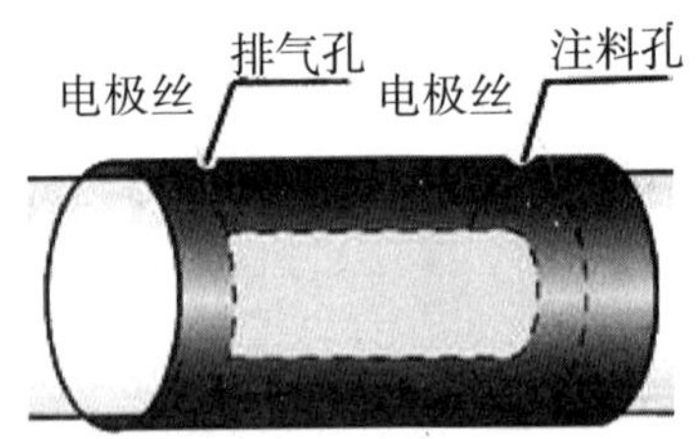

图1K432060 接头保温密封施工

嗨·点评 施焊单位要求是重复的重要知识，需要掌握；直埋保温接头的保温和密封要求理解记忆。

1K432070 城镇燃气输配工程施工及验收的有关规定

一、钢管焊接人员应具备的条件

承担燃气钢质管道、设备焊接的人员，必须具有锅炉压力容器压力管道特种设备操作人员资格证（焊接）焊工合格证书，且在证书的有效期及合格范围内从事焊接工作。间断焊接时间超过6个月，再次上岗前应重新考试。

二、聚乙烯燃气管道连接的要求

对不同级别、不同熔体流动速率的聚乙烯原料制造的管材或管件，不同标准尺寸比（SDR值）的聚乙烯燃气管道连接时，必须采用电熔连接。施工前应进行试验，判定试验连接质量合格后，方可进行电熔连接。

标准尺寸比又称标准外径尺寸比，为管的平均外径与最小壁厚之间的比值。

嗨·点评 焊接人员条件是备考必备考点，聚乙烯管材连接要求理解即可。

【经典例题】（2011年真题）某燃气管道工程管沟敷设施工，管线全长3.5km，钢管公称直径*DN*400mm的管道，管壁厚8mm，管道支架立柱为槽钢焊接，槽钢厚8mm，角板厚10mm。设计要求，焊缝厚度不得小于管道及连接件的最小值。总承包单位负责管道结构、固定支架及导向支架立柱的施工，热机安装分包给专业公司。

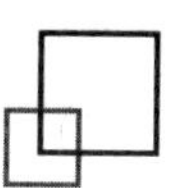

总承包单位在固定支架施工时，对妨碍其施工的顶、底板的钢筋截断后浇筑混凝土。热机安装单位的6名焊工同时进行焊接作业，其中焊工甲和焊工乙一个组，二人均具有省质量技术监督局颁发的“特种作业设备人员证”，并进行了焊前培训和安全技术交底。焊工甲负责管道的点固焊、打底焊及固定支架的焊接，焊工乙负责管道的填充焊及盖面焊。热机安装单位质检人员根据焊工水平和焊接部位按比例要求选取焊口，进行射线探伤抽检，检查发现焊工甲和焊工乙合作焊接的焊缝有两处不合格。经一次返修后复检合格。对焊工甲负责施焊的固定支架角板连接焊缝厚度进行检查时，发现固定支架角板与挡板焊接处焊缝厚度最大为6mm，角板与管道焊接处焊缝厚度最大为7mm。

【问题】（1）进入现场施焊的焊工甲、乙应具备哪些条件?

（2）质检人员选取抽检焊口有何不妥之处?请指出正确做法。

（3）根据背景资料，焊缝返修合格后，对焊工甲和焊工乙合作焊接的其余焊缝应该如何处理?请说明。

（4）指出背景资料中角板安装焊缝不符合要求之处，并说明理由。

【答案】（1）

①焊工甲、乙应具备的条件：承担燃气管道焊接的人员，必须具有压力管道特种设备操作人员资格证、在证书的有效期及合格范围内焊接作业。间断焊接时间超过6个月，再次上岗前应重新考试；

②必要的劳动保护，防护服、防护面罩或护目镜、焊接手套、绝缘鞋等；

③按照焊接作业指导书的要求施焊；

④专职安全员办理动火证，配备灭火器。

（2）质检人员选取抽检焊口的不妥之处及正确做法。

①质量检验者应为总包及分包方质检人员和监理人员，不能仅为热机安装单位人员；

②检验范围应包含所有焊工，不应根据焊工水平选取；

③应包含全部焊口，根据设计要求或规范规定要求选取，不应按比例进行抽查；

④检查顺序：先外观检验（气孔、夹渣等），再内部质量检验（射线或超声波探伤）。

（3）焊缝返修合格后，对焊工甲和焊工乙合作焊接的其他同批焊缝按规定的检验比例、检验方法和检验标准加倍抽检，仍有不合格时，对焊工甲和焊工乙合作焊接的全部同批焊缝进行无损探伤检验。

（4）角板安装焊缝不符合要求之处及理由。

①不符合要求之处：角板与管道焊接处焊缝厚度最大为7mm。理由：设计要求最小焊缝厚度8mm。

②不符合要求之处：固定支架角板与挡板焊接。理由：固定支架处的固定角板，只允许与管道焊接，切忌与固定支架结构焊接。

1K432080 城市绿化工程施工及验收的有关规定

一、栽植穴、槽的挖掘

1.栽植穴、槽定点放线应符合设计图纸要求，位置应准确，标记明显。

2.栽植穴、槽的直径应大于土球或裸根苗根系展幅40~60cm，穴深宜为穴径的3/4~4/5。穴、槽应垂直下挖，上口下底应相等。

3.栽植穴、槽底部遇有不透水层及重黏土层时，应采取疏松或采取排水措施。

二、植物材料外观质量要求和检验方法

植物材料的外观质量要求和检验方法应符合规范规定。

乔木、灌木是每100株查10株，少于10株全数检查；检查姿态长势、病虫害、苗木、根系等。

草皮、草块按面积抽取10%检查，且不少于5点×$4m^2$；花苗、地被、绿篱等是数量抽查10%，10株为1点，不少于5点。

三、主要水湿生植物最适栽培水深（略）

四、绿化栽植土壤有效土层厚度

一般栽植时，胸径≥20cm的乔木，要求土层厚度≥180cm；大、中灌木、大藤本、棕榈类，要求土层厚度≥90cm。

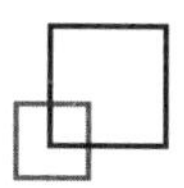

章节练习题

一、单项选择题

1.城镇道路施工中，有关质量控制说法正确的是（　　）。

A.前一分项工程未经验收合格严禁进行后一分项工程施工

B.路面附属结构施工可不进行验收，最后进行

C.道路基层验收以密实度为准

D.道路摊铺层可不必进行验收，一天摊铺完成

2.下列关于城市桥梁施工过程中分项工程质量控制的说法，错误的是（　　）。

A.各分项工程应按《城市桥梁工程施工与质量验收规范》进行质量控制

B.各分项工程进行自检、交接检验合格后，即可进行下一个分项工程施工

C.各分项工程自检、交接检验合格后应形成文件

D.自检、交接检验文件经监理工程师检查签认后，方可进行下一个分项工程施工

3.喷锚暗挖隧道施工应充分利用围岩自承作用，开挖后及时施工初期支护结构并适时（　　）。

A.闭合　　B.注浆

C.超前支护　　D.施工二衬

4.隧道采用钻爆法施工时，必须事先编制爆破方案（　　）。

A.报监理批准，并经城市主管部门同意后方可实施

B.报城管部门批准，并经交通部门同意后方可实施

C.报业主批准，并经公安部门同意后方可实施

D.报城市主管部门批准，并经公安部门同意后方可实施

5.在给水排水工程中，接触饮用水的产品除满足设计要求外，还要求（　　）。

A.品种符合设计要求

B.必须符合环保要求

C.必须符合卫生性能要求

D.必须符合国家产业政策要求

6.给水排水压力管道做水压试验前，除接口外，管道两侧及管顶以上回填高度不应小于（　　）；水压试验合格后，应及时回填其余部分。

A.0.5m　　B.2.0m　　C.1.0m　　D.1.5m

7.《城市供热管网工程施工及验收规范》中规定的热力管道施焊单位应具备的条件不包括（　　）。

A.有负责焊接工程的焊接技术人员、检查人员和检验人员

B.应有保证焊接工程质量达到标准的措施

C.焊工应持有有效合格证，并应在合格证准予的范围内焊接

D.应具有施工所需的吊装及安装设备

8.下列聚乙烯燃气管道中，非必须采用电熔连接的是（　　）。

A.不同级别的聚乙烯原料制造的管材或管件

B.不同熔体流动速率的聚乙烯原料制造的管材或管件

C.不同标准尺寸比（SDR值）的聚乙烯燃气管道

D.直径90mm以上的聚乙烯燃气管材或管件

9.下列对栽植穴、槽的挖掘表述错误的是（　　）。

A.栽植穴、槽定点放线应符合设计图纸要求，位置应准确，标记明显

B.栽植穴、槽的直径应大于土球或裸根苗根系展幅40~60cm，穴深宜为穴径的3/4~4/5

C.穴、槽下挖，上口应大于下底

D.栽植穴、槽底部遇有不透水层及重黏土

层时，应采取疏松或采取排水措施

10.绿化栽植土壤有效土层厚度下列说法错误的是（　　）。

A.一般栽植胸径大于等于20cm的乔木土层厚度大于等于180cm

B.设施顶面绿化的乔木土层厚度大于等于80cm

C.一般栽植胸径小于20cm的浅根乔木土层厚度大于等于100cm

D.设施顶面绿化的灌木土层厚度大于等于50cm

二、多项选择题

1.有关道路施工安全管理说法正确的是（　　）。

A.施工中必须建立安全技术交底制度

B.对作业人员进行相关的安全技术教育与培训

C.施工技术人员必须向作业人员进行详尽的安全技术交底并形成文件

D.摊铺等专业分包工程，安全技术交底由分包单位负责

E.道路摊铺专业性较强，由专业队伍负责作业安全

2.根据《城市桥梁工程施工与质量验收规范》CJJ2—2008，关于工程施工质量验收的说法，正确的有（　　）。

A.工程施工质量应符合相关规范的规定

B.参加工程施工质量验收的人员应具备规定的资格

C.只有具备相应检测资质的单位才能承担见证取样检测业务

D.隐蔽工程验收可在下道工序开始后组织

E.工程施工结束后，应先由施工单位自行组织验收

3.在岩石地层采用爆破法开挖沟槽时，下列做法正确的有（　　）。

A.由有资质的专业施工单位施工

B.必须制定专项安全措施

C.须经公安部门同意

D.由专人指挥进行施工

E.由项目经理制定爆破方案后即可施工

4.盾构掘进应尽量连续作业，以（　　）。

A.减少对地层的扰动　B.保证隧道质量

C.降低施工成本　D.加快施工进度

E.减小地表隆沉值

5.给排水沟筑物工程所用的原材料、半成品、成品等产品的（　　）必须满足设计要求。

A.品种　B.规格

C.性能　D.强度

E.严密性

6.下列表述中，（　　）是水池气密性试验合格标准。

A.试验压力宜为池体工作压力的1.5倍

B.试验压力宜为池体工作压力的1.2倍

C.24h的气压降不超过工作压力的20%

D.24h的气压降不超过试验压力的20%

E.24h的气压降不超过试验压力的10%

7.下列表述中，（　　）是水池气密性试验应具备的工作条件。

A.池体满水试验合格

B.需要准备空气压缩机设备

C.池顶盖板的封闭

D.保护层喷涂后

E.测温孔的加堵封闭

8.给水排水管道沟槽回填前的规定中，（　　）是正确的。

A.水压试验前，除接口外，管道两侧及管顶以上回填高度不应小于0.5m

B.压力管道水压试验合格后，应及时回填其余部分

C.无压管道在闭水或闭气试验合格后应及时回填

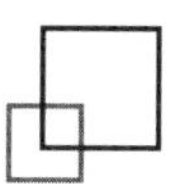

D.水压试验前，接口、管道两侧及管顶均不能回填

E.水压试验前，接口、管道两侧及管顶以上回填高度不应小于0.5m

9.关于热力管道直埋保温管接头的规定，以下正确的叙述是（　　）。

A.接头施工采取的工艺应有合格的形式检验报告

B.接头外观不应出现过烧、鼓包、翘边、褶皱或层间脱离等现象

C.接头焊接完毕即可进行保温和密封

D.保温前接头处钢管表面应干净、干燥，接头保温必须采用机械式发泡

E.接头发泡的工艺操作温度应在15～45℃的范围内

10.关于聚乙烯燃气管道连接的要求，以下说法正确的是（　　）。

A.不同级别聚乙烯燃气管道连接时，不能进行电熔连接

B.不同熔体流动速率的聚乙烯原料制造的管材或管件，不能进行电熔连接

C.不同级别、不同熔体流动速率的聚乙烯原料制造的管材或管件，可以进行电熔连接

D.不同标准尺寸比（SDR值）的聚乙烯燃气管道连接时，不能采用电熔连接

E.聚乙烯燃气管道连接施工前必须进行试验

参考答案及解析

一、单项选择题

1.【答案】A

【解析】城镇道路施工中，前一分项工程未经验收合格严禁进行后一分项工程施工。

2.【答案】B

【解析】各分项工程应按本规范进行质量控制，各分项工程完工后应进行自检、交接检验，并形成文件，经监理工程师检查签认后，方可进行下一个分项工程施工。所以B选项的说法是不对的。

3.【答案】A

【解析】喷锚暗挖隧道施工应充分利用围岩自承作用，开挖后及时施工初期支护结构并适时闭合，当开挖面围岩稳定时间不能满足初期支护结构施工时，应采取预加固措施。

4.【答案】D

【解析】隧道采用钻爆法施工时，必须事先编制爆破方案，报城市主管部门批准，并经公安部门同意后方可实施。

5.【答案】C

【解析】给排水构筑物工程所用的原材料、半成品、成品等产品的品种、规格、性能必须满足设计要求，其质量必须符合国家有关标准的规定；接触饮用水的产品必须符合有关卫生性能的要求。

6.【答案】A

【解析】给水排水压力管道做水压试验前，除接口外，管道两侧及管顶以上回填高度不应小于0.5m；水压试验合格后，应及时回填其余部分。

7.【答案】D

【解析】施焊单位应符合下列要求：

（1）有负责焊接工艺的焊接技术人员、检查人员和检验人员。

（2）应具备符合焊接工艺要求的焊接设备且性能稳定可靠。

（3）应有保证焊接工程质量达到标准的措施。

（4）焊工应持有有效合格证，并应在合格证准予的范围内焊接。

8.【答案】D

【解析】聚乙烯燃气管道连接的要求中，原文是对不同级别、不同熔体流动速率的聚乙烯原料制造的管材或管件，不同标准

尺寸的聚乙烯燃气管道连接时，必须采用电熔连接。所以D选项不是必须采用电熔连接的。

9.【答案】C

【解析】(1)栽植穴、槽定点放线应符合设计图纸要求，位置应准确，标记明显。

(2)栽植穴、槽的直径应大于土球或裸根苗根系展幅40～60cm，穴深宜为穴径的3/4～4/5。穴、槽应垂直下挖，上口下底应相等。

(3)栽植穴、槽底部遇有不透水层及重黏土层时，应采取疏松或采取排水措施。

10.【答案】D

【解析】设施顶面绿化的灌木土层厚度大于等于45cm。

二、多项选择题

1.【答案】ABC

【解析】城市道路施工中必须建立安全技术交底制度，并对作业人员进行相关的安全技术教育与培训。作业前主管施工技术人员必须向作业人员进行详尽的安全技术交底，并形成文件。

2.【答案】ABC

【解析】本题考查的是城市桥梁工程施工质量验收的规定。隐蔽工程在隐蔽前，应由施工单位通知监理工程师和相关单位进行隐蔽验收，确认合格后，形成隐蔽验收文件。

3.【答案】ABCD

【解析】爆破开挖施工属于高度危险作业，要由有资质的专业施工单位施工；必须制定专项安全措施，经公安部门同意后才可以施工。所以，ABCD是正确选项。由于多选题要求必须有一个错误选项，命题者把“E.由项目经理制定爆破方案后即可施工”作为错误的干扰项。考生可以非常容易地从E中的“即”字判断此选项是错误表述。

4.【答案】ABE

【解析】盾构掘进应尽量连续作业，以保证隧道质量和减少对地层的扰动，减少地表隆沉现象。

5.【答案】ABC

【解析】根据《给水排水构筑物工程施工及验收规范》GB 50141—2008相关规定，答案是ABC。

6.【答案】AD

【解析】水池气密性试验合格标准：

(1)试验压力宜为池体工作压力的1.5倍；

(2)24h的气压降不超过试验压力的20%。

7.【答案】ABCE

【解析】水池气密性试验应符合要求：

(1)需进行满水试验和气密性试验的池体，应在满水试验合格后，再进行气密性试验。

(2)工艺测温孔的加堵封闭、池顶盖板的封闭、安装测温仪、测压仪及充气截门等均已完成。

(3)所需的空气压缩机等设备已准备就绪。

8.【答案】ABC

【解析】沟槽回填管道应符合以下要求：

(1)压力管道水压试验前，除接口外，管道两侧及管顶以上回填高度不应小于0.5m；水压试验合格后，应及时回填沟槽的其余部分。

(2)无压管道在闭水或闭气试验合格后应及时回填。

9.【答案】ABDE

【解析】直埋保温管接头的保温和密封应符合下列规定：

(1)接头施工采取的工艺应有合格的形式检验报告。

(2)接头保温材料和密封的性能应符合国家现行标准《高密度聚乙烯外护管聚氨

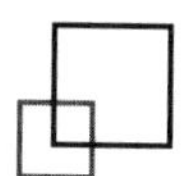

酯硬质泡沫塑料预制直埋保温管件》CJ/T 155—2001的规定。

（3）保温前接头处钢管表面应干净、干燥，接头保温必须采用机械式发泡。

（4）保温接头发泡后，发泡孔应及时进行密封。

（5）接头发泡的工艺操作温度应在15～45℃的范围内。

（6）接头外观不应出现过烧、鼓包、翘边、褶皱或层间脱离等现象。

10.【答案】CE

【解析】对不同级别、不同熔体流动速率的聚乙烯原料制造的管材或管件，不同标准尺寸比（SDR值）的聚乙烯燃气管道连接时，必须采用电熔连接。施工前应进行试验，判定试验连接质量合格后，方可进行电熔连接。

1K433000 一级建造师（市政公用工程）注册执业管理规定及相关要求

本节知识体系

一级建造师（市政公用工程）注册执业管理规定及相关要求：
- 一级建造师（市政公用工程）注册执业工程范围
- 一级建造师（市政公用工程）注册执业工程规模标准
- 一级建造师（市政公用工程）施工管理签章文件目录

核心内容讲解

一、一级建造师（市政公用工程）注册执业工程范围

（一）建造师的专业划分

10个专业。

（二）市政公用工程专业

1.专业特点（略）

2.专业组成

（1）城镇道路工程：含广场、停车场、隧道、桥梁、枢纽工程中道路等；

（2）城市桥梁工程：含立交桥、高架桥、地下人行通道等；

（3）城市供水工程：含取水口、水源井、补压井、净水厂、输配水管线等设施；

（4）城市排水工程：含处理场站、排水泵站、排水管道、方沟、出水口等设施；

（5）城市供热工程：含供热厂、供热站和输配管线等；

（6）城市燃气工程：含气源厂、储配站、调压站、供应站和输配管线等；

（7）城市轨道交通工程：含车站、车辆段、停车场、控制中心和区间隧道、桥梁通道等；

（8）城市垃圾处理工程：垃圾处理站、垃圾填埋场等；

（9）园林绿化工程：园林庭院、城市绿化等。

3.执业工程范围

《注册建造师执业工程规模标准（试行）》（建市〔2007〕171号）规定：市政公用专业注册建造师的执业工程范围包括：土石方、地基与基础、预拌商品混凝土、混凝土预制构件、预应力、爆破与拆除；环保、桥梁、隧道、道路路面、道路路基、道路交通、城市轨道交通、城市及道路照明、体育场地设施、给排水、燃气、供热、垃圾处理、园林绿化、管道、特种专业。

（三）专业工程释义

1.城镇道路工程

城镇道路工程包括城市快速路、主干路、次干路、支路的建设、养护与维修工程，不含城际公路。

2.城市桥梁工程

城市桥梁工程包括立交桥、跨线桥、高架桥、地下人行通道的建设、养护与维修工程（含过街天桥）。

3.城市供水工程

城市（镇）供水（含中水工程）工程包括水源取水设施、水处理厂（含水池、泵房

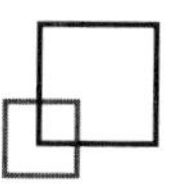

及附属设施）和供水管道（含加压站、闸井）的建设与维修工程。

4.城市排水工程

城市排水工程包括水处理厂（含水池、泵房及附属设施）、城市排洪、排水管道（含抽升站、检查井）的建设与维修工程。

5.城市供热工程

城市供热工程包括热源、管道及其附属（含储备场站）的建设与维修工程，不包括采暖工程。

6.城市燃气工程

城市燃气工程包括气源、管道及其附属设施（含调压站、混气站、气化站、压缩天然气站、汽车加气站）的建设与维修工程，但不包括长输管线工程。

7.城市轨道交通工程

城市地下交通工程包括地下铁道工程（含地下车站、区间隧道、地铁车厂与维修基地）、地下停车场的建设与维修工程，但不包括轨道铺设。

8.园林绿化工程

包括园林庭院和绿化工程，但不包括园林建筑。

【经典例题】1. 按照《注册建造师执业工程规模标准（试行）》建市[2007]171号规定：以下（　　）不属于市政公用专业注册建造师的执业工程范围。

A.地基与基础　　B.城市轨道交通

C.爆破与拆除　　D.公路隧道

【答案】D

二、一级建造师（市政公用工程）注册执业工程规模标准

（一）建造师分级管理的意义与目的（略）

（二）分级管理的基本规定

1.建造师分级

（1）建造师分为一级建造师和二级建造师。

（2）建造师执业分级规定必须与工程规模相适应。原建设部《关于建造师专业划分有关问题的通知》（建市[2003]232号）工程规模文中明确了“大、中型工程项目施工的项目经理必须由取得建造师注册证书的人员担任”。

2.大、中、小型工程项目划分

（1）依据工程量划分；（2）按工程结构划分；（3）工程规模划分。

（三）工程规模的划分标准

1.城市道路工程

（1）路基工程

大型工程：城市快速路、主干道的路基工程≥5km；单项工程合同≥3000万元。

中型工程：城市快速路、主（次）干道的路基工程2～5km；单项工程合同1000万～3000万元。

小型工程：城市次干道的路基工程＜2km；单项工程合同价＜1000万元。

目前国内市政工程的惯例，路基工程还应包括路面的底面层。

（2）路面工程

大型工程：高等级路面≥10万m^2；单项工程合同≥3000万元。

中型工程：高等级路面5万～10万m^2；单项工程合同1000万～3000万元。

小型工程：次高等级路面，单项工程合同额＜1000万元。

目前国内市政工程的惯例，高等级路面工程主要包括中面层和上面层。

2.城市公共广场工程

大型工程：广场面积≥5万m^2，单项工程合同额≥3000万元。

中型工程：广场面积2万～5万m^2，单项工程合同额1000万～3000万元。

小型工程：单项工程合同额小于1000万元。

城市公共广场工程含体育场。

3.城市桥梁工程

大型工程：单跨跨度≥40m；单项工程合同≥3000万元。

中型工程：单跨跨度20～40m；单项工程合同1000万～3000万元。

小型工程：单跨跨度＜20m；单项工程合同额＜1000万元。

含过街天桥。

4.地下交通工程

（1）隧道工程

大型工程：内径（宽或高）≥5m或单洞洞长≥1000m，单项工程合同额≥3000万元。

中型工程：内径（宽或高）3～5m，单项工程合同额1000万～3000万元。

小型工程：内径（宽或高）小于3m，单项工程合同额小于1000万元。

隧道工程含地下过街通道；小型工程不含盾构施工。

（2）车站工程

大型工程：单项工程合同额≥3000万元。

中型工程：单项工程合同额小于3000万元。

小型工程不含车站工程。

5.城市供水工程

（1）供水厂工程

大型工程：日处理量≥5万t，单项工程合同额≥3000万元。

中型工程：日处理量3万～5万t，单项工程合同额1000万～3000万元。

小型工程：日处理量小于3万t，单项工程合同额小于1000万元。

供水厂工程含中水工程，加压站工程。

（2）供水管道工程

大型工程：管径≥1.5m，单项工程合同额≥3000万元。

中型工程：管径0.8～1.5m，单项工程合同额1000万～3000万元。

小型工程：管径小于0.8m，单项工程合同额小于1000万元。

供水管道工程含中水工程，这里的管径为公称直径*DN*。

6.城市排水工程

（1）污水处理厂工程

大型工程：日处理量≥5万t，单项工程合同额≥3000万元。

中型工程：日处理量3万～5万t，单项工程合同额1000万～3000万元。

小型工程：日处理量小于3万t，单项工程合同额小于1000万元。

污水处理厂工程含泵站。

（2）排水管道工程

大型工程：管径≥1.5m，单项工程合同额≥3000万元。

中型工程：管径0.8～1.5m，单项工程合同额1000万～3000万元。

小型工程：管径小于0.8m，单项工程合同额小于1000万元。

排水管道工程含小型泵站，这里的管径为公称直径*DN*。

7.城市供气工程

（1）燃气源工程

大型工程：日产气量≥30万m^3，单项工程合同额≥3000万元。

中型工程：日产气量10万～30万m^3，单项工程合同额1000万～3000万元。

小型工程：日产气量小于10万m^3，单项工程合同额小于1000万元。

（2）燃气管道工程

大型工程：高压以上管道，单项工程合同额≥3000万元。

中型工程：次高压管道，单项工程合同额1000万～3000万元。

小型工程：中压以下管道，单项工程合同额小于1000万元。

（3）储备厂（站）工程

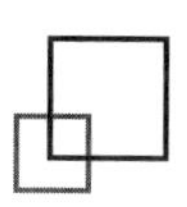

大型工程：设计压力大于2.5MPa或总贮存容积大于1000m^3的液化石油气或大于400m^3的液化天然气贮罐厂（站）或供气规模大于15万m^3/d的燃气工程，单项合同额≥3000万元的工程。

中型工程：设计压力2.0～2.5MPa或总贮存容积500～1000m^3的液化石油气或200～400m^3的液化天然气贮罐厂（站）或供气规模5万～15万m^3/d的燃气工程，单项合同额≥1000万～3000万元的工程。

小型工程：设计压力小于2.0MPa或总贮存容积小于500m^3液化石油气或小于200m^3的液化天然气贮罐厂（站）或供气规模小于5万m^3/d的燃气工程，单项合同额小于1000万元的工程。

储备厂（站）工程含调压站、混气站、气化站、压缩天然气站、汽车加气站等。

8.城市供热工程

（1）热源工程

大型工程：产热量≥250t/h或供热面积大于30万m^2，单项工程合同额大于等于3000万元。

中型工程：产热量80～250t/d或供热面积10万～30万m^2，单项工程合同额1000万～3000万元。

小型工程：产热量小于80 t/h或供热面积小于10万m^2，单项工程合同额小于1000万元。

（2）管道工程

大型工程：管径≥500mm，单项工程合同额≥3000万元。

中型工程：管径200～500mm，单项工程合同额1000万～3000万元。

小型工程：管径小于200mm，单项工程合同额小于1000万元。

这里的管径为公称直径*DN*。

9.生活垃圾工程

（1）填埋场工程

大型工程：日处理量≥800t，单项工程合同额≥3000万元。

中型工程：日处理量400～800t，单项工程合同额1000万元~3000万元。

小型工程：日处理量小于400t，单项工程合同额小于1000万元。

填埋面积应折成处理量计。

（2）焚烧厂工程

大型工程：日处理量≥300t，单项工程合同额≥3000万元。

中型工程：日处理量100～300t，单项工程合同额1000万～3000万元。

小型工程：日处理量小于100t，单项工程合同额小于1000万元。

10.交通安全设施工程

大型工程：单项工程合同额≥500万元。

中型工程：单项工程合同额200万～500万元。

小型工程：单项工程合同额小于200万元。

交通安全设施工程含护栏、隔离带、防护墩。

11.机电设备安装工程

大型工程：单项工程合同额≥1000万元。

中型工程：单项工程合同额500万~1000万元。

小型工程：单项工程合同额小于500万元。

12.轻轨交通工程

（1）路基工程

大型工程：路基工程≥2km，单项工程合同额≥3000万元。

中型工程：路基工程1～2km，单项工程合同1000万～3000万元。

小型工程：路基工程小于1km，单项工程合同额小于1000万元。

路基工程不含轨道铺设。

（2）桥涵工程

大型工程：单跨跨度≥40m，单项工程合同额≥3000万元。

中型工程：单跨跨度20～40m，单项工程合同额1000万～3000万元。

小型工程：单跨跨度小于20m，单项工程合同额小于1000万元。

桥涵工程不含轨道铺设。

13.城市园林工程

（1）庭院工程

大型工程：单项工程合同额≥1000万元。

中型工程：单项工程合同额500万～1000万元。

小型工程：单项工程合同额小于500万元。

（2）绿化工程

大型工程：单项工程合同额≥500万元。

中型工程：单项工程合同额300万～500万元。

小型工程：单项工程合同额小于300万元。

城市园林工程含厅阁、走廊、假山、草坪、广场、绿化、景观。

【经典例题】2.某施工单位承建一座桥梁工程施工，设计为30m标准跨长的现浇钢筋混凝土预应力连续梁，合同金额为6000万。该工程属于（ ）型工程。

A.小 B.中 C.大 D.特大

【答案】C

三、一级建造师（市政公用工程）施工管理签章文件目录

（一）签章文件目录有关规定

1.一级建造师作为项目负责人在项目管理的执业过程文件上签章，体现了建造师执业过程中应履行的职责。并记录了执业结果。

2.一级建造师执业签章文件是施工资料管理的重要部分，应按有关规定提交施工企业、建设方和城建档案管理部门保存管理。

（二）签章文件目录组成与分类

1.施工管理

（1）项目管理目标责任书；

（2）项目管理实施规划，或施工组织设计；

（3）物资进场计划、特种作业人员审核资格表；

（4）工程开工报审表；

（5）项目大事记；

（6）监理通知回复单，工程复工报审表。

2.进度控制

（1）施工进度计划报审表；

（2）工程延期申请表；

（3）工程进度报告（通称工程进度计划报告）。

3.合同管理

（1）分包单位资质报审表，含供货单位资质报审表，试验室等单位资质报审表；

（2）工程设备招标书、合同，主要材料招标书、合同。

4.质量管理

（1）工程物资进场报验表；

（2）有见证取样和送检见证人备案书；

（3）不合格项处理记录、质量事故处理记录；

（4）单位工程结构安全和使用功能检验资料核查及主要功能抽查记录；

（5）单位工程质量控制资料检查表、验收记录；

（6）工程竣工报告（又称工程竣工验收报告）；

（7）工程质量保修书。

5.安全管理

（1）安全生产责任书；

（2）现场安全检查、监管报告；

（3）专项施工方案、安全保障措施；

（4）安全事故预防及应急预案；

（5）安全教育计划；

（6）安全事故处理。

6.现场环保文明施工管理

（1）现场环保、文明施工方案与措施；

（2）现场环保、文明施工检查及整改报告。

7.成本费用管理

（1）工程进度款支付报告；

（2）工程变更价款报告；

（3）工程费用索赔申请表；

（4）工程费用变更申请表；

（5）安全经费计划表及费用使用报告；

（6）工程保险（人身、设备、运输等）申报表；

（7）工程竣工结算报告及报审表。

（三）签章文件编制与签章（略）

需作为项目负责人的建造师签章的文件见表1K433000。

需作为项目负责人的建造师签章的文件　表1K433000

文件类型	文件名称
施工管理	施工管理资料、施工技术文件两类，包括施工组织设计、项目管理目标责任书、物资进场计划、特种作业人员审核资格表等
进度管理	施工总进度计划报审表（报告上的）
合同管理	分包单位资质报审表、分包合同文本
质量管理	工程物质（材料、设备、构配件）进场报验表 单位工程结构安全和使用功能检验资料 质量事故处理记录
安全管理	安全专项方案
现场环保文明施工管理	环保、文明施工方案及措施
成本费用管理	进度款支付报告、物资设备采购、分包支付等

【经典例题】3.一级建造师执业签章文件是施工资料管理的重要部分，按有关规定需提交施工企业、建设方和（　　）保存管理。

A.城建档案管理部门

B.建设行政主管部门监督单位

C.监理单位

D.管理和使用单位

【答案】A

章节练习题

一、单项选择题

1.以下工程类型中，(）不属于城市桥梁工程。

A.立交桥　　B.高架桥

C.地下人行通道　　D.隧道

2.按照建造师分级管理规定：大、中型工程项目施工的项目经理必须由（ ）担任。

A.取得职业经理资格的人员

B.取得建造师注册证书的人员

C.取得项目经理证书的人员

D.取得技术职称的人员

3.地下交通工程中隧道工程规模的划分中小型工程不含（ ）。

A.内径3～5m的隧道

B.单项工程合同额1000万～3000万元

C.单洞洞长≥1000m

D.单项工程合同额<1000万元

二、多项选择题

1.城镇道路工程包括（ ）的建设、养护与维修工程。

A.城市快速路　　B.城市支路

C.城市主干路　　D.次干路

E.小区道路

2.建造师执业分级规定必须与工程规模相适应。工程规模一般分为（ ）。

A.特大型　　B.中型

C.小型　　D.微型

E.大型

3.下列属于安全管理的签章文件有（ ）。

A.现场安全检查、监管报告

B.安全教育计划

C.安全事故预防及应急预案

D.专项施工方案、安全保障措施

E.工程结构安全和使用功能检验资料核查及主要功能抽查记录

参考答案及解析

一、单项选择题

1.【答案】D

【解析】城市桥梁工程包括立交桥、跨线桥、高架桥、地下人行通道的建设、养护与维修工程。

2.【答案】B

【解析】大、中型工程项目施工的项目经理必须由取得建造师注册证书的人员担任。

3.【答案】C

【解析】小型工程内径≯3m，单项工程合同额≯1000万元。中型工程内径3~5m，单项工程合同1000万~3000万元。

二、多项选择题

1.【答案】ABCD

【解析】城镇道路工程包括城市快速路、主干路、次干路、支路的建设、养护与维修工程。

2.【答案】BCE

【解析】建造师执业分级规定必须与工程规模相适应。工程规模一般分为大型、中型、小型。

3.【答案】ABCD

【解析】安全管理：

（1）安全生产责任书、项目安全管理规定；

（2）现场安全检查、监管报告；

（3）专项施工方案、安全保障措施；

（4）安全事故预防及应急预案；

（5）安全教育计划；

（6）安全事故报告。

第三篇 案例篇

跨章节案例题指导

一、案例分析题目的特点

1.案例组成三部分

案例题由背景资料（可能包含若干事件）、问题和答题区三部分组成。

2.案例考核三范围

所考核知识涉及市政公用工程各专业技术（教材第一章和可能的超纲点）、建设工程项目管理知识（教材第二章及公共科目教材）和相关法律法规与各专业技术标准等知识内容，参见下图。是一种大综合的题目类型。

3.案例应考三步走

第一步：突破技术

市政公用工程管理与实务包括道路工程、桥梁工程、轨道交通工程、给水排水工程、管道工程、垃圾填埋处理工程和园林绿化工程7个专业技术。

社会发展的趋势是分工越来越细，这样才能保证分工的专业性，也因此，能够在全部7个专业内做过施工管理的学员寥寥无几，何况还有大量非本行业的考生。

“隔行如隔山”，所以，对绝大部分考生来说，市政实务的技术知识就是一道天然的鸿沟；考生必须通过细致而全方位的学习和做题才能填平这道鸿沟，使天堑变通途。

第二步：记忆重点

居敬持志，为学习之本；循序致精，为学习之法。

技术的障碍突破之后，接下来就是针对全书范围的系统学习和做题；每一遍就像路基施工中的每一层，必须保证填筑范围（学习的广度）和压实度（学习的深度）满足要求。

这一步虽然比较枯燥，但重复却是必经之路；没有重复的积累，就无法达到相应的高度。

第三步：灵活运用

有了必需的知识储备之后，接下来，需要对知识进行纵向连接，横向对比，前后呼应，上下通透；在本来的一盘散沙中，注入浆液使之凝结成为一个有机整体；而这个浆液，就是老师课堂上的总结、对比、提炼，和考生课下学习和做题过程中的思考及笔记。这个过程就是我们通常说的“熟能生巧”。

案例做题一定要自己动手写出来，这样才能触动深层次的思维，才能暴露大脑深处的缺陷，问题解决之后就是一个小提升。学员在这个阶段必须通过大量案例题的洗礼，才能见多识广，思路清晰，文如泉涌；通过学习、思考、总结和做题，将知识融会贯通后，才能成为“案例杀手”，而不是被案例所击败。

二、案例分析题出题原则和目的

学以致用是工程类学习的本质目的。围绕这一目的，建造师考试出题的原则就是理论联系实践。一方面考核会结合实践当中最经常应用到的知识，另一方面，通过考核指引建造师学习的方向。

考核的目的就是选拔能够解决实际问题的工程建设管理人才成为建造师。

在这个原则和目的的主导下，考生们逐渐发现市政实务考试中的应用型题目越来越多，这些题目严格来讲并不一定超纲，但是在教材上又找不到原句原话或类似表达。往往是教材知识的进一步深化、细化、延伸、应用等形式。例如2016年一级建造师市政实务真题案例五中对张拉顺序、预应力筋下料长度计算的考核。

虽然如此，考生应该认识到这种应用型的题目加上少量超纲题目的分值约在30%左右，剩余70%的分值仍然是在考核教材上的常规考点。

三、案例分析题答题思路与技巧

1.案例考核方式

案例题的考查模式，大体可以分为以下8种，这里以近三年一级建造师《市政公用工程管理与实务》真题为例分析。

（1）简答或补充题

需要利用发散性思维、知识串或口诀记忆等方式去组织记忆储备或常识积累中的知识，形成答案。例如2016年案例一，问题3考核交通导行设置哪些分区，问题4补充交通导行措施等。

（2）判断分析题

包括正误判断、能否判断和分类判断三种形式。前者也就是改错题，例如2016年案例二考核事故调查和处理的错误；能否判断是论点成立性的判断题（例如能否索赔）；分类判断考察归类、定级等类型的问题，例如2016年案例二问题1考核安全事故等级。

（3）原因分析题

例如2014年案例五问题2考核围护结构上下设置两种不同支撑的原因。

（4）措施分析题

措施分析题和原因分析题都需要利用发散性思维、工艺性推导、身临其境法、知识串或口诀记忆等方式去组织记忆储备或常识积累中的知识，形成答案。措施性题目其实是原因分析题的递进推导。例如2016年案例三进度加快措施。

（5）计算题

计算题考核的数学原理或公式往往并不复杂，但是为什么用这个原理或公式的深层次的逻辑、知识或常识才是决定性的因素。例如2016年案例五考核钢绞线长度计算、2016年案例三工期计算等。

（6）绘图题

绘图题主要表现在进度管理中的横道图、双代号网络图、双代号时标网络图等进度图的绘制，也有可能考核现场布置、工作面安排等知识，就是考核应用的题目了。例如2014年案例一网络图优化等。

（7）应用题

应用题比较常见的是最近几年比较热的交通导行、工序安排、预制场布置等这些题目，往往与实践结合密切。例如2016年案例五问题1、2、3分别考核通行先后、门架设置位置、几座门架。

（8）超纲题

这种题考查的知识点不在教材中，往往能在相关规范、公共科目或实践常识中找到

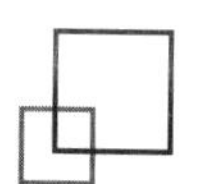

解答。例如2014年一建案例三考核的顶管和定向钻工序、泥浆作用，2014年一建案例四考核单位工程、分项工程和检验批等。

2.案例答案技巧

思路是战略层面的思维模式，技巧是战术性的操作方法。两者相互促进，共同保证高分。

（1）答题位置准确每个案例都有固定的答题区域，每年都有同学把案例A的答案写在案例B的答题区域，从而导致致命性失分。

（2）每问必答，分条作答。

（3）判断题，先判断，再给出理由。

（4）改错题，要逐条改错并给出正确做法，不要先写一堆错误，再给一堆正确做法。

（5）计算题，不仅写出答案，还要写出完整计算过程。

（6）避免口语，多用专业词汇。

（7）条理清晰，逻辑清楚。

（8）字体工整，卷面整洁。

四、案例分析题高频考点统计表

近5年案例考点分布一览表 （单位：分）

年份	2012年	2013年	2014年	2015年	2016年
1K411000城镇道路工程	12	18		5	
1K412000城市桥梁工程	10	5	10	9	45
1K413000城市轨道交通工程		16	20	11	15
1K414000城市给水排水工程	8	15		10	
1K415000城市管道工程	20		16	10	14
1K416000生活垃圾填埋处理工程			8		
1K417000城市绿化与园林附属工程	6				
1K420010市政公用工程施工招标投标管理			8	5	4
1K420020市政公用工程造价管理	8			8	
1K420030市政公用工程合同管理	6	5	5	10	4
1K420040市政公用工程施工成本管理		5			
1K420050市政公用工程施工组织设计	23	14	4	20	23
1K420060市政公用工程施工现场管理		20			
1K420070市政公用工程施工进度管理		6	5		12
1K420080市政公用工程施工质量管理	3		4		
1K420090城镇道路工程质量检查与检验	12				4
1K420100城市桥梁工程质量检查与检验			10		
1K420110城市轨道交通工程质量检查与检验					
1K420120城镇给排水厂站工程质量检查与检验					
1K420130城镇管道工程质量检查与检验					4
1K420140市政公用工程施工安全管理	5	8	15	19	10
1K420150明挖基坑施工安全事故预防			5	8	
1K420160城市桥梁工程施工安全事故预防	4				

续表

年份	2012年	2013年	2014年	2015年	2016年
1K420170隧道工程施工安全事故预防					5
1K420180市政公用工程职业健康安全与环境管理		4			
1K420190市政公用工程竣工验收与备案		4	10	5	
1K431000相关法律法规	6				
1K432000相关技术标准					
1K433000 一级建造师（市政公用工程）注册执业管理规定及相关要求					

五、综合案例示例

综合案例一

【背景资料】某公司承建的市政道路工程，长2km，与现况道路正交，合同工期为2015年6月1日至8月31日。道路路面底基层设计为厚300mm水泥稳定土，道路下方设计有一条*DN*1200mm钢筋混凝土雨水管道。该管道在道路交叉口处与现状道路下的现有*DN*300mm燃气管道正交。

施工前，项目部踏勘现场时，发现雨水管道上部外侧管壁与现况燃气管道底间距小于规范要求，并向建设单位提出变更设计的建议。经设计单位核实，同意将道路交叉口处的Y1~Y2井段的雨水管道变更为双排*DN*800mm双壁波纹管，设计变更后的管道平面位置与断面布置如图1-1、图1-2所示。项目部接到变更后提出了索赔申请，经计算，工程变更需增加造价10万元。

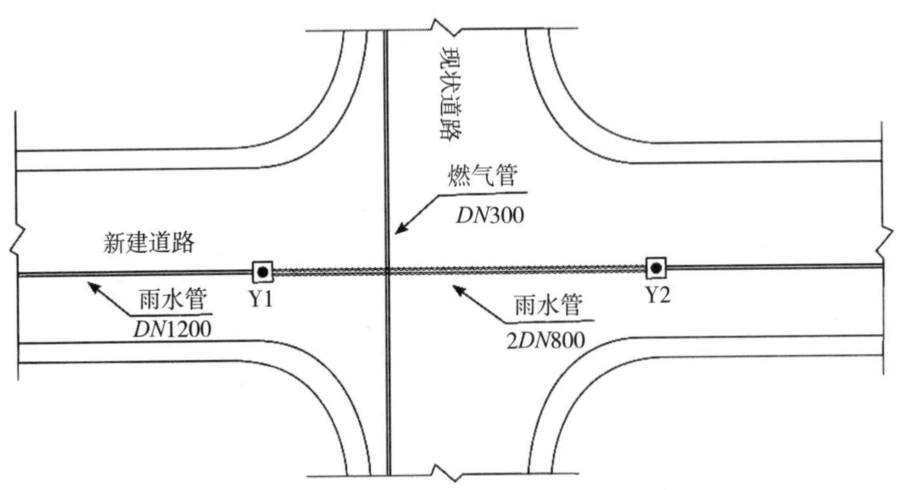

图1-1 设计变更后的管理平面位置示意图（单位：mm）

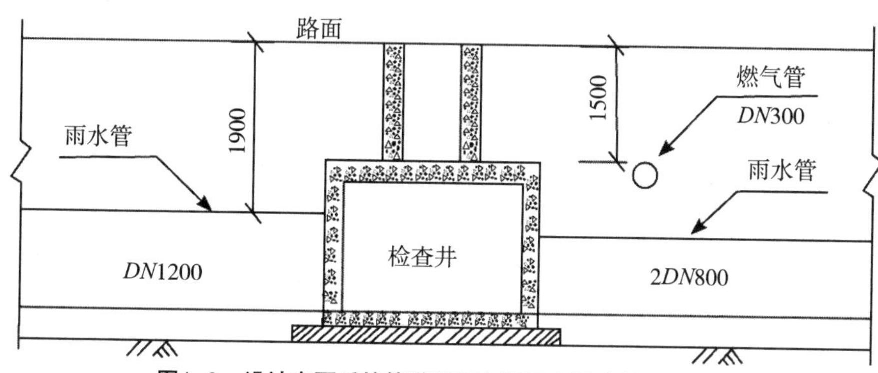

图1-2 设计变更后的管道断面布置示意图（单位：mm）

为减少管道施工对交通通行的影响，项目部制定了交叉路口的交通导行方案，并获得交通管理部门和路政管理部门的批准，交通导行措施的内容包括：

（1）严格控制临时占路时间和范围；

（2）在施工区域范围内规划警告区、终止区等交通疏导作业区域；

（3）与施工作业队伍签订（施工安全责任合同）。

施工期间为雨季，项目部针对水泥稳定土底基层的施工制定了雨期施工质量控制措施如下：

（1）加强与气象站联系，掌握天气预报，安排在不下雨时施工；

（2）注意天气变化，防止水泥和混合料遭雨淋；

（3）做好防雨准备，在料场和搅拌站搭雨棚；

（4）降雨时应停止施工，对已摊铺的混合料尽快碾压密实。

【问题】1.排水管道在燃气管道下方时，其最小垂直距离应为多少米？

2.按索赔事件的性质分类，项目部提出的索赔属于哪种类型？项目部应提供哪些索赔资料？

3.交通疏导方案（2）中还应规划设置哪些交通疏导作业区域？

4.交通疏导方案中还应补充哪些措施？

5.补充和完善水泥稳定土底基层雨期施工质量控制措施。

【参考答案及解题思路】

1.**【参考答案】**0.15m。

【解题思路】简答题，考核记忆储备。

2.**【参考答案】**工程变更导致的索赔；还应提供索赔意向通知书，经现场监理工程师签认的同期记录，索赔报告及有关资料（包括索赔申请表、索赔事件说明、正当索赔理由、充分索赔证据及详细计算资料）。

【解题思路】判断分析题，考核记忆储备。

3.**【参考答案】**上游过渡区、缓冲区、作业区、下游过渡区。

【解题思路】补充题，考核记忆储备。

4.**【参考答案】**还应补充的措施：

依据现场变化，及时安排现场人员协助交通管理部门疏导交通，主要路口设交通疏导员；

统一设置各种交通标志、隔离设施、路障等设施，夜间设警示信号等；

对作业工人进行安全教育、培训、考核；

沿街居民出入口设置足够照明装置，必要处搭设便桥。

【解题思路】补充题，考核记忆储备，知识串或口诀记忆（分区设牌控时空，教育照明导交通）。

5.【参考答案】调整施工步序，集中力量分段快速施工；

坚持拌多少、铺多少、压多少、完成多少；

下雨来不及完成时，要尽快碾压，防止雨水渗透。

【解题思路】补充题，考核记忆储备，知识串或口诀记忆（分快避雨水）。

综合案例二

【背景资料】某公司承建一段区间隧道，长度1.2km，埋深（覆土深度）8m，净宽5.6m，净高5.5m；支护结构形式采用钢拱架–钢筋网喷射混凝土，辅以超前小导管注浆加固，区间隧道上方为现况城市道路，道路下埋置有雨水、污水、燃气、热力等管线，地址资料揭示，隧道围岩等级为Ⅳ、Ⅴ级。

区间隧道施工采用暗挖法、施工时遵循浅埋暗挖技术“十八字”方针，根据隧道断面尺寸、所处地层、地下水等情况，施工方案中开挖方法选用正台阶法，每循环进尺为1.5m。

隧道掘进过程中，突发涌水，导致土体坍塌事故，造成3人重伤。事故发生后，现场管理人员立即向项目经理报告，项目经理组织有关人员封闭事故现场，采取有效措施控制事故扩大，开展事故调查，并对事故现场进行清理，将重伤人员送医院救治。事故调查发现，导致事故发生的主要原因有：

（1）由于施工过程中地面变形，导致污水管道突发破裂涌水；

（2）超前小导管支护长度不足，实测长度仅为2m；两排小导管沿隧道纵向无搭接，不能起到有效的超前支护作用；

（3）隧道施工过程中未进行监测，无法对事故发生进行预测。

问题：1.根据《生产安全事故报告和调查处理条例》规定，本次事故属于哪种等级？指出事故调查组织形式的错误之处？说明理由。

2.分别指出事故现场处理方法，事故报告的错误之处，并给出正确的做法。

3.隧道施工中应该对哪些主要项目进行监测？

4.根据背景资料，小导管长度应该大于多少米？两排小导管纵向搭接长度一般不小于多少米？

【参考答案及解题思路】

1.【参考答案】一般事故；错误：项目经理组织开展事故调查。一般事故应由县级人民政府直接组织事故调查组调查，也可以授权委托有关部门组织事故调查组进行调查。

【解题思路】分类题和改错题，考核记忆储备，本问考核知识点在公共科目教材上；注意本文共三小问，要有三个对应回答。

2.【参考答案】（1）对事故现场进行清理错误，应采取应急救援措施防止事故扩大，保护事故现场。

（2）现场管理人员向项目经理报告错误。《生产安全事故报告和调查处理条例》规定，事故发生后，事故现场有关人员应当立即向本单位负责人报告；单位负责人接到报告后，应于 1小时内向事故发生地县级以上人民政府安全生产监督管理部门和负有安全生产监督管理职责的有关部门报告。

【解题思路】改错题，考核记忆储备，考点在公共科目教材上；注意答案要针对两方面进行分条进行指出错误和改正。

3.【参考答案】隧道内观察、拱顶下沉、净空收敛，地表沉降、管线沉降、地面建筑物沉降、倾斜及裂缝。

【解题思路】简答题，考核记忆储备；适合采取身临其境的方式思考和记忆。

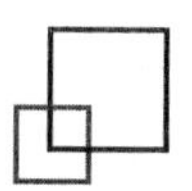

4.【参考答案】应大于3m，纵向搭接长度一般不小于1m。

【解题思路】改错题，考核记忆储备。

综合案例三

【背景资料】某管道铺设工程项目，长1km，工程内容包括燃气、给水、热力等项目。热力管道采用支架铺设。合同工期80天，断面布置如图3-1所示。建设单位采用公开招标方式发布招标公告。有3家单位报名参加投标。经审核，只有甲、乙2家单位符合合格投标人条件。建设单位为了加快工程建设，决定由甲施工单位中标。

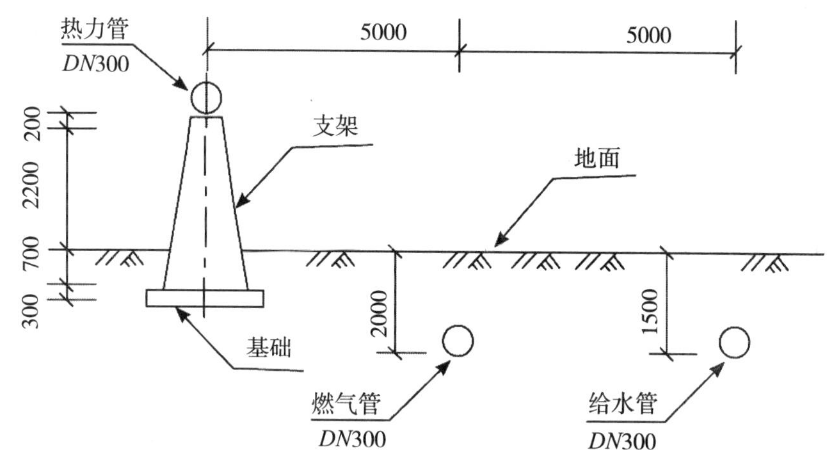

图3-1 管道工程断面示意图（单位：mm）

开工前，甲施工单位项目部编制了总体施工组织设计，内容包括：

（1）确定了各种管道的施工顺序为：燃气管→给水管→热力管；

（2）确定了各种管道施工工序的工作顺序如表3-1所示，同时绘制了网络计划进度图如图3-2所示。

在热力管道排管施工过程中，由于下雨影响停工1天，为保证按时完工，项目部采取了加快施工进度的措施。

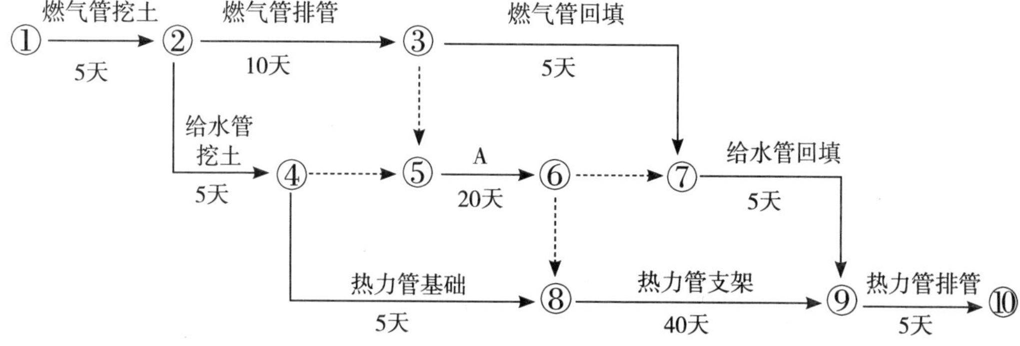

图3-2 网络计划进度图

各种管道施工工序工作顺序表 表3-1

紧前工作	工作	紧后工作
—	燃气管挖土	燃气管排管、给水管挖土
燃气管挖土	燃气管排管	燃气管回填、给水管排管
燃气管排管	燃气管回填	给水管回填
燃气管挖土	给水管挖土	给水管排管、热力管基础
B、C	给水管排管	D、E
燃气管回填、给水管排管	给水管回填	热力管排管
给水管挖土	热力管基础	热力管支架
热力管基础、给水管排管	热力管支架	热力管排管
给水管回填、热力管支架	热力管排管	-

【问题】1.建设单位决定由甲施工单位中标是否正确？说明理由。

2.给出项目部编制各种管道施工顺序的原则。

3.项目部加快施工进度应采取什么措施？

4.写出图3-2中代号A和表3-1中代号B、C、D、E代表的工作内容。

5.列式计算图3-2的工期，并判断工程施工是否满足合同工期要求，同时给出关键线路、（关键线路用图3-2中代号“①~⑩”及“→”表示）

【参考答案及解题思路】

1.【参考答案】不正确。符合条件的只有2家单位，相关法规规定，投标人少于3家，建设单位应重新组织招标。

【解题思路】判断分析题，考核记忆储备。

2.【参考答案】先大管后小管，先主管后支管，先下部管后中上部管。

【解题思路】简答题，考核记忆储备；知识串或口诀记忆（大小主支下中上）。

3.【参考答案】分段增加工作面，增加力量和资源投入，快速施工；增加作业时间为三班倒，组织24小时不间断施工。

【解题思路】简答题，考核实践积累；发散性思维和身临其境法思考。

4.【参考答案】A为给水管排管，B、C为燃气管排管、给水管挖土，D、E为给水管回填、热力管支架。

【解题思路】绘图题，虽然卷面上没有让画图，需要在草稿纸上画出来判断；运用双代号网络图绘图规则和案例背景要求进行前后逻辑判断得出答案。

5.【参考答案】关键线路：①→②→③→⑤→⑥→⑧→⑨→⑩，工期为5+10+20+40+5=80天，满足合同工期要求。

【解题思路】计算题，考核双代号网络图工期计算知识，属于备考必备知识储备；注意本文共三小问，要有三个对应回答，并且工期计算要列式。

综合案例四

【背景资料】某公司中标承建该市城郊接合部交通改扩建高架工程，该高架工程结构为现浇预应力钢筋混凝土连续箱梁，桥梁底板距地面高15m，宽17.5m，主线长720m，桥梁中心轴线位于既有道路边线。在既有道路中线附近有埋深1.5m的现状*DN*500自来水管道和光纤线缆。平面布置如图4-1所示。高架桥横跨132m鱼塘和菜地。设计跨径组合为

41.5m+49m+41.5m，其余为标准联。跨径组合为（28+28+28）m×7联。支架法施工，下部结构为：H型墩身下设10.5m×6.5m×3.3m承台（埋深在光纤线缆下0.5m），承台下设有直径1.2m，深18m的人工挖孔灌注桩。

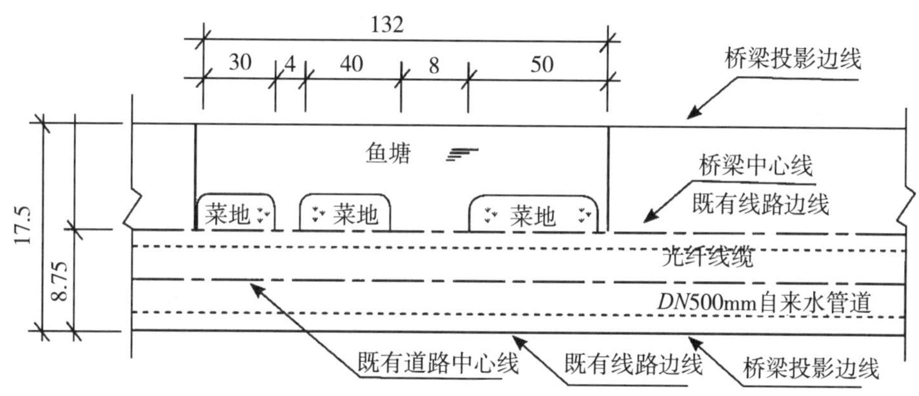

图4-1 某市城郊改扩建高架桥平面布置示意图（单位：m）

项目部进场后编制的施工组织设计提出了“支架地基基础加固处理”和“满堂支架设计”两个专项方案，在“支架地基加固处理”专项方案中，项目部认为在支架地基预压时的荷载应是不小于支架地基承受的混凝土结构物恒载的1.2倍即可，并根据相关规定组织召开了专家论证会，邀请了含本项目技术负责人在内的四位专家对方案内容进行了论证。专项方案经论证后，专家组提出了应补充该工程上部结构施工流程及支架地基预压荷载验算需修改完善的指导意见。项目部未按专家组要求补充该工程上部结构施工流程和支架地基预压荷载验算，只将其他少量问题作了修改，上报项目总监和建设单位项目负责人审批时未能通过。

【问题】1.写出该工程上部结构施工流程（自箱梁钢筋验收完成到落架结束，混凝土浇筑用一次浇筑法。）

2.编写“支架地基加固处理”专项方案的主要因素是什么？

3.“支架地基加固处理”后的合格判断标准是什么？

4.项目部在支架地基预压方案中，还有哪些因素应进入预压荷载计算？

5.该项目中除了“*DN*500自来水管道，光纤线缆保护方案”和“预应力张拉专项方案”以外还有哪些内容属于“危险性较大的分部分项工程”范围未上报专项方案，请补充。

6.项目部邀请了含本项目技术负责人在内的四位专家对两个专项方案进行论证的结果是否有效？如无效请说明理由并写出正确做法。

【参考答案及解题思路】

1.**【参考答案】**钢筋验收完成→模板、支架、预埋件安装及验收→分层浇筑混凝土→养护→拆除侧模及内模→预应力张拉。

【解题思路】简答题，考核记忆储备和实践积累；工艺性推导思路的典型考题。

2.**【参考答案】**（1）模板支架高度15m，跨度达到49m，属于超过一定规模的危险性较大的分部分项工程，桥梁上部结构和支架体系需要较大的地基承载力，鱼塘和菜地需要加固处理。

（2）现况支架地基位置一边为既有道路，要考虑自来水管道和光纤线缆的管线保护措施。

（3）消除两边的不均匀沉降。

（4）排水通畅，不得积水。

【**解题思路**】简答题，考核记忆储备和实践积累；结合身临其境（背景资料描述的境）法的发散性思维，注意发散性思维点的选择：地基承载力（鱼塘菜地处理）、地下管线保护、消除不均匀沉降和排水。

3.【**参考答案**】地基承载力能够满足相关规范和专项方案计算要求；不会对既有管线产生过大变形或破坏；既有道路处理与鱼塘菜地处理不会产生不均匀沉降；处理长度、宽度满足支架施工要求；排水通畅，不得积水。

【**解题思路**】简答题，考核记忆储备和实践积累；思路同问题2，结合身临其境法（背景资料描述的境）的发散性思维，注意发散性思维点的选择：地基承载力、地下管线保护、消除不均匀沉降、处理范围和排水。

4.【**参考答案**】模板、支架的自重，新浇筑混凝土自重，施工人员及施工材料机具等行走运输或堆放的荷载，混凝土对模板振捣和冲击荷载，其他可能产生的荷载。

【**解题思路**】简答题，考核记忆储备或实践积累；记住了可以答出来，没记住可以结合身临其境法（现场施工的境），采取现场素材回答。

5.【**参考答案**】模板支撑工程，起重吊装工程，深基坑工程，人工挖孔桩，大体积混凝土。

【**解题思路**】简答题，考核记忆储备或实践积累；可以根据记忆储备枚举，或身临其境（背景资料描述的境）去寻找。

6.【**参考答案**】论证结果无效。

（1）项目技术负责人作为专家进行论证做法错误，本项目参建各方不得以专家身份参与论证；

（2）四位专家组成员人数组成错误，应由5名以上单数组成；

（3）专家论证程序有误，专项方案经过专家论证通过后，应根据论证结果修改完善，经施工单位企业技术负责人审批签字后报总监和建设单位项目负责人签字后实施。

【**解题思路**】判断分析题，考核记忆储备。注意答题的条理和逻辑要清楚。

综合案例五

【**背景资料**】某公司承建一座城市互通工程，工程内容包括：①主线跨线桥（Ⅰ、Ⅱ）；②左匝道跨线桥；③左匝道一；④右匝道一；⑤右匝道二等五个子单位工程，平面布置如图5-1所示。两座跨线桥均为预应力混凝土连续箱梁桥，其余匝道均为道路工程。主线跨线桥跨越左匝道一；左匝道跨线桥跨越左匝道一及主线跨线桥；左匝道一为半挖半填路基工程，挖方除就地利用外，剩余土方用于右匝道一；右匝道一采用混凝土挡墙路堤工程，欠方需外购解决；右匝道二为利用原有道路路面局部改造工程。

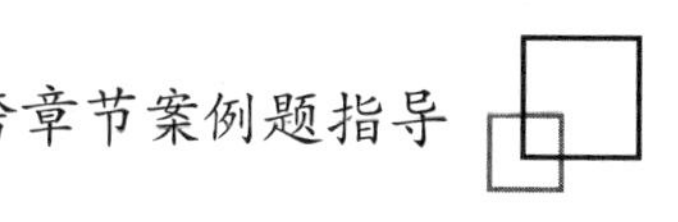

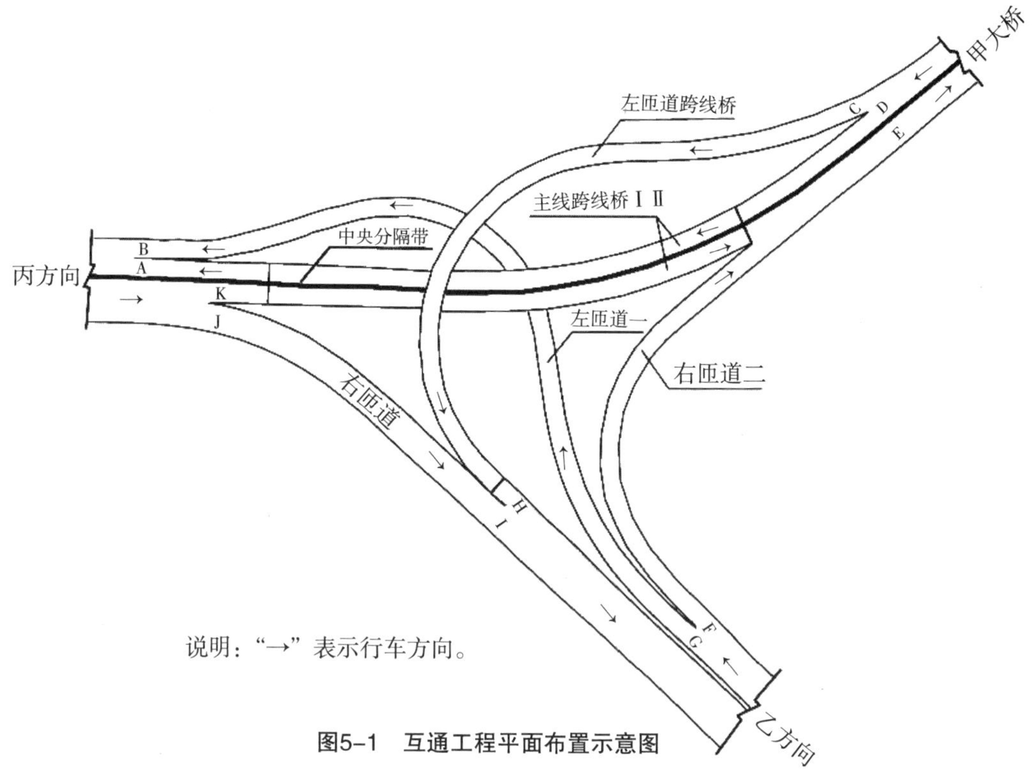

图5-1　互通工程平面布置示意图

主线跨线桥Ⅰ的第2联为（30m+48m+30m）预应力混凝土连续箱梁，其预应力张拉端钢绞线束横断面布置如图5-2所示。预应力钢绞线采用公称直径Φ15.2mm高强低松弛钢绞线，每根钢绞线由7根钢丝捻制而成。代号S22的钢绞线束由15根钢绞线组成，其在箱梁内的管道长度为108.2m。

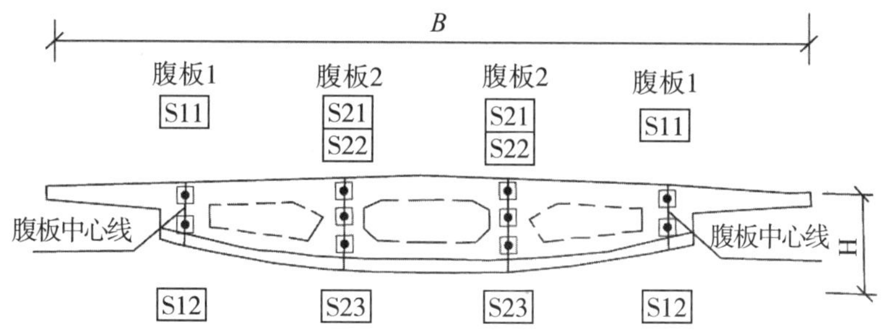

图5-2　主线跨线桥Ⅰ第2联箱梁预应力张拉端钢绞线束横断面布置示意图

由于工程位于城市交通主干道，交通繁忙，交通组织难度大，因此，建设单位对施工单位提出总体施工要求如下：

（1）总体施工组织设计安排应本着先易后难的原则，逐步实现互通的各向交通通行任务。

（2）施工期间应尽量减少对交通的干扰，优先考虑主线交通通行。

根据工程特点，施工单位编制的总体施工组织设计中，除了按照减少单位的要求确定了五个子单位工程的开工和完工的时间顺序外，还制定了如下事宜：

事件1，为限制超高车辆通行，主线跨线桥和左匝道跨线桥施工期间，在相应的道路上设置车辆通行限高门架，其设置选择在图5-1中所示的A~K的道路横断面处。

事件2，两座跨线桥施工均在跨越道路的位置采用钢管-型钢（贝雷桁架）组合门式支架方案，并采取了安全防护措施。

事件3，编制了主线跨线桥Ⅰ的第2联箱梁预应力的施工方案如下：

（1）该预应力管道的竖向布置为曲线形式，确定了排气孔和排水孔在管道中的位置；

（2）预应力钢绞线的张拉采用两端张拉方式；

（3）确定了预应力钢绞线张拉顺序的原则和各钢绞线束的张拉顺序；

（4）确定了预应力钢绞线张拉的工作长度为100cm，并计算了钢绞线的用量。

【问题】1.写出五个子单位工程符合交通通行条件的先后顺序。（用背景资料中各个子单位工程的代号“①~⑤”及“→”表示）

2.事件1中，主线跨线桥和左匝道跨线桥施工期间应分别在哪些位置设置限高门架？（用图5-1中所示的道路横断面的代号“A~K”表示）

3.事件2中，两座跨线桥施工时应设置多少座组合门式支架？指出组合门式支架应采取哪些安全防护措施？

4.事件3中，预应力管道的排气孔和排水孔应分别设置在管道的哪些位置？

5.事件3中，写出预应力钢绞线张拉顺序的原则，并给出上图中各钢绞线束的张拉顺序。（用图5-2中所示的钢绞线束的代号“S11~S23”及“→”表示）

6.事件3中，结合背景资料，列式计算图5-2中代号为S22的所有钢绞线束需用多少米钢绞线制作而成？

【参考答案及解题思路】

1.**【参考答案】**⑤→③→④→①→②。

【解题思路】应用题，考核实践积累。开放性问题+约束性条件，排序的时候要优先考虑背景资料中给出的约束性条件：先易后难、减少对交通的干扰和优先主线交通通行的原则。

2.**【参考答案】**主线跨线桥施工期间应在D处设置限高门架，左匝道跨线桥施工时应在G、K处设置限高门架。

【解题思路】应用题，考核实践积累。身临其境（站在每一个进口和出口）的思考，进口设置限高门架，出口不设置。

3.**【参考答案】**三座；门架防撞护桩，安全警示标志，夜间警示灯，安全网及防坠网。

【解题思路】应用题，考核实践积累和记忆储备。身临其境（站在每一个进口和出口）的思考，进口设置限高门架，出口不设置，可以回答出前半问；后半问考核记忆储备。

4.**【参考答案】**预应力管道中波峰位置（最高点）设置排气孔，波谷位置（最低点）设置排水孔。

【解题思路】简答题，考核记忆储备。

5.**【参考答案】**原则：分批、分阶段、对称、张拉，先中间，后上下或两侧进行张拉。

S22→S21→S23→S11→S12。

【解题思路】简答题和应用题，原则考核记忆储备，排序考核实践积累。

6.**【参考答案】**（108.2+2×1）×15×2=3306m。

【解题思路】计算题，考核实践积累，身临其境法（工作实践结合背景描述的境）去选取考虑因素，生成计算公式。